柴油机电站运行与控制

崔智高　王新军　编著

科学出版社
北　京

内 容 简 介

柴油机电站是一种以柴油机作为动力，驱动交流同步发电机发电的电源设备，主要用作移动通信、野外作业等特殊用途的独立发电电源，以及国防地下工程、民用重点设施的应急备用电源，是目前世界上应用最为广泛的发电设备之一。本书围绕柴油机、交流同步发电机、电站控制系统的内容主线，系统介绍了常用柴油机的工作原理，主体机件、配气机构、燃油供给系统、润滑系统、冷却系统、增压系统、启动系统等结构组成，交流同步发电机的结构原理，以及同步发电机自动并列、电压及无功功率自动调节、频率及有功功率自动调节等电站控制系统的相关知识。

本书是一本系统介绍柴油机电站的新形态教材，适合电气工程及其自动化、机械工程及其自动化、能源动力、供用电技术、国防工程运维管理等专业教学使用，也可供从事柴油机电站研究及工程实践的技术人员参考。

图书在版编目(CIP)数据

柴油机电站运行与控制 / 崔智高，王新军编著.
北京：科学出版社，2025. 6. -- ISBN 978-7-03-082078-5

Ⅰ. TM314

中国国家版本馆 CIP 数据核字第 2025U3P157 号

责任编辑：许　健 / 责任校对：谭宏宇
责任印制：黄晓鸣 / 封面设计：殷　靓

科学出版社 出版
北京东黄城根北街 16 号
邮政编码：100717
http://www.sciencep.com

南京展望文化发展有限公司排版
苏州市越洋印刷有限公司印刷
科学出版社发行　各地新华书店经销

*

2025 年 6 月第　一　版　开本：787×1092　1/16
2025 年 6 月第一次印刷　印张：23 3/4　插页：5
字数：543 000

定价：95.00 元

（如有印装质量问题，我社负责调换）

前　言

内燃机的迅速发展结束了18世纪到19世纪中期的蒸汽机时代，把动力机械的设计、生产推进到了一个新的阶段，使得内燃机成为一个国家工业、农业、交通等领域的重要动力机械。柴油机作为一种典型的内燃机，具有热效率高、功率范围广、结构紧凑、使用维修方便等优点，目前已广泛应用于国民经济各行各业以及国防领域，例如交通运输、工程机械、应急发电等。在柴油机的上述用途中，将其作为原动机驱动交流同步发电机产生电能，是柴油机的主要用途之一，通常称为柴油机电站。

柴油机电站是一种适用性很强的发电设备，能够连续、稳定、安全地提供电能，因此被通信、金融、医疗、商业等诸多领域作为备用和应急发电电源，同时柴油机电站还是人防工程、国防工程等地下工程的重要基础设施之一，是公共电网被破坏后地下工程自我保障电能的重要手段。柴油机电站的广泛应用使得各行业对其运行控制、使用维护的要求越来越高，为此很多高校开设了柴油机电站相关课程。

为满足各高校柴油机电站课程教学的需要，我们以教学团队编写的相关教材为基础，在汲取柴油机电站国内外最新教研成果和相关文献资料的基础上，充分利用新一代信息技术编写了《柴油机电站运行与控制》新形态教材。本书在内容组织上，以柴油机、交流同步发电机、电站控制系统为主线，内容涵盖柴油机工作原理、结构组成与运行维护，交流同步发电机工作原理与结构组成，以及电站控制系统同步并列、电压及无功功率自动调节、频率及有功功率自动调节、主要设备与线路分析等，内容体系完整、逻辑层次清晰；本书在表现形式上，坚持立体化、可视化、数字化的原则，创建了多个教学视频、仿真动画、三维模型等教学资源，内容丰富、体系完备、制作精美，读者可通过扫描二维码直接观看，能够有效满足读者“处处能学、时时可学”的学习需求。

全书分为五部分，共13章。第一部分为第一章，主要讲述柴油机电站的基本组成、主要特点、分类方式、型号含义等概述内容；第二部分包括第二章至第七章，主要讲述柴油机工作原理以及主体机件、配气机构、燃油供给系统、润滑系统、冷却系统、增压系统、启动系统等结构组成和使用维护的相关内容；第三部分为第八章，主要讲述交流同步发电机工作原理、结构组成、电枢反应、运行特性等内容；第四部分包括第九章至第十二章，主要讲述同步发电机自动并列、电压及无功功率自动调节、频率及有功功率自动调节、电站控制系统主要设备和线路分析等内容；第五部分为第十三章，主要讲述柴油机废气能量回收、燃料电池发电、分布式智能微电网等柴油机电站的新技术及应用。

为方便各高校柴油机电站课程教学，选用本书作为授课教材的教师可来信咨询，获取本书所涉及的教学视频、仿真动画、三维模型等教学资源。咨询邮箱：cuizg10@ 126. com。

本书由崔智高、王新军任主编，李庆辉、张瑞祥、蔡艳平、钟啸、蔡雨希、张玮等参与编写和资源建设。此外，李爱华、王涛、曹继平、李亚奇、冯国彦等教授对本书编写提出了许多宝贵意见，王念、兰云伟、朱良玉、张岚卿等研究生也为本书校对付出了大量辛勤劳动，在此一并表示感谢。

随着柴油机电站的广泛应用，其涉及的新理论、新技术和新工艺不断涌现，由于编者水平有限，本书难免存在疏漏和不妥之处，恳请广大读者批评指正。

作　者

2024 年 12 月于西安

目　　录

第一章　柴油机电站概述 ………… 001
第一节　柴油机电站组成及特点 ………… 001
第二节　柴油机电站分类及型号含义 ………… 003
测试题 ………… 009

第二章　柴油机工作原理 ………… 010
第一节　概述 ………… 010
第二节　单缸柴油机工作原理 ………… 019
第三节　多缸柴油机工作特点 ………… 023
测试题 ………… 029

第三章　柴油机主体机件与配气机构 ………… 030
第一节　柴油机主体机件 ………… 030
第二节　柴油机配气机构 ………… 058
测试题 ………… 078

第四章　柴油机燃油供给系统 ………… 079
第一节　柴油的性能指标 ………… 079
第二节　柴油机混合气的形成与燃烧 ………… 080
第三节　柴油机燃油供给系统的功用及组成 ………… 082
测试题 ………… 117

第五章　柴油机润滑系统与冷却系统 ………… 118
第一节　柴油机润滑系统 ………… 118
第二节　柴油机冷却系统 ………… 145
测试题 ………… 166

第六章　柴油机增压系统与启动系统 …… 167
第一节　柴油机增压系统 …… 167
第二节　柴油机启动系统 …… 180
测试题 …… 201

第七章　柴油机运行维护 …… 202
第一节　柴油机使用维护 …… 202
第二节　柴油机检查调整 …… 206
测试题 …… 220

第八章　交流同步发电机 …… 221
第一节　工作原理与结构组成 …… 221
第二节　电枢反应与运行特性 …… 227
测试题 …… 235

第九章　同步发电机自动并列 …… 236
第一节　同步发电机自动并列概述 …… 236
第二节　准同期并列工作原理 …… 240
第三节　自动并列装置工作原理 …… 245
第四节　数字式自动并列装置硬件电路与软件程序 …… 256
测试题 …… 260

第十章　电压及无功功率自动调节 …… 261
第一节　励磁控制系统功用及组成 …… 261
第二节　励磁功率单元 …… 270
第三节　励磁调节器工作特性 …… 275
第四节　励磁控制系统无功调节特性 …… 279
第五节　励磁调节装置工作原理 …… 285
测试题 …… 296

第十一章　频率及有功功率自动调节 …… 297
第一节　概述 …… 297
第二节　电力系统负荷的功率-频率特性 …… 298
第三节　发电机组的功率-频率特性 …… 300
第四节　电力系统的频率特性 …… 304
第五节　电力系统自动调频 …… 305
测试题 …… 310

第十二章 柴油机电站控制系统 …… 311
第一节 电站控制系统工作原理 …… 311
第二节 电站控制系统主要设备 …… 312
第三节 电站控制系统控制面板 …… 323
第四节 电站控制系统线路分析 …… 328
测试题 …… 334

第十三章 柴油机电站新技术及应用 …… 335
第一节 柴油机废气能量回收技术 …… 335
第二节 电站控制系统国产化集成设计技术 …… 338
第三节 金属空气电源和燃料电池技术 …… 342
第四节 分布式智能微电网技术 …… 355
测试题 …… 359

参考文献 …… 360

教学视频二维码索引 …… 363

仿真动画二维码索引 …… 367

三维模型二维码索引 …… 369

附图

第一章
柴油机电站概述

电能源是人类社会赖以生存发展的物质基础和各国关注的战略重点。为确保重要负载的供电可靠性,在国防地下工程、民用重点设施中通常设有应急发电设备,即采用“市电+应急电站”的双电源供电方式,在市电正常时或非重要时机使用市电供电,在市电中断时或重要时机则采用应急电站供电[1]。应急电站的种类很多,若采用柴油机+交流同步发电机组合的形式,则称为柴油机电站,其主要优点是效率高、起动快、耗水量少、设备紧凑、运输方便、土建工程小、建设速度快以及操作维护简单等。在远离电力网的矿山、企业、城镇等,常设有柴油机电站作为应急动力和照明电源;国防工程、军事基地和一些重要的企事业单位也多采用柴油机电站作为应急战备电源和备用电源[2]。

随着柴油机电站主要设备——柴油机、交流同步发电机、电站控制系统的不断更新,增压技术逐步完善,新的励磁调压方式[3]和电站自动化[4]逐渐普及,柴油机电站的供电可靠性、电能质量和运行经济性均得到了普遍提高。

第一节　柴油机电站组成及特点

一、柴油机电站基本组成

柴油机电站组成及特点教学视频

柴油机电站主要由柴油机、交流同步发电机和电站控制系统三大部分组成,另外还包括联轴器、公共底座和消声器等配套设备。

(一) 柴油机

柴油机是柴油机电站的动力源,它将热能转化为机械能输出,柴油机要求具有比重量小、功率大以及对环境变化有较强的适应能力。虽然不同型号的柴油机构造有所差异,但其组成基本相同,主要可概括为一个组件、两个机构和六大系统。其中,一个组件主要是指机体组件,它是柴油机的骨架,用于提供其他零部件的安装位置;两个机构主要是指曲柄连杆机构和配气机构等柴油机的主要运动机构;六大系统则主要包括进排气系统、燃油供给系统、润滑系统、冷却系统、增压系统和启动系统。

(二) 交流同步发电机

交流同步发电机是柴油机电站的发电部分,它将机械能转化为电能输出。如图1-1所示,交流同步发电机产生磁力线的磁场是转动的,称为转子,而切割该磁场的导体是固定的,称为定子。其中,定子由定子铁芯、定子绕组、机座等组成,它是产生三相交流电能，实现机电能量转换的重要部件；转子通常具有 p 对磁极，转子上装有直流励磁的转子绕组或励磁绕组，当直流电流流入转子绕组后，定子和转子之间就会产生主磁通。由于交流同步发电机的前端盖与柴油机曲柄连杆机构的飞轮壳在轴向采用凸肩定位直接连接，并采用圆柱形的弹性联轴器由飞轮以同步转速驱动旋转，因此建立的主磁场就会随轴旋转产生旋转磁场，那么根据电磁感应定律，定子绕组上就会产生三相感应电动势。

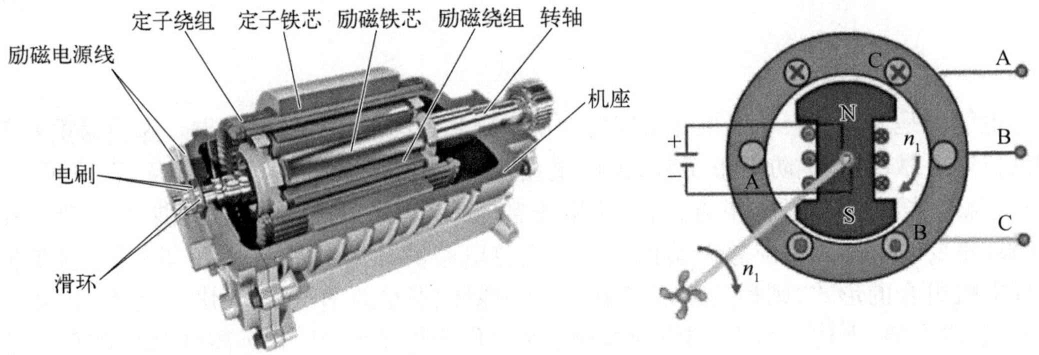

图 1－1　交流同步发电机工作原理示意图

注：S、N 为南北两极；A 指 A 相；B 指 B 相；C 指 C 相。

（三）电站控制系统

由柴油机和交流同步发电机组成的单台柴油发电机组可产生三相交流电能，但由于单台柴油发电机组的功率有限，因此有时还需要多台柴油发电机组并联为用电设备供电，这就需要一个指挥中枢，即柴油机电站控制系统[5]。柴油机电站控制系统通常由机组控制屏、并联屏和切换屏组成，共同完成对多台柴油发电机组的运行控制。其中，每台柴油发电机组均有 1 台机组控制屏，用于实现单台柴油发电机组的远程控制；并联屏用于协调管理多台柴油发电机组，使其在选定的控制方式下按照设定模式及顺序进行启动、供电、并联和解列等；切换屏用于实现机组供电和市电供电之间的自动和手动切换。

柴油机电站控制系统采用现场总线技术进行组网，其通常采用可编程逻辑控制器（programmable logic controller，PLC）作为主站，每个自动发电机组控制器作为子站。主站根据所辖机组运行及负载的变化情况，自动调配工作机组，协调管理整个电站的运行；子站则实时检测柴油发电机组的运行状态，并根据主站指令或手动控制操作完成发电机组的启动与停机、合闸与分闸、调速与调压、并联与功率分配等功能，并通过网络将机组运行参数传递给主站。

通常情况下，成套柴油发电机组都采用一个公共底座将柴油机、交流同步发电机等主要部组件安装在一起，即一体化柴油发电机组，而大功率机组除柴油机和交流同步发电机装置焊接在公共底座上以外，电站控制系统、燃油箱和水箱等设备均需要单独设计，以便于移动和安装。

此外，为减小振动噪声，柴油发电机组一般还安装有专用消声器，特殊情况下需要对机组进行全屏蔽。为了减小机组的振动，在柴油机、交流同步发电机和水箱等主要组件与公共底座的连接处，通常装有减振器或橡胶减振垫。

二、柴油机电站主要特点

柴油机电站的主要特点包括以下几方面[6]：

（1）柴油发电机组单机容量较多。从几千瓦到几万千瓦，具有适用于多种容量用电负荷的优势；此外，使用柴油发电机组作为应急电源时，可采用一台或多台柴油发电机组供电，其容量可根据实际需求灵活配置。

（2）配套设备结构紧凑、辅助设备少、安装地点灵活。按照单位容积（每单位功率所占的容积）和单位重量（每一有效功率所占的重量）指标进行比较，蒸汽动力装置的单位容积和单位重量要比柴油机的指标大 4 倍以上，由于柴油机的这一特点，使得柴油机电站的厂房面积小、结构简单、建设速度快，安装费用及总投资金额大大降低。

（3）热效率较高，燃油消耗率较低。柴油机的有效热效率为 30%～46%，而往复式蒸汽机的有效热效率为 8%～16%，高压汽轮机的有效热效率为 24%～40%，燃气轮机的有效热效率为 20%～30%，汽油机的有效热效率为 22%～30%。

（4）启动迅速并能很快达到全功率。柴油机启动一般只需几秒钟，在应急状态下可在 1 分钟内带到全负荷，而在正常工作状态下约在 5～30 分钟内带到全负荷；此外，柴油机的停机过程也很短，可以频繁启停。

（5）维护操作简单方便。柴油机的运转操作比较简单，所需操作人员较少，对操作人员的技术水平要求也不高；此外，柴油机的检修、保养所需时间短，比蒸汽装置的检修、保养容易得多。

第二节　柴油机电站分类及型号含义

一、柴油机电站主要分类

柴油机电站分类及型号含义教学视频

柴油发电机组的分类方法很多，若按照转速的高低，可分为高速、中速、低速机组；若按照输出功率的大小，可分为大型、中型、小型机组；若按照输出电压的频率，可分为交流机组和直流机组；若按照输出电压的高低，可分为低压机组（400 V/230 V）和高压机组（6.3 kV、10.5 kV）。通常情况下，当柴油发电机组输出电压频率为 50 Hz 时，中小型柴油发电机组的额定电压为 400 V（三相）或 230 V（单相）。

除上述分类方式以外，柴油机电站最主要的分类方法是根据机组运行方式、机组控制方式和机组外观构造进行分类[7]。

（一）根据机组运行方式进行分类

按照机组运行方式划分，柴油发电机组可分为长行机组和备用机组两种。

（1）长行机组。长行机组通常常年运行，一般安装在远离电力网的地区或企业附近，以满足上述区域的施工、生产和生活用电需求。长行机组一般容量较大，其对非恒定负载提供连续电力供应时，对连续运行时间没有限制，并允许每 12 小时内有 1 小时过负载供电时间，过负荷能力通常为额定输出功率的 10%。这类机组由于运行时间较长、负载较重，因此相对于本机极限功率的许多功率被调至较低点。

(2) 备用机组。在通常情况下用户所需电力由市电供给，当市电限电拉闸或其他原因中断供电时，为保证用户电力供应而设置的机组称为备用机组。备用机组通常允许每年不超过500小时满负载运行，其主要特点是随时保持备用状态，当市电发生故障时开始启动运行，从而保障电力供应。

(二) 根据机组控制方式进行分类

按照机组控制方式划分，柴油发电机组可分为手动机组、自动机组和遥控机组三种。

(1) 手动机组。手动机组最为常见，机组虽具有电压和转速自动调节功能，但需要操作人员在现场对机组进行启动、合闸、分闸、停机等操作，其主要特点是机组运行时产生的振动、噪声、油雾、废气等会对操作人员产生不良影响。

(2) 自动机组。自动机组通常也称为自启动机组，该类机组在手动机组的基础上增加了自动控制系统，其主要特点是可大大减少对操作人员的依赖，缩短负载供电的中断时间。当市电突然中断时，机组具有自动启动、自动调压和调频、自动停机等功能；当机组机油压力过低、机油温度和冷却水温过高时，能自动发出声光报警信号；当机组超速时，能自动紧急停机保护机组。

(3) 遥控机组。遥控机组通常也称为微机控制自动化机组，也称“三遥”(遥信、遥测和遥控)机组或带智能接口机组，其主要由性能完善的柴油机、交流同步发电机、燃油自动补偿装置以及电站控制系统等组成。此类机组除具备自动机组的各项功能外，还可按照负荷大小自动增减机组、故障自动处理、自动记录打印机组运行报表和故障情况等，从而对柴油机电站实行全面的自动控制。

(三) 根据机组外观构造进行分类

按照机组外观构造划分，柴油发电机组可分为基本型机组、静音型机组、拖车机组、车载机组、方舱式机组五种。

(1) 基本型机组。基本型机组是平时使用最多的柴油发电机组，它可能是手动机组，也可能是自动机组或遥控机组。

(2) 静音型机组。静音型机组与基本型机组的本质区别是机组外部安装了隔声罩，且消声器内置，从而降低了机组的噪声，此类机组通常适用于对噪声要求低的特殊场合，例如学校、医院等。

(3) 拖车机组。通常拖车机组是在静音型机组的基础上加装了拖车，从而实现了机组的便捷式移动，其主要适应于城市范围内的短距离应急供电。

(4) 车载机组。车载机组是将整台基本型机组安装在汽车车厢内，通常其厢体要作静音降噪处理，该类机组是专门为远距离应急供电而设计制造的机组。

(5) 方舱式机组。方舱式机组是将整台基本型机组安装在方舱内，是专门为野外工程建设供电而设计制造的机组，机组功率一般在300 kW以上。

二、柴油机电站性能等级

国家标准GB/T 2820.1－2009《往复式内燃机驱动的交流发电机组 第1部分：用途、定额和性能》中，对柴油发电机组定义了以下4种性能等级：

（1）G1 级性能等级。要求适用于只需规定其电压和频率参数的连接负载，主要作为一般用途，例如照明和其他简单的电气负载。

（2）G2 级性能等级。要求适用于对电压特性与公用电力系统有相同要求的负载，当负载变化时，可有暂时且允许的电压和频率偏差，例如照明系统、泵、风机和卷扬机等。

（3）G3 级性能等级。要求适用于对频率、电压和波形特性有严格要求的连接设备，例如通信负载和晶闸管控制的负载等。

（4）G4 级性能等级。要求适用于对频率、电压和波形特性有特别严格要求的负载，例如数据处理设备或计算机系统等。

三、柴油机电站型号含义

目前大部分国产柴油发电机组的型号排列如图 1－2 所示，其数字代表的含义如下：

[1]　[2]　[3]　[4]　[5]–[6]　[7]

图 1－2　柴油发电机组型号含义示意图

1——机组输出的额定功率（kW），用数字表示。

2——机组输出电流的种类，G 为交流工频，P 为交流中频，S 为交流双频，Z 为直流。

3——机组的类型，F 为陆用，FC 为船用，Q 为汽车电站，T 为挂（拖）车。

4——机组的控制特征，缺位为手动（普通型），Z 为自动化，S 为低噪声，SZ 为低噪声自动化。

5——设计序号，用数字表示。

6——变型代号，用数字表示。

7——环境特征，缺位为普通型，TH 为湿热带型。

举例：

（1）150GF8－2——额定功率为 150 kW、交流工频、陆用、设计序号为 8、第 2 次变型的普通型柴油发电机组。

（2）500GFZ——额定功率为 500 kW、交流工频、陆用、自动化柴油发电机组。

（3）200GFSZ1——额定功率为 200 kW、交流工频、陆用、低噪声、设计序号为 1 的自动化柴油发电机组。

（4）75PT1——额定功率为 75 kW、交流中频、挂（拖）车式、设计序号为 1 的柴油发电机组（电站）。

（5）24ZQ1——额定功率为 24 kW、直流输出、汽车式（车载）、设计序号为 1 的柴油发电机组（电站）。

四、柴油机电站额定值

对柴油机电站而言，额定值就是机组铭牌上所标示的数据。

（1）相数（phase）：柴油发电机组的输出电压有单相和三相两种。

（2）额定频率（rated frequency）：柴油发电机组以额定转速运行时的电压频率称为额

定频率。我国一般用电设备要求的额定频率为 50 Hz，特殊用电设备要求的额定频率为 400 Hz 或 800 Hz（中频），普通发电机组只能发出一种频率的交流电，而特殊发电机组可同时产生两种不同频率的交流电[8]。

（3）额定转速（rated speed）：目前中小型柴油发电机组的额定转速一般为 1500 r/min 或 3000 r/min，随着柴油机结构的改进和制造工艺水平的不断提高，机组的额定转速会逐步提高。但需要指出的是，在其他条件相同的情况下，柴油机的转速越高，其工作时产生的噪声也越大，因此不能盲目地提高柴油机的转速。

（4）额定电压（rated voltage）：柴油发电机组以额定转速运行时的空载电压称为额定电压，通常单相柴油发电机组的额定电压为空载 230 V（加载 220 V），三相柴油发电机组的额定电压为空载 400 V（加载 380 V）。

（5）额定电流（rated current）：柴油发电机组输出额定电压和额定功率（或额定容量）时的输出电流称为额定电流，单位为安培（A）。

（6）额定容量/额定功率（rated capacity/rated output）：柴油发电机组的额定电压与额定电流之积称为机组的额定容量，单位为伏安（VA）或千伏安（kVA）。柴油发电机组铭牌上通常标出的是额定功率，额定功率等于额定容量与额定功率因数之积，或者等于额定电压、额定电流和额定功率因数三者之积，单位是瓦（W）或千瓦（kW）。

（7）最大输出容量/最大输出功率（max capacity/max output）：允许柴油发电机组短时间超载运行时的输出容量（输出功率），一般为额定输出容量（输出功率）的 110%。

（8）额定功率因数（rated factor）：柴油发电机组的额定输出功率（有功功率）与额定容量（视在功率）之比称为机组的额定功率因数。当机组容量一定时，其功率因数越高，则输出的有功功率越多，机组的利用率也越高。一般情况下，机组的功率因数不允许低于 0.8。

五、柴油机电站电气性能指标

柴油发电机组的电气性能指标是衡量机组性能的重要依据，主要包含电压、频率的稳态和瞬态性能指标，对于并联运行的发电机组，还包括有功功率和无功功率分配等性能指标[9]。各性能指标在国家标准 GB/T 2820.5－2009《往复式内燃机驱动的交流发电机组 第 5 部分：发电机组》中有明确定义，本书仅对部分指标予以介绍①。

1）频率降 δf_{st}

整定频率不变时，额定空载频率与标定功率时的额定频率之差，用额定频率的百分数表示：

$$\delta f_{st} = \frac{f_{i,N} - f_N}{f_N} \times 100 \tag{1-1}$$

式中，$f_{i,N}$ 为额定空载频率；f_N 为标定频率（额定频率）。

2）稳态频率带 β_f

恒定功率时柴油发电机组频率围绕平均值波动的包络线宽度 $\hat{f}$，用额定频率的百分数

① 在 GB/T 2820－2009 中，用下标“r”表示额定，本书统一用“N”来表示。

表示：

$$\beta_f = \frac{\hat{f}}{f_N} \times 100 \qquad (1-2)$$

需要指出的是，β_f 的最大值出现在 20%标定功率和标定功率之间；对于功率低于20%标定功率的情况，稳态频率带可能显示出较高的值，但应允许同步。

3）频率整定变化速率 v_f

在远程控制条件下，用每秒相对的频率整定范围的百分数来表示：

$$v_f = \frac{(f_{i,\max} - f_{i,\min})/f_N}{t} \times 100 \qquad (1-3)$$

式中，$f_{i,\max}$ 表示最高空载频率；$f_{i,\min}$ 表示最低空载频率。

4）相对的频率容差带

该容差带用额定频率的百分数表示：

$$\alpha_f = \frac{\Delta f}{f_N} \times 100 \qquad (1-4)$$

5）稳态电压偏差

考虑到温升的影响，在空载与额定输出之间的所有功率、额定频率及规定功率因数的稳态条件下，相对于整定电压的最大偏差，用额定电压 U_N 的百分数表示：

$$\delta U_{st} = \pm \frac{U_{st,\max} - U_{st,\min}}{2U_N} \times 100 \qquad (1-5)$$

式中，$U_{st,\max}$ 表示最高稳态电压；$U_{st,\min}$ 表示最低稳态电压。

6）电压整定范围 ΔU_s

在空载与额定输出之间的所有负载、商定的功率因数范围内、额定频率下，发电机端子处电压调节的上升和下降的最大可能范围：

$$\Delta U_s = \Delta U_{s,up} + \Delta U_{s,do} \qquad (1-6)$$

式中，$\Delta U_{s,up}$ 表示电压整定上升范围，即发电机端子处额定电压与下降调节电压之间的范围；$\Delta U_{s,do}$ 表示电压整定下降范围，即发电机端子处上升调节电压与额定电压之间的范围。

7）相对的电压整定范围 δU_s

用额定电压的百分数表示的电压整定范围：

$$\delta U_s = \frac{\Delta U_{s,up} + \Delta U_{s,do}}{U_N} \times 100 \qquad (1-7)$$

8）电压整定变化速率

在远程控制条件下，用每秒相对的电压整定范围的百分数来表示：

$$v_{st} = \frac{(U_{s,\,up} - U_{s,\,do})/U_N}{t} \times 100 \tag{1-8}$$

式中，$U_{s,\,up}$ 表示下降调节电压；$U_{s,\,do}$ 表示上升调节电压。

9）电压调制 $\hat{U}_{mod,\,s}$

在低于基本发电频率的典型频率下，围绕稳态电压的准周期电压波动（峰对峰），用额定频率和恒定转速时平均峰值电压的百分数表示：

$$\hat{U}_{mod,\,s} = 2\frac{\hat{U}_{mod,\,s,\,max} - \hat{U}_{mod,\,s,\,min}}{\hat{U}_{mod,\,s,\,max} + \hat{U}_{mod,\,s,\,min}} \times 100 \tag{1-9}$$

式中，$\hat{U}_{mod,\,s,\,max}$ 表示电压调制最高峰值，即围绕稳态电压的准周期最大电压变化（峰对峰）；$\hat{U}_{mod,\,s,\,min}$ 表示电压调制最低峰值，即围绕稳态电压的准周期最小电压变化（峰对峰）。

六、柴油机电站功率定额和功率修正

（一）功率定额

为了确定柴油发电机组的额定功率，通常采用下列标准基准条件。

（1）总大气压力：100 kPa。

（2）环境空气温度：298 K（约 25℃）。

（3）相对湿度：30%。

柴油发电机组的功率是指发电机组端子处为用户负载输出的功率，不包括基本独立辅助设备所吸收的电功率。通常柴油发电机组的功率定额是指在额定频率、功率因数 $\cos\varphi$ 为 0.8 时用千瓦（kW）表示的有功功率。

（二）功率修正

为了确定柴油发电机组的功率定额，用户应按下列要求确定柴油发电机组的现场运行环境条件：

（1）大气压力（最高值和最低值，若无压力数据，可用海拔）；

（2）年最热月和最冷月的最高和最低气温的月平均值；

（3）柴油机周围最高温度和最低环境空气温度；

（4）在最高温度条件时的相对湿度（或者是水蒸气压力，湿、干球温度）；

（5）可用冷却水的最高温度和最低温度。

为了确定柴油发电机组的现场额定功率，当现场的运行条件不同于标准基准条件时，应对柴油发电机组的功率进行必要调整[10]。国家标准 GB/T 6072.1－2008《往复式内燃机性能 第 1 部分：功率、燃料消耗和机油消耗的标定及试验方法 通用发动机的附加要求》中给出了柴油机功率调整的计算方法，即在给定的现场条件下，柴油机有效功率的调整计算公式为

$$P_x = \left[k - 0.7(1 - k)\left(\frac{1}{\eta_m} - 1\right)\right]P_n \tag{1-10}$$

式中，k 为指示功率比，根据公式(1－11)确定：

$$k=\left(\frac{p_x-\alpha\phi_x p_{sx}}{p_n-\alpha\phi_n p_{sn}}\right)^m\left(\frac{T_n}{T_x}\right)^n\left(\frac{T_{cn}}{T_{cx}}\right)^s \tag{1-11}$$

以康明斯系列柴油机为例，若设柴油机为四冲程涡轮增压中冷型柴油机，则通过查标准可知，公式(1－10)和(1－11)中的系数 $\alpha=1$，$m=0.7$，$n=1.2$，$s=1$。其余各参数含义如下：$\eta_m=0.8$；P_n 表示标准基准条件时的柴油机额定功率；P_x 表示现场条件时的柴油机有效功率；p_n 表示标准基准条件的大气压力，其值为 100 kPa；p_x 表示现场条件的大气压力，单位为 kPa；T_n 表示标准基准条件的空气温度，其值为 298 K；T_x 代表现场条件的空气温度，单位为 K；T_{cn} 表示标准基准条件的中冷器冷却介质温度，其值为 298 K；T_{cx} 表示现场条件的中冷器冷却介质温度，单位为 K；$\phi_n p_{sn}$ 表示标准基准条件空气温度、相对湿度下的水蒸气分压，单位为 kPa；$\phi_x p_{sx}$ 表示现场条件的空气温度、相对湿度下的水蒸气分压，单位为 kPa。通过查表求出 $\phi_n p_{sn}$ 和 $\phi_x p_{sx}$，将其余参数值代入，即可求出现场条件下的柴油机有效功率。

测试题

第二章
柴油机工作原理

柴油机是柴油机电站的重要动力源，它将热能转化为机械能输出，虽然不同型号的柴油机构造有所差异，但其工作原理与基本组成却基本相同。本书第二章至第七章以常见的135系列、康明斯N系列和K系列柴油机为对象，详细讨论柴油机工作原理，以及主体机件、配气机构、燃油供给系统、润滑系统、冷却系统、增压系统、启动系统等结构组成，并对柴油机的日常使用、维护保养、检查调整等做详尽讲解。

第一节　概　　述

一、柴油机发展简史

内燃机是一种热力发动机，在人类生活和生产中应用非常广泛，它将液体或气体燃料与空气混合后，直接输入机器内部燃烧，产生热能再转化为机械能输出，通常包括柴油机和汽油机两种。内燃机的发明首先是在蒸汽机的基础上，通过仿造蒸汽机的结构，制造成在气缸中燃烧煤气的煤气机，此后在煤气机的基础上又改进成汽油机，进而设计制造出柴油机。

1673年，荷兰人惠更斯设计出了内燃机草图，其工作原理是将少量火药在气缸内燃烧，从而提升活塞，而当气体冷却时，大气压力便将活塞向下推，从而进行做功，虽然该装置因火药燃烧难以控制而没有研制成功，但却引导了蒸汽机的诞生，进而促成了欧洲的工业革命。蒸汽机存在热效率低、结构笨重、移动不便等缺点，这促使人们继续开发更小、更实用且效率更高的发动机。

1794年，英国人斯特里特提出了从燃料的燃烧中获取动力，并且第一次提出了燃料与空气混合的概念；1833年，英国人赖特提出了直接利用燃烧压力推动活塞做功的设计，之后人们提出了各种各样的内燃机方案，但在19世纪中叶以前均未付诸实用。

1860年，法国人勒努瓦模仿蒸汽机的结构，制造出了第一台实用的煤气机，这是一种无压缩、电点火、使用照明煤气的内燃机，这台煤气机的热效率为4%左右。之后英国人巴尼特曾提倡将可燃混合气在点火之前进行压缩，随后又有人指出对可燃混合气进行压缩的重要作用，并且指出压缩可大大提高勒努瓦内燃机的效率。

1862年，法国工程师罗夏对内燃机的热力过程进行理论分析之后，提出了四冲程工作循环的理论；1876年，德国发明家奥托制造了第一台往复活塞式、单缸、卧式、3.2 kW的四冲程内燃机，因此获得了“内燃机发明人”的声誉，奥托发明的四冲程内燃机以煤气为燃料，采用火焰点火，其转速为 156.7 r/min、压缩比为 2.66、热效率达到 14%，在当时无论是功率还是热效率，都是最高的。

1881 年，英国工程师克拉克成功研制了第一台二冲程煤气机，并在巴黎博览会上进行了展出，随后奥托内燃机迅速得到推广，性能不断提高，到 1893 年单机功率达到 150 kW。此外，由于压缩比的提高，其热效率也随之增高，1886 年热效率达到 15.5%，1897 年热效率达到了 20%~26%。

随着石油的开发，比煤气易于运输储存的汽油和柴油引起了人们的注意。1883 年，德国人戴姆勒制造出第一台燃用汽油的立式内燃机，当时其他内燃机的转速不超过 200 r/min，而戴姆勒制造出的内燃机却一跃达到了 800 r/min，特别适用于交通运输机械；1885~1886 年，德国人本茨和戴姆勒发明了以汽油机为动力的汽车，汽车的发展又促进了汽油机的改进和提高。

德国工程师鲁道夫·狄塞尔受面粉粉尘爆炸的启发，设想将气缸中的空气高度压缩，使其温度超过燃料的自燃温度，再用高压空气将燃料喷入气缸，使之自燃着火燃烧，他因此于 1892 年获得了压缩点火内燃机的技术专利，即在压缩终了将液体燃油喷入气缸内，利用压缩终了气体的高温将燃油点燃，该种方式由于可以采用较高的压缩比和膨胀比，因此热效率提高了一倍。1897 年，鲁道夫·狄塞尔在德国研制成功了世界首台气缸直径为 250 mm、转速为 172 r/min 的压燃式发动机——柴油机，其功率为 14.7 kW、热效率达到了 26.2%，这就是现代柴油机的起源，距今已有一百多年的历史。压缩点火式内燃机的问世，引起了世界相关人士的极大兴趣，并以发明者而命名为狄塞尔发动机，这种内燃机后来多以柴油为燃料，故又称为柴油机。

1898 年，柴油机首先用于固定式发电机组的动力，1903 年又用于商船动力，1904 年装配于舰艇，1913 年第一台以柴油机为动力的内燃机车制成，1920 年左右柴油机开始用于汽车和农业机械。

1922 年，德国博世公司研制出了柱塞式燃油喷射装置，并于 1927 年形成产品，使得柱塞式燃油系统和机械调速系统在柴油机设计和生产领域沿用至今。1926 年瑞士人布希第一次设计了带废气涡轮增压器的增压发动机，在第二次世界大战之后，涡轮增压技术开始在柴油机上得到广泛应用，增压技术使柴油机的功率成倍提高，并由此产生了非常可观的社会效益和经济效益。1954 年，美国康明斯发动机公司设计发明了独特的 PT 燃油供给系统，大大提高了康明斯柴油机的动力性和经济性。20 世纪 60 年代后期，柴油机电子控制技术诞生，并通过 20 世纪 70 年代的发展于 80 年代趋于成熟。

一百多年以来，柴油机的工作原理没有本质的改变，但其性能却在不断改善和提高，从追求低油耗到降低排放、降低噪声和减轻振动，特别是 20 世纪 80 年代以来，更注重向可靠性、安全性和操作舒适性方向发展，并在柴油机强化技术[11]、电子喷射[12]、电子调速以及代用燃料使用[13]等方面取得了突破性的进展。

二、柴油机主要特点

无论是汽油机还是柴油机，它们都属于内燃机，都是燃烧燃料后通过推动气缸内活塞

柴油机特点与分类教学视频

往复运动来将燃料中的化学能转换为机械能输出，因此二者的工作原理是大体相同的，其差异主要体现在混合气形成方式、着火及燃烧模式两个方面。

（一）混合气形成方式的差异

汽油沸点低、蒸发性好，因而在常温或稍加热的条件下易于在缸外与空气形成预制均匀混合气，也就是说在气缸进气门开启的时刻，汽油机的混合气就已经基本形成，因此可直接进入气缸，经过压缩冲程，最后靠活塞点火将其点燃。而柴油沸点高达 180～360℃，不适于缸外预混合，即便加热后能在缸外气化混合，也会因空气密度下降而减少进入气缸的充量，同时也会消耗额外预热的能量，因此柴油机采用了缸内高压燃油喷射以及与空气雾化混合的混合气形成方式。

（二）着火及燃烧模式的差异

汽油机实行缸外预制均匀混合气后，只能采用外源强制点火，这是由于预制均匀混合气若进行压燃，会同时着火近乎爆炸，此外汽油的燃点高，着火准备时间长，实现喷雾压燃也是不合理的。反之，柴油机实行喷雾混合，因其着火温度较低，准备时间短，初期适于燃烧的混合气量不多，喷雾后不久立即着火，初期工作粗暴的情况会得到缓解。

与汽油机相比，柴油机具有如下特点：

（1）柴油机压缩比高、热效率高、燃油消耗率低，同时柴油价格便宜，因此柴油机的经济性较好；

（2）柴油机没有点火系统，故障少、工作可靠；

（3）柴油在运输和贮存过程中，火灾危险性较小。

正是由于柴油机具有以上优点，因此被广泛应用于交通运输、工业、农业以及国防军事等领域，例如内燃机车、船舶、坦克和发电机组等[14]，尤其是发电机组的原动机，目前绝大多数采用了柴油机。

三、柴油机分类方法

常用的柴油机分类方法包括以下几种：按照一个工作循环的行程数，可分为四冲程柴油机和二冲程柴油机；按照冷却方式，可分为水冷式柴油机和风冷式柴油机；按照进气方式，可分为自然吸气式柴油机和增压式柴油机；按照气缸数目，可分为单缸柴油机和多缸柴油机；按照气缸排列方式，可分为直列式柴油机、V 型柴油机等；按照转速或活塞平均速度，可分为高速柴油机（标定转速高于 1000 r/min 或活塞平均速度高于 9 m/s）、中速柴油机（标定转速为 600～1000 r/min 或活塞平均速度 6～9 m/s）、低速柴油机（标定转速低于 800 r/min 或活塞平均速度低于 6 m/s）；若按照用途划分，可分为农用柴油机、汽车用柴油机、工程机械用柴油机、拖拉机用柴油机、铁路机车用柴油机、船用柴油机及发电用柴油机等。

四、柴油机总体构造

柴油机总体构造教学视频

无论什么类型的柴油机，均由机体组、曲柄连杆机构、配气机构、进排气系统、燃油供给系统、润滑系统、冷却系统、启动系统等组成；此外，增压柴油机还有增压系统。

1. 机体组

机体组主要包括气缸体、气缸盖、曲轴箱等固定机件。机体组是柴油机各机构、各系统装配的基体、骨架，用于提供零部件的安装位置，同时其许多部位还是曲柄连杆机构、配气机构、进排气系统、燃油供给系统、冷却系统、润滑系统的组成部分。

2. 曲柄连杆机构

曲柄连杆机构是柴油机的主要运动机构，用于完成气缸内的燃烧并将机械能通过曲轴输出，从而驱动负载工作。曲柄连杆机构通常由活塞、活塞环、活塞销、连杆、曲轴和飞轮等组成，其功用是将活塞的往复运动转变为曲轴的旋转运动，同时将作用于活塞上的力转变为曲轴对外输出的转矩。

3. 配气机构

配气机构由气门组件、气门控制机构共同组成，其作用是根据每一气缸内的工作和发火次序的要求，定时开启和关闭各气缸的进、排气门，从而使新鲜空气及时进入气缸，并把燃烧生成的废气及时排出气缸。

4. 进排气系统

进排气系统的作用是将新鲜空气分配到各气缸中，并汇集燃烧后的废气，经消声器排到大气中。通常进排气系统由空气滤清器、进排气管和排气消声器等组成。

5. 燃油供给系统

柴油机燃油供给系统由油箱、输油泵、柴油滤清器、喷油泵（康明斯柴油机为 PT 燃油泵）、喷油器（康明斯柴油机为 PT 喷油器）以及调速器等组成，其功用是将一定量的清洁柴油，依据柴油机的负荷大小并按照一定的工作顺序，在一定时间内以高压和良好雾状喷入气缸内燃烧。

6. 润滑系统

柴油机润滑系统的主要作用是将润滑油送入运动零件的摩擦表面，以减少摩擦副的摩擦和磨损，并带走摩擦生成的热量和金属碎屑，确保润滑良好和柴油机工作可靠，其主要部件包括油底壳、机油泵、机油滤清器、机油道、机油冷却器以及阀门、润滑油道、指示和报警装置等。

7. 冷却系统

冷却系统的主要作用是将柴油机的受热零件，如气缸盖、气缸、气门等的热量及时散发到大气中或交换至其他介质中，以保证柴油机在适宜的温度下工作。冷却介质一般为水或空气，通常水冷柴油机的冷却系统由水泵、节温器、散热器（或热交换器）、水滤器、冷却风扇以及机体和气缸盖中的冷却水套和水管、指示和报警装置等组成。

8. 增压系统

柴油机通常采用废气涡轮增压器对进气进行增压，从而通过提高柴油机的进气压力，使更多的空气进入气缸，在保证完全燃烧的同时增加每循环喷油量，提高柴油机的动力性和经济性。通常安装有增压系统的柴油机称为增压柴油机，不安装的称为非增压柴油机。

9. 启动系统

启动系统利用柴油机以外的能源使柴油机开始运转，从而迫使柴油机由静止状态转入运转状态。常用的电启动系统由蓄电池、启动电机、操纵机构、驱动机构等组成。

五、柴油机常用名词术语

柴油机常用名词术语教学视频

以单缸四冲程柴油机为例,其工作简图如图 2－1 所示。圆筒形气缸套 11 中装有活塞 12,活塞通过活塞销 4、连杆 3 与曲轴 2 相连。曲轴支承在主轴承上,其末端固定有飞轮。机体 13 的上部由气缸盖密封。气缸盖上装有进气门 6、排气门 5 以及喷油器 8,由配气机构凸轮轴控制气门的开启与关闭,并通过喷油器向燃烧室喷入雾状柴油。柴油机工作时活塞在气缸中做往复运动,曲轴绕其轴线做旋转运动。

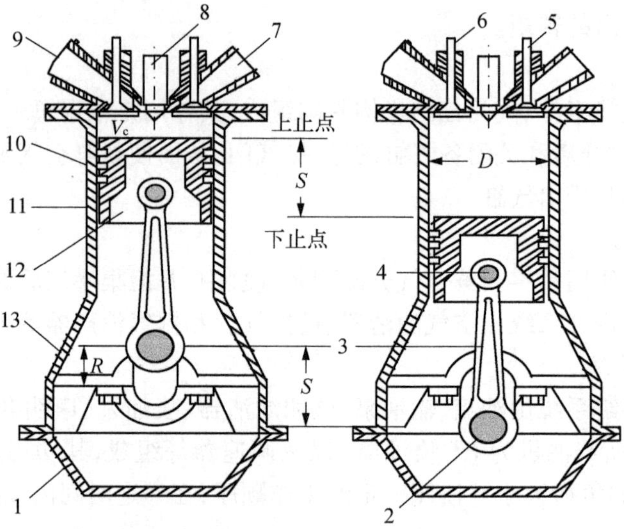

(a) 活塞在上止点　　(b) 活塞在下止点

图 2－1　单缸四冲程柴油机简图

1—油底壳;2—曲轴;3—连杆;4—活塞销;5—排气门;6—进气门;7—排气管;8—喷油器;9—进气管;10—活塞环;11—气缸套;12—活塞;13—机体

柴油机常用名词术语主要包括:

1. 止点

活塞在气缸中做往复运动的两个极限位置称为止点。活塞离曲轴旋转中心的最远位置,即活塞顶能达到的最高位置称为上止点;活塞离曲轴旋转中心的最近位置,即活塞顶能达到的最低位置称为下止点。

2. 活塞行程

活塞从上止点移动到下止点,或从下止点移动到上止点所走过的距离,即上、下止点间的距离称为活塞行程(又称为冲程),用 S 表示。活塞每移动一个行程,曲轴旋转半周转过 180°转角。若用 R 表示曲轴(曲柄)半径,则对于气缸中心线垂直通过曲轴中心线的柴油机而言,活塞行程 S 等于曲柄半径 R 的两倍。

3. 燃烧室和燃烧室容积

活塞在气缸内做往复运动时,气缸内的圆柱形空间也在不断发生变化。当活塞在上止点位置时,活塞顶与气缸盖之间的空间称为燃烧室,其容积称为燃烧室容积,用 V_c 表示，单位为 L（升）。

4. 气缸工作容积

活塞从上止点移动到下止点，或从下止点移动到上止点所扫过的空间容积称为气缸工作容积，用 V_h 表示。多缸柴油机的总工作容积为所有气缸工作容积之和，通常称为柴油机的排量，它等于气缸工作容积 V_h 与气缸数的乘积。

5. 气缸总容积

活塞位于下止点时，活塞顶上部的气缸容积称为气缸总容积，它等于燃烧室容积与气缸工作容积之和，通常用 V_a 表示。

6. 压缩比

压缩比定义为气缸总容积 V_a 与燃烧室容积 V_c 之比，它表示在压缩过程中，气体在气缸内被压缩的程度。通常压缩比越大，气体受压缩的程度也越大，压缩终了气体的压力和温度也越高，从而有利于燃料燃烧和燃气膨胀做功。压缩比是一个重要的结构参数，通常柴油机的压缩比比汽油机高，一般为 12~26。

7. 活塞平均速度

当曲轴匀速转动时，活塞在气缸内的往复直线运动并非匀速，当活塞趋向于上、下止点时，速度越来越低，到上、下止点时为零；当活塞背离上、下止点时，速度越来越快，在中间的某一位置时速度达到最大。根据曲轴的转速 n（r/min）和活塞行程 S（mm），可以求出活塞每秒平均移动的距离，即活塞平均速度，用 C_m 表示：

$$C_m = (n \times S/30) \times 10^{-3} \ (\text{m/s}) \tag{2-1}$$

六、柴油机型号编排规定

柴油机型号编排规定教学视频

（一）国产柴油机型号编排规定

为了便于柴油机的生产管理和使用，国家对柴油机的名称和型号编排有统一的规定。按照编排规定的要求，柴油机的型号应能清楚表明柴油机的气缸数目、机型系列（冲程符号和缸径）、变型符号以及用途和结构特点等，规定的具体内容如图 2-2 所示。

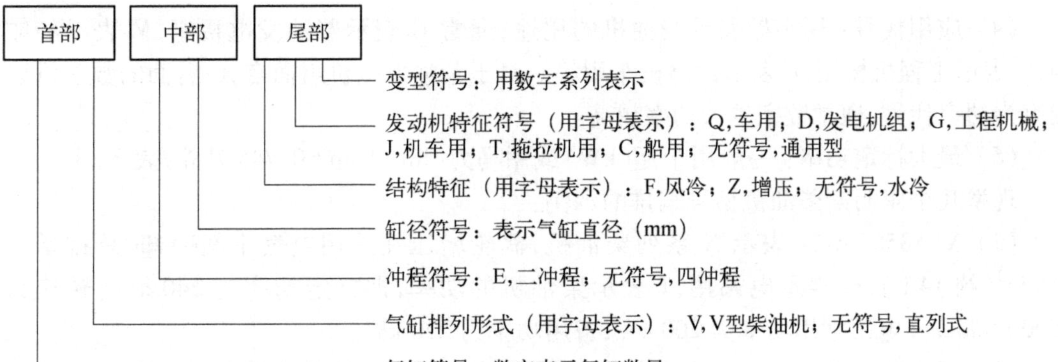

图 2-2　国产柴油机型号编排规定示意图

现举几个国产柴油机型号编排的示例。

(1) 6250Z 柴油机：表示 6 缸、四冲程、缸径 250 mm、水冷、增压型柴油机。

(2) 12V135ZD 柴油机：表示 12 缸、V 型排列、四冲程、缸径 135 mm、水冷、增压、电站用柴油机。

(3) 6135Q－2 柴油机：表示 6 缸、四冲程、缸径 135 mm、水冷、汽车用柴油机、第 2 种变型产品。

(4) YC6105 柴油机：表示广西玉柴机器集团有限公司生产的 6 缸、四冲程、缸径 105 mm、水冷、通用型柴油机。

(二) 康明斯柴油机型号编排规定

康明斯柴油机的型号编排与上述规定有所不同，符号含义如图 2－3 所示。

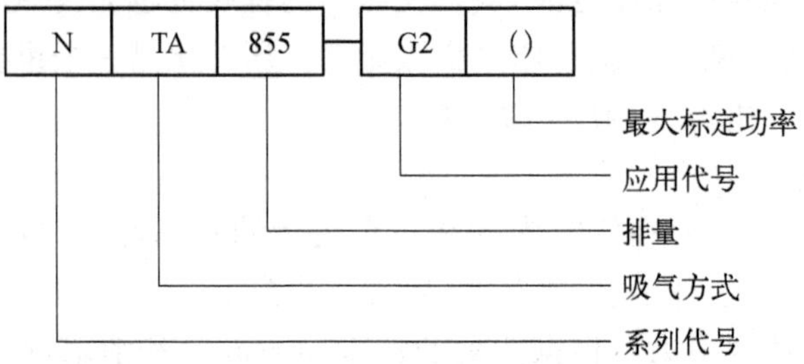

图 2－3 康明斯柴油机型号编排规定示意图

(1) 系列代号：用字母 B、C、N、K、M 等表示柴油机系列，其中对 B、C 系列柴油机须加上气缸数，如“4B”和“6C”等。不同系列柴油机的构造不同，即使同一系列柴油机由于用途、功率、转速等不同，个别零件或系统配置也会有所差异，例如 K 系列柴油机就有直列式和 V 型排列两种不同的机型。

(2) 吸气方式：用字母组表示，其中 T 代表增压，TA 表示增压加中冷，TT 表示柴油机采用高、低两级增压，TTA 表示采用两级增压再加中冷。无字母组者为自然吸气（即非增压）。

(3) 排量：柴油机排量即柴油机气缸总工作容积，用数字表示，单位用升（L）或用立方英寸（in^3，$1\ in^3 \approx 0.0164$ L）表示。

(4) 应用代号：用字母表示柴油机的用途，通常 G 表示柴油发电机组，M 表示船舶用，C 表示工程机械用，L 表示铁路机车用等。对于柴油发电机组而言，G 后面的数字可以理解为功率代号，通常数字越大功率越高。

(5) 最大标定功率：一般用千瓦（kW）或用马力（hp，1 hp＝0.745 7kW）表示。

现举几个康明斯柴油机型号编排的示例：

(1) NTA855－G1：表示 N 系列柴油机，涡轮增压并采用空气中间冷却，总排量为 855 in^3（约 14 L），G 表示电站用，1 表示柴油机的功率，即标定功率为 240 kW（转速为 1500 r/min）。电站常用功率为 200 kW，备用功率为 220 kW。

(2) KTA19－G2：表示 K 系列柴油机（直列式），涡轮增压并采用空气中间冷却，总排量为 19 L（约 1150 in^3），G 表示发电用，2 表示柴油机的功率，即标定功率为 336 kW（转速为 1500 r/min)。电站常用功率为 300 kW,备用功率为 330 kW。

(3) KTTA19 - G2：表示 K 系列柴油机(直列式),二级涡轮增压并采用空气中间冷却,总排量为 19 L(约 1150 in^3),G2 表示 400 kW 电站用柴油机。

(4) KT38 - G：表示 K 系列涡轮增压柴油机(V 型排列),总排量为 38 L(约 2300 in^3),G 表示发电用。电站备用功率为 615 kW(转速为 1500 r/min),常用功率为 560 kW。

七、柴油机主要性能指标

(一) 柴油机工作性能

通常柴油机的工作性能主要包括动力性和经济性、运转性、耐久可靠性等方面。

1. 动力性和经济性

动力性和经济性表示一定尺寸和重量的柴油机在单位时间内做功的能力,以及发出一定机械功所消耗燃料的多少,该指标主要与柴油机工作过程的好坏有关,其中动力性能指标主要包括功率、扭矩、转速,而经济性能指标主要包括燃油消耗率和机油消耗率等。

2. 运转性

运转性主要用于评价柴油机的冷启动性能、运转中的噪声和排气品质等,主要与设计水平和制造质量有关,并且与气缸内的燃烧过程密切相关。

3. 耐久可靠性

耐久可靠性表示在寿命期内柴油机能够有效、可靠工作的能力,主要取决于柴油机零部件的结构、材料和制造工艺等因素,该指标主要用于新机型鉴定、货源鉴定和质量检查评估等,用于检查评价柴油机的可靠性和性能衰退。通常可用平均故障间隔时间(mean time between failure, MTBF)和平均首次故障时间表征,也可以理解为大修或更换零件之间的最长工作时间与无故障长期工作能力[15]。

(二) 柴油机有效指标

通常柴油机的动力性和经济性指标有两种：一种是以燃烧气体膨胀对活塞做功为基础的指标,称为指示指标;另一种是以柴油机曲轴输出功率为基础的指标,称为有效指标。本节仅讨论柴油机常用的有效指标。

1. 有效功率 N_e(kW)与有效扭矩 M_e(N·m)

有效功率是柴油机最主要的性能指标,通常用 N_e 表示,单位为 kW,可在专用试验台架上通过测量柴油机的运行转速和输出扭矩的方式来间接测定。此外,柴油机工作时由曲轴输出的扭矩称为有效扭矩,通常用 M_e 表示,单位为 N·m。若以 n 表示柴油机转速,单位为 r/min,则有效功率与柴油机转速、输出扭矩之间的关系为

$$N_e = \frac{M_e \cdot n}{9550} \tag{2-2}$$

2. 平均有效压力 P_e(MPa)

平均有效压力可看作是一个假想、不变的压力作用在活塞顶上,在这个压力推动下,活塞由上止点移动到下止点所做的功,就等于一个工作循环实际输出的有效功。平均有

效压力是衡量柴油机动力性能和强化程度的一个重要指标，如下式所示：

$$P_e = \frac{30 \times \tau \times N_e}{i \times n \times V_h} \tag{2-3}$$

式中，τ 表示冲程系数，通常二冲程取 2，四冲程取 4；i 表示柴油机气缸数目；V_h 表示气缸工作容积（又称单缸排量），单位为 L。结合公式（2－2）可以看出，对于一定排量的柴油机，平均有效压力也反映了柴油机输出扭矩的大小，也就是说平均有效压力反映了柴油机单位气缸工作容积输出扭矩的大小。

3．升功率 N_l（kW/L）

升功率 N_l 是指在标定工况下，柴油机每升气缸工作容积所发出的有效功率，该指标是从有效功率出发，对气缸工作容积利用率的总体评价。通常升功率越高，柴油机的强化程度越高，即发出一定有效功率的柴油机结构越紧凑。升功率 N_l 的大小正比于平均有效压力 P_e 与转速 n 的乘积，反比于冲程系数 τ：

$$N_l = \frac{N_e}{i \times V_h} = \frac{P_e \cdot n}{30\tau} \tag{2-4}$$

4．有效热效率 η_e 与有效燃油消耗率 g_e［g/（kW·h）］

有效热效率 η_e 是指实际循环的有效功与为得到此有效功所消耗的热量的比值，可用下式表示：

$$\eta_e = \frac{W_e}{Q_1} = \frac{3.6 \times 10^3 \times N_e}{G_B \times H_U} \tag{2-5}$$

式中，Q_1 表示得到有效功 W_e 所消耗的热量，单位为 J；W_e 为有效功，单位为 J；3.6×10^3 为 1 kW·h 的热当量，单位为 kJ/（kW·h）；G_B 为每小时柴油机的耗油量，单位为 kg/h；H_U 为所用燃料的低热值，单位为 kJ/kg，通常柴油的低热值为 41 868 kJ/kg。

有效燃油消耗率 g_e 简称比油耗或耗油率，它表示柴油机工作时每千瓦小时所消耗燃油量的克数。通常 g_e 值越低表示柴油机运行的经济性越好。柴油机台架试验时，有效燃油消耗率 g_e 可根据每小时的燃油消耗量 G_B（单位为 kg/h）和此时柴油机的功率 N_e（kW）按下式进行计算：

$$g_e = \frac{G_B \times 10^3}{N_e} \tag{2-6}$$

将公式（2－5）代入公式（2－6）可得

$$g_e = \frac{3.6 \times 10^6}{\eta_e \times H_U} \tag{2-7}$$

根据公式（2－7）可以看出，有效燃油消耗率 g_e 与有效热效率 η_e 成反比，知道其中一值即可求出另一值。

5. 机械损失与机械效率 η_m

柴油机工作过程中不可避免地存在气缸摩擦损失、轴承与气门机构摩擦损失、驱动附属机构损失和换气过程损失等，通常这些损失消耗的功率越大，柴油机的机械效率就越低。通常机械损失主要包括：① 活塞与活塞环的摩擦损失，该损失与活塞长度、活塞间隙以及活塞环的数目和环的张力等结构因素有关，在构造相同的情况下，该摩擦损失随气缸内压力、活塞速度以及润滑油黏度的升高而增加；② 轴承与气门机构的摩擦损失，通常随着轴承直径的增大和转速的提高以及轴颈圆周速度的增大，该部分损失亦将增加；③ 驱动附属机构的功率损失，附属机构主要指冷却水泵总成、冷却风扇、机油泵、喷油泵总成等，这些附属机构消耗的功率通常随柴油机转速和润滑油黏度的增加而增大，该损失通常仅占机械损失的一小部分；④ 连杆、曲轴等零件在曲轴箱内高速运动时，为克服油雾、空气阻力及曲轴箱通风等将消耗一部分功，通常称为流体摩擦损失。

基于上述机械损失，可将机械效率 η_m 定义为

$$\eta_m = \frac{N_i}{N_e} = \frac{N_e - N_m}{N_e} = 1 - \frac{N_m}{N_e} \tag{2-8}$$

式中，N_i 表示柴油机的指示功率，单位为 kW；N_m 表示柴油机的机械损失功率，单位为 kW；式中 N_e 可取某一常用工况的数值。通常非增压柴油机的机械效率为 0.78~0.85，增压柴油机的机械效率为 0.80~0.92。

6. 噪声

柴油机工作过程中，机械零件的摩擦、气缸内的燃烧和进排气过程都会产生很大的噪声，噪声会对周围环境和操作人员的健康造成影响。严格按照标准规定的方法和步骤采用噪声计进行测量时，通常柴油机在距离机体表面 1 m 处的噪声约为 80~120 dB，康明斯柴油机约为 107 dB。

7. 排放

柴油机工作时，排气中含有对人体有影响和对环境有危害的成分，如一氧化碳、碳氢化合物、氮氧化合物以及从曲轴箱和油箱蒸发出的油气等。此外，当燃烧室内局部缺氧而导致混合气形成和燃烧组织不良，以及燃烧室温度较低或较高时，有害废气的含量将会增大。

第二节　单缸柴油机工作原理

一、四冲程柴油机工作过程

（一）工作原理

柴油机工作原理教学视频

如图 2-4 所示，四冲程柴油机工作时，曲轴旋转两圈做功一次。活塞上、下各运动两次完成一个工作循环，主要包括进气冲程、压缩冲程、做功冲程和排气冲程。在柴油机的一个工作循环中，柴油机的进、排气门各开关一次，喷油器完成一次喷油过程。

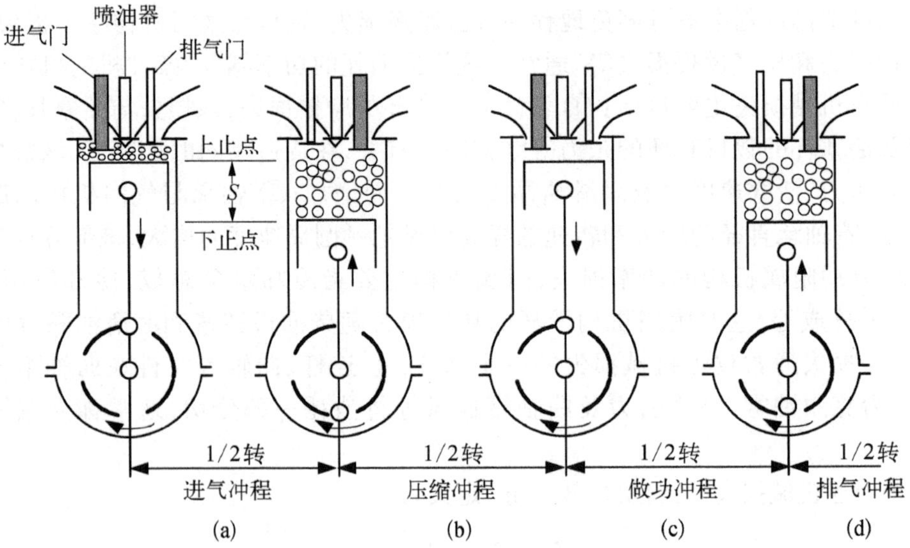

图 2-4　四冲程柴油机工作过程示意图

1. 进气冲程

进气冲程的主要作用是将新鲜空气引入气缸，从而为后续的良好压缩准备条件，此时活塞在曲轴的带动下从上止点向下止点运动，进气门开启、排气门关闭。随着活塞下移，活塞顶上部的气缸容积不断增大，外界空气经开启的进气门充入气缸。当活塞移动到下止点时，进气门关闭。

由于进气过程中空气经过空气滤清器、进气管道和气门时存在流动阻力，加之受到气门等高温零件的加热，因此进入气缸的空气压力略低于大气压力，而温度则高于环境温度。通常进气终了时，非增压柴油机气缸内的空气压力一般接近大气压力，气缸内空气温度约为 30~50℃；增压柴油机气缸内的空气压力约为 0.13~0.20 MPa，如果采用空气中间冷却，进气温度为 100℃左右。需要指出的是，进气量和进气温度是影响柴油机性能的主要因素，目前柴油机大都采用涡轮增压器和空气中间冷却器，从而在提高进气压力的同时降低了进气温度，使得更多的空气充入气缸。

2. 压缩冲程

压缩冲程的主要作用是为气缸内混合气的形成及良好燃烧准备条件，同时使燃气得到尽可能大的膨胀机会，从而保证热能更有效地转化为机械能，此时曲轴通过连杆推动活塞由下止点向上止点运动，进、排气门均关闭，气缸内的空气被压缩。压缩冲程过程中，由于活塞上行使气缸容积逐渐减小，气体被强烈压缩，压力和温度随之升高，压缩终了时对非增压柴油机，气缸内的压力约为 3~5 MPa，温度约为 500~700℃，而对于增压柴油机，压缩末了的气压和温度会更高。

为了使压缩冲程后期可燃混合气能够迅速自燃，柴油机采用了较高的压缩比，从而保证压缩终了气缸内气体温度比柴油的自燃温度高出 200~300℃。当柴油机气缸严重磨损、进气阻力增大和气缸漏气严重时，都会使压缩终了的温度和压力降低，导致喷入气缸的柴油不易着火，柴油因空气量不足而燃烧不充分，柴油机功率下降、排气冒黑烟、油耗增加。此外，为了充分利用柴油燃烧所产生的热量，通常要求燃烧过程能够在活塞移动到上止点略后位置迅速完成，但由于喷入气缸的柴油必须经过一定的物理、化学着火准备才能实现燃烧，因此实际的柴油机循环是在压缩冲程结束前，即在压缩冲程上止点前某个曲轴转角，通过喷油器提前将柴油喷入气缸。

3. 做功冲程

做功冲程的主要作用是实现热能与机械能的转换，对外输出动力。做功冲程也称为燃烧膨胀冲程，它是柴油机的主要工作冲程，此时活塞在燃烧气体的推动下从上止点向下止点运动，进、排气门仍关闭。做功冲程过程中，由于喷入气缸内的柴油在高温空气中很快混合、燃烧，从而产生大量热能，使气缸内的气体压力和温度急剧升高，燃烧的最高压力可达到 12.69 MPa，最高温度可达 1900℃左右，高温、高压燃气膨胀并推动活塞下行，通过连杆带动曲轴旋转，对外输出动力。随着活塞下移，气缸容积逐渐增大，气体压力逐渐减小。膨胀终了时，非增压柴油机气缸内的压力约为 0.3~0.4 MPa，温度约为 600~850℃；增压柴油机气缸内的压力约为 0.5~0.8 MPa，温度约为 650~900℃。

4. 排气冲程

排气冲程的主要作用是排出气缸内的废气，从而为下一个工作循环的进气冲程做好准备，此时活塞由下止点向上止点运动，进气门关闭，排气门打开。排气冲程开始时活塞位于下止点，气缸内充满着燃气膨胀做功后的废气，废气依靠本身的动能以及在活塞上行的推动下，经开启的排气门排至外界。

排气冲程终了，非增压柴油机气缸内的压力约为 0.11 MPa，排气温度约为 500℃；增压柴油机气缸内的压力约为 0.12 MPa，排气温度约为 600℃。由于气缸存在一定的压缩容积，排气冲程不可能将气缸内的废气排净，仍会存留少量残余废气。当活塞到达上止点，排气门关闭，排气冲程结束。

至此，柴油机经历了曲轴旋转两周，活塞上、下往复运动的四个冲程，完成了由进气、压缩、做功、排气四个冲程组成的一个工作循环。排气冲程结束后，曲轴依靠飞轮转动的惯性作用使进气冲程重新开始，如此周而复始地完成一个又一个工作循环，从而保持柴油机连续运转。

四冲程柴油机工作原理仿真动画

（二）示功图表示

上述四冲程柴油机工作过程也可采用图 2－5 所示的示功图进行表示。图中纵坐标代表气缸压力 P，横坐标代表活塞在不同位置时的气缸容积 V（或曲柄转角 α），因此示功图通常又称为 $P-V$ 图，运用示功图能够清楚、直观地表示一个工作循环内气缸压力 P 与活塞在不同位置时的气缸容积 V 之间的变化关系。

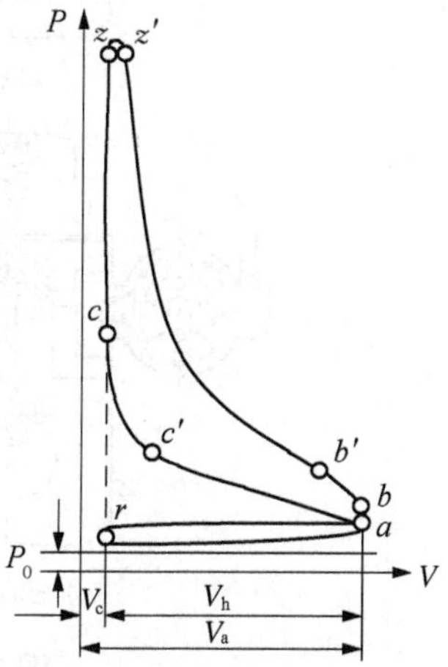

图 2－5　增压柴油机示功图

（1）$r-a$ 曲线表示进气冲程。随着气缸容积逐渐增大，对于非增压柴油机，进气压力略低于大气压力

P_0,对于增压柴油机,进气压力略高于 P_0。

(2) $a-c'-c$ 曲线表示压缩冲程。随着气缸容积逐渐减小,由于进、排气门关闭,活塞上移压缩气体,压力升高较快。图中 c' 点表示供油时刻,至上止点的曲轴转角称为供油提前角。

(3) $c-z-z'-b$ 曲线表示做功冲程。燃气推动活塞下移,在上止点附近随着柴油与空气混合燃烧,气缸内压力急剧升高,如 $c-z$ 曲线所示,该过程近似为等容燃烧过程。由于柴油喷射并与空气混合及燃烧需要延续一个时期,尽管活塞越过上止点并开始向下运动,气缸容积增大,但气缸中压力并不立即下降,而是出现了一段 $z-z'$ 近似的等压燃烧曲线。此后活塞被推动下移,气缸容积逐渐增大,气缸内压力下降。

(4) $b-r$ 曲线表示排气冲程。随着气缸容积逐渐减小,压力变化比较平缓。由于排气系统存在流动阻力,排气压力略高于大气压力。

二、二冲程柴油机工作过程

曲轴每旋转一圈,活塞上下往复运动一次,完成换气、压缩、膨胀做功和排气一个工作循环的柴油机称为二冲程柴油机[16]。图 2-6 所示为带有扫气泵的气门-气孔式直流二冲程柴油机工作过程示意图,这种类型的二冲程柴油机无进气门,且气缸(气缸套)壁上有一组进气孔 3,由活塞的上下运动控制其开闭,同时气缸盖上设有排气门 5。空气由扫气泵 1 提高压力以后,经气缸外部的空气室 2 和气缸壁上的进气孔 3 进入气缸,从而完成进气和扫气过程。其工作过程如下。

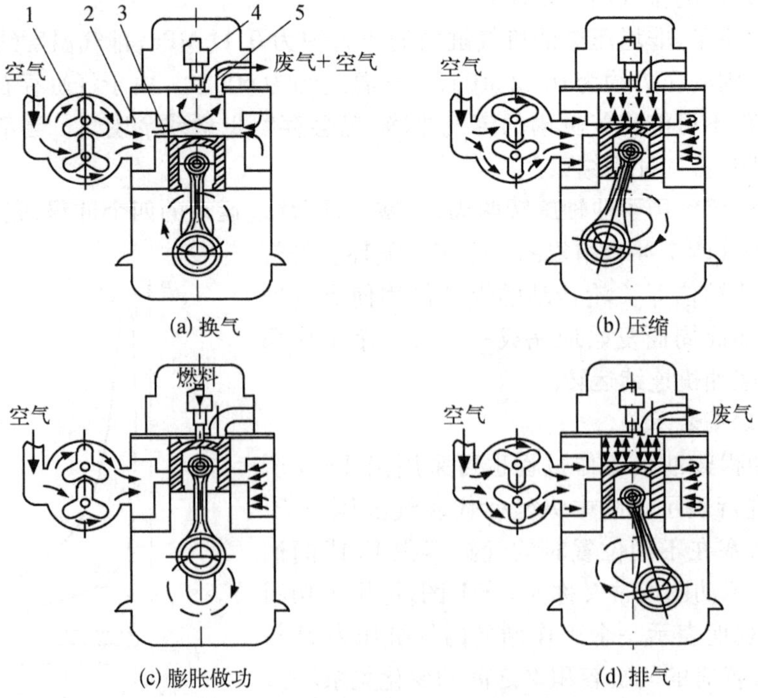

图 2-6 二冲程柴油机工作过程示意图

1—扫气泵;2—空气室;3—进气孔;4—喷油器;5—排气门

1. 第一行程

第一行程也称为换气-压缩过程。曲轴带动活塞由下止点向上运动，此时进气孔和排气门均打开，如图 2-6(a)所示。新鲜空气由扫气泵以高于大气压力送入气缸中，并把气缸中的残余废气从排气门扫出，这种进排气同时进行的过程称为“扫气过程”。活塞继续向上运动，当活塞越过进气孔后，进气孔被活塞关闭的同时，配气机构也使排气门关闭，此时气缸内的新鲜空气被压缩，如图 2-6(b)所示，此过程一直进行到上止点。

2. 第二行程

第二行程也称为膨胀-换气过程。活塞接近上止点时，喷油器开始喷油，如图 2-6(c)所示，喷油器喷出的雾状柴油与高温压缩空气相遇并迅速燃烧，此时由于燃气压力的作用，推动活塞向下止点运动，经连杆带动曲轴旋转输出动力。当活塞下行至某一时刻时排气门打开，如图 2-6(d)所示，做功后的废气由排气门排出。活塞继续向下运动，随后打开进气孔，新鲜空气被扫气泵再次压入气缸，开始“扫气过程”。活塞一直运动到下止点，完成第二个工作行程。

第三节　多缸柴油机工作特点

前述四冲程柴油机工作原理是以单缸机为例进行分析的，在单缸机中柴油机每个工作循环中只有燃烧膨胀冲程对外做功，而进气、压缩和排气三个冲程非但不做功，还要消耗一部分功用来完成压缩气体和克服进、排气阻力，从而实现进气和排气，由此会造成单缸机做功冲程时转速升高，而其余三个冲程转速降低，同时功率的增大也受到气缸直径增大的限制。

多缸柴油机工作特点教学视频

为了提高柴油机的输出功率和改善柴油机运转的平稳性，可采用在曲轴一端安装飞轮的方式。飞轮是一个具有较大转动惯量的圆盘状零件，柴油机工作过程中，在做功冲程燃气压力通过活塞、连杆推动曲轴转动，飞轮跟着旋转并将一部分动能贮存起来，而当柴油机转动到其他三个冲程时，飞轮便将贮存的能量释放，惯性作用会使曲轴仍然接近原有转速，从而改善了柴油机运转的平稳性。

除了在曲轴一端安装飞轮以外，采用多缸机也可有效增大柴油机的输出功率，同时多缸交替工作也会使柴油机的运转更为平稳。如图 2-7 所示，多缸柴油机各缸的活塞连杆组均连接在同一根曲轴上，每个气缸各自构成一个完整的单缸柴油机，并按照前述工作过程独立完成进气、压缩、做功、排气四个冲程，然而为了使柴油机运转平稳、减轻振动和改善曲轴受力状况，在同一时刻每缸所进行的工作过程并不相同，而是根据气缸数目和结构形式的不同，按一定的工作顺序和间隔一定的曲轴转角交替工作。

一、多缸柴油机曲柄夹角

(一) 曲柄夹角

直列式四冲程柴油机中，曲轴每转动两周(720°曲轴转角)，每个气缸都要各自完成一

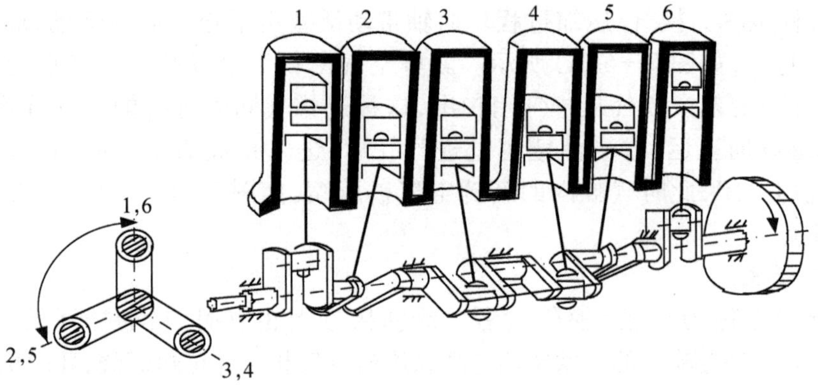

图 2－7 六缸柴油机示意图

个工作循环。为了保证运转的均匀性，必须使每缸的工作冲程均匀地分布在 720°曲轴转角内，这可由曲轴上各曲柄（拐）在空间的排列角度来保证。若柴油机有 i 个气缸，则多缸柴油机曲柄夹角为 $\Phi=720°/i$，即 4 缸、6 缸、8 缸柴油机的曲柄夹角分别为 180°、120°和 90°。

对于 V 型柴油机而言，由于在每个曲柄上并列装有两个连杆，并各自伸入左、右列气缸内，因此其曲柄夹角为 $\Phi=720°/(i/2)$。例如具有 12 个气缸的 V 型柴油机 12V135，其曲柄数与 6 缸柴油机相同，即曲柄夹角也是 120°。

（二）气缸编号

为了生产管理和使用维修的方便，多缸柴油机均将气缸进行编号。国家标准对气缸编号方法做如下规定：一是整台柴油机可采用连续的顺序号表示；二是直列式柴油机气缸编号从自由端开始为第 1 缸，向功率输出端依次编号（如 6135 和康明斯柴油机等）；三是 V 型柴油机分左、右两列，且左、右列由功率输出端位置（即面向飞轮）进行区分，然后从右列自由端处为第 1 缸，依次向功率输出端编号，右列排完后再从左列自由端处接连右列气缸序号编号，如图 2－8 所示。

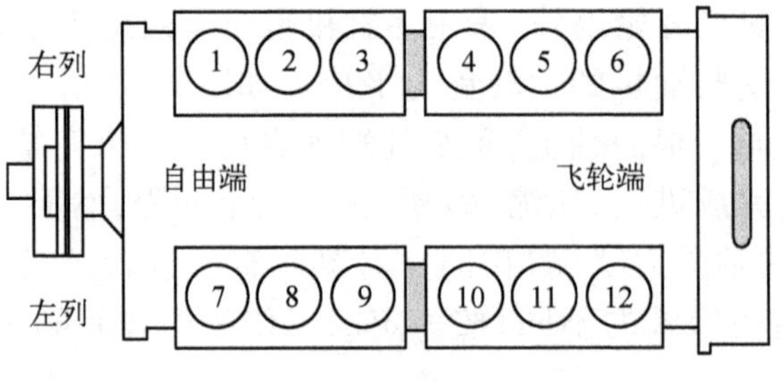

图 2－8 12V135 柴油机气缸编号示意图

需要指出的是，也有不少柴油机的气缸编号方法与国家标准不符，例如康明斯 K 系列 V 型机组，两列编号分别为左 1、右 1，左 2、右 2，…，左 6、右 6。因此，对于实际机型，应以使用说明书中的规定为准。

二、多缸柴油机发火顺序

多缸柴油机的发火顺序(也叫工作顺序)完全由曲轴上的曲柄位置排列所决定,它既要综合考虑柴油机的平衡性和平稳性,又要合理确定各缸的发火顺序。通常各气缸发火顺序的确定原则是[17]:

(1) 避免相邻两缸接连发火;

(2) 有效减轻曲轴轴承负荷;

(3) 改善气缸散热条件;

(4) 防止相邻气缸出现排气干扰;

(5) 有效减轻柴油机振动。

多缸柴油机的发火顺序可以采用中间由横线连接起来的气缸编号来表示。以 6 缸柴油机为例,由于其工作间隔角为 120°,为此曲柄的排列常将 1 缸和 6 缸、3 缸和 4 缸以及 2 缸和 5 缸设计在同一方向,且三者间隔 120°,如图 2－7 所示,此时 6 缸柴油机的工作顺序(发火顺序)为 1—5—3—6—2—4。为了便于理解,表 2－1 用表格形式给出了 6 缸柴油机各缸工作循环交替过程。从表 2－1 可以看出,由于气缸数目增多,相邻工作缸的冲程出现重叠,因此比气缸数目少的柴油机运转更加平稳。

表 2－1　六缸柴油机各缸工作循环交替过程

上、下止点		(上)			(下)			(上)			(下)			(上)
曲轴转角		0°	60°	120°	180°	240°	300°	360°	420°	480°	540°	600°	660°	720°
气缸号	1		进气											
	5				进气									
	3						进气							
	6									进气				
	2										进气			
	4												进气	

V 型柴油机的发火顺序通常采用两列气缸均匀交错发火。以 12V135 系列柴油机为例,左、右两列气缸中心线的夹角为 75°曲轴转角,每列气缸的发火顺序与直列式相同,其中右列六个气缸的发火顺序为 1—5—3—6—2—4,左列六个气缸为 12—8—10—7—11—9,此时整机的发火顺序采用左右两列气缸交替,即 1—12—5—8—3—10—6—7—2—11—4—9。由于从 1 缸发火到 5 缸发火曲轴要转过 120°,而 V 型夹角为 75°,因此 1 缸至 12 缸的发火间隔角为 75°,12 缸至 5 缸的发火间隔角则为 120°－75°＝45°,如图 2－9 所示。

康明斯 KTA38 柴油机为 12 缸 V 型排列,左列、右列发火顺序均为 1—5—3—6—2—

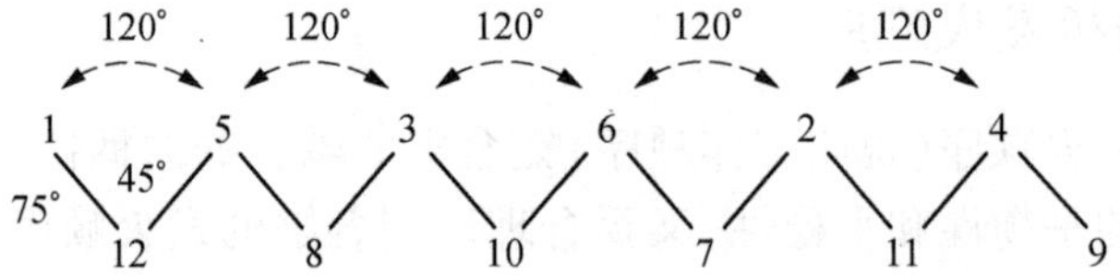

图 2-9　12V135 柴油机发火顺序示意图

4,两列之间相互嵌插,此时整机发火顺序为 1 右—6 左—5 右—2 左—3 右—4 左—6 右—1 左—2 右—5 左—4 右—3 左。

三、柴油机换气过程

柴油机换气过程教学视频

为了简化分析,前面我们都是假设柴油机的进、排气门是在上、下止点才开始打开或者关闭,但考虑到气门从关闭到完全打开,或从打开到完全关闭都需要经历一定的时间。一方面初期气门开度小,会增加气体流动的阻力,影响进气和废气排出;另一方面柴油机工作循环所经历的时间又十分短暂,当转速为 1 500 r/min 时,一个工作循环经历的时间只有 0.08 s,加之热负荷较高,因此为了保证柴油机多进气和多排气,从而有利于气缸换气过程的进行,实际的柴油机都将气门提前打开和推迟关闭。

柴油机的换气过程包括从排气门开始打开直到进气门完全关闭的整个时期,主要分为自由排气、强制排气和进气三个阶段。

(一) 自由排气阶段

柴油机做功冲程临近终了时,气缸内的气体压力仍然较高,此时若提前开启排气门,气缸内的废气即可在这个压力作用下以很高的速度自行冲出气缸,虽然提前排气会使柴油机对外做功减少,但由于废气排出会使气缸内的压力大大降低,从而减小活塞随后上行排气的阻力。由排气门开始在下止点前提前打开,至气缸内压力略高于排气管内压力为止,称为自由排气阶段,自由排气阶段的时间虽然不长,但排气量却高达 60% 左右。

(二) 强制排气阶段

自由排气阶段结束至排气过程结束,称为强制排气阶段。活塞上行推动气缸内的废气从排气门排出,当活塞到达上止点时,气缸内残余废气压力仍高于大气压力,加之排气时气流具有一定的惯性,因此为使排气更干净,排气门不在上止点关闭,而是在活塞越过上止点后才延迟关闭。

(三) 进气阶段

进气阶段包括了从进气门提前打开至推迟关闭所经历的全部时间,进气门之所以要在进气冲程上止点前提前开启,在越过下止点后延迟关闭,是为了减小进气阻力,充分利用气流惯性以增加新鲜空气的充量。需要指出的是,进、排气门提前开启和延迟关闭的角度,不同柴油机机型有所差异,最佳数值在柴油机设计中需要通过性能试验确定。

通过上述分析可知,在进气过程上止点附近,进气门已经开启,排气门尚未关闭,进、排气门有一个同时都开启的时间,称为气门重叠角。将进、排气门的开、闭时刻和开启的持续时间用曲轴转角表示，即为柴油机的配气相位图，如图 2－10 所示。图 2－10 中，α_1 和 α_2 分别表示进气提前角和延迟关闭角，β_2 和 β_1 分别表示排气提前角和延迟关闭角，因此柴油机进气持续时间为（$\alpha_1 + 180° + \alpha_2$），排气持续时间为（$\beta_2 + 180° + \beta_1$），气门重叠角为 $\alpha_1 + \beta_1$。12V135Z 型、6250Z 型和康明斯 NTA855、KTA19 机型的配气定时角度如表 2－2 所示。

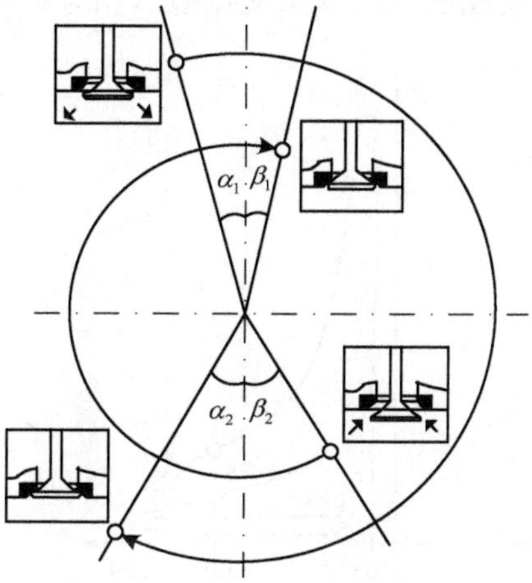

图 2－10　配气相位图

表 2－2　部分柴油机配气定时角度

机　型	进气门提前开启(α_1)/(°)	进气门延迟关闭(α_2)/(°)	排气门提前开启(β_2)/(°)	排气门延迟关闭(β_1)/(°)	气门重叠(α_1+β_1)/(°)
12V135Z	62±6	48±6	48±6	62±6	124±12
6250Z	55	35	40	65	120
NTA855	26	50	64	26	52
KTA19	22	52	40	14	36

四、多缸柴油机气缸工作状态判断

多缸柴油机气缸工作状态判断教学视频

在柴油机维修保养和技能培训中，一个非常重要的概念就是当某缸处于压缩冲程上止点时判断其余各缸的工作状态，用于指导配气和供油正时的检查与调整，目前主要利用示功图法进行判断。通常示功图反映了柴油机一个工作循环内，气缸压力 P 随曲柄转角 α（或气缸工作容积 V）之间的变化关系。如图 2－11 所示，一个工作循环可用四条曲线分别表示进气、压缩、做功、排气四个冲程，同时若考虑配气定时，还可在示功图中用 e 点表示进气门开始打开，至 n 点关闭，用 m 点表示排气门开始打开，至 f 点关闭。

当活塞在上止点时，曲柄转角 α 为 0°，在下止点时 α 为 180°。用示功图法判断直列式六缸柴油机（曲柄夹角为 120°、发火顺序为 1—5—3—6—2—4），当某缸在压缩冲程上止点时其余各缸工作状态的方法如下：

(1) 绘制示功图并在上、下止点处标示 0°和 180°；

(2) 由于直列式六缸柴油机的曲柄夹角为 120°，因此过 120°可作垂线，分别与四条冲程线相交得四个交点，过 0°再作垂线得两个交点，六个点确定了六个气缸的不同工作状态，此时若令第 1 缸活塞处于压缩冲程上止点，则 0°垂线与压缩冲程线的交点为第 1 缸，与进气冲程线的交点则为第 6 缸；

(3) 按照发火顺序逆示功图曲线将其余交点冠以相应缸号，如图 2－11(b)所示；

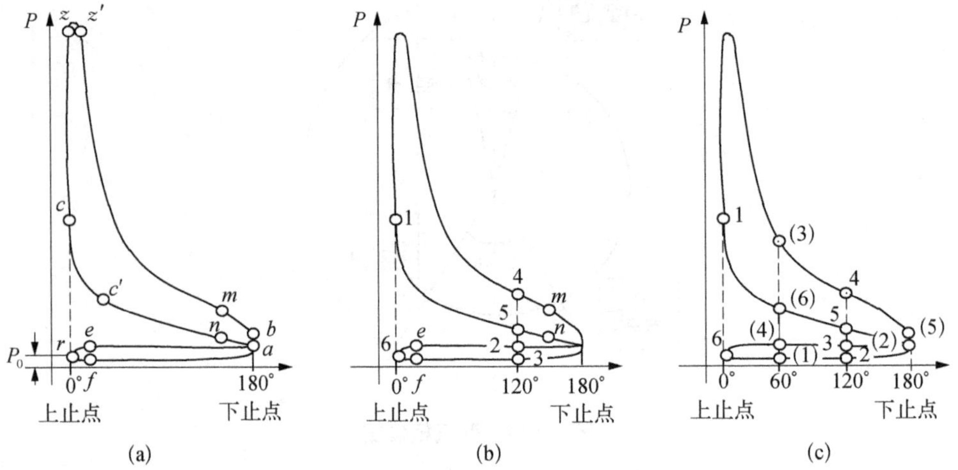

图 2－11　采用示功图法判断气缸工作状态示意图

(4) 按照配气相位(假设进气门提前开启和延迟关闭的角度分别为 20°和 48°，排气门分别为 48°和 20°)在示功图上分别标示出 e、n 点和 m、f 点；

(5) 最终可得，当第 1 缸在压缩冲程上止点时，第 2～5 缸分别处于排气、进气、做功和压缩过程，第 6 缸处于进、排气上止点。

图 2－11(c)所示为康明斯 KTA38 增压柴油机用示功图法确定的各缸工作状态，康明斯 KTA38 柴油机为 12 缸V型结构(左、右两列气缸中心线的夹角为 60°)，曲柄夹角为 120°，且V型柴油机采用左、右两列气缸均匀交错发火，其发火顺序如图 2－12 所示(每列气缸的发火顺序仍然为 1—5—3—6—2—4)。需要指出的是，对于增压柴油机而言，进气压力略高于排气压力，故进气线($r \to a$)应在排气线($b \to r$)的上方。

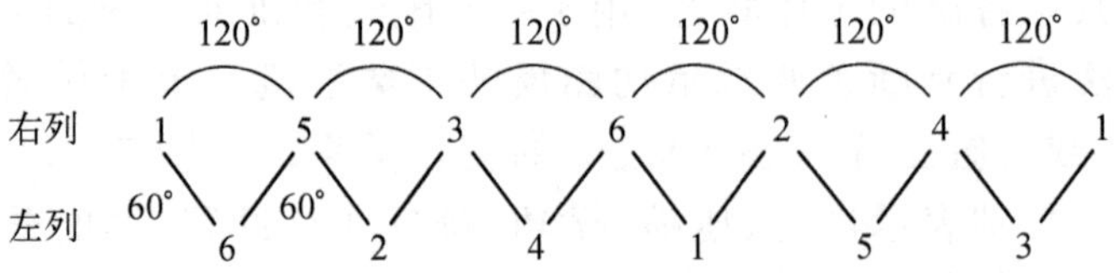

图 2－12　KTA38 增压柴油机发火顺序示意图

作图时按照前述方法先标示出右列 6 个气缸 1～6，其发火间隔角度为 120°，然后在 1 缸与 5 缸中间隔 60°插入左列的第 6 缸，在第 5 缸与 3 缸中插入第 2 缸，依次类推插入第 4 缸、1 缸、5 缸和 3 缸。最终通过分析可知，当右列第 1 缸处于压缩冲程上止点时，右列其余各缸的工作状态如前所述，而左列第 1 缸正在排气、第 2 缸处于进气下止点、第 3 缸正在做功、第 4 缸正在进气、第 5 缸处于排气下止点、第 6 缸正在压缩。如果我们再标示出 m、e、n 和 f 点，即可判断出各缸进、排气门的开闭状态。

需要指出的是，判断气缸工作状态的方法很多，用正方形、菱形、正（余）弦曲线、转盘，甚至用一根直线，都能形象直观地标示并得到正确的结果[18]。此外，判断气缸工作状态时，首先需要知道柴油机的发火顺序和曲柄夹角，其次还要知道配气定时才能确定冲程线上各缸的实际工作状态。以图 2－11(b) 为例，当第 1 缸在压缩冲程上止点时，第 4 缸在做功冲程，进、排气门均关闭，但若该缸排气门提前打开的角度≥60°，则该缸实际处于排气过程，此时进气门关闭而排气门打开。

测试题

第三章 柴油机主体机件与配气机构

第一节 柴油机主体机件

机体组三维模型

柴油机主体机件包括固定件和运动件，前者指机体、气缸套、气缸盖和油底壳，后者指活塞连杆组和曲轴飞轮组，它们构成了柴油机的主体，在工作中不仅承受着燃气压力、惯性力、重力的作用，还承受着高速运动零件的机械摩擦、高温以及燃气的腐蚀作用，因此了解柴油机主体机件的受力情况，熟悉它们的基本构造、装配关系、工作原理、工作条件、常用材料和常见损伤，是柴油机使用、维修和管理人员必须要熟练掌握的基本知识和技能。

一、曲柄连杆机构的运动和受力分析

曲柄连杆机构三维模型

曲柄连杆机构主要指活塞、连杆和曲轴。运动分析旨在研究活塞的运动状态和规律，受力分析旨在讨论工作中它们所受到的力及其影响，了解曲柄连杆机构的运动和受力情况，是进行故障分析和零件失效分析的依据，能够对柴油机的正确使用和维修起到积极的指导作用。曲柄连杆机构中的活塞、连杆、曲轴的运动状态如图 3－1 所示，活塞沿气缸套做往复直线运动，曲轴绕主轴颈中心转动，连杆小头与活塞一起做往复运动，大头和曲轴一起绕曲轴中心转动，连杆杆身做平面运动。

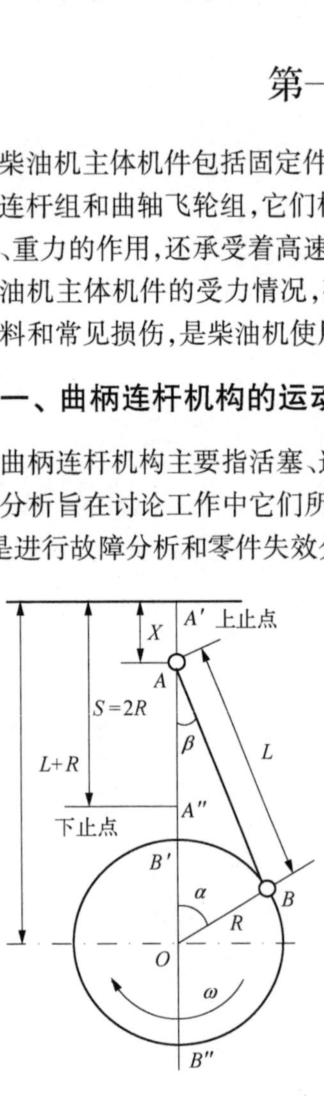

图 3－1　曲柄连杆运动示意图

（一）曲柄连杆机构的运动分析

运用数学和理论力学的分析方法，可以得到活塞位移、速度和加速度随曲轴转角的变化关系，即[19]：

（1）在上、下止点处，活塞的速度为零，加速度有极值，其中在上止点处加速度方向向下，其值最大，而在下止点处加速度方向向上，其值最小。

（2）当活塞离开上止点向下止点运动时，先做加速运动，然后做减速运动，从而使前半冲程的运动速度较快，加速度为零时对应的活塞速度值最大；当活塞离开下止点向上止点运动时，活塞先做加速运动，此时的速度和加速度均为负值，然后做减速运动，速度为负，加速度为正，从而使后半冲程的运动速度加快。

（3）活塞位移、速度、加速度的大小和方向均呈现周期性变化，变化的周期为 2π，也

就是说即使柴油机恒速工作，活塞组件的运动也并非匀速。

（二）曲柄连杆机构的受力分析

柴油机工作时，曲柄连杆机构不仅承受燃气的高压作用，而且由于本身的变速运动会产生很大的惯性力，因此其受力主要包括气体压力和惯性力两方面。

1. 活塞顶部的气体压力

柴油机工作循环的四个冲程中，作用在活塞顶部的气体压力大小和方向都随曲轴转角呈周期性的变化，其中以膨胀做功冲程的燃气压力影响最大，压缩冲程次之，进、排气冲程最小。气体压力不仅作用在活塞上，也以同样大小作用在气缸盖底面，因此在气体压力的作用下气缸盖螺栓将承受拉力。

2. 惯性力

柴油机工作时曲柄连杆机构运动的方向和大小都呈周期性的变化，因此工作中必然产生惯性力，通常由活塞组件和连杆小头做往复运动时产生的惯性力称为往复惯性力 P_j，由曲轴和连杆大头做旋转运动时产生的惯性力称为离心惯性力 P_r。往复惯性力的大小等于往复运动零件的质量 m_j 与加速度 a 的乘积，即 $P_j = - m_j \cdot a$，其变化规律与活塞运动加速度的变化规律相反；离心惯性力的大小等于做旋转运动零件的质量 m_r、回转半径 r、转动角速度 ω 的平方的乘积，即 $P_r = m_r \cdot r \cdot \omega^2$，当柴油机平稳运转时，离心惯性力的大小不变，仅方向发生改变。

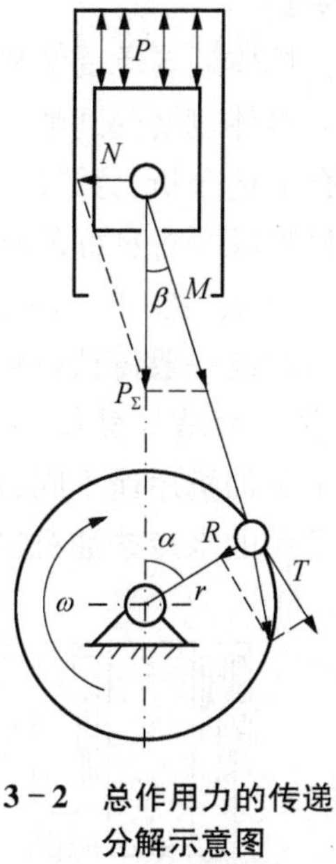

图 3－2　总作用力的传递与分解示意图

如图 3－2 所示，气体压力 P 与往复惯性力 P_j 共同作用在活塞上，其合力 P_Σ 可分解为水平方向的活塞侧推力 N 和沿连杆方向的连杆力 M，其大小和方向都呈周期性变化。活塞侧推力 N 可使活塞与气缸套之间产生侧推力，此时与气缸套接触的一面称为"主推力面"，侧推力将引起活塞组件与气缸套工作表面强烈磨损，导致气缸套失圆，特别是沿气缸中心线方向，上部磨损大使气缸套呈现锥形，而横截面呈现椭圆形状；作用在连杆上的连杆力 M 与来自曲轴的反作用力 M' 大小相等、方向相反，二者共同的作用使连杆周期性地受到压缩和拉伸，从而造成连杆断裂、变形。

图 3－2 中，连杆力 M 在曲轴轴颈处可以分解为切向力 T 和径向力 R，其大小和方向也都呈周期性变化。其中，切向力 T 使曲轴产生旋转力矩，这是柴油机对外输出的动力，又称为输出扭矩，其大小等于切向力 T 与曲柄半径 r 的乘积；沿曲柄方向的径向力 R 作用在曲轴轴承上，是造成轴承和轴颈磨损的主要原因。

综上所述，作用在曲柄连杆机构上的力不仅大小变化，其方向也都呈周期性变化，因此柴油机在一个复杂的受力状态下工作，工作中零件承受着拉伸、压缩、扭转、弯曲和剪切应力的作用，当应力过大时会引起零件变形、断裂以及不均匀磨损，这也是造成零件损伤、失效以及引起柴油机性能恶化和出现故障的主要原因[20]。

二、机体、气缸盖与气缸套

机体、气缸盖与气缸套教学视频

(一) 机体

柴油机机体是气缸体、曲轴箱和油底壳的总称,它是柴油机的主体和骨架。

1. 机体的功用

柴油机机体必须承担以下任务:

(1) 支承柴油机的所有运动零件,并保证运动零件之间相互准确的位置;

(2) 在机体上加工有水道和油道,以保证柴油机冷却和润滑的需要;

(3) 安装零件总成和附件,包括气缸盖总成、气缸套、飞轮壳总成、齿轮室总成以及燃油供给系统、冷却、润滑、电器系统等重要零部件。

2. 机体的工作条件与材料

柴油机工作时机体受力相当复杂,工作条件也十分苛刻,主要包括以下几个方面:

(1) 曲柄连杆机构所承受的气体压力、往复惯性力、离心惯性力以及由这些力产生的力矩,最终都会传递给机体,从而使机体受到多种周期性力和力矩的复合作用;

(2) 由于侧推力的作用会形成翻倒力矩,从而使机体产生倾倒力势,此力最终由地脚螺钉承受;

(3) 机体还要承受螺栓连接的预紧力以及安装附件的重力作用;

(4) 机体也会受到油、水中酸性物质的腐蚀作用。

综合上述分析,为了满足机体的功用以及保证机体在上述条件下可靠工作,制造机体所用的材料既要有良好的刚度和足够的强度,又要成本低,同时还要便于制造和加工,以适应复杂形状的要求。由于铸铁价格低廉,浇铸性、加工性和减振性好,因此机体大都选用合金铸铁或一般铸铁材料制造。

3. 机体的结构型式

由于柴油机用途不同,对机体刚度的要求也不尽相同,因此采用的机体结构型式也不一样。常用的水冷柴油机机体主要有龙门式、隧道式和底座式三种(图 3-3)。

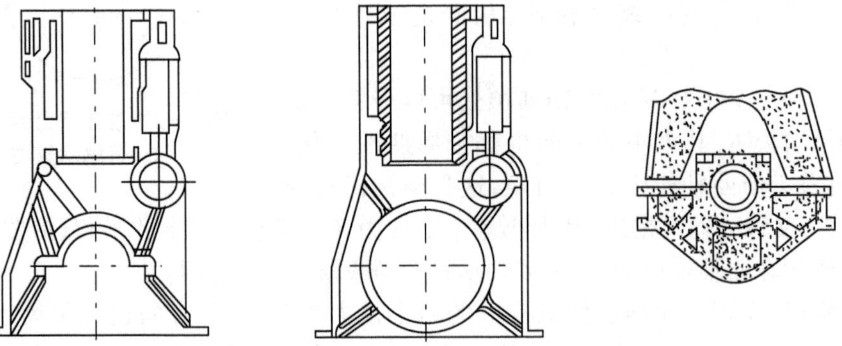

(a) 龙门式　(b) 隧道式　(c) 底座式

图 3-3　水冷柴油机机体示意图

（1）龙门式机体。龙门式机体的主要特点是气缸体与上曲轴箱制造为一体，上曲轴箱底平面位于曲轴中心线以下，从而使整个机体的刚度得到提高。曲轴通过主轴承螺栓悬挂式安装在机体下部，拆卸和安装十分方便，此时只有气缸体和上曲轴箱受力，下曲轴箱不受力，因此可用轻型油底壳替代。龙门式机体的主要缺点是拆装活塞连杆组不方便。

（2）隧道式机体。隧道式机体用于安装曲轴的主轴承孔恰似隧道，并且其下曲轴箱仍采用轻型油底壳。隧道式机体具有结构紧凑、刚度高和强度好等优点，其主轴承采用滚动轴承，转动阻力小，但噪声大、成本高。隧道式机体的主要缺点是曲轴的拆卸和安装不方便，通常需要从机体前端吊出。

（3）底座式机体。底座式机体的主要特点是曲轴通过主轴承螺栓安装在下曲轴箱上，上曲轴箱与气缸体制造为一体，并且与下曲轴箱通过螺栓连接。底座式机体的主要缺点是由于下曲轴箱受到曲柄连杆机构的作用力和承受机体等零件的重力，故下曲轴箱结构复杂，且对强度和刚度要求较高。

4. 机体的典型构造

图 3－4 所示为 12V135 系列柴油机机体，它采用 V 型排列的隧道式结构，左右两列气缸中心线夹角为 75°，错缸距为 45 mm。机体的上部为气缸体，加工有安装气缸套 10 的圆孔和凸轮轴安装孔，孔内压装有凸轮轴衬套 5。为了使气缸散热，气缸体内铸造有冷却水腔（又称为水套），此外机体上还加工有水道和润滑油道。为了增加机体的刚度，在机体内壁上铸造有加强筋和隔板。机体上部和下部分别与气缸盖和油底壳连接。机体前端为齿轮室 8，后端安装飞轮壳 1。

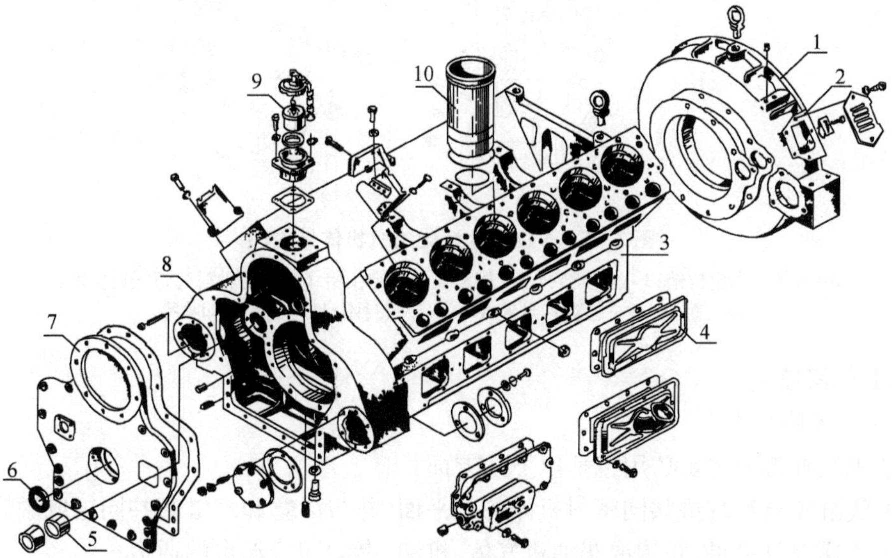

图 3－4　12V135 系列柴油机机体结构图

1—飞轮壳；2—检视窗口；3—机体；4—曲轴箱盖板；5—凸轮轴衬套；6—曲轴油封；7—齿轮室盖板；8—齿轮室；9—曲轴箱通风装置；10—气缸套

机体两侧装有曲轴箱盖板 4，既可以检查曲轴和轴承，又可通过此窗口拆、装连杆螺钉和连杆大头盖，其中一个盖板上安装一个带有滤芯的通气管，以满足曲轴箱通风和用于添加机油。机体前端传动机构盖板是在装配调整传动齿轮啮合间隙后与机体一起铰配定位销孔的，一般情况下不允许拆卸。

图 3－5 所示为 NTA855 型柴油机机体，采用龙门式结构形式。曲轴箱内铸有 7 挡横隔板作为主轴承座，用于安装曲轴。机体的右下方加工有凸轮轴轴承座孔，内镶凸轮轴衬套。机体侧面加工有冷却活塞用的喷油嘴孔并与机体油道贯通。机体上部是 6 个缸套座孔，用于安装湿式气缸套，其上加工有安装止口。机体上部安装三个气缸盖总成，前端安装齿轮和齿轮室盖板，后端安装飞轮壳部件。机体内铸有润滑油道、水套及冷却水道。机体顶面对准每个气缸盖有 8 个水孔、1 个机油油孔和 12 个气缸盖螺栓孔。机体上压配有数个定位销，用于确保齿轮室盖、飞轮壳、气缸盖等零件的精确安装位置。

气缸体三维模型

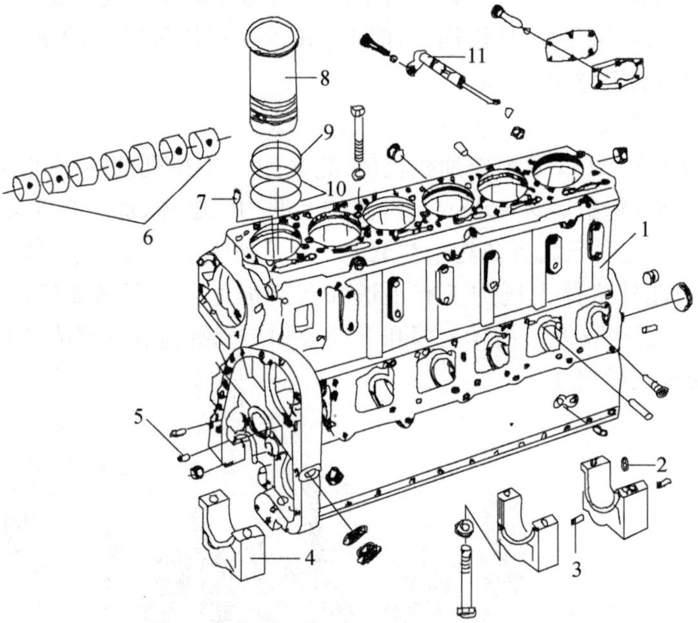

图 3－5　NTA855 型柴油机机体结构图

1—机体；2—定位销；3—定位销；4—主轴承盖；5—定位销；6—凸轮轴衬套；7—定位销；8—气缸套；9—缝隙密封带；10—O 型密封圈；11—活塞冷却喷嘴

（二）气缸盖

1. 气缸盖的功用

柴油机气缸盖的主要功用包括以下几方面：

（1）气缸盖与气缸垫共同密封机体的上平面，并与活塞和气缸套共同组成燃烧室；

（2）传递部分热量，并构成柴油机气体、机油、燃油和冷却水的通道；

（3）安装喷油器、摇臂室总成、气门组件、进排气管、水管、吊耳等附件。

2. 气缸盖的工作条件与材料

（1）柴油机工作时气缸盖底部周期性地受到高温气体的作用，缸盖内受到冷却水的冷却作用，从而使缸盖受热和温度分布不均匀，由此产生的热应力易使缸盖出现裂纹和产生高温蠕变。

（2）承受高压燃气的压力作用。

（3）承受连接螺栓的预紧力。

综上所述，气缸盖的材料必须具有足够的强度和刚度，且应具有良好的抗热疲劳性能和铸造性能，通常柴油机气缸盖选用铸铁或合金铸铁铸造。工艺上要求进排气通道尺寸大、气道比较光滑，以减轻进排气过程的流动阻力，同时还需要加强气缸盖气门座与喷油器座孔区域的冷却。

3. 气缸盖的结构形式

多缸柴油机气缸盖的结构形式主要包括单体式、整体式和块状式（整机一盖）三种。

（1）单体式气缸盖每缸一盖。优点是结构简单、工艺性好、重量轻、刚性好、便于维修和更换、系列化和通用化程度高，同时易于保证接合平面的平度要求，螺栓预紧力分布比较均匀；缺点是零件数较多，柴油机总重量及长度有所增加。

（2）整体式气缸盖一般4~6个气缸共用一盖。优点是结构紧凑、零件数少、设计和总体布置简便、工艺上易于组织生产，且成本较低；缺点是刚度较差、受力不均匀、易翘曲变形，对密封性要求较高，同时缸盖一旦损坏将整个报废。

（3）块状式气缸盖的优缺点介于上述二者之间。

4. 气缸盖的典型构造

图3－6所示为12V135柴油机采用的两缸一盖块状式结构。气缸盖用灰铸铁制造，进、排气道分两侧布置，进气道4采用螺旋形状，空气沿螺旋气道进入气缸并形成强烈涡流，从而有利于燃油与空气均匀混合与燃烧。气缸盖上压装有气门导管7，底平面进、排气门座孔内镶有进、排气门座圈。气缸盖内铸有冷却水套和喷水管，以提高对喷油器、气门的冷却强度。气缸盖上加工有水孔、进排气道、推杆孔、螺栓孔以及润滑油道8等。

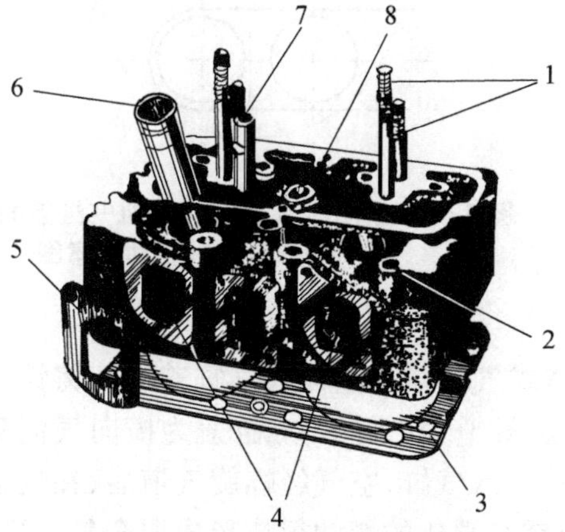

图3－6　12V135柴油机气缸盖结构图

1—摇臂座固紧螺栓；2—气缸盖螺栓孔；
3—气缸垫；4—进气道；5—进气管垫片；
6—喷油器水套；7—气门导管；8—润滑油道

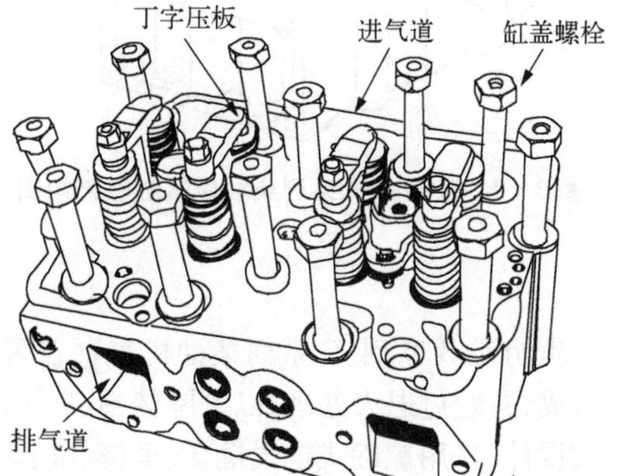

图3－7　康明斯N系列柴油机气缸盖结构图

图3－7所示为康明斯N系列柴油机采用的两缸一盖块状式结构。气缸盖的一侧铸有进气道，相邻两气缸共用一个进气道；气缸盖另一侧铸造有排气道，通过各缸排气口与

气缸盖三维模型

排气管相连,且出水管与排气管同侧安装。气缸盖上面安装配气机构摇臂室,气缸盖用螺栓固定在机体上,其间装有气缸盖垫片。气缸盖上镶有气门座,装有气门、气门导管、气门弹簧、丁字压板和喷油器套筒等零件。气缸盖内铸有燃油道,相邻两个气缸盖的燃油道由燃油跨接管连接,燃油的进、出均在气缸盖内部油道流动;此外气缸盖上还加工有机油油孔、水孔和铸有冷却水套。每个气缸均采用直径相同的四气门结构,即每一缸都有两个进气门和两个排气门。喷油器安装在气门的中央,其四周的水套用于冷却喷油器。

康明斯 K 系列柴油机采用一缸一盖的单体式结构,如图 3-8、图 3-9 所示,每个气缸有 4 个气门。气缸盖上装有气门导管、丁字压板导杆、气门弹簧等,每缸有进气摇臂、排气摇臂和喷油器摇臂,用以控制进、排气门和喷油器的正常工作。摇臂通过衬套装在摇臂轴上,对于四气门柴油机,气门摇臂通过丁字压板同时驱动两个气门。气缸盖内装有由铜合金制成的喷油器套筒,还铸有燃油管道、机油道和水道等。

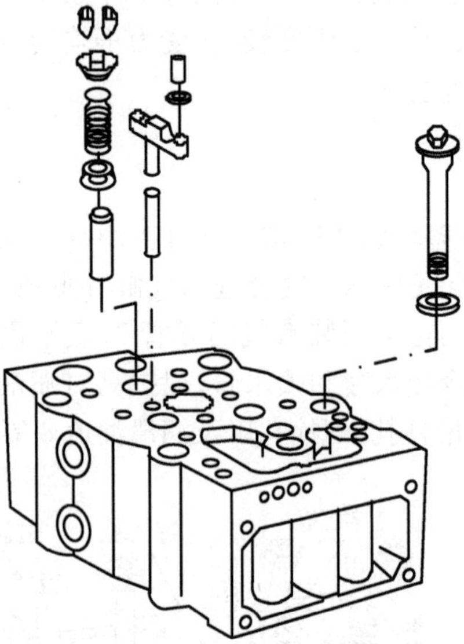

图 3-8　康明斯 K 系列柴油机气缸盖结构图

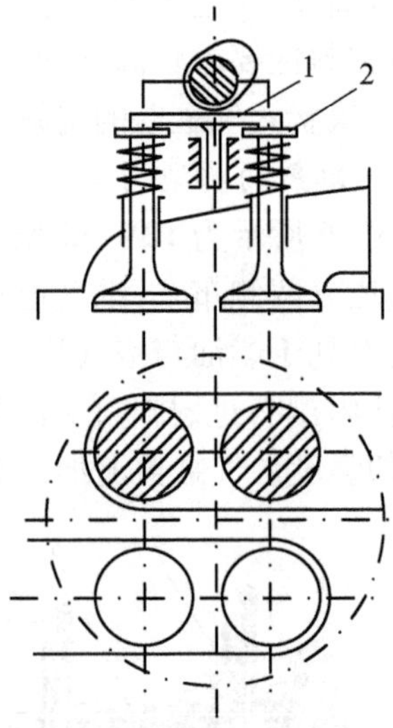

图 3-9　康明斯 K 系列柴油机气缸盖的四气门布置及其驱动示意图

1—丁字压板;2—气门弹簧座

康明斯 B 系列、C 系列柴油机气缸盖采用整体式气缸盖。整体式气缸盖由灰铸铁铸造而成,并经过退火处理,以去除铸造残余应力。如图 3-10 所示,气缸盖为横向气流整体式设计,采用螺旋式进气道,气道绕气门导管右旋进入气缸,空气经螺旋气道后,在气缸中产生一种绕气缸轴线转动且转速很高的涡流,能够与雾化的燃油很快形成混合气。进、排气道为异侧布置,可以减少燃烧排出废气对进气的加热,有利于提高进气充气系数,同时排气道仅受轻微冷却,以提高废气到达涡轮增压器的能量。

通常情况下气缸盖用螺栓固定在机体上,且气缸盖螺栓受力严重,一般用优质中碳钢或合金钢制造,并经调质处理。康明斯柴油机气缸盖采用高强度螺栓固定。其中,康明斯 B 系列柴油机的气缸盖螺栓有长、中、短三种,平均每缸有 6 个螺栓,1 个长螺栓布置在进气侧,兼做固定摇臂支座总成使用,4 个中螺栓排成两排布置在中间,位于气门室罩内,排

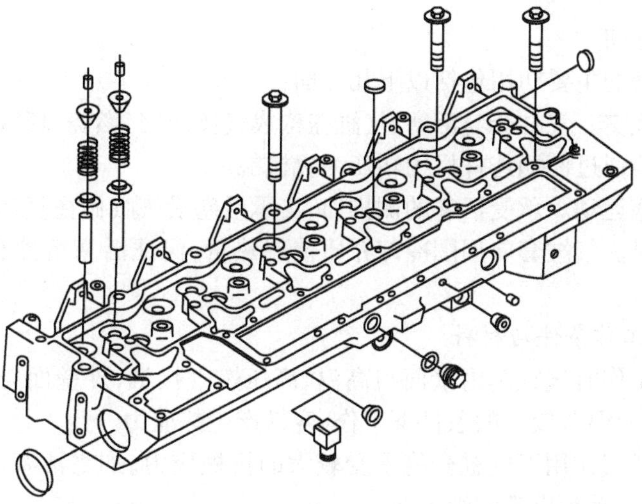

图 3-10　康明斯 C 系列柴油机气缸盖结构图

气侧为 1 个短螺栓；康明斯 C 系列柴油机气缸盖螺栓只有中、短 2 种类型；康明斯 N 系列柴油机气缸盖由 12 个螺栓固定在气缸体上。

（三）气缸垫

气缸垫安装在气缸盖和机体之间，其主要作用是防止气体、冷却水和润滑油泄漏，其密封机理是在缸盖螺栓预紧力的作用下，以自身塑性变形填充机体与气缸盖结合面之间的粗糙度和不平度，从而得到可靠的密封。气缸垫工作中会受到高温气体、螺栓预紧力、剪切力和介质的腐蚀作用，因此气缸垫应保证在高温、高压燃气作用下具有足够的强度和良好的弹性，不易破损，且抗剪切、耐腐蚀和导热性好。

气缸垫一般由两层铜皮中间包一层石棉垫片构成，它在水孔和燃烧室孔周围加翻边以增强密封作用。康明斯柴油机采用表面精度很高的金属气缸垫，气缸垫用软钢薄板冲制，其上加工有水孔、润滑油孔、螺栓孔和推杆孔等。此外，为了防止机油和冷却水渗漏，在孔口周边装有耐油、耐热橡胶密封圈（环）。气缸垫有正、反面，安装时应使“TOP”等字样朝上。康明斯 B、C 系列柴油机六缸共用一个整体式气缸垫，如图 3-11 所示；康明斯 N、K 系列柴油机每一缸盖都有一个气缸垫。

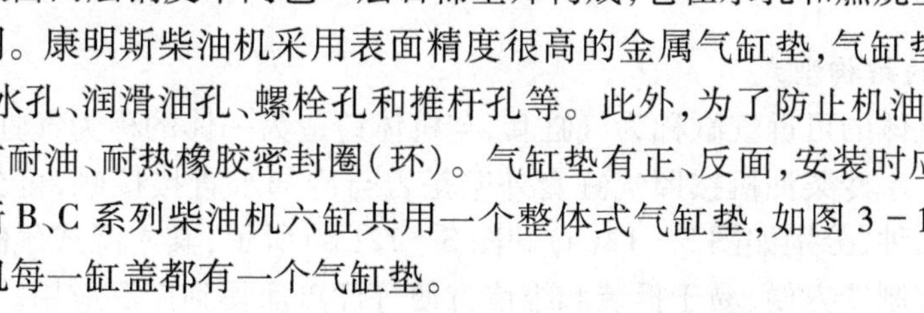

图 3-11　康明斯 C 系列柴油机整体式气缸垫示意图

（四）气缸套

1. 气缸套的功用

柴油机气缸套的主要功用包括以下几方面：

（1）组成燃烧室。气缸套与活塞、气缸盖构成气体压缩、燃烧、膨胀的空间，从而将燃料燃烧产生的热能通过曲柄连杆机构转变为机械能。

（2）引导活塞运动。承受活塞的侧推力，支承活塞沿气缸做往复运动。

（3）传递热量。气缸套向周围冷却介质传递热量，保证活塞组件和气缸套在高温下正常工作。

2. 气缸套的工作条件与材料

（1）柴油机工作时气缸套内壁面与高温、高压燃气接触，外壁面与冷却水接触，因此气缸套在内、外表面温差较大的条件下工作，容易产生热应力。

（2）在高压燃气作用下气缸套将承受较大的机械应力，加之活塞侧推力周期性的作用，会引起气缸套振动和出现穴蚀。

（3）活塞在气缸内高速运动，使气缸套内壁受到强烈的机械摩擦并由此造成磨损。

（4）柴油机工作时气缸套还受到气缸盖螺栓预紧力以及气缸内腐蚀性介质的作用，由此产生的机械应力会造成化学、电化学腐蚀。

综上所述，气缸套的工作条件十分苛刻，由此引起严重损伤而成为柴油机的易损件之一，特别是实际工作中，气缸套的使用寿命往往决定着柴油机的大修期限，因此合理选材、提高加工质量对延长气缸套的使用寿命十分重要。通常气缸套采用合金铸铁材料制造，同时在表面进行磷化处理，可在气缸套工作表面形成一层致密、均匀、耐磨的磷化层，既能提高气缸套的耐磨性，又能减少柴油机的磨合时间。此外，在气缸套内表面加工有角度为30°的交叉网纹，用于存储机油并改善气缸套的润滑条件。为了减轻和预防气缸套的穴蚀，康明斯柴油机在冷却系统添加有化学物质DCA4并采用水滤器，能够有效抑制气缸套穴蚀的产生。

3. 气缸套的结构型式

通常装入机体的可拆气缸称为气缸套，与机体铸造为一体的称为气缸，目前柴油机大都采用气缸套。水冷柴油机按照气缸套外壁是否与冷却水直接接触，可分为干式气缸套和湿式气缸套两种，分别如图3-12(a)和图3-12(b)所示，其中湿式气缸套以其冷却效果好、工作可靠、制造方便、易于拆装和维修方便等优点而得到广泛应用。

气缸套装入机体后，其外壁面与机体空间形成冷却水套，仅在上支承定位环带5和下支承密封环带4处与机体接触，确保气缸套径向定位和密封。气缸套在工作中不允许有上下移动，因此在气缸套上部制有凸缘，并与机体上部止口搭接，装配时由气缸盖压紧而起到轴向定位作用。气缸套顶面加工有一直径较小的凸台，能够可靠密封气缸并有效防止气缸垫被冲坏。

为了密封燃气和防止冷却水泄漏，有的气缸套在凸缘下面装有一道紫铜垫片（或铝垫片），同时在下支承密封环带处套有1~3根橡胶封水圈，用于防止冷却水泄漏到曲轴箱和油底壳。气缸套上安装橡胶圈的环槽形状与橡胶圈的形状不同，橡胶圈的断面为圆形，环槽的断面为矩形或椭圆形，这样可使气缸套装入机体后橡胶圈产生弹性变形，从而提高密封效果。

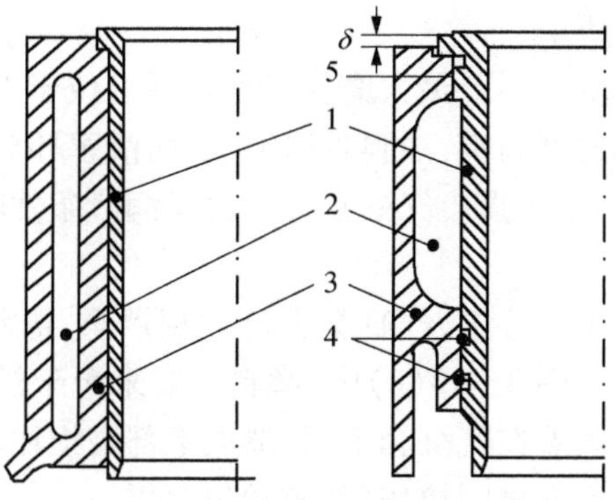

(a) 干式气缸套　(b) 湿式气缸套

图 3-12　气缸套结构图

1—缸套；2—水套；3—机体；4—封水圈（下支承密封环带）；5—上支承定位环带

4. 气缸套的典型构造

（1）12V135 柴油机采用湿式气缸套，且材料选用高磷合金铸铁，具有良好的耐磨性和抗腐性。气缸套外圆下支承密封环带装有两道橡胶封水圈，上部凸缘与机体接触面装有一道紫铜垫圈。

（2）康明斯 B 系列柴油机采用无气缸套式缸体，为了提高气缸孔的耐磨性能以及活塞与气缸孔间的良好磨合，精加工后采用交叉小平顶珩磨工艺在内壁形成网纹，有利于工作时存油以及提高摩擦副的耐磨性能。

（3）康明斯 C、N、K 系列柴油机采用单体可拆卸合金铸铁制成的湿式气缸套，缸套内表面有磷化物涂层，增强了储油能力和抗磨能力。上支承定位环带和气缸套座孔之间的配合为过盈配合，过盈量为 0.02~0.08 mm，而下支承密封环带与气缸体为间隙配合。气缸套装入座孔后，气缸套顶平面略高于气缸体上端面。其中，康明斯 C 系列柴油机的缸套凸出量为 0.025~0.122 mm；K19 型柴油机的缸套凸出量为 0.08~0.15 mm；K50 型柴油机的缸套凸出量为 0.152~0.203 mm。

C 系列柴油机气缸套的下支承密封环带位于气缸套的中部，一道密封环槽仅靠一道橡胶圈实现密封。N 系列柴油机气缸套下部共有三道密封圈，第一道密封圈挤压在机体内孔斜面上，可减小气缸套工作时摆动的幅度，避免气缸套穴蚀，最下面一道密封圈的材料为耐油耐热性较好的有机硅，以防止机油渗入冷却水中。K 系列柴油机气缸套的下支承密封环带位于气缸套的中下部，三道密封环槽安装三道密封圈实现密封。其中，第一道密封圈为矩形圈，材质为腈橡胶密封环，装入后部分和冷却水接触，既能防止配合面生锈，又能借其吸振减轻穴蚀；中间一道为圆形圈，材质为乙烯丙烯合成橡胶密封环，抗热性和耐压缩性好；底部一道也是圆形圈，材质为硅树脂橡胶，耐油性好。三道密封圈的相互位置在维修更换时不能装错。

5. 气缸套的磨损规律

气缸套磨损是造成柴油机性能降低、出现故障和早期损坏的重要原因，也是决定柴油机是否需要大修的主要依据。气缸套的磨损包括正常磨损、磨料磨损、熔着磨损和腐蚀磨损等,磨损规律如图 3-13 所示。

(1) 正常磨损[图 3-13(a)]。最大磨损发生在活塞位于上止点时,与第一道气环接触的部位,此位置活塞运动速度为零,油膜难以形成,而活塞环对气缸壁压力大,加之温度高、磨料积存较多,从而增大了磨损。气缸套中部由于润滑条件较好,磨损轻且比较均匀。下止点处的磨损略大于中部。

(2) 磨料磨损。图 3-13(b)中,气缸套上部磨损严重,磨料主要来源于进气中的灰尘、燃烧不良形成的积炭等。图 3-13(c)中,磨料主要来源于机油中的杂质颗粒,由于活塞上行的泵油作用,杂质多附着在气缸套下部,造成下部磨损比较严重。当磨料硬而直径较大时,也会造成气缸套与活塞之间拉伤(俗称拉缸)[21]。

(3) 熔着磨损[图 3-13(d)]。柴油机经常在高速、高负荷工况下运转时,由于气缸套与活塞环相对滑动,局部金属直接接触,摩擦形成的高温导致熔融黏着、金属脱落而出现磨损,通常说的"咬缸"多指这种情况。一般发生在气缸套上止点附近,损伤表面可见到不均匀、不规则的边缘沟痕和皱褶。

(4) 腐蚀磨损[图 3-13(e)、(f)]。当低温下启动频繁或柴油质量不符合要求(如含硫量过高)时会产生腐蚀磨损,最大磨损部位多发生在气缸套中、下部。腐蚀磨损多发生在低温条件下,当气缸壁面温度较低时,气缸内的水蒸气容易凝结,并与燃烧气体中的二氧化碳和柴油中的硫形成酸性物质腐蚀气缸。

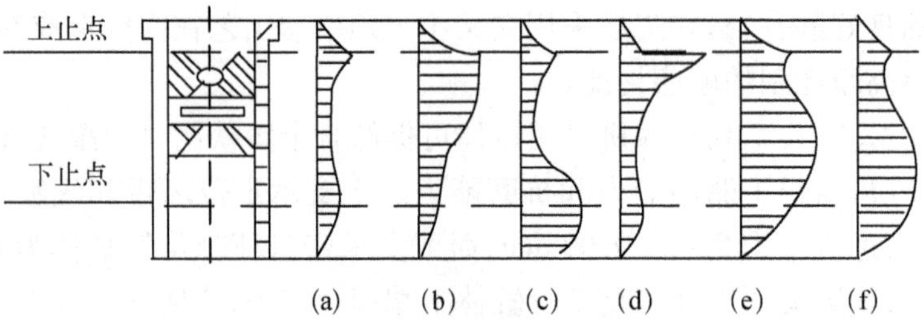

图 3-13　气缸套磨损规律示意图

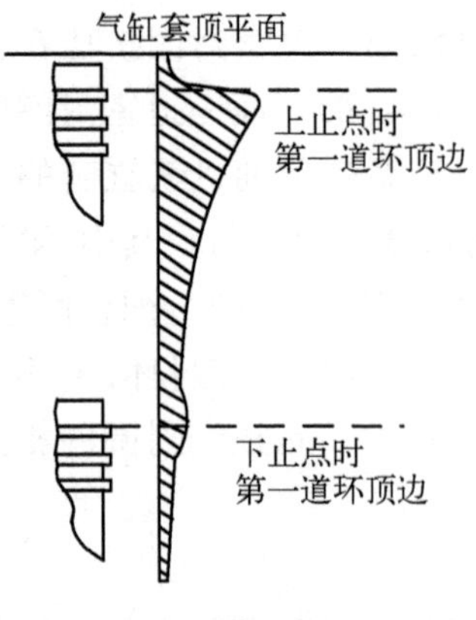

图 3-14　气缸套磨损成锥形示意图

需要指出的是,柴油机实际工作过程中多种磨损并存而又相互影响,磨损情况比较复杂,但其共同的规律是沿气缸轴线方向的磨损和在同一横截面上的磨损极不均匀,往往在轴向产生锥形(锥度),而在横截面出现失圆(椭圆度),磨损严重的气缸套甚至可用手摸到明显的台肩。

6. 气缸套磨损成锥形和椭圆形的原因

如图 3-14 所示,气缸套磨损成锥形的主要原因包括:

(1) 燃气压力造成的磨损。做功冲程初期由于气缸内压力很高,窜入活塞环与环槽间隙处的高压气体使活塞环与缸套接触表面的比压剧增,增大了环对气缸壁的摩擦,破坏了润滑油层,恶化了润滑条件,从而导致气缸上部的磨损比下部大。

（2）润滑不良造成的磨损。由于气缸上部温度很高，润滑条件很差，从而加大了环与气缸套在上部的磨损。

（3）磨料磨损。磨料由空气中夹带的灰尘和机油中的金属微粒形成，活塞往复运动将会在气缸套上部和下部引起较大磨损。

如图 3－15 所示，气缸套磨损成椭圆的主要原因包括：

（1）侧推力作用引起的磨损。如前文所述，柴油机工作时活塞侧推力 N 使活塞紧压在气缸壁上，造成气缸在连杆摆动平面方向的磨损加大，从而使气缸失圆，且在主推力面上磨损最大。随着活塞向下运动，侧推力逐渐减小，造成气缸套轴向磨损不均匀，从而出现锥度。

（2）低温腐蚀磨损。由于气缸的结构特点，气缸壁四周的冷却情况有所差别，其中在连杆摆动平面方向（横向）机体散热快、温度较低，容易形成腐蚀磨损，从而使气缸套在横向磨损较纵向大，导致形成椭圆。由此可见，椭圆的长轴位于机体横向，短轴位于机体纵向（即曲轴轴向）。

（3）当发生气缸套加工质量不符合要求、气缸套安装不规范、连杆产生变形等情况时，均会引起气缸套偏磨。此外，柴油机过热、润滑不良或机油杂质较多、活塞与缸套配合间隙过小等，也会增大磨损并诱发拉缸。

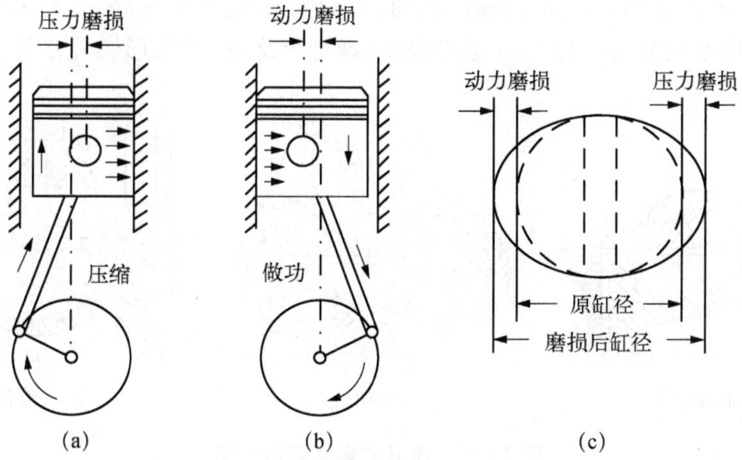

图 3－15　气缸套磨损成椭圆示意图

（五）燃烧室

根据混合气形成以及燃烧室的结构特点，柴油机燃烧室可分为直接喷射式燃烧室（简称直喷式燃烧室）和分隔式燃烧室两种[22]。

柴油机的燃烧室教学视频

1．直喷式燃烧室

直喷式燃烧室根据活塞顶部凹坑的深浅，可分为开式燃烧室和半开式燃烧室两类。

1）开式燃烧室

开式燃烧室的结构十分简单，活塞顶部的燃烧室中心略有凸起的浅 ω 形或平底的浅盆形，且凹坑较浅，凹坑口径与活塞直径之比一般大于 0.7，如图 3－16 所示。开式燃烧室中的混合气形成一般属于空间雾化混合，主要依靠燃油的喷散雾化，因此对雾化质量也就是对喷射系统有很高的要求。开式燃烧室通常采用较多喷孔数目（常见的为 7~12 孔）的孔式喷油器和较高的喷射压力，最大喷射压力可达到 100 MPa 以上。

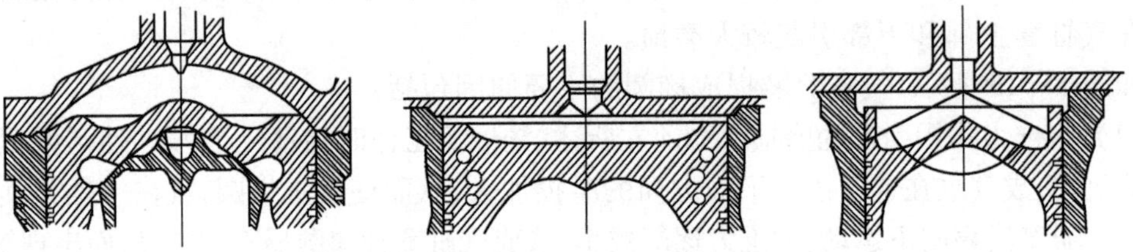

图 3-16　开式燃烧室示意图

对于开式燃烧室而言，通常希望通过油束与燃烧室形状的相互配合，使燃油尽可能均匀细微地分布到整个燃烧室的空间中。开式燃烧室一般适用于缸径较大（≥140 mm）、转速较低（<1500 r/min）的柴油机中。

2）半开式燃烧室

半开式燃烧室的结构如图 3-17 所示，其主要特点是燃烧室在某种程度上被分为两部分，主要的燃烧室容积集中在活塞顶部较深的凹坑内，另一部分由活塞顶面与气缸盖之间的空间组成，两者之间有较大的喉口相通，燃料直接喷射在燃烧室空间或燃烧室壁面上。半开式燃烧室通常又可分为 ω 型燃烧室、球型燃烧室、四角形燃烧室等。

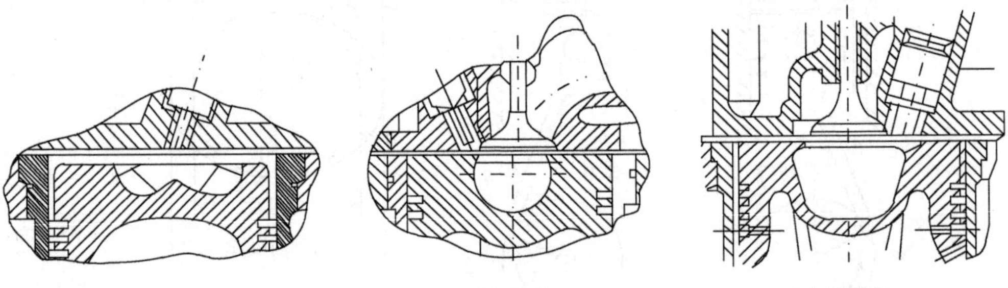

(a) ω型　　(b) 球型　　(c) 四角形

图 3-17　半开式燃烧室示意图

a. ω 型燃烧室

ω 型燃烧室如图 3-18 所示，其在活塞顶部设有比较深的凹坑，其中 ω 形凹坑的中心凸起部分的设置目的是帮助形成涡流以及排除气流运动很弱中心区域的空气。ω 型燃烧室一般采用 4~6 孔均匀分布的多孔喷油器中央布置（4 气门）或偏心布置（2 气门），喷孔直径较开式燃烧室的大（0.25~0.40 mm），喷油压力约为 17~20 MPa。ω 型燃烧室由于利用燃油喷雾和空气运动两方面的作用形成混合气，因此比开式燃烧室更容易形成均匀的混合气，空气利用率提高。

ω 型燃烧室的主要特点包括：

（1）ω 型燃烧室结构简单紧凑，相对散热面积小、热量损失小、热效率高、燃油经济

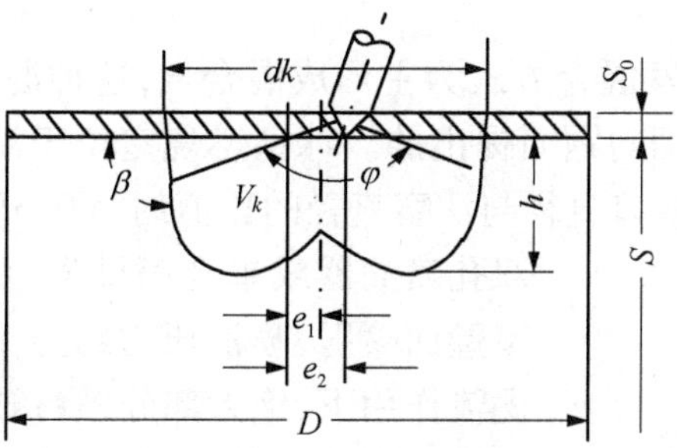

图 3-18 ω型燃烧室结构图

性好;

(2) 由于散热面积小,并且喷油器雾化质量较好,因此柴油机冷起动相对容易;

(3) 由于混合气形成以空间雾化混合为主,因此对燃油系统和燃料均要求较高;

(4) 由于大部分燃料被喷散在燃烧室空间,并且雾化质量较好,因此在滞燃期中形成的混合气数量较多,使着火后的压力增长率和最高燃烧压力均较高,柴油机工作较为粗暴;

(5) 由于空气涡流强度过强或过弱会造成油束贯穿不足或过度,均会影响混合气形成和燃烧,因此对转速的变化较为敏感,较难同时兼顾高速和低速工况的性能。

b. 四角形燃烧室

四角形燃烧室可认为是直喷 ω 型燃烧室的变形和发展,典型四角形燃烧室如图 3-19 所示。四角形燃烧室与 ω 型燃烧室相比,其优缺点包括:

(1) 着火延迟期较短,导致压力增长率相对较低、运转比较柔和;

(2) 燃烧比较完善,有害排放量较小;

(3) 对转速变化不太敏感,尤其是低速性能得到明显改善;

(4) 燃油消耗率曲线较平坦,燃油经济性较好;

(5) 燃烧室的加工相对较复杂;

(6) 燃烧室一些突出部位的热负荷较高,容易烧蚀或开裂。

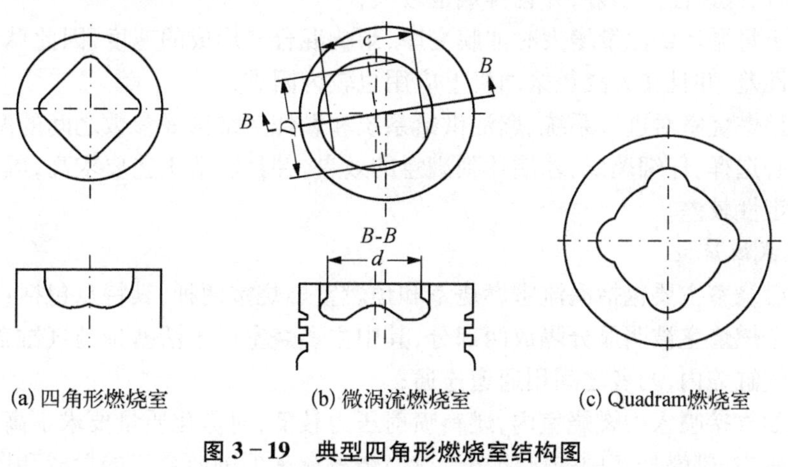

(a) 四角形燃烧室　(b) 微涡流燃烧室　(c) Quadram燃烧室

图 3-19 典型四角形燃烧室结构图

c. 球型燃烧室

球型燃烧室以油膜蒸发混合方式为主形成混合气，这种混合燃烧方式是为解决传统直喷式柴油机的噪声和冒烟问题而提出的。球型燃烧室位于活塞顶部，呈较深的球型凹坑，如图3-20所示，凹坑喉口直径与活塞直径的比值约为0.35~0.45。球型燃烧室采用双孔喷油器或单孔喷油器，将燃料顺气流方向沿燃烧室壁面喷射，喷油压力约为17~19 MPa，在强烈的进气涡流作用下，绝大部分燃料被均匀分布在燃烧室壁上，形成一层很薄的油膜，其厚度在0.15 mm以下。燃烧室壁温应控制在200~350℃，使喷射到壁面上的燃料在比较低的温度下蒸发，从而控制燃料的裂解反应。从油束中分散出来的一小部分燃料以极细的油雾分散在燃烧室空间，在炽热的空气中首先完成着火准备并形成火源，然后靠此火源点燃从壁面已蒸发形成的混合气，随着燃烧的进行会产生很大的热量并辐射在油膜上，使油膜加速蒸发并在空气涡流的配合下，不断提供新鲜混合气，从而保证迅速燃烧。

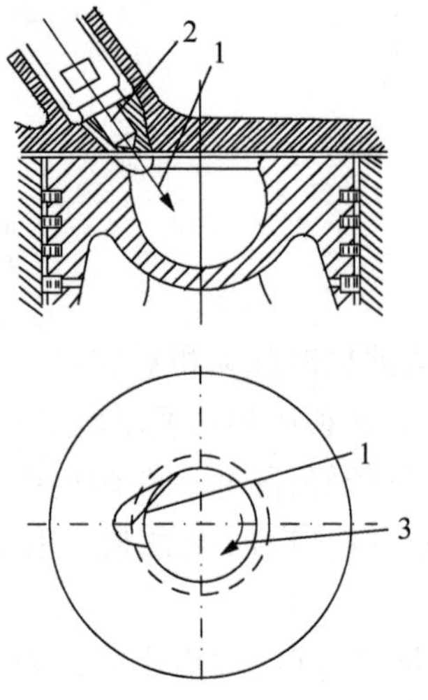

图3-20 球型燃烧室示意图

1—油束；2—喷油器；3—空气涡流

球型燃烧室的主要特点包括：

(1) 球型燃烧室采用油膜蒸发形成混合气，开始燃烧时的混合气量较小，因此压力增长率低、柴油机工作柔和、燃烧噪声小；

(2) 燃料着火后在火焰辐射和强烈进气涡流的作用下，燃烧室壁面分布的燃料加速蒸发并形成混合气，从而保证燃烧尽快完成，使柴油机获得较好的经济性能和动力性能；

(3) 由于油膜蒸发混合的特点，球型燃烧室对燃料要求不严格，可以使用多种轻质燃料，从柴油到汽油都能平稳运转；

(4) 起动和低速时燃烧室壁温较低、涡流强度较弱，且散入空间的油量又很少，故冷起动比较困难、低速性能不好，并且排烟也较大；

(5) 由于每循环供油量增大时油膜变厚，影响混合气形成的速度，因此球型燃烧室对增压的适应性差，并且在大缸径柴油机上应用也较为困难；

(6) 球型燃烧室对进气系统、燃油供给系统和燃烧室结构等参数之间的配合要求高，必须经过精心选择、仔细调试，才能达到满意的效果，并且制造工艺要求高，因此球型燃烧室的使用稳定性较差。

2. 分隔式燃烧室

分隔式燃烧室主要包括涡流室燃烧室和预燃室燃烧室两种，其特点包括：

(1) 整个燃烧室被明显分隔成两部分，其中主燃烧室位于活塞顶与气缸盖之间，副燃烧室则位于气缸盖内，两者之间用通道连通；

(2) 燃油直接喷入副燃烧室内，燃料喷射压力较低，对雾化质量要求不高；

(3) 利用主、副燃烧室中的压缩涡流或燃烧涡流来促进混合气的形成和燃烧。

1）涡流室燃烧室

涡流室燃烧室的结构如图3－21所示。活塞顶与气缸盖之间的空间称为主燃烧室，在气缸盖中的容积称为涡流室，即副燃烧室，其容积约占整个燃烧室容积的50%～70%。涡流室通常为球形、球锥形或球柱形，主副燃烧室之间用一个通道连通，通道的截面积为活塞截面积的1%～3.5%，通道方向与活塞顶成一定角度并与涡流室相切。喷油器安装在涡流室里，燃料顺空气涡流方向喷射。

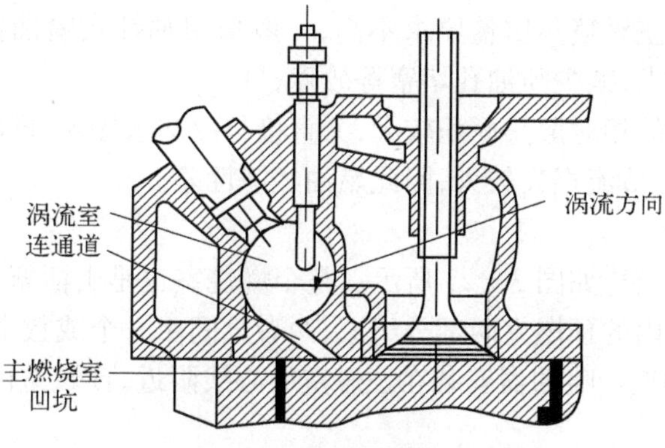

图3－21　涡流室燃烧室示意图

压缩过程中气缸中的空气被活塞推挤，经过通道流入涡流室，形成强烈有组织的压缩涡流运动。当涡流室里的燃料着火后，涡流室中的气体压力和温度迅速升高，涡流室内未燃烧的燃料、空气及燃气一起经通道高速流到主燃烧室中，即形成二次涡流，与主燃烧室中的空气进一步混合燃烧。此外，为了充分利用主燃烧室中的这部分空气，常在活塞顶上开有导流槽和凹坑，如图3－22所示。其中，图3－22(a)为双涡流主燃烧室，即在活塞顶上开有两个凹坑，导流槽对准通道，当活塞在上止点附近时，从涡流室中喷出的高温燃气、空气及未燃烧的燃料经导流槽分为两股，在凹坑中形成两个强烈旋涡，随着活塞下行两个旋涡越出凹坑，扩展到整个主燃烧室，从而加强了主燃烧室的混合和燃烧；图3－22(b)为铲形主燃烧室，其导流槽布置在两侧，气流从两侧再扩展到整个主燃烧室。

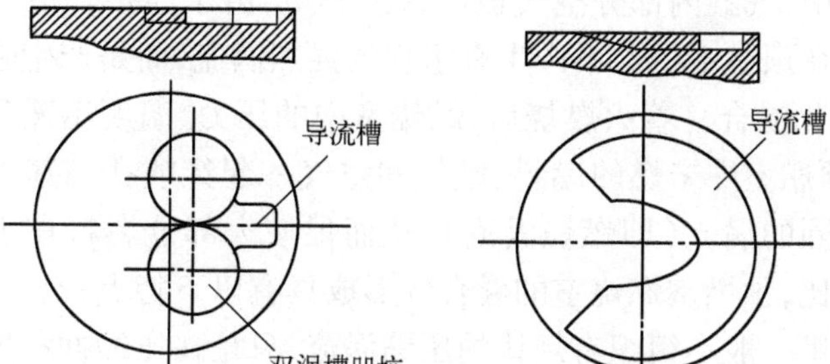

(a) 双涡流主燃烧室　　(b) 铲形主燃烧室

图3－22　涡流室燃烧室主燃烧室形状示意图

涡流室燃烧室的主要特点包括：

(1) 由于利用强烈的压缩涡流和二次涡流，保证了较好的混合气质量，从而使空气得到较充分的利用，因此过量空气系数较小、平均有效压力较高；

(2) 由于初期燃烧是在涡流室里进行，不是直接作用在活塞上，从而使得主燃烧室中的压力增长率较小、工作较为平稳、燃烧噪声小；

(3) 由于压缩涡流随转速升高而加强，因此在转速较高时仍能保证较好的混合气质量，可有效适用于高速柴油机；

(4) 涡流室燃烧室对喷雾质量要求不高，一般采用轴针式喷油器，喷油压力较低，可降低对燃油系统的要求，减少喷油孔堵塞等故障；

(5) 由于涡流室的相对散热面积较大，又直接与冷却水接触，同时气体经过通道高速流动，使得传热损失和节流损失较大，因此燃油经济性差。

2) 预燃室燃烧室

预燃室燃烧室的结构如图 3－23 所示。整个燃烧室也是由活塞顶与气缸盖之间的主燃烧室和位于气缸盖内的预燃室两部分组成，两者之间由一个或数个孔道（由于孔道截面较小，常称为喷孔）相连。喷油器安装在预燃室中心线附近，预燃室由耐热合金钢制成，安装在气缸盖中。

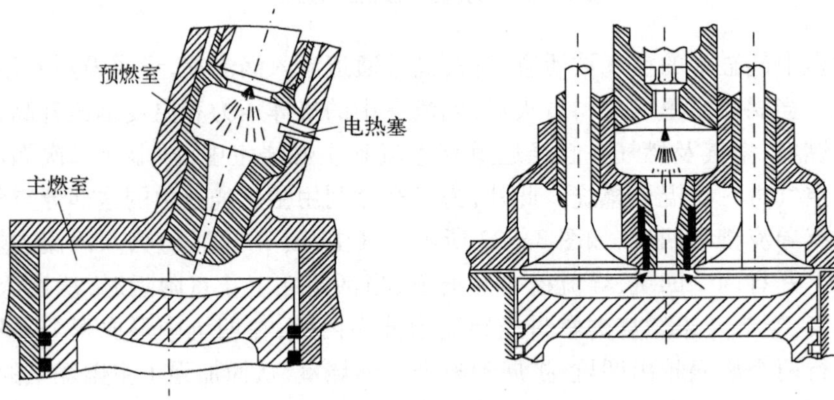

图 3－23　预燃室燃烧室结构图

压缩冲程过程中，气缸内部分空气被压入预燃室，由于连接孔道不与预燃室相切，因此空气流过孔道后在预燃室中并不产生有组织的强烈涡流，而是产生强烈的紊流，空气紊流使一部分燃料雾化混合。着火燃烧后，燃烧室中的压力、温度迅速升高，利用这部分燃料的燃烧能量，将预燃室中未燃的燃料、燃气和空气一起经喷孔高速喷入主燃烧室，并在主燃烧室里形成强烈的涡流（即燃烧涡流），从而促使大部分燃料在主燃烧室混合燃烧。与涡流室燃烧室相比，预燃室燃烧室的混合气形成具有以下特点：

(1) 在预燃室里一般不组织有规律的压缩涡流，只是在压缩冲程期间，空气流经喷孔产生无组织的紊流，预燃室的主要作用是形成燃烧涡流，造成燃料在主燃烧室中的喷散和分布；

(2) 预燃室的容积较小，相应的孔道截面积也较小，因此使预燃室和主燃烧室之间的压差较大，从预燃室喷出的气流具有更高的速度，可形成强烈的燃烧涡流；

（3）由于大部分燃料在主燃烧室内混合燃烧，因此为了使喷出的燃料均匀分布在主燃烧室中，以充分利用主燃烧室中的空气，预燃室的孔道较多（1~8个）。

三、活塞连杆组

活塞连杆组教学视频

活塞连杆组拆解三维模型

活塞连杆组主要由活塞、活塞环、活塞销、连杆、连杆轴瓦、连杆大头盖和连杆螺栓等组成，如图3-24所示。

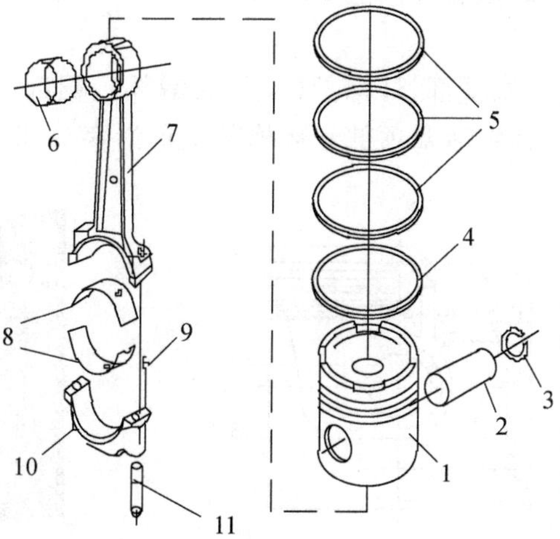

图3-24　活塞连杆组结构图

1—活塞；2—活塞销；3—卡圈；4—油环；5—气环；6—连杆衬套；7—连杆；8—连杆轴瓦；9—定位销；10—连杆大头盖；11—连杆螺栓

（一）活塞

1. 活塞的功用

（1）活塞与气缸盖、气缸套构成气缸工作容积和燃烧室，依靠活塞上下运动使气缸容积改变，完成进气、压缩、做功和排气过程。

（2）承受燃气压力并通过连杆传给曲轴，对外输出动力。

（3）密封气缸并传递热量。

2. 活塞的工作条件与材料

（1）承受燃气的高压。当活塞在做功冲程上止点附近，气缸内的瞬时压力可高达十几兆帕，高压使活塞承受很大的机械负荷，此外活塞还受到周期性变化的侧推力作用，使活塞与气缸壁产生频繁撞击，加速活塞外表面的磨损并引起活塞变形。

（2）承受燃气的高温。一个工作循环内的气缸温度变化很大，瞬时高温可达2000℃左右，虽然有冷却系统配合工作，但活塞顶部的温度也在300℃左右，高温使得活塞膨胀，改变了活塞的配合间隙，同时也降低了活塞的强度和耐磨性。活塞的温度分布很不均匀，由此产生热应力。

（3）活塞运动速度快、惯性力大、机械摩擦和磨损严重；此外由于环槽间隙较大，还会受到来自活塞环的冲击力作用。

鉴于上述工作条件,活塞所用材料应满足以下要求:一是应具有足够的强度和刚度;二是应具有良好的耐磨性、耐蚀性和导热性;三是活塞质量要轻,以减小运动时的惯性力;四是热膨胀系数要小、工艺性能要好等。然而能够同时满足上述要求的材料几乎没有,为此早期柴油机的活塞主要采用灰铸铁制造,随着柴油机转速和强化程度的不断提高,活塞的热负荷越来越大,而灰铸铁因密度大、导热性差而逐渐被高速柴油机所淘汰。目前,除中、低速柴油机或某些高增压柴油机以球墨铸铁或铸钢材料为主外,高速柴油机均采用铝硅合金作为活塞的材料并采用铸造方法制造,其主要合金成分是硅、铜、镁,为了提高强度和降低膨胀系数,合金中含硅量有的高达24%。

活塞三维模型

3. 活塞的典型构造

活塞构造主要可分为活塞顶部、环槽部(又称防漏部)、裙部(又称导向部)和销座,如图3-25与图3-26所示,其中活塞顶部和环槽部又称活塞头部。

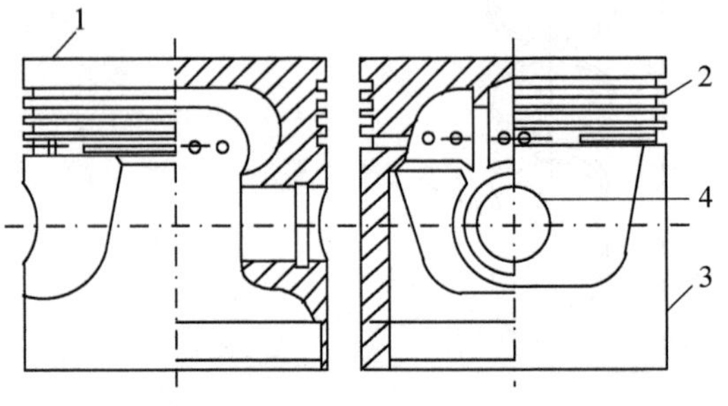

图3-25 活塞结构图

1—活塞顶部;2—环槽部;3—裙部;4—销座

图3-26 NTA855柴油机活塞示意图

1) 活塞顶部

活塞顶部是燃烧室的组成部分,用于承受燃气压力。活塞顶部有多种形状,如平顶、凸顶、球形凹坑、ω形凹坑等。135系列柴油机和康明斯柴油机均采用ω形凹坑,使活塞顶能适应油束形状,更有利于可燃混合气的形成与燃烧,ω形凹坑的位置应符合喷油器和气门安装位置的要求。当柴油机强化程度不高时,活塞不需要专门冷却,活塞顶部吸收的热量主要通过活塞环传递给气缸壁,再由气缸套外面的冷却水带走,同时还借助飞溅到活塞内腔的机油带走一部分热量。此外,康明斯柴油机在机体下部装有塑料喷嘴,通过强制喷射机油对活塞进行冷却,从而大大降低活塞的热负荷。

2) 活塞环槽部

活塞环槽部用于安装活塞环,一般包括2~3道气环槽和1~2道油环槽,它是活塞的防漏部分,两环槽之间称为环岸。部分柴油机的第1道(有些机型包括第2道)环槽内,镶嵌有用高镍铸铁材料制作的环槽护圈,用以提高环槽承受高温、高压气体的能力,由于耐磨性好、强度高,能有效减少环槽上、下工作面的磨损,延长活塞使用寿命。最下面一道是油环槽,环槽的底面钻有回油孔,可将油环从气缸壁面刮除的多余机油通过这些小孔泄回油底壳。

以康明斯柴油机为例,其B、C系列和K系列柴油机活塞制有两道气环槽和一道油环槽,且第一道环槽为梯形环槽。C系列第一、二道环槽内均镶嵌有奥氏体铸铁圈;B系列增压机型第一道环槽镶嵌有奥氏体铸铁圈;K 系列第一道环槽内镶嵌有镍合金铸铁的环槽护圈。N 系列柴油机共有四道活塞环槽,即三道气环槽和一道油环槽,且第一、二道环槽处镶嵌有镍合金铸铁的环槽护圈。

3）活塞裙部

活塞裙部为筒形,用于承受活塞受到的侧向力和保持活塞正确的运动方向(导向作用)。裙部表面有的也加工有环形细纹,用于存储润滑油和提高耐磨性,并且有利于加速磨合和提高活塞表面抗拉伤的能力。裙部在工作时由于受到侧推力的作用,会使裙部变成椭圆形,加之销座处金属较多,受热后沿销座方向的热膨胀较大,同时作用在活塞顶上的气体压力也使销座方向变长,而垂直活塞销方向变短,因此活塞裙部采用优化设计,以保证热态下的活塞裙部能接近正圆形,从而使裙部周围间隙接近均匀。

4）活塞销座

活塞销座是活塞与活塞销的连接部分,位于活塞裙部的上方,用于安装并支承活塞销。活塞所承受的燃气压力和惯性力,均通过销座传递给活塞销,从而使销座处的受力很大,为此销座上设有加强筋,以提高销座孔的刚度和减少座孔变形。销座孔两端槽内装有弹性挡圈(卡环),用于限制活塞销工作中出现轴向位移。由于销座上侧所承受的力比下侧更大,为此康明斯柴油机的活塞销座采用斜面销座,同时也将连杆小头加工成上窄下宽的斜面,这样既可以降低销座到活塞顶过渡圆角处以及冷却油道边缘上的应力,也能增加销座及连杆小头支承面的长度,同时降低销座与小头衬套的比压,从而使斜面销座比直面销座的活塞能承受更大的负荷。

需要指出的是,无论是哪种型号柴油机的活塞,由于活塞顶部温度较裙部温度高,且头部较厚,使得活塞上部的膨胀量大于活塞下部,故常将活塞制成上小下大的形状,从而使高温下工作的活塞近似为圆柱形,与气缸套间隙近似均匀,防止活塞因受热膨胀而卡死,或冷启动时因间隙过大漏气而影响启动。

(二) 活塞环

通常在活塞环槽周围安装具有一定弹力的金属开口圆环,这种金属环称为活塞环,按照活塞环用途的不同,活塞环可分为气环和油环两种,如图 3-27 所示。

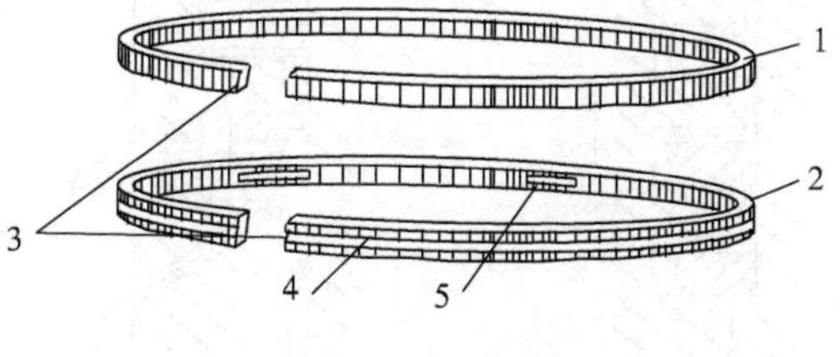

图 3-27 活塞环结构图

1—气环;2—油环;3—切口;4—油槽;5—油孔

1. 活塞环的功用

气环的主要作用是与活塞、气缸盖和气缸套组成密封的燃烧室空间,并阻止燃烧室内的高温、高压气体从活塞与气缸壁之间的缝隙中窜入曲轴箱。油环的主要作用是保证气缸套内壁的机油分布均匀并阻止机油进入燃烧室，若燃烧室内部进入机油，会造成柴油机烧机油并伴随着排气管冒蓝烟等现象，也会导致排气门和燃烧室内部的积炭增多、机油量增加等异常现象。

2. 气环的密封机理

气环的密封是由阻塞和节流两种形式实现的，当气环连同活塞装入气缸后，因其外径大于气缸套直径而受压，气环在自身弹力作用下紧贴在气缸壁面上，起到阻止气体泄漏的作用，这种密封称为第一次密封，如图 3－28 中 a 所示。压缩和做功冲程过程中，气缸内的高压气体经过活塞头部与气缸之间的间隙，沿活塞环与环槽间隙向下泄漏，由于这些间隙很小，节流作用使得压力 P 不断下降而产生压力差。径向压力差 P_2 促使气环外表面紧压在气缸壁上，轴向压力差 P_1 使气环紧贴环槽端面，由于燃气爆发压力很高，第一道环背的平均压力远比活塞环本身弹力大得多，因此气环的密封主要是靠环背气体压力形成的第二次密封，如图 3－28 中 b 所示。需要指出的是，上述两次密封中气环自身弹力是密封的先决条件，如果气环没有弹力或弹力不足，它与气缸壁面之间就可能产生缝隙，从而使压力差降低或难以形成，第二次密封作用也就大大减弱甚至消失。

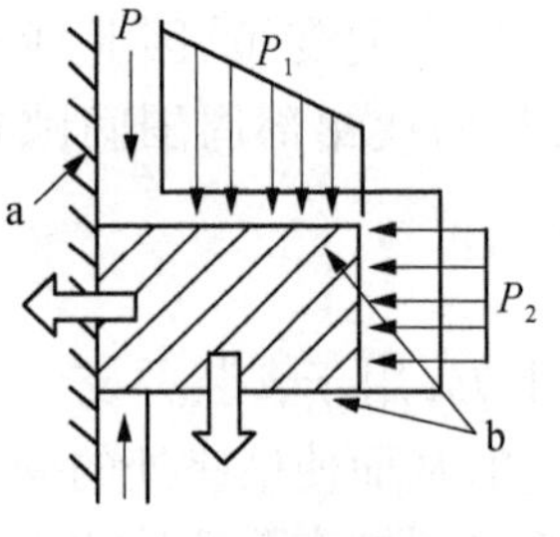

图 3－28　活塞环密封机理示意图

3. 气环的泵油作用

气环具有泵油作用，如图 3－29 所示。当活塞下行时，在气环与气缸壁间摩擦力和气环惯性力的作用下，气环压紧在槽的上端面，气缸壁上机油被挤入环槽下边和内侧的间隙中；当活塞上行时，气环靠在环槽的下端面上，同时将间隙中的机油挤到上边。活塞不断上、下运动，下部的机油就会不断被向上排挤，最终进入燃烧室。窜入气缸的机油燃烧后容易在燃烧室、气门和活塞环槽中形成积炭，同时也增加了机油的消耗，因此需要在气环下部安装 1~2 道油环，以防止机油上窜。

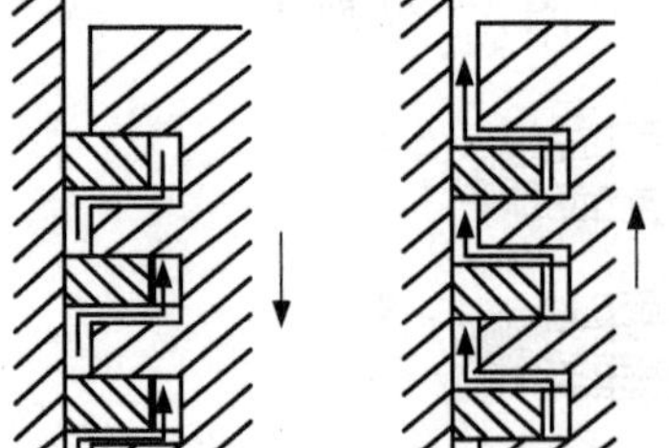
图 3－29　气环的泵油作用示意图

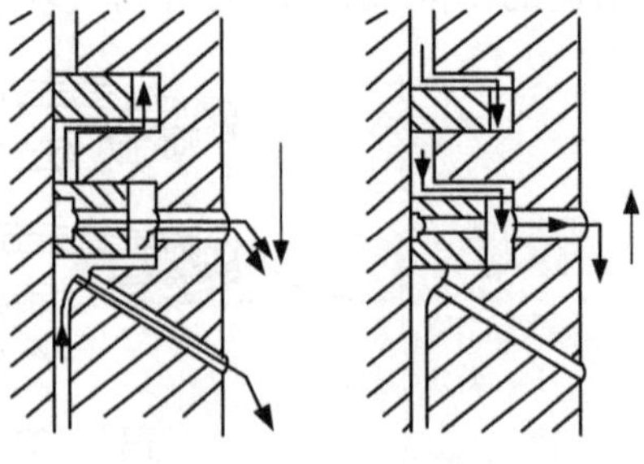
图 3－30　油环的刮油作用示意图

4. 油环的刮油作用

油环的刮油过程如图 3－30 所示。当油环随活塞向下运动时，油环外圆像两把刀口一样，将气缸壁上多余的机油刮下，使之经凹槽底上的小孔或切槽再通过活塞上的小孔流回曲轴箱。当活塞向上移动时，刮下的机油仍可通过上述小孔流回曲轴箱。由于油环和环槽侧向间隙和开口间隙均很小，因此油环没有气环那样的泵油作用。此外，油环由于环后没有气体背压，也无法建立背压，因此完全依靠自身的弹力与气缸壁贴紧。

5. 活塞环的工作条件和材料

（1）活塞的热量要通过活塞环传出，使得活塞环尤其是第一道气环的工作温度较高，高温下工作的活塞环，其强度和弹性都会受到影响。

（2）活塞环在高速、高压、高温下工作，润滑条件较差，容易发生磨损和其他损伤。

（3）活塞环在环槽内的运动比较复杂，承受气体压力、惯性力和摩擦力作用，在这些力作用下活塞环会出现振动，会加速环的磨损。

活塞环通常需要有足够的弹力和强度（包括高温下工作的热强度），以及耐磨、耐蚀和良好的抗熔着性能。活塞环多用合金铸铁（优质灰铸铁中加入少量铜、铬、钼等合金元素）和球墨铸铁制造；此外，气环表面多采用多孔性镀铬，能够显著提高活塞环的耐腐蚀性和抗熔着磨损、磨料磨损的能力，减少气缸拉缸。需要指出的是，活塞环的数量影响气缸的密封性和摩擦消耗的功率，通常环数越多，密封性越好，但耗功也越大。柴油机一般采用1~3道气环和1~2道油环，有的采用两道气环和一道油环，或一道气环和一道油环。活塞环数量减少，有利于减小活塞组件的惯性力，提高柴油机的机械效率。

6. 活塞环的结构

1）气环

自由状态下气环是一个不成正圆的切口环，其外径大于气缸直径并具有一定的弹性。气环的结构取决于气环的切口形状和断面形状，由于气缸中燃气漏入曲轴箱的通道之一是活塞环的切口，因此气环的切口形状和装入气缸后的间隙大小对漏气量会产生一定影响。气环的切口间隙应能保证气环受热后有膨胀的余地，此间隙过大，会导致漏气量增加，容易窜机油，而间隙过小会增加气缸壁的磨损。目前常见的气环切口形状有直切口、斜切口、搭切口。

气环的断面形状应有利于密封和磨合，应有较强的抗熔着磨损和有足够的抗结胶能力，并能有效防止机油上窜。气环常见的断面形状有矩形环、扭曲环、梯形环、桶面环、锥形环等。实际使用的气环通常是上述不同断面形状的组合，以兼顾相互之间的优点，改善气环的工作性能，满足柴油机的使用要求。

2）油环

自由状态下油环也是一个不成正圆的切口环，外径大于气缸直径，并具有一定的弹性。普通油环的开口主要采用直切口，而断面形式与气环不同，外侧加工有凹槽以减小接触面积，提高环与气缸壁的比压，便于刮油以及使机油沿气缸分布更均匀。此外，油环凹槽底部有间断切槽，当油环随活塞向下运动时，油环外圆像两把刀口，可将缸壁上多余机油刮下，并通过切槽和活塞上的油孔流回曲轴箱。

7. 康明斯柴油机活塞环

（1）康明斯B、C系列柴油机有两道气环。B系列柴油机第一道活塞环是桶面梯形环，外圆表面镀铬；第二道是锥面扭曲环。C系列柴油机两道气环均为梯形扭曲环，第一道环表面镀铬，为正扭曲环；第二道为反扭曲环。

(2) 康明斯 N 系列柴油机采用三道气环和一道油环,第一道气环采用筒面梯形环,周边略厚,锥角约 150°,与气缸接触的表面制成凸圆弧形并镀铬;第二、三道气环采用梯形扭曲锥面环,优点是密封性好,并可减轻环对环槽的冲击,环的外表面略呈锥形,不仅改善了气缸的磨合性,活塞下行时刮油和上行时布油作用也明显增强。

(3) 康明斯 K 系列柴油机共有三道活塞环,活塞环数量减少可大大提高柴油机的机械效率。其中,K 系列柴油机气环第一道环是镀铬环,呈腰鼓形;第二道气环为 90°倒角环;第三道是组合式油环,它包括一个油环和一个衬环。活塞环在装配时应注意记号,要使 90°倒角朝上。

(三) 活塞销

活塞销的主要作用是将活塞和连杆铰连在一起,并将作用于活塞上的力传递给连杆。活塞销通常为圆柱形,中间部分穿过连杆小头孔,两端支承在活塞的销座中,并由活塞销座孔两端的卡环限位。由于活塞销与活塞顶部较近,故工作温度较高,同时承受周期性变化的气体压力、往复惯性力的作用和冲击载荷,因此活塞销应具有足够的强度、刚度和硬度,表面耐磨且内部韧性要好。

活塞销通常做成实心或空心的圆柱体,后者在保证强度和刚度条件下具有较轻的质量,有利于减小活塞的惯性力。活塞销一般采用合金钢或高碳钢材料制造,表面可渗碳淬火以获得良好的机械性能。柴油机工作时由于铝合金活塞销座与钢活塞销的热膨胀不同,为防止柴油机发热后因配合间隙增大而引起冲击和异响、破坏油膜和加快磨损,冷态时活塞销与销座孔采用过渡配合,而活塞销与连杆小头衬套为间隙配合,以保证高温工作时获得正常的工作间隙。

(四) 连杆

1. 连杆的功用

连杆用于连接活塞与曲轴,并将活塞承受的燃气压力传递给曲轴,从而使活塞的往复直线运动变为曲轴的旋转运动。

2. 连杆的工作条件与材料

连杆工作时同时承受着活塞传来的气体压力、活塞组件及连杆小头的惯性力,以及连杆本身围绕活塞销做平面运动时的惯性力和力矩作用,这些力的大小和方向均呈周期性变化,因此连杆工作在压缩、拉伸和横向弯曲等交变应力作用下,要求连杆质量尽可能轻,应有足够的结构刚度和疲劳强度。通常连杆选用优质中碳钢模锻并调质处理,或采用合金钢、球墨铸铁制造。

3. 连杆的典型构造

连杆主要由连杆小头、杆身和连杆大头三部分组成,如图 3-31 所示。

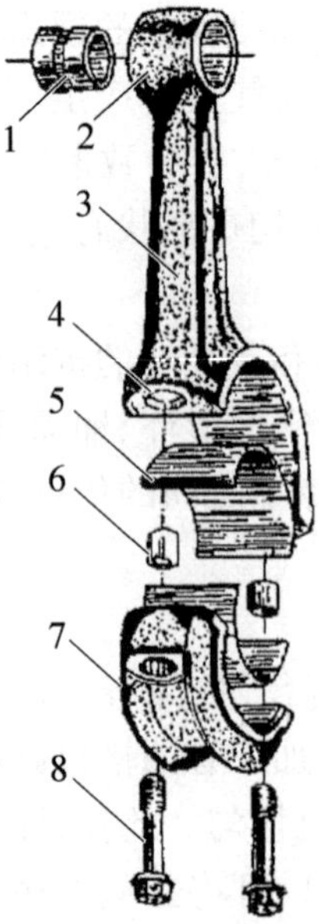

图 3-31 连杆(斜切口)结构图

1—衬套;2—连杆小头;3—杆身;4—连杆大头;5—连杆轴瓦;6—定位套筒;7—大头盖;8—连杆螺钉

连杆体三维模型

(1) 连杆小头套在活塞销上,孔内装有一个衬套,衬套与连杆小头孔的配合具有一定过盈,以免工作时衬套滑动,从而影响润滑和引起连杆小头孔和衬套磨损。衬套的润滑方式有两种：一种是采用压力油润滑，即在杆身加工有润滑油道，来自连杆轴颈的压力油沿油道进入衬套表面进行润滑，压力润滑工作可靠，但杆身油道加工比较困难；另一种是在小头和衬套上钻有油孔，从而利用活塞内腔飞溅的机油对活塞销进行润滑。

（2）连杆杆身断面形状呈“工”字形，既能减轻质量，又能保证连杆具有足够的刚度和强度。

（3）连杆大头套在曲轴连杆轴颈上，其内放有连杆轴承，曲轴转动时围绕连杆轴颈相对转动。为了便于拆装，大头加工成两部分，切下的部分称为连杆大头盖，用连杆螺栓固定在连杆大头上。切分面可以垂直于连杆轴线，称为直切口，也可与连杆轴线倾斜，称为斜切口。斜切口连杆的最大优点是在保证能够将活塞连杆组从气缸套中顺利取出或装入的前提下，允许曲轴连杆轴颈的尺寸大一些，从而增加了曲轴的强度。135 系列柴油机通常采用斜切口连杆和套筒定位方式，而康明斯柴油机则采用直切口连杆，大头与大头盖用 2 个（N 系列）或 4 个（K 系列）圆柱销定位，并由连杆螺钉依靠精密加工的螺纹将其紧固并自锁。

（五）连杆轴瓦

在连杆大头内安装了两片分开式轴瓦，通常称为连杆轴瓦，连杆轴瓦的主要作用是减少连杆大头与连杆轴颈之间的磨损。康明斯柴油机的连杆小头润滑依靠连杆杆身的油道，因此连杆轴瓦装配时轴瓦的孔径要与连杆杆身油道口对应。装配连杆轴瓦时要保持轴瓦与轴颈之间的配合间隙，若装配间隙过大会导致轴瓦磨损加剧，严重时会引起减磨合金层剥落，若装配间隙过小，会使轴瓦散热不良且容易烧坏。

（六）连杆螺栓

连杆螺栓是柴油机所有螺栓中受力最严重的零件之一，既要承受预紧力，同时还要受到惯性力的作用。如果连杆螺栓断裂或松脱，会导致柴油机出现严重事故，因此连杆螺栓的材料一般要选用高强度的合金钢。康明斯柴油机连杆螺栓采用合金钢材料（如 35CrMoVA 等）制造，装配时用扭力扳手将连杆螺栓拧紧至规定力矩后，还要再拧紧一定角度，从而使螺栓产生塑性变形达到自锁。

活塞连杆组装配三维模型

四、曲轴飞轮组

曲轴、飞轮和其他直接安装其上的零件构成曲轴飞轮组，它是柴油机中最主要的传动元件。

曲轴飞轮组教学视频

曲轴飞轮组拆解三维模型

（一）曲轴

1. 曲轴的功用

（1）通过连杆将活塞的往复直线运动转变成旋转运动。

（2）输出扭矩并通过飞轮部件驱动负载工作。

（3）通过齿轮传动机构带动配气机构及其他辅助装置工作。

（4）控制各缸工作顺序，并通过连杆推动各缸活塞完成进气、压缩和排气过程。

2. 曲轴的工作条件与材料

柴油机工作时曲轴承受着周期性变化的燃气压力、曲柄连杆机构运动产生的惯性力以及负载力矩的作用，这些变化的力和力矩会使曲轴工作中受到弯曲和扭转，产生交变的疲劳应力和承受曲轴振动引起的附加应力，最终导致曲轴轴颈磨损和出现疲劳破坏，为此要求曲轴既要有足够的疲劳强度以及尽可能大的弯曲刚度和扭转刚度，以减轻曲轴受力后呈现的变形，同时又要求冲击韧性好、减振性好、耐磨损、质量轻、造价低和工艺性好，以满足曲轴平稳运转和可靠工作的要求。

目前柴油机的曲轴多采用高强度合金钢或优质中碳钢模锻，或用球墨铸铁制造。135系列柴油机曲轴采用球墨铸铁制造，而康明斯柴油机曲轴采用高强度合金钢（如42GrMoA、42GrNiMo）整体锻造而成。此外，为了提高曲轴的疲劳强度和改善轴颈表面的耐磨性，康明斯柴油机曲轴的主轴颈、连杆轴颈表面和轴颈的过渡圆角处均经过高频淬火处理并进行精磨，其疲劳强度比未进行圆角感应淬火的曲轴可提高一倍左右。

3. 曲轴的结构形式

按照结构形式的不同，曲轴可分为整体式曲轴和组合式曲轴两种。整体式曲轴是将一根曲轴毛坯，然后连同所有的曲拐及曲轴前端、后端铸造成为一体，如图3－32所示；组合式曲轴是将主轴颈、连杆轴颈、曲柄全部分开或部分分开制造，然后再组合成一体。

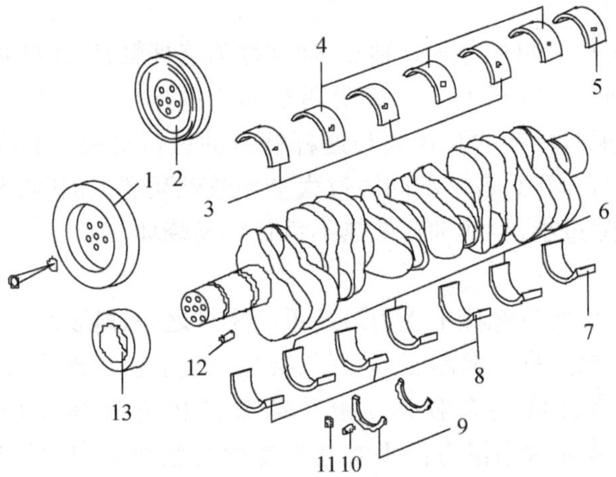

图3－32　康明斯柴油机整体式曲轴结构图

1—硅油减振器；2—皮带轮；3～8—主轴承；9—止推片；10—定位销；11—定位环；12—键；13—曲轴齿轮

按照主轴颈数目不同，曲轴可分为全支承曲轴和非全支承曲轴两种。其中，全支承曲轴的特点是每个连杆轴颈的两边都有支承点（主轴颈），因此主轴颈数比连杆轴颈数多一个；非全支承曲轴则是每两个连杆轴颈共用一对支承点（主轴颈），因此其主轴颈数少于或等于连杆轴颈数。

4. 曲轴的典型构造

曲轴主要由前轴（又称自由端或前端）、曲拐（包括主轴颈、连杆轴颈和曲柄）以及后轴（又叫功率输出端或曲轴法兰）三部分组成。

（1）曲轴前轴为自由端，其上铣有键槽，用于安装曲轴主齿轮，主齿轮用于驱动配气机构、燃油供给系统、润滑系统油泵等附属机构工作。

（2）曲拐由一个连杆轴颈、两端的曲柄以及前后两个主轴颈共同组成，其中主轴颈用于支撑整个曲轴并构成曲轴的回转轴线，它通过主轴承盖采用曲轴主轴承螺栓悬挂在机体下部轴承座上,或通过大圆盘滚动轴承支承在隧道式机体孔内。连杆轴颈和主轴颈通过曲柄相连,并与连杆大头通过连杆螺钉连接,其间装有连杆轴承(连杆轴瓦)。连杆轴颈多做成空心或加工有润滑油道与主轴颈油道连通,部分柴油机每个曲柄(或部分曲柄)在连杆轴颈相反方向装有扇形平衡块,用于提高曲轴的平衡性能。

(3) 曲轴后轴通过螺钉与飞轮固连,通常又称为曲轴法兰,动力由此输出。

5. 康明斯柴油机曲轴

曲轴三维模型

康明斯柴油机曲轴的前端为自由端,用于安装主动齿轮、硅油减振器和皮带轮,后端用于安装飞轮。硅油减振器可防止曲轴因扭转振动而损坏,皮带盘与硅油减振器一起用螺栓固定在前轴上,用于驱动充电发电机工作。曲拐由一个连杆轴颈和它两端的曲柄以及前后两个主轴颈共同组成,主轴颈用于支承整个曲轴,并构成曲轴的回转轴线,通常通过主轴承盖用曲轴主轴承螺栓悬挂在机体下部轴承座上。

康明斯柴油机曲轴通常采用压力润滑方式,如图 3-33 所示。当柴油机工作时,在曲轴主齿轮的驱动下,来自机油泵的压力机油经过冷却和过滤后进入机体主油道,然后通过机体上加工的油道分别进入曲轴各挡主轴承,在润滑主轴颈的同时再经过曲轴上加工的斜向油道进入连杆轴颈,一方面用于润滑连杆轴承,另一方面通过连杆杆身油道润滑活塞销和连杆小头衬套。

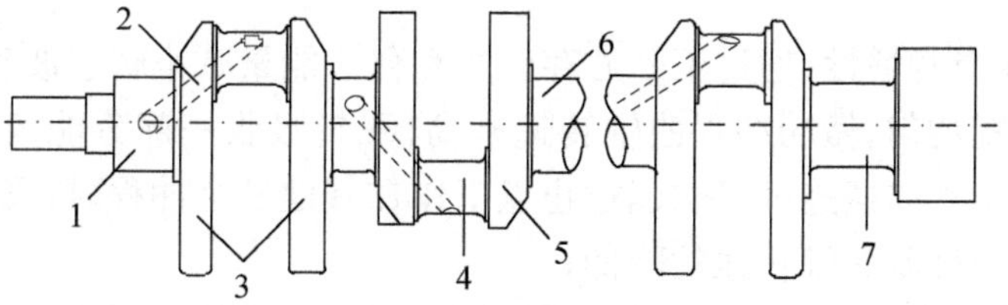

图 3-33　康明斯柴油机曲轴润滑示意图

1—前轴;2—油道;3—平衡块;4—连杆轴颈;5—曲拐;6—主轴颈;7—后轴

康明斯柴油机曲轴前端密封如图 3-34 所示。橡胶骨架式油封安装在齿轮室盖板上,通常采用聚四氟乙烯材料制造。油封也采用相同的结构,用于密封柴油机辅助驱动装置的传动轴。安装油封时必须保持清洁和使用专用引套,强行装配容易损伤油封的唇部。此外,曲轴工作时会受到斜齿轮传动所产生的轴向推力和曲轴受热后轴向伸长的影响,因此需要进行轴向定位以限制曲轴轴向窜动。为了避免出现互相干涉,轴向定位只能设置在一处,通常采用在曲轴前端、后端或中间安装止推轴承的方式。康明斯柴油机曲轴的轴向定位设置在曲轴后端,在第 7 挡(KTA19 机型在第 6 挡)主轴颈两侧,上、下各两片装有四片止推片,止推片用圆柱销与主轴承座和主轴承盖定位,安装时加工有油槽的一面朝向有相对运动的一侧。柴油机工作时止推片将承受曲轴的轴向推力,其间隙即为曲轴的轴向间隙。康明斯 N 系列柴油机和 KTA19 机型的曲轴轴向间隙分别为 0.18~0.43 mm 和 0.10~0.41 mm,磨损极限分别为 0.56 mm 和 0.53 mm。

(二) 飞轮

1. 飞轮的功用

飞轮的主要作用包括以下几个方面:

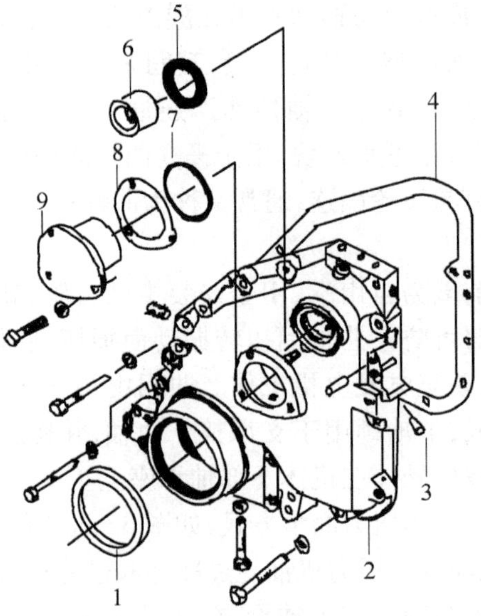

图 3-34　康明斯柴油机曲轴前端密封示意图

1—曲轴油封；2—齿轮室盖板；3—定位销；4—垫片；5—油封；6—铜衬套；7—O 型圈；8—凸轮轴轴向间隙调整垫片；9—轴承盖

（1）飞轮依靠自身惯性，通过不断贮存能量和释放能量减小转速波动，从而使柴油机运转平稳、输出扭矩均匀，做功冲程曲轴转速升高，飞轮吸收一部分能量以抑制曲轴转速的升高，而当飞轮带动曲柄连杆机构越过止点工作在其他三个冲程时，飞轮又将所积蓄的能量逐渐释放，从而抑制曲轴转速的降低；

（2）飞轮作为输出法兰与负载连接，通过齿轮啮合完成柴油机启动；

（3）飞轮轮盘上通常标记有刻度或符号，用于柴油机检查与调整。

飞轮三维模型

2. 飞轮的典型构造

如图 3-35 所示，飞轮为一个中间薄周边厚，转动惯量和质量都很大的圆盘状结构。飞轮外缘上压装有一个齿圈，可与启动电机驱动齿轮啮合，从而启动柴油机。飞轮壳固定在机体后端，飞轮安装在其内并通过圆柱销定位，并用螺钉固定在曲轴输出法兰上。飞轮齿圈与飞轮过盈配合，通常是将齿圈加热，待其膨胀后再进行镶配。一般柴油机的飞轮上刻有上止点标记和用于调整供油正时的刻度，在飞轮壳上固定有指针。对于直列式 6 缸柴油机，当转动飞轮使“0”刻度对准指针时，第 1 缸和第 6 缸同时到达上止点，为气门间隙和供油提前角的检查和调整提供了基准。康明斯 N 系列和 K19（直列式）柴油机的检查调整标记设在柴油机辅助驱动装置皮带轮盘和齿轮室盖板上，而 K38（V 型 12 缸）柴油机的调整标记则分别设置在扭转减振器、飞轮壳窗孔“A”和飞轮壳窗孔“C”三处。

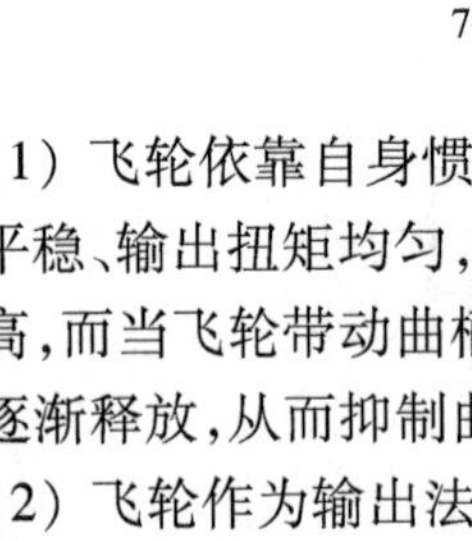

图 3-35　飞轮构造示意图

1—飞轮；2—齿圈

（三）曲轴轴承

曲轴轴承分为主轴承、连杆轴承和推力轴承。康明斯柴油机主轴承和连杆轴承均采用滑动轴承，滑动轴承分为上、下两片，形似瓦面，因此又称为轴瓦。康明斯N系列柴油机的主轴瓦采用定位环，每个主轴瓦的一边均有一个缺槽嵌在定位环上，定位环装在机体主轴承座的螺栓孔内；康明斯K19系列柴油机的主轴瓦则采用定位唇定位。

康明斯柴油机的连杆轴承采用定位唇定位，在瓦背一端冲制有凸块，嵌入轴承座对应的缺口内，以防止轴瓦轴向移动。康明斯柴油机的连杆轴瓦可互换使用，但主轴瓦有区别，N系列柴油机从自由端算起，第1、3、5挡轴瓦略宽，第2、4、6挡轴瓦较窄，第7挡轴瓦最宽，使得在同一气缸盖下的1和2缸、3和4缸以及5和6缸具有相等的气缸中心距；KTA19柴油机第2~6挡轴瓦宽度相同，第1、7挡轴瓦宽度相同。

（四）曲轴平衡

柴油机高转速运转时为减轻惯性力和惯性力矩的影响，以及减轻主轴承负荷，改善曲轴的工作条件和内部受力，柴油机在曲柄对应连杆轴颈方向装有平衡块。平衡块通常做成扇形，可使其重心远离旋转中心，从而以较小的质量获得较大的惯性力。扇形平衡块和曲轴可以整体锻造为一体，也可以单独加工，然后用螺钉固定在曲柄上。康明斯NTA855柴油机采用完全平衡的方式，每个曲柄反方向都安装有一个平衡块。

（五）曲轴振动与减振器

曲轴飞轮组装配三维模型

柴油机曲轴以及与曲轴连接的活塞连杆组和飞轮，共同构成了一个很大的弹性系统[23]。柴油机工作时曲轴的每一个曲拐上轮流作用着大小和方向呈周期性变化的切向力，使曲拐回转的瞬时角速度也呈周期性变化。由于安装在曲轴输出端的飞轮转动惯量很大，瞬时角速度基本上可看作是均匀的，这样就导致曲拐与飞轮的瞬时角速度不同。做功冲程初期扭矩急剧增长，曲轴加速旋转，而飞轮和与其相连接的其他运动机件的惯性却阻碍了曲轴的加速，使具有弹性的曲轴发生变形；做功冲程的后半段气缸中压力下降，曲轴由于本身的弹性而放松，其他气缸依次进入做功冲程，又重新引起了曲轴的扭转，而扭矩减小时曲轴又放松，这样当柴油机运转时，曲轴一次又一次地扭转和放松，形成了扭转振动。虽然每一次冲击所引起曲轴的扭转并不大，但如果做功冲程爆发的频率与曲轴自由振动的频率相合时将会产生共振，共振时曲轴受到的附加应力最大，会导致柴油机运转不平稳、曲轴发热，严重时导致曲轴疲劳断裂，同时扭转振动会使各曲拐间角度发生变化，柴油机的正时关系也因此改变，因此为了保证柴油机运转平稳和防止曲轴疲劳断裂，需要在曲轴上远离飞轮的自由端（此处曲轴的扭转振幅最大）安装能够减弱扭转振动的减振器。

通常减振器的选用要根据柴油机的额定功率和额定转速来确定，康明斯B、C系列柴油机采用橡胶扭转减振器，N、K系列柴油机采用硅油扭转减振器。减振器能够使曲轴的振幅限制在0.2°范围内，皮带轮和减振器用螺钉固定在一起，减振器在柴油机上的装配如图3－36所示。此外，康明斯N、K系列柴油机减振器上刻有气门和喷油嘴调整所必需的记号，装配时不能错位。

硅油减振器利用硅油的黏性阻尼作用，迫使曲轴扭转振动的振幅减小并限制在允许范围内，其构造如图3－37所示，主要由减振器壳、惯性体和盖板等零件组成。减振器壳3通过螺钉固定在曲轴前轴，并与曲轴同步转动。减振器壳内装有惯性体1，它是一个用铸铁制成的具有很大转动惯量的大圆盘。减振器壳用盖板 6 封装，并在惯性体与减振器壳体之间的腔体内封装有高黏度的硅油 5。此外为了减小磨损，在减振器壳内装有青铜衬套 2。当曲轴产生扭转振动时，减振器壳 3 随曲轴一起振动，而惯性体 1 由于转动惯量较大仍然保持均匀转动，从而使惯性体与减振器壳体之间产生超前或滞后的相对运动，周边间隙内的硅油因此受到强烈剪切、产生滑移和摩擦生热，从而消耗了振动的能量，迫使曲轴扭转振动的振幅减小并达到减振的目的。

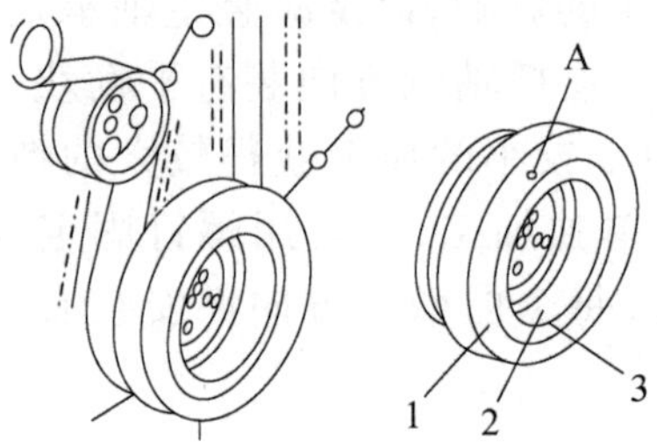

图 3－36　减振器在柴油机上的装配示意图

1—惯性环；2—橡胶圈；3—轮毂；
A—装配记号

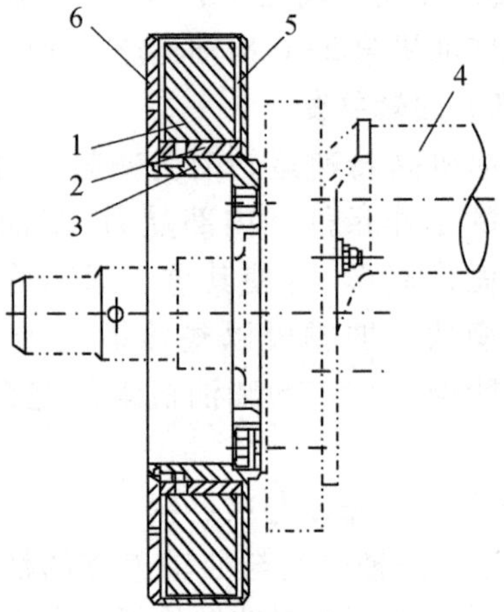

图 3－37　硅油减振器结构图

1—惯性体；2—衬套；3—减振器壳；
4—曲轴；5—硅油；6—盖板

第二节　柴油机配气机构

配气机构是实现柴油机进、排气过程的控制机构，用于控制两个工作循环之间气缸内气体的更换，完成进气过程和排气过程。配气机构工作是否正常直接影响着柴油机的动力性、经济性和可靠性。

一、配气机构的工作过程

（一）配气机构的功用、要求及组成

1. 配气机构的主要功用

配气机构的工作过程教学视频

（1）按照柴油机各缸的工作顺序，定时、交替地开启和关闭进、排气门，在规定时刻和规定时间内把新鲜空气吸入气缸，将燃烧后的废气排出缸外。

（2）压缩过程和做功过程保持进、排气门关闭，确保燃烧室可靠密封，从而为柴油机正常工作提供必要条件。

（3）过滤进入气缸的空气，减小进、排气噪声。

2. 配气机构的工作要求

柴油机配气机构通常在急剧变化的速度下工作，由于惯性力作用，会使运动零件承受

很大的冲击力，加之每一循环柴油机的进、排气过程所占时间又极为短促，热负荷作用和润滑不良都将造成零件严重磨损，因此对柴油机配气机构的基本要求是：

（1）提高柴油机的充气效率，适时打开和关闭进气门与排气门，确保新鲜空气吸入充分、废气排出彻底；

（2）气门的密封性要好，惯性力和冲击力要小；

（3）要尽量减小配气机构的振动和噪声；

（4）工作可靠，使用寿命长，便于调整和维修。

3. 配气机构的基本组成

配气机构
三维模型

如图 3－38 所示，柴油机通常采用上置式配气机构，主要由气门组件和气门控制机构两部分组成。其中，气门组件安装在气缸盖上，包括气门 10、气门座、气门导管 9、气门弹簧 8、锥形锁夹 7 和弹簧座 6 等，通常每缸装有一个（或两个）进、排气门，气门沿压装在气缸盖上的气门导管上下运动，由凸轮轴控制摇臂打开气门，在弹簧力作用下关闭气门，气门尾部安装有气门弹簧上座和一对锥形锁夹，通过一根（或两根）气门弹簧支承在气缸盖上；气门控制机构包括凸轮轴 5、挺柱 4、推杆 3、摇臂 1、调整螺钉等，凸轮轴的一端安装有凸轮轴传动齿轮，由曲轴主动齿轮驱动并通过挺柱将凸轮的旋转运动转化为推杆的直线运动，气门摇臂支承在摇臂轴上，可绕轴上下摆动，摇臂一端通过气门间隙调整螺钉与推杆接触，另一端圆弧面压在气门杆上。

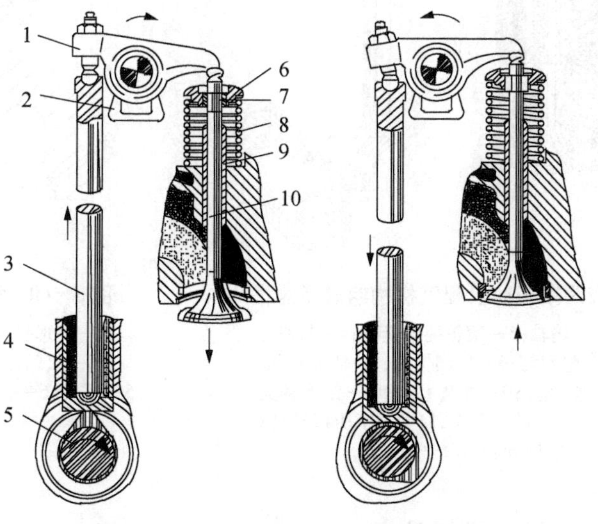

图 3－38　配气机构基本组成示意图

1—摇臂；2—摇臂座；3—推杆；4—挺柱；5—凸轮轴；6—弹簧座；
7—锥形锁夹；8—气门弹簧；9—气门导管；10—气门

（二）配气机构的工作过程

柴油机工作时曲轴通过主动齿轮以 2∶1 的传动比驱动凸轮轴传动齿轮，从而使凸轮轴以比曲轴慢一倍的转速旋转。当凸轮轴凸轮的凸起部分向上顶起挺柱时，通过推杆使气门摇臂压下，迫使气门（进气门或排气门）克服气门弹簧的弹力向下打开，弹簧被压缩。当气门开启最大时，气体流通截面积也最大，对应的凸轮处于最大升程位置。当凸轮继续转动，升程逐渐减小，在气门弹簧力的作用下气门向上运动，由趋于关闭直到最终完全关闭，至此完成了一次进气过程或者一次排气过程。当气门关闭时，凸轮的基圆与挺柱接触，在气门摇臂与气门杆尾端之间存在的间隙称为气门间隙。需要指出的是，曲轴与配气机构和燃油供给系统正确的工作配合关系是由安装在齿轮室内各齿轮之间正确的装配位置和传动比保证的，当柴油机曲轴转动两圈，配气机构凸轮轴和柱塞式喷油泵只转动一圈，这是四冲程柴油机能够正常工作的基本前提。

康明斯柴油机采用了 PT 燃油供给系统，因此凸轮轴上除加工有进、排气凸轮外，还加工有喷油器凸轮，当曲轴转动两圈，进、排气凸轮和喷油器凸轮各工作一次，柴油机完成一个工作循环。如图 3－39 所示，康明斯柴油机配气机构的主要区别是每缸装有两进、两排四个气门，摇臂的一端通过气门间隙调整螺钉 5 与推杆 4 接触，另一端圆弧面压在丁字压板 7 上，丁字压板用于控制两个同名气门同步工作，由丁字压板调整螺钉 8 进行调整。

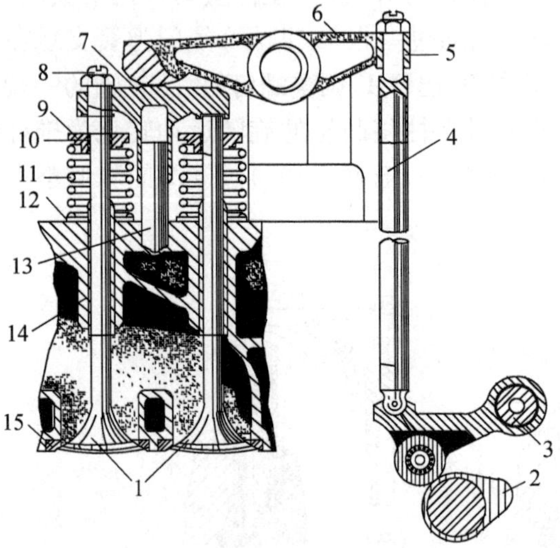

图 3－39　康明斯柴油机配气机构组成示意图

1—气门；2—凸轮轴；3—滚轮摇臂挺柱；4—推杆；5—气门间隙调整螺钉；6—气门摇臂；7—丁字压板；8—丁字压板调整螺钉；9—弹簧上座；10—锥形锁夹；11—气门弹簧；12—弹簧下座；13—丁字压板导杆；14—气门导管；15—气门座

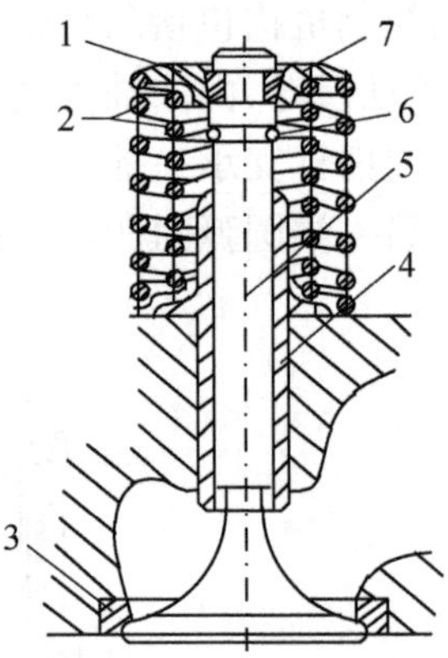

图 3－40　气门组件结构图

1—锥形锁夹；2—气门弹簧；3—气门座；4—气门导管；5—气门；6—弹簧卡圈；7—弹簧座

二、配气机构的主要零部件

配气机构的主要零部件教学视频

（一）气门组件

气门组件用于控制进气道或排气道的开启与关闭，为了保证气门与气门座接触良好和密封可靠，首先气门弹簧要有足够的弹力和刚度，能够使气门迅速关闭并压紧在气门座上，其次气门头部与气门座采用锥面配合，角度要适当，从而保证关闭时气门与气门座紧密贴合，最后气门与气门导管的同心度要好，以确保正确导向和气门落座良好。如图 3－40 所示，气门组件由气门 5、气门导管 4、气门座 3、气门弹簧 2、弹簧座 7、锥形锁夹 1 和弹簧卡圈 6 组成。

1. 气门

气门用于控制进、排气道的开启或关闭，开启时要保证气体流动通畅，关闭时要保证密封可靠。气门通常由气门杆和气门头部组成。气门杆为圆柱形，下端与气门头部采用大圆弧过渡，上端与摇臂工作面接触。杆端的上部加工有安装锥形锁夹的环形槽，通过一对锥形锁夹使气门与气门弹簧上座正确连接。

气门头部常见的形状包括平顶、凸顶和凹顶。其中，凸顶（球形）气门具有较高的刚性，气体流动阻力较小；凹顶（喇叭形）气门重量轻、惯性力小，但刚度较差、受热面积大；相对凸顶和凹顶，平顶气门具有形状简单、制造方便、受热面积较小和研磨气门比较方便等优点。此外，为了保证强度和刚度，气门头部设计较厚，气门与气门座均采用锥面配合，在保证气门与气门座密封良好的前提下，具有较小的气体流动阻力。

如图 3－41 所示，康明斯柴油机采用平顶气门，其气门头部的密封锥面与气门座严密贴合、配对研磨，从而实现气门的密封。气门锥面与气门顶面之间的夹角称为气门锥角，通常康明斯柴油机进、排气门的气门锥角为 45°，少数进气门锥角为 30°，较小的锥角可获得较大的流通面积，减小气门落座时的相对滑移。

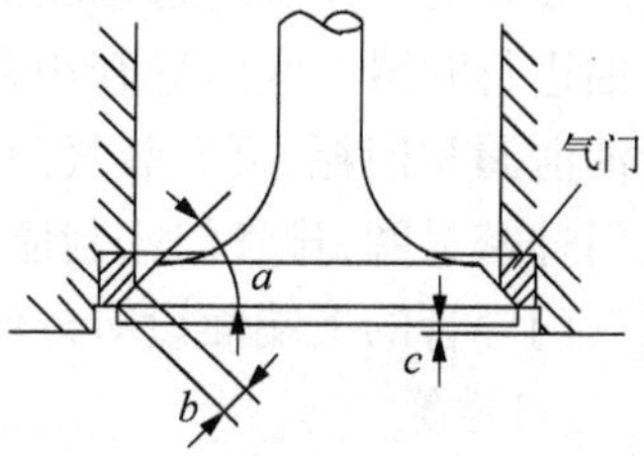

图 3－41　气门锥角及密封面示意图

a—气门锥角；*b*—气门密封面；*c*—气门下沉量

柴油机通常采用两个气门，即一个进气门和一个排气门。为了改善气缸的换气过程，总是采用较大的气门通道面积，并常使进气门直径大于排气门直径。在大、中功率的柴油机上也常采用四个气门，即两个进气门和两个排气门，多采用相同的进、排气门直径。四气门结构既能增大气体流通面积、提高柴油机的充气效率和气门的刚度，也便于喷油器在气缸中央布置。

康明斯 B、C 系列柴油机每个气缸装有 2 个气门（1 个进气门、1 个排气门，进气门头部直径大于排气门）；为提高进、排气量，康明斯 N 系列、K 系列柴油机的每个气缸装有 4 个气门（2 个进气门、2 个排气门）。气门通常有两种制作方法：一种是用全金属制作，其中进气门为普通合金钢，排气门为耐热合金钢；另一种是在气门密封锥面上堆焊特种合金。通常为了提高排气门在高温下的耐热性和耐腐蚀性，提高排气门的使用寿命，在排气门密封锥面上堆焊耐热合金。

2. 气门座

气门座是气门关闭落座的支承面，它与气门头部共同对气缸实施密封，并承担气门头部的散热。气门座可以在气缸盖上直接加工，也可以采用镶座。镶座的优点是可以采用刚度、强度更好，耐磨、耐蚀性优越的材料制作气门座圈，从而延长了使用寿命，也便于维修和更换；其缺点是镶座后的传热性不如在气缸盖上直接加工的方式，对零件的加工精度和气门座的安装工艺要求较高。此外，如果配合不当，一旦气门座脱落将造成柴油机损坏，因此为防止座圈松脱落入气缸造成严重损伤，气门座总是依靠足够的过盈压装到气缸盖底面的气门座孔内。

常用的 135 系列柴油机和康明斯柴油机的进、排气门均采用镶座形式。目前也有部分柴油机排气门不镶座，而是只在进气门镶座，这是由于排气中含有油烟，在通过排气门时可以对其进行润滑，而进气门缺少这一条件，因此排气门与座圈的磨损比进气门与座圈的磨损较为轻微。

3. 气门导管

气门导管的主要作用是导向和散热。柴油机工作时气门导管引导气门上下运动，防止运动中发生歪斜而影响气门正确落座和密封，同时把气门吸收的部分热量传递出去。气门导管通常为空心圆柱形结构，以很大的过盈压装在气缸盖上。导管内孔与气门杆配合，具有较高的装配精度和一定的配合间隙。若配合间隙过大，容易使气门散热不良，运动时产生摆动冲击，并造成气门座磨损不均匀；若配合间隙过小，会影响气门运动，甚至使气门在导管内卡死。为了防止气缸盖上飞溅的机油在气门上下运动时泵入气缸，部分柴油机在气门导管上端装有油封或加工有锥面。

气门导管的工作温度通常较高，而且润滑条件较差，因此主要靠配气机构工作时飞溅的润滑油进行润滑。气门导管由灰铸铁、球墨铸铁或铁基粉末冶金制造。为了控制和减少润滑油泄漏和消耗，可安装气门油封。例如康明斯 B 系列和 C 系列柴油机气门导管上装有气门杆密封圈，排气门密封圈呈橘红色，而进气门密封圈呈黑色；康明斯 N 系列柴油机则在气门导管的上端面设有外倒角，用于减少润滑油流入气缸。

4. 气门弹簧

气门弹簧的主要作用是当气门关闭时，使其迅速落座并保证可靠密闭；开启时起缓冲作用，确保传动机构零件不会因过大的惯性力而出现分离。为了使配气机构工作可靠，气门弹簧通常具有很大的弹力和安装预紧力，以确保有足够的刚度和弹力，防止弹簧工作中振动损坏和影响气缸的密封性。柴油机的每个气门通常采用内、外两根旋向相反的等螺距圆柱弹簧套装在一起，以降低弹簧应力和减小弹簧高度尺寸。由于两个弹簧尺寸不同，自振频率也不同，能够有效防止弹簧共振而造成断裂，同时由于两个弹簧旋向相反，可以防止一根弹簧断裂后嵌入另一个弹簧内而使另一个弹簧卡住和损坏。此外，采用两根弹簧的另一个优点是即使其中一个弹簧断裂，另一个弹簧仍可支承气门。

气门与气门弹簧、弹簧座的连接采用如图 3－42 所示的锁紧装置，它由锥形锁夹 3 和弹簧上座 2 组成。两个钢制锥形锁夹一边一个抱在气门杆的锁夹槽内，弹簧上座的内孔上大下小呈锥形套在锁夹的外面，在向上的弹簧力作用下起到可靠连接并锁紧的作用。

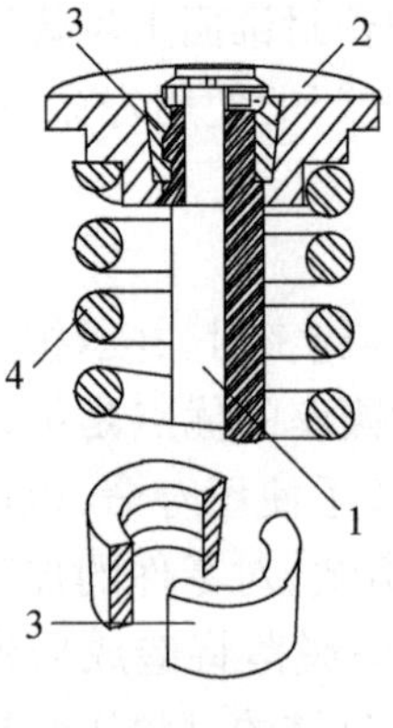

图 3－42　气门连接装置结构图

1—气门；2—弹簧上座；3—锥形锁夹；4—气门弹簧

5. 气门组件的工作条件和材料

柴油机工作过程中气门频繁开启和关闭，在运动零件惯性力和气门弹簧力的共同作用下，气门与气门座承受着频繁的冲击力作用，容易造成密封锥面磨损和塌陷；气门弹簧在交变载荷作用下，容易造成疲劳断裂；气门座和气门（特别是排气门）头部处于燃烧室内，工作温度高且温度分布不均匀，在热应力和高温燃气作用下，容易出现烧蚀、裂纹和形成积炭而使气门关闭不严，从而影响气缸的密封性和降低气缸压力。

为了确保配气机构在上述条件下工作可靠，根据气门组件的不同功用，所选用材料应综合考虑强度、刚度和耐热性、耐磨性、耐腐蚀性等要求[24]。通常柴油机进气门采用合金钢制造，排气门常用耐热合金钢（如 4Cr10Si2Mo）制造，康明斯柴油机的进、排气门均用优质合金钢（2Cr10Si2Mo）制造。此外，考虑到排气门热负荷较高，部分柴油机的排气门常采用头部阀面钴基堆焊，或者气门杆与气门头部采用两种不同的金属材料制造。柴油机气门座一般采用耐磨、耐热、耐蚀的合金铸铁或合金钢材料制造。气门导管常采用铸铁或自润性好的粉末冶金材料制作。气门弹簧常用 60Si2Cr 或 50CrVA 弹簧钢制造。

（二）气门控制机构

气门控制机构通常又称为气门驱动机构，用于实现凸轮的运动规律和满足柴油机的定时要求，从而使进、排气门在规定时刻打开和在规定时刻关闭。气门控制机构通常由挺柱、推杆、摇臂、凸轮轴等零部件组成。

1. 挺柱

挺柱的主要作用是将凸轮轴凸轮的回转运动转化为直线运动，并将凸轮的推力通过推杆传递给摇臂，从而迫使气门按照凸轮的轨迹开启和关闭。配气机构挺柱按照其结构形式，一般可分为平面挺柱、滚轮挺柱和滚轮摇臂挺柱三种，如图 3－43 所示。其中，平面挺柱［图 3－43（a）］结构简单、重量轻，挺柱与凸轮系高速滑动点接触或线接触，同时为使挺柱工作表面磨损均匀和减小摩擦力，常将凸轮与挺柱中心线错开 1～3 mm，从而使挺柱在工作中既能够上下运动，又能够绕自身轴线缓慢转动；滚轮挺柱［图 3－43（b）］和滚轮摇臂挺柱［图 3－43（c）］的下面装有滚轮 1，可使挺柱与凸轮由滑动摩擦变为滚动摩擦，因此具有凸轮与滚轮磨损小、维修方便、使用寿命长等优点。

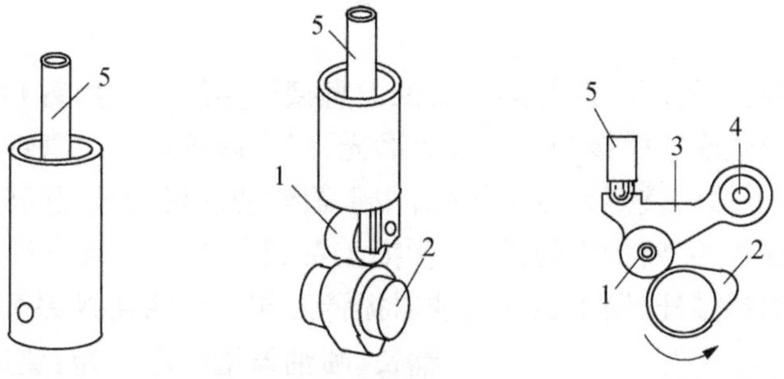

(a) 平面挺柱　　(b) 滚轮挺柱　　(c) 滚轮摇臂挺柱

图 3－43　挺柱典型类型示意图

1—滚轮；2—凸轮轴；3—滚轮摇臂；4—滚轮摇臂轴；5—推杆

康明斯柴油机采用滚轮摇臂挺柱，其装配关系如图 3－44 所示。滚轮摇臂下端有两个耳座，滚轮 11 通过滚轮销 10 装于两耳座之间，并与凸轮轴的凸轮接触，滚轮销用一个滚卷销 12 限位。摇臂上端有一球形凹坑，里面装有一个球形垫块 13，用于支承推杆下端的球头，由于采用球面配合，可有效减小摩擦阻力和提高推杆运动的适应性。滚轮摇臂轴 2 上有油道，通过盖板 1 与机体上机油油道相通，用于润滑滚轮摇臂轴、滚轮销和球形垫块。盖板用螺钉固定在机体上，盖板与机体之间装有数张调整垫片 6，用于调整 N 系列柴油机的喷油正时。滚轮摇臂轴 2 支承在盖板上，轴上套有进、排气门滚轮摇臂和喷油器滚轮摇臂,轴的两端用堵塞 3 密封。每个气门滚轮摇臂 4 经一个气门推杆 7 和一个丁字压板同时控制两个同名气门。喷油器滚轮摇臂 5 通过喷油器推杆 8 控制该缸的喷油器柱塞工作。

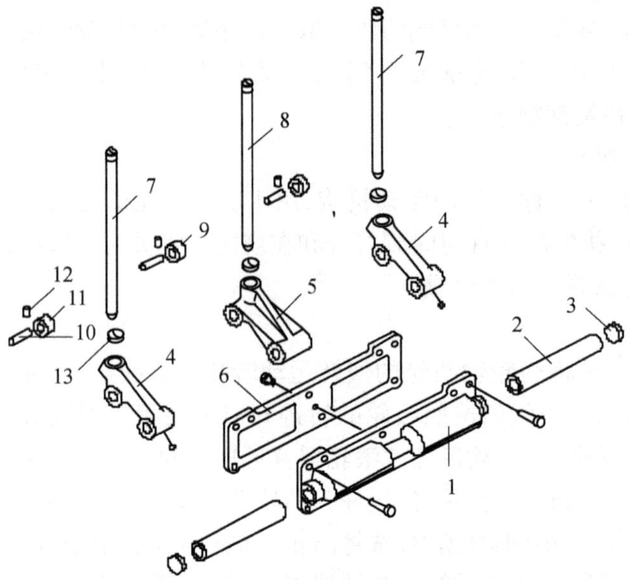

图 3-44　康明斯 N 系列柴油机滚轮摇臂挺柱和推杆结构图

1—盖板;2—滚轮摇臂轴;3—堵塞;4—气门滚轮摇臂;5—喷油器滚轮摇臂;6—调整垫片;7—气门推杆;8—喷油器推杆;9—喷油器滚轮;10—滚轮销;11—滚轮;12—滚卷销;13—球形垫块

2. 推杆

推杆的主要作用是将滚轮摇臂挺柱的推力直接传递给气门摇臂和喷油器摇臂。推杆均为细长杆,两头均做成球面接触并经淬火磨光,以提高零件的耐磨性。推杆上端圆弧面凹坑与安装在摇臂上的调整螺钉球头接触,用于调整柴油机的气门间隙,推杆下端球头坐落在挺柱球形凹坑内。需要指出的是,康明斯柴油机每缸除了有一根进气推杆和排气推杆外,还有一根喷油器推杆,用于驱动喷油器摇臂工作。康明斯 N 系列柴油机的气门推杆细长、喷油器推杆略粗短;康明斯 KTA19 机型气门推杆为空心且杆径较粗,喷油器推杆实心且杆径较细。

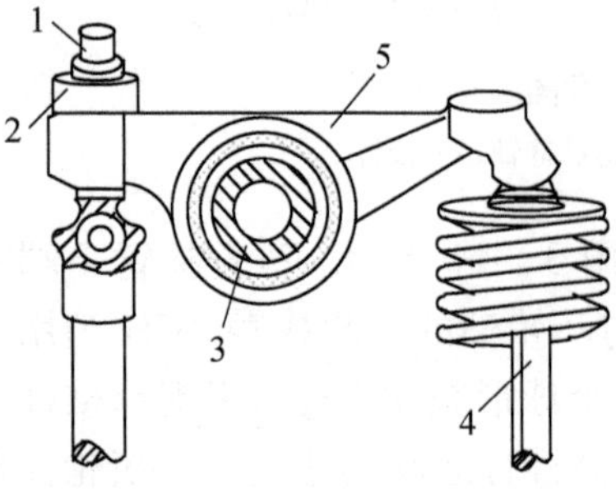

图 3-45　摇臂结构图

1—调整螺钉;2—锁紧螺母;3—衬套;4—气门;5—摇臂

3. 摇臂

摇臂主要起杠杆作用,它将推杆传来的力同时改变方向和大小,传至气门杆尾端,用以开启气门,如图 3-45 所示。摇臂的两个臂是不等长的,长臂端用来开启气门。采用不等长摇臂,在具有相同气门升程的条件下,能够有效减小凸轮的轮廓尺寸和降低推杆、挺柱的运动距离。摇臂的短臂端通常具有螺纹孔,内装气门间隙调整螺钉1,并采用锁紧螺母2锁紧,螺钉的球头与推杆顶端的凹窝接触。摇臂孔内压装有青铜衬套3,并与摇臂轴采用间隙配合,摇臂通过摇臂轴支承在摇臂座上。为了防止工作中摇臂从摇臂轴上脱出,轴的两端装有卡簧限位。摇臂、摇臂轴和衬套上均加工有油孔,来自气缸盖油道的机油经这些油孔润滑摇臂,然后经推杆孔流向挺柱和凸轮进行润滑,最后流回油底壳。

区别于其他柴油机,康明斯柴油机既有气门摇臂也有喷油器摇臂,这些摇臂将推杆传来的力同时改变方向和大小,分别作用在丁字压板和喷油器上,从而驱动气门和喷油器工作。康明斯B系列、C系列柴油机的每一个气缸上都有一个单独的摇臂总成,润滑油从气缸体、气缸盖上的油道进入摇臂轴进行润滑,流出的润滑油用于润滑摇臂和气门尾部、调整螺钉和推杆头部球座等部位。C系列柴油机气缸盖上有一根润滑油输送管,用于向各摇臂轴输送润滑油。

图3-46给出了康明斯N系列柴油机摇臂室总成示意图。康明斯N系列柴油机的进气门摇臂7、排气门摇臂5和喷油器摇臂6均装有摇臂衬套9,摇臂套在中空的摇臂轴12上,摇臂轴支承在摇臂室孔内。为了防止机油泄漏,摇臂轴的两端装有O型密封圈11和堵塞10。气门摇臂的一端加工成圆弧面,用于与丁字压板接触;喷油器摇臂的一端加工成球形凹面,内装球形座并与喷油器柱塞顶杆接触。摇臂的另一端装有调整螺钉和锁紧螺母,用于调整气门间隙和喷油器柱塞落座压力。此外,康明斯N系列柴油机每个气缸盖只有一个进气道,因此摇臂按"排—喷—进—进—喷—排"的顺序排列,两个相邻的进气门共用一个进气道。康明斯N系列柴油机的摇臂轴为空心,径向加工有油孔,柴油机工作时来自机体主油道的机油经气缸盖油道进入摇臂轴润滑衬套和摇臂。

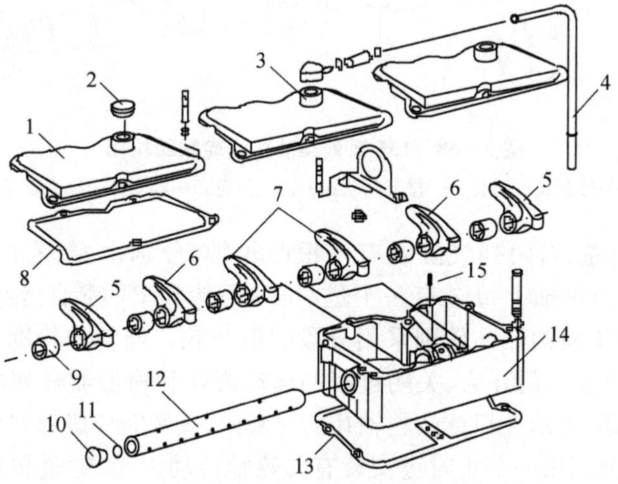

图3-46　康明斯N系列柴油机摇臂室总成结构图

1—摇臂室盖;2—加油口盖;3—通风器;4—通风管;5—排气门摇臂;6—喷油器摇臂;
7—进气门摇臂;8—摇臂室盖垫片;9—衬套;10—堵塞;11—O型密封圈;
12—摇臂轴;13—摇臂室垫片;14—摇臂室;15—定位螺钉

康明斯KTA19柴油机每个气缸具有单独的摇臂室总成。摇臂室盖用螺钉固定在摇臂室上,其间装有密封垫片。此外,摇臂室铸有水道,并与气缸盖水道相通,相邻两个摇臂室之间用一段出水管跨接,出水管两端装有 O 型密封圈,从而构成柴油机出水管部件,并与柴油机节温器连通。

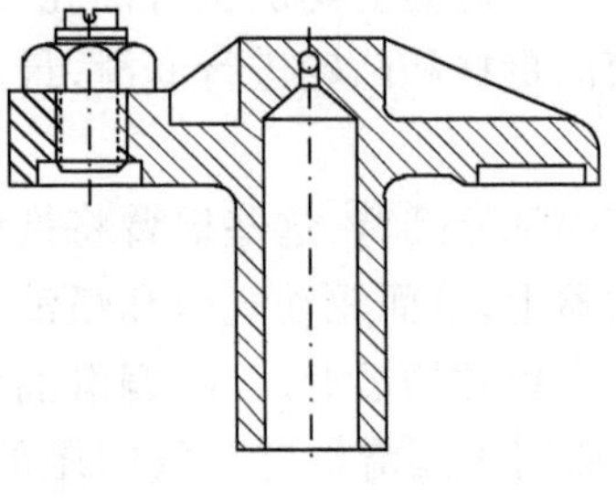

图 3-47　丁字压板结构图

4. 丁字压板

丁字压板(或称十字头)仅用于康明斯 N 系列及早期的 K 系列柴油机上,其功用是借助一个摇臂同时操纵两个同名气门同步工作,如图 3-47 所示。图 3-39 中丁字压板 7 套装在导杆 13 上,导杆压装在气缸盖导杆孔中。导杆的作用是为丁字压板上下运动提供导向并使其工作平稳。丁字压板的一端装有调整螺钉和锁紧螺母,用于微调丁字压板的水平度,从而确保一对同名气门动作同步。

5. 凸轮轴

凸轮轴是配气机构的重要驱动部件,其主要功用是按照柴油机工作过程的要求,定时开启、关闭进气门和排气门(康明斯柴油机还包括喷油器)工作。凸轮轴通常采用整体式、全支承结构,如图 3-48 所示,通常每缸对应一个进气凸轮 4 和一个排气凸轮 3。凸轮轴通过轴颈 1 支承在机体凸轮轴孔内,孔内压装有衬套 2,衬套一般采用铁基粉末冶金或铸铁材料制造。

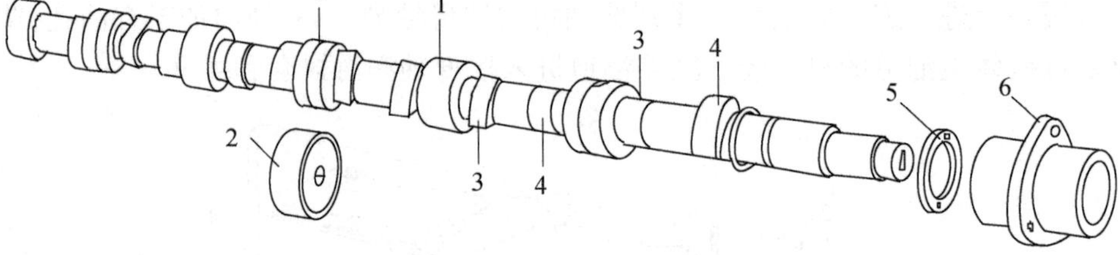

图 3-48　135 系列柴油机凸轮轴结构图

1—轴颈;2—衬套;3—排气凸轮;4—进气凸轮;5—隔圈;6—推力轴承

12V135 柴油机左、右两列气缸各有一根凸轮轴,分别由左、右凸轮轴传动齿轮驱动。康明斯柴油机凸轮轴上每缸有一个进、排气凸轮和 PT 喷油器凸轮,进、排气凸轮采用桃形凸轮,而 PT 喷油器凸轮则采用分段圆弧凸轮。凸轮的轮廓形状决定了气门和 PT 喷油器的升程,以及气门开启、关闭过程的运动规律和喷油器柱塞的运动规律。凸轮轴上加工有七道轴颈,支承在机体凸轮轴孔的衬套内,安装时应确保衬套上的油孔与机体油道对准。凸轮轴前端用一个正时键安装有凸轮轴传动齿轮,通过更换不同的正时键可以调整柴油机的喷油正时。凸轮轴后端轴承孔压装有一个碗形塞(堵塞),用于防止机油泄漏。

柴油机凸轮轴上进气凸轮、排气凸轮的相互位置需要按照柴油机规定的发火次序排列,因此根据各凸轮的相对位置和凸轮轴的旋转方向,就可以判断出柴油机的发火次序。康明斯 6 缸 B 系列和 C 系列柴油机按进排、进排、进排、进排、进排、进排的次序循环排列,并在第 5 缸进气、排气凸轮之间安装有用于驱动输油泵的偏心轮,图 3-49 给出了 B 系列柴油机凸轮轴的组成结构。康明斯 N 系列柴油机由于相邻两缸的进气门共用一个进气道，因此按排进、进排、排进、进排、排进、进排的次序循环排列。康明斯 6 缸 K 系列柴油机由于是一缸一盖结构，尽管采用与 N 系列相同的四气门结构，但气门排列顺序为进排、进排、进排、进排、进排、进排。

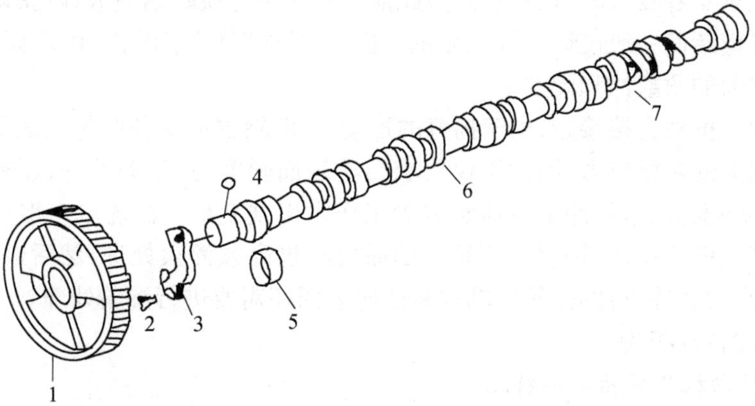

图 3-49 康明斯 B 系列柴油机凸轮轴组件结构图

1—正时齿轮；2—止推片螺栓；3—止推片；4—半圆键；5—凸轮轴衬套；6—凸轮；7—偏心轮

柴油机凸轮轴需要进行轴向定位，否则柴油机运转时曲轴正时齿轮（斜齿）作用在凸轮轴正时齿轮上的轴向力将使凸轮轴轴向移动，同时还会使凸轮轴相对于曲轴转动一定角度，从而破坏凸轮轴的"正时"关系。康明斯 B 系列和 C 系列柴油机凸轮轴采用如图 3-50 所示的轴向定位装置，止推片用螺钉固定在气缸体上，当凸轮轴向前或向后轴向移动时，都将被止推片阻挡。为了使凸轮轴转动自如，必须保证有一定的轴向间隙，轴向间隙由凸轮前端的止推片厚度决定。止推片与凸轮轴第一轴颈端面的距离通常称为凸轮轴的轴向间隙，康明斯 B、C 两机型的凸轮轴轴向间隙分别为 0.13~0.34 mm 和 0.12~0.46 mm。康明斯 N 系列柴油机凸轮轴止推装置包括止推板、凸轮轴轴承支承两种，其中止推板的轴向间隙为 0.03~0.13 mm，凸轮轴轴承支承的间隙为 0.20~0.33 mm。康明斯 K 系列柴油机具有双凸轮轴结构，其中 K38、K50 分别呈 12 缸、16 缸 V 形排列，均装有两根凸轮轴，即左、右两列气缸各有一根凸轮轴，并且左列和右列凸轮轴不一样，安装时必须注意区别。

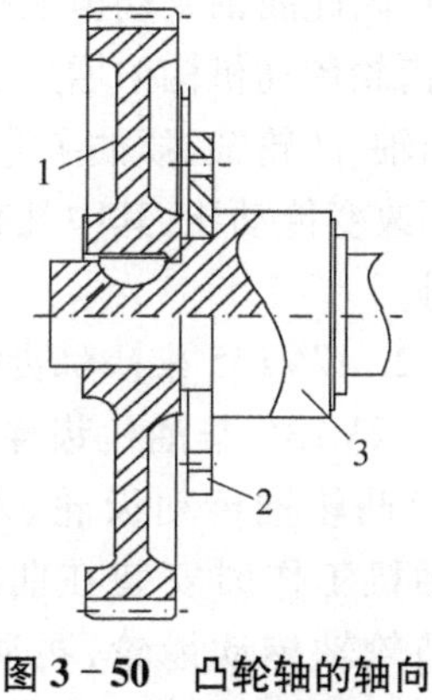

图 3-50 凸轮轴的轴向定位示意图

1—凸轮轴正时齿轮；2—止推片；3—凸轮轴

6. 气门控制机构的工作条件和材料

气门控制机构是在曲轴主动齿轮的驱动下工作的，由于传动链长、零件多、旋转和往复运动频繁，以及运动规律特殊和零件的接触应力大，会造成零件磨损和疲劳损坏，导致摩擦副配合间隙增大，从而影响柴油机的正常工作。

通常挺柱与凸轮的接触应力最大，因此常采用低碳钢或铸铁制造，工作表面经热处理提高硬度后精磨。滚轮一般采用优质合金钢制造并经热处理提高强度和硬度，滚轮摇臂球面凹坑内的球形垫块常采用耐磨性更好的材料制造。细长的推杆是配气机构乃至柴油机中刚性最薄弱的零件，为了减少推杆运动时的惯性力和减轻质量，通常采用无缝钢管或钢材冷加工制作，两端冷镦成形。

柴油机工作时摇臂的圆弧工作面既有滚动又有滑动，会使得配合表面产生磨损，同时摇臂工作中还承受着较大的弯曲应力，为此摇臂常采用优质碳钢模锻，以获得较高的强度和刚度。摇臂横断面一般设计成等强度的“工”字形或“丁”字形，工作表面淬火后磨光，以提高接触表面的耐磨性和硬度。

凸轮表面与挺柱直接接触，由于摇臂的运动是间歇性的，会使凸轮表面受到周期性冲击力而产生很大的接触应力，因此不仅要求凸轮表面硬度高、耐磨性好，还要求凸轮轴有足够的韧性和刚度，以承受冲击载荷和减少工作中出现变形。凸轮轴一般采用优质碳钢模锻或采用球墨铸铁铸造，轴颈和凸轮表面需要经过高频淬火处理，然后进行精密磨光。此外，为了提高耐磨性，有的凸轮轴轴颈和凸轮表面还需要进行渗碳处理。

（三）齿轮传动机构

1. 齿轮传动机构的功用和特点

齿轮传动机构主要由曲轴主动齿轮、惰齿轮和传动齿轮等组成，其功用是将曲轴的旋转运动通过这些齿轮传动，确保配气机构、燃油供给系统、润滑系统和冷却系统正常工作，同时保证配气机构气门运动以及燃油供给系统柱塞运动与柴油机工作过程具有准确的正时关系，该正时关系主要由正时齿轮之间严格的相对位置和准确的传动比保证，并通过正确装配实现。

四冲程柴油机的曲轴主动齿轮与凸轮轴传动齿轮、喷油泵传动齿轮的传动比均为2∶1，因此曲轴主动齿轮的齿数只有凸轮轴传动齿轮和喷油泵传动齿轮齿数的一半。此外，齿轮传动机构中增加中间传动齿轮，一方面是为了减小齿轮的尺寸，另一方面主要是从曲轴、凸轮轴、喷油泵等总成安装位置考虑。通常中间传动齿轮只改变齿轮的旋转方向而不改变传动比，其中凡有安装标记的均称为正时齿轮，用于确保正确的配气相位和供油正时。

2. 12V135 柴油机齿轮传动机构

12V135 柴油机齿轮传动机构主要由曲轴主齿轮、喷油泵传动齿轮、正时齿轮、左（右）凸轮轴传动齿轮、水泵传动齿轮和机油泵传动齿轮等组成，如图 3－51 所示。柴油机工作时安装在曲轴前端的曲轴主齿轮，通过正时齿轮驱动喷油泵传动齿轮和右凸轮轴传动齿轮，再通过机油泵传动齿轮和正时齿轮分别驱动机油泵齿轮和左凸轮轴传动齿轮。水泵传动齿轮与右凸轮轴传动齿轮同轴安装，用于驱动水泵齿轮工作。

安装齿轮时必须将正时标记同时对准。其中，正时齿轮上的标记“1”和“1”与喷油泵传动齿轮上的标记“1”啮合，标记“2”和“2”与右凸轮轴传动齿轮上的标记“2”啮合，标记“0”和“0”与曲轴主齿轮上的标记“0”啮合；另一个正时齿轮上的标记“5”与左凸轮轴传动齿轮上的标记“5”和“5”啮合，标记“4”与机油泵传动齿轮上的“4”和“4”啮合；曲轴主齿轮上的标记“3”与机油泵传动齿轮上的标记“3”和“3”啮合。由于水泵、机油泵的齿轮传动不存在正时关系，因此这些齿轮无需标记。

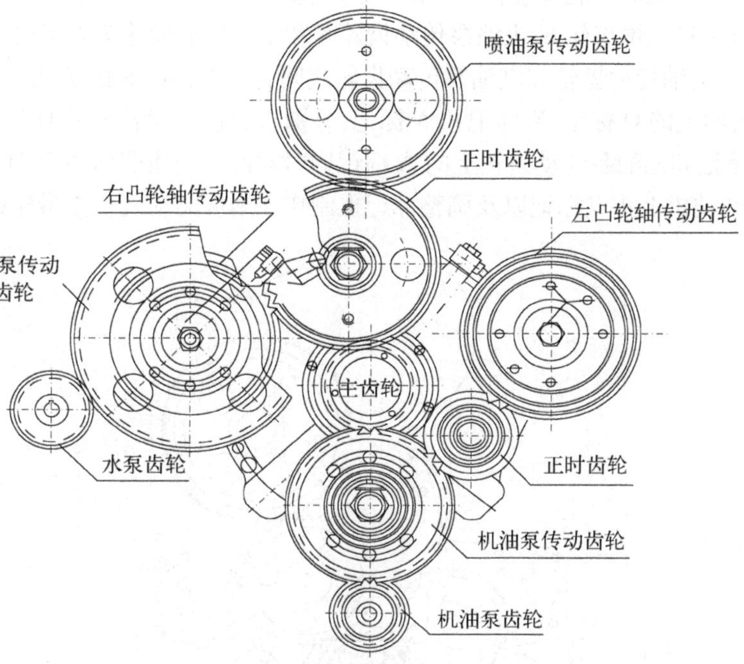

图 3-51　12V135 柴油机齿轮传动机构结构图

3. 康明斯 N 系列柴油机齿轮传动机构

康明斯 N 系列柴油机齿轮传动机构由安装在齿轮室内的曲轴主齿轮 1（齿数 $z=36$）、凸轮轴传动齿轮 2（齿数 $z=72$）、燃油泵传动齿轮 3（齿数 $z=36$）和机油泵传动齿轮 4 组成，如图 3-52 所示。

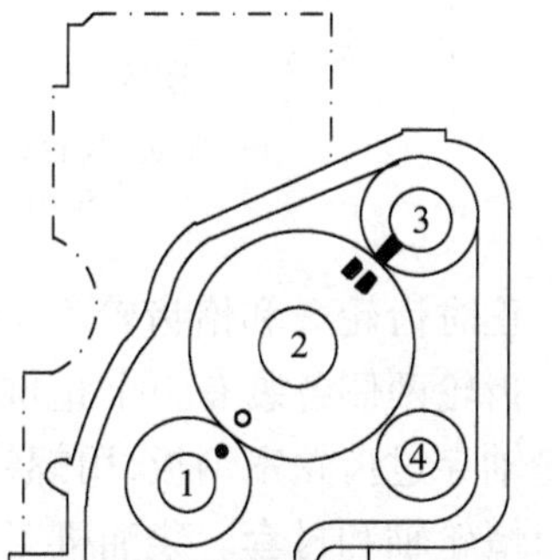

图 3-52　康明斯 N 系列柴油机齿轮传动机构结构图

1—曲轴主齿轮；2—凸轮轴传动齿轮；3—燃油泵传动齿轮；4—机油泵传动齿轮

凸轮轴传动齿轮通常又称为正时齿轮，它与曲轴主齿轮和燃油泵传动齿轮具有严格的装配关系，安装时需要使凸轮轴传动齿轮齿面上的“圆圈”标记和两道“横线”标记分别与曲轴主齿轮上的圆点标记和燃油泵传动齿轮上的两个圆点标记对准。虽然康明斯柴油机的喷油器由凸轮轴直接驱动，PT 燃油泵仅仅是一个低压油泵，并不影响喷油正时，但康明斯柴油机 1、6 缸的上止点标记，以及 1 和 6 缸、3 和 4 缸、2 和 5 缸的调整标记均制作在与燃油泵传动齿轮同轴的附件驱动装置皮带轮上，因此齿轮 2 和齿轮 3 也存在确定的正时关系，且曲轴与燃油泵传动轴（即附件驱动装置驱动轴）保持同步旋转。此外，曲轴、燃油泵和机油泵的旋转方向从齿轮室看均为顺时针，而凸轮轴传动齿轮的旋转方向为逆时针，曲轴主齿轮与凸轮轴传动齿轮的传动比为 2∶1。

4. 康明斯 KTA19 柴油机齿轮传动机构

如图 3-53 所示，康明斯 KTA19 柴油机齿轮传动机构由安装在齿轮室内的曲轴主齿轮 1(齿数 $z=42$)、正时齿轮 2(齿数 $z=59$)、凸轮轴传动齿轮 3(齿数 $z=84$)、燃油泵传动齿轮 4(齿数 $z=42$)、惰齿轮 5、机油泵传动齿轮 6 和水泵传动齿轮 7 等组成。正时齿轮 2 与曲轴主齿轮、凸轮轴传动齿轮和燃油泵传动齿轮之间具有严格的装配关系,安装时必须确保正时齿轮 2 齿面上的 O 标记、X 标记和 A 标记,分别与曲轴主齿轮上的 O 标记、凸轮轴传动齿轮上的 X 标记和燃油泵传动齿轮上的 A 标记同时对准。与康明斯 N 系列柴油机相同,康明斯 KTA19 柴油机上止点标记以及调整标记也制作在附件驱动装置皮带轮或圆盘上。

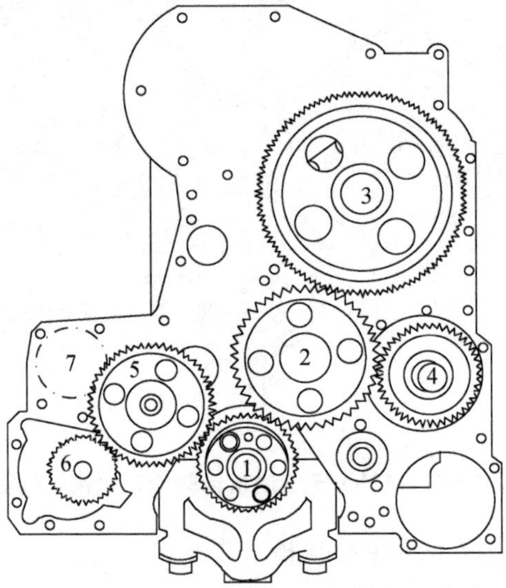

图 3-53　康明斯 KTA19 柴油机齿轮传动机构结构图

1—曲轴主齿轮;2—正时齿轮;3—凸轮轴传动齿轮;4—燃油泵传动齿轮;
5—惰齿轮;6—机油泵传动齿轮;7—水泵传动齿轮

正时齿轮 2 和惰齿轮 5 空套在惰轮轴上,齿轮内孔压装有一个表面加工油槽的铜衬套。齿轮两侧各装有一个止推轴承(止推片),安装时止推片上有油槽一面应对着齿轮。惰轮轴穿过齿轮室钢板,用螺钉固定在机体前端,其与机体连接处有润滑油道相通,用于润滑惰轮轴和衬套。柴油机工作时曲轴、凸轮轴与燃油泵的旋转方向从齿轮室看均为顺时针,且曲轴主齿轮与凸轮轴传动齿轮的传动比均为 2∶1。此外,康明斯 KTA19 柴油机采用热交换器散热方式时,柴油机凸轮轴传动齿轮还会同轴安装一个内圆齿轮,该齿轮与海水泵传动齿轮采用行星齿轮传动,内圆齿轮的齿数为 64,海水泵传动齿轮的齿数为 32,且海水泵总成用螺钉固定在齿轮室盖板上。

5. 齿轮传动机构的工作条件与材料

柴油机工作时齿轮传动会产生较大的冲击载荷和噪声,轮齿在进入啮合和退出啮合时,齿面之间高速滑移不仅会产生高温,也会产生较大的接触应力而使齿面损伤,因此齿轮所用材料必须具有足够的强度和良好的耐磨性,为此常采用优质合金钢(如 42CrMo)、优质铸铁、球墨铸铁等材料制造。

柴油机齿轮通常设计成圆柱斜齿轮传动,与直齿圆柱齿轮相比,圆柱斜齿轮传动方式可使轮齿啮合平顺、传动平稳并减小噪声,斜齿轮工作过程中除产生圆周力和径向力以外，还会产生轴向力，从而引起传动轴轴向窜动，为此柴油机曲轴和凸轮轴均采用相应的轴向定位装置，通过安装止推轴承以保证柴油机正常工作。

三、进排气系统

依据进气方式的不同，柴油机进排气系统可分为自然吸气式和涡轮增压式两种，其中，自然吸气式进排气系统主要由空气滤清器、进气管和气缸盖内的进气道组成，柴油机工作时，空气依靠活塞下行过程中气缸内产生的真空吸力，将外界空气从空气滤清器吸入气缸；涡轮增压式进排气系统利用柴油机工作时的排气能量驱动涡轮增压器工作，将外界空气从空气滤清器吸入压气机，提高进气压力后再进入气缸，或再通过中间冷却器冷却后进入气缸，通常涡轮增压可显著提高柴油机的动力性和经济性。

进排气系统教学视频

康明斯柴油机的进排气系统主要由空气滤清器、进气管、涡轮增压器、排气管、消声器、气缸盖进气道以及气缸盖排气道等组成；此外，带中冷的柴油机机型在增压器和柴油机进气管之间还加装了中冷器，其目的是进一步提高增压柴油机的功率和降低柴油的消耗率。柴油机电站常用康明斯柴油机均采用废气涡轮增压方式，柴油机增压的目的是提高进气压力，从而使柴油机在气缸工作容积不变的情况下提高进气密度，增加气缸内的进气量，同时在机械强度允许的情况下通过燃烧更多的燃油来提高柴油机的输出功率。增压柴油机与非增压柴油机相比，功率可提高60%左右，而所消耗的燃油可减少5.5%左右，同时还能使排放的废气得到净化。图3-54给出了康明斯KTA19柴油机进排气系统示意图。

进排气系统三维模型

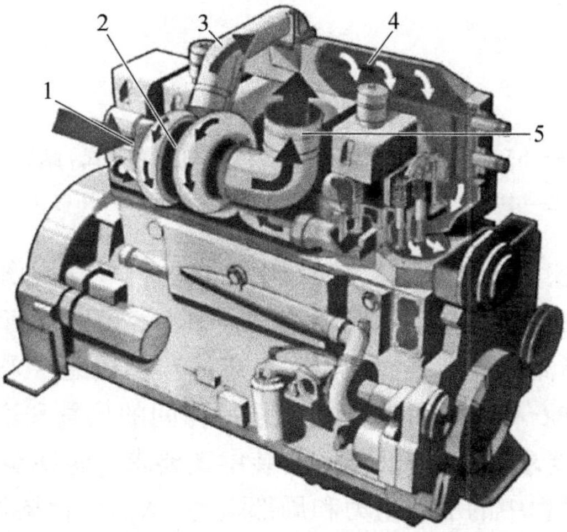

图3-54　康明斯KTA19柴油机进排气系统示意图

1—进气口；2—涡轮增压器；3—横跨进气管；4—中冷器；5—排气管

（一）进排气管（道）

柴油机的进排气道均铸造在气缸盖内。通常每缸具有一个单独的排气道和一个单独的进气道，也可以相邻两缸共用一个进气道以简化气缸盖构造，如康明斯N系列柴油机相邻两缸就共用一个进气道。进、排气道分布在气缸盖的两侧，可有效避免柴油机工作时排气对进气加热。

柴油机的进排气管分别与进排气道相连。对于非增压柴油机，进气管的主要作用是将空气滤清器与进气道相连，并构成进气系统；对于增压柴油机，进气管则将增压器与进气道相连，如果柴油机同时采用空气中间冷却，中冷器可以单独制造和连接，也可以兼作进气管使用（如康明斯柴油机），而增压器压气机的出口与中冷器采用跨接式进气管。排气管的主要作用是排出柴油机工作时气缸内的废气，对于非增压柴油机，直接排至大气或经过消声器消声后再排至大气；对于增压柴油机，先使排气进入增压器涡轮，做功后再排至大气。

图 3－55 所示为康明斯 N 系列柴油机排气管部件，它由前、中、后三段组合成一体，每段排气管有两个排气口与同一个气缸盖上的两个排气道相连，其间装有垫片。在增压柴油机上，为了防止排气中相邻缸彼此发生排气干扰，必须采取排气管分支方式，其中 1 缸、2 缸、3 缸为一支，4 缸、5 缸、6 缸为另一支，中段排气管在 3 缸与 4 缸之间隔断，且中段排气管上的两个出口接至增压器涡轮机的进气口。

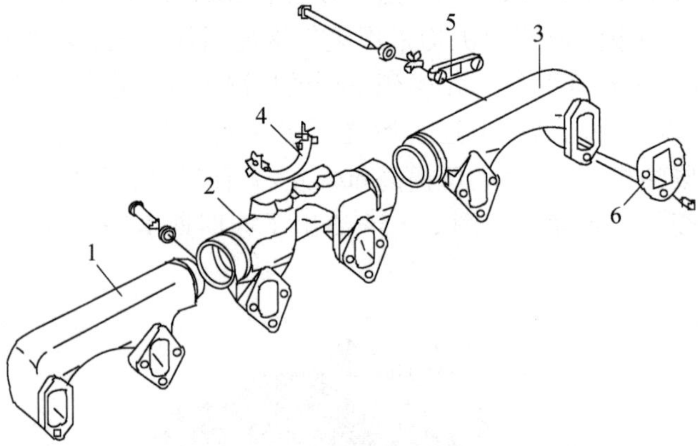

图 3－55　康明斯 N 系列柴油机排气管（干式）结构图

1—前排气管；2—中排气管；3—后排气管；4—锁紧垫片；5—压板；6—排气管垫片

当柴油机安装空间狭窄时，为了避免工作中灼热的排气管烫伤操作人员，常采用湿式排气管。排气管制造成夹层结构，柴油机工作时冷却水经旁通水管进入排气管夹层，冷却排气管后再流出，从而降低排气管表面的温度。普通柴油机通常采用干式排气管，干式排气管应裹缠隔热材料（如石棉），从而减少散发至操作间的热量和避免操作人员被烫伤。

柴油机进排气管除要求内表面光滑外，安装中还要求尽量减少使用弯头、细径管或超长管，以减小气体流动过程中的沿程阻力和局部阻力，从而确保柴油机的使用性能。由于柴油机安装的柔性和热膨胀，排气管路与柴油机之间会产生相对移动，为此应采取必要的防护措施。通常进气管采用铝合金或铸铁铸造，或用薄钢板冲压成型，而排气管一般采用铸铁或球墨铸铁制造。与气缸盖连接所用的垫片，进气管与排气管一般使用不同的材料，装配时应注意。

（二）空气滤清器

1. 空气滤清器的功用

柴油机进气过程中空气的灰尘含量越多，造成的磨料磨损也越严重，磨损试验表明，小于 1 μm 的尘埃对柴油机磨损影响较小，且最终能通过排气排出缸外，而 1 ~ 10 μm 的尘粒却能加速气缸内活塞环、气缸套、活塞、气门和轴承的磨损，因此柴油机需要安装空气滤清器。空气滤清器的主要作用是清除空气中的灰尘和杂质，从而将清洁空气送入气缸，以减少气缸、活塞组件和气门组件以及增压器叶轮的磨损，延长柴油机的使用寿命。

2. 空气滤清器的原理

空气滤清器主要依靠固体杂质和空气分子的大小和重量不同，利用阻隔、惯性、吸附等方法降低进气含尘量，通常对空气滤清器的基本要求是具有良好的滤清能力、较小的空气流动阻力、能连续长期工作、使用和维护简单方便等。其中：

（1）惯性滤清的原理是利用灰尘和杂质的密度比空气大，通过引导气流急剧旋转或拐弯而起到离心分离和净化的作用。

（2）油浴式滤清的原理是使进气掠过滤清器油盘液面时，在空气流动惯性力的作用下，使空气中的杂质被机油黏附而被过滤。常见的惯性油浴式空气滤清器就是利用惯性滤清和油浴滤清原理制成的，如图 3 - 56 所示。

（3）阻挡式滤清的原理是引导气流通过固体滤芯（如微孔滤纸、金属丝等），使直径大于滤芯微孔直径的灰尘和杂质被阻挡而得到过滤。固体滤芯的进气阻力较大，在灰尘较多的环境下工作时需要经常保养。

需要指出的是，柴油机实际采用的滤清器通常是上述不同滤清方式的组合，以得到尽可能好的滤清效果。

3. 常见空气滤清器的结构

1）惯性油浴式空气滤清器

空气滤清器三维模型

图 3 - 56 所示为惯性油浴式空气滤清器，滤清器壳体由薄钢板冲压而成，内装金属绒作为滤芯。壳体底部装有一定数量的机油，正常机油平面应在上、下两道刻线之间。柴油机工作时空气沿箭头方向从进气口吸入，并沿滤芯体外围向下流动，再沿箭头方向急速向上穿过滤芯并进入中间出气管，然后向下经过进气管道和开启的进气门流入气缸。当高速流动的空气向下、再向上掠过壳体底部机油平面时，惯性作用会使空气中密度比较大的杂质被甩进机油或被油平面黏附。为了防止细小微粒被空气带进气缸，油池上面的金属绒滤芯再次起到阻隔过滤的作用，从而使进入气缸的空气得到过滤和净化。惯性油浴式空气滤清器使用寿命长，清洁和维护都比较方便，通常根据空气中所含灰尘、杂质程度的不同，滤芯需要在工作 50 ~ 100 h（室内可每隔 150 ~ 200 h）后清洗一次。

2）纸质空气滤清器

图 3 - 57 所示为纸质空气滤清器，圆柱状纸质滤芯总成安装在滤清器壳体内，其间装有密封垫。滤芯上下两端密封，里层衬有金属孔罩，主要起到加强和支承的作用。中心螺栓固定在壳体上部，起到固定滤芯和底盖的作用。纸质滤芯采用经过树脂处理过的优质滤纸制作并加工成波褶状，旨在获得最大的过滤面积，其滤清效率通常可以达到 99.5% 甚至 99.9% 以上。柴油机工作时空气沿箭头方向进入壳体内，由于滤芯上下两端密封，空气穿过纸质滤芯和金属孔罩进入滤芯内部空腔，过滤后的空气再沿箭头向下进入进气管。纸质滤芯具有流通阻力小、重量轻、造价低、更换和保养方便等优点，因此在柴油机中得到了广泛的应用。

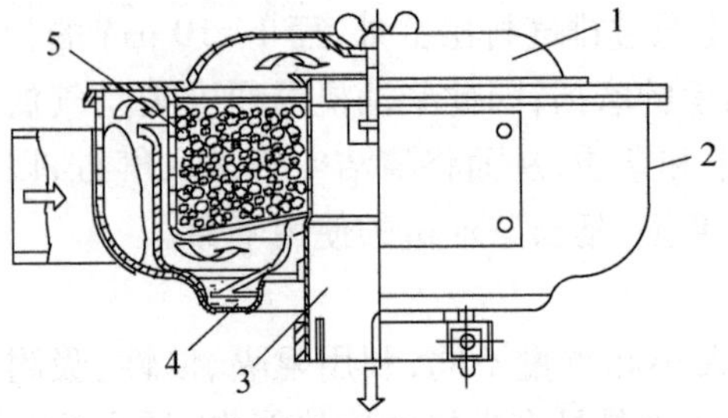

图 3-56 惯性油浴式空气滤清器结构图

1—盖；2—滤清器壳体；3—中间出气管；
4—机油；5—金属绒滤芯

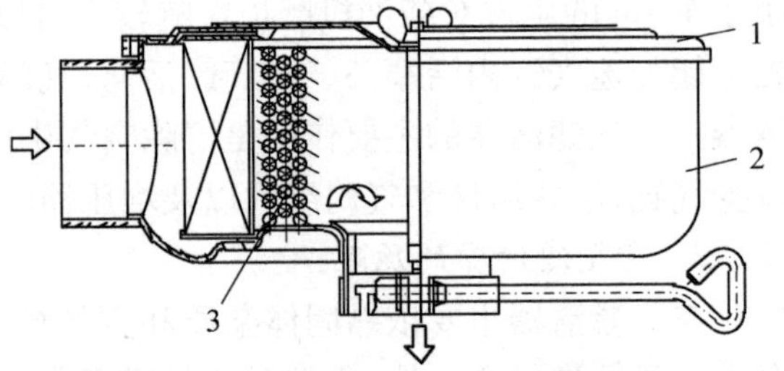

图 3-57 纸质空气滤清器结构图

1—盖；2—滤清器壳体；3—纸质滤芯

空气滤清器更换仿真动画

4. 空气滤清器的维护

滤清器使用一段时间后，滤芯会变脏，进气阻力随之增大。当进气阻力增大后，由于进气不足会影响柴油机的燃烧过程，使柴油机功率下降、油耗增大、排气冒黑烟，因此必须对空气滤清器进行定期维护和保养。

惯性油浴式空气滤清器清洗时，首先取下滤清器总成，松开蝶形螺母并取下滤清器盖，然后取出滤芯并在洁净的油中进行清洗。当清洗完滤芯、滤清器壳体和盖后，再用压缩空气吹净并检查橡胶密封圈是否损坏，最后按照规定添加清洁的机油，通常油平面不得超过机油盘的刻度线，以免柴油机工作时多余机油随空气一同进入气缸内燃烧。

纸质空气滤清器维护时，禁止用油和水清洗滤芯，同时禁止用钢丝或硬质纤维刷清洁滤芯表面的灰尘，通常采用压力不大于 0.5 MPa 的压缩空气沿滤芯斜角方向吹除，或用木棍轻轻敲击振动滤芯的两个端面使灰尘振落。当发现纸质滤芯破损或维护后的滤清器仍存在进气阻力过大，或者滤芯工作时间长、清洁的次数过多时，均应当更换新的滤芯。此外，纸质空气滤清器的密封垫一旦破损或变形，应当及时更换。

康明斯柴油机空气滤清器的阻塞状况可用图 3-58 所示的空气阻力指示器进行指示。指示器装在空气滤清器与增压器之间的空气管路上，使用者只需观察指示器窗口的颜色即可进行判断。空气阻力指示器正常情况下为绿色，一旦变为红色即表示进气阻力超过限定值，此时应对滤清器进行维护保养，维护工作完成后应按下指示器端头的橡皮塞复位，从而使空气阻力指示器显示绿色。

图 3-58 空气阻力指示器示意图

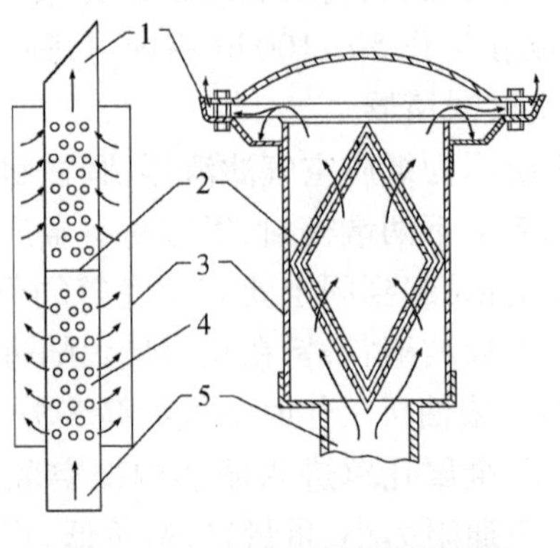

图 3-59 排气消声器结构图

1—废气出口；2—隔板；3—膨胀室；4—引管；5—废气进口

（三）排气消声器

柴油机排气消声器的主要作用是减小排气噪声并消除排气中夹杂的火星，它是基于消耗废气流动的能量并减弱排出废气流的压力波而设计的。排气消声器一般采用多次改变气流方向，或重复使气流通过收缩和扩大相结合的流动断面，以及将气流分割为很多小的支流并沿不平滑的平面流动的方法实现。如图 3－59 所示，从排气管排出的废气经废气进口 5 进入引管 4，引管壁上加工有很多小孔，废气穿过小孔进入膨胀室 3，膨胀室通常为一个直径较大的圆管，废气进入膨胀室后，体积增大且压力趋向平衡，从而使气流的压力波动和温度有所降低，噪声减弱且火星消失，最后废气穿过带有很多小孔的隔板 2 从废气出口排至外界。

康明斯柴油机通常采用两种不同的消声器，即工业用排气消声器和民用排气消声器，前者可使噪声减小 15~20 dB（A），后者可降低 20~30 dB（A）。

进排气及增压系统工作过程仿真动画

（四）涡轮增压器及中冷器

1. 涡轮增压器

涡轮增压器通常由涡轮、压气机和中间壳三部分组成。其中，涡轮主要由涡轮壳、喷嘴环、涡轮叶轮和主轴组成，其作用是利用废气能量将热能转变为机械能，通过主轴带动压气机上的叶轮高速旋转；压气机主要由叶轮、吸气壳和压气机壳组成，其作用是将涡轮传来的机械能转变为空气的压力势能，从而向柴油机进气管内输送一定压力的压缩空气；中间壳起着支架和连接的作用，它位于涡轮和压气机之间，两端分别用螺栓与涡轮壳和压气机壳紧固，中间壳内部的水道用于冷却壳体和轴承。壳内两端分别安装有轴承，用于支承主轴承，通常从机油滤清器到增压器中间壳的机油管是进油管，另一根管是回油管，壳内加入润滑油主要是为了润滑两端的轴承。

康明斯柴油机通常采用 T－50 型涡轮增压器，其结构和装配关系如图 3－60 所示。增压器压气机采用半开式叶轮，安装在涡轮轴上并用锁紧螺母压紧，其主要由叶

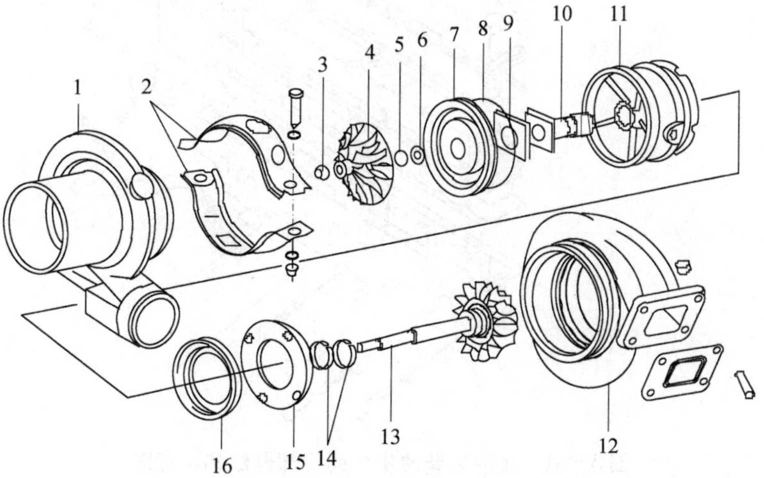

图 3－60　T－50 型增压器零件图

1—压气机壳；2—V 型箍带；3—锁紧螺母；4—压气机叶轮；5—密封环；6—油封环支承座；7—密封圈支架；8—O 型密封圈；9—轴承嵌片；10—浮动轴承；11—中间壳；12—涡轮壳；13—涡轮和轴；14—油环；15—隔热板；16—隔热包

片和轮盘组成，前端弯曲的部分起导风轮的作用。压气机采用无叶扩压器，它与压气机壳铸造为一体。增压器采用径流式向心涡轮，涡轮与轴制造为一体，涡轮采用全开式叶片结构。增压器采用活塞环式密封，并设有隔热板，在中间壳内装有浮动轴承。此外，部分康明斯柴油机采用了 ST－50 型增压器，其构造和装配关系与 T－50 型增压器类似。

2. 中冷器

中冷器通常在增压柴油机上使用，安装在气缸盖进气口，在柴油机刚起动时用于预热进气，而在柴油机正常工作后用于降低增压后的进气温度、增加进气密度和提高进气量。中冷器一般由壳体、中冷器芯构成，中冷器芯的管道与柴油机冷却系统连接，当柴油机运转时，一部分冷却水流经中冷器芯与增压后的空气进行热交换，从而预热进气或降低进气温度。中冷器通常包括空-空中冷器、水-空中冷器两种形式。其中，空-空中冷器采用自然空气冷却增压后的高温进气；而水-空中冷器采用冷却水冷却增压后的高温进气，康明斯柴油机多采用水-空中冷器方式，如图 3－61 所示。

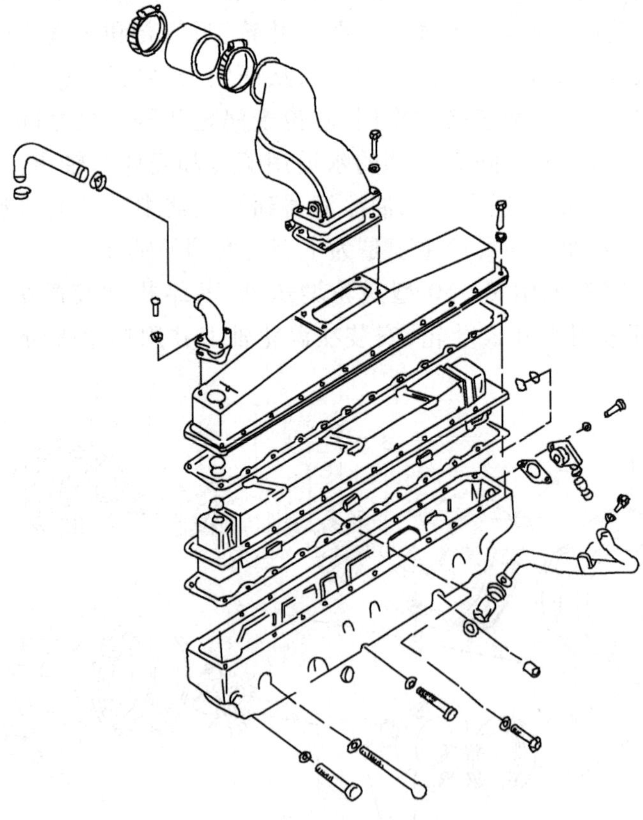

图 3－61　康明斯柴油机中间冷却器结构示意图

（五）尾气排放及处理

柴油机尾气排放主要包括水蒸气、O_2、N_2、CO 和 CO_2、碳氢化合物（HC）、氮氧化合物（NO_x）、硫化物及微粒污染物等，这些污染物对环境和人体健康危害极大，因此控制柴油机的尾气排放、采取合理措施对尾气进行有效处理是极为重要的。目前柴油机排放处理技术主要包括三个方面[25]：一是机前处理技术，例如改善混合气的形成、添加燃油添加剂、优化柴油机冷却效果、改善气缸盖结构等；二是机内净化技术，例如提高压缩比、废气再循环、电控化油器、废气涡轮增压与增压中冷技术、降低机油消耗量等；三是后处理技术，由于对燃油品质的调节和控制以及对机体结构的改造完善都很有限，因此柴油机尾气后处理技术显得格外重要。

1. 机前处理技术

机前处理技术主要从改善燃油的品质入手，通常包括以下措施：

（1）降低燃油中的硫含量；

（2）适当提高十六烷值；

（3）在柴油中掺杂一定比例的消烟添加剂；

（4）提高燃料中的含氧量；

（5）使用燃油添加剂。

2. 机内净化技术

1）改进喷油系统

喷油时刻、喷油规律和燃油雾化质量对排放具有重要影响。适当的延迟喷油时刻可以减少 NO_x 排放，但是不宜太迟，太迟的喷油提前角又会导致 CO 含量增加；此外减小喷嘴压力室容积、采用无压力室喷油嘴优化燃油喷射率等措施可使细颗粒物和碳氢化合物排放大大减少。

2）燃烧室结构改进

燃烧室内空气运动和油束的协调匹配可促使混合气混合，并改善燃烧质量，从而减少尾气中污染物的排放。通常分隔式燃烧室的 NO_x 排放量比直喷式燃烧室低。

3）废气再循环技术

废气再循环技术将一部分废气导入进气系统中，通过降低燃烧温度来降低 NO_x 的排放，同时废气再循环技术需要与电控技术有机结合，从而使柴油机能够最大限度减少 NO_x 的产生，同时又不会影响其经济性和颗粒的排放。

4）改进润滑系统

柴油机排放的碳烟颗粒中有相当一部分是由窜入燃烧室的润滑油不完全燃烧产生的，此外窜漏出的润滑油还极大加剧了碳烟的生成，因此应尽可能减少窜漏出的润滑油量。通常增加活塞顶压力、改善气缸套与气缸体的配合、提高接触面的加工精度、改进进气门挺杆的密封等措施可有效减少润滑油的窜漏。

5）采用可变技术

柴油机目前采用的可变技术主要包括喷油定时可变控制、可变涡流控制和增压系统可变控制等[26]，这些措施的合理使用可使细颗粒物排放减少35%左右。

3. 排放后处理技术

1）NO_x 排放后处理技术

NO_x 排放后处理技术主要包括非选择性还原催化、选择性还原催化和吸附-存储还原催化三种。其中，非选择性还原催化又称为热力脱硝，其工作原理是在烟气的高温区加入还原剂，通常不需要催化剂就可迅速与 NO_x 反应生成 N_2 和 H_2O；选择性还原催化是指利用尾气中的有机物为还原剂，在高出 NO_x 浓度两个数量级以上的条件下，选择性地优先把 NO_x 还原成 N_2 和 H_2O；吸附-存储还原催化的工作原理是将 NO_x 转化为 NO_2 并存储，再喷射还原剂还原，NO_x 吸附转化器主要应用于稀薄燃烧中，其效率可达到90%。

2）等离子技术

等离子体可增强催化剂的选择性和活性，等离子体与催化剂结合可对柴油机排气中的 NO_x 和微粒有很好的净化效果[27]，同时还可减少柴油机排气中的 CO 和 HC 排放。等离子体结合催化转化技术具有流程短、转化效率高、处理彻底、无二次污染、能耗低和适应温度范围广、对燃油含硫量没有要求等优点。

测试题

第四章
柴油机燃油供给系统

柴油机燃油供给系统的主要功能是根据柴油机的工作要求，定时、定量、定压将雾化柴油按照一定的喷油规律喷入气缸内，从而使其与空气迅速而良好地混合和燃烧。

第一节　柴油的性能指标

石油经过提炼可以得到燃料油和润滑油，其方法是将石油经过蒸馏（加热→蒸发→冷凝）或裂化（利用高温使重油一类大分子烃，受热分解为汽油、柴油一类小分子烃），依次可提取汽油（45～205℃）、煤油（150～250℃）、轻柴油（200～300℃）、重柴油（250～350℃）和润滑油。柴油挥发性较差，但自燃温度比汽油低，是一种复杂的碳氢化合物，其主要成分包含碳（约 87%）、氢（约 12.6%）和氧（约 0.4%），其中氮、硫杂质含量很少。柴油的物理性能和化学性能对柴油机的动力性能、起动性能以及燃油供给系统的工作和寿命都具有重要影响[28]，因此国家标准规定了柴油的多种性能和质量指标，以保证柴油的品质能符合柴油机的工作要求。

柴油的性能指标教学视频

1. 十六烷值

燃料在没有外界火源的情况下能自行着火的最低温度称为自燃点。柴油的自燃点越低，其自燃性能就越好，柴油机在低温时就更容易起动，通常柴油的自燃能力采用十六烷值进行衡量。柴油十六烷值高低的评定通常采用两种自燃温度极不相同的碳氢化合物作为标准燃料，其中一种为 α-甲基萘（$\alpha-C_{11}H_{10}$），它的自燃温度很高，燃烧特性极差，设定其十六烷值为 0；另一种为正十六烷值（$C_{16}H_{34}$），它具有很低的自燃温度和良好的燃烧特性，设定其十六烷值为 100。然后将二者按比例（体积百分比）配合，可获得一系列不同十六烷值的标准燃料，最后若被测柴油和某一标准燃料在同一条件下同期闪火，燃烧特性相同，则标准燃料所含十六烷值体积的百分数即代表所测柴油的十六烷值。

通常柴油的十六烷值越大，其发火性越好，更容易自燃，而十六烷值过低，柴油机工作粗暴，启动也比较困难，但过高的十六烷值易使喷入燃烧室的柴油来不及与空气充分混合就着火，从而使燃料不能得到及时而完全的燃烧，造成排气冒黑烟、油耗增大。此外，十六烷值高的柴油，虽然其自燃性能好，但是其黏度也高，对其雾化和挥发不利，因此柴油的十六烷值通常选择在适中的范围，一般高速柴油机采用十六烷值为 40～50 的柴油，低速柴油机则采用十六烷值为 30～40 的柴油。国家标准规定轻柴油的十六烷值在 40～60 之间，通常不小于 45。

2. 黏度

黏度是柴油重要的物理性质之一，是表示其稀稠程度和流动性的一项指标，常用来评价柴油的雾化性、过滤性以及在油道中的流动性。柴油的黏度通常随温度而变化，当温度降低时黏度增大，且流动性减弱。黏度过高柴油经喷油器喷孔喷出时不易雾化，影响可燃混合气的形成与燃烧，导致柴油机工作中产生黑烟、油耗增大和功率下降；反之当温度升高时，黏度减小，流动性增强，但黏度过低柴油易从燃油供给系统精密偶件的间隙漏出，不仅影响供油量，同时还会造成精密偶件的磨损并缩短其使用寿命。

黏度通常以恩氏黏度或运动黏度表示。其中，恩氏黏度是指 200 ml 的柴油在指定温度下（轻柴油为 20℃，重柴油为 50℃），自恩氏黏度计中流出的时间与 200 ml 蒸馏水在相同温度下流出的时间之比；运动黏度是指将一定体积的柴油流过毛细管黏度计，测出所需的时间，然后乘以黏度计的毛细管常数，即为运动黏度，其单位为 mm^2/s（或厘沲）。需要指出的是，在我国黏度多用运动黏度表示。

3. 馏程和闪点

馏程是一个温度范围，柴油馏出某一百分比的温度范围即为馏程，用于评价柴油的蒸发性。馏程对气缸内可燃混合气的形成与燃烧影响较大，通常馏程高则蒸发性差，燃烧不良；馏程低则蒸发性好，柴油机易启动，但自燃温度相应升高，易使柴油机工作粗暴。

闪点也用于表示柴油蒸发汽化的能力。柴油的闪点是指在一定试验条件下，柴油加热后柴油蒸汽与外界空气混合形成的混合气接近火焰时，开始出现闪火的最低温度。通常闪点越低蒸发性越好，闪点越高表明燃料在储存、运输和使用中更不易着火。

4. 凝点和冷滤点

柴油的凝点和冷滤点用于评定柴油的低温流动性。我国以凝点划分柴油牌号，并作为选用柴油的主要依据。当温度降低时柴油并不立即凝固，而是经过一个稠化阶段，并在相当宽的温度范围逐渐凝固，因此柴油的凝点只是其丧失流动性时近似的最高温度。冷滤点是指在特定试验条件下，在 1 min 内柴油开始不能流过过滤器 20 ml 时的最高温度。通常柴油的冷滤点比其凝点高 4~6℃。

5. 硫含量

硫是柴油中的有害成分，硫或硫化物在燃烧时易形成二氧化硫，而二氧化硫遇到气缸内的蒸汽就会变成亚硫酸，从而腐蚀金属零件。此外，柴油中硫的存在还会增加柴油机颗粒物的排放，对人体健康不利，因此在技术条件允许的情况下应尽可能降低柴油中的硫含量。

6. 其他指标

除上述指标以外，柴油还常用残余碳、灰分、铜片腐蚀、水分和沉积物等评价指标。

第二节　柴油机混合气的形成与燃烧

柴油机混合气形成特点与基本方式教学视频

一、柴油机可燃混合气的形成

柴油机所用燃料主要是柴油，由于柴油的黏度比较大且不易挥发，这就必须借助喷油设备（喷油泵和喷油器等）将柴油在接近压缩冲程终了的时刻喷入气缸，因此柴油机是采用内部混合的方式形成混合气。通常柴油通过喷油器的高压喷射，分散成数以百万计的细小油滴，这些细小的油滴在气缸中与高温、高压的热空气混合，经过一系列物理化学过程准备着火燃烧。柴油机着火后混合气的形成和燃烧便重叠进行，即一边喷油、一边混合和燃烧，这一过程既有不均匀的预混合燃烧，又有扩散混合燃烧，两种混合和燃烧形式同时存在，并且相互影响。

为了保证柴油机良好的性能，燃烧应尽可能在上止点附近迅速完成，为此要求喷油持续时间极为短促，一般全负荷时的供油持续时间只有 15～35° CA（曲轴转角），对转速 1 500 r/min 的柴油机来说，也就是只有 1.7～4 ms。在这样短的时间内，如果不采取适当的措施来保证及时形成比较均匀的混合气，要获得良好的燃烧过程是不可能的，因此柴油机的混合气形成与燃烧紧密联系，也就是说柴油机的混合气形成对燃烧过程具有决定性的影响。此外，为了及时形成比较均匀的混合气，除了需要利用喷油设备来促使柴油雾化以外，还必须依靠喷油油束与燃烧室的配合以及组织燃烧室内必要的空气运动，从而使柴油在整个燃烧室空间得到均匀分布。

二、柴油机的燃烧过程

柴油机的燃烧过程通常可划分为四个阶段，即滞燃期、速燃期、缓燃期和后燃期[29]。

柴油机的燃烧过程教学视频

1. 滞燃期

从柴油开始喷入气缸到开始着火，这段时期称为滞燃期，或着火延迟期、着火落后期。柴油从喷入气缸到开始着火要经过雾化、蒸发、扩散和混合等物理过程，通常称为物理延迟或物理准备，其与空气的初期氧化反应，通常称为化学延迟或化学准备。

2. 速燃期

从柴油开始着火到缸内压力上升到最高点，这一阶段称为速燃期。此阶段由于气缸内的工质在滞燃期内已进行了不同程度的物理和化学准备，而且当少量柴油着火后，混合气的数量继续增加，因此火焰迅速传播、燃烧速度很快，缸内压力和温度急剧升高，但压力升高过快时，会使曲柄连杆机构受到很大的冲击负荷，并伴随有尖锐的金属敲击声，通常称为柴油机工作粗暴，这种情况可能导致机件寿命缩短甚至损坏。

3. 缓燃期

从气缸内压力的最高点到气缸内温度上升到最高点，这一阶段称为缓燃期。此时期内缸内压力变化不大，但因燃烧还在进行，因此气缸内温度将继续上升到最高点。

4. 后燃期

从气缸内温度达到最高点到燃烧基本结束称为后燃期，后燃期的终点通常很难确定。由于柴油机中燃料和空气不易混合均匀，导致总有少量燃料要到膨胀过程中才能燃烧，严重时甚至要延续到排气过程，这将使柴油机的排气温度升高，排气门和排气管等零件过热，而且燃烧越延后燃烧所放出的热量利用率就越低，柴油机的性能就越差。

综合上述分析可以看出，合理组织混合气的形成和燃烧过程，对柴油机的性能和寿命具有重要意义，通常较完善的燃烧过程应该是既能避免柴油机工作粗暴，又能使燃料在上止点附近及时燃烧完毕。

三、喷油提前角

通常情况下开始喷油时刻对滞燃期和燃烧阶段延续的时间具有较大的影响。若喷油开始过早,喷油时气缸内气体的压力和温度较低,滞燃期就长,将导致柴油机工作较粗暴;喷油过晚,会使柴油机的燃烧过程主要在活塞下行、气缸内气体显著膨胀时进行,导致燃气的最高压力降低,燃烧过程延续时间拉长,排气温度升高,冷却水带走的热量增多,从而使柴油机的动力性和经济性降低,因此对于每一种柴油机都需要确定一个最佳的开始喷油时刻。

从柴油机开始喷油到活塞到达上止点,柴油机曲轴所转过的角度称为喷油提前角。最佳喷油提前角通常通过试验确定,并通过喷油泵的正确安装和调整加以保证。最佳喷油提前角不仅取决于柴油机的结构特点,而且与柴油机运行工况(转速和负荷)有关;此外,由于喷油提前角不易准确测定,实际应用中多用供油提前角来间接反映喷油提前角,即用喷油泵开始供油时刻反映燃油喷入气缸时刻。目前应用较为广泛的电控柴油机通常由电子控制单元(electronic control unit, ECU)根据柴油机的转速、负荷及其他相关参数,决定何时开始、何时结束以及以何种规律进行喷油,从而保证柴油机在各种工况下性能都处于最佳状况。

第三节　柴油机燃油供给系统的功用及组成

燃油系统的功用及组成教学视频

柴油机燃油供给系统的主要功用是将一定量的清洁柴油,依据柴油机负荷的大小,按照气缸的发火顺序,在一定的时间内以高压雾状喷入气缸内燃烧。其中,“定量”是指每循环供给的柴油数量必须与柴油机负荷的需求保持一致,即负荷增大供油量随之增加,负荷减小供油量随之减少;“定时”是指由于燃料喷入气缸与空气雾化、混合和进行物理化学反应都需要一定的时间,因此为了使气缸内开始燃烧的时间发生在上止点附近,开始供油的时刻必须提前,同时柴油机各气缸喷油的先后顺序必须与柴油机的发火顺序保持一致,如直列6缸柴油机的常见供油顺序应为1—5—3—6—2—4;“高压”通常是指喷油器的开启压力,喷射压力越高雾化越好,可燃混合气的形成质量也越好,但过高的喷射压力会对燃油系统的密封性以及零件的强度、刚度要求也越高,通常喷射压力为数十兆帕,强化柴油机可以达到100 MPa以上;“清洁”是指燃油必须经过过滤,这是由于燃油供给系统中包括多对精密偶件,如柱塞偶件、针阀偶件等,燃油不清洁、有杂质,无疑会增加精密偶件的磨损,从而影响系统正常工作并造成柴油机性能降低。

一、机械柱塞式燃油供给系统

迄今为止,柴油机的燃油供给系统仍以机械柱塞式应用最为广泛。如图4-1所示,机械柱塞式燃油供给系统主要由油箱、柴油滤清器、输油泵、柱塞式喷油泵、喷油器、高压与低压油管和回油管等组成。

(一) 柱塞式燃油供给系统工作原理

柴油机工作时输油泵将柴油从油箱经低压油管吸入输油泵内,提高压力后再经低压

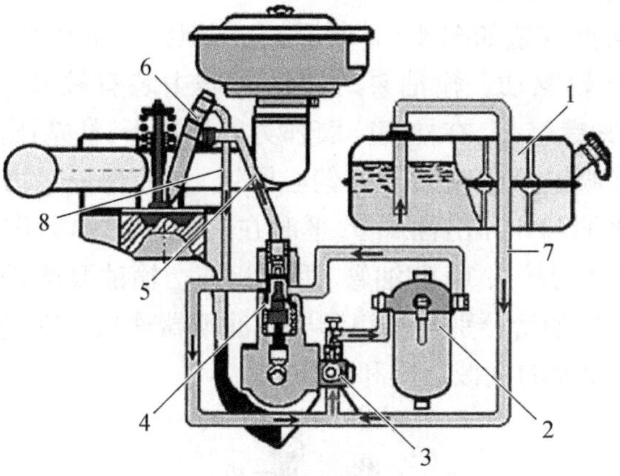

图 4-1　机械柱塞式燃油供给系统组成示意图

1—油箱;2—柴油滤清器;3—输油泵;4—喷油泵;5—高压油管;
6—喷油器;7—低压油管;8—回油管

油管压送到燃油滤清器进行过滤,滤清后的清洁柴油进入柱塞式喷油泵,喷油泵使柴油压力升高,并按照柴油机的负荷大小,将一定量的燃油经高压油管送至喷油器,并以雾状喷入燃烧室与空气雾化混合后燃烧。由于输油泵供油量比喷油泵需求量大,多余的柴油经柴油滤清器上的回油阀和回油管流回油箱或输油泵进口,同时从喷油器针阀渗漏的微量柴油和喷油泵的部分回油也经回油管流至输油泵进口。

通常从油箱到喷油泵入口之间的油路称为低压油路,油压由柱塞式输油泵建立,一般为 0.2 MPa 左右。输油泵主要用于克服燃油流动的阻力,并以一定压力连续不断地向喷油泵输送足够的柴油,柴油机启动前需要通过输油泵的手泵完成充油排气。从喷油泵到喷油器之间的油路称为高压油路,油压由喷油泵建立,一般在数十兆帕以上。喷油泵又称高压油泵,它是柴油机的心脏。喷油器用于雾化燃油,使喷射的燃油合理分布在燃烧室空间,并与空气形成良好的可燃混合气。柴油滤清器的作用是清除柴油中的杂质和水分,并将部分多余柴油返回油箱或输油泵进口,使用清洁柴油能够减少喷油泵和喷油器中精密偶件的磨损,避免发生偶件卡死和油路堵塞。

上述柱塞式燃油供给系统中,燃油获得高压、供油正时和油量的调节均由喷油泵总成完成,喷油器只起定压和雾化燃油的作用,因此又将该燃油供给系统称为"Bosch"(博世)燃油供给系统。

(二) 柱塞式燃油供给系统结构组成

1. 输油泵

1) 输油泵的功用与分类

输油泵的主要功用是将柴油自油箱吸入,再以一定的输送压力克服柴油滤清器和管道中的流动阻力,保证连续不断地向喷油泵输送足够的柴油;此外柴油机启动之前通过输油泵的手泵排除低压油路中的空气,从而使柴油充满低压油路。输油泵按其构造和工作原理不同,可分为柱塞式输油泵、转子式输油泵、膜片式输油泵和齿轮式输油泵等,其中以柱塞式输油泵应用最为广泛。

2）柱塞式输油泵的典型构造

柱塞式输油泵的典型构造如图 4－2 所示，它用螺钉固定在喷油泵的泵体上，通过喷油泵凸轮轴上的偏心凸轮驱动。输油泵的铸铁泵体中装有柱塞 18、柱塞弹簧 17、推杆 3 和推杆弹簧 2。当旋紧螺塞 15，在柱塞弹簧弹力的作用下，柱塞压向推杆，使得推杆的另一端通过滚轮体 1 压在喷油泵凸轮轴上的偏心圆上，从而保证动力的输入。在柱塞腔两侧装有带弹簧的单向进油阀 8 和出油阀 5，平时在弹簧 6 的弹力作用下阀紧紧压在阀座 9 上。进油阀上部通过油管接头 10 和油管、手泵相连。输油泵的进、出油阀通过进、出油管接头 14 和 19 以及低压油管分别与油箱和柴油滤清器连接。在进油管接头内装有进油滤网 13，可滤除柴油中较大的机械杂质和污物。

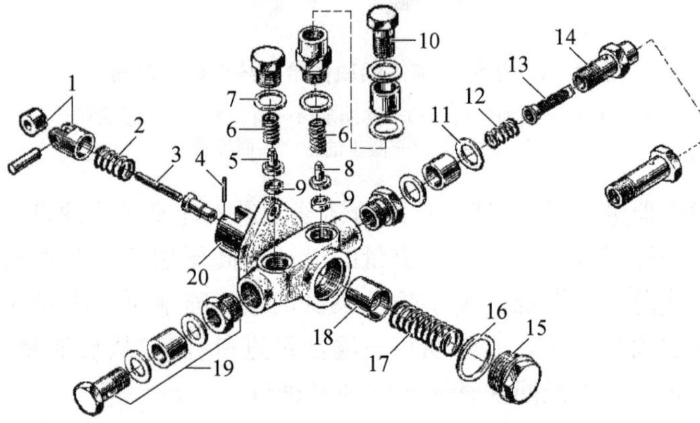

图 4－2　柱塞式输油泵典型构造示意图

1—滚轮体；2—推杆弹簧；3—推杆；4—圆柱销；5—出油阀；6—弹簧；7—垫片；8—进油阀；9—阀座；10—油管接头；11—垫片；12—弹簧；13—进油滤网；14—进油管接头；15—螺塞；16—垫片；17—柱塞弹簧；18—柱塞；19—出油管接头；20—泵体

3）柱塞式输油泵的工作过程

如图 4－3 所示，输油泵不工作时进、出油阀在弹簧作用下关闭。当凸轮轴 1 转动时，柱塞 9 在推杆 2 和柱塞弹簧 3 的弹力共同作用下做往复运动。随着凸轮轴的旋转，偏心圆的凸起部分通过滚轮体 12 顶动推杆上移[图 4－3(a)]，柱塞弹簧被压缩，柱塞向上运动，导致上腔容积减小而下腔容积增大，此时上腔油压升高，进油阀 7 在弹簧力和油压的作用下处于关闭状态，同时出油阀 4 被油压顶开，由于下腔压力降低，上腔的柴油便经开启的出油阀流向下腔，而不直接流向柴油滤清器，此过程通常称为输油准备阶段；当偏心圆的凸起部分转过后，在柱塞弹簧的弹力作用下柱塞下移[图 4－3(b)]，使得下腔容积减小而上腔容积增大，此时下腔油压升高，出油阀关闭，柴油经出油道和低压油管流向柴油滤清器进行过滤，同时上腔压力降低，进油阀克服弹簧力作用被吸开，油箱的柴油经进油管和开启的进油阀充入上腔，此时输油泵同时完成了压油和吸油过程。综合上述分析不难看出，柱塞式输油泵具有脉动供油的特点。

柱塞的运动规律和最大行程取决于偏心轮的几何形状。当柱塞以最大行程工作时，输油量最大，但当喷油泵需要的油量减少或柴油滤清器堵塞时，柱塞下腔的油压将随之升

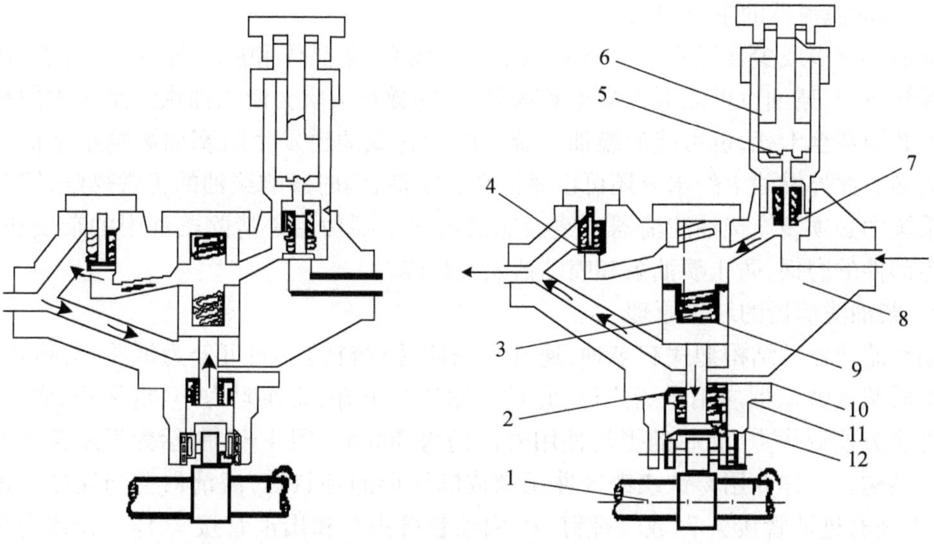

图 4－3　柱塞式输油泵工作过程示意图

1—凸轮轴；2—推杆；3—柱塞弹簧；4—出油阀；5—钢球；6—手泵；7—进油阀；8—泵体；9—柱塞；10—泄油道；11—推杆弹簧；12—滚轮体

高，此时柱塞弹簧的作用力不足以将柱塞推到底，只能推到与下腔油压平衡为止，这就缩短了柱塞的行程，减少了输油量。如果油路堵塞严重，输油泵不能向外输油，下腔油压将会继续升高，当油压增大到某个值，偏心圆将柱塞推至止点位置时，弹簧张力不能把柱塞推回，此时尽管凸轮轴在旋转，但柱塞不做往复运动，上、下腔容积保持不变，进油和压油过程自动停止，确保低压油管不致损坏，因此柱塞式输油泵的输油量能够根据喷油泵所需油量自动进行调节，即具有"定压不定量"的供油特性。

在图 4－3 所示输油泵上装有手泵 6，柴油机启动前可利用手泵排除低压油路中的空气，并使喷油泵的低压油路充满柴油。当拧松喷油泵上的放气螺钉，上、下掀动手泵，随着手泵柱塞上行，泵筒内腔容积增大，压力降低，进油阀被吸开，油箱的柴油充满泵筒，此时压油阀关闭。当手泵柱塞下行，泵筒内腔容积减小，压力升高，进油阀关闭而出油阀打开，泵筒内的柴油经出油阀被压入柴油滤清器，同时油路中的空气从放气螺钉处排出，从而达到充油排气的目的。

柱塞式输油泵由于结构简单、使用可靠而被广泛采用。12V135 系列柴油机在喷油泵泵体上并联装有两个柱塞式输油泵，其出油管分别与各自的柴油滤清器相连。为了方便充油排气操作，手泵（图 4－4）单独安装在柴油机前端，通过油管接头 8 与图 4－2 中的油管接头 10 相连，从而完成启动前的充油排气。

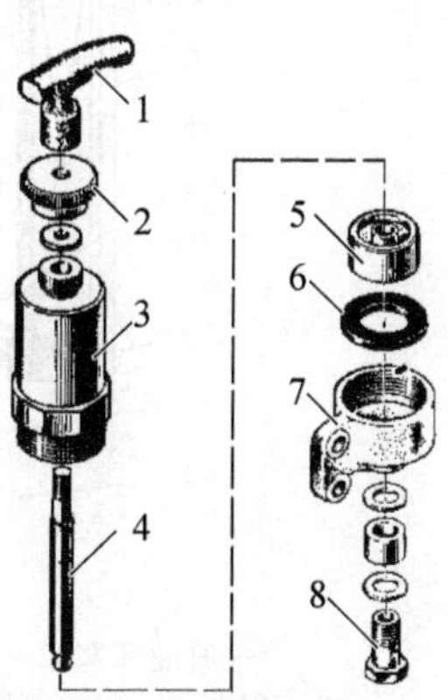

图 4－4　12V135 柴油机输油泵手泵结构图

1—手柄；2—螺帽；3—泵筒；4—拉杆；5—手泵活塞；6—垫圈；7—手泵座；8—油管接头

2. 柴油滤清器

1）柴油滤清器的主要功用

柴油中或多或少含有微量的杂质，如灰分、残炭、蜡晶体和胶质等，同时由于运输、贮存或保管不当，柴油也可能混入尘土和水分，这些微量杂质会使燃油供给系统中的精密偶件产生磨损甚至卡死，也可能使燃油系统中的油孔或油道发生阻塞而影响正常供油和燃油的喷雾。此外燃油中的水分还可以锈蚀金属零件，同时影响柴油的正常燃烧，因此燃油供给系统中必须装设柴油滤清器。柴油滤清器的主要功用是清除柴油中的杂质和水分，减轻零部件的磨损，防止喷油泵和喷油器发生故障。

柴油滤清器三维模型

2）柴油滤清器的结构原理

柴油滤清器的结构型式有多种，通常根据滤芯材料的不同可分为纸质、毛毡式等，其中以纸质柴油滤清器应用最为广泛，它具有滤清效果好、流通阻力小、重量轻、成本低、保养和更换方便等优点，滤芯的平均使用寿命约为 360 h。图 4－5 所示为纸质柴油滤清器的基本结构。壳体 6 用铸铁或铁皮冲压制成圆柱形的杯状物，滤清器盖与壳体用螺套连接，其上装有进油管接头 7、放气螺钉 10、回油管接头 9 和出油管接头 12。壳体内装有滤芯 5，该滤芯采用具有良好渗透性的滤纸折叠成菊花瓣形状，从而有效增大了过滤面积，其内表面衬有带孔的金属贴面，以提高滤芯的刚度。为了防止柴油不经滤纸过滤直接进入滤芯内腔，滤芯的上、下端分别装有垫圈 13 和 3，滤芯垫圈 3 由弹簧 2 支承并与滤芯下端压紧。壳体的下部还装有一个放油螺塞 1，用于放油和排除滤清器内的积水。

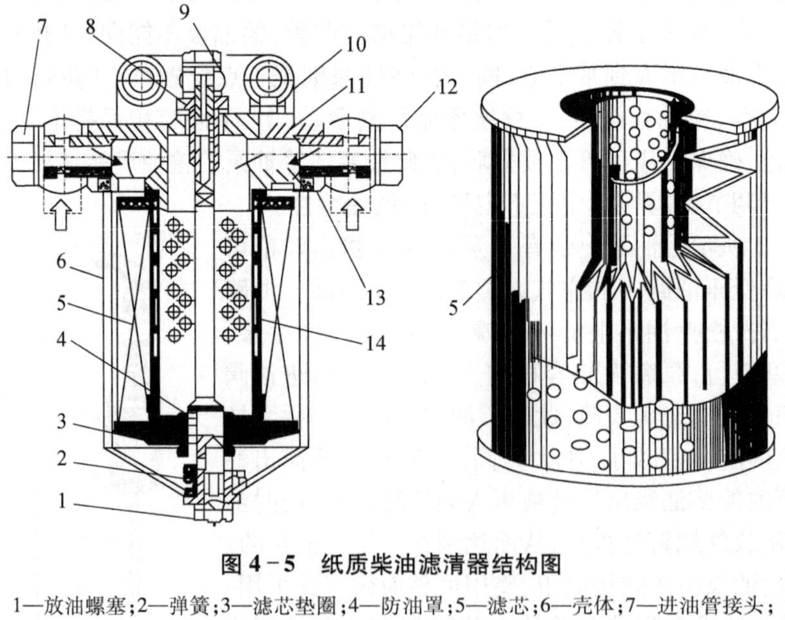

图 4－5　纸质柴油滤清器结构图

1—放油螺塞；2—弹簧；3—滤芯垫圈；4—防油罩；5—滤芯；6—壳体；7—进油管接头；8—螺套；9—回油管接头；10—放气螺钉；11—盖；12—出油管接头；13—垫圈；14—中心螺杆

柴油机工作时，在输油泵作用下燃油经进油管接头和滤清器盖充满滤芯外围腔体，具有一定压力的燃油渗透进入滤芯内腔，然后经过滤清器盖上的油道、出油管接头和油管流向喷油泵，而燃油中的杂质则被阻挡在滤芯外部，从而使燃油得到过滤。滤清器盖上设有放气螺钉 10，拧松该螺钉并掀动输油泵手泵，可进行充油排气，同时滤清器盖上还设有回油管接头 9，当喷油泵所需油量减少时，部分柴油可沿中心螺杆 14 内的油道，通过回油管接头 9 和回油管返回油箱。

12V135 系列柴油机的柴油滤清器采用纸质滤芯，且两个纸质滤清器并联安装，并分别与两个输油泵相连，它们的出口共同连接在喷油泵泵体上。如图 4－6 所示，滤清器盖 3 上加工有回油道和两个制有箭头标记的进、出油道。回油管接头 6 内装有一个单向钢珠阀和一根弹簧，当滤清器内油压升高时，油压克服弹簧力作用使阀开启，部分柴油经回油管泄回油箱。安装时回油管接头绝不能装错，以免造成供油中断。放气螺钉 1 旋在螺帽 2 内，滤清器通过螺帽和螺杆将滤清器盖、纸质滤芯 9 与壳体 11 相连。

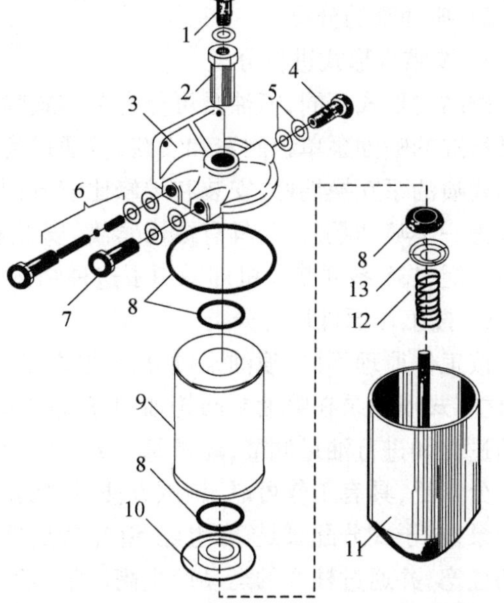

图 4－6　12V135 系列柴油机柴油滤清器结构图

1—放气螺钉；2—螺帽；3—滤清器盖；4—出油管接头；5—垫片；6—回油管接头；7—进油管接头；8—密封圈；9—纸质滤芯；10—托盘；11—壳体；12—弹簧；13—托座

康明斯柴油机也采用纸质滤芯，两个滤清器并联安装在燃油箱与 PT 燃油泵之间，它由滤清器座、纸质滤芯总成、支架、油管部件等组成。柴油机工作时来自油箱的燃油经进油管进入滤清器座，并沿圆周方向的油孔进入滤芯总成，过滤后的柴油经滤清器座并沿出油管部件流向 PT 燃油泵的齿轮油泵入口处。

3）柴油滤清器的使用维护

柴油滤清器的使用维护应严格按照柴油机使用和维护手册进行。一次性使用的滤芯一旦达到规定的工作小时应弃旧换新，更换时从滤清器座上旋下旧滤芯，安装新滤芯时应先注入清洁燃油，再将其旋入滤清器座并拧紧；对可重复使用的柴油滤清器应定期清洗，使用中一旦发现密封失效（如垫片变形或磨损、橡胶密封圈老化等）、螺纹损伤或滤芯有破损，必须立即进行更换。

3. 喷油泵

1）喷油泵的功用与要求

喷油泵通常又称为高压油泵，它是燃油供给系统的重要部件，其工作性能的优劣不仅影响着柴油机的动力性和经济性，同时也影响柴油机运行的可靠性和环保性，因此喷油泵又被喻为柴油机的“心脏”。喷油泵的主要功用是根据柴油机的负荷需求，对适量的柴油给予一定的压力，按规定的时间和喷油规律喷入燃烧室，即定量、定压、定时供给燃油。

柱塞式喷油泵教学视频

对喷油泵的基本要求包括：

（1）各缸供油量应满足负荷要求和保持供油均匀，通常在标准工况下供油的不均匀度不大于 3.4%；

（2）各缸供油间隔角度相同，误差不大于±0.5°凸轮轴转角；

（3）各缸供油持续时间相等，开始供油和停止供油应迅速干脆，且无滴漏现象；

（4）各缸供油次序应符合柴油机的发火顺序，供油时刻能够由人工进行调整。

2）喷油泵的分类

a. 按结构形式进行分类

按结构形式不同，喷油泵可分为单体式喷油泵和组合式喷油泵两种。其中，单体式喷油泵每缸的喷油泵单独制造和安装，再通过齿杆连接并统一由调速器控制各分泵的工作，单体式喷油泵互换性好，安装和维修比较方便；组合式喷油泵将各个分泵组装在一个壳体内作为一个喷油泵总成，具有结构紧凑、安装和调试方便等优点，在中小型柴油机上应用极为广泛，135 系列柴油机即采用了这种结构。

b. 按工作原理进行分类

按工作原理不同，喷油泵可分为柱塞式喷油泵、转子式分配泵和 PT 燃油泵三种。其中，柱塞式喷油泵在喷油泵凸轮轴和柱塞弹簧力的共同作用下，通过柱塞的往复运动完成泵油过程和进行油量调节，通常每个分泵都有一套相同的独立供油系统，柱塞式喷油泵应用十分广泛，具有工作可靠、调试方便、结构紧凑等优点，135 系列柴油机即采用了柱塞式喷油泵；转子式分配泵是 20 世纪 50 年代后期出现的一种新型喷油泵，它只有一对径向对置的柱塞，并通过柱塞的运动产生高压油，然后再通过一个转子以旋转分配的形式，定时、定量地向各缸的喷油器供应高压柴油，转子式分配泵体积小、重量轻、成本低、整体布局方便、通用性强，目前在小型柴油机上具有一定应用；PT 燃油泵的工作原理与柱塞式喷油泵、转子式分配泵均不同，它与 PT 喷油器一起利用压力 P 和时间 T 对燃油进行定时、计量和喷射，目前 PT 燃油泵主要应用于康明斯 N、K 和 M 三大系列柴油机上[30]。

目前由于柱塞式喷油泵（以下简称喷油泵）应用十分广泛，下面主要介绍它的基本结构和工作原理。

3）喷油泵的基本结构

喷油泵的基本结构相对比较复杂，虽然不同系列的喷油泵在结构上有所差异，但共同的特点是都具有两对“偶件”（出油阀偶件与柱塞偶件）和两个“机构”（驱动机构与油量控制机构）。

a. 出油阀偶件

如图 4－7 所示，出油阀偶件安装在柱塞偶件的上方，主要由出油阀 2、阀座 4 和弹簧 1 等组成。出油阀是一个单向阀，只有当柱塞的泵油压力足够高时，才能克服其上作用的出油阀弹簧的弹力而打开，燃油才能进入高压油管和喷油器，一旦柱塞供油结束，出油阀将迅速落座并使喷油过程结束。出油阀上部有一个圆锥面，弹簧将此锥面压紧在阀座上，从而使柱塞上部空腔与高压油管隔断，锥面下部加工有一个圆柱形的减压环带 3，它与阀座内孔严密配合，从而起到密封的作用。

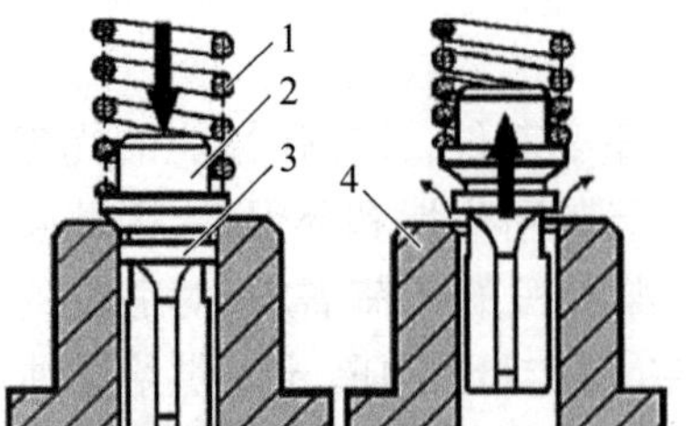

图 4－7　出油阀偶件结构图

1—弹簧；2—出油阀；3—减压环带；4—阀座

减压环带以下铣有四个直槽，使断面呈十

字形，既能导向又不影响柴油的流通。减压环带的主要作用是：当柱塞供油时出油阀升起，只有当减压环带完全离开阀座的导向孔，即出油阀要上升一端距离后，柴油才能通过直槽向上流入高压油管，使管路油压升高；当柱塞供油结束时，出油阀在弹簧及高压柴油的共同作用下迅速下落，当减压环带的下边缘进入阀座导向孔时，柱塞上部油腔即与高压油管隔断，从而使柴油不能进入高压油管；随着出油阀继续下落直到圆锥面落座，由于自身让出了容积，出油阀上部油腔容积因出油阀的退让而增大，油压降低，从而使喷油过程迅速结束，此时高压油管中保留了一定量的柴油并保持了一定的残余油压，能够有效减小燃油压力波动对燃油喷射的影响。

b. 柱塞偶件

喷油泵的泵油和对燃油的计量与控制主要由柱塞偶件，即柱塞和柱塞套筒共同完成，如图 4－8 所示。柱塞 2 为一光滑的圆柱体，其上部铣有斜槽或螺旋槽，切去的部分与一条轴向油道相通，柱塞的下端加工有一对凸耳，嵌入油量控制套筒 4 的缺槽内。柱塞套筒 3 用定位螺钉 9 固定在泵体上，以保证正确的安装位置并防止工作时转动，在套筒上部的同一截面加工有进油孔和回油孔，并与泵体内加工的低压油腔相通。柱塞上套有柱塞弹簧 6，上端通过上弹簧座 8 支承在泵体上，下端通过下弹簧座 7 支承在柱塞尾端，柱塞弹簧可使柱塞与驱动机构的滚轮体部件始终保持接触，并由此获得驱动力。

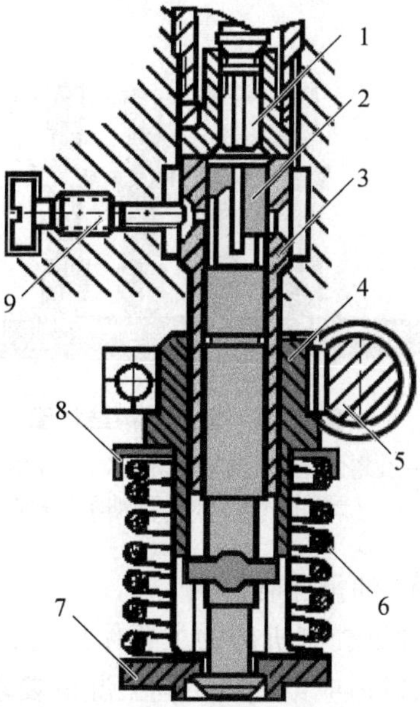

图 4－8　柱塞偶件结构图

1—出油阀偶件；2—柱塞；3—柱塞套筒；4—油量控制套筒；5—齿条；6—柱塞弹簧；7—下弹簧座；8—上弹簧座；9—定位螺钉

柱塞偶件是一对加工精度很高和选配间隙很小的精密偶件，其装配间隙一般为 0.0015~0.0025 mm，以保证燃油的增压和偶件的润滑。若间隙过大则易泄漏，从而使供油压力降低，而间隙过小则偶件润滑困难，从而影响柱塞运动并可能发生卡死。需要指出的是，柱塞与柱塞套筒、出油阀与出油阀座都是精密偶件，使用中不得拆散并与其他分泵的偶件互换。

c. 驱动机构

驱动机构如图 4－9 所示，主要由喷油泵凸轮轴 5、滚轮体部件 4 等组成，由旋转的曲轴通过喷油泵传动齿轮提供动力。凸轮轴通过一对滚动轴承安装在泵体下腔，轴上加工有凸轮和一个偏心圆，后者用于驱动输油泵工作。凸轮轴上各凸轮与各缸柱塞相对应，分别驱动各分泵，各凸轮通常按照供油顺序（即柴油机的发火顺序）在空间间隔排列，对于 6 缸柴油机，其间隔角度为 60°。凸轮轴两端伸出泵体，一端通过联轴器与喷油泵传动齿轮轴连接，另一端用于驱动调速器工作。

滚轮体部件用于实现凸轮的运动规律，并将凸轮的旋转运动转化为滚轮体的上、下往复运动，不仅克服柱塞弹簧力使柱塞运动，同时也承受了凸轮轴旋转所产生的侧推力。滚轮体部件有两种不同的结构，如图 4－10 所示，其中(a)图为调整螺钉式，(b)图为调整垫块式。滚轮体部件通常安装在泵体下腔的孔内，并通过滚轮 5 始终与凸轮表面接触，滚轮内套有衬套 7，通过滚轮销 4 支承在滚轮体 3 上。在调整螺钉式滚轮体部件中，滚轮销的长度略比滚轮体外径长，伸出端嵌入泵体缺槽中，从而限制滚轮体转动；在调整垫块式滚轮体部件中，滚轮体一侧加工有长缺槽，通过限位螺钉限制滚轮体转动。此外，图 4－10 中调整螺钉 1 和调整垫块 6 的顶面与柱塞下端接触，从而将凸轮的推力传递给柱塞，微量旋出或拧进调整螺钉，或是更换不同厚度的调整垫块，都可以调整分泵柱塞的供油始点，以保证各缸供油间隔角在规定的范围内。

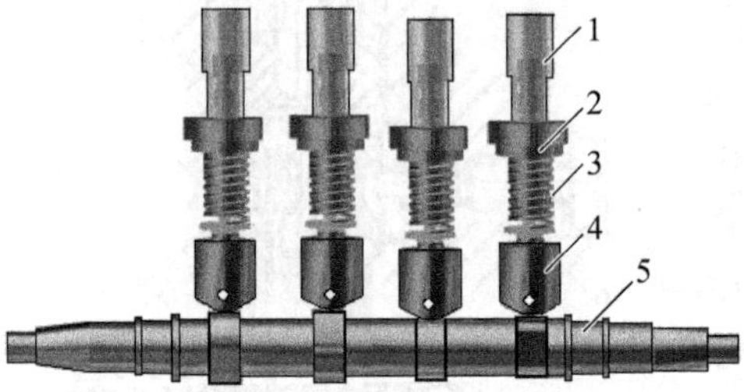

图 4－9　驱动机构结构图

1—柱塞偶件；2—油量控制套筒；3—柱塞弹簧；
4—滚轮体部件；5—喷油泵凸轮轴

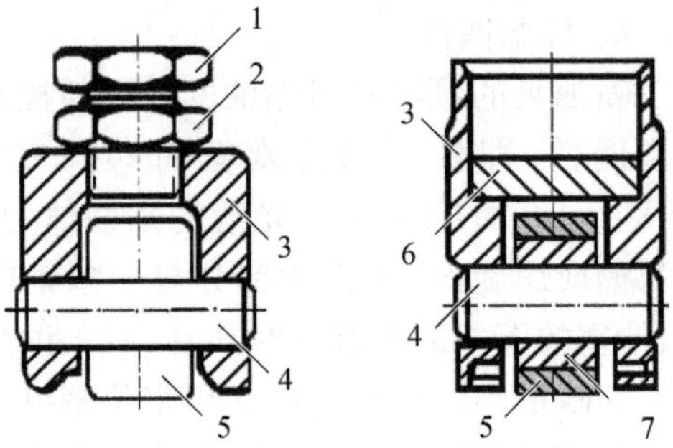

(a) 调整螺钉式　　(b) 调整垫块式

图 4－10　滚轮体部件结构图

1—调整螺钉；2—锁紧螺母；3—滚轮体；
4—滚轮销；5—滚轮；6—调整垫块；7—衬套

d. 油量控制机构

油量控制机构的主要作用是适时转动柱塞，根据柴油机负荷变化相应改变每循环供油量，以适应柴油机不同工况的要求。常见的油量控制机构包括齿条式和拉杆式两种，如图 4－11 所示。在齿条式油量控制机构中[图 4－11(a)]，油量控制套筒 4 松套在柱塞偶件的外部，套筒下端加工有两个直槽，柱塞的两个凸耳正好嵌入该直槽内，套筒限制了柱

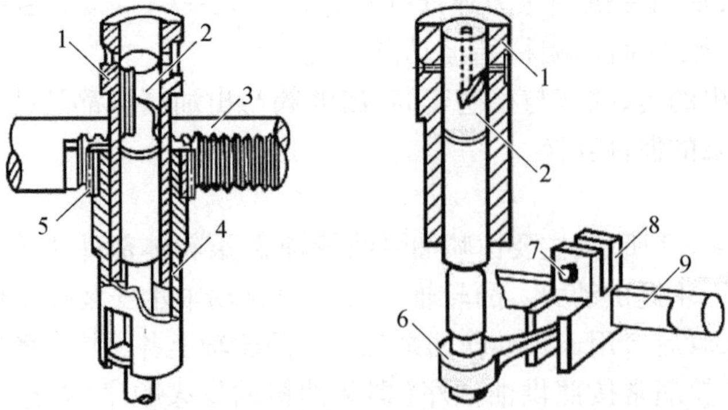

(a) 齿条式　　(b) 拉杆式

图 4－11　油量控制机构结构图

1—柱塞套筒；2—柱塞；3—齿条；4—油量控制套筒；5—齿圈；6—调节臂；
7—防松螺钉；8—拨叉；9—供油拉杆

塞的转动,但不影响柱塞上下运动。调节齿圈 5 用防松螺钉夹紧在油量控制套筒上,齿圈与齿条 3 啮合,拉动齿条便可带动柱塞向左或向右转过一个角度。喷油泵调试过程中若各分泵的供油量不均匀,可单独松开该分泵齿圈的防松螺钉,从而将控制套筒相对齿圈转过一定角度(即控制套筒带动柱塞转过一定角度),使该分泵的供油量得到相应增大或减小。需要指出的是,油量调整结束后应拧紧防松螺钉,防止工作中齿圈相对油量控制套筒自由转动。

在拉杆式油量控制机构中[图 4 - 11(b)],柱塞下端的调节臂 6 嵌入拨叉 8 的缺口内。拨叉用防松螺钉 7 夹紧在供油拉杆 9 上,后者相当于齿条,左右拉动供油拉杆,便可带动柱塞向左或向右转过一个角度,从而使柱塞的供油量得到相应的调整。

多缸柴油机中柱塞相对柱塞套筒的初始位置,由油量控制套筒相对于齿圈(或拨叉相对于拉杆)的固定位置所决定,使用中当某个分泵供油量不符合要求,或分泵间供油有差异时,均可通过油量控制机构单独进行调整。

4) 柱塞的工作原理

柱塞的工作原理主要包括柱塞供油和油量调节两个过程。

a. 柱塞供油过程

进油过程[图 4 - 12(a)]:当柱塞在柱塞弹簧力的作用下向下运动时,一旦柱塞顶面让开柱塞套筒上的进、回油孔,柱塞上部油腔即与泵体内低压油腔沟通,此时在输油泵的作用下,柴油经柴油滤清器过滤后流入并充满柱塞上部油腔。进油过程将一直持续到柱塞处于最下端位置,此时凸轮升程为零,喷油泵凸轮工作在基圆上。

回油过程[图 4 - 12(b)]:随着凸轮轴的旋转,当凸轮的凸起部分通过滚轮体顶动柱塞向上运动时,柱塞弹簧被压缩,柱塞上部油腔容积逐渐减小。由于柱塞偶件上方的出油阀在出油阀弹簧力的作用下紧紧关闭,因此部分燃油又经柱塞套上的两个油孔回流至泵体的低压油腔。回油过程将一直持续到向上运动的柱塞顶部将两个油孔同时遮蔽。

压油过程[图 4 - 12(c)]:随着柱塞继续上移,柴油在封闭腔内被强烈压缩,油压急剧升高,直至克服出油阀弹簧力的作用而顶开出油阀,燃油进入高压油管并压向喷油器。当柱塞继续上移,压油过程将一直进行,直至柱塞表面斜槽让开柱塞套上回油孔(左边的油孔)的下边缘为止,此时由于柱塞上部高压油腔经柱塞上的直槽、斜槽与回油孔和泵体的低压油腔沟通,柱塞上方的油压迅速下降,出油阀在弹簧力的作用下迅速落座,从而切断燃油供给,使压油过程结束。

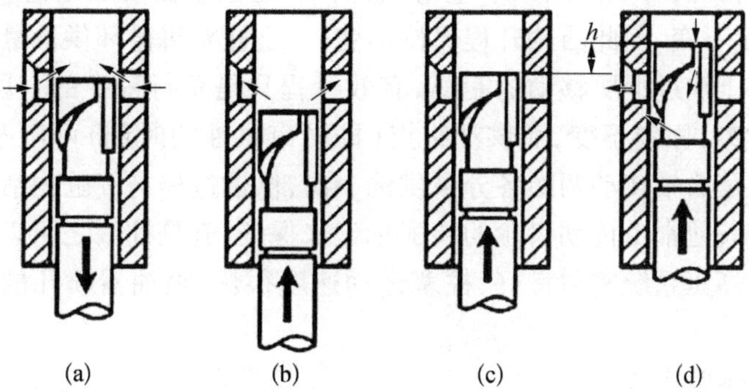

图 4 - 12 柱塞供油过程示意图

回油过程[图 4－12(d)]：柱塞继续上行，燃油不断流回低压油腔，回油过程将持续到柱塞上行至最上端，接下来柱塞下行、再上行，重复下一个泵油过程。

综合上述分析可以看出，喷油泵通过柱塞顶部关闭柱塞套筒上的进、回油孔来控制供油过程的开始，通过其斜槽开启柱塞套筒上回油孔的下边缘来控制供油过程的结束。

b. 油量调节过程

从上述柱塞供油过程可知，柱塞每循环供油量的大小主要取决于柱塞的供油行程，即柱塞的有效行程 h，通常有效行程越长，供油量越多。由于柱塞头部表面加工成斜槽，因此只要将柱塞相对柱塞套筒转动一定角度，改变柱塞上斜槽相对柱塞套筒回油孔的几何位置，即可改变有效行程 h 的大小，从而使每循环的供油量得到相应调整，以适应柴油机不同负荷的要求。

图 4－13 表示了几种不同供油情况，其中，图(a)为最大供油量位置，有效行程最大为 h_1；图(b)表示部分供油量位置，有效行程为 h_2，其值小于 h_1；图(c)是最小供油量位置，有效行程为 h_3，其值小于 h_2；图(d)是停止供油(即柴油机停车，$h=0$)位置，柱塞上的直槽正对着柱塞套筒上的回油孔，无论柱塞向上还是向下运动，柱塞上方油腔始终与泵体内部低压油腔相通，油压无法升高，出油阀处于关闭状态，供油停止。运行中的柴油机如需停机，操作手只需通过控制油量控制机构转动柱塞至图(d)位置即可。

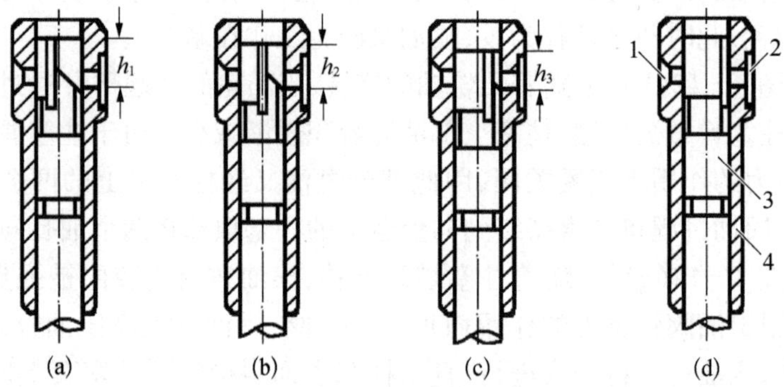

图 4－13　油量调节过程示意图

1—进油孔；2—回油孔；3—柱塞；4—柱塞套筒

通过上述分析我们可以得到如下重要结论：一是柱塞往复运动总行程不变，这是由于凸轮的几何形状不变，因此凸轮升程保持不变；二是柱塞每循环供油量仅取决于柱塞的有效行程，即柱塞压油过程所移动的距离，有效行程只是总行程中的一段；三是供油始点(即开始供油的时刻)固定不变，而供油终点(即结束供油的时刻)可以改变，它取决于柱塞斜槽的形状；四是曲轴转动两圈各分泵供油一次，供油过程与气缸内活塞的位置以及配气系统的工作协调，通常由传动齿轮的装配标记来保证；五是柱塞之所以能够产生很大的压力，主要是由于高压系统密封良好，柱塞运动速度很快，喷油器喷孔的直径远远小于柱塞的直径。

5）喷油泵的典型构造

下面以 6135 系列柴油机使用的 B 型泵为例，结合图 4－14 介绍喷油泵的典型构造。

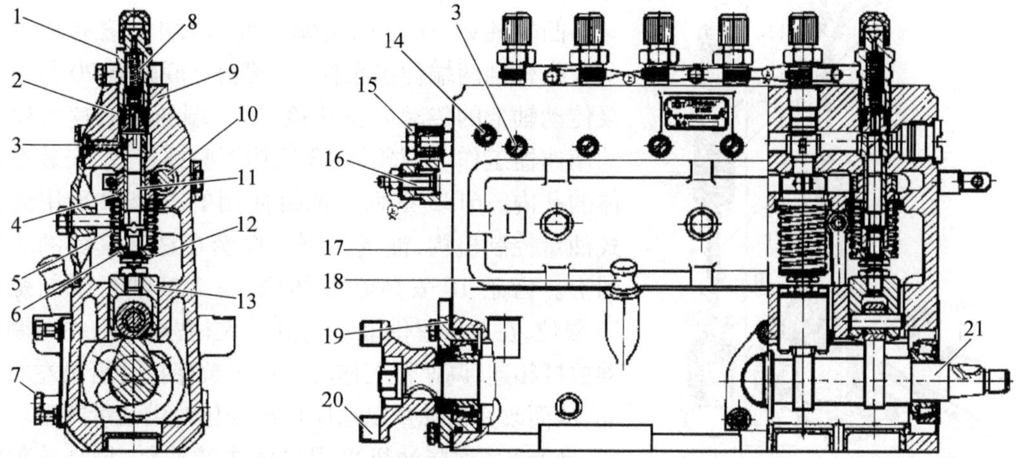

图 4－14　6135 系列柴油机 B 型喷油泵结构图

1—出油阀紧座；2—出油阀偶件；3—柱塞套定位螺钉；4—油量控制套筒；5—柱塞弹簧；6—弹簧下座；7—机油平面螺钉；8—出油阀弹簧；9—泵体；10—齿条；11—柱塞偶件；12—调整螺钉；13—滚轮体；14—放气螺钉；15—进油管接头；16—油量限制螺钉；17—检视盖板；18—机油标尺；19—轴承盖板；20—联轴器；21—凸轮轴

a. 泵体

泵体 9 采用整体式结构，泵体上部安装各个分泵，并在其内加工有连通的低压油腔，通过进油管接头 15 与进油管、柴油滤清器相连。泵体上装有两个放气螺钉 14，拧松螺钉可进行充油排气。泵体右端安装调速器总成，其正面加工有一个圆孔，用于安装输油泵并通过凸轮轴上的偏心圆驱动。泵体上设置有检视窗口，用于观察柱塞的工作情况和进行必要的调整，平时用检视盖板 17 密封，其间装有密封垫片。泵体下部安装凸轮轴和滚轮体部件，下腔装有机油，用于润滑凸轮、滚轮体和轴承。此外，泵体下部还装有一个机油平面螺钉，用于防止下腔内机油添加过量。

b. 分泵

分泵是喷油泵的泵油机构，其数量与柴油机气缸数目相同，主要由出油阀偶件 2、柱塞偶件 11、出油阀弹簧 8、柱塞弹簧 5 和出油阀紧座 1 等组成。柱塞头部表面铣有右旋斜槽和直槽，同时为了减少柱塞偶件的磨损，柱塞中部加工有一道环槽，可贮存少量柴油以润滑偶件工作表面。柱塞套筒上在同一截面相对处加工有两个径向油孔，其中与斜槽相对的是回油孔，另一个为进油孔。柱塞套筒装入泵体后，为了保证正确的安装位置和防止工作中转动，采用柱塞套定位螺钉 3 进行定位。柱塞弹簧通过弹簧上座支承在泵体上，弹簧下座 6 通过缺槽支承在柱塞尾端。

出油阀偶件安装在柱塞偶件上方，其上装有出油阀弹簧并由出油阀紧座压紧。为了防止高压柴油泄漏，配合面间装有密封垫片和密封圈。通常出油阀紧座的拧紧力矩约为 39~68 N·m，过紧会使偶件产生变形，从而影响柱塞的运动，过松会出现泄漏和影响高压的产生。需要指出的是，柱塞偶件与出油阀偶件通常用合金钢制造，表面进行热处理，具有极高的硬度和光洁度，且偶件均经选配并配对研磨，装配中绝不允许单件更换或互换。

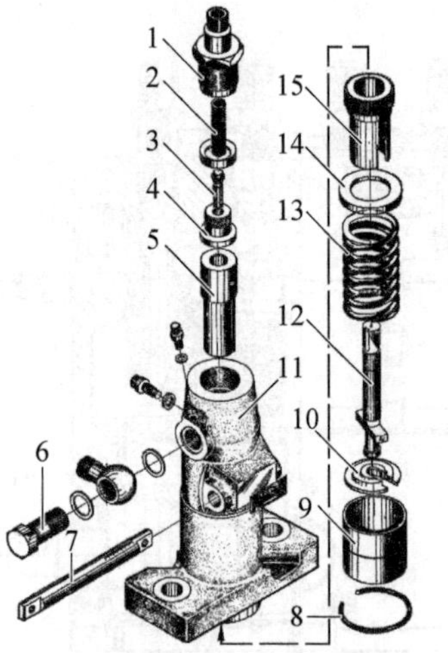

图 4-15　6250 系列柴油机单体式柱塞喷油泵结构图

1—高压油管接头；2—出油阀弹簧和密封圈；3—出油阀；4—出油阀座；5—柱塞套；6—进油管接头；7—齿条；8—卡圈；9—挺柱；10—下弹簧座；11—泵体；12—柱塞；13—柱塞弹簧；14—上弹簧座；15—油量控制套筒

c. 驱动机构和油量控制机构

凸轮轴 21 安装在泵体下腔，两端由滚动轴承支承。凸轮轴两端伸出泵体，一端通过联轴器 20 与喷油泵传动轴上的传动齿轮相接，另一端通过调速齿轮带动调速器工作。滚轮体 13 采用调整螺钉式，安装在泵体的孔内。6135 系列柴油机使用的 B 型泵采用齿条式油量控制机构，油量控制套筒套在柱塞套筒的小外圆上。齿条 10 安装在泵体内，左端被油量限制螺钉 16 限位，在此位置供油量达到最大；右端伸出并与调速器拉杆相连，调速器工作时会通过拉杆拉动齿条左右移动，从而改变供油量以适应负载变化对供油量的需求。

6250 系列柴油机采用单体式喷油泵，每缸单独安装一个喷油泵，并通过配气机构凸轮轴上的喷油凸轮驱动，其装配关系如图 4-15 所示。喷油泵的构造原理与上述 6135 系列柴油机使用的 B 型喷油泵类似，不再赘述。

12V135 系列柴油机使用的 B 型泵结构原理如前所述，只不过泵体内安装有 12 个分泵。喷油泵总成安装在机体的 V 型夹角内，从联轴器端起奇数缸（即第 1、3、5、7、9、11 分泵）通过高压油管依次与柴油机右列的第 1~6 缸喷油器连接，偶数缸（即第 2、4、6、8、10、12 分泵）依次与左列的第 7~12 缸喷油器连接。按照柴油机的发火顺序，喷油泵凸轮轴上各缸开始供油的相隔角度如表 4-1 所示。

表 4-1　喷油泵各缸开始供油的相隔角

不同机型喷油泵	分泵序号/凸轮轴旋转角度						
6135 系列柴油机 B 型泵	缸号	1	5	3	6	2	4
	间隔角	0°	60°	120°	180°	240°	300°
12V135 系列柴油机 B 型泵	缸号	1	12	9	4	5	8
	间隔角	0°	37°30′	60°	97°30′	120°	157°30′
	缸号	11	2	3	10	7	6
	间隔角	180°	217°30′	240°	277°30′	300°	337°30′

6135 系列柴油机发火顺序：1—5—3—6—2—4
12V135 系列柴油机发火顺序：1—12—9—4—5—8—11—2—3—10—7—6

孔式喷油器教学视频

4. 喷油器

1）喷油器的功用与要求

喷油器用于将柴油雾化成细小的油粒，并以一定的压力和喷雾形状喷入燃烧室，从而与气缸内的空气雾化和混合,形成良好的可燃混合气。通常对喷油器的要求包括:一是具有一定的喷射压力,喷雾质量好,即喷射的油粒细且分布均匀;二是喷雾形状与燃烧室形状相适应;三是开始喷油时刻准确,结束喷油时断油干脆、迅速。

2）喷油器的典型结构

图 4-16 所示为 135 系列柴油机采用的长型多孔式喷油器,喷油器头部的针阀体上加工有四个喷孔,其孔径为 0.35~0.40 mm,喷孔轴线夹角为 150°。喷油器体下部装有针阀偶件(针阀 13 和针阀体 12),外部套有喷油器紧帽 14,并旋紧在喷油器体 8 上。针阀被推杆 10、调压弹簧 5、弹簧座和调整螺钉压紧在针阀体的锥面上,以保证密封和形成良好的雾化。针阀中部的锥面全部暴露在针阀体的环形油腔中,其作用是承受由油压产生的轴向推力以使针阀开启,因此该锥面又称为承压锥面;针阀下端的锥面与针阀体上相应的内锥面配合,用于实现喷油器内腔的密封,该锥面通常称为密封锥面。针阀上部的圆柱面以及下端的锥面同针阀体相应的配合面通常经过精磨后再配研制成,上部圆柱面的配合间隙仅有 0.001~0.0015 mm,这是柴油建立高压的必要条件。

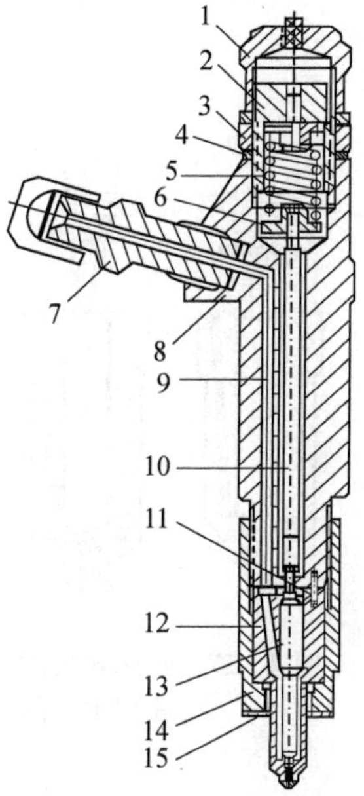

图 4-16　135 系列柴油机喷油器结构图

1—护帽;2—调整螺钉;3—锁紧螺母;4—垫片;5—调压弹簧;6—弹簧座;7—进油管接头;8—喷油器体;9—油道;10—推杆;11—定位销;12—针阀体;13—针阀;14—喷油器紧帽;15—垫片

推杆与针阀为球面接触,可防止因顶杆弯曲而使针阀产生侧向压力。调压弹簧的弹力可通过调整螺钉进行调节,调整后再由锁紧螺母 3 锁紧,且锁紧螺母上、下端面均装有铜质垫圈进行密封。由于 135 系列柴油机的喷油器倾斜 15°安装在气缸盖上,为了使四个喷孔喷射的油束均匀分布在燃烧室内,针阀体与喷油器体通常由两个定位销 11 进行定位,装配时要特别注意。进油管接头 7 拧紧在喷油器体上,与来自喷油泵的高压油管相连(有的喷油器在接头内还装有一个缝隙式滤清器,以减轻针阀偶件的磨损),高压柴油经喷油器体与针阀体中加工的油道 9 进入喷油器头部油腔。需要指出的是,针阀偶件与柱塞偶件、出油阀偶件一样采用精密加工和配研,使用和维修中不得单个更换。

3）喷油器的工作原理

如图 4-17 所示,当喷油泵停止供油时,针阀在调压弹簧作用下紧紧压在针阀体的阀座上,从而将喷孔关闭(图 4-17 左图);在供油时,来自喷油泵的高压柴油经高压油管和进油管接头进入喷油器内的油道并作用在针阀的承压锥面上。一旦产生的向上轴向分力超过调压弹簧的预紧力,针阀将克服弹簧力迅速升起,此时由于针阀密封锥面离开了阀座,喷孔将开启,高压柴油呈雾状喷入气缸(图 4-17 右图)。供油结束后油压迅速下降,针阀在弹簧力作用下迅速关闭。

由此可见针阀开启仅取决于燃油压力以及调压弹簧力的大小,因此旋紧或放松调整螺钉,调压弹簧的预紧力随之改变,从而调整喷油器的喷射压力。此外,由于针阀与针阀体之间有间隙，针阀不断上下运动会将微量柴油向上泵出，因此喷油器顶端还装有回油管，平时应保持回油管和回油孔畅通，否则在预定压力下将增大针阀上行的阻力。

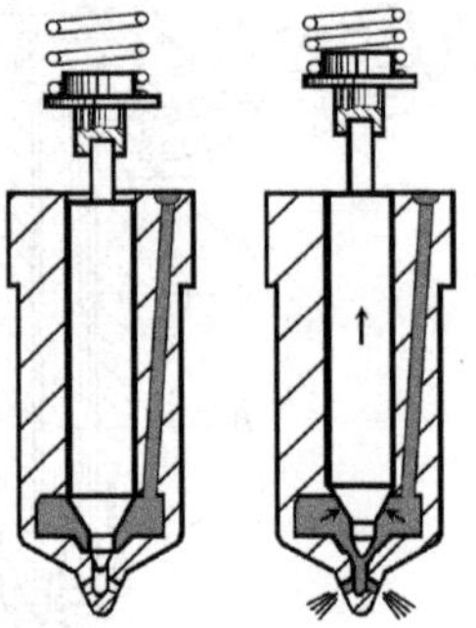

图 4－17　喷油器工作原理示意图

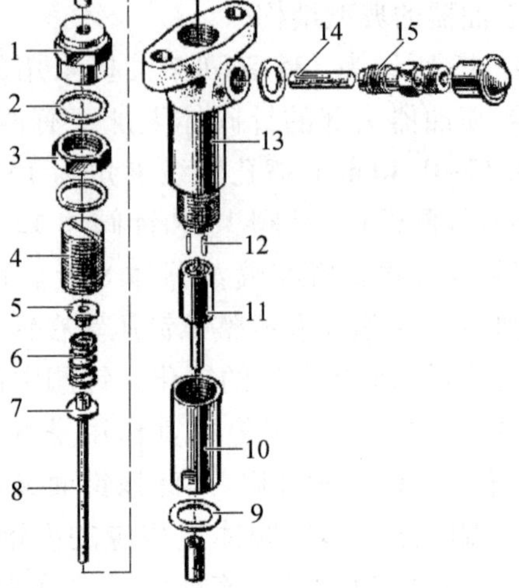

图 4－18　135 系列柴油机喷油器零件图

1—紧帽；2—垫圈；3—锁紧螺母；4—调压螺钉；5—上弹簧座；6—调压弹簧；7—下弹簧座；8—推杆；9—垫片；10—紧帽；11—针阀偶件；12—定位销；13—喷油器体；14—滤油器；15—进油管接头

目前常见的喷油器结构形式包括多孔式、轴针式（单孔）两种，其中多孔式喷油器主要用于直接喷射式燃烧室，对喷雾质量要求较高，而轴针式喷油器多应用于分隔式燃烧室，要求喷油器工作可靠。图 4－18 为 135 系列柴油机喷油器的零件图。

调速器定义与分类教学视频

5. 调速器

1）调速器的定义

从对喷油泵工作原理的分析可知，喷油泵向喷油器的每循环供油量主要取决于柱塞的供油行程，即柱塞的有效行程。柴油机的负荷增大，对应的有效行程延长，供油量随之变大；反之，当柴油机的负荷减小，对应的有效行程缩短，供油量随之变小，因此当柴油机的负荷变化时（如用电负载的增多与减少等），只需要转动柱塞改变有效行程，即可满足不同负荷的需求。在柱塞式喷油泵上，转动柱塞是由油量控制机构（如齿条或拨叉）完成的，通常油量控制机构可以人工来操纵，也就是平常讲的“拉油门”，但柴油机负载的变化是随机的，有时甚至是很突然的，人工操纵常常会顾此失彼，既费力也难以满足控制精度，更不能保证供电质量，因此需要设计一种能够随时感应外界负荷变化并及时操纵油量控制机构的装置，以确保柴油机在各种转速下都能够稳定工作，这就是调速器。通常调速器与喷油泵制造为一体，故又称为喷油泵总成。

调速器是一种能够随着外界负载变化而自动操纵油量控制机构工作，确保柴油机转速稳定的自动反馈装置，它能够及时调整每循环供油量以满足不同的负荷需求，能够控制柴油机的最高转速，防止出现超速或发生飞车，同时还能够维持柴油机怠速稳定运转不至熄火，保证柴油机在各种转速下都能够稳定工作。

2）调速器的原理

如图4－19所示，调速器是一种自动反馈装置。当外界负载M不变时，油量控制机构拉杆的位移为Z、每循环供油量为g_b、柴油机稳定运行的转速为n，此时由于转速不变，$\Delta n=0$，调速器不产生调速动作，柴油机处于一种稳定运行工况。某一时刻若卸掉或是增加部分负载，柴油机的转速将随之升高或是降低，从而使Δn不为零，此时柴油机的转速变化将使调速器开始动作，使油量控制机构产生附加位移ΔZ，并转动柱塞使供油量产生相应的变化Δg_b，经历一个短暂的调速过程，柴油机的转速基本恢复至原有转速，并在变化了的负载下重新稳定工作。综合上述分析可以看出，如果外界负载不变，调速器不产生调速动作，柴油机在此转速下稳定工作，只有当外界负载发生变化并引起柴油机转速改变时，调速器才开始工作并使每循环供油量得到相应调整，以适应外界负载变化对供油量的需求，保持柴油机转速重新稳定。

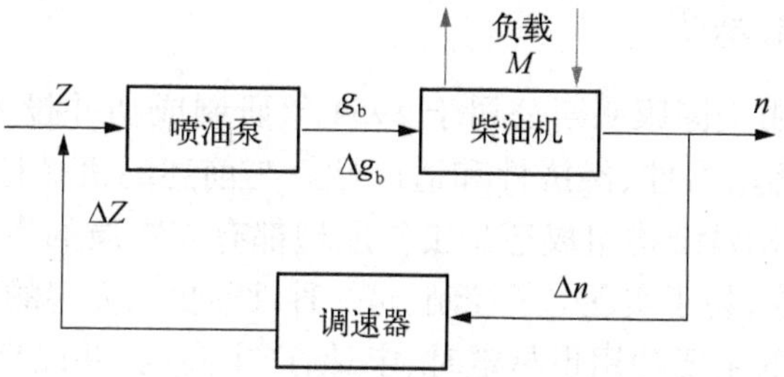

图4－19 调速原理方框图

3）调速器的分类

a. 按照用途分类

（1）单制式调速器。单制式调速器又称为单程调速器，它只控制柴油机的最高转速，防止转速过高出现飞车，同时单制式调速器也没有调速手柄，因此调速器调速弹簧的预紧力不可调整。柴油机在低速和中速运行时，随着外界负载的改变，油量的增大或减小只能由人工操纵进行调整。

（2）双制式调速器。双制式调速器又称为双程调速器，它不仅要稳定柴油机的最高转速以防飞车，同时还要稳定柴油机的怠速以防熄火，而从怠速至最高转速的中间转速范围，调速器不起作用，操作手只能依据柴油机负载情况，通过脚踩“油门”来适时改变每循环供油量，确保柴油机运行的动力性和经济性。

（3）全程调速器。全程调速器是指从最低工作转速（怠速）到最高工作转速（通常指额定转速）都能起到调速作用，即在选定转速下无论负载怎样变化柴油机都能稳定运行，因此全程调速器也可看成是若干个单制调速器的组合，其特点是有调速手柄，调速弹簧的预紧力可通过改变手柄的位置进行调整。全程调速器虽然结构复杂，但调速范围宽广、功能强、易于控制、便于操作，因此应用极为广泛。

b. 按照原理分类

（1）机械离心式调速器。机械离心式调速器利用旋转的飞铁产生的离心力与调速弹簧进行平衡，从而操纵油量控制机构工作。当柴油机负载从空载到满载之间发生变化时，机械离心式调速器难以使柴油机恒速工作，只能将转速稳定在允许的范围内，即具有一定的调速不均匀度。

（2）液压调速器。液压调速器主要应用于某些对调速精度要求较高的大功率柴油发电机组，它在机械离心式调速器的基础上增加了液压机构和反馈机构，可使感应元件输出的信号通过液压机构和执行机构驱动喷油泵的油量控制机构工作。此外，液压调速器的不均匀度可通过不均匀度调整机构进行人工调整，当调整为零时柴油机可实现恒速运转，即无论外界负荷怎样变化柴油机的转速始终保持不变。

电子调速器。随着微电子技术和计算机技术的突飞猛进，电子调速器开始在柴油机上广泛应用[31]，它具有调速精度高、控制性能好等特点，其工作原理是外界负载发生变化引起柴油机转速改变时，通过比较电路将输出控制信号作用于调速器的执行元件，从而使每循环供油量得到及时调整，以满足负载变化对油量的要求。

二、PT 燃油供给系统

PT 燃油系统的功用及工作原理教学视频

PT 燃油供给系统由美国康明斯公司于 1954 年研制成功并投入生产，该燃油供给系统大大改进了柴油机的动力性、经济性和适应性。与前述的机械柱塞式燃油供给系统相比，PT 燃油供给系统无论是结构组成还是工作原理都有着本质的不同。PT 燃油供给系统故障少，柴油机工作可靠、易于实现电子控制，是一种性能更为完善的燃油供给系统[32]。

PT 燃油供给系统的主要功用也是定时、定量、产生高压，并以良好的雾化形式向柴油机气缸喷射燃油，同时根据柴油机的负荷变化自动调节每循环供油量。在 PT 燃油供给系统中，油量的调节由 PT 燃油泵完成，而高压的产生、燃油的计量、定时喷射则完全由 PT 喷油器完成。

（一）PT 燃油供给系统工作原理

PT 燃油供给系统根据燃油泵的输出压力和喷油器的计量时间之间的相互配合来控制每循环供油量，以满足柴油机不同工况的需要。“P”和“T”是英文压力（pressure）和时间（time）的第一个字母，PT 燃油供给系统的名称即由此而来。

1. PT 燃油供给系统的基本原理

PT 燃油供给系统供油量的调节基于如下液压原理：一是在充满液体（燃油）的系统中，任何压力的变化立即等量地传递给整个系统；二是液体通过某一管道的流量与液体压力、允许流过时间以及管道截面积成正比。以图 4－20 所示抽水过程为例进行说明，每次抽水量的多少仅取决于水泵压力（P）、阀门开度（S）以及抽水时间（T）。当阀门开度一定（即流通截面积一定）时，抽水量仅取决于水泵压力和拧开阀门的时间；如果阀门开度一定且泵水的压力不变，抽水量只与抽水的时间成正比；如果阀门开度一定且每次抽水的时间恒定，则抽水量的多少仅与水泵

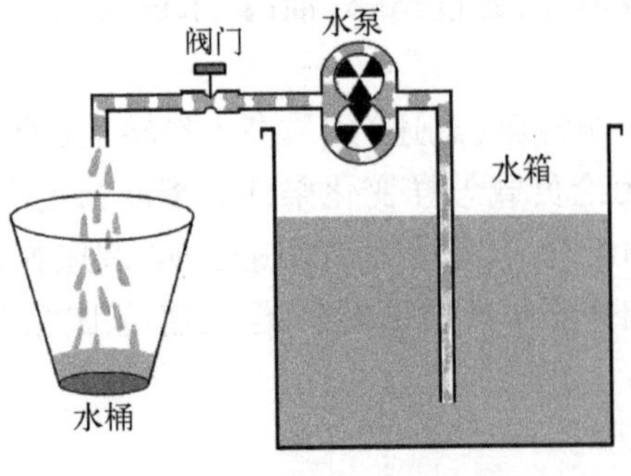

图 4－20　抽水原理示意图

的压力成正比。

PT燃油供给系统就是根据上述原理设计和工作的。在康明斯柴油机上每次的"抽水量"相当于每循环喷油量 Q；阀门开度相当于喷油器计量量孔的尺寸；打开阀门的时间就相当于喷油器计量燃油的时间 T(喷油器计量油孔开启的时间)；压力指喷油器的入口燃油压力 P，即"PT燃油泵的供油压力"，它通常与燃油泵中旋转油门的开度和调速器所控制的出油压力有关。

2. PT燃油供给系统的工作特点

PT燃油供给系统的工作特点主要包括：

PT燃油系统的工作流程及使用特点教学视频

(1) PT燃油泵只提供低压燃油，高压燃油的产生和喷射均由PT喷油器独立完成，取消了机械柱塞式燃油系统中的高压油管，有效消除了高压和高速下供油时，燃料的可压缩性、管路的容积变化和压力波动给燃油喷射所带来的不良影响，从而可以采用比传统燃油系统(喷油压力一般在20 MPa左右)更高的喷油压力(60~150 MPa，甚至达到200 MPa)，这不仅可以满足柴油机强化所需要的高喷油压力和高喷射速率，而且雾化性能好、充气效率高，有利于燃烧和提高柴油机的动力性与经济性。

(2) 柴油机每循环供油量主要靠油压进行控制，精密偶件稍有磨损后可借助减少旁通油量进行补偿，各缸油量的分配均匀性易于集中调整和比较稳定，从而改善了柴油机工作的平稳性。此外，PT燃油泵还装设有扭矩校正装置，扭矩适应性好，能够满足柴油机对扭矩储备的要求。

(3) 进入PT喷油器的燃油通常只有20%左右经喷油器喷入气缸内燃烧，其余约80%对喷油器进行冷却和润滑后流回油箱，该种方式在冷却喷油器的同时也排除了油路中的空气，有利于提高喷油器的可靠性和使用寿命。而传统机械柱塞式燃油供给系统中，经喷油泵压送到喷油器的燃油几乎全部喷射到气缸内，只有微量燃油流回油箱，针阀头部工作温度较高，同时传统燃油系统对油路中的空气比较敏感，空气的存在不仅会降低柴油机运转的动力性和经济性，也是柴油机运行中自动熄火的一个常见原因。

(4) PT燃油泵结构紧凑、零件数(尤其是精密偶件数)较少，从而减少了对零件加工工艺的过高要求。此外，PT燃油泵适应能力强，只需更换个别零件即可为不同系列、不同机型的柴油机配套，易于实现产品的系列化。

(5) 与柱塞式喷油泵不同，PT燃油泵与柴油机无正时关系。由于PT喷油器的喷油凸轮与进、排气凸轮同轴加工，因此安装PT燃油泵时无需校准正时。

(6) PT燃油供给系统利用PT燃油泵上的电磁断油阀切断燃油流动，从而使柴油机停止工作，该种方式断油可靠、停机效果好，且易于控制。

(7) PT燃油供给系统不存在高压油管，燃油不易泄漏、密封可靠，有利于减少燃油系统的故障率。

(8) PT燃油供给系统还具有工作可靠、维修方便、体积小和重量轻等优点，更易于实现电子控制。

PT燃油供给系统对使用和维修也有一些具体要求：一是每循环供油量主要通过调节燃油压力实现，因此PT燃油泵和PT喷油器的调试必须在专用试验台上进行，需要掌握一套与传统调整方法不同的调试程序，对调试人员的技术水平和能力也有一定的要求；

二是PT燃油泵内充满柴油,各结合部位密封不良会影响燃油泵中的燃油压力,从而影响每循环供油量,因此平时必须要注重对燃油供给系统的维护保养;三是PT燃油泵和PT喷油器对装配要求非常严格,必须使用专用工具并严格按照工艺进行装配。

(二)PT燃油供给系统工作流程

康明斯柴油机PT燃油供给系统主要由油箱和燃油滤清器、PT燃油泵、PT喷油器、低压输油管和回油管等组成,如图4-21所示。

PT燃料供给系统三维模型

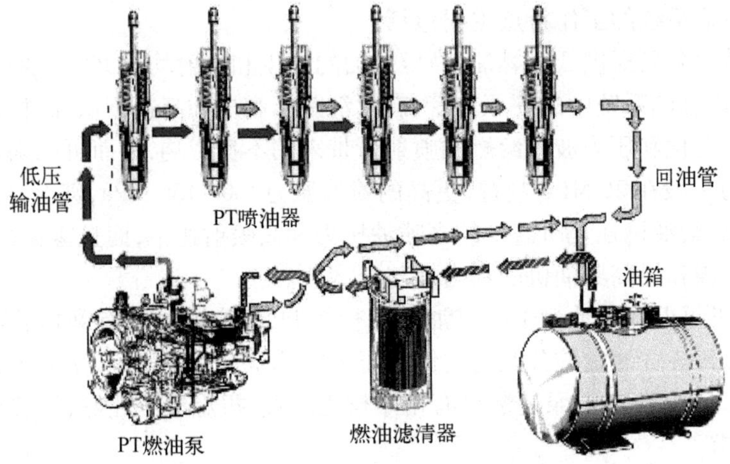

图4-21 PT燃油供给系统组成示意图

1. 油箱和燃油滤清器

油箱用于贮存柴油,并由油标尺指示燃油液面。燃油滤清器安装在油箱与PT燃油泵之间,用于过滤燃油中的杂质,防止PT燃油泵和PT喷油器发生故障。

2. PT燃油泵

PT燃油泵是一个低压燃油泵,其作用是输油和控制燃油的压力,它将燃油经燃油滤清器从油箱吸出,并以适当的压力输送至PT喷油器。PT燃油泵与调速器相互配合,在柴油机转速和负荷改变时,相应改变出口的燃油压力,从而使喷油量随之改变,以得到柴油机燃烧所需要的循环供油量,通常PT燃油泵又被人们喻为柴油机的心脏。

3. PT喷油器

PT喷油器的主要功用是根据PT燃油泵的出油压力对喷射燃油进行计量,并以高压将燃油在规定的时刻通过喷孔喷入气缸,其余大约80%的燃油在冷却喷油器后经回油管流回油箱。PT喷油器是PT燃油供给系统中十分重要的部件。

4. 低压输油管和回油管

低压输油管和回油管分别将燃油自PT燃油泵输送至PT喷油器,同时将大部分燃油回流至油箱或PT燃油泵进油口。康明斯柴油机在气缸盖内加工有燃油道。N系列柴油机相邻缸盖之间通过金属油管跨接,低压输油管和回油管通过安装在气缸盖上的进、回油管接头与气缸盖油道相通;KTA19机型每个气缸盖内的燃油道通至一根与气缸盖用螺钉连接的燃油管部件,再经管接头和油管与燃油泵和回油管相连。

PT 燃油供给系统的工作流程如图 4－22 所示。在 PT 燃油泵齿轮驱动下，齿轮油泵将燃油从油箱经燃油滤清器和进油管吸入泵内，增压后分两路输出，其中一路与脉冲减振器的油道连通，压力油作用在减振器的膜片上，能够使油压波动保持平稳，另一路燃油经燃油泵泵体内油道流向滤网式磁性滤清器进行过滤。PT 燃油泵内装有一个机械离心-液压复合式两极调速器，即 PT(G)调速器。经滤网式磁性滤清器过滤后的燃油进入 PT(G)调速器，PT(G)调速器柱塞套筒上沿轴线加工有三排径向油孔，分别是怠速油孔、主油孔和进油孔，且进油孔通过进油道与滤网式磁性滤清器出油口接通，而怠速油孔和主油孔通过油道与旋转油门相通，PT(G)调速器柱塞套筒上还设有旁通油道，燃油可经旁通油道返回齿轮泵的进口处。柴油机工作时，PT(G)调速器柱塞随柴油机转速和负荷的变化而左右移动，从而使进油道与上述某个出油口接通。此外，当 PT 燃油泵装设有 EFC 电子调速器时，柴油机运行在不同工况时燃油的压力和流量主要由 EFC 电子调速器进行控制，此时从旋转油门流出的燃油直接进入调速器进行调节，然后再流向断油阀和 PT 喷油器。

PT 燃料供给系统工作过程仿真动画

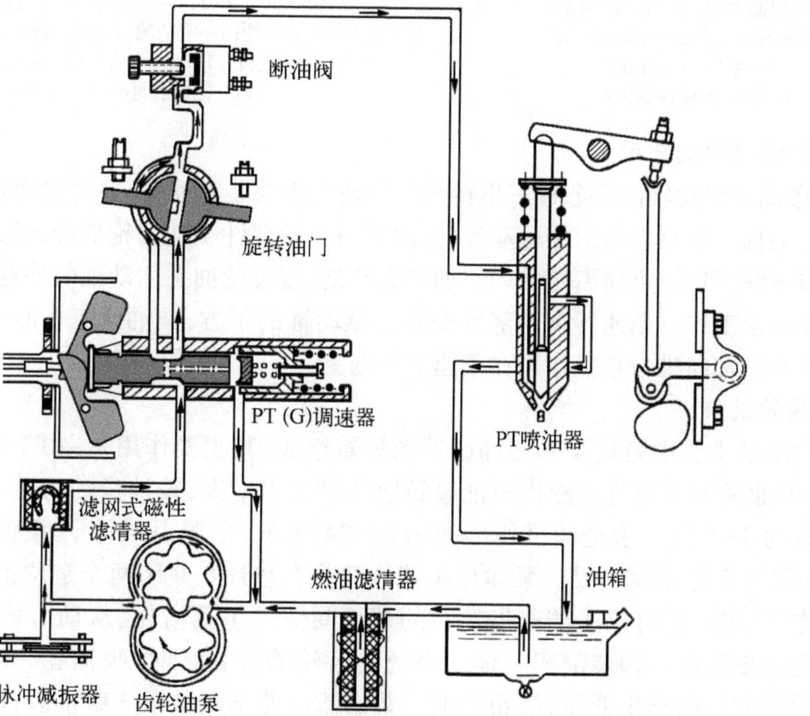

图 4－22　PT 燃油供给系统工作流程示意图

(三) PT 燃油供给系统结构组成

1. PT 燃油泵

下面以常见的 PT(G)型燃油泵为例分析其外形结构，如图 4－23 所示。燃油泵总成用螺栓固定在柴油机的附件驱动装置上，进、出油管分别与柴油滤清器和气缸盖进油接头连接。

PT 燃油泵装配三维模型

PT 燃油泵工作过程仿真动画

PT 燃油泵拆解三维模型

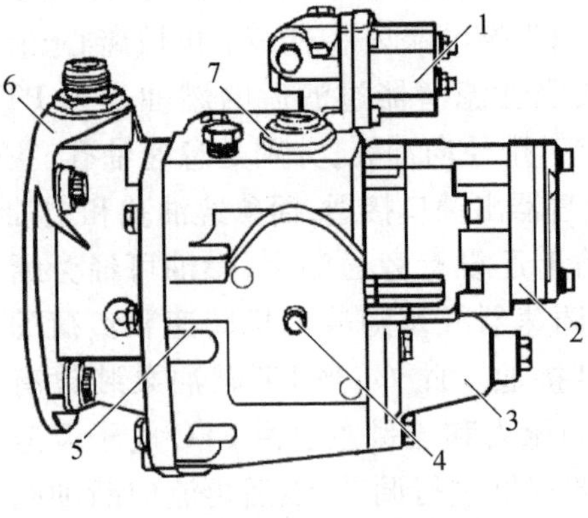

图 4－23　PT(G)燃油泵外形图

1—电磁断油阀；2—脉冲减振器；
3—调速器罩壳；4—旋转油门；
5—泵体；6—前盖；
7—滤网式磁性滤清器

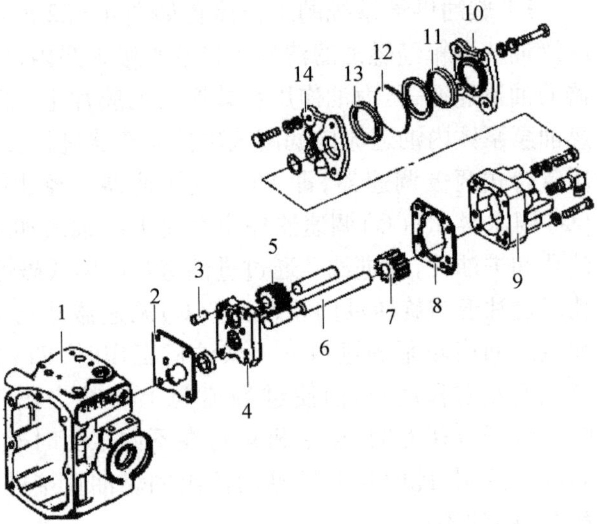

图 4－24　齿轮油泵结构图

1—燃油泵泵体；2、8—垫片；3—定位销；4—泵盖；
5—从动齿轮；6—主动轴；7—主动齿轮；9—泵体；
10—盖板；11—尼龙垫圈；12—金属膜片；
13—O 型密封圈；14—壳体

1）燃油泵驱动装置

PT 燃油泵驱动轴前端通过三爪接合器与辅助驱动装置连接，并通过燃油泵传动齿轮驱动。驱动轴上装有直齿圆柱驱动齿轮，用于与飞铁部件驱动齿轮啮合，通过增速传动驱动调速器飞铁工作。驱动齿轮的内孔加工有花键，与齿轮油泵主动轴的外花键啮合，用于驱动齿轮油泵工作。调速器飞铁部件安装在驱动轴的下方，柴油机工作时飞铁部件旋转产生的离心力轴向推力直接作用在调速器柱塞上。

2）齿轮油泵

齿轮油泵主要由齿轮泵和燃油脉冲减振器组成，其主要作用是向 PT 燃油泵输送燃油，且输出油量和供油压力随齿轮油泵转速的增加而增大，输油量约为燃油泵额定工况所需油量的 4～5 倍。齿轮油泵外形如图 4－24 所示，主要由泵体 9、泵盖 4、主动齿轮 7 和从动齿轮 5 等零件组成。泵体与泵盖之间装有垫片 8 并用两个定位销 3 定位，垫片除密封作用以外，还可用于调整齿轮泵的端面间隙。主动齿轮、从动齿轮的齿数相同，分别与主动轴和从动轴装配成一体。当两个齿轮啮合旋转时，吸油腔一侧由于燃油被不断带到压油腔而产生低压，油箱燃油经柴油滤清器不断被吸入吸油腔；压油腔一侧由于燃油压力升高，燃油经前、后出油孔分别压送至滤网式磁性滤清器和燃油脉冲减振器。

齿轮油泵上通常装有燃油脉冲减振器，齿轮油泵出油口的后端与燃油脉冲减振器相通。燃油脉冲减振器由壳体 14、盖板 10、金属膜片 12、O 型密封圈 13、尼龙垫圈 11 等组成，壳体上加工有油孔，燃油由此进入壳体并作用在膜片上。燃油脉冲减振器的主要作用是吸收齿轮油泵泵油过程中产生的压力脉冲，并利用空气室中空气的气垫作用减缓油压的脉动，从而保持整个燃油供给系统油流平稳。

3）滤网式磁性滤清器

滤网式磁性滤清器用于滤除齿轮油泵输出燃油中的杂质和磨粒，然后将清洁的燃油输送至调速器柱塞，其组成如图 4－25 所示。PT 燃油泵工作时燃油由 A 口（进油口）进入，经滤网过滤和磁片吸附，净化后的燃油再从下部 B 口（出油口）流出。弹簧 3 是一个宝塔形弹簧，其作用是压紧滤网以防燃油不经过滤而流出，通常旋出紧帽 1 即可取出弹簧和滤网。

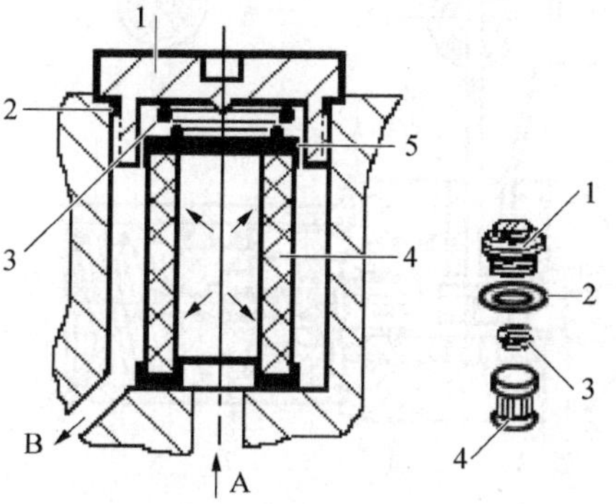

图 4－25　滤网式磁性滤清器结构图

1—紧帽；2—密封圈；3—弹簧；4—滤网；5—磁片

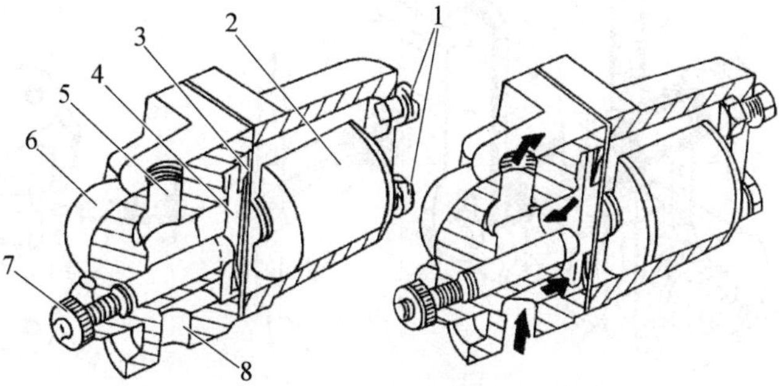

图 4－26　电磁断油阀结构图

1—接线柱；2—电磁铁；3—弓形弹簧片；4—阀片；5—出油口；6—阀体；7—手动控制螺钉；8—进油口

4）电磁断油阀

PT 燃油泵断油阀采用电磁阀结构，通常又称为停车阀或断流阀，它采用螺钉固定在 PT 燃油泵上部，其进油口与旋转油门出油道连通，出油口接输油管。断油阀电磁铁有两个接线柱，一个接蓄电池正极，另一个搭铁（蓄电池负极）。如图 4－26 所示，电磁断油阀由阀体 6、阀片 4、弓形弹簧片 3、密封圈、电磁铁 2、接线柱 1 和手动控制螺钉 7 等组成。柴油机不工作时电磁铁断电，断油阀在弓形弹簧片的弹力作用下紧压在阀体上，从而阻断了燃油的进出通道，PT 燃油泵停止供油；柴油机启动时电磁铁线圈通电，电磁铁克服弓形弹簧片的弹力吸开阀片，使油路接通，燃油经输油管进入 PT 喷油器；柴油机停止工作，或出现超速、油压低及水温高报警停车时，在电路控制下电磁铁断电使阀片复位，燃油供给中断。此外，为了避免控制电路出现故障使电磁铁无法正常工作，电磁断油阀的阀体上通常装有一个手动控制螺钉，拧进螺钉可强制顶开阀片，使油路接通，拧出螺钉可切断燃油的供给。

5）旋转油门

旋转油门通常又称为节流轴或节流阀，安装在 PT 燃油泵泵体中部，其出油口通过油道与电磁断油阀连通。旋转油门伸出泵体的轴端装有一个控制挡块，控制挡块被安装在泵体上的高、低速限制螺钉限位，且高速限制螺钉加有铅封。旋装油门为操作人员提供了通过手柄控制柴油机转速的方法。如图 4－27 所示，油门轴上有一个轴向油道与径向油孔相通，旋转油门轴 4 可使轴上通油孔与调速器柱塞控制的主油道 3 相通，不同的油门轴位置对应了主油道的不同开度，通油面积也因此发生改变。此外，油门轴的通油面积还可用油量调整螺钉 5 进行调整,旋进或旋出调整螺钉可改变螺钉伸向油道的长度,从而使通油面积发生变化。燃油泵出厂时油量调整螺钉已调整好,使用中不得擅自调整。油门轴的里端加工有一个环形槽,它与调速器柱塞的怠速油道 1 相通,其出口与油门轴出油口连通。

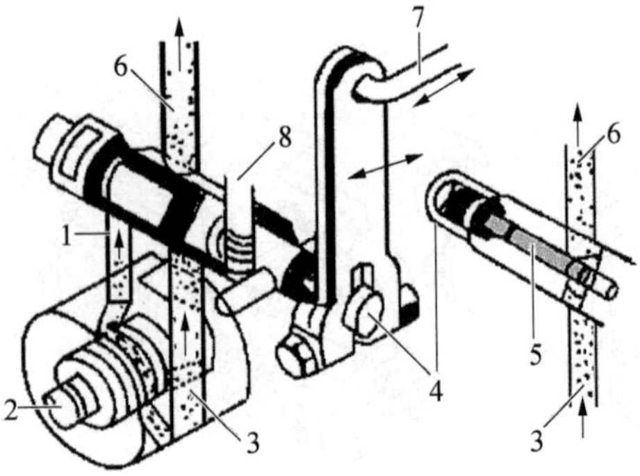

图 4-27　旋转油门和油门泄漏量调整示意图

1—怠速油道(进);2—调速器柱塞;3—主油道(进);4—旋转油门轴;5—油量调整螺钉;6—出油道(去断油阀);7—控制板操纵臂;8—限位螺钉

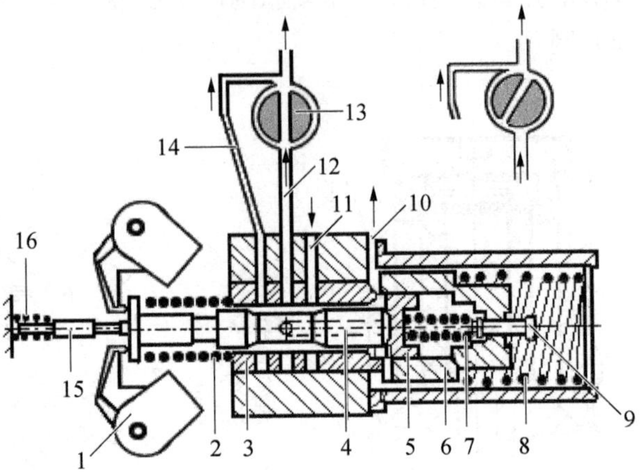

图 4-28　PT(G)调速器结构图

1—飞铁部件;2—高速校正弹簧;3—柱塞套筒;4—调速器柱塞;5—怠速柱塞;6—套筒;7—怠速弹簧;8—高速弹簧;9—怠速调整螺钉;10—旁通油道;11—进油道;12—主油道;13—旋转油门;14—怠速油道;15—助推柱塞;16—低速校正弹簧

6) PT(G)调速器

PT(G)调速器是一个机械离心-液压复合式两极调速器,是 PT 燃油泵不可分割的一部分,用于稳定柴油机的怠速和控制柴油机的最高转速。当旋转油门在怠速位置时,PT(G)调速器自动调节燃油压力以维持怠速运行所需的油量,从而确保柴油机怠速运行稳定;当旋转油门处于全开位置时,PT(G)调速器自动调节燃油压力和燃油量,以适应不同负荷的需求,从而稳定柴油机的最高工作转速;当柴油机出现超速等异常情况时,PT(G)调速器自动减小燃油压力直至断油,从而限制柴油机转速继续升高。

a. PT(G)调速器的结构组成

PT(G)调速器的结构组成如图 4-28 所示。飞铁部件 1 是 PT(G)调速器控制转速的敏感元件,它通过飞铁座并经飞铁部件驱动齿轮由燃油泵驱动齿轮驱动,飞铁脚直接作用在调速器柱塞 4 上,当柴油机工作时飞铁脚通过驱动片带动柱塞旋转。调速器柱塞左端主要承受飞铁离心力产生的轴向推力作用,右端装有怠速柱塞 5,并受怠速弹簧 7 和高速弹簧 8 的弹力作用。当柱塞两端作用力不平衡时,柱塞将产生轴向移动。调速器柱塞套筒 3 压装在泵体内,套筒上沿圆周方向加工有三排油孔,从左向右依次为怠速油孔、主油孔和进油孔,其中怠速油孔和主油孔通过油道与旋转油门连通,而进油孔通过进油道与滤网式磁性滤清器的出油口连通。调速器柱塞中间细、两头粗,中段加工有径向油孔并与柱塞右段加工的轴向油道相通。PT 燃油泵工作时柱塞内腔油压、右端旁通油腔油压以及进、出油道压力基本相同，旁通油道 10 通至齿轮油泵吸油腔。

b. PT(G)调速器的工作原理

柴油机工作时 PT(G)调速器的飞铁部件在离心力作用下以飞铁销为圆心向外甩开，飞块脚作用在 PT(G)调速器柱塞上并产生向右的轴向推力，从而使柱塞右移。由于 PT(G)调速器柱塞右端通过怠速柱塞 5 承受调速弹簧(怠速和高速弹簧)的弹力，因此当轴向推力与调速弹簧的弹力相平衡时，PT(G)调速器柱塞在套筒中的位置即可确定。当柴油机转速增加，PT(G)调速器柱塞所承受的轴向推力 F 随之增大，$F>H$(怠速柱塞作用力)，使调速器柱塞右移；反之，当柴油机转速下降，飞块离心力减小，$F<H$，使 PT(G)调速器柱塞左移，如图 4-29 所示。

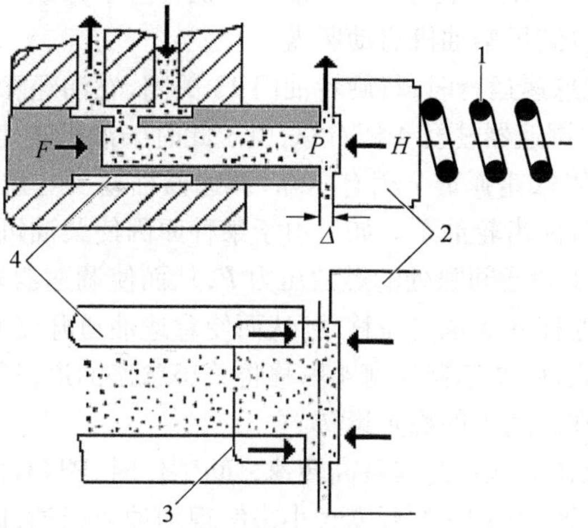

图 4-29　柱塞作用力与燃油压力平衡及柱塞压力分布示意图

1—调速弹簧；2—怠速柱塞；3—燃油压力分布；4—调速器柱塞

柴油机工作时来自齿轮油泵的压力油进入 PT(G)调速器柱塞的内腔油道，并将调速器柱塞和怠速柱塞向左、右推开，从而使二者之间产生间隙 Δ，部分燃油经此间隙和旁通油道流回齿轮油泵吸油腔。除启动工况以外，均有一部分燃油经此间隙旁流，旁通间隙(即旁通油腔)处的燃油压力实际上就取决于飞铁离心力的轴向推力 F，其受力情况可表示为：调速器柱塞作用力 $F\longleftrightarrow$燃油压力 $P\longleftrightarrow$怠速柱塞作用力 H。

如图 4-29 所示，柴油机工作时调速器柱塞 4 受到的推力 F 由间隙 Δ 处的燃油压力 P 来平衡，而燃油压力 P 由作用在怠速柱塞 2 上的调速弹簧 1 的弹力 H 所平衡，当上述力达到平衡时，调速器柱塞和怠速柱塞处于动态平衡，调速器柱塞的位置保持不变，此时柴油机在对应工况下稳定运转。如果柴油机转速升高，飞铁离心力增大，使推力 F 瞬间大于间隙 Δ 处的燃油压力 P，从而迫使调速器柱塞右移，同时压缩调速弹簧，直至弹力与增大了的柱塞推力平衡为止，此时旁通间隙 Δ 变小，节流作用增大，使燃油压力 P 随之升高，其结果是每循环喷油量 Q 不因转速升高而减小，从而补偿了转速升高所带来的燃油计量时间 T 的缩短；反之，当柴油机转速下降，飞铁离心力减小，使调速器柱塞作用力 F 瞬间小于燃油压力 P，调速器柱塞左移，间隙 Δ 增大，使燃油压力 P 减小，每循环喷油量 Q 不因转速下降而增大，抵消了转速降低所带来燃油计量时间 T 的延长。综合上述分析可以看出，怠速柱塞的主要作用就是在调速弹簧弹力作用下，使调速器柱塞内腔油压 P 与飞铁离心力的轴向推力 F 成正比，从而使燃油压力随柴油机转速的改变而变化，起到了“压力调节”的作用，即转速 $n\uparrow\rightarrow F\uparrow$，同时使燃油压力 $P\uparrow$，反之则降低，这就是 PT 燃油泵调节燃油压力的基本原理。

c. PT(G)调速器的工作过程

(1) 启动。柴油机启动时，图 4－28 中的旋转油门 13 开度较大，由于柴油机转速很低(190～250 r/min)，调速器柱塞 4 处于最左端位置，齿轮油泵的流量和压力极小，不能使调速器柱塞和怠速柱塞 5 分离，同时旁通油道 10 关闭，全部燃油经怠速油道 14 和主油道 12 经旋转油门流往 PT 喷油器。由于 PT 喷油器在低转速下计量燃油的时间相对增加，从而使喷油量随之增大，以满足柴油机启动所需。

(2) 怠速。柴油机怠速运行时，将旋转油门 13 关闭，燃油经怠速油道 14 绕过旋转油门流往 PT 喷油器，此时调速器柱塞 4 稍右移，由于此时柴油机转速较低，齿轮油泵输出的油压也相对较低，从而使怠速弹簧 7 稍有压缩，调速器柱塞 4 与怠速柱塞 5 略有分开，少量燃油从旁通油道 10 流回齿轮油泵。如果由于某种原因使柴油机转速下降，则飞铁离心力减小，推力 F 瞬时小于旁通间隙处的燃油压力 P，从而使调速器柱塞 4 左移，与此同时，在怠速弹簧推动下，怠速柱塞 5 也向左移动，从而使怠速油道开度变大，喷油量随之增加，使柴油机转速回升；反之，则调速器柱塞 4 右移将关小怠速油道，喷油量减少，使柴油机转速下降，以维持柴油机在怠速下的稳定运转。

(3) 中速。柴油机在最低转速与最高转速之间工作时，PT(G)调速器不起作用，此时需要由操作人员控制旋转油门 13 的开度大小来实现加油或减油，以变更和稳定柴油机的工作转速，适应负荷变化对每循环供油量的需求。

(4) 最高转速。当旋转油门 13 固定在最大开度位置，随着柴油机转速升高和飞铁离心力的增大，调速器柱塞 4 将右移。当转速上升至额定转速，高速弹簧 8 开始受到压缩，此时调速器柱塞 4 刚好处于开始要将通往旋转油门的主油道关小的位置，若转速继续上升，主油道将逐渐被关小，由于主油道流通截面减小，节流作用增强，燃油压力 P 下降(如图 4－30 曲线)，此时压力 P 和时间 T 两个因素均减小，每循环供油量下降使转速升高得以控制；如果柴油机转速降低，飞铁离心力减小并使调速器柱塞左移，主油道开度增大，燃油压力升高，使每循环供油量增加，柴油机转速回升，直至推力、油压与弹簧力重新达到平衡，从而保证了柴油机高速下的稳定运转。需要指出的是，最高控制转速由高速弹簧 8 的弹力决定，增、减高速弹簧处的垫片可以调整最高转速，垫片增加则最高转速升高，垫片减少则最高转速下降。

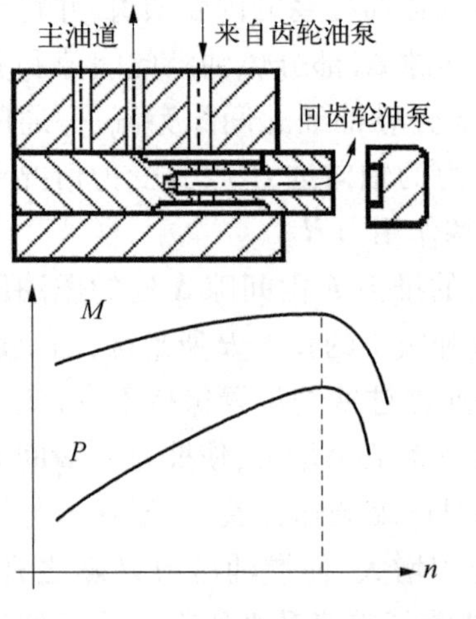

图 4－30　高速限制起作用时柴油机调速特性及调速器柱塞位置示意图

综合上述分析可以看出,PT(G)调速器只能控制怠速和最高转速,而在最高转速与最低转速之间必须通过人工调整旋转油门的开度来稳定柴油机的转速,由于负荷的变化是随机的,有时甚至是很突然的,人工操纵常常会顾此失彼,既费力也难以满足控制精度。一旦外界负荷稍有变化就会引起转速的较大波动,如果在PT(G)调速器的基础上再增装一个全程调速器,就能确保柴油机在各种转速下都能稳定工作。目前柴油机电站中普遍采用了电子调速器,在装有全程电子调速器的PT燃油泵上,旋转油门通常被固定在最大开度位置并始终保持不变。

2. 电子调速器

电子调速器是PT燃油供给系统控制燃油供给的主控装置,也是一个用于调整和稳定柴油机工作转速的全程调速器。如图4-31所示,电子调速器的整个调速过程形成了一个闭环控制系统,柴油机工作时转速传感器将采集到的转速信号送往仪表箱控制板,控制板产生控制信号(控制电流)使安装在PT燃油泵上的执行器动作,从而通过控制和调节PT燃油泵的燃油流量和压力,确保柴油机稳定运行。

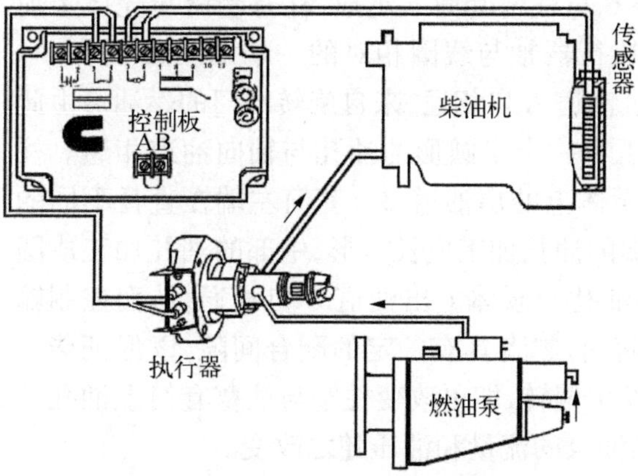

图4-31 电子调速器系统组成示意图

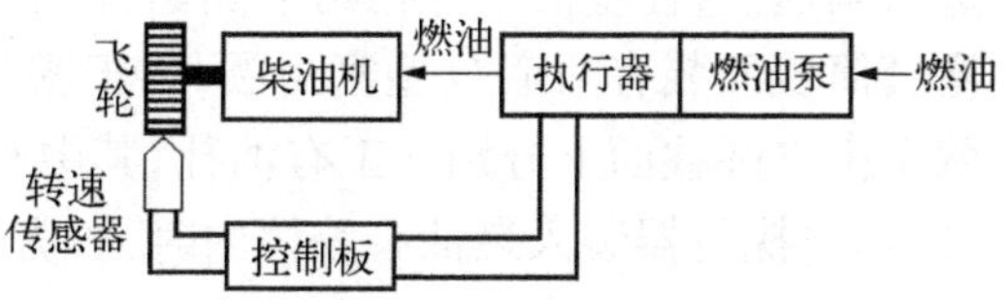

图4-32 EFC电子调速器组成及控制框图

1) 电子调速器的结构组成

电子调速器主要由转速传感器、转速控制器和油门执行器三大部分组成,如图4-32所示。

a. 转速传感器

转速传感器是一个磁电式传感器,通常通过螺纹安装在柴油机的飞轮壳上,并采用锁紧螺母锁紧。传感器永磁芯棒上绕有线圈,并通过导磁性外壳在端部形成磁场。当柴油机运转时,飞轮齿圈上的每个齿在通过传感器产生的磁场时,由于电磁感应原理会在线圈内产生一个脉冲信号,单位时间内产生的电脉冲个数即表示了柴油机的转速,传感器再将此信号通过导线传输给转速控制器。安装转速传感器时,传感器头部与飞轮轮齿顶面应保持一定的距离(0.71~1.07 mm),通常是先将传感器拧进并与飞轮齿圈接触,然后再拧回1/2~3/4圈,必要时可将塞尺插入传感器与飞轮齿顶之间进行检查和调整。

b. 转速控制器

转速控制器是一个单片机控制系统,通常又称为控制板或调速板,它是柴油机转速控制的关键部件[33]。转速控制器通常安装在仪表箱内,其主要功用是设定柴油机的转速,同时改善调速器的调速性能(静、动态性能)。柴油机工作时转速控制器将来自转速传感器的电信号与现有的参考点进行比较,如果两个信号有所不同,它将自动改变用于驱动执行器的控制电流,从而使执行器相应偏转一定角度。转速控制器通常有四个电位器(运行、怠速、调速率和增益)供系统进行调整使用,同时在仪表箱操作面板上还有一个微调电位器供调整转速使用。

c. 油门执行器

油门执行器是一个加工精度高、装配间隙小、光洁度和硬度要求很高的精密部件,安装于PT(G)燃油泵泵体里侧(靠近机体一侧)的腔体内,并用三个螺钉固定在泵体上,其主要作用是将转速控制器的控制信号转变为执行器的机械动作,并利用执行器的偏转来控制和调节PT燃油泵的燃油流量和压力,从而实现全程调速的目的。如图4-33所示,执行器是一个电磁偏转阀,主要由壳体(又称执行器法兰)1、柱塞套筒5、O型密封圈4、弹簧3、接线柱2以及电磁线圈等零件组成。电磁线圈8封装在执行器壳体内,控制信号(电流)由两个接线柱引入。柱塞总成由柱塞6与柱塞套筒5组成,柱塞套筒与壳体1加工成一体。柱塞与执行器轴通过销钉连接,执行器轴与线圈相对的一端加工成“斜口”。柱塞的右端加工有轴向油道,并与泵体上的进油道A口相通,来自旋转油门的燃油可由此进入调速器;柱塞的中部在两个侧面分别加工有一个半圆形的油孔与轴向油道相通。柱塞套筒表面装有两道O型密封圈,用于密封泵体上的出油道B。套筒左端在直径不同的两个中空圆柱面上分别加工有油孔,其中右端的油孔加工成长方形,中部的油孔加工成圆形,当将执行器装入燃油泵腔体内时,长方形油孔与泵体上出油道B口相通,从而控制输往PT喷油器的燃油压力。柱塞装在柱塞套筒内,二者具有一定的配合间隙,以保证柴油机工作所必须的怠速油量。此外,柱塞一旦发生偏转,即可改变柱塞与柱塞套筒上油孔的相对位置,从而引起通油面积改变并使PT燃油泵的流量和油压随之改变。

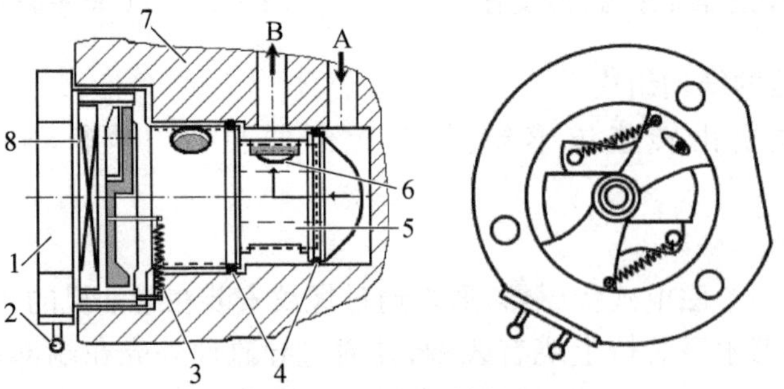

图4-33 执行器结构图

1—壳体;2—接线柱;3—弹簧;4—O型密封圈;5—柱塞套筒;6—柱塞;
7—燃油泵泵体;8—电磁线圈;A—来自旋转油门;B—去断油阀和喷油器

油门执行器通常具有两种基本形式:一种是常开执行器,当电源切断时,执行器轴处在油门全开位置,此时柱塞上的油孔与柱塞套筒上的油孔具有最大的相对流通截面;另一种是常闭执行器,当电源切断时,执行器轴处在油门完全关闭的位置。此外,油门执行器的工作电压有直流 12 V 和 24 V 两种。

2）电子调速器的工作原理

当电子调速器不工作时，在两根弹簧的拉力作用下，油门执行器处在最大开度位置（常开式执行器）或完全关闭位置（常闭式执行器）；而当电子调速器工作时，转动转速调节旋钮，可改变柴油机的工作转速。对应于某个柴油机的工作转速（旋钮位置不变），当外界负荷变化引起柴油机转速改变时，转速控制器将根据转速是升高还是降低，产生相应的控制电流作用在油门执行器电磁线圈上。线圈产生的电磁力吸动执行器轴的斜口端（衔铁），从而使执行器轴克服两根弹簧的拉力而偏转，直至偏转力矩与增大了的弹簧拉力相平衡。执行器轴的偏转带动了柱塞偏转，使通油面积随之改变，燃油流量和压力得以调整，从而确保柴油机的转速稳定。例如，当柴油机转速升高时，油门执行器的油门开度相应减小，节流作用增大，经电磁断油阀流往 PT 喷油器的燃油压力降低、流量减少，从而抑制了柴油机转速的升高；反之，当柴油机转速降低时，油门执行器的油门开度增大，流往 PT 喷油器的燃油量增加，从而抑制了柴油机转速的降低。

需要指出的是，康明斯柴油机 PT 燃油泵一旦装有全程电子调速器，旋转油门的位置（开度）即被固定，此时的旋转油门相当于一条具有一定截面的燃油通道。在柴油机所有工作转速范围内，对于确定的操纵手柄（或旋钮）位置，燃油流量和压力的调节控制（减油或加油）均由全程电子调速器自动完成，从而维持柴油机在该转速下稳定运转。

3. PT 喷油器

1）PT 喷油器的主要功用

柴油机工作时 PT 喷油器将来自 PT 燃油泵的低压燃油，在规定的喷油时刻，定量并以极高的压力通过喷孔以雾状喷入燃烧室，从而与气缸内的空气混合后燃烧。

2）PT(D)型喷油器的结构组成

PT(D)型喷油器通过一个压板并用螺钉固定在气缸盖上，喷嘴头部伸出气缸盖底面。图 4－34 所示为 PT(D)型喷油器的结构图，在喷油器体 18 的外表面装有三道 O 型密封圈 3，用于密封气缸盖内部油道并分别构成燃油的进、回油道。进油滤网 15 用卡环固定在喷油器体的进油孔上，并装有量孔塞 16，来自 PT 燃油泵的燃油由此进入 PT 喷油器。喷油器弹簧 2 的下端支承在喷油器体上，上端作用在柱塞连接杆 17 上。连接杆 17 与柱塞 14 压配在一起，连接体内插有与喷油器摇臂接触的顶杆 1。柱塞套 11、喷油嘴 8 通过喷油器紧帽

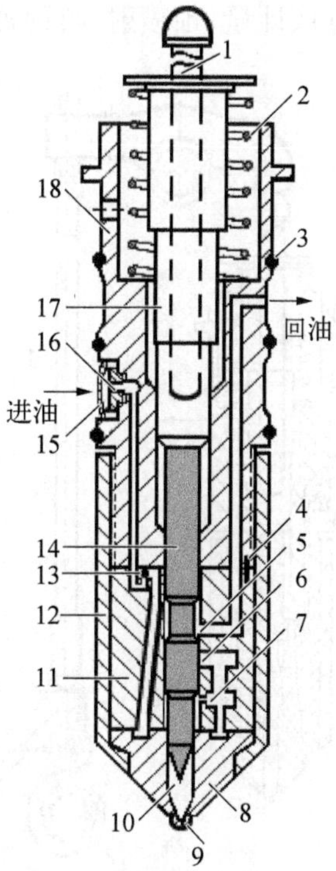

图 4－34　PT(D)型喷油器结构图(非上止式)

1—顶杆；2—喷油器弹簧；3—O 型密封圈；4—定位销；5、6—回油孔；7—计量油孔；8—喷油嘴(油杯)；9—喷孔；10—计量室；11—柱塞套；12—喷油器紧帽；13—止回球阀；14—柱塞；15—进油滤网；16—量孔塞；17—连接杆；18—喷油器体

PT 喷油器的构造和工作原理教学视频

PT 喷油器结构组成仿真动画

PT 喷油器拆解三维模型

PT 喷油器装配三维模型

PT 喷油器工作过程仿真动画

12 与喷油器体装配在一起,且柱塞套 11 与喷油嘴 8、柱塞套 11 与喷油器体 18 结合面之间的密封主要靠精密研磨的加工方法予以保证。柱塞套 11 与喷油器体 18 采用两个定位销 4 进行定位,以确保柱塞套上的油道与喷油器体上油道对准。

PT(D)型喷油器中柱塞与柱塞套共同组成一副精密偶件,主要完成进油、回油和燃油的计量。柱塞套上采用精密加工的方法加工有计量油孔 7、回油孔 5 和 6,通常计量油孔的孔径很小,它通过一个轴向油道与喷油嘴端面的环形油槽相通。此外,柱塞套上还加工有一条轴向油道,它将喷油嘴端面的环形油槽与喷油器体上的进油道连通,其间装有一个止回球阀(钢珠阀)13,用于防止燃油倒流。喷油嘴又称为油杯,其端面加工有环形油槽,当燃油流动时能够对温度较高的喷油嘴实施冷却,同时喷油嘴头部按照一定的角度加工有数个直径很小的喷孔,高压燃油经这些喷孔以雾状喷入气缸,喷射压力可高达 150 MPa 甚至 200 MPa。

3) PT(D)型喷油器的工作过程

PT(D)型喷油器的工作过程如图 4－35、图 4－36、图 4－37 所示,主要可分为清扫(旁通)、计量、预喷射、喷射四个阶段。

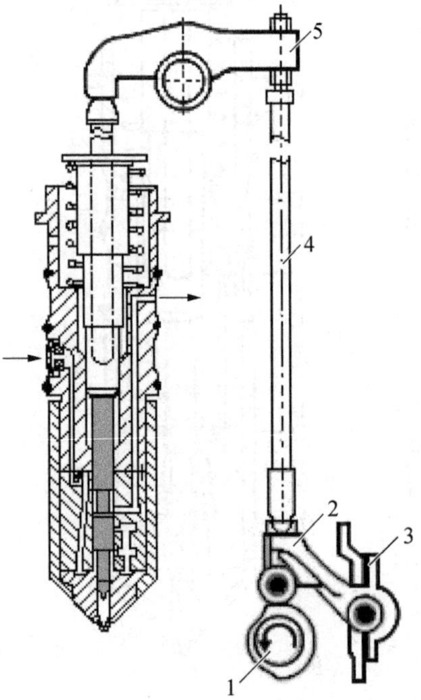

图 4－35 PT(D)喷油器驱动示意图

1—凸轮;2—滚轮摇臂;3—调整垫片;
4—推杆;5—摇臂

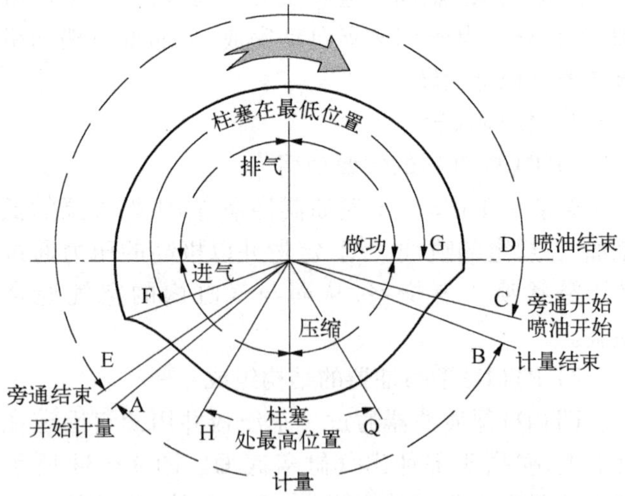

图 4－36 PT(D)喷油器凸轮外廓曲线示意图

(1) 清扫(旁通)阶段。此时 PT(D)喷油器柱塞在驱动机构作用下被压至最低位置(升程为零,喷油器凸轮工作在大基圆上),柱塞中部环形油腔将两个回油孔连通,来自 PT 燃油泵的低压燃油经气缸盖进油道和喷油器进油滤网、量孔塞进入喷油器油道,在油压作用下顶开止回球阀进入柱塞套油道,并流向喷油嘴端面的环形油槽,由于计量量孔此刻关

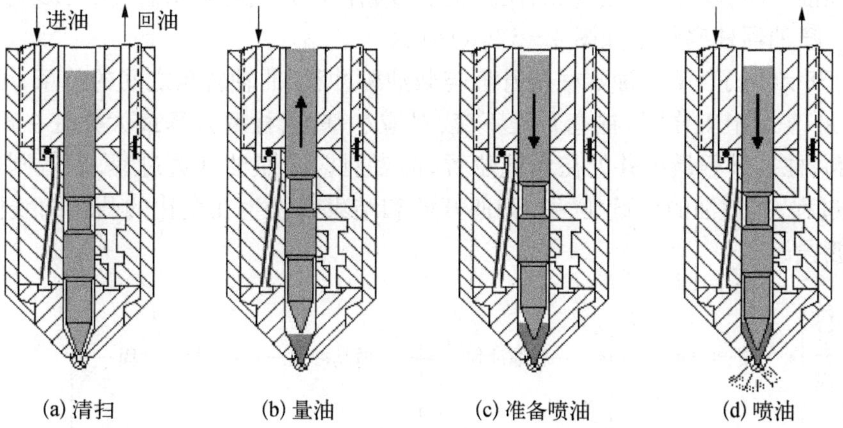

图 4－37　PT(D)喷油器工作过程示意图

闭,燃油便向上经两个彼此连通的回油孔返回油箱,回流的燃油对喷油器起到了冷却作用。柴油机在做功冲程和排气冲程,PT(D)喷油器均处于这个阶段(图 4－36)。喷油器柱塞状态如图 4－37(a)所示。

(2) 计量阶段。当 PT(D)喷油器凸轮继续旋转至进气冲程后不久,凸轮轮廓曲线从 F 点起发生改变(见图 4－36),喷油器柱塞在喷油器弹簧力作用下向上升起,逐渐关闭下边的一个回油孔,使清扫过程在 E 点结束。当柱塞上行并开启计量油孔(A 点),燃油经计量油孔进入喷油嘴油室,燃油计量开始,此时由于燃油压力较低和喷嘴的喷孔直径很小,燃油不会经喷孔向气缸泄漏。当凸轮工作在小基圆上时,柱塞上行到最高位置(升程最大)并保持一段时间,直到柴油机进气冲程终了、压缩冲程过半。此后凸轮外廓曲线又开始发生改变,在凸轮作用下 PT(D)喷油器摇臂通过顶杆压动柱塞下行,再次将计量油孔关闭,计量过程(即量油过程)在 B 点结束。喷油器柱塞状态如图 4－37(b)所示。

(3) 预喷射阶段。计量过程结束瞬间,柱塞关闭计量油孔时产生的压力波会将止回球阀关闭,与此同时,在计量室内截留了一定量(与柴油机功率相对应)的燃油。柴油机负荷增大,计量的燃油增多,反之则相应减少。由于柴油机转速很高,燃油的计量和喷射几乎是瞬间完成的。当柱塞继续下行,计量室内的燃油被强烈压缩。预喷射(即准备喷油)的时间长短,通常与计量燃油的多少有关,计量燃油多时预喷射时间相对较短,反之预喷射时间相对较长。需要指出的是,在预喷射阶段会有少量油雾从喷孔中喷出。喷油器柱塞状态如图 4－37(c)所示。

(4) 喷射阶段。在柴油机压缩冲程接近终了,即在该缸压缩冲程上止点前某个角度(图 4－36 中 C 点),凸轮外廓曲线又突然发生改变,柱塞快速下行,将计量室内的燃油以极高的压力喷入燃烧室,与此同时,柱塞中部的环形油腔再次将两个回油孔连通,具有一定压力的燃油冲开止回球阀,经回油孔和回油管道流回油箱,从而使清扫(旁通)阶段开始。喷油结束后(图 4－36 中 D 点),由于凸轮轮廓曲线凹下 0.36 mm,柱塞将稍微升起并在此高度(大基圆)保持不变,直到做功冲程和排气冲程结束。需要注意的是,当柱塞头部锥体占据了整个计量室之后,凸轮外廓形线设计使得柱塞还要下行一些,以便强力将计量室内的燃油挤净,以防止残余燃油在高温下形成积炭并使喷孔堵塞,从而影响喷油器的正常工作。喷油器柱塞状态如图 4－37(d)所示。

图 4－38 给出了 PT 喷油器柱塞升程与柴油机冲程、曲轴转角之间的关系,可以看出:在凸轮大、小基圆上工作时,柱塞升程不变;对应小基圆,柱塞升程最大并处在最高位置;对应大基圆,柱塞升程最小并处在最低位置;前者对应了燃油计量过程,后者则对应了清扫(旁通)过程,而燃油的计量、喷射、旁通开始和结束都发生在变化的凸轮廓线段(即大、小基圆过渡段)。

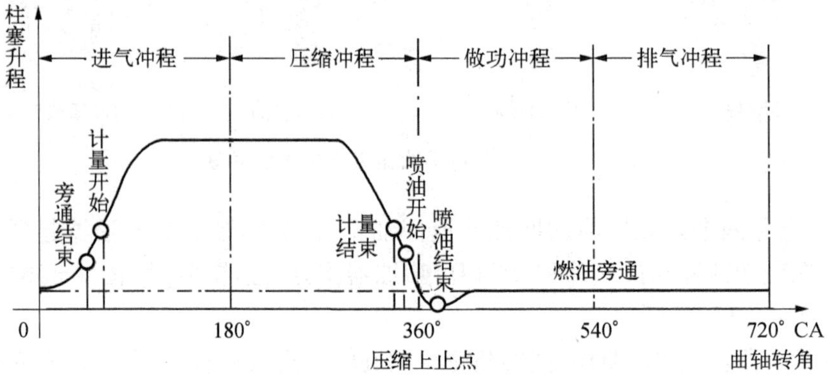

图 4－38　PT 喷油器柱塞升程曲线示意图

三、电控燃油喷射系统

柴油机电控燃油喷射系统的开发研究始于 20 世纪 70 年代,目前已经经历了三代,按照控制方式可分为[34]:第一代是位置控制式,其控制对象是喷油泵的加油齿杆,实际上就是采用电子调速器取代传统的机械或液压调速器,即将传统的喷油泵与电控调速器相结合;第二代是时间控制式,该种方式使用高速电磁阀控制喷油器的开启与关闭;第三代是时间-压力控制式,该种方式中高压油泵仅用于提高燃油压力,并用一个共轨使压力保持在一定水平,燃油喷射与控制依靠电控喷油器实现。

(一) 电控燃油喷射系统结构组成

电控燃油喷射系统是柴油机电控系统的一个核心部分,它根据车速、油门踏板位置、环境状况、柴油机温度等诸多参数,通过电控单元的计算分析,确定最佳的供油量、供油时刻和规律,从而使柴油机在最佳状况下运行。图 4－39 为电控燃油喷射系统的结构组成示意图,主要由传感器、电控单元和执行器三部分组成。其中,传感器主要包括曲轴位置与转速、加速踏板位置、喷油时刻、车速、进气压力传感器,以及燃油温度、机油压力与温度、冷却水温度、增压压力、排气温度传感器等,其主要功用是测定柴油机的工作状态,并将数值输入给电控单元(ECU);电控单元将上述参数与预先已经存储的参数值或参数图谱(称为 MAP 图)进行对比分析,从而确定最佳的控制参量,并把指令输送到相关执行器;执行器的主要功能是把电控单元的意图转化为实际动作,它是电控系统的最终手段,其主要包括电磁铁、直流电机、步进电机等。需要指出的是,电控燃油喷射系统除控制燃油供给系统的参数外，还可控制排气再循环的量值、电控可变几何截面涡轮增压器、电控可变进气系统（可变配气相位、可变进气管长度、可变涡流比等）、电控部分气缸停缸运行等。

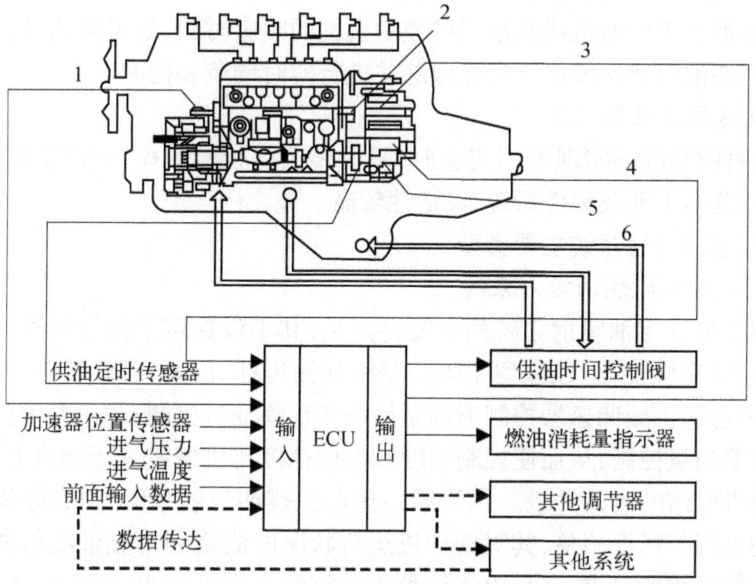

图 4－39　电控燃油喷射系统结构组成示意图

1—转速传感器；2—油量控制齿杆；3—齿杆控制电磁线圈；4—齿杆位置传感器；5—功率放大器；6—发动机机油

柴油机电控燃油喷射系统通常采用单片机作为处理器，不仅能够完成信息处理和控制功能，而且可有效提高控制精度。柴油机电控燃油喷射系统具有以下特点[35]：

1. 改善柴油机的性能和排放

柴油机电控技术以其快速性、灵活性和准确性，可将柴油机各个系统参数调整到最佳状态，并有效降低柴油机的排放，目前柴油机电控技术已经应用于燃油供给系统、进气系统、增压系统等。柴油机电控燃油喷射系统是柴油机电控技术的一个核心部分，能够灵活精确地控制每循环供油量或供油提前角：首先，在不同的转速和负荷下，电控燃油喷射系统能够根据柴油机的状态参数，给出最佳的供油提前角和每循环供油量，并获得较低的油耗和排放；其次，电控燃油喷射系统不仅能够修正柴油机机械部件的安装误差，而且能够在部件机械磨损等情况下对供油提前角进行修正；最后，电控燃油喷射系统还可通过改变增压活塞的面积比或强化喷油泵实现高压喷射，从而提高燃油雾化质量。需要指出的是，电控燃油喷射系统是柴油机各种先进技术（排放后处理技术、涡轮增压技术等）充分发挥功效的必要条件，是提高柴油机动力性、经济性和降低排放的主要手段。

2. 提高柴油机的可靠性

电控燃油喷射系统除了实现主要的控制功能以外，还具有故障诊断、故障保护和备用功能，其借助于传感器的输入信号，可随时检测到柴油机关于工作可靠性的一些参数，例如机油压力、排气温度、转速或曲轴轴瓦温度等，一旦某些参数或状态超出设定值，电控燃油喷射系统就会立刻报警，同时控制柴油机各分系统进行相应的调整，直到这些参数或状态正常为止。

3. 控制精度高、响应速度快

电控燃油喷射系统从接到一个信息到处理完毕，直至输出控制信号，所需的时间为毫秒级，该时间远远小于柴油机或其他机械控制机构的响应时间，如果柴油机的运行参数偏离目标值，电控燃油喷射系统能够立即跟踪并进行实时调节和控制。

4. 控制策略灵活性高

电控燃油喷射系统要实现不同用途时，只需要改变控制策略和控制 MAP，即只需要改变控制软件，基本不涉及硬件系统，灵活性较高。

（二）电控燃油喷射系统主要类型

1. 位置控制式电控燃油喷射系统

位置控制式电控燃油喷射系统的主要特点是，其不仅保留了传统燃油供给系统中的喷油泵、高压油管和喷油器，还保留了喷油泵中加油齿杆、齿圈、滑套转筒、柱塞等控制油量的机构，原来通过机械调速器控制喷油泵齿杆实现喷油量控制，改由电子控制喷油泵齿杆位移来实现喷油量控制，从而使控制精度和响应速度比机械或液压调速器高，目前主要用于已有柴油机电站的改造升级。作为第一代电控燃油喷射系统，位置控制式在本质上仅对传统结构进行了局部调整，其对柴油机运行状况的测定和对燃油喷射的控制还远远达不到现代电控系统的要求，这是由于该种方式控制自由度较小、控制精度较差，而且不能改变传统燃油供给系统固有的喷射特性，很难大幅度提高喷射压力。

图 4-40 给出了 B6V150ZAL 型柴油机位置控制式电控燃油喷射系统的示意图，它安装在喷油泵一端，取代了调速器的位置。控制器通过调节线圈的工作电流改变电磁力，回位弹簧力与电磁力的增减调节齿杆位移，从而改变喷油泵的每循环供油量。

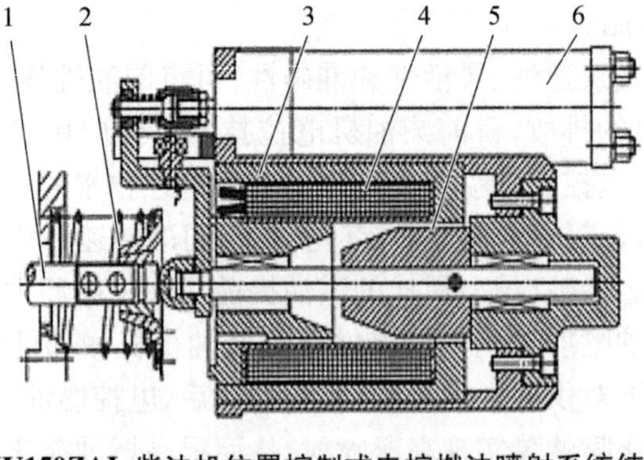

图 4-40　B6V150ZAL 柴油机位置控制式电控燃油喷射系统结构组成示意图

1—加油齿杆；2—回位弹簧；3—导磁外套；4—线包；5—衔铁轴；6—位移传感器

2. 时间控制式电控燃油喷射系统

时间控制式电控燃油喷射系统的核心技术是以机械泵供油装置和高速电磁阀为主的电控单体泵和电控泵喷嘴系统。时间控制式电控燃油喷射系统采用全新的设计结构，直接利用高速电磁阀控制喷油，电磁阀的开启时刻决定了喷油定时，开启持续时间决定了喷油量的大小,能够较为灵活地控制喷油定时和喷油量。时间控制式电控燃油喷射系统仍采取柱塞泵供油的原理,由柱塞运动产生高压燃油,且高压燃油接至喷油器,柱塞只是起到建立供油压力的作用,而不调节供油量,该种方式由于取消了喷油泵中的齿条、滑套、柱塞斜槽等,因此简化了喷油泵结构,实现了较高的喷油压力。根据高压产生的不同,时间控制式电控燃油喷射系统可分为电控单体泵、电控泵喷嘴系统两种。

图 4-41 所示为 Bosch 公司生产的电控单体泵,主要由高压机械泵、短油管和机械喷油器组成。低压燃油泵将燃油输入到柱塞高压泵中,在凸轮驱动下柱塞腔内建立起高压,在燃油保持高压的某一时刻,电控单体泵上的电磁阀通电开启,高压燃油迅速进入高压油管,当油管中燃油压力大于喷油器的启阀压力时,喷油器开始喷油;而当电磁阀通电关闭时,油管压力减小,当油管中燃油压力低于喷油器的启阀压力时,针阀落座,喷油器喷油结束。通常电控单体泵的喷油压力可超过 200 MPa,具有结构简单、可靠性好、喷油器成本低等特点。

图 4-42 所示为美国底特律柴油机公司生产的 DDEC 电控泵喷嘴,电控泵喷嘴是由高压机械泵和喷油器组成的一个单元。低压燃油泵将燃油输入到柱塞高压泵中,在凸轮驱动下柱塞腔内建立起高压,在燃油保持高压的某一时刻,电控泵喷嘴上的电磁阀通电开启,高压燃油大于喷油器的启阀压力时,喷油器开始喷油;而当电磁阀通电关闭时,燃油压力低于喷油器的启阀压力时,针阀落座,喷油器喷油结束。通常电控泵喷嘴的喷油压力可超过 220 MPa,且喷油压力随转速的大小而变化,具有可靠性好、喷油器成本低、喷油器体积较大、安装空间要求大等特点。

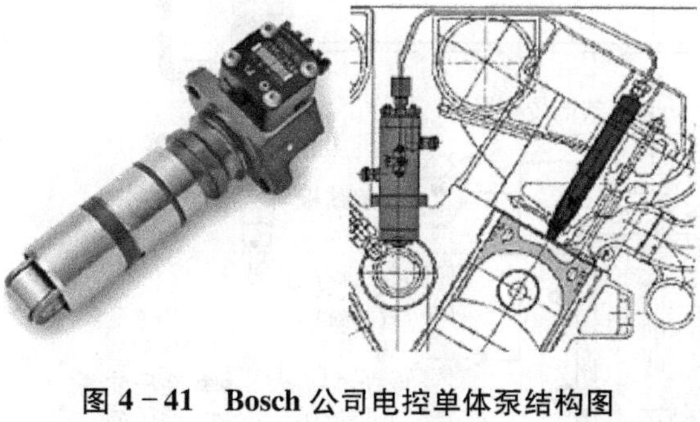

图 4-41　Bosch 公司电控单体泵结构图

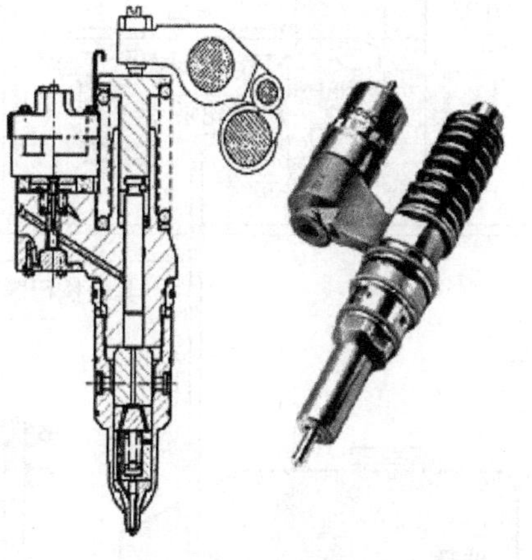

图 4-42　DDEC 电控泵喷嘴结构图

需要指出的是,时间控制式电控燃油喷射系统的主要缺点是转速对喷油压力的影响比较大,导致在低速、低负荷时不能实现高压喷油。

3. 时间-压力控制式电控燃油喷射系统

上述两种电控燃油喷射系统均是在原有喷油系统机构基础上加上电控系统而形成的,而时间-压力控制式电控燃油喷射系统是一种全新的电控喷油系统,通常也称为共轨式电控燃油喷射系统。该系统的结构特点是采用一个高压燃油泵将高压燃油输送到共轨

(即公共容器)内,高压燃油再由共轨送入各缸喷油器中。高压燃油泵向共轨供油以维持所需的共轨压力,并通过连续调节共轨压力来控制喷射压力,同时通过高速电磁阀控制喷射时间,从而通过压力-时间式燃油计量原理控制喷油过程。共轨式电控燃油喷射系统的主要优点包括:一是可实现高压喷射,最高可达 200 MPa;二是柴油机转速对喷射压力没有影响,可以改善柴油机的低速、低负荷性能;三是具有良好的喷射特性,可以精确实现喷油控制;四是可以实现喷油率的柔性控制。

图 4-43 所示为共轨式电控燃油喷射系统的工作原理示意图。根据当前柴油机的运行工况要求,油压传感器将共轨中的油压大小输送给电控装置,电控装置将所测压力与柴油机当前工况所设置的最佳压力值进行比较,并给出执行信号,控制电磁式油泵控制阀启闭,从而使油压为最佳值,此压力值即喷油器的喷射压力。喷油器的启闭由油嘴顶部液压活塞控制室中的油压决定,此油压大小主要取决于共轨中压力和三通电磁阀启闭的共同作用。三通电磁阀通电时控制室的高压燃油流出,喷油器针阀因压力室内的高压作用而上升,于是喷油开始;三通电磁阀断电时高压油供到液压活塞顶部控制室,针阀下落、喷油停止,也就是说喷油定时由接通三通电磁阀的始点来控制,而喷油量由三通电磁阀接通的持续时间来控制。由此可见,图 4-43 所示共轨式电控燃油喷射系统通过控制一个油泵控制阀,以及每个气缸一个喷油三通电磁阀的启闭时刻和持续时间,控制喷油压力和针阀开启的时间,从而实现每循环供油量、喷油定时、喷油速率的柔性控制。

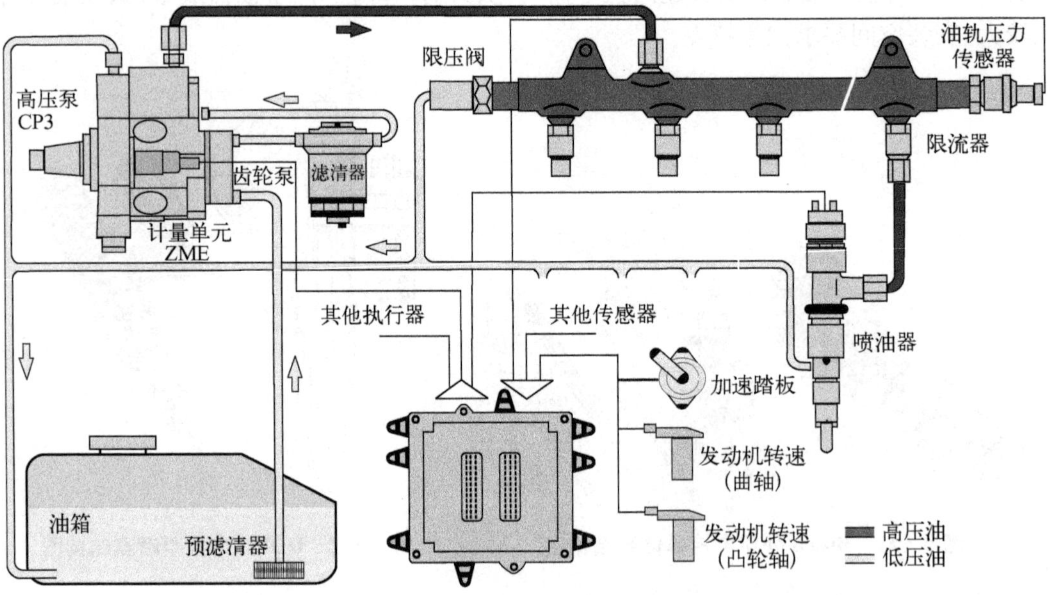

图 4-43 共轨式电控燃油喷射系统工作原理示意图

共轨式电控燃油喷射系统中共轨腔只起着蓄压器的作用,共轨中的燃油压力可以由电控单元(ECU)与压力调节阀控制,而不受柴油机转速的影响,因此在低速下也能保证良好的喷雾性能。柴油机的喷油量、喷油正时、喷油压力和喷油规律通常由电控单元与电控喷油器上的高速电磁阀实现柔性控制,并且控制精度高、调节自由度大[36]。此外,在电控燃油喷射系统中设置燃油分配管始于20世纪90年代中期,这类系统中燃油在供油泵内增压后先供入燃油分配管,再由燃油分配管分配到各缸喷油器。

(1)喷油量控制:电控单元根据加速踏板位置和柴油机转速等传感器信号确定基本喷油量,然后再按照进气管压力和燃油温度等传感器信号以及起动开关的输入信息进行修正,最后计算出最佳喷油量。

(2)喷油正时控制:电控单元根据加速踏板位置和柴油机转速确定基本喷油时刻,再按照进气管压力和冷却液温度等传感器信号以及起动开关的输入信号进行修正,最后确定出最佳喷油时刻,电控单元按此时刻向喷油器通电,即电控单元对喷油器通电的时刻决定了喷油始点。

(3)喷油压力控制:喷油压力等于燃油分配管内的燃油压力,通常在燃油分配管上设置燃油压力传感器和限压阀,后者用于防止燃油分配管内的油压过高。

(4)喷油规律控制:喷油规律是指喷油速率随时间或曲轴转角的变化关系,由于喷油规律对柴油机的性能具有重要影响,因此针对具有不同混合气形成与燃烧方式的柴油机应选择不同的喷油规律。在共轨式电控燃油喷射系统中,当喷油压力保持不变时,喷油量只取决于电控单元对喷油器的通电脉冲宽度,因此只要改变指令脉冲就可以改变喷油规律。

测试题

第五章
柴油机润滑系统与冷却系统

第一节　柴油机润滑系统

一、润滑系统概述

（一）润滑油性能与选用

润滑油性能与选用教学视频

柴油机润滑系统所用的润滑剂主要包括润滑油和润滑脂两大类，它们均是从石油中提炼得到的，其工艺过程主要包括常（减）压蒸馏、溶剂精制、脱蜡、白土精制等。其中，常（减）压蒸馏是指把原油加热，在分馏塔里按沸点高低把各馏分分离出来，常压塔出来的馏分较轻（主要是燃料），余下的重馏分再进入减压塔中分馏，并按不同沸点范围分离出不同黏度的润滑油原料，该过程是每个炼油厂最基本但又最重要的过程之一；溶剂精制是指除去从常（减）压蒸馏出来的润滑油馏分中含有的胶质、沥青质等非理想组分，通常采用硫酸精制和溶剂精制两种方法；由于分馏出来的重馏分存在石蜡，在较低温度下石蜡会凝固成具有网状晶格的固体，从而使油品的流动性能变差，因此在溶剂精制步骤之后还需要进行脱蜡处理，即将石蜡从润滑油中去除，目前通常是将油品冷却到石蜡结晶析出，再加入选择性溶剂并进行过滤除蜡；润滑油经过上述加工后，油中还会残存一些溶剂、胶质、酸等杂质，会影响油品的颜色、安定性、腐蚀性等，因此还要进一步通过白土精制过程将这些杂质除去，通常活性白土具有很好的吸附性，其与油混合后能够将油中的杂质吸附，然后再过滤掉吸附了杂质的白土，从而得到品质良好的基础润滑油。

1. 润滑油性能

由于柴油机工作温度高、运动速度快、润滑条件差、载荷重，易受环境因素（如尘埃、燃烧产物）等影响，因此为使柴油机可靠运行和延长使用寿命，对润滑油的黏度、黏温特性、抗氧化能力、耐蚀性等均有很高的要求。润滑油通常也称为机油，其主要性能指标如下。

1）黏度

黏度用于表示同一种机油油层与油层之间相对运动时的内摩擦力大小。通常黏度越大，机油内摩擦力越大，也就越不容易流动，因此黏度是评价机油性能的主要指标，也是机油分类的重要依据。机油黏度通常采用动力黏度和运动黏度表示。其中，动力黏度是指两个面积为 1 cm^2 的液体面，相距 1 cm 并以 1 cm/s 的速度做相对移动时所产生的阻力大小，它是机油在一定剪切应力下流动时内摩擦力的量度，单位是 mPa·s，也称厘泊（cp，

1 cp = 10^{-3} Pa·s)；运动黏度是动力黏度与在同温度下该液体的密度之比，单位为 mm^2/s。柴油机机油通常采用 100℃的运动黏度进行表示，它根据一定量的机油在规定温度下，流经黏度计毛细管所用的时间 t 与黏度计常数 c(0.4780 mm^2/D^2)的乘积($U = t \times c$)来确定，通常流过的时间越长，黏度也就越大。

黏度大的机油不仅承载能力大，易于保持液体润滑，还能提高活塞环的密封性和减少气缸内窜机油，但过大的黏度会增加柴油机的启动阻力和流通阻力，机油的泵送性能差，冷却、清洗、散热等作用也会受到影响。此外若机油黏度过小，柴油机润滑性能变差，将会增大零件的磨损和噪声，同时还会增加机油的泄漏和消耗量，从而影响柴油机的正常工作。

2）运动黏度比

运动黏度比用来反映机油黏度与温度变化之间的关系，表示方法通常有以下两种：

（1）运动黏度比。运动黏度比是指机油在 50℃与 100℃时的运动黏度之比，通常比值越小，表示机油黏度受温度变化影响越小，对柴油机工作越有利。通常采用 U50/U100 表示，国产机油运动黏度比一般为 5~8。

（2）黏度指数。黏度指数是机油黏度随温度变化的程度与标准机油黏度随温度变化的程度的比值。通常黏度指数越低，黏温特性越差，机油黏度的改变受温度变化的影响也越大。黏度指数大于 100 的机油具有良好的黏温特性。

3）凝点和倾点

机油完全失去流动性时的最高温度称为凝点，它是低温下保证机油流动性和过滤性的重要指标，凝点高表示机油在低温下的流动性能差，难以保证柴油机正常的润滑，因此严寒地区和在寒冷季节应选用凝点较低的机油。

倾点也是评价机油低温流动性的重要指标。通常凝点是指油品从能流动到不能流动时的温度，而倾点则是指油品从不能流动到刚能够流动时的温度。同一油品的倾点一般比凝点高 2~3℃。

4）热氧化安定性和清净分散性

机油使用中逐渐变质的主要原因是氧化，它取决于油品的化学组成、氧化温度、氧化时间、金属和其他物质的催化作用等，其中尤以温度的影响最为突出。氧化变质的机油不仅色泽暗黑、黏度和酸性增加、析出胶状沉积物，而且会在接触的高温零件(如活塞、活塞环)表面生成积炭和胶膜，从而使活塞环黏结失去弹性，严重影响柴油机的正常工作。此外，沉积物会堵塞滤清器和输油管道，影响正常供油，因此要求机油在高温时抵抗氧化变质的能力(即热氧化安定性)要好。

清净分散性好的机油可有效防止机油氧化生成胶质沉淀，能够把活塞、活塞环表面形成的漆膜和积炭洗涤下来，同时还可将机油在使用中形成的油泥(如灰尘、磨粒、油垢)分散开来，从而使其悬浮并容易被滤清器过滤。因此，机油还需要具备良好的清净分散性。

5）酸值和闪点

酸值表示机油中酸性物质(有机酸和无机酸)的含量，它来源于油品的生产加工过程和使用中的氧化变质，且是判断油品氧化变质的重要指标之一。酸值通常采用中和 1 g 机油中含有的酸性物质所需氢氧化钾的毫克数进行表示，通常机油的酸值大，不仅对零件有腐蚀作用，而且会加速机油老化变质和降低油品的抗乳化能力。

机油加热时其表面形成油气，当加热到某一温度时，散布在油面上的蒸汽遇到明火开始闪火，开始闪火的最低温度通常称为机油的闪点。目前国产柴油机机油的闪点一般为140~215℃，一般的运输条件下不会燃烧，不属于易燃品。闪点是机油贮存、运输和使用中的安全性能指标，当机油中混入轻质油，闪点会降低，由此可判断有无柴、汽油混入机油。

6）残炭

机油在规定条件下加热蒸发后形成的焦炭状黑色残留物称为残炭，通常用重量百分数表示，它反映了机油倾向于产生积炭的程度以及产生积炭的多少。残炭中的主要成分是胶质、沥青质、游离碳、机械杂质以及灰分等。由于积炭会引起活塞环咬死、轴承擦伤、机油变质等故障，因此通常要求机油中残炭越少越好[37]。

7）低温启动性

严寒条件下柴油机启动比较困难，其中机油黏度变大、流动性变差导致的启动阻力增大是其中的一个重要原因。低温启动性用于评价机油在低温下能够允许柴油机启动的最高黏度，其值一般在3000~6000 mPa·s之间。

2. 润滑油牌号

目前我国主要采用国际上通用的SAE（美国汽车工程师学会）黏度分级法，SAE黏度分级法将机油划分为单级油和多级油。

1）单级油

单级油由润滑油基础油加入各种添加剂而制得，共两个组别十一个黏度级别，如表5－1所示。其中，前六个（带W，为冬季winter的缩写）为冬用油，规定了油品100℃时的

表5－1　柴油机机油黏度分级

牌　号 （SAE级号）	低温黏度		高温黏度	
	启动/（mPa·s）	泵送/（mPa·s）	100℃运动黏度/（mm²/s）	
	不大于	不大于	最　小	最　大
0 W	3 250（－30℃）	60 000（－40℃）	3.8	—
5 W	3 500（－25℃）	60 000（－35℃）	3.8	—
10 W	3 500（－20℃）	60 000（－30℃）	4.1	—
15 W	3 500（－15℃）	60 000（－25℃）	5.6	—
20 W	4 500（－10℃）	60 000（－20℃）	5.6	—
25 W	6 000（－5℃）	60 000（－5℃）	9.3	—
20	—	—	5.6	<9.3
30	—	—	9.3	<12.5
40	—	—	12.5	<16.3
50	—	—	16.3	<21.9
60	—	—	21.9	<26.1

最小运动黏度以及低温启动性、低温泵送性两项低温性能指标，100℃时的最小运动黏度反映了该油品在高温下的蒸发损失大小，即黏度较低意味着蒸发损失较大，而低温启动性、低温泵送性两项低温性能指标反映了冬季柴油机能否顺利启动并进入正常润滑状态的难易程度，即从 0 W 到 25 W 低温下启动的难度将依次增大；后五个级号表示夏用或非寒区用油，只规定了 100℃时的最大和最小运动黏度，而无低温性能指标，通常从 20 到 50 黏度逐级增大。综合上述分析可以看出，单级油的使用具有明显的地区范围和季节特点。

2）多级油

多级油由馏分较轻的基础油加入黏度指数改进剂制得，也是一种节能型润滑油（相比于单级油，其可节约燃料消耗的 2%～5%），它能够同时满足多个黏度级别的要求并具有良好的黏温特性。多级油通常采用带尾缀和不带尾缀的两个级号组成，并用斜杠隔开，如 5 W/20、10 W/20、15 W/30 等，表示该油品能够同时满足冬用和夏用两个级号的主要指标要求。例如，15 W/40 表示冬天使用其黏度相当于 15 W 的单级油，夏季使用其黏度相当于 40 号的单级油，因此冬、夏皆可选用。

考虑到柴油机工作条件的苛刻程度、柴油机润滑油的容量、压缩比，以及燃料的性质等因素，参照国际质量分级方法，我国制定了自己的系列产品标准，并分别用 S 和 C 表示汽油机和柴油机润滑油，质量分级能够避免用错机油和减少柴油机因润滑不良而诱发故障。目前柴油机机油主要有 CC、CD、CE 和 CF－4 四个牌号，CA 和 CB 牌号已经淘汰。其中，CC 机油具有良好的清净分散性、抗氧抗蚀性、抗磨性和润滑性，通常适用于要求使用 CC 机油的各种进口和国产柴油机上；CD 机油优于 CC 机油，具有良好的抗高温沉积、抗氧化和抗蚀性能，同时具有较强的中和酸性物质的能力，适用于重负荷的增压柴油机；CE 和 CF－4 机油则具有更加优越的性能，如优良的高温剪切稳定性和清洁分散性等。

表 5－2 给出了目前我国内燃机机油所采用的 SAE 黏度等级。表中柴油机机油牌号是由质量等级和黏度等级共同组成的，即每个质量等级均包括有多个黏度等级。表中“SD/CC”表示通用机油，即能够同时满足汽油机和柴油机对机油的性能要求，既可应用于要求使用 SD 级机油的汽油机上，也能应用于要求使用 CC 级机油的柴油机上。多级油给用户使用和保管带来了极大方便，但价格相对较高。

表 5－2　我国内燃机机油所采用的 SAE 黏度等级

品种 黏度 等级	SC	SD (SD/CC)	SE (SE/CC)	SF (SF/CC)	CC	CD
	汽油机机油，括号内为通用机油				柴油机机油	
10 W						☆
20/20 W		☆	☆	☆	☆	☆
30	☆	☆	☆	☆	☆	☆
40	☆	☆	☆	☆	☆	☆
50					☆	

续 表

品种 黏度等级	SC	SD (SD/CC)	SE (SE/CC)	SF (SF/CC)	CC	CD
	汽油机机油,括号内为通用机油				柴油机机油	
5 W/20	☆					
5 W/30		☆	☆	☆	☆	☆
5 W/40					☆	☆
10 W/30	☆	☆	☆	☆	☆	☆
10 W/40					☆	☆
15 W/30						☆
15 W/40	☆	☆	☆	☆	☆	☆
20 W/40					☆	☆
备注	表中未列入 CE 和 CF-4 柴油机机油					

3. 润滑油选用

润滑油的选用主要从质量等级和黏度牌号两个方面入手。

1) 质量等级的选择

质量等级的选择可按照生产厂家推荐的等级,再综合考虑柴油机工作条件的苛刻程度(符合一条即可),然后决定是否需要提高一级选用或缩短换油期。通常柴油机苛刻的工作条件主要指:长时间低(或高)温、低(或高)速运行;尘土大的野外工作环境;柴油机经常处于时开时停的使用状态等。通常当柴油机平均有效压力 P_e 在 0.8~1.0 MPa 之间,以及强化系数 $K_ψ$ 在 30~50 范围内时可选择 CC 级油;P_e 在 1.0~1.5 之间以及强化系数 $K_ψ$ 在 50~80 范围内时,可选择 CD 级或 CF-4 级油。需要指出的是,强化系数 $K_ψ$ 等于柴油机平均有效压力 P_e 与活塞平均速度 C_m 和冲程系数 z(四冲程 $z=0.5$,二冲程 $z=1.0$)的乘积。

2) 黏度牌号的选择

质量等级确定后,选择合适的黏度等级显得尤为重要,通常润滑油黏度牌号应依据以下原则选用:一是根据地区、季节气温选用,通常冬季寒冷地区选用黏度小、倾点低的油或多级油,而气温较高地区选用的润滑油黏度应适当高些,黏度等级与使用气温的大致关系如表 5-3 所示;二是根据负载和转速选用,载荷高、转速低应选用黏度较高的机油,反之选用黏度较低的机油;三是根据柴油机的磨损情况选用,通常磨损较小或较新柴油机的机油黏度可选低些,反之选高些;四是在保证润滑可靠的前提下,应尽量选用低黏度的润滑油或多级油。

表 5-3 黏度等级与使用气温的大致关系

黏度等级	使用的大致范围/℃	黏度等级	使用的大致范围/℃
5 W	-30~-5	5 W/30	-30~35
5 W/20	-30~20	10 W	-20~10

续 表

黏度等级	使用的大致范围/℃	黏度等级	使用的大致范围/℃
10 W/20	-20~20	20 W	-10~20
10 W/30	-20~35	20 W/40	-10~40
15 W	-15~10	20	-10~20
15 W/30	-15~35	30	0~40
15 W/40	-15~40	40	20~

需要指出的是，康明斯柴油机由于强化程度高，因此要求使用康明斯公司专用机油，该专用机油采用国际著名石油公司生产的国际通用标准柴油机机油，加进口添加剂配置而成，其质量等级主要为 D 级和 F 级（符合质量分级方法的 CD 级和 CF－4 级），其黏度等级选用 15 W/40，并达到了通用油的效果。该机油可在-15℃以上地区冬夏季通用和南北地区通用，可取代 CD 级、CF－4 级柴油机机油和 SE 级汽油机机油。

（二）润滑系统功用

柴油机工作时各运动零件接触面之间以很高的速度做相对运动，它们之间的凸、凹表面相互摩擦，不仅会增大柴油机的功率消耗，加速零件磨损，而且由于摩擦产生的高温还会使零件热负荷增大并出现损伤，致使柴油机某些零部件无法正常工作，因此必须对各相对运动表面施以润滑，确保摩擦表面有一层润滑油膜以形成液体摩擦[38]。良好的润滑可使摩擦阻力减小、功率消耗降低，从而减轻零件磨损，延长柴油机的使用寿命。

润滑系统的功用及要求教学视频

柴油机润滑系统的主要功用是将具有一定压力和适宜温度的清洁机油输送至柴油机各摩擦表面进行润滑，以实现如下功能：

（1）减轻摩擦。减轻零件表面的摩擦，减少零件的磨损和摩擦功率损失。

（2）冷却作用。通过机油冷却器使循环流动的机油带走部分热量，从而使零件温度不致过高。

（3）清洗作用。利用循环机油冲洗零件表面，带走由于零件磨损产生的金属磨粒和其他杂质，并由机油滤清器过滤。

（4）密封作用。利用附着于运动零件表面润滑油的黏性，提高零件的密封效果。

（5）防锈作用。机油附着于零件表面，能够有效防止零件表面与空气、水分及燃气接触而发生氧化和锈蚀，从而减轻零件的腐蚀磨损。

（6）缓冲减振作用。机油具有阻尼作用，能够将振动能量转变成油液中的摩擦热而散发，同时机油还具有减轻噪声的作用。

（三）常见润滑方式

将润滑油输送到各摩擦表面所采取的方法称为润滑方式，通常由于柴油机各运动副的工作条件不同，因此对润滑强度的要求也不同。目前常见的润滑方式如下：

常见润滑方式教学视频

1. 压力润滑

通常对负荷大、相对运动速度高的摩擦面，例如主轴承、连杆轴承、凸轮轴轴承和气门摇臂轴（因位置偏高）等，均采用机油泵提高机油压力后实施润滑，该种润滑方式称为压力润滑。

2. 飞溅润滑

通常对外露表面、负荷较小的摩擦面,如凸轮与挺杆、活塞销与销座及连杆小头等部位,采用飞溅润滑方式,即依靠从主轴承和连杆轴承两侧漏甩出的润滑油和油雾进行润滑。

3. 喷油润滑

部分高负荷运转的柴油机通常在活塞下方的主轴承座上安装有活塞冷却喷嘴,通过将润滑油向上喷到活塞底部来冷却活塞,但对于低负荷运行的柴油机而言,活塞与气缸壁之间虽然工作条件较差,为了防止过量润滑油进入燃烧室而使柴油机工作恶化,通常采用飞溅润滑方式。

4. 复合润滑

复合润滑方式是指同时采用上述三种润滑方式中的两种或三种的润滑方式,目前多缸柴油机普遍采用这种润滑方式,不仅工作可靠,而且可使整个润滑系统结构简化。需要指出的是,柴油机的某些辅助装置(如风扇、水泵、发电机等),只需定期向其加注润滑脂即可。

二、典型润滑系统油路

典型柴油机润滑油路分析教学视频

润滑系统的组成通常根据柴油机的具体需要而确定,柴油机的润滑油路一般由以下几个基本部分组成:一是润滑油的贮存和输送装置,包括机油泵、输油管道和油底壳等,其主要作用是使润滑油在柴油机内循环流动;二是润滑油的滤清装置,包括集滤器、机油滤清器等,其主要作用是过滤润滑油中所含的各种杂质;三是润滑油的冷却装置,包括机油冷却器或机油散热器,其主要作用是用于冷却润滑油,防止润滑油温度过高而影响柴油机正常工作;四是安全保护装置,包括旁通阀(安全阀)、限压阀以及大功率柴油机的各种报警装置和油压过低自动停车装置等;五是指示装置,包括油温表、油压表等,其主要作用是监视润滑系统的工作情况。

(一) 6135 系列增压型柴油机润滑油路

图 5-1 所示为 6135 系列增压型柴油机润滑油路示意图。贮存在油底壳 1 中的机油经粗滤网被机油泵 3 吸出,再经机体油道压送至机油滤清器底座,在此机油共分为两路:一路(又称旁通油路)进入离心式精滤器 5,滤清杂质后干净的机油回流至油底壳;另一路(又称主油路)进入刮片式粗滤器 6,过滤后的机油经外部油管进入机油冷却器 9(采用热交换器冷却的柴油机)或机油散热器 8(采用散热器冷却的柴油机)进行冷却,从而确保机油有一个适当的工作温度。冷却后的机油进入柴油机齿轮室内的传动机构盖板油道,在此机油再次分成两路:一路经曲轴 11 的前端油孔进入曲轴内部油道,分别润滑曲轴各连杆轴颈和轴承;另一路经凸轮轴推力轴承油孔进入凸轮轴 16 的内部油道,用于润滑各挡凸轮轴轴颈和轴承,并沿其中的三个轴承和机体油道向上压送至配气机构摇臂组件 15,从而润滑摇臂轴、摇臂衬套等零件。6135 系列增压型柴油机还在传动机构盖板上装有喷嘴,一小部分机油经喷嘴上三个直径为 1 mm 的喷孔喷射至齿轮系 14,从而润滑传动齿轮。润滑曲轴后从连杆大端轴承间隙流出的机油,借助曲轴旋转离心力的作用飞溅至气缸套内壁,从而润滑活塞表面和气缸套,同时被活塞上油环刮下的机油飞溅至连杆小头两

个油孔内，用于润滑活塞销及连杆小头轴衬。此外，由于135系列柴油机采用了大圆盘滚动轴承作为曲轴主轴承，因此主轴承的润滑主要靠曲轴箱内油雾及曲轴旋转击溅起来的机油，而凸轮轴各凸轮工作表面则主要靠飞溅的机油和从摇臂组件沿推杆流回的机油进行润滑。

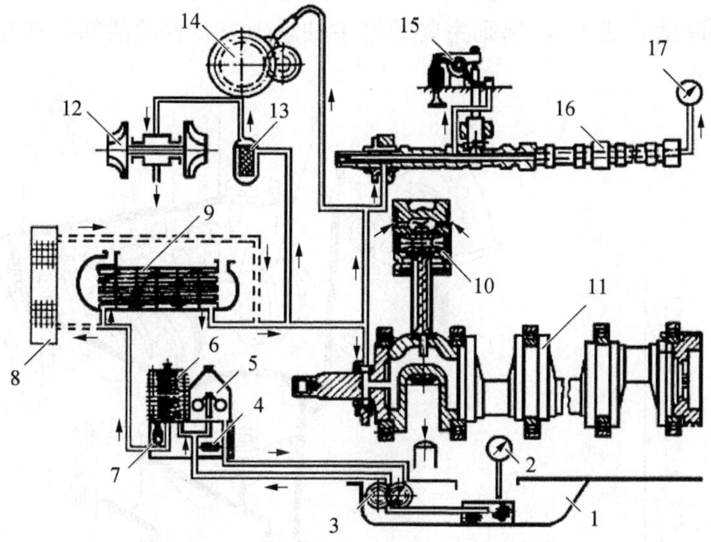

图5－1　6135系列增压型柴油机润滑油路示意图

1—油底壳；2—油温表；3—机油泵；4—调压阀；5—离心式精滤器；6—刮片式粗滤器；7—旁通阀；8—机油散热器；9—机油冷却器；10—活塞组件；11—曲轴；12—增压器；13—机油粗滤器；14—齿轮系；15—摇臂组件；16—凸轮轴；17—机油压力表

图5－1中用虚线表示的机油冷却器采用散热器形式，其冷却介质为空气，主要用于车用、工程机械等柴油机上；而实线表示的是以冷却水作为冷却介质的机油热交换器，地下工程电站多采用后者。系统中机油压力由安装在凸轮轴油道上的机油压力表17进行监测，机油温度则由安装在油底壳内的机油温度传感器和表头进行监测和指示。为了确保增压器轴承润滑可靠，油路上另装有机油粗滤器13，来自主油道的机油再经过一次过滤后进入增压器中间壳，从而润滑浮动轴承等零件。

润滑系统在机油滤清器座中装有两个阀，即调压阀4和旁通阀7，其中，调压阀与主油道并联，它所控制的压力可通过人工进行调整，当机油压力超过允许值时，油压克服调压阀弹簧力并使调压阀打开，一部分机油流回油底壳，从而确保油压不致过高，通常柴油机在标定工况下（1500 r/min）机油压力应保持在0.3～0.35 MPa，怠速时不得低于0.05 MPa；旁通阀又称为安全阀，它与机油粗滤器并联，当粗滤器滤芯因过脏被堵塞时，粗滤器入口处机油压力增高，机油克服旁通阀弹簧力而顶开旁通阀，从而不经过滤直接进入主油道，避免了因滤清器堵塞而造成柴油机机油的供油中断。调压阀和旁通阀的工作原理如图5－2所示。

（二）康明斯系列柴油机润滑油路

康明斯B、C、N、K四个系列柴油机的润滑系统均采用复合润滑方式。

1. 康明斯B系列柴油机润滑油路

康明斯B系列柴油机润滑油路如图5-3所示。康明斯B系列柴油机采用复合式润滑系统,通常由转子式机油泵提供压力润滑所需的机油压力,压力润滑的对象主要为曲轴主轴承、连杆轴承、凸轮轴轴承和气门摇臂机构,而采用飞溅润滑的摩擦副主要包括活塞和气缸壁、活塞销、凸轮挺杆、齿轮传动系统等。此外,柴油机的附件(如高压油泵、增压器)也采用压力润滑方式,而活塞则主要通过主轴承上方设置的活塞冷却喷嘴进行冷却。

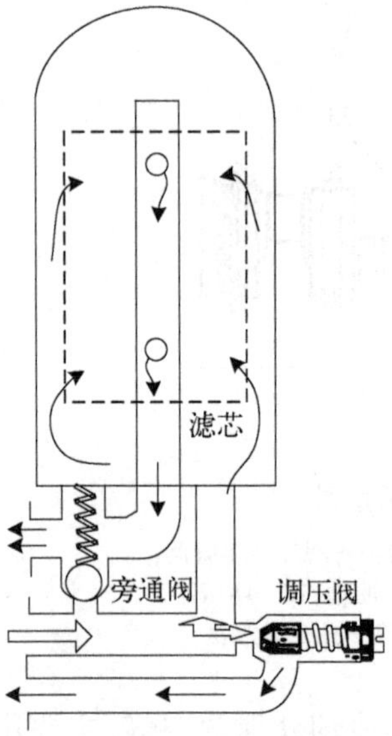

图5-2 调压阀和旁通阀示意图

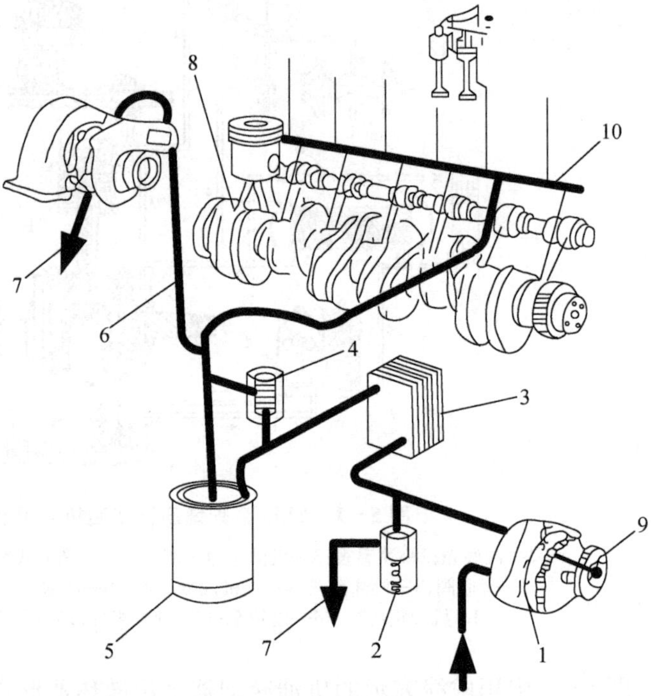

图5-3 康明斯B系列柴油机润滑油路示意图

1—机油泵;2—机油压力调节阀;3—机油冷却器;4—旁通阀;
5—机油滤清器;6—增压器供油管;7—回油管(回油底壳);
8—活塞冷却喷嘴;9—机油泵惰轮;10—主油道

柴油机起动后,机油泵将润滑油从油底壳中吸出,并加压输送至整个润滑系统,润滑油从机油泵1中流出后,经过气缸体上的油道进入机油冷却器座。机油冷却器座上装有机油压力调节阀2,调节阀的主要作用是当润滑油压力过高时,使部分润滑油直接通过回油管7流回油底壳。机油从机油冷却器3流出后,经过机油滤清器5滤清后返回到气缸体上的油道中,然后经过气缸体上的中间横向油道,润滑油进入缸体另一侧(高压油泵侧)的主油道中,再流向主轴承、冷却喷嘴、曲轴连杆轴颈、凸轮轴轴颈,并经6条垂直油道流至气门摇臂等。此外,在机油冷却器座中还设有一个机油滤清器旁通阀4,其主要作用是在机油滤清器被污物堵塞时,允许未经滤清的润滑油直接流向主油道,从而确保柴油机不缺机油。

2. 康明斯C系列柴油机润滑油路

康明斯C系列柴油机润滑系统由转子式机油泵、机油冷却器、机油冷却器节温器、组合式机油滤清器、旁通阀、压力调节器、压力传感器、压力表等组成，其润滑油路如图 5－4 所示。转子式机油泵 1 通过内置式吸油管从油底壳内吸出润滑油，润滑油通过机油冷却器 3 盖内部油道由底部进至顶部，并进行冷却。润滑油流出机油冷却器后，流向组合式机油滤清器 4、旁通阀 5 和机油压力调节阀 2。当油道压力大约上升到 45 kPa 时调压阀打开，一部分润滑油流回油底壳；如果机油滤清器滤芯阻塞，滤清器入口和出口的压力达到 137 kPa 时旁通阀打开，润滑油将直通主油道。经过冷却和滤清后的润滑油送至机体主油道 8 中，来自主油道的润滑油将流往凸轮轴轴套和主轴承，并送至安装在主轴承上瓦座处的活塞冷却喷嘴，同时主轴承的润滑油将进入曲轴，并通过曲轴内的横向油道润滑连杆轴承。润滑油通过第七道凸轮轴轴套的油道流往垂直油道并送入气缸盖，再通过摇臂轴供油管 9 向摇臂总成供油。摇臂上通常有一个短油孔，通过该油孔可将润滑油从摇臂孔送至摇臂顶部的油槽中。机油从每个摇臂的两侧向下流动，以润滑推杆和气门杆。齿轮箱依靠润滑油飞溅和压力润滑组合方式进行润滑，润滑后的润滑油流回油底壳。此外，由机油滤清器流出的润滑油还为涡轮增压器提供润滑，润滑油在压力推动下供往增压器轴承轴，其后在重力作用下流回油底壳。

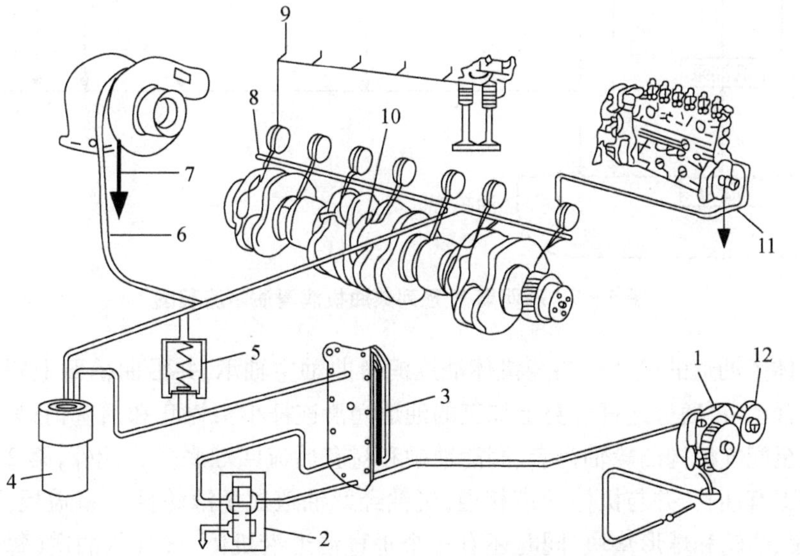

图 5－4　康明斯 C 系列柴油机润滑油路示意图

1—机油泵；2—机油压力调节阀；3—机油冷却器；4—机油滤清器；5—旁通阀；6—增压器进油；7—增压器回油；8—主油道；9—摇臂轴供油管；10—活塞冷却喷嘴；11—喷油泵供油；12—机油泵惰轮

3. 康明斯 N 系列柴油机润滑油路

润滑系统工作过程仿真动画

康明斯 N 系列柴油机润滑油路如图 5－5 所示。柴油机工作时来自油底壳的机油经吸油管粗滤后被吸入机油泵内，在机油泵作用下压力油经过机体内单独油道和机油冷却器支座直接进入机油冷却器。冷却后的机油分为两路，其中一路经外部油管进入机油细滤器，过滤后流回油底壳，而另一路进入机油粗滤器，过滤后经机油冷却器支座的另一个油孔，然后分三路流出。其中，第一路进入机体主油道；第二路经外部油管进入增压器中间壳体，润滑增压器轴承后经油管流回油底壳；第三路进入机体内活塞冷却油道，通过喷嘴冷却活塞内腔后流回油底壳。

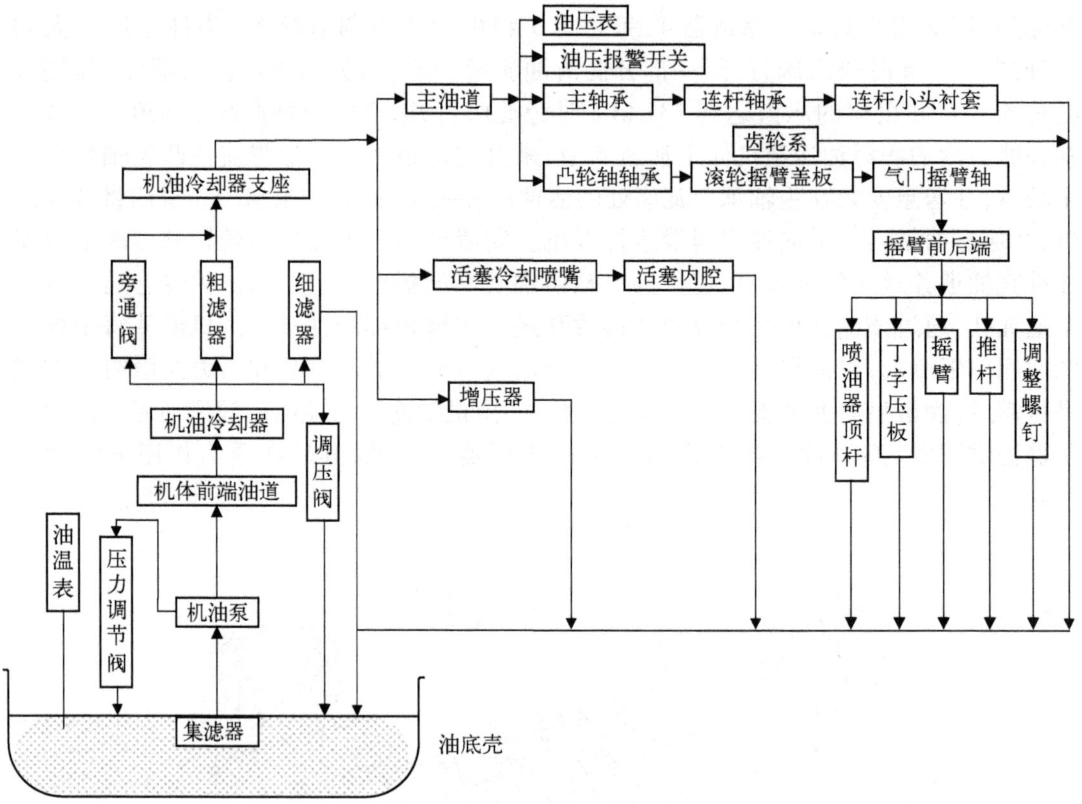

图 5－5　康明斯 N 系列柴油机润滑油路流程图

来自机体主油道的机油一路经机体油道润滑曲轴主轴承，并沿曲柄臂上斜向加工的油道润滑连杆轴承，再通过连杆杆身上加工的油道润滑连杆小头衬套和活塞销；另一路经机体油道分别通至配气机构凸轮轴衬套、润滑轴颈和衬套后流回油底壳。此外，第 2、4、6 挡凸轮轴衬套还加工有油孔，并与机体油道相通，机油经此油道通至滚轮摇臂室盖板，可润滑滚轮摇臂轴、衬套、凸轮和球形垫块，同时还有三个垂直油道沿机体、气缸盖油道（每个气缸盖一个）进入气门摇臂轴部件，分别润滑摇臂轴、衬套、气门摇臂和喷油器摇臂、推杆、喷油器顶杆、调整螺钉与丁字压板等部件，润滑后均流回油底壳。此外，康明斯 N 系列柴油机工作时，活塞组件和气缸套主要由曲轴、连杆小头和活塞冷却喷嘴甩出的机油进行飞溅润滑。

图 5－5 中机油细滤器通常与润滑油路并联，经细滤器过滤后的机油直接流回油底壳，由于节流孔的限制，机油泵的压力机油只有 5% 左右经过细滤器过滤，通常在 10 min 内能够对全部机油过滤一次。需要指出的是，机油细滤器并非每个型号的 N 系列柴油机都必须配套，通常根据柴油机的用途和需要进行安装。康明斯 N 系列柴油机机油压力和温度分别由安装在机体主油道上的油压传感器和安装在油底壳内的温度传感器进行测量，并由仪表板上的仪表进行指示，同时主油道上还装有油压报警开关，当柴油机工作中

机油压力低于规定值时，油压报警开关电路动作，从而自动切断柴油机燃油的供给，迫使柴油机停止工作。此外，在机油泵和机油冷却器支座上分别装有一个安全阀和调压阀，当机油压力超过规定数值，阀被顶开，使一部分机油流回油底壳，从而维持机油压力一定。为了防止粗滤器堵塞引起供油中断，与粗滤器滤芯还并联装一个旁通阀，当滤清器内机油因滤芯过脏而使流通阻力增大时，旁通阀开启，部分机油不经粗滤器过滤直接进入主油道，从而确保柴油机零件的润滑可靠。

4. 康明斯 KTA19 系列柴油机润滑油路

图 5－6 和图 5－7 给出了康明斯 KTA19 系列柴油机润滑系统油路。柴油机工作时机油经吸油管粗滤后被吸入机油泵内，然后压送至安装在机体水套内两个并联的机油冷却器，冷却后的机油沿机体油道到达机体另一侧，并进入机油滤清器支座后分为两路，其中

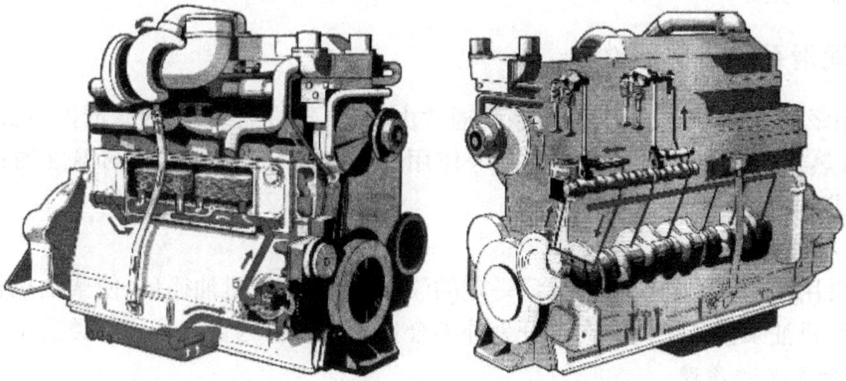

图 5－6　康明斯 KTA19 系列柴油机润滑油路示意图

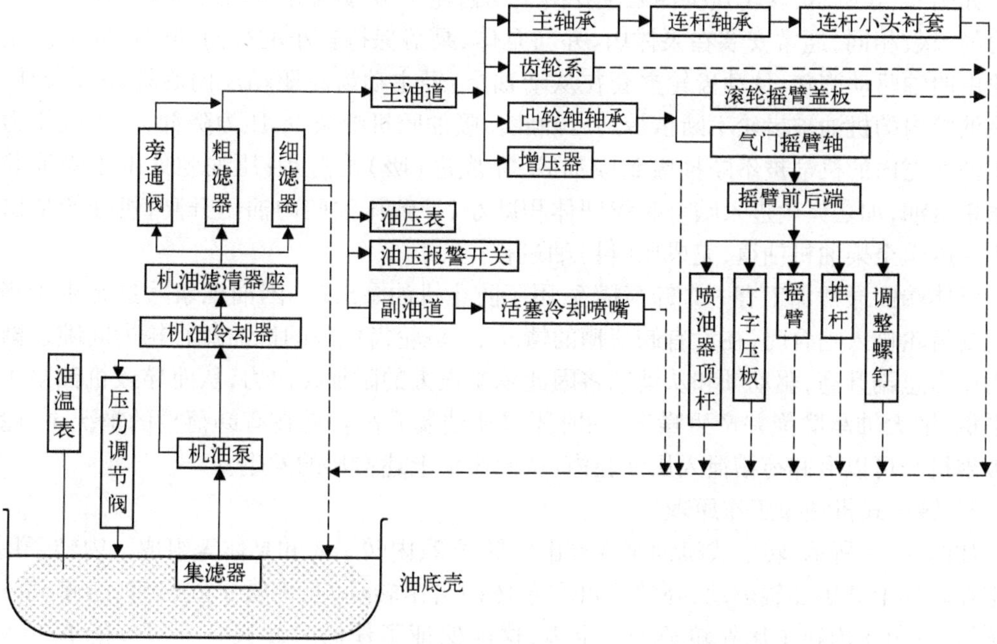

图 5－7　康明斯 KTA19 系列柴油机润滑油路流程图

一路进入机油细滤器，过滤后流回油底壳，另一路分别进入两个并联的机油粗滤器。过滤后的机油一路直接进入机体主油道，另一路在滤清器座内经过一个副油道调压阀流至副油道，从而为活塞冷却喷嘴提供压力机油。副油道调压阀平时关闭，柴油机启动后怠速运转时，由于机油压力低，调压阀仍然关闭，此时温度低活塞不需要冷却；只有当机油压力升高，机油克服调压阀弹簧力作用使调压阀开启时，机油才能进入副油道。

主油道的机油一路经机体油道，分别润滑曲轴主轴承、连杆轴承和活塞销；一路通至凸轮轴，分别润滑凸轮轴轴颈和衬套、滚轮摇臂等部件，同时经过凸轮轴衬套上的6个油孔沿机体、气缸盖油道到达摇臂室，从而润滑气门摇臂组；还有一路润滑齿轮系，并经齿轮室盖板上的接头和油管进入增压器。康明斯KTA19系列柴油机润滑系统机油压力、温度的测量与N系列基本相同。此外，机油压力由机油泵上的压力调节阀进行调整，同时旁通阀与粗滤器并联。

三、润滑系统主要部件

润滑系统主要部件教学视频

无论什么类型的柴油机，其润滑系统通常由油底壳、机油泵、机油滤清器、机油冷却器（或机油散热器），以及具有限压与安全等作用的控制阀门、机油压力与温度测量仪表和油道等组成。

（一）机油泵

机油泵三维模型

机油泵用于提高机油压力和保证一定的流量，从而强制机油循环，使柴油机得到可靠润滑。通常机油泵按其结构不同可分为外啮合齿轮式和内啮合转子式两类。

1. 机油泵工作原理

1）齿轮式机油泵工作原理

如图5－8所示，齿轮式机油泵主要由主动齿轮1、从动齿轮3和泵体4等组成。两个齿轮的齿数相同，通常安装在泵体内，并与泵体、泵盖保持较小的径向和端面间隙。主动齿轮由曲轴驱动旋转，从动齿轮空套在从动轴上，经主动齿轮驱动反向旋转，两齿轮旋转时吸油腔内的机油被齿轮不断携带到压油腔。吸油腔机油减少、压力降低，在大气压力作用下油底壳内的机油被不断抽吸到吸油腔，完成进（吸）油过程；压油腔处由于吸油腔不断送来机油，加之齿轮进入啮合时齿凹体积减小，导致压油腔内油压升高，机油便从出油口不断压送至柴油机油道，完成压（供）油过程。

泵体端面通常加工有一个卸荷槽5，用于防止机油泵出现“困油现象”，这是由于当压油腔处齿轮进入啮合时，在没有卸荷槽的情况下，被轮齿包裹的机油随着轮齿间隙逐渐减小而压力急剧升高，驱动轴和从动轴将因此承受很大的附加径向力，从而导致机油泵工作不平稳，增大轴承磨损并产生噪声，同时还将使油温升高。而在有卸荷槽的情况下，轮齿间被困机油可以沿卸荷槽泄入压油腔内，从而避免上述情形的发生。

2）转子式机油泵工作原理

如图5－9所示，转子式机油泵主要由外转子2、内转子3和泵体等组成。内转子用键固定在转轴上并由曲轴驱动，外转子可在泵体内自由转动，当内转子旋转时，会带动外转子旋转，且由于内转子比外转子少一个齿，这就保证了任何时候只有一对齿能够进入啮合。当转子转到任何角度时，内、外转子在齿形齿廓线上保持点接触，从而将内部空间分隔成四个油腔。当某个油腔经过进油口 1 时,腔内容积增大并产生真空,机油被吸进油腔,而随着转子转动,当该油腔转至出油口 4 时,腔内容积减小、压力升高,机油则被压出。

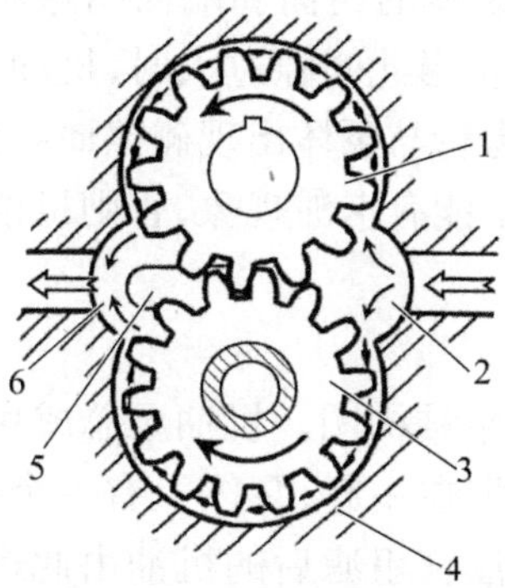

图 5-8　齿轮式机油泵工作原理示意图

1—主动齿轮;2—吸油腔;3—从动齿轮;4—泵体;5—卸荷槽;6—压油腔

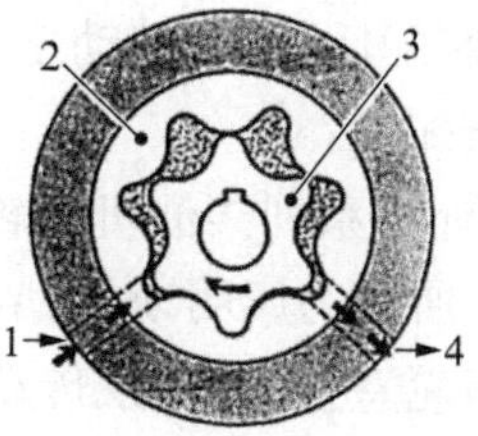

图 5-9　转子式机油泵工作原理示意图

1—进油口;2—外转子;3—内转子;4—出油口

2. 机油泵典型构造

1) 12V135 系列柴油机齿轮式机油泵构造

图 5-10 所示为 12V135 系列柴油机齿轮式机油泵结构图。主动齿轮通过半圆键固定在主动轴上,从动齿轮松套在从动轴上,其配合间隙一般为 0.03~0.082 mm。泵盖与泵体由定位销定位并通过螺栓连接,其间装有调整垫片,用于调整齿轮的端面间隙,通常间隙值为 0.05~0.115 mm。主动轴通过衬套 2 装在泵体与泵盖上,其驱动端通过半圆键固定有传动齿轮,并由曲轴主齿轮通过惰齿轮驱动。泵体和泵盖上均加工有卸荷槽,且泵体上的出(压)油口与机体上的油道连通,泵体侧面的吸(进)油口与进油管连接,其间装有

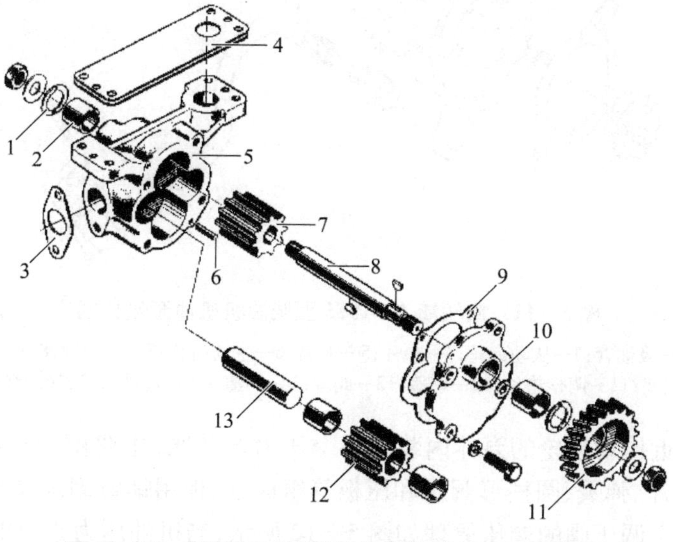

图 5-10　12V135 系列柴油机齿轮式机油泵结构图

1—推力轴承;2—衬套;3—垫片;4—垫片;5—泵体;6—定位销;7—主动齿轮;8—主动轴;9—垫片;10—泵盖;11—传动齿轮;12—从动齿轮;13—从动轴

垫片，油底壳的机油可通过粗滤网、进油管吸入机油泵。机油泵总成通常安装在机体下部，之间装有垫片4，改变垫片的厚度可调整传动齿轮与惰齿轮之间的齿隙。

需要指出的是，机油泵齿轮（主、从动齿轮）与泵体的径向和端面间隙对机油泵的使用性能具有决定性影响，特别是端面间隙更为重要。当此间隙过大时，机油泄漏严重、压力降低、油量减少，甚至不能供油；反之，间隙过小，齿轮与泵体出现碰擦而导致严重磨损。此外，机油泵装配后，用手转动主动轴应转动灵活，不能有卡滞现象，否则机油泵盖板上的定位销应重新配铰。

机油泵拆解三维模型

2）康明斯N系列柴油机齿轮式机油泵构造

图5-11所示为康明斯NTA855型柴油机机油泵结构图。机油泵总成用螺栓固定在机体下部的齿轮室上，机油泵传动齿轮与机油泵装配在一起，泵体上有一个进油口，通过吸油管和吸油接头连接在油底壳上，经油底壳内吸油管粗滤后的机油由此进入机油泵吸油腔。泵体上的出油口与齿轮室油道相通，并经机油冷却器支座（冷却器前盖）直接进入机油冷却器。此外，机油泵传动齿轮安装在机油泵主动轴上，并与柴油机凸轮轴传动齿轮啮合，且机油泵主、从动齿轮均采用直齿圆柱齿轮，装配形式与135柴油机齿轮式机油泵类似。

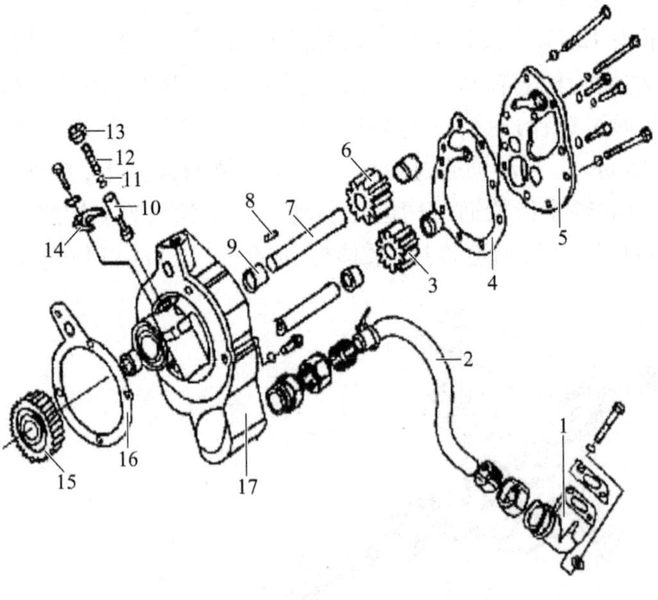

图5-11　康明斯NTA855型柴油机机油泵结构图

1—吸油接头；2—吸油管；3—从动齿轮；4—垫片；5—泵盖；6—主动齿轮；7—驱动轴；8—定位销；9—衬套；10—调压阀柱塞；11—调整垫片；12—弹簧；13—阀塞；14—压板；15—传动齿轮；16—垫片；17—泵体

机油泵装配三维模型

机油泵在靠近传动齿轮的泵体内装有一个压力调节阀，主要由调压阀柱塞（两头粗，中部细）、调整垫片、弹簧、圆柱形阀塞和压板等组成，压板用螺钉固定在泵体上，主要用于压紧圆柱形阀塞。调压阀的调压原理如图5-12所示，当机油压力正常时，在弹簧力作用下调压阀柱塞被推向左端，柱塞右端圆柱面封闭了泵体上通往油底壳的油道B口，此时机油泵出油腔的压力油从A口进入柱塞中部环形油腔，并通过轴向油孔进入左端油室作用在柱塞上。当机油压力超过规定值时，柱塞在油压作用下压缩弹簧并右移，使 B 口开启，部分机油经 B 口流回油底壳，待机油压力降至规定值后 B 口重新封闭。机油压力的调节可通过增、减调整垫片来实现，其出厂时已调整好。

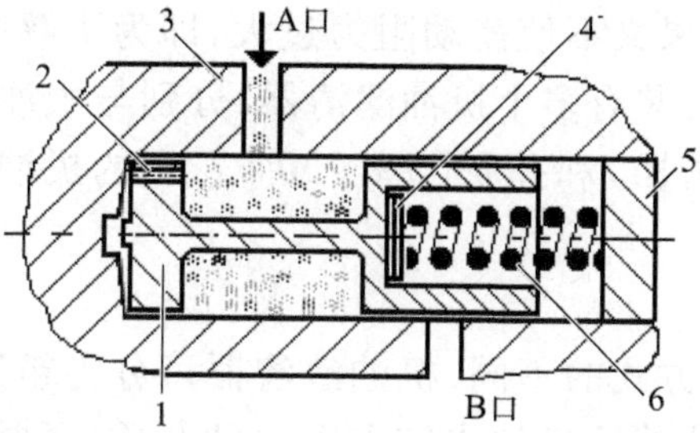

图 5－12　机油泵调压阀工作原理示意图

1—调压阀柱塞；2—轴向油孔；3—泵体；4—调整垫片；5—阀塞；6—弹簧

3）转子式机油泵构造

图 5－13 所示为转子式机油泵结构图。在壳体内装有两个不同心的内转子和外转子，内转子有四个凸缘（4 个齿）并固定在主动轴上，外转子有五个凹槽（5 个齿），它与泵轴采用滑动配合，在泵的壳体内可自由转动。内外转子具有一定的偏心距，当机油泵传动齿轮工作时，内转子便带动外转子沿同一方向转动。与齿轮式机油泵相比，转子式机油泵采用内啮合方式，可使机油泵结构变得紧凑，同时由于采用轴向进油以及进油孔具有较大的面积，因此在高吸头和高转速下不易产生气隙。需要指出的是，转子式机油泵在小型高速柴油机中应用比较广泛。

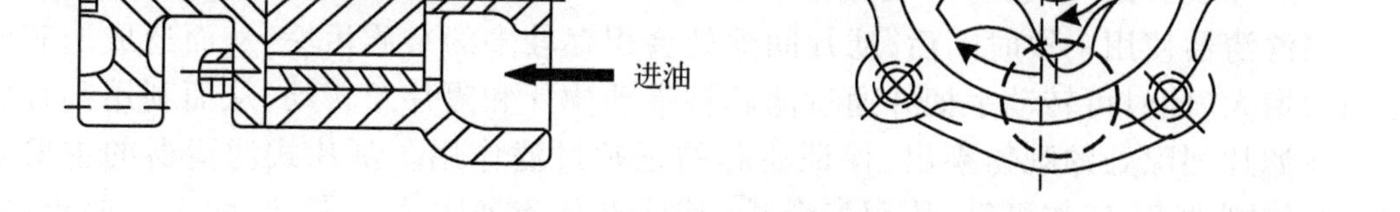

图 5－13　转子式机油泵结构图

1—轴套；2—传动齿轮；3—盖板；4、5—调整垫片；6—外转子；7—内转子；8—壳体；9—主动轴；10—轴套

（二）机油滤清器

1. 机油滤清器作用和分类

1）机油滤清器作用

机油滤清器主要用于清除机油中的机械杂质、溶解的酸性物质和沉淀的胶状物质，

以减轻零件的机械磨损和腐蚀磨损，延长机油使用时间，防止活塞组件发生胶结，以及污垢堵塞油道而引起供油不畅或供油中断，从而避免柴油机出现抱轴、拉缸、烧瓦等严重故障，因此机油滤清器性能的好坏直接影响柴油机的工作可靠性和使用寿命。对机油滤清器的基本要求是滤清效果好和流通阻力小，但这二者是相互矛盾的，通常为使机油既能得到较好的过滤效果又不使流动阻力过大，即为了解决滤清效果与通过能力之间的矛盾，润滑系统中通常装有多个机油滤清器，分别与主油道串联（全部循环机油都流过它，又称为全流式滤清器）和并联（5%～30%左右的机油流过它，又称为分流式滤清器）。

2）机油滤清器分类

通常按照滤清能力和方式的不同，机油滤清器可分为粗滤器和细滤器两类，其中，粗滤器流通阻力小，但只能滤除机油中较大颗粒的杂质，通常串联在主油道中；细滤器对较小机械杂质、胶状物质都有良好的滤清效果，但流通阻力较大，通常与主油道并联。按照滤芯结构型式不同，机油滤清器可分为刮片式（又称片状缝隙式）、纸质、带状缝隙式（又称绕线式）、离心式多种，其中纸质滤清器成本低、滤清效果好，应用比较广泛，但其缺点是使用寿命较短、长期使用易被堵塞。按照装配形式的不同，机油滤清器可分为旋装式和中心螺杆式两种，其中旋装式机油滤清器具有结构简单、工作可靠、重量轻、更换方便和润滑系统维护保养简便等优点，通常滤清器使用到规定时间可将整个滤芯总成更换；中心螺杆式机油滤清器可分解、清洗并重复使用，且滤芯可单独更换。

2. 机油滤清器典型构造

1）刮片式机油滤清器

图 5-14 所示为刮片式机油粗滤器与离心式精滤器结构图。滤清器壳体由铸铁上盖和壳体组成，滤芯总成（包括转轴及手柄）安装在上盖上，它由为数很多的两种磨光薄钢片滤片和隔片组成，并相间（相邻两滤片之间装有一隔片）叠装在特殊断面形状的滤芯轴上，同时用上下盖板及螺母压紧，从而使相邻两滤片间被隔片隔开一条缝隙（一般为 0.06～0.10 mm）。柴油机工作时压力机油从滤芯外围通过此缝隙流进滤芯中部空腔内，机油中所含的杂质被阻隔在滤芯外面，从而使机油得到过滤。过滤后的机油由出油道流出（机油流向如图 5-14 中箭头所示）。此外，在滤片间隙处对应每个隔片装有刮片，它叠装在矩形断面的刮片轴上，刮片轴通过螺纹固定在上盖上。当滤清器使用一段时间后，滤片间隙处会积存较多的杂质污垢，从而造成滤芯流通阻力增大，此时可转动手柄并通过滤芯轴带动滤片和隔片组转动，从而利用刮片将嵌藏在滤片间隙处的脏物剔出，保证滤芯的正常过滤作用。刮片式滤清器的主要优点是结构刚性高、工作可靠、使用寿命长；其缺点是流通阻力较大、装配工艺要求高，同时其制造成本也较高。

2）纸质机油滤清器

图 5-15 所示为 NTA855 系列柴油机采用的旋装式纸质机油粗滤器。铝质滤清器座通过螺栓固定在机油冷却器底座上，其间装有橡胶密封圈，滤清器座下端加工有螺纹，用于旋装纸质滤清器滤芯总成。机油冷却器底座中心油孔的圆周加工有数个进油孔，经过机油冷却器冷却后的机油由此经滤清器座进入滤芯。滤芯通常采用合成纤维滤纸制作并

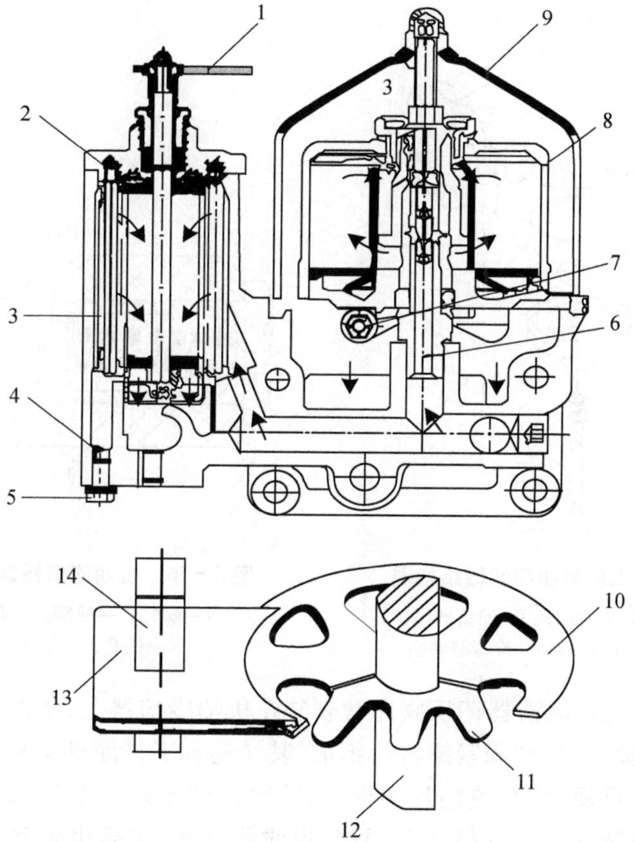

图 5 - 14　刮片式机油粗滤器与离心式精滤器结构图

1—手柄；2—上盖；3—滤芯总成；4—壳体；5—放油螺塞；6—转子轴；7—喷嘴；8—转子体；9—罩壳；10—滤片；11—隔片；12—滤芯轴；13—刮片；14—刮片轴

经过化学处理，在高温、高压（1 MPa）和污垢堵塞情况下通常不会破损。芯筒一般采用薄铁皮制成，上面冲有很多圆孔，装在滤芯中起骨架作用。滤芯上、下盖板采用铁皮冲制而成，滤纸芯与盖板间采用黏合剂黏接在一起。柴油机工作时具有一定压力的机油从外向里通过滤纸进入滤芯内部，将混入机油中的各种杂质阻隔在滤纸外面，从而使机油得到净化。过滤后的机油经中心油孔向上流出，沿机油冷却器体上加工的油道进入冷却器支座，再进入机体主油道。通常情况下，纸质机油滤清器每分钟可使全部机油过滤三次。

需要指出的是，不同系列、不同用途的康明斯柴油机采用的纸质机油粗滤器的数量通常有所不同，例如康明斯 NTA855 系列柴油机采用 1 个，KTA19 系列柴油机采用 2 个，而 KTA38 和 KTA50 系列柴油机分别安装 4 个和 5 个纸质机油粗滤器。通常多个粗滤器并联使用能够提高滤清效率，从而满足柴油机功率增大对可靠润滑的需求。此外，KTA19 系列柴油机在滤清器座上并联装有两个粗滤器，且滤清器座内加工有副油道并装有副油道调压阀，主要用于控制机油流向，使机油只沿着机体一侧装有活塞冷却喷嘴的油道流动，从而为活塞冷却喷嘴提供压力机油。

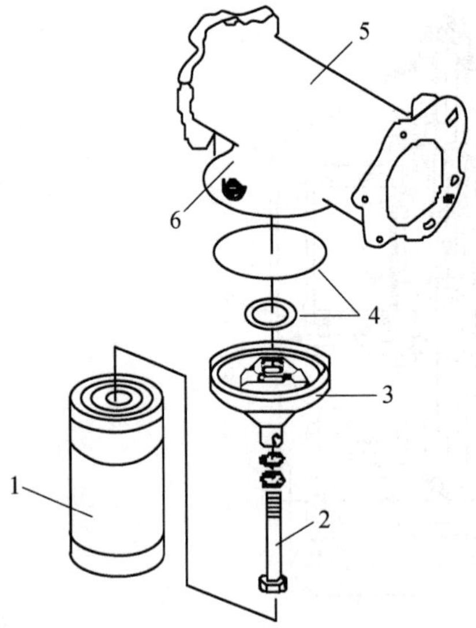

图 5-15 旋装式纸质机油粗滤器结构图

1—滤清器滤芯总成；2—螺栓；3—滤清器座；
4—密封圈；5—机油冷却器；6—冷却器底座

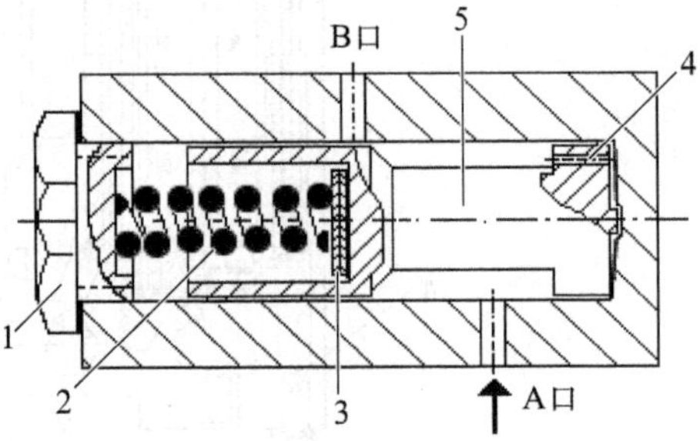

图 5-16 机油滤清器调压阀示意图

1—螺钉；2—弹簧；3—调整垫片；
4—油孔；5—调压阀柱塞

康明斯柴油机机油滤清器调压阀通常安装在机油冷却器上，如图 5-16 所示，主要由调压阀柱塞、弹簧、垫片和固紧螺钉等组成，其结构和工作原理与机油泵调压阀相同，且机油压力的调节可通过增、减垫片实现，出厂时已调整好。此外，康明斯柴油机机油滤清器的旁通阀安装在机油冷却器上，并与粗滤器并联，主要由弹簧、旁通阀柱塞和阀体等组成。当滤清器内机油因滤芯过脏而使流通阻力达到某一差值（NT/NTA855 系列分别规定为 320 kPa、340 kPa；KT/KTA/KTTA19 系列规定为 207 ~ 276 kPa；KT/KTA38 和 KTA/KTTA50 系列规定为 351.6 kPa），压力机油克服弹簧力并推动旁通阀柱塞使旁通阀开启，部分机油不经粗滤器过滤直接进入主油道，从而确保柴油机零件可靠润滑。

3）带状缝隙式机油粗滤器

部分 135 型柴油机采用带状缝隙式机油粗滤器，滤芯由特殊断面形状的黄铜丝密集缠绕在波纹筒上构成，且内外两个滤芯并联组成，以增大滤清面积。滤芯总成借助粗滤器轴固定在粗滤器盖上，并安装于粗滤器体和底座内。柴油机工作时压力机油经过铜丝缝隙过滤后沿波纹状沟槽向上，再经波纹筒夹层汇集到粗滤器轴的中心孔内，并经粗滤器盖和粗滤器体中铸出的油道流出至机油散热器。

4）转子离心式机油细滤器

转子离心式机油细滤器通常又称为离心式精滤器，其组成和构造如图 5-17 所示。精滤器与主油道并联，经离心净化（过滤）后的机油直接返回油底壳。离心式转子总成通常由装在转子轴 8 上的转子体 9、转子盖 11 以及滤油网 10、喷嘴 7 和上下青铜衬套 13 等组成。转子内通常设有两个油井，口部装有滤油网 10，其下部沿水平方向反向装有两个喷嘴 7。来自机油泵的压力机油进入底座 6 后，少部分（约为 1/3）机油经转子轴上的油孔流入转子内,并经滤油网进入油井,然后再从喷嘴高速喷出。此外,由于两个喷嘴分布在转子圆周上且喷射方向相反,因此会形成一个力偶,在该力偶作用下精滤器转子将以5000 r/min 以上的速度高速转动,此时转子内机油在旋转离心力作用下将密度较大的杂质甩向四周,从而使喷射出的机油得到净化。

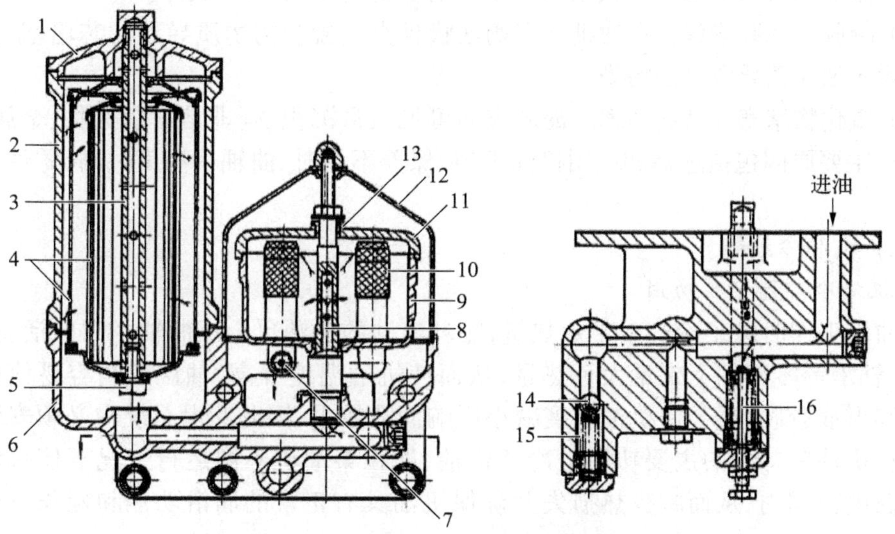

图 5-17 转子离心式机油细滤器结构图

1—粗滤器盖;2—粗滤器体;3—粗滤器轴;4—粗滤器芯子;5—螺钉;6—底座;7—喷嘴;8—转子轴;9—转子体;10—滤油网;11—转子盖;12—离心式机油细滤器壳体;13—青铜衬套;14—旁通阀钢珠;15—旁通阀弹簧;16—调压阀

离心式机油精滤器的滤清效率主要取决于转子转速、转子旋转阻力等,因此一方面要定期清除沉积在转子内壁上的杂质,另一方面还要确保转子总成的动平衡,特别是装配时要使转子体与转子盖上的两个箭头对准。此外还要保持喷嘴畅通,一旦发现堵塞可用小于孔径的细钢丝疏通。离心式机油精滤器的主要优点包括:一是滤清效果好,特别是对密度大而体积小的金属微粒和硬质磨料有很强的滤清能力;二是通过能力好,离心式机油精滤器不需要更换滤芯,纳污容量大、清洗周期长,清除沉淀物质很方便;三是流通阻力小,离心式机油精滤器的滤清能力基本上不受沉淀物积聚的影响。

3. 机油滤清器使用维护

机油滤清器的性能优劣直接影响到柴油机的润滑和使用寿命,因此使用中应严格执行维护保养技术规范,做到正确使用、精心保养、适时更换,从而保持润滑系统经常处于良好的工作状态。机油滤清器的常见故障包括滤芯阻塞或损坏、弹簧弹力不足、密封圈失效、调压阀或旁通阀失灵及油道阻塞等。发现机油滤清器故障应采取修复或更换的方法及时处理;当发现调压阀或单向阀失灵可进行调整;当调压弹簧弹力不足或阀磨损应及时换新,并调整压力。

机油滤清器更换仿真动画

机油滤清器滤芯阻塞通常包括以下几种情况:

(1) 污染过度堵塞。在滤芯表面覆盖有一层稠密、松散的油泥,由机油中的积炭、氧化产物和燃烧产物超过机油容纳极限所致,当更换机油不及时、未严格执行保养规范或曲轴箱内气体温度过高时容易发生该情况。

(2) 机油分散能力削弱堵塞。沿滤纸打褶方向附着一层比较坚固、有光泽的油泥,当柴油机冷却液漏入油底壳,或在寒冷季节柴油机怠速运转时间过长,会削弱机油中分散添加剂的作用,从而使油烟和碳灰粘连在一起并形成沉淀,导致滤芯堵塞。

(3) 添加剂析出堵塞。滤纸呈灰色或产生扭曲变形、纸褶断裂等。

(4) 凝胶或乳胶堵塞。在滤纸上有奶油状且类似凝胶的物质导致滤芯堵塞,主要由冷却液漏入油底壳导致机油污染。

(5) 氧化物堵塞和磨料堵塞。滤芯表面可见大量沉积物(非溶解氧化物、金属磨粒、污垢等),主要原因包括选择和使用机油不当、保养不及时、曲轴箱温度过高、零件严重磨损等。

(三) 机油冷却器

1. 机油冷却器主要功用

柴油机工作时除了冷却水带走热量,循环流动的机油也会从曲轴、气缸、活塞组件、齿轮副、轴承等零部件上带走大量热量,从而使机油温度升高,油温升高容易使机油氧化变质和形成胶膜,还会使机油黏度减小影响润滑效果,因此润滑系统中必须安装机油冷却器。机油冷却器的主要功用是冷却机油,即在柴油机不同运行工况下使机油保持在适宜温度范围内,从而减少热损失并确保机油具有正常的润滑功能和延长机油使用期限。

通常机油冷却器可分为两类:一种是以空气作为冷却介质,通常称为机油散热器,目前主要在移动电站、车辆、工程机械等领域应用广泛;另一种是以水作为冷却介质,通常称为机油冷却器,该种方式由于换热效率优于机油散热器,加之体积较小,因此在大功率柴油机和地下工程电站中应用较多。

2. 机油冷却器典型构造

1) 机油散热器

机油散热器与冷却系统散热器(水箱)结构组成基本相同,只是对散热芯管的强度要求较高。机油散热器通常串联在主油路中,可装在水箱的前面或后面,并借助风扇鼓风冷却机油,同时对于车用柴油机还可利用行驶中迎面冷空气对机油进行有效冷却。

2) 机油冷却器

图 5-18 所示为 12V135 系列柴油机机油冷却器结构图。壳体 5 内装有机油冷却器滤芯总成 3,滤芯由数十根铜管、散热片和隔片组成,冷却水在铜管内流动,高温机油在管外与外壳的夹层间迂回流动,从而实现热量的传递。前盖 1 内侧的进出水腔互不连通,通过两个接管头分别与进水管和出水管相连,壳体上加工有两个机油管接头 4,一个接进油管,另一个接出油管。为防止机油泄漏导致机油与冷却水混合,壳体与前、后盖结合面处装有垫片 2,后盖同时装有一根橡胶密封圈(即封油圈)6。后盖上还装有一个放水阀 8,用于排出滤芯内部的冷却水。机油冷却器总成通过支架 9 固定在柴油机机体或机组底盘上。

柴油机工作时冷却水由进水接管头、进水腔流入一半芯管,然后从后盖 7 经另一半芯管流向出水管。来自机油泵的压力机油则从壳体上两个机油管接头 4 中的一个进入壳体

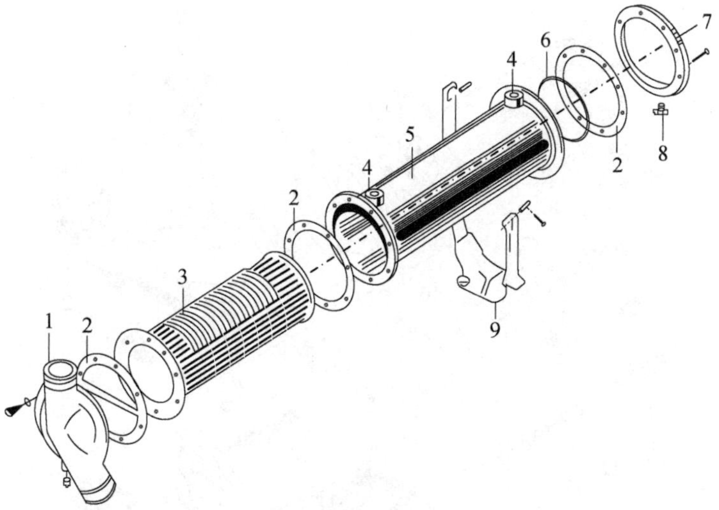

图 5－18　12V135 系列柴油机机油冷却器结构图

1—前盖;2—垫片;3—滤芯总成;4—机油管接头;5—壳体;6—封油圈;7—后盖;8—放水阀;9—支架

内,因受绕流片阻挡而在芯管外迂回流动,并向芯管内流动的冷却水散热,然后经另一个机油管接头流出,其工作过程如图 5－19 所示。

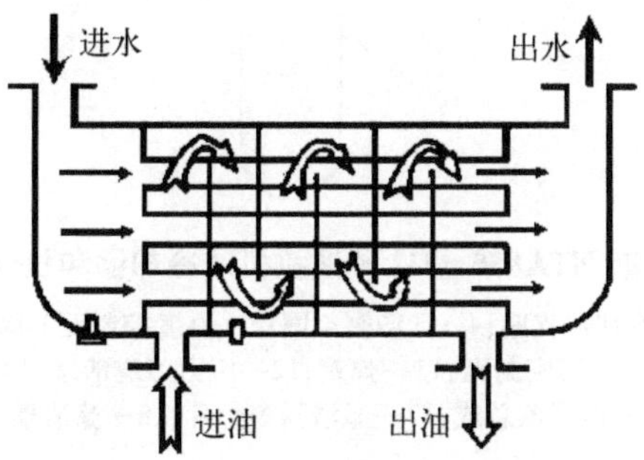

图 5－19　机油冷却器工作过程示意图

图 5－20 所示为电站用康明斯 NTA855－G2 柴油机机油冷却器和机油粗滤器结构图。冷却器芯 6 装在冷却器壳 1 内,冷却器壳的两端分别用螺钉固定有冷却器支座 3 和冷却器盖 9,其间装有密封垫片 2 和矩形密封圈 10。冷却器支座内装有一个温度控制调节阀 5,用于控制流经机油冷却器的机油量。通常当机油温度低于 110℃时,约有 50%的机油不经冷却直接进入机油滤清器;当温度高于 110℃时,调节阀全开,使全部机油得到冷却。机油滤清器旁通阀由压力感应活塞 12、弹簧 13、旁通阀柱塞 14 和旁通阀活塞 15 等组成,并安装在滤清器座内。冷却器芯由芯管组成并分隔为两组,柴油机工作时机油在芯管外迂回流动,冷却水则由冷却器支座进入其中一组冷却芯管并流至冷却器盖,然后流经另一组冷却芯管并从冷却器支座流出。

机油冷却器三维模型

图 5－21 所示为康明斯 KTA19 系列柴油机机油冷却器结构图,主要由冷却器壳体 13、冷却器盖 8、冷却器芯 1 和旁通水管 4 等组成。冷却器壳体采用螺钉固定在柴油机机

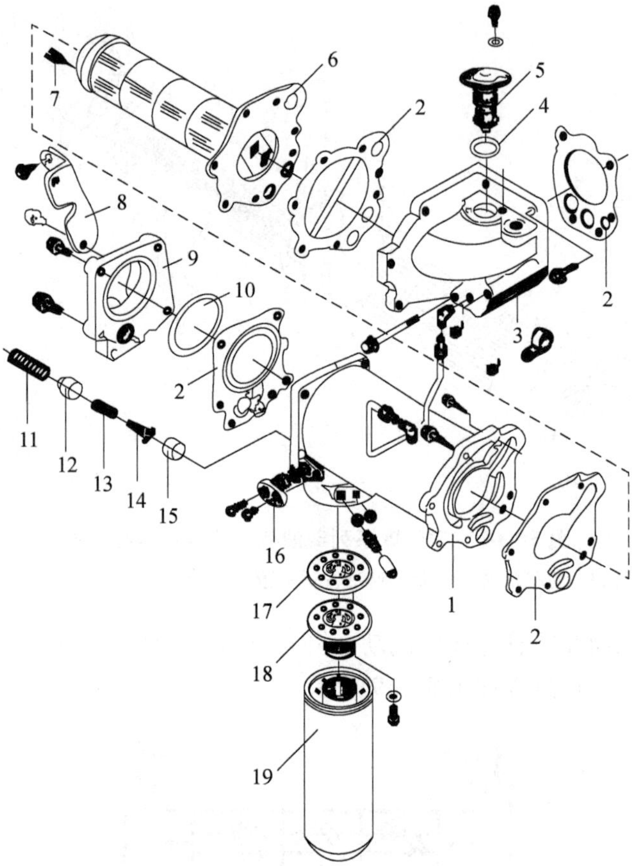

图 5-20　康明斯 NTA855-G2 柴油机机油冷却器和机油粗滤器结构图

1—冷却器壳；2—垫片；3—冷却器支座；4—O 型密封圈；5—温度控制调节阀；6—冷却器芯；7—放水阀；8—支架；9—冷却器盖；10—矩形密封圈；11—弹簧；12—压力感应活塞；13—弹簧；14—旁通阀柱塞；15—旁通阀活塞；16—传感器总成；17—滤清器盖垫片；18—滤清器座；19—机油粗滤器

体上，壳体内固定有两个并联的冷却器芯（板式热交换器），并浸入在柴油机机体水套内。冷却器盖采用螺钉连接在壳体上，其间装有密封衬垫。冷却器盖上装有一个放水螺塞（也可兼作加热器螺塞）6 和 O 型密封圈 7，冷却器体下部有一个放水阀 12。柴油机工作时机油在冷却器芯内部流动，其外部充满了循环流动的冷却水。

3. 机油冷却器使用维护

机油冷却器常见损伤主要为密封圈老化失效、芯管脱焊或腐蚀穿孔等，上述损伤会引起漏油或油、水混合，因此机油冷却器应定期进行清洗和检查，且装配过程中所有密封圈均应更换。机油冷却器芯管有脱焊或穿孔时可进行焊补修复，也可将损坏管子的两端孔口封堵后继续使用，但堵管数不得超过芯管总数的 5%，也可在损坏的管子内插入一根外径较小的新管，然后将管端切断保持平齐，并将管口扩张成喇叭口，再将管子端部与冷却器芯焊接，最后检查密封性。

机油冷却器拆卸后，冷却器芯和冷却器体要采用清洗剂浸泡和清洗。需要重点检查冷却器体、盖和支座有无裂纹、腐蚀或其他损伤；检查冷却器芯两个端面和铜管有无损坏

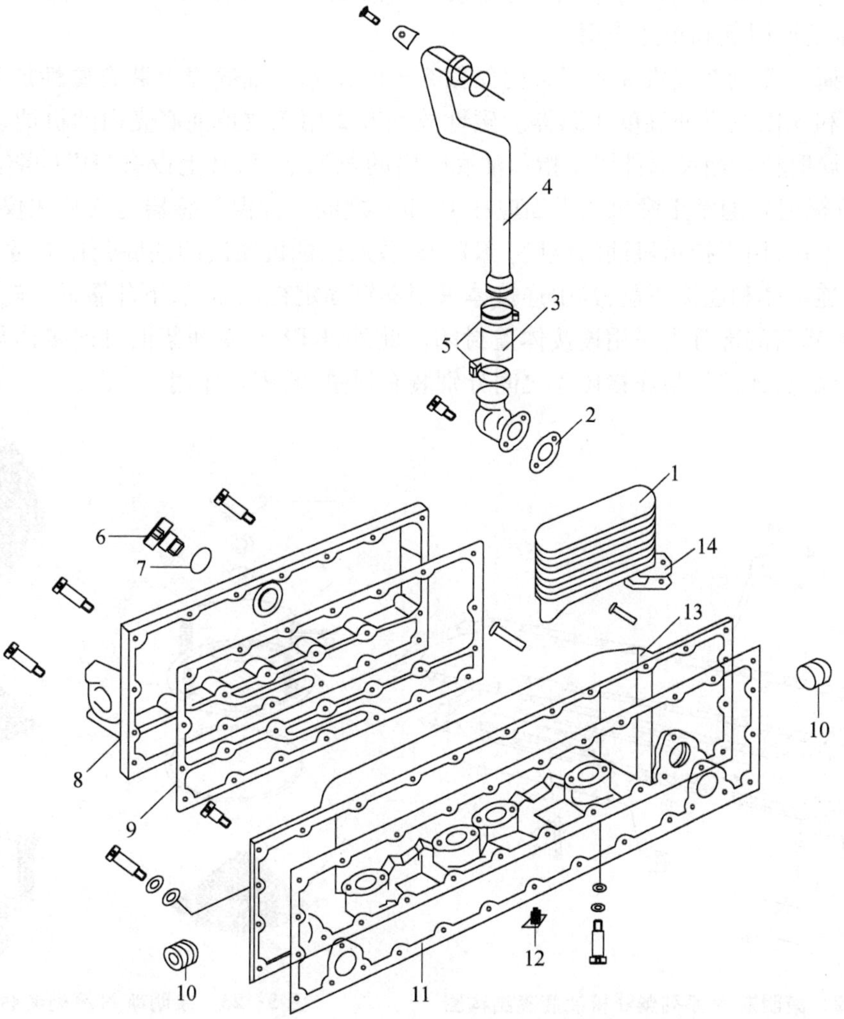

图 5－21　康明斯 KTA19 系列柴油机机油冷却器结构图

1—冷却器芯(2个);2—垫片;3—软管;4—旁通水管;5—卡箍;6—放水螺塞;7—O 型密封圈;8—冷却器盖;9—衬垫;10—螺塞;11—冷却器壳衬垫;12—放水阀;13—冷却器壳体;14—衬垫

或渗漏,如果铜管变形或者损伤数超过 5%,应更换冷却器芯。检查冷却器芯时可将芯管的一端堵死,从另一端向管内充气(气压可控制在 400 kPa 左右),并把芯子放入水中,然后从冒气泡处判断渗漏部位,最后确定采用焊补或封堵方法进行修复。此外,复装机油冷却器时新更换的 O 型密封圈表面要涂抹少许植物油润滑,并保持封油圈和金属挡圈平整和正确的密封位置。

(四) 其他附属装置

1. 油底壳

油底壳通常安装在机体下部,既用于贮存机油,同时又是柴油机曲轴箱的组成部分。柴油机工作时一方面通过浸入在机油内的吸油管向机油泵供应机油,另一方面收集各润滑表面回流的机油。此外,在吸油管端口处,有的柴油机安装有一个粗滤网(例如 135 系列柴油机)，有的柴油机是封闭的(例如康明斯柴油机)，后者在管子表面加工有几排小孔，在吸油的同时起到粗滤作用。

康明斯N系列柴油机油底壳结构如图5－22所示。油底壳上装有磁性放油塞2、油尺部件4和5以及机油温度传感器。磁性放油塞2用于放掉油底壳内的机油，并吸附机油中的金属磨粒。油尺部件用于指示油底壳内的机油平面，其上设有“H”(高位标记)和“L”(低位标记)，通常正常机油平面应在H和L之间。油温传感器与安装在仪表板上的表头配合工作，用于指示机油的温度。KTA19系列柴油机使用的油底壳比N系列多了一个油底壳连接体和连接体盖，其中连接体采用螺钉固定在机体上，下部靠近飞轮端与油底壳连接，而暴露的部分则采用连接体盖封闭。此外，KTA19系列柴油机连接体与机体、连接体与油底壳、连接体与连接体盖之间分别装有衬垫，起密封作用。

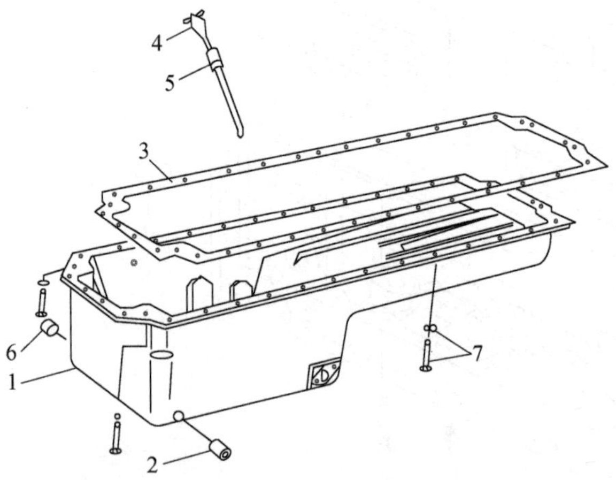

图5－22　康明斯N系列柴油机油底壳结构图

1—油底壳；2—磁性放油塞；3—垫片；4—油标尺；5—油标尺管；6—管塞；7—螺柱

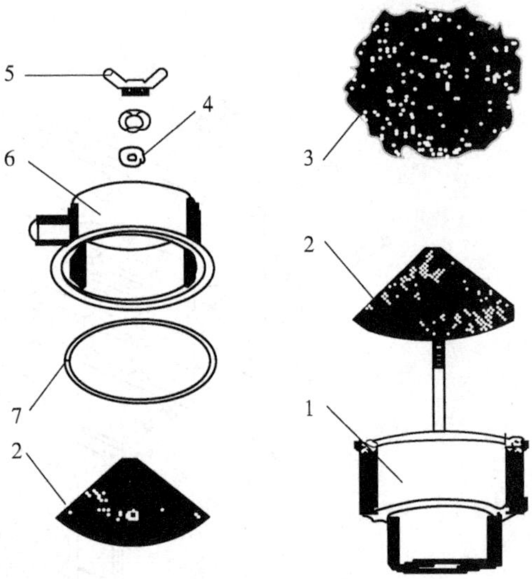

图5－23　康明斯N系列柴油机曲轴箱通风装置结构图

1—本体；2—滤网罩；3—绒状滤芯；4—密封圈；5—蝶形螺母；6—盖；7—橡胶衬垫

2. 曲轴箱通风装置

在活塞压缩和做功冲程过程中，气缸内少量的压缩气体和燃气会通过活塞环间隙漏入曲轴箱，加之机油产生的蒸汽，因此若没有通风装置，将使曲轴箱内气体压力升高，从而影响曲轴箱的密封，同时也增加了活塞下行的阻力。此外，当曲轴箱内油气温度过高时，还会加速机油老化，油雾和泄漏的燃气也可能被引燃而影响安全，因此柴油机需要安装曲轴箱通风装置，从而及时将曲轴箱内的可燃气体排出。

12V135系列柴油机设有两个曲轴箱通风装置，一个安装在曲轴箱盖板上，另一个安装在机体前端齿轮室上。康明斯柴油机通常采用自然通风方式，其C系列通风管从气门罩盖引出，而B系列从气门推杆室盖板引出。康明斯N系列柴油机曲轴箱通风装置设置在气缸盖顶部摇臂室盖上，如图5－23所示。在本体1内装有上、下滤网罩2，其间放有绒状滤芯3，盖6用蝶形螺母5压紧，并装有密封圈4和橡胶衬垫7，滤芯可阻止机油外泄。KTA19系列柴油机曲轴箱通风装置通过软管与通风管连接，曲轴箱气体可由此排出，通风装置内装有绒状滤芯和通风孔挡板。

四、润滑系统保养

润滑系统的维护保养十分重要，任何工作上的疏忽都可能影响柴油机的正常使用和寿命，例如油面过低或更换机油不及时、油质不符合要求、运行中不注意机油压力等，均可能引发柴油机抱轴、烧瓦、拉缸等事故，而机油不清洁、油泥过多则可能造成柴油机供油中断等故障，因此柴油机通常制定有严格的润滑系统保养时限、程序、方法和要求，只有严格执行保养手册中的要求才能预防事故发生，从而延缓零件磨损进程和延长柴油机使用寿命。

润滑系统的保养教学视频

（一）影响润滑系统的主要因素

1. 油量

通常机油量的多少不单纯取决于摩擦表面的润滑需要，还必须同时考虑将摩擦表面产生的热量及时带走，从而保证零件在正常温度下工作。通常油量过少会使柴油机润滑不可靠，摩擦产生的热量也不能完全带走，油温升高将使机油消耗增加和氧化变质加快，此外当油量严重不足还会使油压降低，机油中混入空气，油膜不易形成而出现抱轴、烧瓦和咬缸等故障；而如果油量过多将使机油消耗量增加，气缸内机油上窜的倾向增大。

2. 温度

通常机油的黏度随温度而变化，油温升高机油变稀不易形成油膜，而油温过低其黏度增大，虽有利于摩擦表面形成油膜，但摩擦阻力增加。此外，润滑油的温度还与柴油机负荷、环境温度、油量有关，一般应保持在85~90℃为宜。

3. 清洁度

使用中的机油，由于磨粒和外界尘土的侵入，加之曲轴箱燃气的污染等原因，将使机油逐渐变脏和老化变质，如不及时清洁将直接影响机油的润滑功能。因此，除需要定期更换机油以外，在润滑系统中还要安装机油滤清器。

4. 润滑压力

机油泵送来的润滑油必须克服机油滤清器及主油道中的流动阻力，才能输送到各摩擦表面，因此必须具有一定的输送压力。若机油压力过高，机油泵的负荷将增加，不但增加驱动功率，还会对可靠密封提出更高的要求；若机油压力过低，将会影响油膜的形成，使润滑不可靠，因此柴油机工作中机油压力必须保持在规定范围内。

（二）润滑系统保养的主要内容

通常润滑系统保养的主要内容包括维持正常的油面高度、保持正常的机油压力和定期清洗或更换机油滤清器、及时更换机油等。

1. 维持正常的油面高度

机油使用过程中由于蒸发、烧损、漏油等原因而逐渐消耗，因此在换油周期内应及时补加相同牌号的新机油，从而维持正常的机油平面。通常机油平面采用机油标尺进行检查，且无论柴油机是否工作，机油平面都应保持在油尺H和L两刻线之间。此外，润滑系统保养中要克服“油多不坏菜”的错误认识，认为加油越多，润滑就越可靠、润滑的效果也就越明显，基于这种错误认识，柴油机的油底壳、调速器、空气滤清器的机油平面常常超标，滚动轴承内也经常添加过量的润滑脂，这种过量加油的做法会诱发柴油机故障甚至导致柴油机损坏。

例如，当油底壳内机油平面超标时，虽然有助于改善气缸的润滑，但通过活塞环泵入燃烧室的机油增多，不仅增大了油料消耗，由于机油馏分重、燃烧不完全，还会在活塞、气门和喷油嘴处形成积炭，从而造成气门漏气、喷油器雾化不良、压缩比提高和气缸内局部过热，严重时多余机油参加燃烧会使柴油机超速甚至飞车；此外还会在活塞裙部、环槽表面和气缸套上部形成漆膜，从而造成活塞环黏结、活塞刮油孔堵塞，加剧泵油过程和机油的消耗。当惯性油浴式空气滤清器机油盘中机油过量时，进气过程中气缸的抽吸会使部分机油连同空气一起进入气缸，虽然能够改善进气门的润滑条件，但过多的燃料加入燃烧必然会导致柴油机超速；同样在充电发电机、启动电机和水泵的轴承内装填过量润滑脂会恶化轴承的工作条件，不仅引起轴承发热和增大转动阻力，还会造成润滑失效和轴承过早损坏。综合上述分析可以看出，润滑系统使用保养中必须严格把关，确保机油添加量在油标尺规定刻度范围内。

2. 保持正常的机油压力

润滑系统的技术状态也可采用机油压力进行判断，因此在柴油机运行中要密切注视机油压力，确保油压在规定范围内，机油压力过高、过低均对柴油机工作不利。

3. 定期清洗或更换机油滤清器

如果柴油机采用可维护清洗的机油滤清器（如绕线式、刮片式、转子离心式等），应按照柴油机实际工作状况，参考使用说明书规定的时限进行清洗和检查。清洗滤芯时应将滤芯浸泡在干净的油中，并用毛刷仔细清除表面污垢，然后用压缩空气吹干。绕线式滤芯可放在碱水中煮洗（或用高压柴油喷洗），清洗后应检查通过能力，即将滤芯端部用木塞或用橡皮堵塞，将其快速浸入温度高于 15℃ 的清洁柴油中，并检查柴油经缝隙进入滤芯内部的时间，直到油面距上边缘 15~20 mm 时为止。通常通过时间应不超过 1 min（新滤芯一般为 20~30 s），若通过时间长应重新进行清洗或更换滤芯。

如果柴油机采用一次性的旋装式机油滤清器，柴油机工作一定时间后应及时更换。安装新滤清器前应先向滤清器内加注规定牌号的清洁机油，由于机油渗入滤芯内部需要一定时间，加油过程可重复多次，直至滤清器内没有空气并已充满机油为止，然后在滤清器密封圈上端面涂抹一薄层机油，再将滤清器安装到滤清器座上，并使密封圈与滤清器座面接触，最后用手继续拧紧 0.5~0.75 圈。

4. 及时更换机油

柴油机工作过程中，机油在高温、污染、催化等作用下会发生复杂的物理、化学变化，主要表现为燃料油的稀释、机械杂质污染、水乳化及剪切等，并最终成为漆膜和积炭等沉积物，因此用户应根据柴油机的运转情况合理确定换油期。通常换油期包括如下两种：

1）推荐性换油期

推荐性换油期是柴油机生产厂家进行产品试验后得到的经验值，或参照同类产品而确定的换油期，通常在柴油机使用保养手册上有具体规定和说明。通常柴油机生产厂家确定的推荐性换油期偏保守，未充分考虑柴油机的具体操作条件和工作情况，其实质是以时间为坐标的定期换油。

2）限制性换油期

限制性换油期是指按照在用油某些性能指标的改变程度确定最佳换油时间，其实质是以油品质量变化为坐标的按质换油，它比推荐性换油期更科学、更合理，但由于单从指标变化有时还难以判断机油的降解程度，因而该种方式也存在一定的局限性[39]。机油性能指标的变化通常可用如下经验方法直观判断：一是抽出油尺看油尺上油膜的色泽和透明度，如果油膜呈黄色、亮褐色，或者油尺上的标记清晰可见，说明机油质量尚好，但如果油膜呈暗灰色或黑色，或者透过油看油尺标记模糊不清，说明油质变差，此时可考虑更换机油；二是在洁白滤纸上先滴上新机油，然后再滴上在用的机油，进行对比观察，若在用油滴中心黑斑大、边界清楚且含有较多杂质，说明机油中添加剂过量消耗，机油性能下降，应进行更换；三是用直径 0.5 cm、长 20 cm 的玻璃管装入约 19 cm 的新机油并封好管口，再采用同样的玻璃管等量装入在用机油并封好管口，将两管同时颠倒并记录气泡上升的时间，当机油黏度下降时气泡上升快，两者相差超过 20%时可考虑更换机油。

第二节　柴油机冷却系统

一、冷却系统概述

（一）冷却系统功用

柴油机的冷却系统教学视频

柴油机做功冲程阶段气缸内燃烧所产生的高温瞬时可达 2000℃，直接与燃气接触的零件（如气缸套、活塞组件、气缸盖、气门和喷油器喷嘴等）被强烈加热，如不进行适当冷却，将会造成以下严重后果：

（1）在持续高温作用下，零件的机械强度和刚度显著降低，加速了零件磨损并产生变形、开裂，同时当零件受热不均匀时，过大的热应力常常是零件损坏的直接原因。

（2）零件过热膨胀使正常的配合间隙遭到破坏。

（3）机油温度升高使黏度大大降低，影响摩擦表面油膜的形成，从而增大了摩擦和磨损；此外，高温下的机油易于氧化、分解，生成含氧化合物、漆膜、胶质、沥青质和形成积炭，不仅影响柴油机的正常工作，同时还会缩短机油使用期和增大机油消耗量。

（4）气缸内温度过高时进入气缸的新鲜空气受热膨胀，充气效率降低、进气量减少，从而使柴油机功率下降、油耗增大。

（5）由于气缸内气体温度高、燃油蒸发快，容易使柴油机产生早燃和爆燃等现象。

冷却不足固然不好，但过度冷却也会产生如下不利影响：

（1）过冷会使柴油燃烧热量过多地被冷却水带走，从而造成柴油机热效率降低。

（2）影响气缸内可燃混合气的形成和燃烧，从而使柴油机动力性和经济性下降。

（3）低温使机油黏度增大，增加了运动零件的摩擦阻力，导致柴油机的机械效率降低。

（4）温度较低情况下燃气中的水蒸气易凝结成水，并与燃气中的 S、SO_2、CO_2 等形成酸性物质，从而造成金属零件的腐蚀；此外过冷还会使喷入气缸的燃油蒸发缓慢，稀释气缸壁面的润滑油膜和油底壳中的机油，从而造成润滑不良。实践证明，柴油机长期在过冷状态（冷却水温低于50℃）下工作，零件的磨损程度比在正常水温下工作时严重好几倍。

综合上述分析可以看出，柴油机冷却系统的主要功用是对柴油机进行冷却，从而及时、适量地散失在高温条件下工作零件所吸收的热量。通常对于水冷柴油机，要求其出水温度控制在90~95℃；对于风冷柴油机，要求其气缸壁温度为150~180℃。对柴油机冷却系统的基本要求包括：一是始终保持柴油机在一个最适宜的温度范围内工作；二是冷却水流动畅通，避免产生死区和局部阻塞，管道布置尽可能短和圆滑，从而使流通阻力小；三是柴油机启动后能尽快加热到稳定运转状态；四是系统密封性好，结构紧凑、尺寸小、重量轻和耗功小，且便于制造和维修。

（二）常见冷却方式

柴油机受热零件的传热主要由三个阶段组成：一是热量由燃烧气体通过对流放热的形式传递给受热零件内壁面；二是热量在受热零件壁内进行热传导；三是热量从受热零件外壁面再通过对流放热的形式传递给冷却介质[40]。通常柴油机按照冷却方式的不同，可分为风冷柴油机和水冷柴油机两种，两种冷却方式的区别仅在于第三阶段不同，即冷却介质为空气的为风冷柴油机，而用水作为冷却介质的为水冷柴油机。

风冷系统
教学视频

1. 风冷系统

风冷柴油机采用空气作为冷却介质，在风扇作用下，高速流动的空气直接将柴油机高温零件的热量带走，从而使柴油机保持一个适宜的工作温度。风冷柴油机通常由风扇、导风罩和散热片等零件组成，如图5－24所示，其中导风罩的主要作用是合理分配冷却空气和提高风冷效果。此外，风冷柴油机大多在气缸和气缸盖上铸造有散热片，如图5－25所示，从而有效增大高温零件的散热面积，获得最佳的冷却效果。

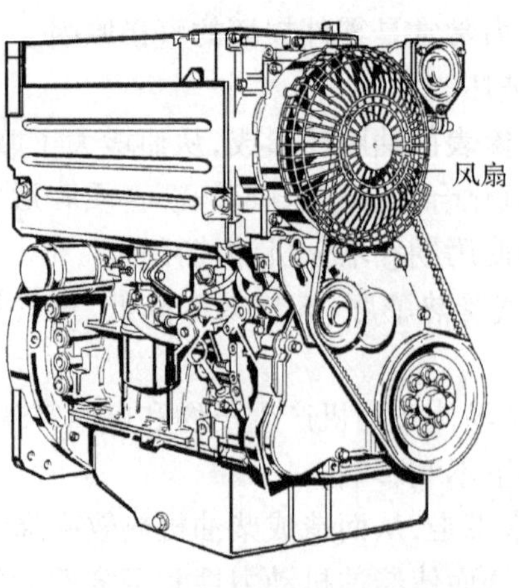

图5－24　风冷柴油机总体结构图

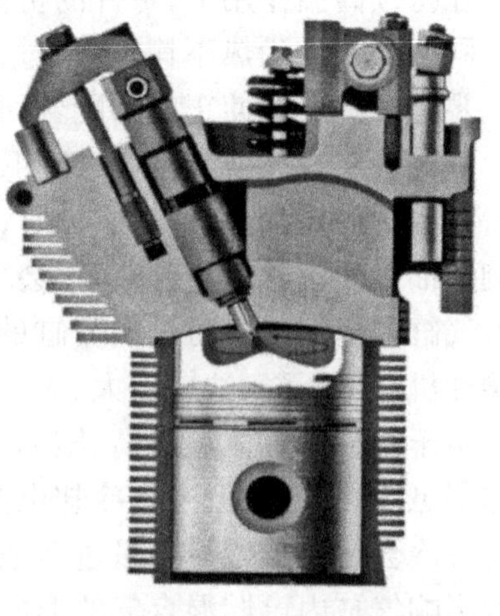

图5－25　风冷柴油机气缸和气缸盖结构图

风冷系统的主要优点：一是零件少、结构简单，柴油机重量较轻，且制造成本低；二是风冷系统不需要冷却水，无漏水、冰冻、结垢等故障，使用维护较为方便；三是部分负荷下不会有过冷现象，且能够以最短时间使柴油机承受全负荷工作；四是柴油机与空气之间传热温度差较大，故冷却系统散热能力对大气温度的变化并不敏感，无论在严寒地区还是在酷热地区均可使用。

风冷系统的主要缺点：一是由于金属与空气的传热系数大大低于金属与水的传热系数，因此风冷柴油机的热负荷较高，柴油机工作可靠性较差，同时由于热负荷高、增压度较小且强化潜力不大，会导致发生局部热点的机会比水冷机型多，因此要保证热负荷较高的风冷柴油机工作可靠，需要系统具备很高的设计及工艺水平；二是风扇消耗功率较大，加之风扇圆周速度较高，因此风冷柴油机的噪声也较大。

2. 水冷系统

通常水冷系统根据冷却水循环方法的不同，可分为自然循环冷却和强制循环冷却两类，柴油机电站均采用强制循环冷却系统，具有冷却效果好、冷却均匀、工作噪声小等特点。强制循环冷却按照冷却水来源不同，又可进一步分为闭式循环和开式循环两种。

水冷系统教学视频

1）闭式循环冷却

图 5－26 所示为中小型柴油机常见的闭式循环水冷系统（又称散热器冷却方式），主要由柴油机水套 6（机体和气缸盖水夹层）、水泵 4、散热器（又称水箱）1、节温器 8、风扇 2 等零部件组成。柴油机运转时风扇通过三角皮带由曲轴前端的皮带轮驱动，冷却水泵也通过皮带或采用齿轮由曲轴驱动，在水泵作用下冷却水从散热器（水箱）的下水室中吸出并被压入柴油机水套，冷却受热零件后的热水再经安装在气缸盖上的出水管 9 和节温器进入散热器上水室。当冷却水流经散热器时，由于风扇的驱动热量经散热管和散热片被流动的冷空气带走，从而使散热器内的热水温度降低。冷却水的不断循环流动和散热，确保了柴油机冷却水温度不致过高，同时冷却水流经机油冷却器 5 时，会使循环流动的机油也得到冷却。

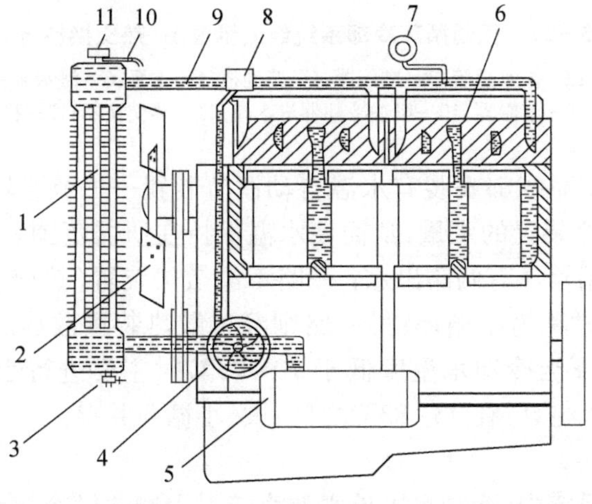

图 5－26　强制循环冷却系统组成示意图（散热器方式）

1—水箱；2—风扇；3—放水阀；4—水泵；5—机油冷却器；6—水套；7—水温表；8—节温器；9—出水管；10—通气管；11—水箱盖

闭式循环冷却的主要特点是冷却水不直接与大气相通，水在密闭系统内循环，冷却系统内的蒸汽压力略高于大气压力，水的沸点因此可提高到100℃以上，同时由于进、出口冷却水的温差较小（一般为7~15℃），进水温度较高，从而使柴油机受热零件的工作温度比较稳定，有利于提高柴油机运行的经济性。此外闭式循环冷却耗水量少，可保持水质清洁和良好的冷却效果。其缺点是结构复杂，且驱动风扇和水泵均需要消耗柴油机功率。

闭式循环冷却的另一种方式是热交换器方式，如图5－27所示。与散热器方式相比，柴油机冷却水的热量不是被风扇作用下的冷空气强制带走，而是在流经热交换器11时被流经热交换器内的另一路冷却水（俗称海水）强制带走，即如果我们形容前者是风冷却水，则热交换器散热方式采用的则是水冷却水，该方式省去了水箱和风扇，但增加了热交换器11、海水泵6和一个膨胀水箱1，同时还需要外水源水池8。

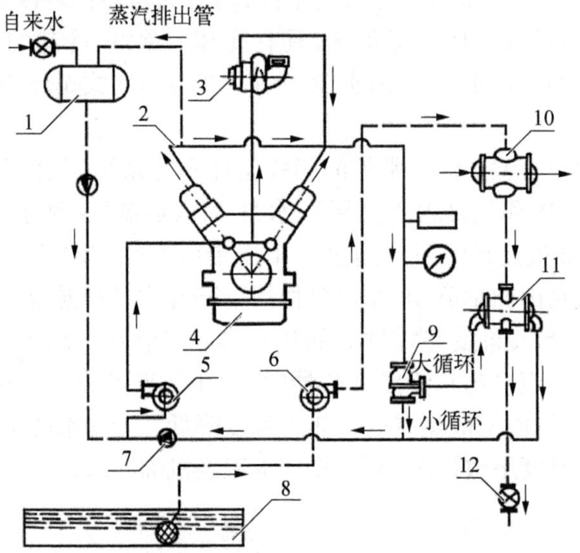

图5－27　强制循环冷却系统组成示意图（热交换器方式）

1—膨胀水箱；2—出水总管；3—增压器；4—柴油机；5—水泵；6—海水泵；7—单向阀；8—水池；9—节温器；10—机油冷却器进水口；11—热交换器；12—排水闸阀

通常闭式循环冷却系统都安装有水温自动调节装置——节温器，它可根据出水温度高低自动调节通过散热装置的水量，从而使水温保持在所需范围。图5－27中安装在气缸盖出水总管上的节温器9有两路出水：一路不经散热装置（热交换器11）散热，而直接进入柴油机水泵5，通常称为小循环；另一路则经过散热装置散热后再进入水泵，通常称为大循环。通常情况下当冷却水温度低于70~73℃时主要进行小循环；水温升至80~83℃以上时主要进行大循环；在73~83℃之间，大、小循环并存。

2）开式循环冷却

在开式循环冷却系统中，冷却水由外水源直接引入柴油机冷却系统，对受热零件冷却后排至外界，其实质是以自然环境作为其散热部分，因此具有冷却效果好、系统简单、零部件少、维修和管理方便等特点，主要适用于水资源充足的场合，目前多用于船舶柴油机和有冷却水源（如水库）的固定式柴油发电机组，其主要缺点是外界水源与柴油机冷却系统相通，当水质较硬时容易在系统中产生水垢。

二、典型冷却系统流程

冷却系统工作过程仿真动画

图 5－28 和图 5－29 所示均为康明斯柴油机冷却系统流程示意图。在图 5－28 所示散热器冷却方式中，风扇和水泵由柴油机附件驱动装置的两个皮带轮分别驱动，附件驱动装置的齿轮由曲轴齿轮通过凸轮轴传动齿轮驱动。水泵入水口分别通过水管与散热器（水箱）、节温器和水滤器的出水口连接；水泵出水口直接与柴油机水套相通。机油冷却器和空气中间冷却器的进水口都接在机体水套出水管接头上，它们的出水口共同接至节温器的进水端。柴油机工作时，冷却水在水泵作用下从机体前端直接进入机体水套，然后分为三路：一路冷却气缸后沿机体和气缸盖上的水道（孔）进入气缸盖水套，冷却气门、喷油器后汇入气缸盖出水总管；一路进入机油冷却器冷却机油，再沿出水管向上进入节温器进水口；一路经水管进入中冷器壳并沿芯管部件流动，冷却压缩空气后从中冷器盖上部出水管进入节温器进水口。当出水温度低于规定下限时，节温器主阀门关闭、侧阀门开启，冷却水不经散热器散热直接进入水泵进行小循环；当出水温度达到规定上限，节温器主阀门开启、侧阀门关闭，冷却水全部流经散热器散热后进入水泵进行大循环；当出水温度在上、下限之间，两个阀门都处于开启状态，此时大、小循环并存。由于节温器两个阀门随水温不同而开启程度不同，因此能够自动调节水温并控制在适宜范围内。此外，系统中还安装有水滤器、水温表和水温报警开关，其中水滤器主要用于过滤水中含有的杂质和释放化学添加剂，从而减少气缸、水泵叶轮的穴蚀和零件的磨损。

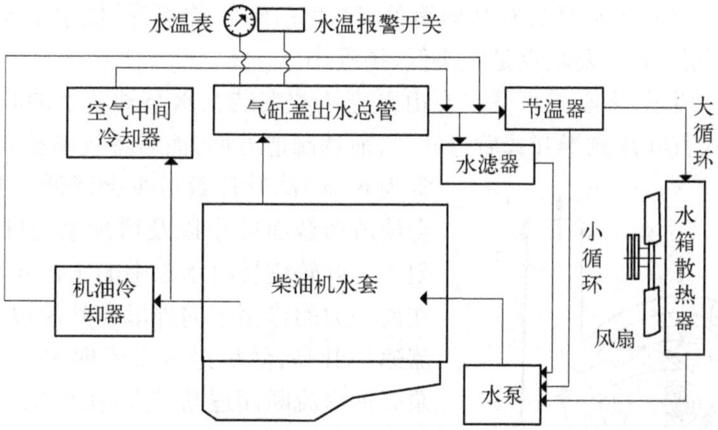

图 5－28　闭式循环冷却系统示意图（散热器冷却方式）

在图 5－29 所示热交换器散热方式中，海水泵从外水源经过必要过滤吸入冷水后，将其压送至热交换器，冷却柴油机的冷却水后再流回外水源，且外水源在热交换器的芯管内流动，柴油机冷却水在芯管外流动。此外，膨胀水箱上还设有加水口，以便向柴油机冷却系统补充冷却水，同时排出系统内的气体，其水面由一根玻璃管液位计进行指示，冷却系统的蒸汽可通过两根排气管经膨胀水箱排至外界。膨胀水箱和热交换器通常布置在柴油机前端并通过支架进行支撑和固定。

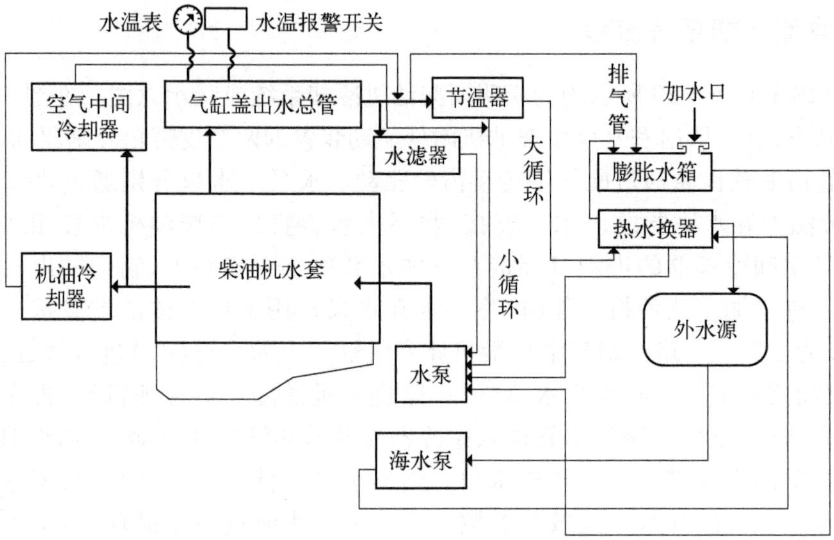

图 5-29　闭式循环冷却系统示意图(热交换器散热方式)

冷却系统三维模型

三、冷却系统主要部件

(一) 离心式水泵

1. 离心式水泵工作原理

离心式水泵是冷却系统的主要部件,其主要作用是加速冷却水的流动速度,从而实现强制循环冷却。离心式水泵具有结构简单、尺寸紧凑、工作可靠、供水量大和不影响系统内部水循环等特点,其主要缺点是吸头低、扬程小。

如图 5-30 所示,离心式水泵主要由泵壳 4 和安装在水泵轴 2 上的叶轮 1 组成。叶轮多采用半开式直叶片或半开式后弯叶片,前者制造方便,而后者效率较高。叶片数目通常为 6~8 片,叶片数过少会降低水泵效率,过多则会使流通截面减小以及增加水与叶片之间的流动阻力。叶轮旋转时水泵中的水被叶片带动旋转,并在离心力的作用下向外甩向叶轮边缘,水的压力和流速均升高,然后进入泵壳向出水口 3 流动,由于泵壳的水流断面逐渐扩大(类似蜗牛壳),使水的流速逐渐减小而压力进一步提高,同时叶轮中心由于水被甩出而形成低压,水便经进水口 5 被不断吸入水泵。

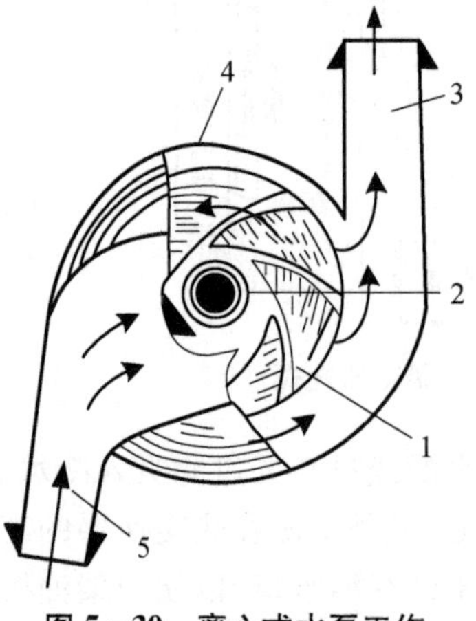

图 5-30　离心式水泵工作原理示意图

1—叶轮;2—水泵轴;3—出水口;4—泵壳;5—进水口

2. 离心式水泵典型构造

1) 12V135 系列柴油机水泵构造

图 5-31 所示为 12V135 系列柴油机水泵结构图。水泵轴 7 通过两个滚动轴承 3 支承在泵体 9 内,水泵轴上加工有两个键槽,通过两个半圆键

与传动齿轮 1 和叶轮 15 相连,铸铁叶轮由锁紧螺帽 16 固紧。泵盖用螺栓固定在泵体上,其间装有垫片 10,泵盖上加工有两个进水管,分别与大小循环水管相连。通常泵体加工成蜗牛壳型,其出水口与出水管连接,泵体下部装有一个放水阀 11。此外,为了防止冷却水沿轴向泄漏,在叶轮内侧装有水封装置,主要由水封体 12、O 型陶瓷环 13 和 O 型衬圈 14 等组成。水泵总成用螺钉固定在柴油机上,其间装有垫片。

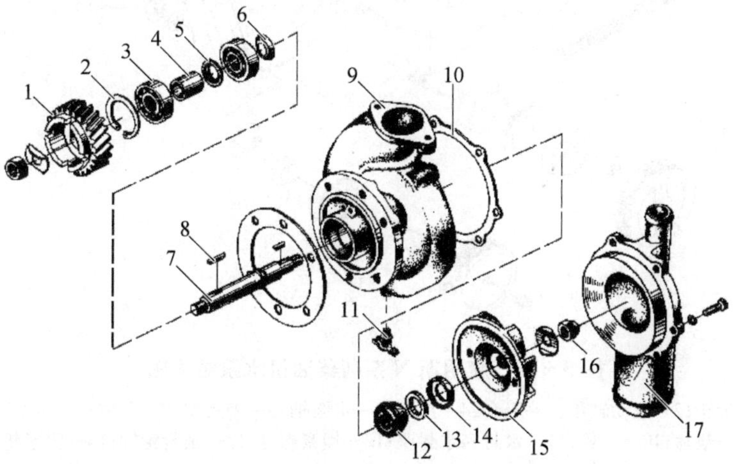

图 5-31　12V135 系列柴油机水泵结构图

1—传动齿轮;2—挡圈;3—滚动轴承;4—轴套;5—甩油圈;6—甩水圈;7—水泵轴;8—键;9—泵体;10—垫片;11—放水阀;12—水封体;13—O 型陶瓷环;14—O 型衬圈;15—叶轮;16—锁紧螺帽;17—泵盖

柴油机工作时应注意经常检查水封装置的工作情况,若水封装置失效,冷却水将从壳体上的溢水孔漏出,若发现水流成线,应及时检修并更换水封装置。重新安装水封装置时应保持封水圈密封面的平整并使接触线连续,同时在靠近叶轮一侧的滚动轴承两边分别装有甩水圈 6 和甩油圈 5,装配时不得漏装或错装,否则会引起冷却水与用于润滑轴承的润滑脂相混淆。安装叶轮部件时应检查叶轮与水泵喇叭口之间的轴向间隙,通常可通过垫片 10 进行调整。此外,水泵装配后应采用油枪向滚动轴承注入润滑脂。

2）康明斯柴油机水泵构造

图 5-32 所示为康明斯 N 系列柴油机水泵结构图,主要由泵体 7、叶轮 10、水泵轴 5 以及水封装置 11、传动装置、皮带张紧装置、密封装置和进水管接头等零件组成。水泵总成用螺栓固定在柴油机上,其间装有密封垫片 9,水泵轴通过两个滚动轴承 2 支承在泵体上,水泵轴的前端装有皮带轮 1 并由曲轴驱动。水泵轴的后端装有叶轮,叶轮采用半开式结构并有数个后弯叶片,叶轮可用酚醛塑料成型压制在水泵轴上,能够有效防止冷却液的化学腐蚀和提高水泵的工作寿命。

水泵工作时泵体里的冷却水会沿水泵轴向前端渗漏,从而影响油封和轴承润滑,并造成零件锈蚀,为此在叶轮前端轴上通常装有水封装置 11,它由水封和水封弹簧等共同组成,水封圈一般用碳化硅材料制造,能够有效防止冷却水渗漏和减少接触面的磨损。此外,水泵传动皮带张紧力由张紧轮装置进行调整,张紧轮 14 安装在张紧轮轴 13 的一

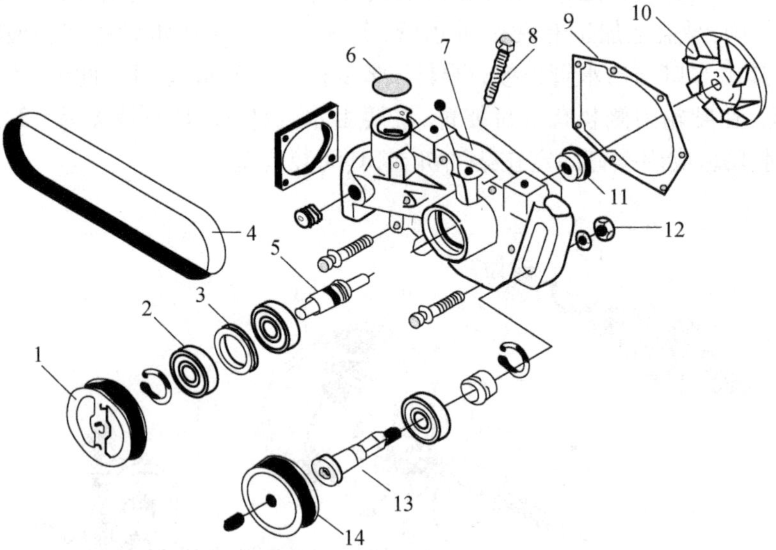

图 5-32　康明斯 N 系列柴油机水泵结构图

1—皮带轮;2—滚动轴承;3—隔套;4—皮带;5—水泵轴;6—密封圈;7—泵体;8—调节螺栓;
9—垫片;10—叶轮;11—水封和水封座;12—锁紧螺母;13—张紧轮轴;14—张紧轮

端,轮轴穿过泵体上的长形槽并用锁紧螺母 12 固紧。轴上加工有一个螺纹孔,皮带张紧力调节螺栓 8 穿入其中。当水泵传动皮带的张紧力不符合要求时,通常应先松开轴上的锁紧螺母 12,拧动调节螺栓即可上下移动张紧轮 14,使其位置改变,从而调整皮带张紧力。

图 5-33 所示为康明斯 KTA19 系列柴油机水泵结构图,水泵总成采用螺钉固定在水泵驱动装置上并采用齿轮驱动。水泵轴 11 的左端与花键轴 8 通过花键连接,泵体下部装有放水阀 23,主要用于排放泵体内的积水,进水管接头 14 与泵体采用螺栓连接,其间装有 O 型密封圈 19,进水管接头通过水滤器座旋装有水滤器 13,当不使用水滤器或更换水滤器时,可通过闸阀 16 将其关闭。水泵驱动装置主要由传动齿轮、花键轴、水泵支承、花键套筒、止推轴承和水泵支承等组成。传动齿轮 2 经中间传动齿轮(惰轮)由曲轴主动齿轮驱动,并将动力传递给与之连接的花键套筒 4。花键套筒通过两个衬套 5 支承在水泵支承 6 上,后者采用螺钉固定在齿轮室盖板上。花键轴 8 的两端加工有花键,且中间为一端光轴,轴的左端插入花键套筒内,右端与水泵轴 11 连接,并通过花键连接方式驱动水泵工作。此外,为了承受斜齿轮传动产生的轴向力,水泵轴上还装有前、后止推轴承 3。柴油机工作时来自大、小循环的冷却水经进水管接头 14 进入水泵,提高压力后从泵体 22 上的出水口流出,流出的冷却水一路接至机油冷却器盖板上的进水口,另一路则接至空气中间冷却器。

图 5-34 所示为康明斯 N 系列柴油机海水泵结构图。海水泵用于驱动外水源以实现热交换器冷却,主要由泵体 11、水泵轴 7、叶轮 12、水封 1、油封 2、甩水圈 8 和盖板 15 等组成。水泵轴通过轴承 3 支承在泵体内,并与叶轮采用花键连接,轴上装有油封、甩水圈和水封等组件(包括密封垫、座圈、石墨水封圈、O 型密封圈、套圈、平垫片和波纹垫片等),用

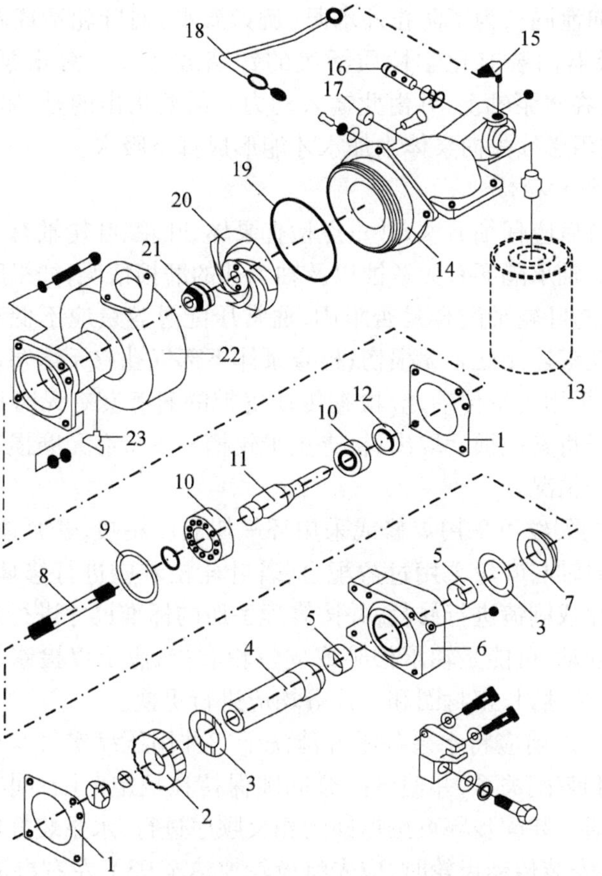

图 5－33　康明斯 KTA19 系列柴油机水泵结构图

1—衬垫；2—传动齿轮；3—止推轴承；4—花键套筒；5—衬套；6—水泵支承；7、9—卡环；8—花键轴；10—滚动轴承；11—水泵轴；12—油封；13—水滤器；14—进水管接头；15—联接器弯头；16—闸阀；17—管塞；18—输水管；19—O 型密封圈；20—叶轮；21—水封；22—泵体；23—放水阀

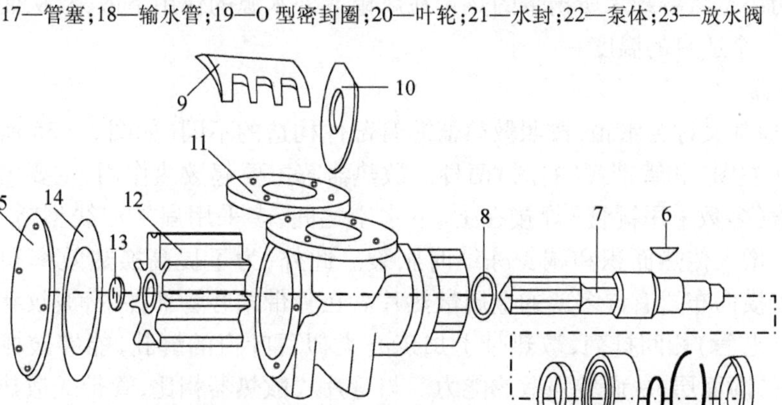

图 5－34　康明斯 N 系列柴油机海水泵结构图

1—水封；2—油封；3—轴承；4—卡圈；5—橡胶密封圈；6—键；7—水泵轴；8—甩水圈；9—耐磨衬板；10—凸轮板；11—泵体；12—叶轮；13—橡胶塞；14—垫片；15—盖板

于防止冷却水沿轴向泄漏。为了防止外水源(例如海水)对叶轮造成腐蚀,叶轮常采用铜材制作,并在热交换器内装有化学性质活泼的锌塞或锌棒。海水泵驱动齿轮(或皮带轮)通过半圆键固定在水泵轴上,并由此输入动力。需要指出的是,康明斯柴油机采用自吸式旋涡泵,首次使用必须先向泵体内加水才能形成真空吸水。

3. 离心式水泵维护检修

离心式水泵分解后应仔细清洗,并重点检查泵体、叶轮、叶轮轴有无裂纹、穴蚀或其他损伤;检查滚动轴承、轴承隔圈有无锈蚀以及轴承孔的磨损情况,如果磨损超过极限值,应更换泵体;检查叶轮与叶轮轴配合是否牢固,通常压配过盈量应不低于 0.03 mm,且采用花键连接的应检查花键连接处有无损伤;检查泵体下部气孔有无堵塞,以防止积水过多使轴承产生锈蚀;如果采用皮带传动,应检查传动皮带的耐磨套有无磨损或损坏,若耐磨套损坏通常可采用凿子将其破损后取出;检查皮带轮槽和皮带有无磨损以及传动皮带轮、张紧轮的孔与轴的配合情况。

通常泵体微小的裂纹可采用焊修或采用环氧树脂胶粘接,若泵体与机体结合面不平整应予以修平。水泵轴与叶轮采用过盈配合,若叶轮松旷应进行修理。水泵轴不同轴颈处的磨损可通过喷涂或刷镀进行修复,并按修理手册的标准尺寸进行加工。此外,运转时若发现水泵皮带轮摆动,可能是轴承松旷或皮带轮磨损,应予以检修,检修中对严重损伤的零件、失效的水封和油封、密封圈和垫片等均应进行更换。

离心式水泵装配之前应将水泵各零件清洗干净并用压缩空气吹干,装配中应确保零件正确的安装位置和装配关系,并使各配合间隙保持在规定范围,同时应更换润滑剂,确保轴承润滑良好。通常装配步骤可按拆卸的相反顺序进行,水泵装好后应转动灵活、无噪声。此外,海水泵在安装传动齿轮时,应先将齿轮加热至 93℃左右再进行装配。

(二) 散热器和热交换器

散热器和热交换器分别应用于闭式循环冷却的散热器冷却方式和热交换器冷却方式,其主要功用是将冷却水所携带的热量在风扇或外水源的作用下散失,从而保持柴油机冷却水具有一个适宜的温度。

1. 散热器

散热器通常又称为水箱,按照散热器芯管部件构造的不同(如图 5 - 35 所示),通常可分为管片式(左图)和管带式(右图)两种。散热器芯主要起散热作用,主要由许多芯管排列组成,芯管(多数采用铜管)焊接在上、下水室之间,多采用扁平流线型断面,以减少空气流通阻力、增大传热面积和减少冻结时胀裂。此外,为了提高换热效率和增强散热效果,在冷却管横向布置有许多薄的金属散热片。在管带式芯管部件中,波纹状的金属散热带与冷却管(芯管)相间排列,散热带上加工有类似百叶窗的缝孔,能够破坏空气流在散热带表面上的附面层,从而增强散热能力。与管片式散热器相比,管带式散热器虽然结构刚度较低,但制造工艺简单、散热效果好、重量轻,为此康明斯柴油机多采用这种结构。

图 5 - 36 所示散热器主要由芯管部件、水室和水管等组成。散热器通过支架和缓冲装置(如橡胶垫或弹簧)固定在柴油机底盘的前端,内侧装有风扇护罩,上、下水室分别与进、出水管连接。柴油机工作时冷却水从上水室沿芯管流向下水室,在风扇作用下冷却水携带的热量经芯管表面和散热带(片)传出。

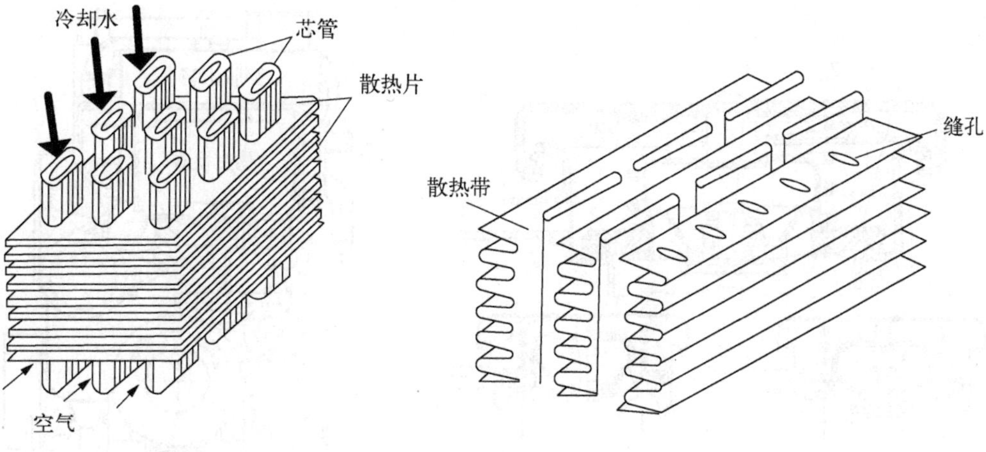

图 5－35　芯管部件示意图

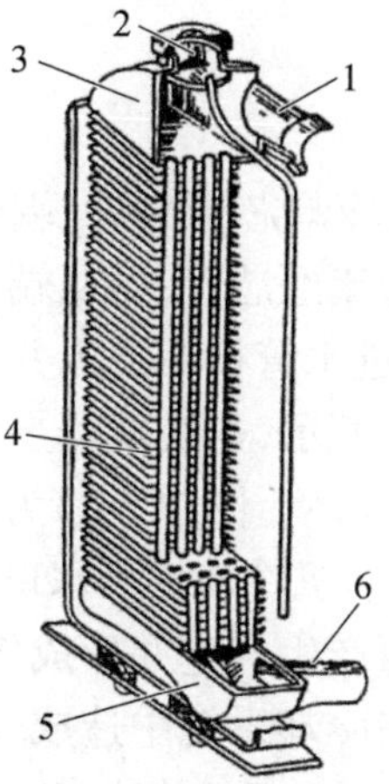

图 5－36　散热器构造示意图

1—进水管；2—加水口；3—上水室；
4—散热器芯；5—下水室；6—出水管

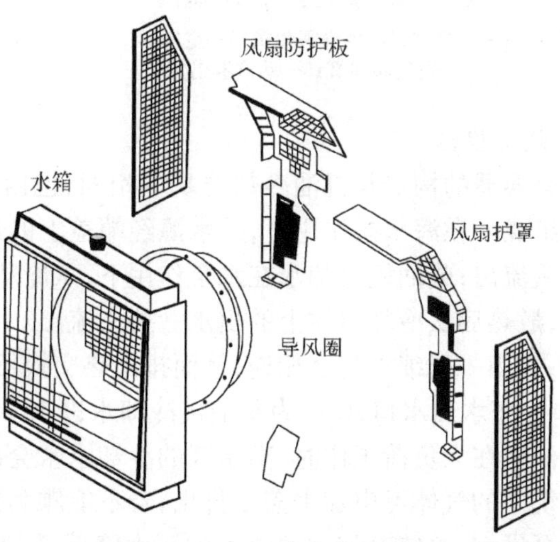

图 5－37　康明斯 N 系列柴油机散热器总成示意图

图 5－37 所示为康明斯 N 系列柴油机散热器总成示意图。水箱里侧装有导风圈、风扇护罩和风扇防护板，一是起安全防护作用，避免旋转的风扇叶片对操作人员造成伤害；二是使气流获得最佳的流动特性，从而保证良好的散热效果。使用中打开加水盖要小心、缓慢，避免水箱内热水喷出而造成烫伤。此外，上水室一般设有一个蒸汽空气阀（加水盖），其作用是使冷却系统保持一定的压力、抑制系统中气囊的产生和防止冷却水（特别加有防冻液时）损失，同时蒸汽空气阀兼作加水口，它所保持的压力通常由弹簧力确定。当柴油机热状态正常时，阀门关闭，使冷却系统与大气隔开；当散热器内部蒸汽压力大于蒸汽阀弹簧力时，蒸汽阀开启，使气体排出（康明斯 N 系列柴油机蒸汽阀开启的最小压力约为 0.05 MPa）；当水温下降使冷却系统压力降低时，空气阀克服空气阀弹簧力被吸开，外界空气经开启的空气阀进入散热器，以防止水箱变形或损坏。蒸汽空气阀的结构如图 5－38 所示。

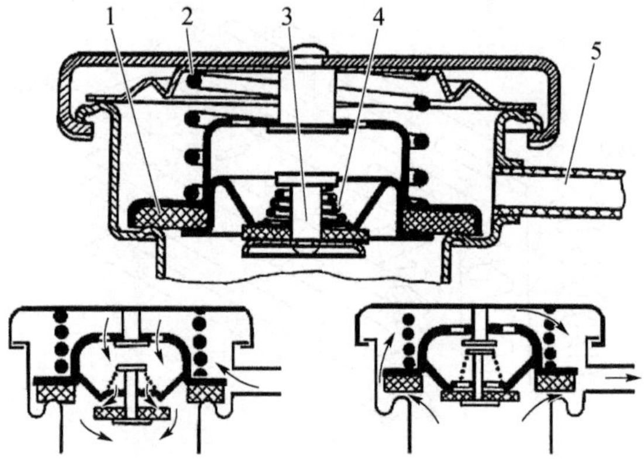

图 5-38 蒸汽空气阀结构图

1—蒸汽阀;2—蒸汽阀弹簧;3—空气阀;4—空气阀弹簧;5—蒸汽溢出管

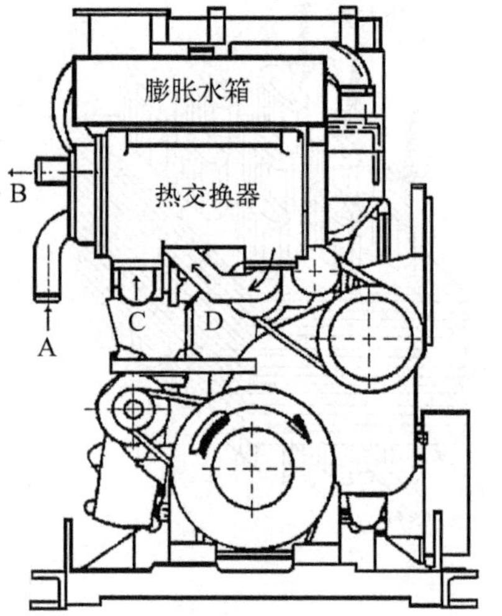

图 5-39 热交换器散热方式安装示意图

热交换器三维模型

2. 热交换器

热交换器的构造与机油冷却器基本相同,也由冷却器体、冷却芯管部件、端盖和冷却水管等组成。在海水泵作用下,外水源经端盖上的进水管接头流经芯管,再从端盖上的出水管接头流出;柴油机冷却水在水泵作用下,从冷却器体上的进水管接头流入并在管外迂回流动,散热后从冷却器体上的出水管接头流出。如图 5-39 所示,热交换器上部装有膨胀水箱,并用一根细管与之相连,从而排出热交换器内产生的气体。图中 A 口为海水进水口,B 口为海水出水口,C 口为柴油机冷却水进水口,D 口为柴油机冷却水出水口。

柴油机在大负荷工作时,高温区的冷却水常会出现沸腾而产生气泡并形成气囊,通常冷却系统中的气体可由加水盖处排出,若不能顺利排出就会在冷却系统中造成气阻,从而影响水泵供水,并使冷却水的流速和压力降低,同时会引起水泵叶轮和气缸套出现穴蚀、冷却系统过热等现象,因此柴油机采用热交换器散热通常会安装有一个膨胀水箱,其主要作用就是排出上述气体、抑制气囊产生、消除冷却系统中的气阻,以及构成冷却水的储备和补充空间等。膨胀水箱通常又称为附加水箱或高位水箱,它是一个容积不大、安装位置略高的水箱(见图 5-39),它与热交换器(或散热器)并联在冷却系统的水路中。柴油机工作时,膨胀水箱一方面为冷却水中气体和水的分离提供了场所,另一方面使系统在水泵压力之上叠加了一个静压力(水头),因此能够提高冷却水的饱和温度并有效抑制系统中气囊的产生。通常膨胀水箱安装位置越高,对抑制气囊越有利,但位置过高时会增加系统的耐压,从而引起冷却系统和水泵密封装置漏水。此外,膨胀水箱一侧通常还安装有一根玻璃管,用于指示膨胀水箱内的液位,且膨胀水箱的加水盖也安装有蒸汽空气阀。

(三)风扇

1. 风扇主要功用

风扇主要应用在采用散热器散热方式的冷却系统中,其主要功用是增大流经散热器芯空气的流速,从而提高散热器的散热能力。风扇一般可分为离心式和轴流式两类,由于轴流式风扇具有效率高、结构紧凑、布置方便和在低压头下风量较大等优点，因此目前绝大部分柴油机采用单级轴流式风扇，并通过皮带轮由曲轴进行驱动。

2. 风扇典型构造

风扇总成主要包括风扇、风扇轮毂、轮毂支架和轴，以及风扇传动皮带、轴承、油封等，通常风扇采用螺钉固定在风扇轮毂上，轮毂通过轴承支承在轮毂轴上并可绕轴转动，风扇轮毂兼作风扇皮带轮。轮毂轴压配或采用螺母固紧在轮毂支架上，轮毂支架安装在柴油机上。通常风扇叶片的形状和尺寸对风扇效率及风量具有较大影响，叶片一般有 4～8 片，用 1～2 mm 厚的薄钢板冲压成型并铆接成为一体，叶片断面为弧形，与旋转平面保持一定的倾斜角。目前常见的风扇包括吸风式和吹风式两种，前者将冷空气从散热器前方吸入，然后将空气向后吹向柴油机，后者则相反。

图 5－40 所示为康明斯 KTA19 系列柴油机风扇传动装置结构图。风扇轮毂 25 和风扇皮带轮 26 采用螺钉连接，并作为一个总成通过滚动轴承支承在风扇轮毂支架 27 的轴

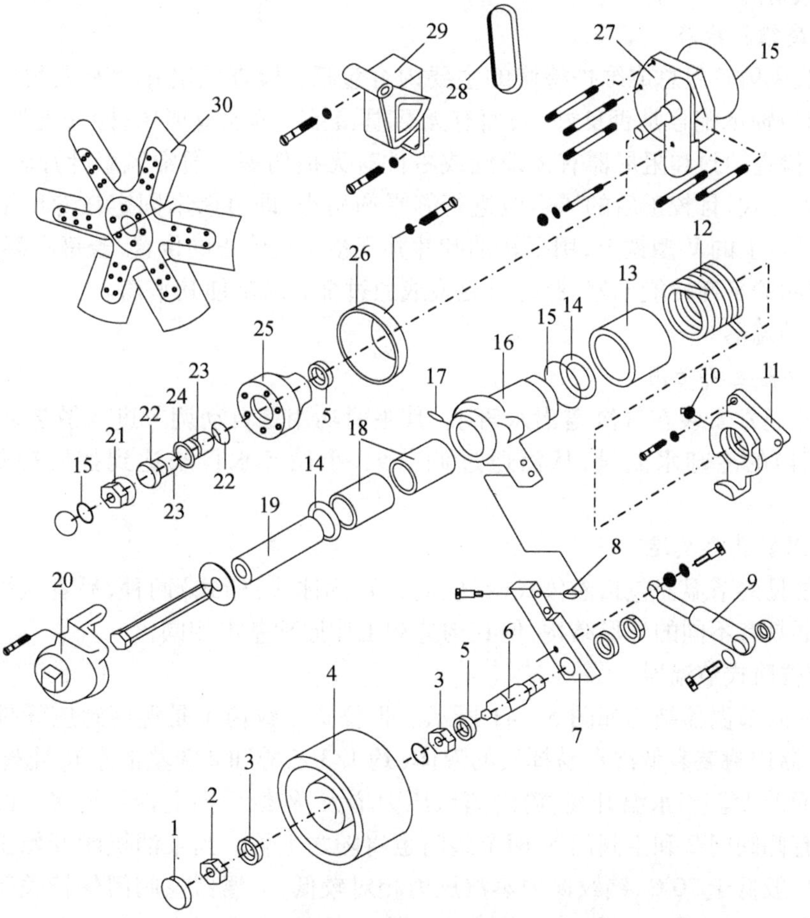

图 5－40　康明斯 KTA19 系列柴油机风扇传动装置结构图

1—碗形塞；2—锁紧螺母；3—滚柱轴承；4—张紧轮；5—油封；6—惰轮轴；7—张紧轮支架；8—定位环；9—阻尼器；10—黄油嘴；11—支架；12—扭簧；13—耐磨套；14—止推轴承；15—O 型密封圈；16—惰轮杠杆；17—销；18—隔套；19—导向轴；20—张紧轮杆盖；21—锁紧螺母；22—滚动轴承；23—隔套；24—挡圈；25—风扇轮毂；26—风扇皮带轮；27—风扇轮毂支架和轴；28—皮带；29—发电机支架；30—风扇

上，且风扇30固定在风扇轮毂上。风扇皮带的张紧力由张紧轮装置自动进行调整，张紧轮装置主要由张紧轮4、张紧轮支架7、扭簧12、惰轮轴6、惰轮杠杆16、张紧轮杆盖20、支架11、阻尼器9和导向轴19等零件组成。扭簧套在惰轮杠杆上，扭簧的一端钩在支架上，而另一端作用在张紧轮杆盖上。由于支架采用螺钉固定在齿轮室盖板上，因此扭簧的作用力直接通过惰轮杠杆和张紧轮支架作用在张紧轮上，此时由于张紧轮的调节作用，柴油机工作时便可使皮带具有一个适度的张紧力而不需要进行检查调整。通常阻尼器又可称为减振器，主要用于减缓张紧轮工作中出现的振动，其一端固定在齿轮室盖上，另一端与张紧轮支架连接。

康明斯KTA19系列机型除了采用风扇皮带传动以外，也有部分采用了风扇齿轮传动或风扇驱动离合器的方式，其构造和装配关系可查阅柴油机修理手册或使用说明书。需要指出的是，在使用中不要采用拉动或撬动风扇的方法来转动柴油机，否则会造成严重的人身伤害或使风扇损坏，同时不要试图修理断裂或弯曲的叶片以及缺少平衡重的叶片，否则会破坏风扇的动平衡。

3. 风扇维护检修

风扇及风扇轮毂总成维护检修的主要内容包括：检查风扇叶片有无裂纹、松动或变形；检查轴与轴承配合是否良好，表面有无磨损、裂纹、锈蚀或损坏；检查皮带轮槽有无磨损或损坏；检查油封和阻尼器有无泄漏或零件有无损伤等。通常风扇叶片轻微的变形可采用冷校正方式，且校正后的风扇应进行静平衡检查，即将风扇固定在专用轴上，然后将轴支承在平台上的V型铁上，用手转动叶片并观察每次停止的位置，若每次都停止在同一位置上，说明静平衡性能不好，此时可更换或通过金属磨削使其平衡。

（四）节温器

1. 节温器主要功用

节温器通常安装在气缸盖出水管上，其主要功用是自动调节进入散热装置（散热器或热交换器）的冷却水流量，从而通过调节大、小循环水量来达到控制冷却水温度的目的。

2. 节温器典型构造

目前常见的节温器包括液体式（绉纹筒式）、固体式（蜡式）两种，后者应用更为广泛。虽然节温器具有不同的外形结构，但其构造和工作原理基本相同。

1）绉纹筒式节温器

绉纹筒式节温器结构如图5－41所示。折叠式绉纹筒1是温度感应元件，通常由黄铜皮制成，筒内封装有低沸点易挥发的液体（约1/3乙醇和2/3蒸馏水），且蒸汽压力随温度的变化而改变。当水温升高，筒内蒸汽压力增大，绉纹筒向上伸长增多，此时由于绉纹筒上部焊有侧阀门2和主阀门5，两个阀门也将随之上移。当柴油机刚开始工作时，冷却水的温度一般低于70℃，绉纹筒内蒸汽压力相对较低，节温器主阀门保持关闭状态，侧阀门保持开启状态，冷却水不能流入散热器散热，只能经节温器旁通孔流向水泵入水口，从而实现小循环（图5－41下图）；当水温升高到超过70℃，绉纹筒内蒸汽压力逐渐上升，绉纹筒向上伸张并带动两个阀门同时上移，主阀门开度逐渐增大，侧阀门开度逐渐减小，此时一部分冷却水经开启的主阀门进入散热器散热，开始大循环过程，而另一部分冷却水仍然维持小循环过程；当温度超过 83℃，主阀门全开、侧阀门全关，冷却水全部流经散热器散热，从而实现大循环（图 5－41 上图）。

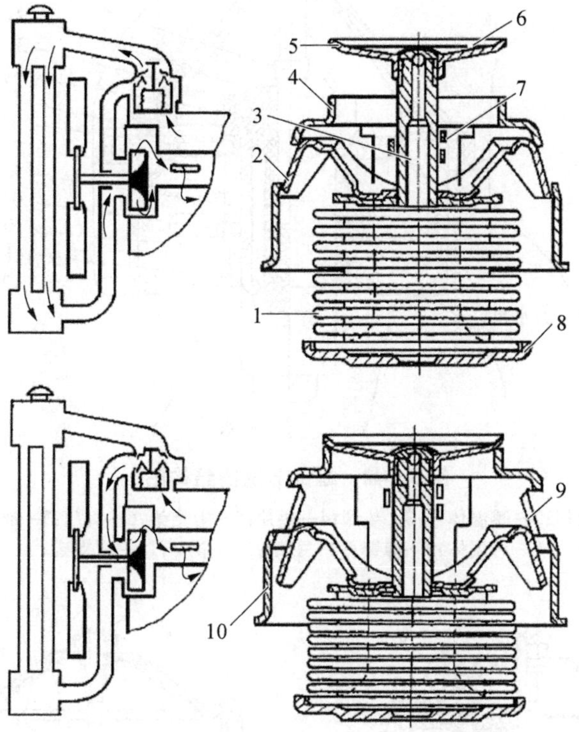

图 5－41　绉纹筒式节温器结构图

1—绉纹筒；2—侧阀门；3—阀杆；4—阀座；5—主阀门；
6—通气孔；7—导向支架；8—支架；9—旁通孔；10—外壳

节温器主阀门上加工有一个通气孔 6，当向散热器（水箱）加水时，柴油机水套内的空气可从小孔逸出，从而便于冷却水充满整个冷却水腔。需要指出的是，由于绉纹筒式节温器阀门的开启是依靠筒中易挥发液体形成的蒸汽压力实现的，因此对冷却系统中的工作压力较为敏感，工作可靠性差、寿命短，目前已被蜡式节温器所替代。

2）蜡式节温器

蜡式节温器结构如图 5－42 所示，主要由推杆、感温体、上下支架、弹簧、阀门和阀座等组成。长条形的上支架 5 和下支架 12 铆接在一起，阀座 7 将水道分隔为两部分，只有当阀门 6 离开阀座时，冷却水才能由下至上流入散热装置进行大循环。推杆 1 紧固在上支架上，其下端锥形部分插入胶管 11 中。胶管与感温体 8 之间的空腔充满了特种石蜡，通常为了提高导热性，石蜡中常混有铜粉或铝粉等原料。感温体的密封主要靠垫圈 3 和垫片 4 实现，且弹簧力的主要作用是保证平时和水温较低时阀门始终坐落在阀座上，从而关闭大循环水路和保持小循环水路畅通。

蜡式节温器工作原理如图 5－43 所示。常温时［图 5－43（a）］，封闭在金属筒状感温体 2 内的石蜡呈固态，弹簧 11 将阀门 10 向上紧紧压在阀座 9 上，关闭了冷却水向上通向

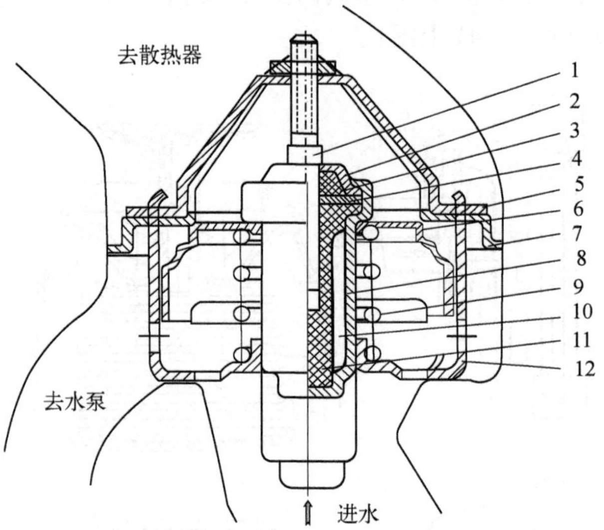

图 5－42　蜡式节温器结构图

1—推杆；2—感温体罩；3—垫圈；4—垫片；5—上支架；6—阀门；7—阀座；
8—感温体；9—弹簧；10—石蜡；11—胶管；12—下支架

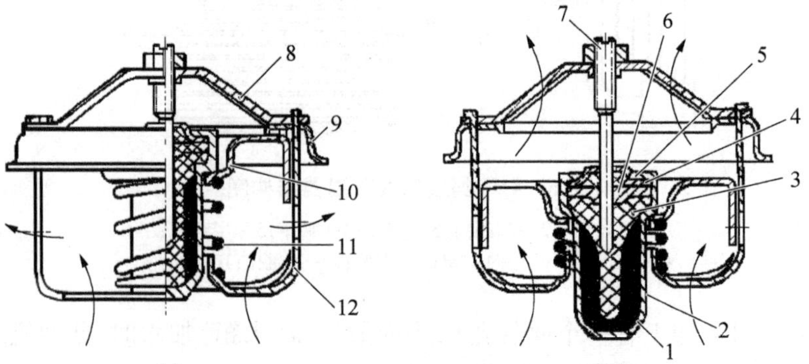

(a)　　(b)

图 5－43　蜡式节温器工作原理示意图

1—石蜡；2—感温体；3—胶管；4—垫圈；5—感温体罩；6—垫片；7—推杆；
8—上支架；9—阀座；10—阀门；11—弹簧；12—下支架

散热装置的水路，柴油机出水管的冷却水此时沿箭头方向直接进入水泵进行小循环。当温度逐渐升高时，在某一温度范围石蜡逐渐熔化使体积膨胀，同时挤压胶管 3 使其收缩，并对推杆 7 的锥形端头产生向上的作用力，此时由于推杆上部被固定，其反作用力通过感温体向下作用在弹簧 11 上，并开始克服弹簧预紧力向下强制将阀门 10 打开，从而使一部分冷却水向上流至散热装置进行冷却，而另一部分冷却水仍保持小循环。随着温度继续升高，通向水泵的小循环水道被阀门逐渐关小，而通向散热装置的大循环水道则被逐渐开大，此时大、小循环并存，水温一般在（72±2）～（83±2）℃之间。当水温升高到超过（83±2）℃时，石蜡体积膨胀最大，节温器阀门呈全开状态，小循环水道被关闭，柴油机的冷却水全部流经散热装置散热。综合上述分析可以看出，随着冷却水温度逐渐升高，大循环水量所占的比例越来越大，而小循环则越来越小，从而实现了水温的自动调节，保证柴油机冷却系统具有一个正常的工作温度范围。需要指出的是，节温器的工作原理实质上是石蜡膨胀产生的作用力与弹簧预紧力之间的平衡，因此改变弹簧预紧力，节温器的工作温度也会随之改变。

图5－44所示为康明斯系列柴油机采用的蜡式节温器。石蜡感温体部件5安装并支承在阀座8上，推杆2的左端插在感温体内，右端固定在支承套筒3上，大弹簧6的左端坐落在弹簧支承7上，另一端则支承在阀座上，小弹簧4的左端支承在弹簧支承7的右端，小弹簧的右端作用在圆筒形状的阀体1上。节温器通常安装在节温器壳内，壳体上具有大、小循环两个出水口。当柴油机冷却水温度较低时，在大弹簧力的作用下阀体紧紧坐落在阀座上，阀体表面遮盖了节温器壳上通向大循环的出水口，冷却水直接经节温器进入节温器壳，并沿旁通水管流向水泵进行小循环。随着水温升高，感温体部件内的石蜡逐渐膨胀，当其产生的作用力能够克服大弹簧的弹力时，将挤压推杆向右移动，此时大弹簧被压缩，弹簧支承、小弹簧和阀体一起随推杆右移，阀体表面逐渐让开节温器壳上大循环的出水口，同时遮盖节温器壳上的旁通水口。当水温达到调节上限值时，旁通水口被关闭，冷却水全部流向散热装置。

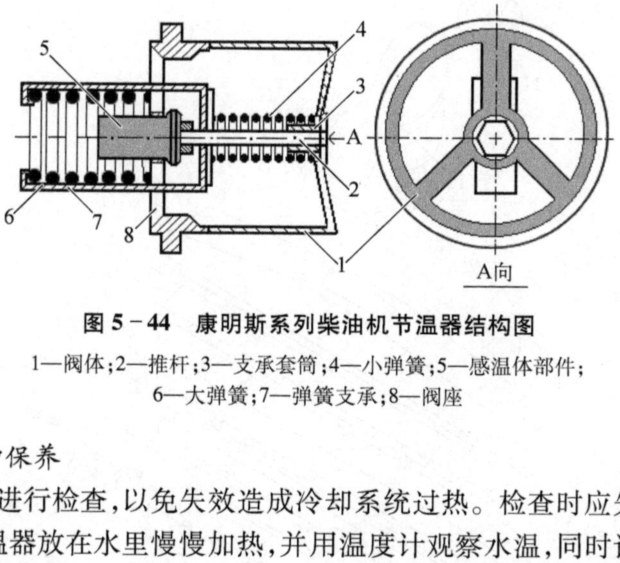

图5－44　康明斯系列柴油机节温器结构图

1—阀体；2—推杆；3—支承套筒；4—小弹簧；5—感温体部件；6—大弹簧；7—弹簧支承；8—阀座

3. 节温器维护保养

节温器应定期进行检查，以免失效造成冷却系统过热。检查时应先拆下节温器并清除污垢，然后将节温器放在水里慢慢加热，并用温度计观察水温，同时记录节温器阀开始张开和完全打开时对应的温度，此值应符合说明书的相关规定。检查中若发现节温器失效、弹簧断裂或开启温度不符合要求，应立即予以更换。需要指出的是，康明斯N、K系列柴油机使用的节温器一般分为“标准节温器”和“低温节温器”两种，前者温度调节范围约为80~90℃，而后者温度调节范围约为74~86℃，具体数值通常在使用说明书中有相关规定。柴油机电站采用的康明斯N系列柴油机节温器调节范围一般为82~93℃。

（五）空气中冷器

1. 空气中冷器主要功用

空气中间冷却器通常简称为空气中冷器，其主要作用是将增压后的空气在进入气缸前事先进行冷却，从而提高进气密度和增加每循环进气量。

空气中冷器三维模型

2. 空气中冷器典型构造

康明斯 N 系列柴油机空气中冷器结构如图 5-45 所示，主要由中冷器盖 1、中冷器芯 3、中冷器壳体 4、密封垫片、O 型密封圈以及进、出水管接头等组成。中冷器作为一个总成，通过螺栓固定在气缸盖上并兼作柴油机的进气管。中冷器芯采用螺钉从两侧固定在冷却器壳体内，上端伸出部分被中冷器盖封装。中冷器壳体兼作柴油机的进气管，与气缸盖上的三个进气道分别连接。中冷器芯作为一个总成，其两端为集水室，冷却水由安装在壳体上的进水管 5 和进水管接头 7 进入右集水室，冷却压缩空气后从左集水室流出，最后从位于中冷器盖顶部的出水管接头 14 和出水管 13 流至节温器。空气中冷器芯管部件由交错排列的十几根圆形截面的黄铜管组成，其上密集排列着铝质散热片，通常柴油机的冷却水在管内流动，压缩空气在管外流动，从而达到热交换的目的。芯管部件由 4 个铝质支撑板支撑，壳体下部设有加强筋板（横担），壳体与中冷器盖之间装有密封垫片 2。柴油机工作时来自增压器的压缩空气由中冷器上部进入，流经散热片和芯管空隙时将热量通过散热片和黄铜管传递给冷却水，进气温度降低后再从中冷器壳下部进入气缸。

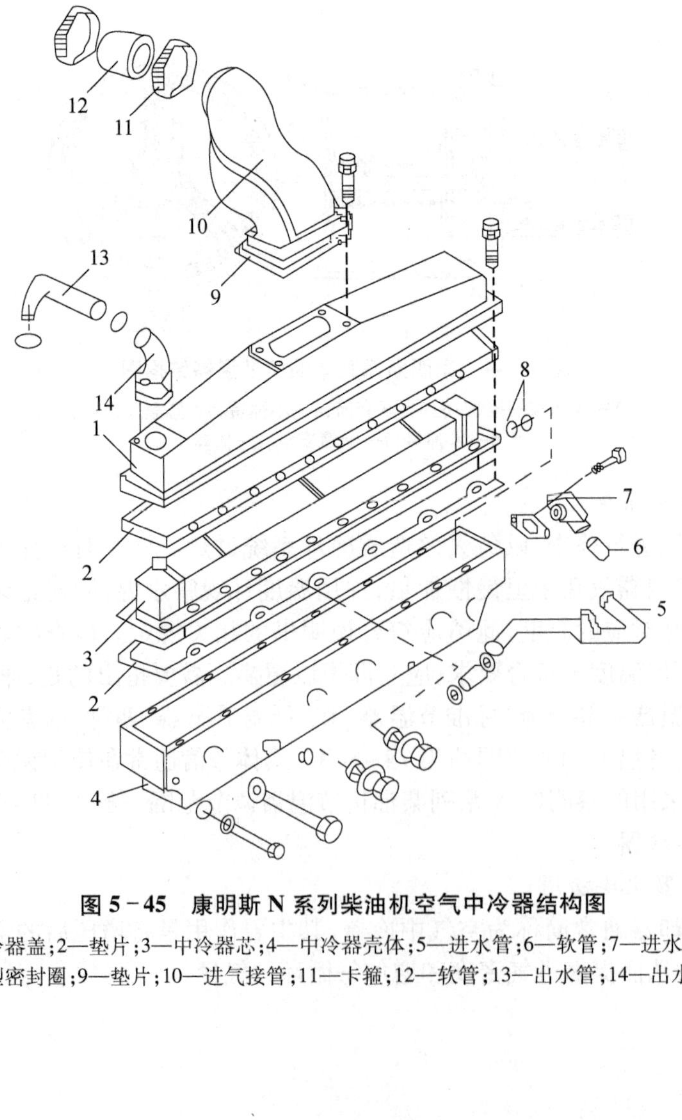

图 5-45　康明斯 N 系列柴油机空气中冷器结构图

1—中冷器盖；2—垫片；3—中冷器芯；4—中冷器壳体；5—进水管；6—软管；7—进水管接头；8—O 型密封圈；9—垫片；10—进气接管；11—卡箍；12—软管；13—出水管；14—出水管接头

3. 空气中冷器维护检修

空气中冷器拆卸和分解后应认真清洗所有零部件并采用压缩空气吹干，通常空气中冷器的主要损伤和故障包括中冷器芯管部件焊缝开裂、芯管破损、散热片变形、密封圈或密封垫片损坏等引起的漏水和冷却能力降低，以及频繁拧动螺钉引起的螺纹损伤。怀疑芯管部件破损时可采用气压法检查渗漏点，其主要方法是将芯管部件进、出水管接头中的一个堵塞，用橡皮管把另一个接头与气泵或打气筒相连，并将芯管部件放入一个盛有水的容器中然后往里充气，若有气泡冒出，则冒气泡部位即为破损处。

通常当芯管损伤较小时可焊补修复，难以焊补的可将铜管两端堵塞，但堵管数目不得超过管子总数的10%，否则会降低冷却效果；当芯管严重损伤或修复困难时应更换中冷器芯，且修复后的芯管部件应再次进行试验，合格后方可装配。此外，中冷器重新装配时应更换全部密封垫片和O型密封圈，装配时要严格装配工艺操作，O型密封圈应先涂抹少许清洁机油后再准确装入并确保完好。

（六）水滤器

1. 水滤器主要功用

柴油机冷却水中通常含有灰尘、泥沙、污垢和腐蚀性产物等，它们会引起冷却系统局部堵塞和零部件磨损，同时冷却水中添加剂的沉淀物还会加速系统中零件的腐蚀速率，因此需要对冷却水进行过滤。与一般柴油机不同，康明斯N、K系列柴油机在冷却系统水路上并联安装了一个或多个装有一定量干式化学添加剂（粉剂）的水过滤器，通常简称为水滤器。其主要功用包括：

（1）通过向冷却系统补充（释放）化学添加剂，维持冷却水具有适当的添加剂浓度，从而在气缸套外壁以及其他与冷却水直接接触的金属零件表面形成致密、坚固的保护膜，有效抑制冷却系统零部件被氧化、腐蚀、剥落，以及防止气缸套、水泵叶轮出现穴蚀。

（2）滤除冷却水中的杂质、污垢和沉淀物，从而减轻磨损，延长柴油机使用寿命。

（3）保持冷却水具有合适的酸碱性或pH，同时抑制泡沫的产生。

（4）防止冷却系统出现局部堵塞和在管路、零件表面产生积垢。

（5）通过对水滤器的检查和对残留物（如油、添加剂）的分析，能够直接或间接判断柴油机或某个总成的故障，例如水滤器残留物中有油料，应对机油冷却器、油路、喷油器等进行检查。

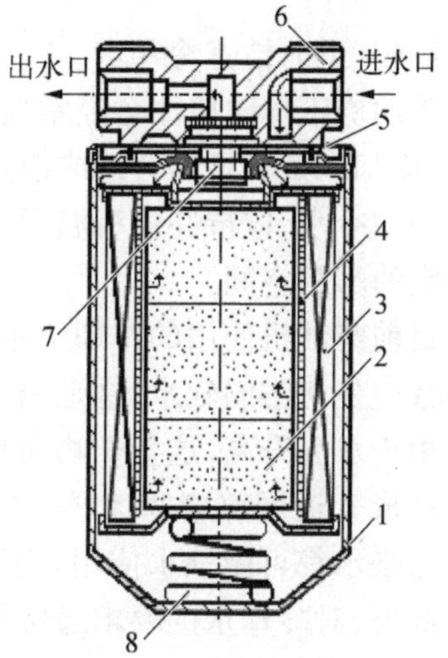

图5－46　水滤器结构图

1—壳体；2—化学添加剂；3—滤芯；4—芯筒；5—矩形密封圈；6—水滤器座；7—接头；8—弹簧

2. 水滤器典型构造

如图5－46所示，水滤器总成通过螺纹接头7旋装在水滤器座6上，其接合面装有矩形密封圈5。折叠式纸质滤芯3封装在壳体1内，滤芯上、下盖板采用铁皮冲制并与滤芯用黏合剂黏接在一起，滤芯内表面支承在芯筒4上。芯筒通常采用薄铁皮制成，上面冲有很多圆孔，从而起到骨架作用，芯筒内装有干式化学添加剂。芯筒下端支承在弹簧8上，确保上端可靠密封。柴油机工作时少量冷却水由水滤器座上的进水口流至滤芯外部，经纸质滤芯机械过滤后进入芯筒内，然后沿接头7和水滤器座上的出水口流出。冷却水在流动过程中，添加剂不断释放进入冷却系统，从而维持系统中所需的添加剂浓度。

3. 水滤器维护检修

水滤器座通常采用螺钉固定在支架上，座上旋装水滤器总成。水滤器的进、出水管采用内径较细的软管或钢管，以限制流经水滤器的水量，同时进、出水管上均装有闸阀（开关），其主要作用是当不使用水滤器或更换水滤器时将其关闭。更换水滤器时应首先关闭进、出水管上的两个闸阀（当水滤器与水泵同体布置时只有一个闸阀），然后从水滤器座上旋下水滤器。安装新水滤器前应先在密封圈表面涂抹少许清洁润滑油，然后用手旋装，待密封圈与水滤器座面接触后，再用手或专用水滤器扳手拧紧3/4~1圈。通常当水滤器安装好后，若暂不使用，应将两个闸阀关闭，使用时再开启至最大。

（七）冷却液

对于冬季温度在零度以下的地区，柴油机必须使用防冻液，否则可能会冻裂机体、机油冷却器等部件。康明斯系列柴油机冷却系统通常要求使用长效防冻防锈液，它含乙二醇50%（容积比），且在标准大气条件下沸点为109~110℃、冰点为-40℃。使用防冻液的主要优点包括：一是保证柴油机冷却系统水道内腔不会结垢，以免影响散热性能；二是防冻防锈液的沸点比水高，从而提高了冷却系统性能，防止柴油机冷却系统产生“开锅”现象；三是可通过调节乙二醇配比满足极寒地区的使用要求，保证柴油机在所有地区均能可靠工作。

四、冷却系统保养

（一）适时检查冷却水

柴油机工作时应注意经常检查冷却水的温度和散热器（或膨胀水箱）内的水位，水温过高、冷却水量不足均会造成散热器“开锅”。通常禁止在散热器“开锅”和柴油机过热时大量补加冷水，应待柴油机温度下降并在低速运转状态下补加，且加水不可过满，必须留出一定的膨胀空间。

目前柴油机使用的冷却水主要有两种，一种是自然水，另一种是防冻液。使用自然水时通常应是清洁的软水，这是由于硬水中含有大量的矿物质（Ca 和 Mg 盐类），柴油机工作时由于水温升高，这些矿物质将从水中析出并附着在管路、水套、零件表面并结成水垢，从而造成管道局部堵塞、散热困难、柴油机过热。自然界中的雨水、雪水以及蒸馏水和可饮用自来水都可做软水使用，而井水、泉水、河水硬度较高，必须进行软化处理后才能使用。此外，对冷却水的要求通常是pH为7、氯化物和硫酸盐含量均不得超过100×10^{-6}、水的总硬度不得大于300×10^{-6}，通常推荐使用硬度在150×10^{-6}以下的软水，当硬度大于150×10^{-6}时应进行水质软化处理。

目前常用的硬水软化处理方法主要包括煮沸、加入软化剂两种[41]。其中，煮沸主要是指将硬水煮沸，从而使其中的矿物质沉积后再取上面的清洁水使用，此方法较为简便，但不能使水彻底软化；加入软化剂是指在硬水中加入碳酸钠、氢氧化钙等软化剂，通常将其按照一定比例加入硬水中，待生成的杂质沉淀后，再取上面的清洁水注入冷却系统中。

（二）冷却系统防冻

我国幅员辽阔且南北气候差异很大，当柴油机不工作时冷却水很容易在严寒条件下冻结，从而引起水管、机体、气缸盖、散热装置等零部件冻裂，因此冷却系统防冻也是柴油机使用和保养的重点。为了防止冷却系统结冻，通常可使用防冻液。防冻液主要由水与甘油、乙醇、甲醇或乙二醇按照一定的体积比或重量比配制而成，常见的防冻液组分和主要性能如表 5－4 所示。从表中可以看出，水和乙二醇的比热较大，且二者混合后的比热以及热传导系数也较大，因此水与乙二醇的混合液是一种良好的防冻液。通过调整水与乙二醇的混合比例可得到不同冰点防冻液，表 5－5 列出了乙二醇、水的体积比与冰点之间的关系，通常推荐防冻液中乙二醇的浓度在 40%～60%为宜。

表 5－4　防冻液组分和主要性能

组　分	凝固点/℃	沸点/℃	比热/[kJ/(kg·℃)]	70℃的热传导系数 [kJ/(cm·S·℃)]
水	0	100	4.18	0.006 699
甘油	-17	290	2.43	0.002 763
甲醇	-117	64.5	—	0.001 817
乙醇	-97.8	78.5	2.43	0.001 298
乙二醇	-11.5～-17.5	197.5	2.72	0.002 512

表 5－5　乙二醇、水的体积比与冰点之间的关系

冰点/℃	乙二醇：水	冰点/℃	乙二醇：水
-3.8	10：90	-55	60：40
-7.5	20：80	-60	62：38
-14.1	30：70	-64	65：35
-22	40：60	-70	70：30
-32	50：50	-76	80：20
-42	55：45	—	—

康明斯柴油机使用防冻液通常应注意以下问题：一是康明斯柴油机使用的防冻液与一般汽车用防冻液不同，它要求防冻液中的硅酸盐（无水硅酸钠）、氧化物及醋酸的含量分别不得高于 1×10^{-3}、5×10^{-6} 和 1×10^{-4}；二是康明斯柴油机不允许使用添加有防（堵）漏剂的防冻液，以免造成水滤器堵塞而影响水滤器正常工作；三是防冻液中需要添加化学添加剂，但添加剂浓度不得超过每加仑（美制加仑 gal，1 gal＝3.785 L）冷却液 2 个单位添加剂；四是应选用冰点比当地最低气温低 10℃左右的防冻液，且防冻液的更换周期应不超过两年。

（三）冷却系统清洗

更换柴油机冷却液或大修后，必须对冷却系统进行清洗。目前市场上销售的清洗剂主要有碱性清洗剂、酸性清洗剂两种，其中碱性清洗剂可清洗冷却系统中的硅凝胶、“锡花”和油渣等，而酸性清洗剂可清洗冷却系统中的油泥等。此外，采用清洗剂清洗后必须再次采用中和清洗剂清洗，从而防止酸性或碱性残留物对系统造成腐蚀。

测试题

第六章
柴油机增压系统与启动系统

第一节　柴油机增压系统

一、增压系统概述

（一）增压系统概念

柴油机的增压系统教学视频

柴油机输出的机械功是由燃料在气缸中燃烧产生的热能转化而来的，因此输出机械功的大小取决于气缸中燃烧燃料的数量以及所产生热能的有效利用程度。通常为了提高柴油机的输出功率，可以采用以下途径[42]：一是柴油机采用二冲程；二是加大气缸尺寸和活塞行程，从而增大气缸排量；三是提高柴油机的工作转速；四是增加气缸数目；五是提高柴油机的平均有效压力。在上述基本途径中，二冲程柴油机由于其特有的换气问题以及热负荷大、扫气机耗功且结构复杂等原因，在工程机械、电站和车用柴油机上应用较少，而柴油机由于结构尺寸受到严格限制，因此进一步增大气缸工作容积和缸数也存在一定困难。此外，提高柴油机的工作转速固然能够提高柴油机的输出功率，但容易导致柴油机工作过程恶化以及机械负荷、机械损失增大和零件磨损加剧。

综合上述分析可以看出，提高平均有效压力是提高柴油机输出功率的主要途径，通常想要提高柴油机的平均有效压力，只需向气缸喷入更多的燃油并使它们充分燃烧。增大油量通常只需要加大燃油供给系统的每循环喷油量，但要使喷入气缸的燃油充分燃烧，却需要同时增加进入气缸的空气量，而在气缸工作容积不变的情况下，增大每循环进气量就意味着增加进气密度，以便容纳更多的新鲜空气充量。通常进气密度与进气压力、进气温度有关，当压力升高时，气体分子间距减小使密度增加；而当温度降低时，气体收缩也使气体分子间距减小，从而使得密度增加，因此增加进气压力同时降低进气温度，均能够达到增加进气量的效果，实际应用中目前主要采用增压的方法，而把降低进气温度作为增压的辅助手段，即所谓的增压空气“中间冷却”。

柴油机增压就是将空气预先在增压器内压缩后再送入气缸，同时增加每循环的供油量，从而提高柴油机的输出功率和改善柴油机的性能。通常增压压力 P_b（压气机出口压力）$\leqslant$0. 17 MPa 称为低增压，0. 17 MPa$<P_b\leqslant$0. 25 MPa 称为中增压，0. 25 MPa$<P_b\leqslant$0. 35 MPa 称为高增压，$P_b>$0. 35 MPa 称为超高增压。

增压系统的增压方式教学视频

（二）增压方式

柴油机增压系统按照驱动增压器所采用的能量来源不同，可分为机械增压、废气涡轮增压和复合增压三种方式。

1. 机械增压

机械增压是指增压器由柴油机曲轴通过机械传动系统(例如齿轮、皮带、链条等)直接驱动,从而将空气压缩后送入气缸的方式。机械增压所采用的增压器通常为离心式、罗茨式或刮片式等。机械增压方式应用最早,具有加速响应特性好、低速时可获得较好的转矩特性、对排气系统无干扰等优点,但由于机械增压方式需要在柴油机上增加一套传动机构,使得结构较为复杂,且需要消耗有效功率,导致机械效率有所下降。机械增压方式应用范围较为有限,其增压压力一般不超过 0. 15~0. 17 MPa,目前仅应用于个别增压度不高的柴油机,且以汽油机应用为主。

2. 废气涡轮增压

如图 6-1 所示,废气涡轮增压方式增压器的压气机是在柴油机排气推动下由增压器的涡轮直接驱动的,离心式压气机将经过空气滤清器过滤后的空气进行压缩,再经过中冷器冷却(也可以不经过冷却)后送入气缸,由于增压器与柴油机没有任何机械联系,因此具有结构紧凑、体积小、效率高、排气噪声低、适应性好、增压范围宽、不消耗柴油机功率等特点。柴油机采用废气涡轮增压后,同一种型号的柴油机可采用不同的增压度,因此可获得几种不同的功率指标,从而扩大了柴油机的应用范围。此外,由于废气涡轮增压有效利用了柴油机排气的能量,其热效率和机械效率较高,使得增压柴油机的燃油消耗率比非增压柴油机较低,从而改善了柴油机的经济性能,同时废气涡轮增压方式还可减少废气中有害成分的排放量,并有利于降低排气烟度值,加之增压柴油机比质量较低,从而使废气涡轮增压方式在柴油机上得到广泛应用。

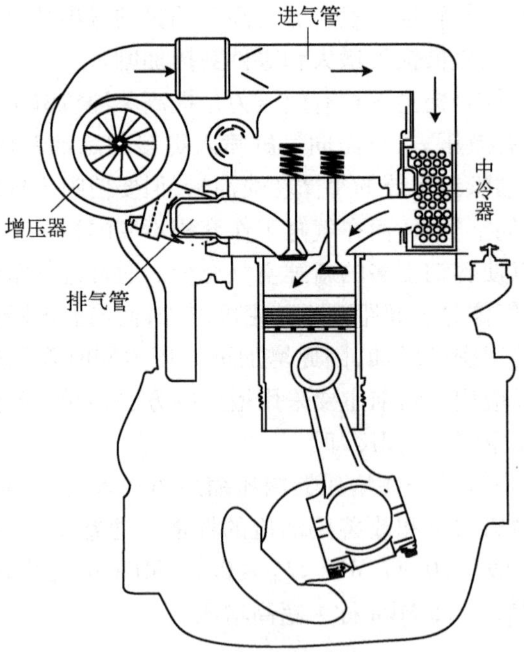

图 6-1　废气涡轮增压方式示意图

通常废气涡轮增压器可分为单级涡轮增压和二级涡轮增压两类，其中前者主要由一台涡轮机和压气机组成，或由几台涡轮增压器并联组成，目前多用于中、小型柴油机；而后者则是空气经两台串联的涡轮增压器增压后再进入柴油机气缸。V 型柴油机通常采用两个涡轮增压器，分别安装在左、右列的排气支管上。康明斯柴油机部分型号采用了两级涡轮增压，其中一个增压器作为低压，与之串联的另一个增压器作为高压，可以大大提高气缸的进气压力，其中高压增压器安装在柴油机的排气管上，低压增压器则安装在排气进口的接头上。柴油机工作时排气首先进入高压增压器的涡轮，推动高压增压器的压气机工作，压气机将来自低压增压器的压缩空气再次提高压力后送往进气接管，同时高压增压器涡轮的排气管（出口）接至低压增压器涡轮的入口，从而推动低压增压器涡轮工作并带动低压增压器的压气机工作，压气机将外界空气（先经空气滤清器过滤）吸入并提高压力后送往高压增压器的压气机，从而实现两级增压。

3. *复合增压*

同时应用废气涡轮增压和机械增压的增压方式称为复合增压，复合增压方式综合了机械增压和废气涡轮增压的优点，高速时主要以废气涡轮增压为主，而启动时则主要采用机械增压方式。复合增压方式主要有两种基本型式：一种是串联增压（空气先经废气涡轮增压，再经机械增压后进入气缸）；另一种是并联增压（空气同时由废气涡轮增压和机械增压后进入气缸）。此外，部分负荷时机械增压还将协助涡轮增压器工作，以便在低负荷、低转速时获得较高的进气压力，从而保证柴油机在启动、低速和低负荷时所必需的扫气压力。目前复合增压方式多应用于大型二冲程柴油机。

（三）增压柴油机特点

增压柴油机特点教学视频

通常增压柴油机主要具有以下优点：

（1）提高了柴油机的输出功率。柴油机采用增压后可有效提高平均有效压力，最大平均有效压力可达到 3 MPa，同时柴油机增压后的输出功率比未采用增压方式能够提高 40%～60%，甚至更多。

（2）降低了燃油的消耗。增压柴油机进气压力显著提高，能够极大改善气缸的扫气效果和燃烧条件，通常燃油消耗率可降低 3%～10%。

（3）提高了柴油机的机械效率。柴油机增压后辅助系统耗功很少，虽然因爆发压力升高会使各摩擦表面上的摩擦损失有所增加，但柴油机的功率增加更多，综合来看，机械效率可提高 10%左右。

（4）降低了柴油机的比质量。通常增压柴油机的重量增加比其功率增加要小得多，从而提高了材料的利用率，降低了柴油机的比质量。

（5）柴油机燃烧过程得到改善。增压柴油机提高了压缩终点的温度和压力，使得着火延迟期相对缩短，燃气压力升高率有所降低，从而有利于抑制爆燃，柴油机工作比较柔和。此外，由于柴油机过量空气系数大，柴油机燃烧充分且黑烟减少，各种排放水平总体上呈现下降趋势。

增压柴油机取得上述优势是以下述代价为前提的：一是增压后气缸内的工作压力和温度提高，柴油机的机械负荷和热负荷增大，过大的机械负荷和热负荷会对零件的机械强度、刚度和耐磨性等提出更高的要求，柴油机的可靠性受到严峻考验；二是柴油机低速时排气能量不足,会使柴油机的低速转矩受到影响,即低速工况性能变差;三是增压柴油机的加速响应特性较非增压柴油机差,即瞬态特性相对较差;四是增压柴油机性能上的进一步优化还受到诸如中冷器尺寸、材料热强度以及润滑性能等因素的制约[43]。

需要指出的是,为了保证增压柴油机可靠工作,必须在柴油机结构设计、选材和参数选择等方面采取适当措施,主要包括:

(1) 适当降低压缩比。增压后由于进气压力提高和每循环喷油量增加,气缸内最大爆发压力也相应升高,计算表明压缩比每增加 1,最高燃烧压力会增加 1.2 MPa 左右,因此为了避免过大的机械负荷和保证柴油机工作可靠,可适当降低柴油机的压缩比。

(2) 优化燃油供给系统。燃油供给系统设计是否合理对柴油机的性能影响极大,因此可通过改变某些结构参数和调整燃油泵、喷油器获得最佳匹配,从而满足增压柴油机的要求。

(3) 适当增大进、排气门的重叠角。增大进、排气门重叠角以及延长扫气过程能够有效冷却燃烧室壁和较好地清除废气,从而降低柴油机的热负荷,同时涡轮机的工作条件也在一定程度上得到了改善。

(4) 柴油机排气管分支。柴油机增压系统按照排气能量利用方式不同,可分为定压涡轮增压和脉冲涡轮增压两种。其中,定压涡轮增压系统是指把柴油机所有气缸的排气通过一个体积较大的排气管(类似一个集气箱)汇集在一起,然后再引向涡轮机,由于集气箱的稳压作用,排气总管内的压力振荡较小,进入涡轮前的压力近似不变,其主要优点是进气效率高,泵气功损失小,气流引起的激振较小,叶片工作可靠,且排气系统简单,易于布置和维护,其主要缺点是排气中的脉冲能量利用率较低,低速转矩特性和加速性能也较差;脉冲涡轮增压系统通常采用两个(或多个)排气支管将相邻发火的气缸互相隔开,同时由于排气管容积较小,当柴油机负荷改变,排气的压力变化能够迅速传递到涡轮机,从而改变增压器的转速,适应负荷变化的需求,通常其加速性能和低速时转矩特性都比定压涡轮增压系统好,其主要缺点是排气管结构复杂,涡轮机的效率略低于定压涡轮增压系统。以采用脉冲涡轮增压系统的康明斯柴油机为例,对于发火顺序为 1—5—3—6—2—4 的直列式柴油机,1、2、3 缸共用一个排气支管,4、5、6 缸共用另一个排气支管,由于每个排气支管相邻两缸间的工作夹角为 240°曲轴转角,与排气脉冲波的持续时间大致相同,因此相互间排气干扰不大。

(5) 冷却增压空气。采用空气中间冷却器能够降低增压后进入气缸的空气温度,从而增加进气密度和适当降低柴油机的热负荷,同时在直列式柴油机上空气中间冷却器还兼作柴油机的进气管使用。

二、涡轮增压器构造原理

涡轮增压系统教学视频

柴油机使用的涡轮增压器尽管具有多种不同规格,但通常均由压气机、涡轮机和中间壳(又称轴承壳)三部分组成。压气机叶轮安装在涡轮轴上,柴油机工作时排气驱动涡轮高速旋转并带动压气机工作,此时排气能量被转换为涡轮机的机械能,涡轮机再将机械能传递给压气机叶轮,从而通过压气机使进气得到增压。本节将以康明斯柴油机使用的涡轮增压器(图 6-2)为例,介绍其典型构造和工作原理。

涡轮增压器三维模型

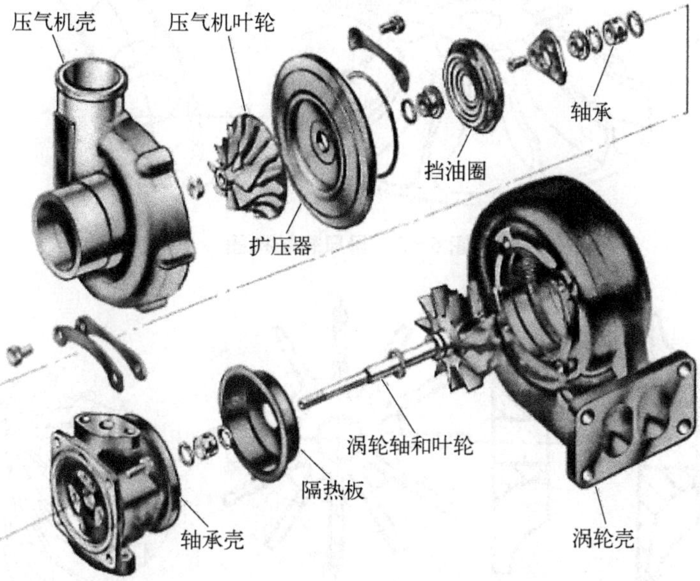

图 6-2　康明斯柴油机涡轮增压器结构图

（一）压气机

1. 压气机典型构造

压气机主要由压气机壳、压气机叶轮和扩压器等组成，工作时空气沿转轴方向进入叶轮，再沿径向叶轮、扩压器、压气机壳（蜗牛壳）流出。目前压气机主要采用离心式，离心式压气机工作范围较宽，压力升高比较大，加之结构简单、制造成本较低，因此应用十分广泛。

1）吸气壳

压气机的吸气壳又称为空气进气道，其主要作用是将来自空气滤清器的新鲜空气有序导入压气机叶轮。

2）压气机叶轮

压气机叶轮是压气机中唯一对空气做功的部件，它将涡轮提供的机械能转变为空气的压力能和动能。压气机叶轮主要由导风轮和工作叶轮两部分组成，中小型增压器通常将二者制造为一体，而大型增压器则将二者分开制造并装配成一体。导风轮是叶轮入口的轴向部分，叶轮入口向旋转方向倾斜，且直径越大处倾斜越多，其主要作用是使气流以尽量小的撞击进入叶轮，其结构如图 6-3 所示。常见的压气机工作叶轮如图 6-4 所示，其中，封闭式叶轮的流体通道封闭性好，且气体损失小、效率高，但结构复杂、制造成本高，目前多应用于转速较低的增压器上；全开式叶轮没有轮盘，刚度差、效率低，且工作中容易振动，目前基本很少采用；半开式叶轮的性能介于两者之间，结构简单且具有一定的强度和刚度，因此应用十分广泛。

根据叶片沿径向的弯曲形式，压气机叶轮可分为前弯叶片、后弯叶片和径向叶片三种，实际使用中以后两者应用最多。根据叶片长短，压气机叶轮又可分为全长叶片叶轮和长短叶片叶轮，其中前者进口流动损失小、效率高，但对于小直径叶轮，其入口处的气流阻

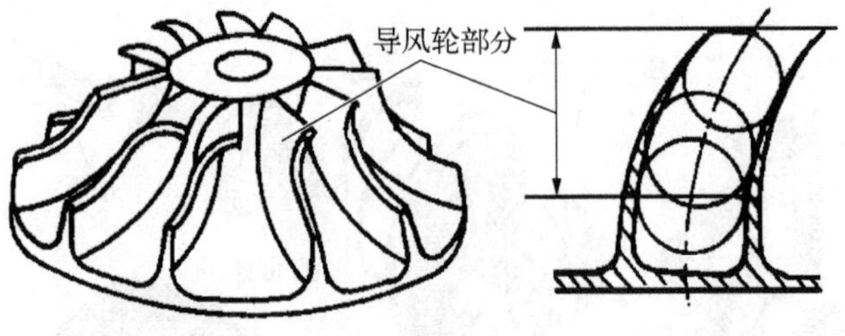

图 6-3 导风轮结构图

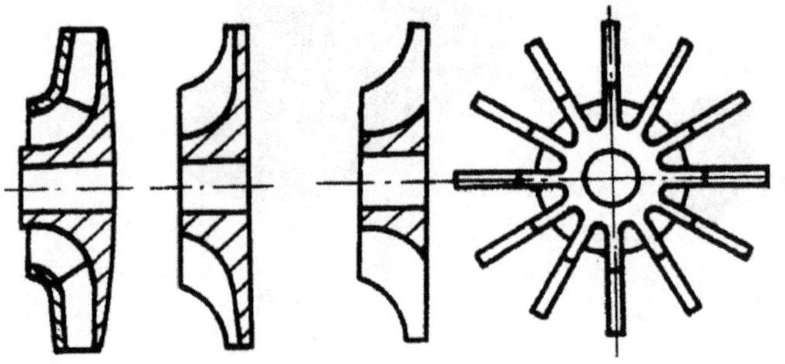

图 6-4 压气机工作叶轮典型形式示意图

图 6-5 长短叶片叶轮结构图

塞较为严重,因此小型增压器主要采用彼此间隔排列的长短叶片叶轮,如图 6-5 所示。此外,压气机叶轮对增压器性能具有重要影响,同时它又是一个高速转动零件,因此对其加工精度和表面粗糙度的要求较高。

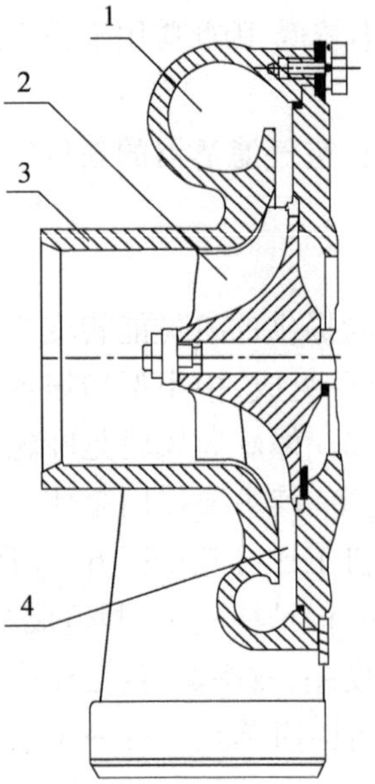

图 6-6 无叶扩压器(平板扩压器)结构图

1—出气壳;2—压气机叶轮;3—吸气壳;4—平板扩压器

3)扩压器

扩压器通常安装在压气机工作叶轮的出口处,按照结构形式的不同可分为无叶扩压器和叶片式扩压器两种。其中,无叶扩压器通常又称为缝隙式扩压器或平板扩压器,它与压气机壳铸造为一体(如图 6-6 所示),扩压器类似一个环状平板,布置在叶轮出口处,其主要作用是进一步提高气体压力,同时由于扩压器出口处的气体流通截面积比入口处的流通截面积大,因此气体流动时流体膨胀使部分动能在扩压器内继续转变为压力能;叶片式扩压器的结构形式如图 6-7 所示,叶片式扩压器中相邻两个叶片之间构成气体流道,其入口对着叶轮的出口处,由于入口通道截面积小于其出口通道截面积,因此与无叶扩压器相同,因气体膨胀使得压力得到提高,流体的部分动能被转变为压力能。目前康明斯柴油机使用的 T-50、T-46、T-35、T-18A 型增压器均采用了无叶扩压器,而康明斯柴油机使用的 VT-50、ST-50 和 VT-1710 型增压器则采用了叶片式扩压器。

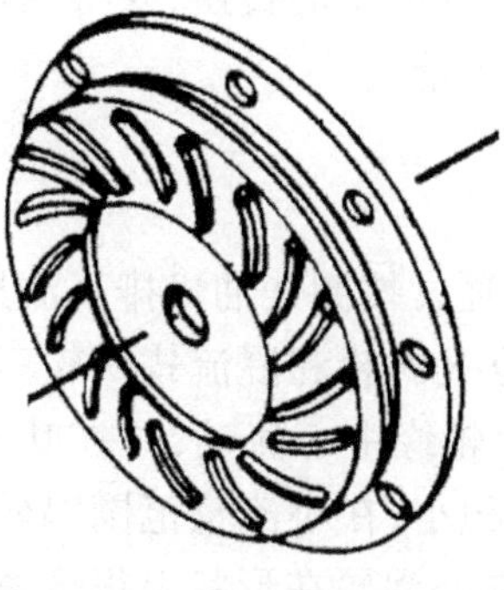

图 6-7 叶片式扩压器结构图

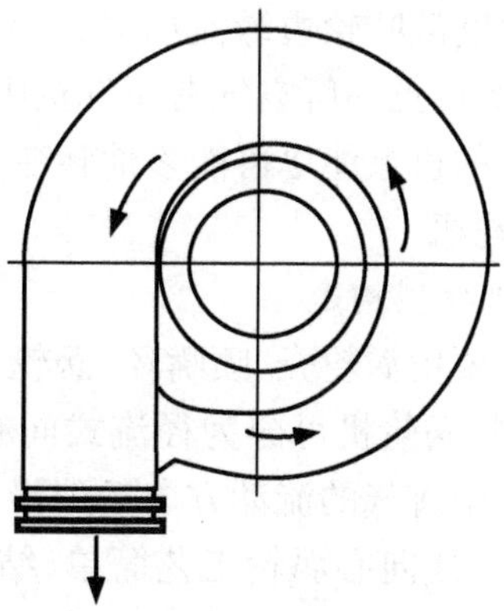

图 6-8 压气机出气壳结构图

4）出气壳

压气机的出气壳形状类似一个蜗牛壳，通常又称为出气涡壳或者压气机壳，其结构如图 6-8 所示，其出口截面积沿圆周逐渐扩大，使得气体在流出过程中流速降低，而压力不断升高，出气涡壳同时还兼有收集流出的气体以便向柴油机进气管输送的作用。通常截面的变化规律依据流体运动规律确定，变截面的出气涡壳工作中气流损失较小，而且不会出现气流分离现象。目前压气机壳主要采用铝合金制造以减轻重量。

2. 压气机工作原理

压气机工作原理与鼓风机、水泵等具有叶片旋转式机械的工作原理类似。增压器工作时涡轮驱动压气机工作，过滤后的新鲜空气从入口沿截面收缩的进气道进入工作叶轮，气流略有加速[图 6-9(b) 中位置 1]；然后气流进入工作叶轮上由叶片组成的气流通道，由于叶轮的转速很高（通常每分钟几万转，有的高达十几万转），离心力的作用使得空气受到很大压缩，其压力、温度和流动速度均有较大程度增加[图 6-9(b) 中位置 2]，这部分能量由驱动压气机叶轮工作的机械功转化而来，而机械功又来源于与之同轴的涡轮；压力提高后的气体又以很高的流动速度沿叶轮径向流出并进入扩压器和出气壳，由于扩压器和出气壳的出口截面都比进口截面大，气体所拥有动能中的大部分会在其中转变为压力能，从而使气体压力进一步升高，而流速则进一步下降[图 6-9(b) 中位置 3、4]。当气

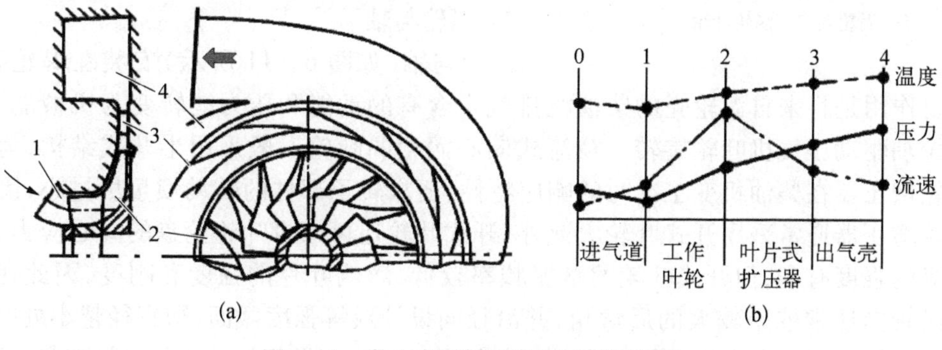

图 6-9 离心式压气机工作过程示意图

1—进气道；2—工作叶轮；3—叶片式扩压器；4—出气壳

体以很高的速度从叶轮边缘流出时，工作叶轮的进口处产生低压（真空），以便外界空气不断吸入，由此可见新鲜空气在压气机中完成了一系列的功能转换，并将涡轮机传递给压气机工作叶轮的机械能尽可能多地转变为空气的压力能。

（二）涡轮机

1. 涡轮机典型构造

涡轮机主要由涡轮壳、喷嘴环、涡轮与轴组成。通常按照柴油机排气流过涡轮叶轮的流动方向不同，涡轮机可分为径流式向心涡轮、轴流式涡轮和混流式涡轮三种。其中，径流式向心涡轮中排气的流动方向近似沿径向由叶轮轮缘中心流动，并在叶轮出口处转为轴向流出，径流式向心涡轮工艺简单、结构紧凑、体积小，在小流量范围涡轮的效率较高，因此在中小型涡轮增压器上应用十分广泛，径流式向心涡轮在形状上很像离心式压气机，但气流的流动方向与压气机相反，因此在一定程度上可以把径流式向心涡轮的工作过程看成离心式压气机的逆过程；轴流式涡轮中排气近似沿与涡轮轴平行的方向流过涡轮，轴流式涡轮效率高、流量范围宽，在大流量工作范围的效率较高，目前多用于大型涡轮增压器；混流式涡轮中排气流动的方向介于径流式和轴流式之间，即沿与涡轮轴线倾斜的锥形面流动，其结构和工作原理与径流式向心涡轮类似。

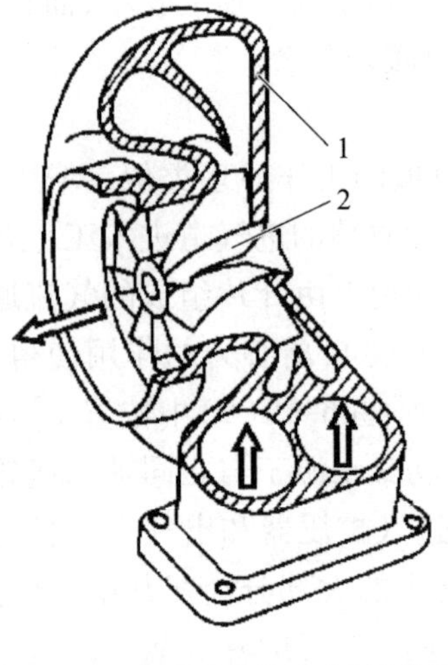

图 6-10　涡轮壳（径流式）结构图

1—涡轮壳；2—涡轮叶轮

1）涡轮壳

涡轮壳通常又称为涡轮进气壳或涡壳，在径流式向心涡轮中一般与涡轮出气壳制造为一体，目前康明斯系列和 135 系列柴油机所用增压器均采用径流式向心涡轮。如图 6-10 所示，柴油机排气沿径向进入涡轮壳 1 并冲击涡轮叶轮 2，然后从轴向流出。涡轮壳通常具有两个作用：一是将增压器与柴油机排气管连接起来；二是引导柴油机排气均匀地进入涡轮，以便更好地利用排气能量。由于切向进气流动损失小，因此涡轮壳通常采用切向进气形式，且涡轮壳一般具有两个进气口，每个进气口分别与一个排气支管连接。由于排气温度较高，目前涡轮壳一般采用合金铸铁制造并要求内表面平滑光洁。

2）涡轮与轴

涡轮与轴（如图 6-11 所示）安装在涡轮壳内，其主要作用是将来自涡轮壳的柴油机排气中含有的动能和压力能转变为机械能，并通过涡轮轴驱动压气机叶轮旋转。径流式向心涡轮的叶轮一般采用半开式结构，为了提高涡轮增压器在柴油机变工况时的响应特性，要求转子部件的转动惯量尽量小，因此小型涡轮增压器通常采用开式叶轮。此外，开式叶轮还可减少叶轮轮盘的离心应力，对叶轮轮盘的强度有利，但开式叶轮的自振频率较低，影响叶片的强度和刚度，因此在叶片进口沿轴向通常取一较大的后弯角，并沿径向设计成等强度截面，即直径越小处叶片越厚。目前涡轮叶片的叶型大多采用抛物线叶型，这是由于抛物线叶型气动性能好，且效率较高。

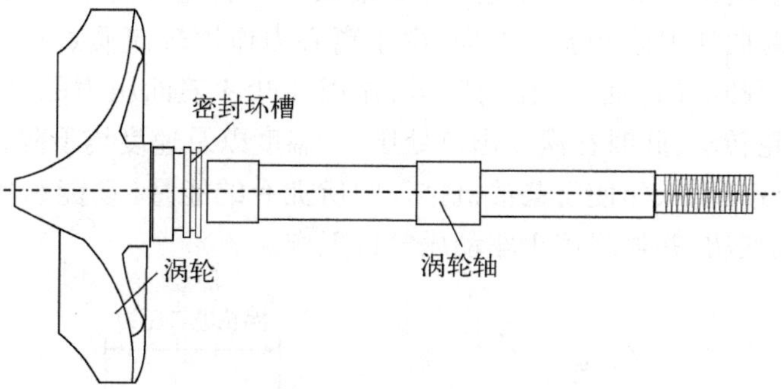

图 6-11　涡轮与轴结构图

需要指出的是，涡轮是增压器中十分重要的零件，其性能和结构对增压器工作具有很大影响，加之工作中受热、受力和受到腐蚀，因此对涡轮的工艺和材料都有较高要求，目前主要采用耐热和耐腐蚀性好、强度高的高镍耐热合金材料精密铸造成型。涡轮与涡轮轴通常采用整体式连接方式（即不可拆式），工作中涡轮不会松动，且动平衡不易破坏，但局部损伤后不易修复；部分涡轮与涡轮轴采用装配式连接方式，即通过键连接，其优缺点与整体式连接方式正好相反。涡轮轴的主要作用是将涡轮与压气机叶轮连接为一体，从而实现扭矩的传递。

2. 涡轮机工作原理

涡轮机的工作原理类似流行在民间的走马灯，如图 6-12 所示。蜡烛点燃后将引起周围空气对流，热空气上升冲击质量很轻的叶片使叶片缓慢转动，同时带动了同轴安装的纸马转动。此外，风车和燃气涡轮也是利用了流动空气或高速燃气流冲击叶片（轮）使其旋转，从而对外输出动力这一原理。通常气流动能越大，做功越多，轮盘转动也越快。

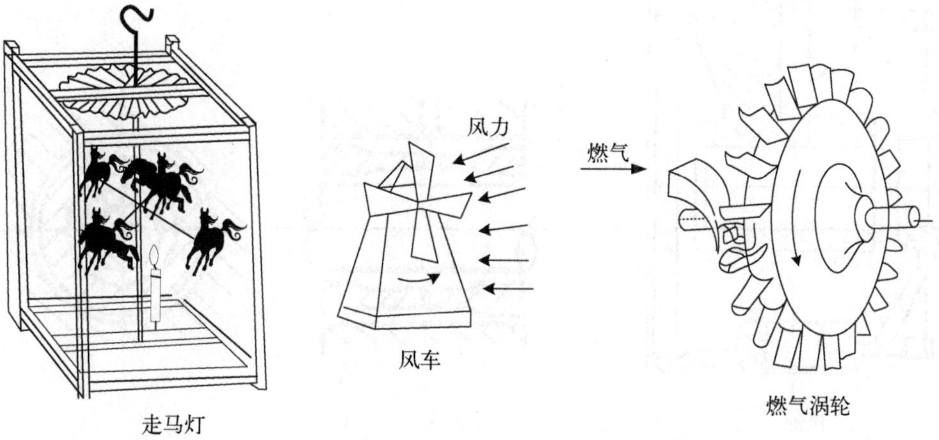

图 6-12　走马灯、风车和燃气涡轮示意图

如图 6-13 所示，涡轮增压器工作时在涡轮壳入口（即柴油机排气管出口）处，排气气流具有较高的压力、温度和一定的速度，由于涡轮壳具有一定的膨胀、加速作用，而在喷嘴中又有相当多的压力能转化为动能，因此在涡轮壳和喷嘴环中气流的压力和温度降低而

速度迅速升高，至喷嘴出口处气流的速度达到最大。当涡轮叶轮中的高速气流冲向涡轮叶片时，被迫沿着弯曲通道改变流动方向，由于离心力作用气流质点投向叶片凹面，从而使该处压力增高，而凸面(背面)处压力降低，作用在叶片表面压力的合力便产生一个旋转力矩，并推动涡轮转动，此时在涡轮出口处压力、温度以及速度均下降，出口处的气流速度也大大低于进口速度，从而使得柴油机排气中所拥有的能量(动能和压力能)大部分通过涡轮转变成了机械功，并最终用于驱动压气机工作。

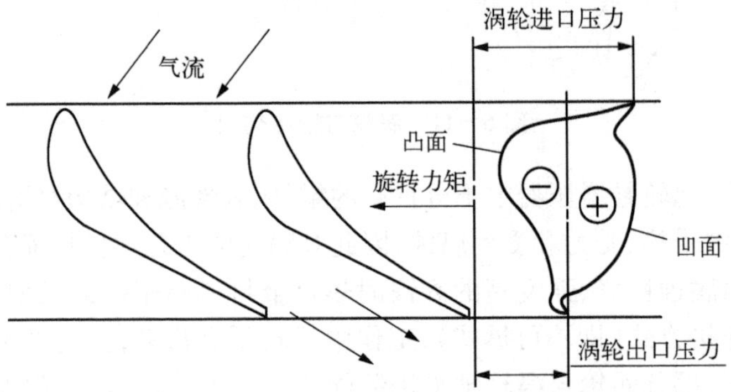

图 6－13　涡轮叶片气流压力分布示意图

(三) 中间壳

如图 6－14 所示，中间壳安装在压气机壳与涡轮壳之间，其外部套有 V 型箍带并采用螺栓锁紧，主要用于连接压气机壳与涡轮壳。中间壳又称为轴承壳，主要起支承、润滑、隔热和密封作用。壳体内装有轴承，壳体的一侧装有隔热板，另一侧压装有密封圈支架。

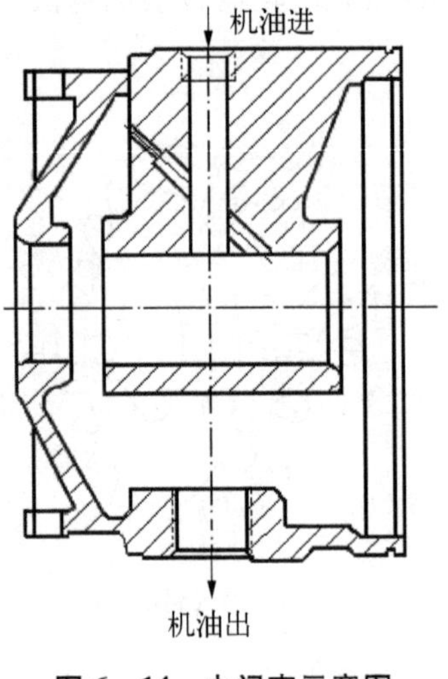

图 6－14　中间壳示意图

图 6－15　浮动轴承工作过程示意图

1—轴承座；2—浮动轴承；3—涡轮轴

1．轴承

由于增压器转速通常在数千转以上，因此目前中小型增压器多采用浮动轴承。浮动轴承通常安装在中间壳的轴承孔内，用于支承涡轮轴，并通过轴承的润滑作用减少摩擦损失和减轻零件的磨损。浮动轴承通常称为浮环，顾名思义就是浮着运动的轴承。如图6－15所示，当涡轮轴高速旋转时，在压力机油作用下，浮动轴承的外表面与轴承孔、内表面与涡轮轴之间的间隙均能够形成润滑油膜，且在润滑油的黏附力和摩擦力作用下，轴承也会跟着转动（转速较慢，一般为轴转速的25%～30%）。浮动轴承与普通滑动轴承相比，具有工作温度低、摩擦损失小、工作可靠、减振效果好和拆装维护方便等优点，特别适合在高转速下工作，因此应用十分广泛。

浮动轴承在结构上主要包括整体式和分开式两种，其中整体式浮动轴承的两个轴承由中间过渡段连接为一体，两端面可兼作止推轴承，其主要缺点是质量大、惯性大，且加工精度要求较高；分开式浮动轴承的两轴承分为两部分，每个轴承两端由挡圈或垫片定位，具有质量轻、惯性小、易于加工等特点。除此之外还有一种半浮动轴承，半浮动轴承工作中不转动，轴承采用整体式浮动套，其结构如图6－16所示，目前主要应用于ST－50、T－50、T－35等增压器上，通常半浮动轴承的机械损失要小于全浮动轴承。

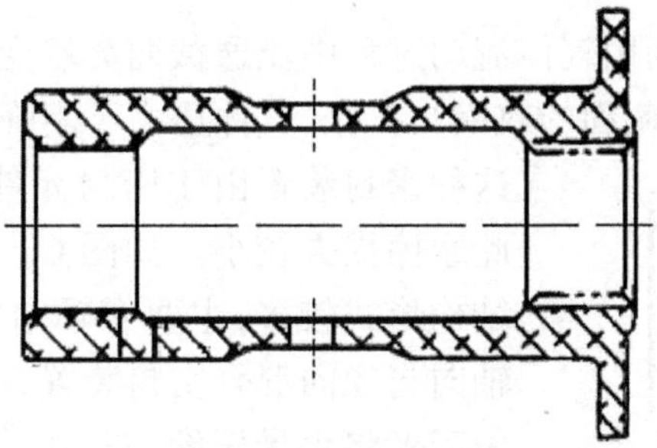

图6－16　半浮动轴承（整体式浮动套）结构图

浮动轴承上通常加工有径向油孔，经柴油机粗滤器过滤后的压力机油，通过一根软管和接头由中间壳上加工的油道径向进入轴承，润滑后从两端沿轴向流出至中间壳的油腔，再经接头和外部软管流回柴油机的油底壳，循环流动的机油也对增压器零件起到了良好的冷却作用。除了采用浮动轴承，增压器上通常还装有止推轴承。常见的止推轴承包括止推板、止推环、止推盘等，主要用于承受涡轮轴工作中产生的轴向推力，止推轴承通常安装在压气机端（此端工作温度较低）。目前T－18A型增压器采用了止推盘，而T－35型增压器采用了止推环，它们均安装在压气机一侧。

2. 隔热装置

增压器工作时高温排气推动涡轮旋转的同时，会将一部分热量通过中间壳传递给压气机端，从而使进气加热、密度减小并影响进气量，同时过高的温度还会影响轴承正常工作。虽然循环流动的机油能够及时带走一部分热量，但为了进一步减少传热对进气温度的影响，部分增压器在涡轮机和压气机之间装有隔热装置。隔热装置主要包括一块隔热板和一个用金属皮制作的隔热包。其中，隔热板为一个圆状平板，其端面上沿圆周加工有四个凸块，安装时嵌入中间壳一端对应的四个缺槽内；隔热包放置在隔热板的里侧，并靠隔热板压紧，隔热包内填满了石棉材料，能够起到良好的隔热效果。

3. 密封装置

增压器密封装置主要由气封、油封等组成。其中,气封的主要作用是防止压气机端的压缩空气和涡轮端的柴油机排气泄漏,压缩空气泄漏会降低增压效果,而排气泄漏除了会使涡轮机的功率降低以外,高温气体泄漏还会影响轴承工作和导致轴承过早损坏;油封的主要作用是防止增压器轴承处的机油泄漏,机油泄漏会导致油耗增大,还会引起轴承因缺油而得不到良好的润滑,此外机油泄漏至涡轮壳一旦燃烧,燃气温度升高还会损坏叶轮。目前增压器采用的密封装置主要包括密封环式、接触式、迷宫式等。

(1) 密封环式密封装置主要由密封套和密封环组成,又称为活塞环式密封装置。密封套紧套在涡轮轴上(或与涡轮轴整体加工),密封套上加工有环形槽,内装一道或两道开口的密封环,安装后靠环自身的弹力紧紧贴在密封板(又称为油封板)内孔上,从而有效防止气体和机油泄漏。

(2) 接触式密封装置应用较少,它采用非金属材料制作密封圈,并与涡轮轴(或壳体)直接接触,从而起到密封作用。接触式密封装置结构较为简单,但密封圈容易失效,从而使得工作可靠性变差。

(3) 迷宫式密封装置利用气体流动过程中流通截面突然变化所形成的节流作用实现密封,当气流经过多次流通截面的收缩与扩张,气体压力不断降低,从而起到了密封作用,这种密封装置由于密封元件不与涡轮轴直接接触,因此摩擦损失较小。如图 6-17 所示,迷宫式密封装置结构形式较多,主要有轴向密封装置、径向密封装置、轴向与径向混合密封装置、带有气封的密封装置等,其中后者将少量压缩空气引入轴向密封装置,从而有效加强轴向密封的效果。

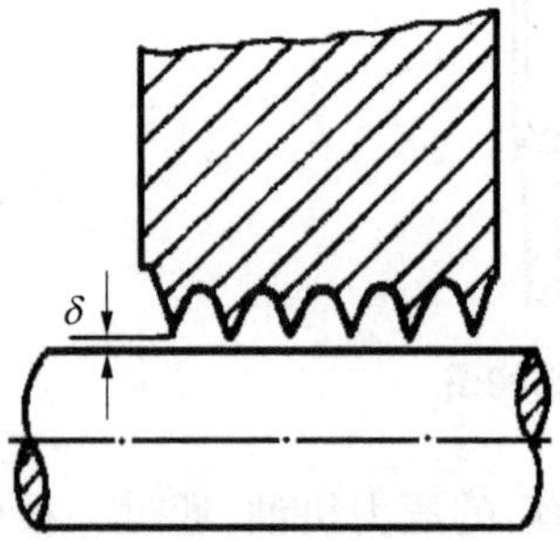

图 6-17　迷宫式密封装置结构图

康明斯柴油机所用增压器主要采用密封环式密封装置,并分别设置在压气机和涡轮机一端。压气机端的密封套装入密封板的内孔,涡轮机端的密封套直接加工在涡轮轴上,同时部分进口增压器在密封套上加工有甩油螺纹,涡轮轴旋转时机油沿螺纹槽运动的方向与泄漏方向相反,具有较好的密封效果。此外,为了保证可靠密封,增压器上还装有 O 型密封圈。

图 6-18 所示为康明斯柴油机使用的 T-50 涡轮增压器结构图。其中,增压器压气机采用半开式叶轮,安装在涡轮轴上并采用锁紧螺母压紧,其主要由叶片和轮盘组成,前端弯曲部分起到导风轮的作用,且压气机采用无叶扩压器,它与压气机壳铸造为一体;增压器采用径流式向心涡轮,涡轮与轴制造为一体,且涡轮采用全开式叶片结构;增压器采用活塞环式密封并设有隔热板,同时在中间壳内装有浮动轴承。

三、涡轮增压器使用维护

增压系统的使用教学视频

(一) 涡轮增压器使用

涡轮增压器使用过程中应注意以下几点:一是新启用或经维修后的增压器,使用前必须用手拨动叶轮,检查涡轮轴转动是否灵活;二是增压器经过检修或较长时间停车后初

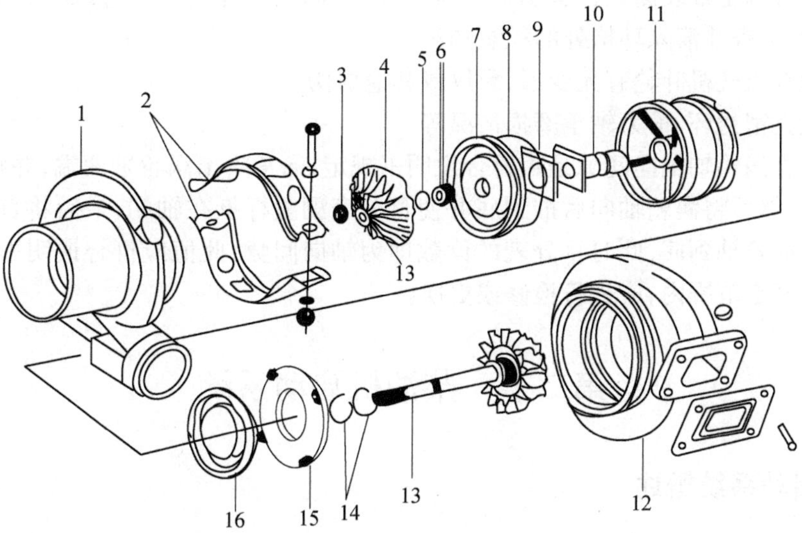

图 6-18　T-50 涡轮增压器结构图

1—压气机壳;2—V 型箍带;3—锁紧螺母;4—压气机叶轮;5—密封环;6—油封环支承座;
7—密封圈支架;8—O 型密封圈;9—轴承嵌片;10—浮动轴承;11—中间壳;12—涡轮壳;
13—涡轮与轴;14—油环;15—隔热板;16—隔热包

次运转前,应通过进油管接头人工注入约 60 ml 的清洁机油,且其牌号与柴油机的机油牌号应相同,严禁在缺油情况下启动柴油机;三是柴油机启动后应倾听增压器运转是否正常,在额定工况下观察增压器有无异响,如有异常声响应立即停机检查,同时增压器工作时应确保润滑和密封可靠,不允许出现机油或气体泄漏现象;四是如果增压器出现振动现象,应停机检查压气机叶轮和涡轮叶片是否损坏;五是进气阻力过大会导致进气不足和排烟增大,此时应检查空气滤清器是否过脏并清洁空气滤清器;六是必要时应测量排气背压,排气背压高可能由外来杂质或排气管过度弯曲造成;七是需要按照规定周期、方法和步骤维护涡轮增压器。

（二）涡轮增压器维护

1. 日常清洁

（1）用软毛刷沾上洗涤剂或溶剂彻底清除压气机叶轮、涡轮以及壳体上的污垢,不得使用钢丝刷或其他金属铲具强行清除,且清洁时不得碰伤零件表面。

（2）如果增压器积炭严重,应按大修步骤拆卸、清洁、检查、修理或更换损伤零部件。

（3）不允许采用腐蚀性的清洗液清洗零件,零件清洗后应采用压缩空气吹净。

2. 定期检查

（1）检查浮动轴承端面、内（外）表面磨损情况,表面损伤严重或磨损超过极限应予以更换。

（2）检查中间壳两端面有无积炭和碰擦痕迹,通常轻微损伤可用油石消除,检查压气机壳、涡轮壳有无损伤。

(3) 检查涡轮轴表面是否有明显的沟槽,检查涡轮叶片进出口边缘有无弯曲、断裂、裂纹或毛刺,检查并清除环槽处的积炭和污垢。

(4) 检查压气机叶轮有无变形、裂纹或其他损伤。

(5) 检查密封环、推力轴承磨损情况等。

(6) 检查涡轮轴轴向间隙是否符合说明书规定,通常露出涡轮轴两端,并将百分表固定在壳体上,然后将涡轮轴向后推到底并使百分表测量杆抵在轴端,最后将百分表校零,并向前推动涡轮轴到底,此时百分表的读数即为轴向间隙,此值应符合说明书规定,如果间隙值不在规定范围内,应进行检修或更换。

第二节　柴油机启动系统

一、启动系统概述

(一) 启动阻力

柴油机不具备自启动性,因此柴油机由静止状态转入运转状态,首先要克服柴油机的启动阻力,即必须借助外力驱动曲轴,在各系统配合下使气缸内获得燃烧才能自动进行工作循环。通常柴油机的启动阻力包括以下几种:

1. 机械阻力

机械阻力占柴油机启动阻力的65%左右,其中活塞组与气缸以及曲轴各轴承的摩擦阻力所占比例最大,并且当润滑条件较差、润滑油黏度过大时,机械阻力对柴油机启动的影响更为突出。

2. 惯性阻力

惯性阻力通常指使运动零件由静止状态加速到某一转速时的阻力,惯性阻力占启动阻力的10%左右,且运动零件的质量越大,所呈现出的惯性阻力也越大。

3. 压缩阻力

第一次膨胀做功前压缩气缸内气体所产生的阻力称为压缩阻力,通常多缸柴油机中压缩阻力不超过启动阻力的25%。

需要指出的是,上述阻力的大小主要与柴油机气缸数目、气缸直径、压缩比、排量等结构参数以及机油黏度有关。通常温度越低,机油黏度越大,摩擦阻力也越大。

(二) 启动条件

启动条件与常见启动方式教学视频

柴油机由静止状态转入工作状态的全过程称为启动过程,能否迅速、可靠、方便地连续多次启动,是评价一台柴油机性能好坏的重要指标之一。启动不可靠会给用户带来诸多不便,不仅会因延误时机造成重大损失,还会因反复启动而造成柴油机零件磨损。通常常温下柴油机启动迅速、可靠的关键因素包括启动转速和启动力矩[44]。

1. 启动转速

保证柴油机顺利启动所必需的最低转速称为启动转速。启动转速低会导致进入气缸的空气被压缩后达不到正常温度和压力,喷油雾化质量差,加之散热和漏气损失增加,会导致气缸内难以形成良好的可燃混合气,不满足燃烧条件而使柴油机不能顺利启动。最低启动转速是鉴别柴油机启动性能的重要标志，不同类型柴油机的最低启动转速通常有所不同，一般为 80～250 r/min。

2. *启动力矩*

柴油机必须要有足够的启动力矩去克服上节所述的启动阻力，包括机械阻力、惯性阻力、压缩阻力等。

（三）启动方式

1. *人力启动*

人力启动是指借助摇把、绳索、踩动等方式，用人力通过增速传动直接转动曲轴完成启动过程的方式。人力启动是一种简单而可靠的启动方式，但劳动强度大、启动力矩受限，主要应用于小型柴油机。需要指出的是，有些柴油机虽然采用电力启动方式，但仍然保留有人力启动以备急需。

2. *电力启动*

电力启动是指由蓄电池提供电力，通过启动电机旋转来启动柴油机的方式。电力启动是一种常见的启动方式，具有结构紧凑、重量轻、操作和控制方便等优点，其主要缺点是启动可靠性在一定程度上取决于蓄电池的性能。

3. *压缩空气启动*

压缩空气启动方式将压缩空气按照柴油机的着火顺序，通过空气启动阀在做功冲程初期依次引入各缸，并借助高压气体膨胀推动活塞，从而达到转动曲轴实现启动的目的。该种方式具有启动力矩大、受环境温度影响小、启动迅速可靠、便于遥控操作并可连续启动等优点，其缺点是结构复杂，且需要空气压缩装置和高压气瓶，目前主要应用于大型柴油机。

4. *汽油机启动*

汽油机启动是指先采用人力方式启动一个小型汽油机工作，再通过离合器让汽油机带动柴油机，柴油机一旦启动再使汽油机停止工作的方式。该种方式具有低温启动性好、可连续多次启动、启动力矩大等优点，其主要缺点是结构复杂、启动时间长和不便于遥控，因此主要应用于个别野外作业的农耕机械和工程机械。

二、启动装置

（一）电启动装置

电启动装置是指以 24 V 蓄电池作为启动电动机（以下简称启动电机）的电源，利用启动电机的控制特性实现机旁或远距离操作的启动方式。启动电机通常采用串激式直流电动机，它具有低转速时输出扭矩大、随着转速升高输出扭矩逐渐减小的特性，非常适合柴油机启动的需要。串激式直流电动机的输出扭矩与通过电动机电流的平方成正比，因此只要蓄电池提供足够大的电流，启动电机便能产生很大扭矩。此外，启动电机与一般直流电动机的主要区别是启动电机仅在启动时使用，由于工作时间短，因此设计时没有散热装置，在额定负荷下允许连续运行时间一般为几十秒。

启动电机教学视频

启动电机结构组成如图 6－19 所示，主要由串激式直流电动机、操纵机构和驱动机构等组成。

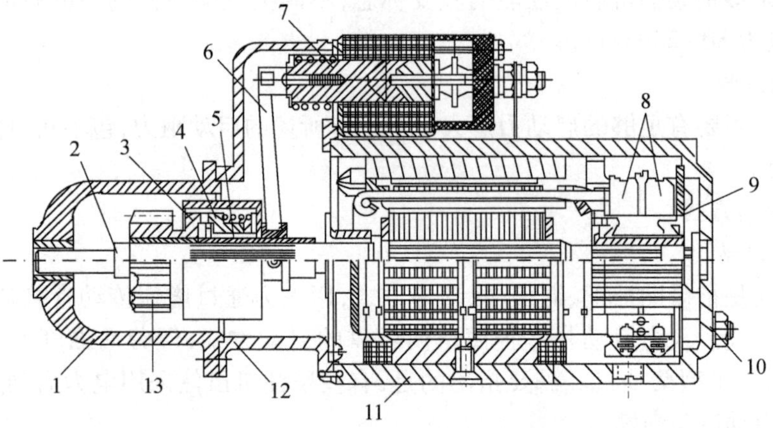

图 6-19　启动电机结构组成示意图

1—前盖;2—电枢轴(转子);3—从动牙轮;4—主动牙轮;5—花键套筒;6—拨叉;7—电磁开关;
8—电刷;9—换向器;10—接线柱;11—壳体;12—连接体;13—驱动齿轮

1. 串激式直流电动机

1) 串激式直流电动机结构组成

(1) 磁极。串激式直流电动机磁极主要由固定在壳体上的磁极铁芯和磁场绕组组成。其中,磁极的数目一般为 4~6 个,若磁极数目为 4 个,两对磁极相对安装并使 S 极对着 S 极、N 极对着 N 极而构成磁场;磁场绕组由绕在磁极上 4 个相互串联(或每两极线圈分别串联后再并联)的线圈组成,并与电枢绕组串联。

(2) 电枢。串激式直流电动机电枢主要由电枢轴(转子)、铁芯、电枢绕组、换向器等组成,其中铁芯由硅钢片集叠而成并安装在电枢轴上,为了能够通过大电流而得到大的启动转矩,电枢绕组通常采用矩形裸体铜线绕制而成。为了防止绕组间出现短路,在铜线与铁芯、铜线与铜线之间采用绝缘性好的绝缘纸隔开,同时为了防止高速下铜线因过大的离心力而甩出,在槽口两侧将铁芯挤紧。电枢绕组各线圈的端头均焊接在换向器上,并通过换向器和电刷将蓄电池电流引入绕组。换向器又称为整流子,主要由铜片和云母片相间叠压而成,其表面与电刷接触。

(3) 电刷。串激式直流电动机电刷主要由铜与石墨粉压制而成,具有导电性和润滑性好等优点。电刷通常安装在电刷架内,并由电刷弹簧紧紧压在换向器上,其主要作用是接通外电路并引入电流。

(4) 轴承(衬套)。串激式直流电动机轴承通常压装在前盖和外壳的孔内,其主要作用是支承电枢轴。由于启动电机工作时间短、通过电流大,并且承受着冲击载荷,因此通常采用青铜石墨轴承或铁基含油轴承。

2) 串激式直流电动机工作原理

串激式直流电动机是将蓄电池电能转化为机械能的动力装置,它是基于通电导体在磁场中受电磁力作用工作的。当将电动机的电刷与直流电源(蓄电池)接通时,电流由正极电刷流入,经过磁场绕组和电枢绕组,由负极电刷流出,此时根据左手定则,电枢在磁场作用下旋转并通过电枢轴输出扭矩。

3）串激式直流电动机基本特性

串激式直流电动机的转矩 M、转速 n 和功率 P 随电枢电流 I 的变化关系称为串激式直流电动机的基本特性，如图 6－20 所示。

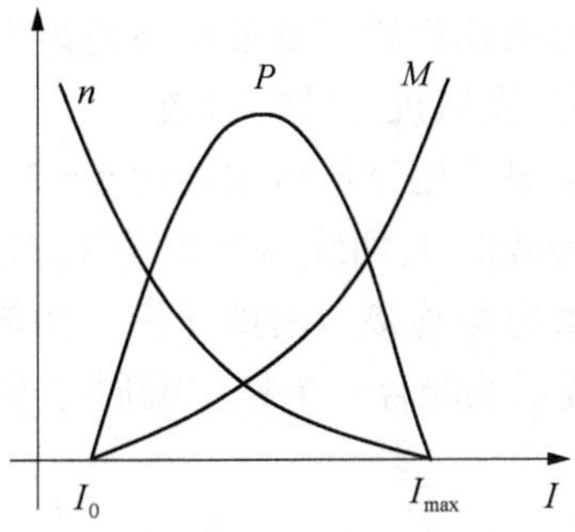

图 6－20　串激式直流电动机基本特性示意图

a．转矩特性[$M=f(I)$]

在启动电机启动瞬间，由于柴油机启动阻力很大，启动电机处于完全制动状态，此时电枢轴转速为零，电枢电流 I 达到最大值 I_{max}，对应的转矩 M 也达到最大值。由于转矩 M 与电枢电流 I 的平方成正比，因此制动电流产生的转矩很大，足以克服柴油机的启动阻力矩，使柴油机由静止状态进入启动状态。

b．转速特性[$n=f(I)$]

随着电枢电流 I 的增大，串激式直流电动机输出转矩 M 逐渐增大，而对应的转速 n 却急剧下降，反之当电枢电流 I 减小时，转速 n 却迅速升高，也就是说串激式直流电动机具有“轻载转速高、重载转速低”的特点，这对保证柴油机的安全可靠启动非常有利。需要指出的是，柴油机轻载或空载时的高转速容易使启动电机超速，因此串激式直流电动机不可在轻载或空载状态下长时间运行。

c．功率特性[$P=f(I)$]

若已知电枢轴上的输出转矩 M 和电枢轴的转速 n，串激式直流电动机的输出功率 P 可利用下式计算：

$$P = \frac{M \times n}{9550} \tag{6-1}$$

根据上式可以看出：在完全制动（$n=0$）和空载（$M=0$）两种情况下，启动电机的功率 P 均为零；此外由于启动时间很短，允许启动电机在最大功率下工作，因此通常将启动电机在大约 $I_{max}/2$ 时的最大输出功率称为启动电机的额定功率（对应图 6－20 中 P 曲线的峰值）。

4）影响启动电机功率的主要因素

（1）蓄电池容量。通常蓄电池的容量越小，能够提供的启动电流越小，因此产生的转矩也越小。

（2）环境温度。环境温度主要通过影响蓄电池的内阻而影响启动电机的功率，通常环境温度越低，蓄电池内阻越大，蓄电池容量减小使启动功率下降，因此冬天应特别注意蓄电池的保温。

（3）电阻。通常启动电机内阻、接触电阻以及导线电阻对启动电压具有很大影响，进而影响启动电机的功率[45]。一般要求导线要短、线径要粗，且启动电机的内阻通常在 0.003 Ω 以下，同时启动电路各接头要牢固连接，以减小接触电阻。

电启动装置的操纵机构教学视频

2．操纵机构

电启动装置的操纵机构通常又称为电磁开关，主要用于接通或断开启动电路，并使启动电机驱动齿轮与柴油机飞轮齿圈相啮合。

1）操纵机构结构组成

操纵机构结构组成如图 6－21 所示，固定铁芯 3 安装在壳体内，铁芯外绕有吸动线圈和保持线圈 4，两线圈公共端接启动按钮。接线柱 1 固定在壳体上并与壳体绝缘，主要用于与蓄电池连接。衔铁 6 位于线圈中间，其右端向内凹呈球面，以便与接触盘 2 的推杆 5 左端正确配合。衔铁左端通过连接杆 8 与驱动机构拨叉 9 连接。

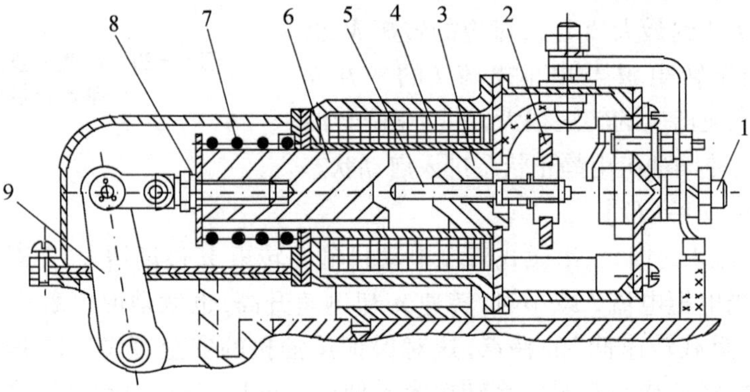

图 6－21　操纵机构结构组成示意图

1—接线柱；2—接触盘；3—固定铁芯；4—吸动线圈和保持线圈；5—推杆；6—衔铁；7—复位弹簧；8—连接杆；9—拨叉

启动系统工作过程仿真动画

2）操纵机构工作原理

如图 6－22 所示，当按下启动按钮时，电磁开关电路接通，电流从蓄电池 11 的正极→接线柱 8→启动按钮 10→吸动线圈 6→启动电机 9→蓄电池的负极，与此同时，流经保持线圈 3 的电流也流回蓄电池负极。由于吸动线圈和保持线圈内均有电流通过，且两线圈产生的磁场极性相同，此时在合成磁场作用下，衔铁 2 被吸向固定铁芯 5，并向右推动推杆 4，使电磁开关的接触盘 7 紧紧靠在两个触点上，从而接通了启动电机主回路。主回路一

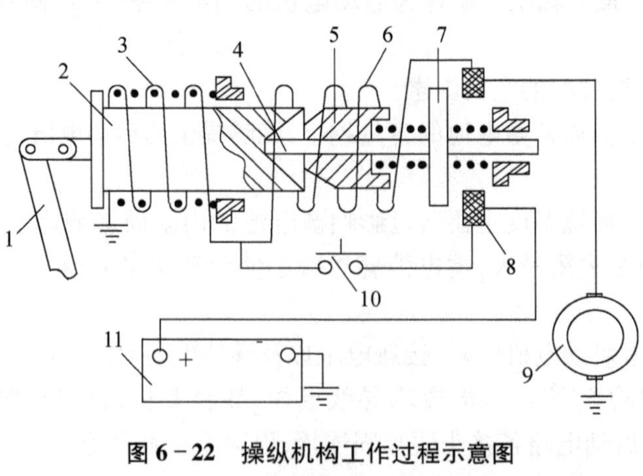

图 6－22　操纵机构工作过程示意图

1—拨叉；2—衔铁；3—保持线圈；4—推杆；5—固定铁芯；6—吸动线圈；7—接触盘；8—接线柱；9—启动电机；10—启动按钮；11—蓄电池

旦接通，吸动线圈即被短路，但保持线圈仍有电流流过以维持铁芯与衔铁的吸合。在衔铁右移使电机主回路接通的同时，拨叉绕支点顺时针摆动，使驱动机构齿轮与柴油机飞轮齿圈接合。当断开启动按钮时，保持线圈失电使磁场消失，衔铁在回位弹簧作用下回到原位，接触盘与触点分开，启动电机工作结束，同时驱动机构齿轮与飞轮齿圈脱离并回到初始位置。

3. 驱动机构

1）驱动机构主要功用

驱动机构通常又称为离合器，其主要功用是将启动电机启动时电枢轴所产生的转矩，通过驱动机构齿轮传递给飞轮，从而启动柴油机；此外一旦柴油机启动，保证柴油机的扭矩不会通过驱动齿轮传递给电枢轴，从而保护启动电机。也就是说，驱动机构具有单向传递扭矩的特点。

电启动装置的驱动机构教学视频

2）驱动机构结构原理

不同型号启动电机的区别主要在于驱动机构的结构组成和工作原理有所不同，目前柴油机常用的驱动机构主要包括牙轮式超越离合器、弹簧式离合器、摩擦片式离合器和滚柱式超越离合器等。

a. 牙轮式超越离合器

牙轮式超越离合器通常安装在启动电机的前端并套在电枢轴上，它由电枢轴上的直花键驱动工作。离合器主要由一对牙轮（主动牙轮和从动牙轮）和一个花键驱动套组成，牙轮起着棘轮的作用，当主、从动牙轮啮合时，主动牙轮能够将驱动力矩传递给从动牙轮，而从动牙轮却不能将力矩传递给主动牙轮，因此具有单向传递扭矩的特点。

牙轮式超越离合器的驱动齿轮通常为直齿圆柱齿轮，并与从动牙轮制成一体。主动牙轮的内孔加工有斜花键，其套在花键驱动套上，并由花键驱动套上的斜花键驱动，主动牙轮后端装有缓冲弹簧和垫片，缓冲弹簧可使驱动机构柔和地传递动力，并避免在啮合和打滑过程中产生撞击。花键驱动套安装在启动电机的电枢轴上，其内孔上加工有直花键槽并与电枢轴的直花键配合，因此当启动电机旋转时，可通过花键传动使主动牙轮随着电枢轴一起转动。此外，花键驱动套还装在一个支承筒内，支承筒的左侧是滑环，右端装有一个挡圈用于防止驱动齿轮总成脱出。拨叉一端的两个叉耳作用在滑环内，在操纵机构作用下能够拨动驱动机构向前，从而使齿轮与飞轮齿圈啮合。

柴油机启动时，在操纵机构拨叉作用下，离合器被推向前方，使驱动齿轮与飞轮啮合，此时旋转的电枢轴通过直花键带动花键驱动套一起转动，花键驱动套再通过斜花键带动主动牙轮旋转，并将动力传递给从动牙轮和驱动齿轮，从而使飞轮跟着一起转动。一旦柴油机启动成功，由于传动比很大（康明斯柴油机约为 13：1~9：1），啮合处飞轮的线速度将超过驱动齿轮的线速度，使得从动牙轮变为主动牙轮，导致两牙轮之间产生打滑，从而有效保护启动电机不会因高速而损坏。当操纵机构停止工作时，拨叉又将离合器拉向后方并与飞轮齿圈脱离啮合，启动过程结束。

b. 弹簧式离合器

弹簧式离合器的结构组成如图 6－23 所示，花键套筒 6 套在启动电机电枢轴上的螺旋花键上，驱动齿轮 1 套在电枢轴前端的光滑部分，且两者之间采用两个半圆键 3 连接，从而使驱动齿轮 1 与花键套筒 6 之间不能做轴向移动，但却可以相对转动。驱动齿轮 1 和花键套筒 6 外装有扭簧 4，它的两端内径略小，分别箍紧在齿轮柄和花键套筒上。柴油机启动时电枢轴带动花键套筒稍有转动，扭簧顺着其螺旋方向将齿轮柄与花键套筒包紧，启动电机的转矩经扭簧传递给驱动齿轮并带动飞轮旋转。柴油机启动后一旦驱动齿轮的转速超过电枢轴的转速，扭簧将放松，从而使驱动齿轮与花键套筒松脱打滑，使得柴油机的转矩不能传递给电枢轴。目前弹簧式离合器主要应用于一些要求启动功率较大的启动电机上。

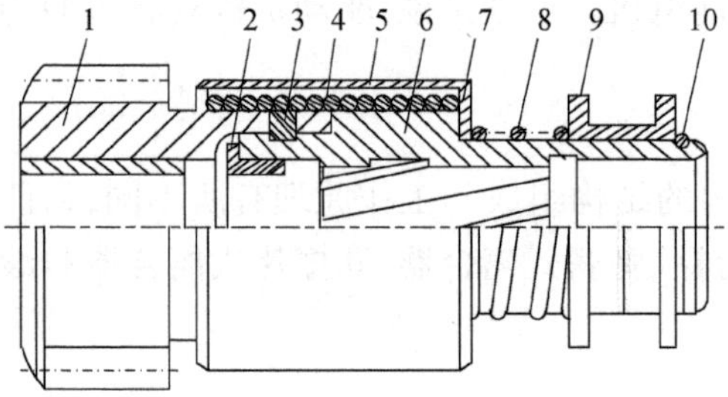

图 6－23　弹簧式离合器结构图

1—驱动齿轮；2—挡圈；3—半圆键；4—扭簧；5—护圈；6—花键套筒；7—垫圈；8—缓冲弹簧；9—移动衬套；10—卡簧

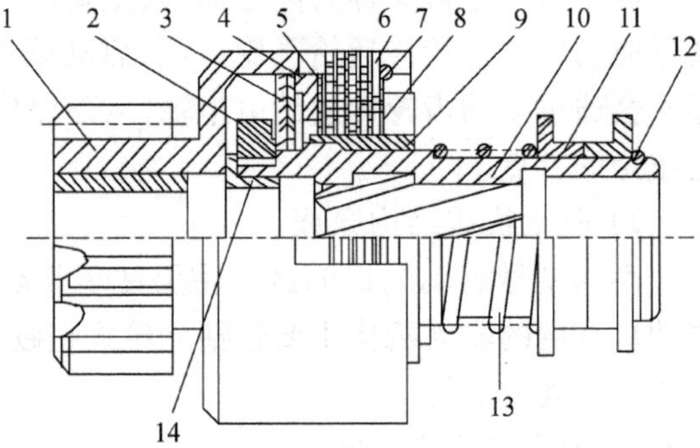

图 6－24　摩擦片式离合器结构图

1—驱动齿轮与外接合鼓；2—锁紧螺母；3—弹性垫圈；4—压环；5—调整垫圈；6—从动摩擦片；7、12—卡环；8—主动摩擦片；9—内接合鼓；10—螺旋套管；11—滑环；13—缓冲弹簧；14—挡圈

c. 摩擦片式离合器

摩擦片式离合器的结构组成如图 6－24 所示，驱动齿轮与外接合鼓制成一体并装有衬套，外接合鼓右端加工有四条切口。螺旋套管 10 内表面制有螺旋花键槽，并与电机电枢轴上的花键配合。内接合鼓 9 的内表面加工有三条螺旋花键槽，并与螺旋套管外表面的三条花键配合。主动摩擦片 8 内圆周上有四个凸耳，嵌在内接合鼓外圆上的四个直槽内，可随内接合鼓一起运动。各主动摩擦片之间装有从动摩擦片 6，且从动摩擦片的外圆加工有四个凸耳，嵌在外接合鼓的切口内。螺旋套管的一端装有缓冲弹簧 13 和滑环 11，缓冲弹簧的主要作用与牙轮式超越离合器基本相同。摩擦片式离合器的连接关系可表述为：电机轴→通过四线右旋花键到螺旋套管→再通过三线右旋花键到内接合鼓→主动片→压向从动片（通过摩擦力传递）→外接合鼓→驱动齿轮→飞轮。

柴油机启动时，在拨叉作用下螺旋套管边旋转边向左移动，主动摩擦片随之旋转左移并压向从动摩擦片，在摩擦力作用下，从动摩擦片带动外接合鼓和齿轮也旋转左移并与飞轮啮合，一旦操纵机构的接触盘使启动电机主回路接通，电机转速升高，驱动齿轮便带动飞轮旋转。当柴油机启动成功后，若驱动齿轮的转速超过电枢轴转速，内接合鼓的转动将快于螺旋套管，此时在右旋花键作用下迫使内接合鼓右移，摩擦力减小使主、从动摩擦片产生打滑，从而保护了启动电机。此外，如果柴油机的启动阻力很大，飞轮不能被驱动齿轮带动时，内接合鼓左移使主、从动摩擦片压得更紧，并将这一压力通过调整垫圈 5 和压环 4 沿外缘传递给弹性垫圈 3，由于弹性垫圈的内缘支承在锁紧螺母 2 上，迫使弹性垫圈成喇叭形弯曲变形，且阻力越大变形越严重，直至内接合鼓的左端与弹性垫圈接触。如果阻力矩再增大，内接合鼓将不能移动，片间摩擦力不再增大而出现打滑，从而起到保护启动电机的作用。

图 6-25 所示为摩擦片式离合器装配图，上述零件作为一个总成安装在电枢轴 4 上并通过螺旋花键 5 驱动。

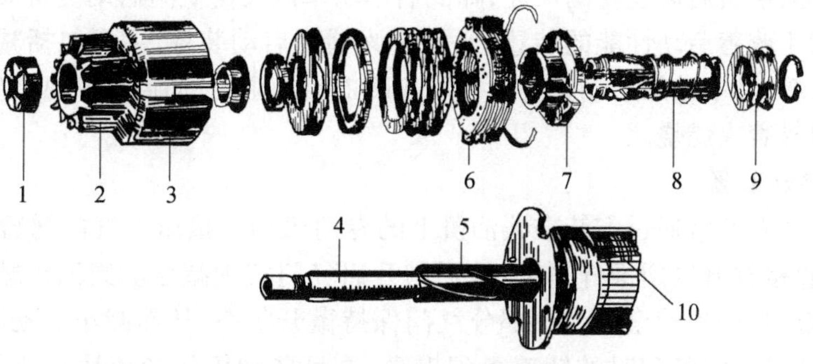

图 6-25　摩擦片式离合器装配图

1—锁紧螺母；2—驱动齿轮；3—外接合鼓；4—电枢轴；5—螺旋花键；6—摩擦片；7—内接合鼓；8—螺旋套管；9—滑环；10—电枢

d. 滚柱式超越离合器

滚柱式超越离合器的结构组成如图 6-26 所示，花键套筒 8 套在电机电枢轴的花键上，在花键套筒的一端固定着十字块 3，块内每个楔形槽内分别装有一套滚柱 4 以及压帽与弹簧 5。驱动齿轮 1 与外壳 2 制成一体，外壳 2 与护盖 7 相互扣合密封，同时在花键套筒外面套有滑环 11 以及缓冲弹簧 10。

启动电机工作时，拨叉通过滑环推动滚柱式超越离合器向前，从而使驱动齿轮 1 与飞轮齿圈 12 啮合，扭矩由花键套筒传递给十字块，使之与电枢轴一起旋转，此时滚柱在弹簧力及摩擦力作用下紧楔在楔形槽窄端而被卡死（见图 6-26 左下图），使得驱动齿轮总成和花键套筒成为一个整体，从而带动飞轮转动。柴油机启动成功后，由于传动比很大，

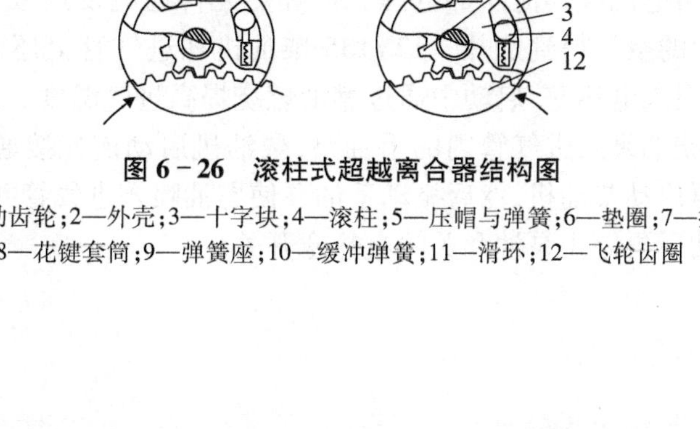

图 6-26　滚柱式超越离合器结构图

1—驱动齿轮；2—外壳；3—十字块；4—滚柱；5—压帽与弹簧；6—垫圈；7—护盖；8—花键套筒；9—弹簧座；10—缓冲弹簧；11—滑环；12—飞轮齿圈

驱动齿轮将被飞轮带着旋转，其转速大于十字块的转速，此时驱动齿轮的转向虽然没变，但驱动齿轮由主动齿轮变为从动齿轮，此时在摩擦力作用下，滚柱克服弹簧力而滚向楔形槽中较宽的一端并产生打滑（见图 6－26 右下图），从而避免启动电机因超速而损坏。

（二）辅助启动装置

为了减小柴油机启动装置的尺寸，降低启动功率以及使低温启动更可靠，在一些柴油机上还装有用于改善启动性能的装置，通常称为辅助启动装置，主要包括减压启动装置、启动预热装置等，其中减压启动装置主要用于降低启动阻力，而启动预热装置的主要作用是使燃料更容易着火燃烧。

1. *减压启动装置*

减压启动装置通常通过安装在柴油机上的专门机构直接压下气门摇臂端（或提升气门摇臂端，或直接提升气门推杆）等方法强制开启气门实现减压。柴油机减压启动时，可由人工操作减压机构迫使全部或一部分气门保持微开状态，从而减小启动时的气缸压缩阻力（约减少 1/3），使启动时的转速得到提高，一旦柴油机的转速达到或超过启动转速后，再迅速使这些气门恢复正常，尽管此时增加了压缩阻力，但飞轮已获得惯性，从而改善了柴油机的启动性能。减压启动装置在一些小型柴油机上应用较多。

2. *启动预热装置*

柴油机启动预热装置主要用于加热吸入气缸内的空气、柴油机的冷却水或机油，从而提高柴油机的温度和减轻低温启动时的摩擦阻力，促进气缸内可燃混合气的燃烧。常见的启动预热装置主要包括以下几种：

1）空气预热装置

空气预热装置采用乙醚作为辅助启动液，它将一定容量的乙醚喷入进气管内，随同空气进入气缸并在气缸中被压缩，由于乙醚具有较低的沸点，能够在较低的温度下燃烧。乙醚燃烧产生的热量加速了柴油的蒸发和雾化，并可点燃可燃混合气，从而有利于柴油机在低温环境顺利启动。通常喷射装置由一个喷雾器和一个乙醚压力喷雾罐组成。其中，喷雾器接头安装在进气管上，其主要作用是向各缸等量供给启动液；乙醚压力喷雾罐放置在空气滤清器出口附近，其主要作用是为喷雾器提供具有一定压力的启动液，从而使启动液能够通过喷雾器呈雾状喷入进气管内。需要指出的是，使用乙醚辅助柴油机启动必须十分小心，应控制好喷射速率，以防止柴油机超速或气缸内出现爆燃，必要时可使用能够计量乙醚量的计量装置，此外乙醚喷射绝不能与进气预热装置联合使用，以免引起爆炸和引发事故。

空气预热的另一种方式是在柴油机进气管上安装电热塞或在进气管内安装加热器。柴油机启动前借助蓄电池或其他外部电源先使加热元件通电发热数十秒，然后启动柴油机，使流过进气管中的空气得到加热。12V135 柴油机在进气管上还装有一个油杯，内装柴油并通过塑料管引入电热塞，启动中通过燃油燃烧提高进气温度。此外，还有柴油机同时装有一个能够将柴油泵入进气管内的手油泵，柴油机启动前先接通电热塞开关加热进气管，15~20 秒后再启动柴油机，然后掀动手油泵使燃油喷入进气管并被灼热的电热塞点燃，柴油机启动成功后再停止泵油和关闭电热塞开关。

2）冷却液加热器

冷却液加热器是一种安全、实用的低温辅助启动装置，被加热的冷却液可在柴油机冷却系统中循环流动，从而起到暖机、预热的作用，有助于提高燃烧室温度和减轻气缸磨损。通常冷却液加热器的最低功率为 2.5～4.0 kW。

3）机油加热器

机油加热器的主要作用是通过加热机油降低机油的黏度，从而减小柴油机的启动阻力。机油加热器通常采用浸入式，可安装在柴油机油底壳内并由外部电源供电。

三、蓄电池

(一) 蓄电池结构组成

为了使柴油机迅速启动，蓄电池需要在启动过程中向启动电机提供 200～1000 A 的启动电流，同时部分柴油机的蓄电池还要向仪表箱和传感器件提供电能。目前柴油机启动用蓄电池多采用铅蓄电池（又称酸性蓄电池），具有制造工艺简单、内阻小（0.01～0.019 Ω）、启动性好、成本低和使用寿命较长等优点，通常由 6 个或 3 个单格电池串联而成，每个单格电池的标称电压为 2 V，从而构成 12 V 或 6 V 的蓄电池。如图 6－27 所示，蓄电池通常由极板、隔板、电解液和壳体四部分组成。

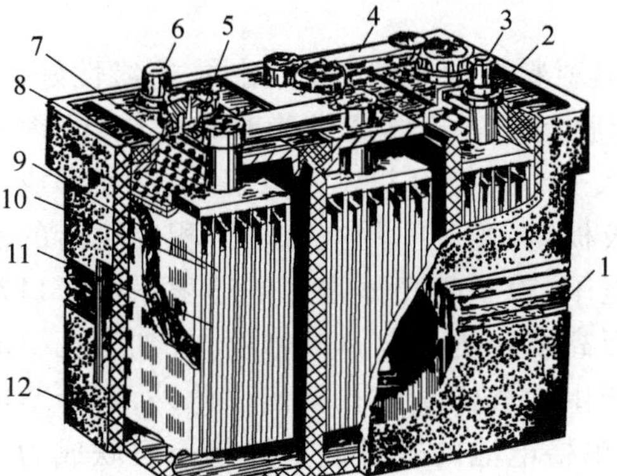

图 6－27　蓄电池结构图

1—壳体；2—电桩衬套；3—正极接线柱；4—连接条；5—加液孔；6—负极接线柱；7—保护片；8—封口料；9—隔板；10—负极板；11—正极板；12—棱条

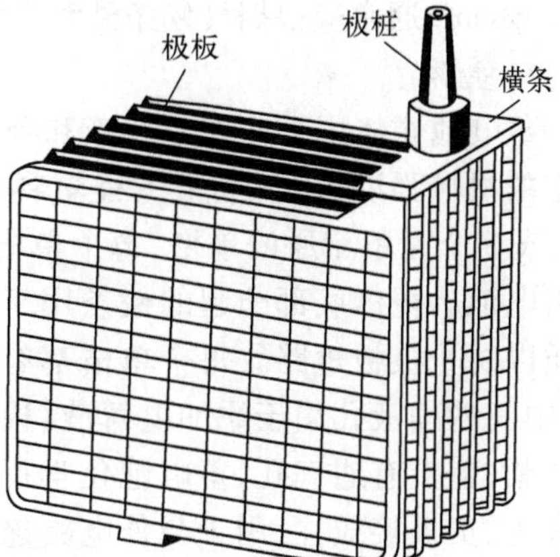

图 6－28　极板组结构图

1. 极板

极板是蓄电池的主要组成部分，蓄电池充电和放电均是通过正、负极板上的化学活性物质与电解液中的硫酸进行化学反应而实现的。正极板上的活性物质通常是深棕色二氧化铅（PbO_2），而负极板上的活性物质通常是青灰色海绵状铅（Pb），上述活性物质主要采用涂膏工艺，分别填充在铅锑（含锑 6%～8.5%）合金铸成的栅架上而构成极板，如图 6－28 所示。

国产负极板的厚度为1.8 mm,正极板为2.2 mm(薄型极板为1.1~1.5 mm)。为了增大蓄电池容量,通常将多片正、负极板分别并联焊接在一根横条上,组成正、负极板组,且横条上联有电桩,各片间留有间隙。安装时正负极板相互嵌合,中间插入绝缘隔板,由于正极板上的活性物质机械强度较低,因此单格电池中负极板总是比正极板多一片,从而使每个正极板都处于负极板之间,其两侧放电均匀,以免工作时因极板拱曲而使活性物质脱落。

2. 隔板

为了避免正、负极板彼此接触而造成短路,正、负极板之间通常采用绝缘隔板隔开。隔板应耐酸蚀,同时还应具有多孔性以便电解液自由渗透,常用材料包括微孔橡胶、微孔塑料和玻璃纤维等。组装过程中隔板带槽面应对准正极板,以满足电化学反应中极板对硫酸的需求。

3. 电解液

电解液是蓄电池内部发生化学反应的主要物质,主要由化学纯净硫酸和蒸馏水按照一定比例配制而成,其成分用密度来表示。通常电解液的纯度和密度对蓄电池寿命和性能具有很大影响。配制电解液时应禁止使用工业硫酸和非蒸馏水,防止杂质引起蓄电池自放电并使极板过早损坏。通常电解液密度低会导致冬季易结冰,但密度过大会使电解液黏稠,从而使渗透性降低,并加快了隔板和极板的腐蚀。电解液密度一般为1.24~1.31 g/cm^3,通常应根据气候条件和厂家要求进行选择或配置。

4. 壳体

蓄电池壳体用于盛放电解液和极板组,其材料通常要求耐酸、耐热、绝缘性好,并有一定的机械强度,通常采用工程塑料或硬橡胶制作。壳体通常为整体式结构,内部有3个或6个互不相通的单格,每个单格中放入一对极板组并注入电解液,从而形成一个单格电池。壳体底部凸起的棱条用于支承极板组,棱条间的空隙用于积存脱落的活性物质以防止极板短路。每个单格都有一个盖子,盖子与壳体之间的缝隙采用封口剂密封,中间的加液孔用于添加电解液、检查液面高度和测量电解液密度,且加液孔平时用盖拧紧,盖上有通气孔,蓄电池化学反应时产生的气体从此孔排出。此外,每个蓄电池均有正、负极接线柱,用于与外电路连接,各单格电池的极桩通过连接条串联成为一个整体电源。

(二)蓄电池充放电原理

蓄电池是一种化学电源,其充放电过程即为化学能与电能的相互转化过程。其中,当蓄电池将化学能转化为电能向外供电时,称为放电过程;当蓄电池与外界直流电源相连而将电能转化为化学能存储起来时,称为充电过程。

蓄电池充足电时,正、负极板上的活性物质分别是PbO_2和Pb,外电路一旦接通,在电解液作用下将发生放电化学反应$PbO_2+2H_2SO_4+Pb \Rightarrow 2PbSO_4+2H_2O$,如果电路不中断,上述电化学反应将持续进行,直至电解液中的硫酸因氢离子和硫酸根离子的迁移逐渐被消耗生成水,正、负极板上均生成硫酸铅($PbSO_4$),放电过程结束;蓄电池充电时,当外加电源电压高于蓄电池电动势时,电流将按照放电电流相反的方向流过蓄电池,并使蓄电池正、负极板发生与放电过程相反的充电化学反应$2PbSO_4+2H_2O \Rightarrow PbO_2+2H_2SO_4+Pb$,当充电进行到使极板上的活性物质和电解液完全恢复到放电前的状态时，充电过程结束。

（三）蓄电池容量和牌号

1. 蓄电池容量

容量是衡量蓄电池工作能力的一个重要指标，它表示蓄电池充足电后，在给定温度、放电电流强度和终止电压下所能输出的电量多少。当电池以恒定电流值进行放电时，其容量 Q 等于放电电流 I_f 与放电时间 t 的乘积（$Q=I_f\times t$），单位为 A·h。蓄电池的容量通常分为额定容量和启动容量。

1）额定容量

额定容量是指完全充足电的蓄电池在电解液平均温度为 30℃、以 20 h 放电率的放电电流（相当于额定容量的 1/20）连续放电至单格电压为 1.75 V 时所输出的电量。例如，6－Q－195 型蓄电池当电解液平均温度为 30℃时，以 9.75 A 的电流连续放电 20 h 后，单格电压降至 1.75 V，其额定容量即为 195 A·h。

2）启动容量

启动容量反映了柴油机启动时蓄电池的供电能力，它是指在电解液温度为 30℃时，以 5 min 放电率的放电电流（相当于 3 倍额定容量的电流）连续放电至规定的终止电压（6 V 和 12 V 蓄电池的终止电压分别为 4.5 V 和 9 V）时所输出的电量，且放电持续时间应在 5 min 以上。例如，6－Q－195 型蓄电池在 30℃并以 585 A 的电流连续放电 5 min，电池的端电压降到 9 V，其启动容量即为 48.75 A·h。

3）影响因素

（1）放电电流对蓄电池容量的影响。放电电流过大，电解液来不及渗入极板内部，极板表面易被生成的硫酸铅堵塞，致使极板内部大量活性物质不能参与化学反应，导致蓄电池实际容量减小，为此通常规定柴油机每次启动的时间不应超过 5～30 s，连续两次启动的时间间隔应大于 1～2 min，从而促使电解液充分渗透以及让更多的活性物质参与化学反应。

（2）电解液温度对蓄电池容量的影响。温度低电解液黏度增大，离子运动速度减慢，电解液向极板孔隙内层渗入困难，导致蓄电池容量下降。通常当电解液温度低于 30℃时，温度每降低 1℃，小电流放电和大电流放电时蓄电池容量分别减小约 1% 和 2%，因此冬季蓄电池的容量会大大减小，应注意蓄电池的冬季保温。

（3）电解液密度对蓄电池容量的影响。适当加大电解液密度虽可提高蓄电池的电动势以及电解液活性物质向极板内的渗透力，使电解液的电阻减小而蓄电池容量增加，但密度过大、黏度增加反而使端电压及容量减小。此外电解液密度过高，蓄电池容易自放电并使腐蚀作用加强，从而影响蓄电池的使用寿命。

2. 蓄电池牌号

蓄电池牌号一般都标注在壳体上，从左向右分别表示蓄电池单格数目、用途（Q、M、JC、HK 分别表示启动用、摩托车用、船用和飞机用铅蓄电池）、极板类型（A 表示干荷铅蓄电池、B 表示薄形极板铅蓄电池、无表示干封普通极板铅蓄电池）、额定容量和特殊性能（G 表示高启动率蓄电池、无表示一般性能蓄电池）。例如：3－Q－90 蓄电池表示具有 3 个单格的 6 V 启动用蓄电池，额定容量为 90 A·h；6－QA－105G 蓄电池表示具有 6 个单格的 12 V 启动用干荷、高启动率铅蓄电池，额定容量为 105 A·h。

（四）蓄电池使用保养

1. *蓄电池充电方法*

无论是新蓄电池、在用旧蓄电池或是存放期间的蓄电池，都必须对其进行充电才能保证蓄电池的容量和使用寿命。常规的充电方法包括恒电流充电、恒电压充电两种。其中，恒电流充电时可通过及时调节充电电压使充电过程的电流值保持不变，当充到蓄电池单格电压上升至 2.4 V（电解液开始冒气泡）时，再将充电电流减小一半直到蓄电池充足电为止；恒电压充电时加在蓄电池两端的充电电压保持不变，随着充电时间的延长，充电电流逐渐减小，充电终了将自动减小至零，恒电压充电方式速度快，一般在 4~5 h 内即可充电达到 90%~95%，特别适合对具有不同容量的蓄电池进行充电，其主要缺点是不能调整充电电流，因而不能保证蓄电池完全充足电。

近年来随着电力电子技术的飞速发展，快速充电技术得到快速应用，快速充电以正、负脉冲交替进行，即正脉冲充电—停充—负脉冲瞬间放电（反充去极化）—停充—再正脉冲充电的循环过程，直至蓄电池充足电。脉冲快速充电具有如下优点：一是充电时间大为缩短，提高了蓄电池的利用率；二是化学反应充分，使蓄电池容量有所增加；三是具有明显的去极板硫化效果。

2. *蓄电池充电规范*

1）初充电

（1）按照不同季节和气温选择电解液密度，然后将电解液从加液孔缓慢注入蓄电池内，通常液面要高出极板上沿 15 mm，加入电解液后静止 6~8 h，让电解液充分浸渍极板，然后补充添加电解液，保持液面高度不变，待电池内电解液的温度低于 30℃时再进行充电。配制电解液时应先把蒸馏水倒进洁净的耐酸（玻璃或陶瓷）容器中，再缓慢倒进硫酸并用玻璃棒搅拌，严禁将蒸馏水倒入硫酸中，以免发生硫酸飞溅引起烧伤。

（2）蓄电池初充电通常分两个阶段进行，其中第一阶段的充电电流约为蓄电池额定容量的 1/15，充电至电解液中有气泡析出为止，端电压达到 2.4 V，而第二阶段的充电电流约为蓄电池额定容量的 1/30。充电过程中应经常测量电解液的密度和温度，通常充电初期密度会有所降低，不需要进行调整，但应随时调整液面高度至规定值。如果电解液温度上升到 40℃，应将充电电流减半；一旦超过 45℃，应停止充电并对蓄电池进行冷却，冷却后再继续充电。

（3）初充电接近终了时，若电解液密度不符合规定，可采用蒸馏水或相对密度为 1.40 g/cm^3 的稀硫酸进行调整，然后再充电 2 h，直至单格电池端电压和电解液密度上升到最大值，并在 2~3 h 内不再增加，此时应切断电源避免过充电。

（4）新蓄电池充足电后，应以 20 h 放电率放电至单格电压为 1.75 V，再补充充电使电量充满，然后再以 20 h 放电率放电，若第二次放电时蓄电池容量不低于额定容量的 90%，再次充电后即可使用，否则应进行第三次充放电，之所以进行多次充电、放电循环，目的是使新蓄电池能够达到额定的容量。

2）补充充电

蓄电池使用过程中，若发现单格电池电压下降至 1.7 V 或电解液密度下降到

1.15 g/cm³,应及时进行补充充电。充电通常分两个阶段进行：第一阶段充电电流约为蓄电池额定容量的1/10,充电至单格电压为2.3~2.4 V;第二阶段充电电流约为蓄电池额定容量的1/20,充至2.5~2.7 V,电解液密度达到规定值并在2~3 h内基本不变,且电池内产生大量气泡,时间大约需要十几个小时。此外为保证在用蓄电池不出现硫化现象,每1~2月应进行补充充电一次。蓄电池使用中应严格遵守充电规范,操作中要密切注意电解液温度、单格电池电压和密度变化情况。

四、充电发电机

充电发电机通常安装在柴油机上,既作为蓄电池的充电设备,又可为其他用电设备(如仪表箱、传感器、指示灯、电热塞等)提供直流电能。常用的充电发电机主要有直流发电机、硅整流交流发电机(以下简称交流发电机)两种。与直流发电机相比,交流发电机具有体积小、重量轻、充电性能好、调节器简单、使用和维修方便等优点,因此得到了广泛应用。交流发电机按照结构不同,又可进一步分为普通交流发电机、整体式交流发电机、整体式无刷交流发电机、带泵交流发电机四种,电压等级一般有12 V和24 V两种,分别应用于12 V和24 V的电源系统中。

图6-29所示为整体式无刷交流发电机的结构组成示意图,主要由转子总成、定子总成、端盖总成、风扇和皮带轮等组成。

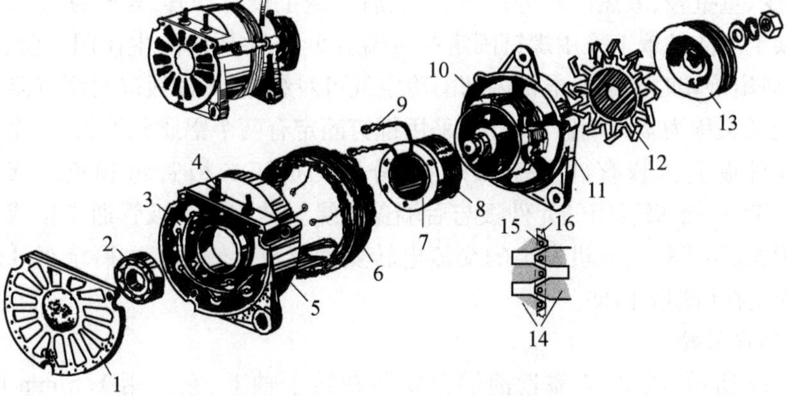

图6-29　整体式无刷交流发电机结构图

1—防护罩;2—轴承;3—元件板及硅整流二极管;4—接线柱;5—后端盖;6—定子总成;7—磁轭;8—励磁绕组;9—接线头;10—爪极及转子总成;11—前端盖;12—风扇;13—皮带轮;14—极爪;15—铆钉;16—连接环

1. 转子总成

如图6-29所示,转子总成主要由转子轴、滚动轴承和一对爪形磁极组成。爪形磁极通常由低碳钢材料制成,每个爪形磁极沿圆周均匀分布有七个极爪14,其中一个爪形磁极直接固定在转子轴上,另一个则采用非导磁连接环16通过铆钉15固定在前述爪极上,极爪彼此镶嵌并构成一对爪形磁极。转子轴旋转时将带动整个爪形磁极一起在定子内转动,同时转子轴两端各有一个滚动轴承2,分别支承在前、后端盖上。

2. 定子总成

如图 6-30 所示,定子总成安装在整体式无刷交流发电机的前、后端盖之间,由定子铁芯 1 和定子绕组 4 组成。其中,定子铁芯由相互绝缘的内圆带嵌线槽圆环状硅钢片叠成,且嵌线槽内嵌有三相对称定子绕组;定子绕组的接线方式主要有星形和三角形两种,一般采用星形连接,即每相绕组的首端分别与整流器硅二极管相接,而绕组尾端接在一起构成中性点 N。

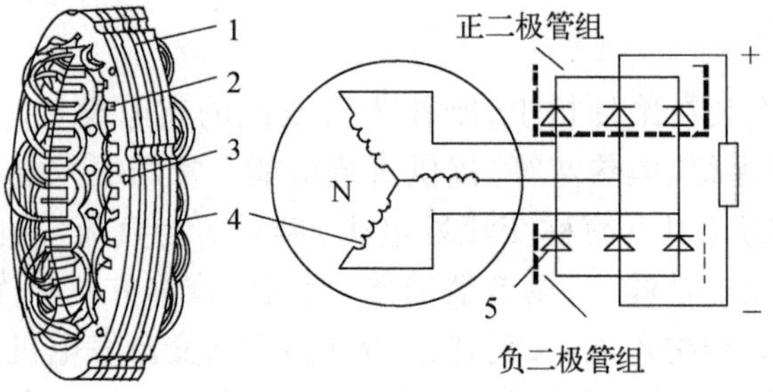

图 6-30　定子总成结构图

1—定子铁芯;2—定子槽;3—铆钉;4—定子绕组;5—硅整流二极管

3. 端盖总成

如图 6-29 所示,端盖总成主要包括前端盖和后端盖,通常采用非导磁性材料铝合金制造,具有漏磁少、重量轻、散热性好等优点。前、后端盖上设有凸耳,螺栓穿过凸耳可将发电机固定在托架上。防护罩 1 采用螺钉固定在后端盖 5 上,主要起防尘作用。前、后端盖上设有通风口,当风扇旋转时流经发电机内部的冷空气可对绕组、元件板以及调节器进行冷却。

后端盖通常又称为整流端盖,其外侧采用螺钉固定有两个铝质元件板、一个密封晶体管调节器等。元件板上压装有硅整流二极管,分别构成正二极管组和负二极管组(如图 6-30 所示),其中正二极管组的元件板与后端盖绝缘。硅整流二极管通常接成三相桥式全控整流电路形式,用于将发电机发出的交流电转变为直流电输出。励磁绕组 8 通过一个磁轭(托架)7 固定在后端盖内侧。

4. 风扇和皮带轮

如图 6-29 所示,风扇 12 靠近前端盖安装在转子轴上,它采用 1.5 mm 厚的钢板冲制,其上点焊有直叶片。为了防止叶片旋转时与前端盖摩擦,转子轴上还安装有一个套筒。充电发电机由柴油机曲轴通过皮带驱动,皮带轮 13 套在转子轴上并采用一个平垫片、弹簧垫圈和螺母紧固。

五、调节器

(一) 调节器功用和分类

1. 调节器功用

通常情况下充电发电机的输出电压 U 与其转速 n、磁通 φ 的乘积成正比,因此一旦转速发生变化,输出电压也会随之改变,这与要求输出恒定电压不相符。为了使输出电压在转速变化时基本保持不变,需要相应调整磁通 φ,这可通过调整充电发电机的励磁电流 I_L

实现。发电机调节器即可实现这一功能,它能够随着充电发电机转速的变化而自动增加或减小励磁电流,从而使充电发电机电压在工作转速范围内基本保持不变。

2. 调节器分类

充电发电机调节器按照用途不同,可分为直流发电机调节器和交流发电机调节器两种;按照工作方式和构造原理不同,又可分为有触点的振动式调节器、无触点的晶体管调节器、集成电路调节器三种[46]。

1）直流发电机调节器

直流发电机调节器通常装有调压器、限流器和断流器。其中,调压器通过调整励磁电流的大小来稳定发电机的输出电压;限流器是发电机的过载保护装置,主要用于限制发电机的输出电流,从而使其不超过额定值,它也是通过减小励磁电流使输出电压降低来达到限流的目的;断流器是充电发电机与负载(蓄电池)之间的电磁开关,当充电发电机端电压略高于蓄电池电压时,断流器及时接通,使充电发电机向负载供电,而当充电发电机端电压低于蓄电池电压时,断流器及时断开,从而防止蓄电池通过充电发电机绕组放电而损坏充电发电机。

2）交流发电机调节器

与直流发电机调节器相比,交流发电机调节器通常只装有一个调压器和一个继电器。其中,调压器的作用与直流发电机调节器中的调压器基本相同,也是通过改变励磁电流来稳定充电发电机的输出电压;由于交流发电机自身具有限流保护功能,因此无需安装限流器,加之二极管的单向导电性,能够阻止蓄电池向发电机放电,因此也不需要安装断流器;继电器的主要作用是自动接通和保持蓄电池、充电发电机与励磁回路之间的连接。

3）有触点的振动式调节器

有触点的振动式调节器主要应用于直流发电机调节器和部分硅整流交流发电机调节器中,其调压器和限流器的触点串联在励磁回路中,并与附加电阻并联。当充电发电机端电压超过额定值(或输出电流超过额定值),触点断开使附加电阻串入励磁回路,从而使励磁电流减小并使端电压降低;当充电发电机端电压低于额定值,触点再次接通,使附加电阻被旁路,从而使励磁电流增加并使发电机端电压回升。随着柴油机转速不断升高或发电机负载不断增大,触点振动在每个周期里断开的时间增加,从而使平均励磁电流不断减小,确保充电发电机电压基本保持不变。

4）无触点的晶体管调节器

晶体管调节器通常没有触点,它通过检测充电发电机端电压的变化,并利用这种变化来控制晶体管的导通与截止,进而调节充电发电机的励磁电流,达到稳定输出电压的目的。无触点的晶体管调节器能够克服触点式调节器振动频率低、使用寿命短、调节可靠性差和存在电磁干扰等缺陷,且在开关过程中不会产生火花,也不存在机械惯性和电磁惯性,因此具有开关速度快、调压效果好等优点。此外,晶体管调节器还具有重量轻、体积小、工作可靠、密封性好、免于维护、便于修理等优点,因此得到了更为广泛的应用。

5）集成电路调节器

集成电路调节器是一种利用集成电路构成的调节器,通常可分为全集成电路调节器和混合集成电路调节器两类。其中,全集成电路调节器是将晶体管、电阻、电容等电子元件同时装配在一块硅基片上；而混合集成电路调节器则采用厚膜或薄膜电阻与集成的单片芯片或分立元件组装而成，通常厚膜混合集成电路应用比较广泛。集成电路调节器除具有无触点晶体管调节器的优点以外，还具有耐高温和耐振性好、使用寿命长等优点，同时集成电路调节器可直接安装在柴油机内部或壳体上，从而成为整体式交流发电机的一部分，可有效减小线路损失和线路故障。

（二）调节器基本组成

图 6－31 所示为 JFT 型晶体管调节器与 JFZ 型整体式无刷交流发电机接线原理图。电子元件焊接在一块印刷电路板上，电路板封装在一个用绝缘材料制成的盒内，并通过螺钉固定在充电发电机后端盖内，其外部有三个接线柱，分别标有“F”、“+”和“-”，通常调节器采用负极内搭铁。

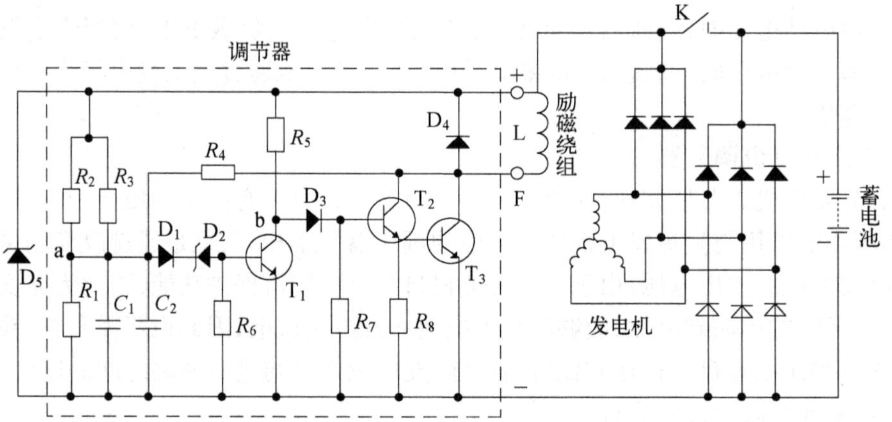

图 6－31　JFT 型晶体管调节器电路示意图

图 6－31 所示电路由电阻 R_1、R_2、R_3 构成分压器，其中 R_3 是调整电阻，合理选择 R_3 可以提高调节器的稳定性。R_6 和稳压管 D_2 构成电压敏感电路，R_6 同时还能够限制稳压管 D_2 的击穿电流。三极管 T_1 与复合三极管 T_2、T_3 构成两个开关电路，开关控制由 T_1 承担。R_4、R_5、R_6 和 R_7 是晶体三极管的偏置电阻，用于保证三极管正常工作。二极管 D_4 反向并联在励磁绕组 L 两端起续流作用，T_3 截止时由于励磁绕组中电流突然减小，会产生较高的自感电动势，此时 D_4 构成自感电流闭合回路，能够有效保护复合三极管 T_3。D_1、D_3 为温度补偿二极管，可减少温度对调压器调压值的影响。其中，二极管 D_1 接在稳压管 D_2 之前，当充电发电机端电压过高时，能够限制通过稳压管 D_2 的电流不致过大而损坏管子；而当充电发电机端电压降低时，二极管 D_1 能够迅速截止，从而保证稳压管 D_2 可靠截止。R_4 是正反馈电阻，用于提高复合三极管 T_3 导通和截止的速度，从而使调节电压更加稳定。滤波电容 C_1 和 C_2 用于降低 T_3 的开关频率和减少管子的功率损耗，稳压管 D_5 接在充电发电机的输出端，当负载发生变化时可使调节电压保持稳定。

（三）调节器工作原理

如图 6－31 所示，接通点火开关 K，在柴油机启动过程以及启动后转速较低时，充电发电机电压低于调压值，蓄电池电压经点火开关作用在分压器两端，使稳压管 D_2 承受反向电压。由于蓄电池电压低于调压值，且反向电压低于 D_2 的反向击穿电压，此时稳压管 D_2 截止，三极管 T_1 也截止，“b”点电位近似为电源电位，二极管 D_3 承受正向电压而导通，并使三极管 T_2、T_3 也导通，从而接通了充电发电机的励磁回路，即蓄电池正极→点火开关 K→调节器“+”接线柱→励磁绕组 L→调节器“F”接线柱→T_3 集电极→T_3 发射极→搭铁→蓄电池负极。

随着柴油机转速不断升高，充电发电机转速上升，使端电压逐渐升高到调节电压值（12 V 电系为 13.8～14.6 V、24 V 电系为 27～29 V），作用在分压器“a”点的电压（即稳压管 D_2 所承受的反向电压）超过稳压管 D_2 的反向击穿电压而击穿导通，从而使三极管 T_1 导通。T_1 导通使“b”点电位降低，二极管 D_3 承受反向电压而截止，T_2、T_3 随之截止，从而切断了充电发电机的励磁电路，励磁电流迅速降低使充电发电机端电压下降。当电压下降到规定值以下时，稳压管 D_2 又重新截止，于是 T_1 截止，T_2、T_3 重新导通，充电发电机电压重新升高。如此反复交替工作，控制励磁电路接通或断开，从而使充电发电机在转速变化时其输出电压始终保持稳定。

六、常用机型启动电路

典型柴油机启动电路分析教学视频

（一）12V135 柴油机启动电路

12V135 柴油机采用 ST110－H 型串激式直流电动机、JF1000N－1 型硅整流交流发电机以及 JFT201A 型晶体管调节器。24 V 启动电路由两块 6－Q－195 铅酸蓄电池（极板片数为 6×27）串联供电，电路接地方式采用双线制，且接线时晶体管调节器插座上标记的“（1）”、“（2）”、“（3）”分别与硅整流交流发电机的“-”、“F”、“+”接头连接。

1. 启动电路

如图 6－32 所示，柴油机启动时首先接通蓄电池 1，并将电钥匙 4 扳向右侧，使①—③点接通，然后按下启动按钮 5 使电磁开关 6 通电，此时拨叉使启动电机小齿轮与柴油机飞轮啮合，同时使启动电机的主回路接通，启动电机带动柴油机旋转。当柴油机启动后松开启动按钮，电磁开关停止工作并返回初始位置。启动电路为：蓄电池正极→接线柱→电钥匙的“①”点和“③”点→启动按钮→电磁开关保持线圈和吸动线圈→蓄电池负极。一旦启动电机的两个接线柱被接触盘接通，蓄电池端电压直接加在启动电机上，使主回路接通。

2. 充电电路和励磁电路

柴油机启动后迅速将电钥匙扳向左侧，使①—②点接通，此时硅整流交流发电机 7 的正极通过充电电流表 3 与蓄电池相连（充电回路），同时通过电流表、电钥匙和晶体管调节器 8，并经“F”点和充电发电机的励磁绕组“L”返回充电发电机的负极（励磁回路）。当充电发电机转速很低时，充电发电机建压所需的励磁电流由蓄电池提供，此时蓄电池电压经电钥匙 4 和 R_1 同时加到由 R_2、R_3、R_4 组成的分压器以及晶体管 T_2 的偏置电路电阻 R_8、R_{10} 上，并且分压器加在稳压管 W 上的反向电压低于稳压管的击穿电压，其反向电流为零，即晶体管 T_1 基极电流为零，T_1 管截止，同时 T_2 管因正向偏置而导通，蓄电池通过 T_2 管给励磁绕组 L 供电。励磁电路为：蓄电池正极→电钥匙“①”点和“②”点→电阻 R_1、R_9 和晶体管 T_2（导通）→“F”接线柱→励磁绕组“L”→蓄电池负极。

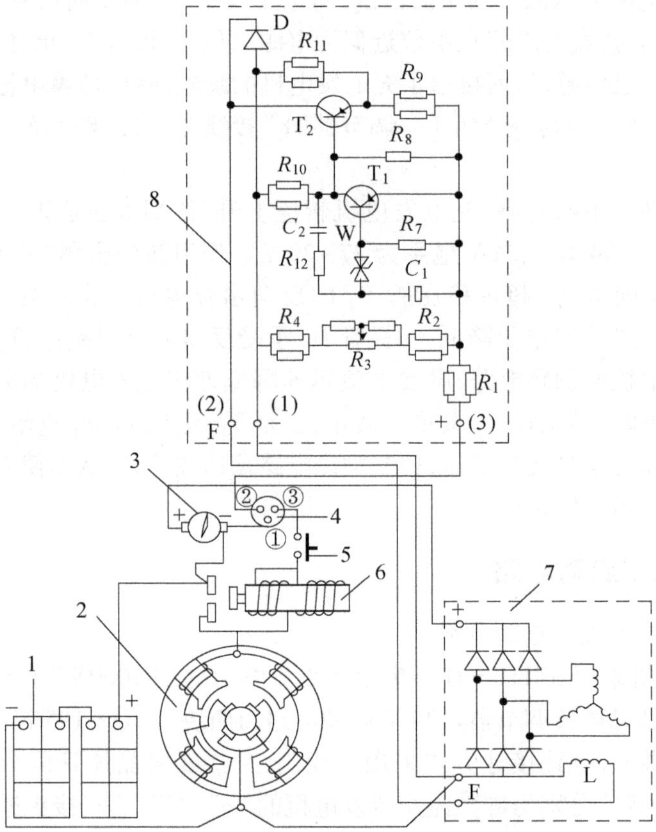

图 6-32　12V135 柴油机启动电路示意图

1—蓄电池;2—串激式直流电动机;3—充电电流表;4—电钥匙;5—启动按钮;
6—电磁开关;7—硅整流交流发电机;8—晶体管调节器

一旦充电发电机输出电压超过蓄电池端电压,励磁电流即由充电发电机自己提供。励磁电路为:充电发电机正极→充电电流表→电钥匙“①”点和“②”点→电阻 R_1、R_9 和晶体管 T_2(导通)→“F”接线柱→励磁绕组“L”→充电发电机负极,此时充电发电机向蓄电池充电。

3. 调节器工作过程

随着柴油机转速升高,充电发电机电压上升至调节器的调节电压(27~29 V)时,从分压器 R_2、R_3、R_4 得到的电压足以击穿稳压管 W,从而使 W 导通工作,晶体管 T_1 因产生基极电流而导通,此时 T_1 管的发射极与集电极之间的电压骤然下降,并使 T_2 管的基极电位上升,T_2 管因此而截止,从而切断了充电发电机的励磁电路,并使充电发电机的电压迅速下降。一旦充电发电机电压低于调节电压时,稳压管 W 再次截止,并使 T_1 管截止、T_2 管导通,从而使励磁电路接通、充电发电机电压升高,如此反复使充电发电机的电压稳定在分压器和电位器预先设定的数值上。

电路中电容器 C_2、电阻 R_{12} 是为了提高调节器的调节灵敏度而设置的反馈电路。当 T_2 管趋于截止时,集电极电压下降,通过 C_2、R_{12} 反馈给稳压管 W,从而使 T_1 管可靠导通，T_2 管可靠截止。电容器 C_1 用于降低晶体管的开关频率和减小管子损耗。二极管 D 主要起续流作用，用于保护晶体管 T_2。电阻 R_9 是电流负反馈元件，能够有效遏制因环境温度变化而造成晶体管静态工作点的偏移。此外，分压器前设置电阻 R_1 的主要作用是改善充电发电机的负载特性。

（二）康明斯柴油机启动电路

康明斯柴油机采用 QD28 系列串激式直流电动机、JTZ 系列或 JFW 系列整体式无刷交流发电机以及 JFT 系列晶体管调节器，且启动电路由两块 6－Q－195 铅酸蓄电池串联供电。此外，柴油机启动电路除了用于完成柴油机启动以及向蓄电池充电以外，还要向柴油机仪表箱供电。仪表箱是康明斯柴油机操作、指示、控制、调整的重要装置，仪表箱一旦出现故障会给柴油机工作造成很大影响，甚至不能正常工作。

康明斯柴油机启动电路如图 6－33 所示，主要包括启动电路、充电电路和报警电路等组成。

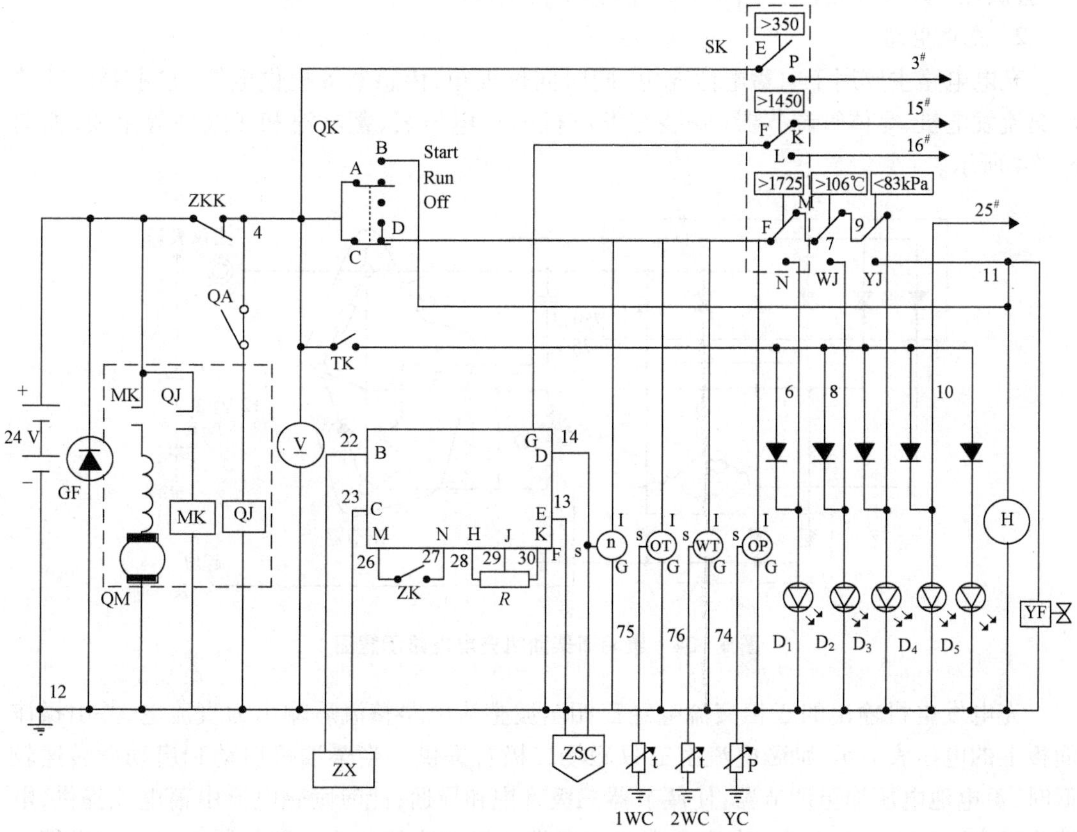

图 6－33　康明斯柴油机启动电路示意图

1. 启动电路

启动电路主要用于完成康明斯柴油机的启动，主要由串激式直流电动机 QM、电磁开关 MK、启动继电器 QJ、启动按钮 QA、启动开关 QK 和蓄电池等组成。其中，启动开关 QK 为三位开关，当 QK 在中挡位置时表示“运行”（Run）状态，在上挡位置时表示“启动”

(Start)状态,扳至下挡位置表示"停机"(Off)状态,此时PT燃油泵电磁断油阀电路断开,柴油机因燃油供给终止而停机;电磁开关MK即为启动电机操纵机构的电磁线圈;启动继电器QJ与启动电机一起固定在飞轮壳上;启动按钮QA和启动开关均装在操作面板上。

柴油机启动时首先接通启动继电器QJ,并在向上扳动启动开关QK的同时按下启动按钮QA,此时A→B、C→D接通,蓄电池24 V电压通过断路器(或熔断器)ZKK加在PT燃油泵电磁断油阀YF上,阀门开启使燃油通往PT喷油器。当柴油机还没有转动时,机油压力为零,24 V电压经ZKK→C→D→F→M→9→D_3使油压低报警灯亮。由于QA接通将使启动继电器QJ工作,QJ的常开触点接通使启动电机电磁开关MK通电,拨叉动作使驱动齿轮与飞轮齿圈啮合,同时接通启动电机主回路使柴油机启动。随着柴油机启动过程的不断进行,当机油压力≥83 kPa时,低油压报警开关YJ动作,D_3失电灯灭且9与11点接通。柴油机启动成功后松开QA和QK,启动开关自动弹回至中挡(Run)位置,由于QJ失电,电磁开关断电使启动电机停止工作,此时虽然A→B断开,但9点与11点是接通的,确保PT燃油泵电磁断油阀YF能够正常工作。

2. 充电电路

充电电路主要用于向蓄电池充电,同时向仪表箱、传感器等提供电能,它主要由硅整流交流发电机、晶体管调节器(安装在发电机内)、电压表、蓄电池和接线柱等组成,如图6-34所示。

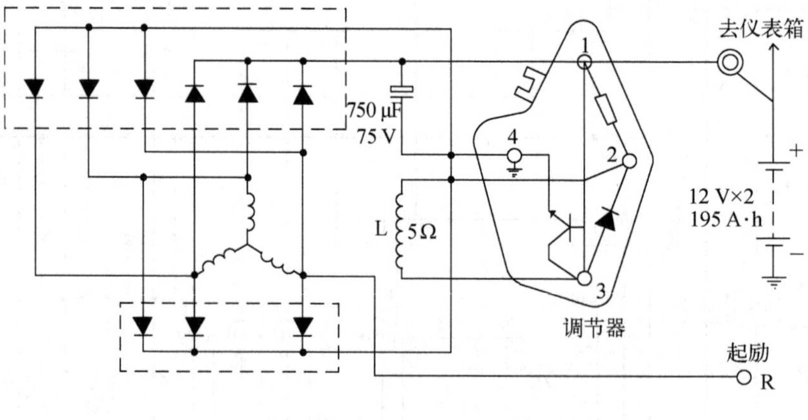

图6-34 康明斯柴油机充电电路示意图

充电发电机输出的三相交流电经三相全波整流电路整流后输出为直流电,并由操作面板上的电压表显示,励磁电流由三只磁场二极管提供。当柴油机启动和启动后转速较低时,蓄电池电压加至调节器,使调节器三极管饱和导通,此时励磁电流由蓄电池提供,电路为蓄电池(+)→调节器1点和2点→充电发电机励磁绕组L→调节器3点→三极管→调节器4点→蓄电池(-);当充电发电机转速升高,发电机端电压超过蓄电池电压时(调节器三极管仍然为饱和导通),励磁电流由充电发电机自己提供,同时充电发电机向蓄电池充电以及向仪表箱供电,励磁电路为充电发电机(+)→调节器1点和2点→充电发电机励磁绕组L→调节器3点→三极管→调节器4点→充电发电机(-),充电电路为充电发电机(+)→蓄电池(+)→蓄电池(-)→充电发电机(-);当充电发电机转速上升使发电机端电压升高超过 28 V 时，调节器的三极管由饱和导通变为截止状态，从而中断了充电发电机的励磁电路，励磁电流迅速降低，使充电发电机端电压下降，而当电压下降到低于规定值下限时，三极管重新饱和导通，使充电发电机电压回升，如此反复，使充电发电机在柴油机转速变化时其输出电压始终稳定保持在 27.7~28.3 V。

3. 报警电路

如图 6－33 所示，康明斯柴油机报警电路主要由两个报警开关、超速板和面板上的指示灯组成，其主要功能是控制 PT 燃油泵上的电磁断油阀，实现超速、低油压或高水温时的报警和自动停机，从而保护柴油机。当柴油机正常工作时，电源通过断路器 ZKK、启动开关 QK 和三保护加至 PT 燃油泵电磁断油阀 YF 上，从而使通往 PT 喷油器的燃油保持畅通；一旦柴油机出现高水温、低油压或超速等现象，三保护中对应的一个报警装置动作（断开）使电磁断油阀 YF 失电，PT 喷油器燃油供应中断，柴油机停机，从而起到保护作用，同时操作面板上对应的指示灯点亮，提示操作号手引起注意。

测试题

第七章 柴油机运行维护

第一节　柴油机使用维护

一、柴油机日常使用

（一）柴油机启动前准备工作

柴油机启动前准备工作教学视频

柴油机启动前应重点做好以下检查工作：

（1）检查柴油机固定零件有无松动；支架、管夹、接头紧固是否到位，传动皮带、风扇（对散热器冷却方式）等转动部件的保护罩（盖）是否完好；手柄、阀门、开关等操作是否灵活；使用盘车装置转动曲轴数转，检查有无异响、泄漏、卡滞等异常现象，若摇转时费力表明气缸压缩良好。

（2）断开蓄电池开关，检查仪表箱操作面板上的启动开关是否处于“Off”（关断）位置。

（3）检查燃油箱内柴油是否充足，不足时应添加规定牌号的清洁柴油；检查油箱盖上的通气孔是否畅通，并打开燃油箱开关阀。

（4）检查散热器水箱或膨胀水箱的水量是否充足，不足时应及时添加，冷却水和防冻液的质量应符合要求；膨胀水箱的冷却水不应添加过满，应留出足够的排气空间；对散热器冷却方式还应检查风扇皮带松紧度是否适宜。

（5）抽出机油标尺检查机油贮存量，康明斯机型油底壳内机油静止平面应处于“H”（高）标记处，对于其他机型，油底壳内机油量应在油标尺上下刻度线之间或在静满线处为宜。油面过高机油容易被带入气缸燃烧，从而产生大量积炭和加剧机件磨损，同时也会增加机油消耗量；油面低于“L”（低）标记，工作中会产生润滑不良或因缺油而引起柴油机故障或损坏。此外还应检查柱塞式喷油泵总成的机油存量，若是A、B型喷油泵，需要分别检查喷油泵及调速器内的机油量，不足时应及时添加，同时变质（变黑变稀）的机油要及时更换。

（6）检查燃油、机油、水管及接头处有无渗漏或泄漏现象，若存在渗漏或泄漏现象，应检查原因并及时处理。

（7）检查蓄电池存电量是否满足冷启动所必需的电量，电解液的密度是否符合要求；蓄电池接线桩上应无污垢，接线应牢固；检查电气线路接线是否正确、牢固，搭铁是否可靠等。

（8）若柴油机安装有低温启动辅助装置，应检查电路接线是否正确、加热元件有无损坏、辅助启动液喷射装置是否完好等。

（9）康明斯机型柴油机应重点检查PT燃油泵上电磁断油阀的工作情况，若电路控制系统存在故障而又必须启动柴油机时，应顺时针转动手动控制螺钉顶开电磁断油阀，从而使电磁断油阀处于供油位置。

（10）增压机型柴油机如果停机时间较长，应向涡轮增压器添加适量清洁的润滑油，防止启动时因缺油而使增压器轴承过热损坏。

（11）若柴油机安装有冷却水和机油预热装置，应按照使用说明书规定的方法和步骤实施检查和操作。

（二）柴油机的启动与运行

柴油机的启动与运行教学视频

1. 135系列柴油机的启动与运行

（1）打开喷油泵或燃油滤清器上的放气螺钉，用手油泵泵油，从而将低压油管中的空气排除干净。

（2）将操纵手柄置于转速约为700 r/min的位置。

（3）将启动电钥匙扳到启动位置（V型机转向“右”侧），并按下启动按钮，若在10 s内未能成功启动应及时松开按钮，过2 min后再做第二次启动；特别要注意启动失败后，飞轮还没有完全停止运转时严禁触按启动按钮；若连续三次启动失败应停止启动，待查明原因并排除故障后再进行启动。

（4）柴油机启动成功后应及时释放按钮，并将电钥匙转回中间位置（V型机转向“左”侧），从而接通充电电路。

（5）柴油机运转过程中应注意观察各仪表读数，尤其是机油压力表数值应在49 kPa以上，并检查柴油机各部分运转是否正常。

（6）安装有预热进气装置的柴油机低温启动时，启动前应在油杯内加满柴油，同时按下预热开关15 s后再按启动按钮，并在启动后释放预热开关。

（7）柴油机启动后低速暖机运转一段时间，然后逐渐将转速提升至1000～1200 r/min，待柴油机出水温度达到70℃、机油温度达到45℃、机油压力高于245 kPa时，将转速提升到1500 r/min，加载正常运转。柴油机转入正常运转期间，必须随时观察各仪表的读数，使之在规定指示数值范围内，若发现异常情况应停机检查，待查明原因并排除故障后方可继续运行。

2. 康明斯N系列柴油机的启动与运行

康明斯N系列柴油机启动前各项检查工作应准备完毕，然后接通蓄电池开关，扳动操作面板（如图7－1所示）上的“ZK”开关至“Idl”（怠速）位置，扳动启动开关“QK”至“Start”（启动）位置，与此同时按下柴油机启动按钮“QA”，从而启动柴油机。为了防止启动电机损坏，每次启动操作的时间不宜超过30 s，如果柴油机未能在30 s内成功启动，再次启动必须间隔1～2 min，连续启动3～4次仍不成功应查明原因，待故障排除后方可重新启动柴油机。如果柴油机启动后又突然停转，在曲轴还没有停止转动时禁止接通启动开关，以防损坏柴油机和启动电机。

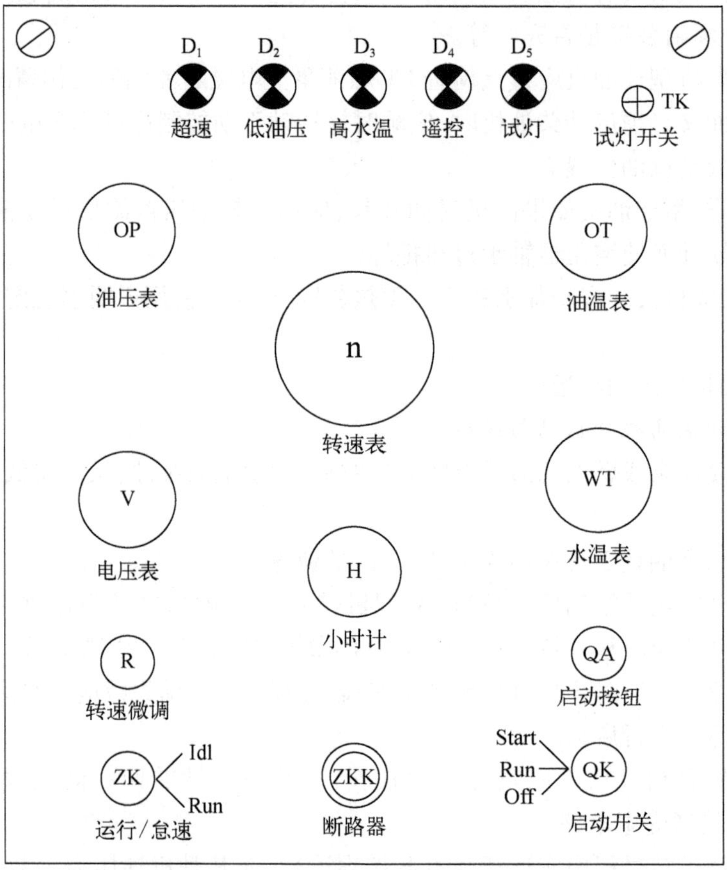

图 7-1 康明斯 N 系列柴油机操作面板示意图

康明斯 N 系列柴油机启动成功后应松开启动按钮和启动开关，启动开关将自动弹回至“Run”(运行)位置，此时应注意检查柴油机的运转情况，若柴油机工作有异常声响或振动、机油压力低，应查明原因并果断处置。柴油机启动后应先在转速为 550~750 r/min 的怠速下运转数分钟，此时机油压力应大于 70 kPa；怠速运行结束后应扳动“ZK”至“Run”(运行)位置，此时转速将逐步升高至 1545~1560 r/min(空载最高转速)。

需要指出的是，柴油机工作中调速动作和增、减负荷应均匀，尽量避免转速升、降过大和突然增加或卸去全部负荷，也不可使柴油机工作中骤热骤冷，以免引起零部件的损坏。柴油机工作过程中若调速动作过快、过猛，由于转速突然改变，过大的惯性力会对柴油机的正常工作造成影响，容易使曲柄连杆机构损坏和加速零件磨损，同时由于进气量短时间供应不足，瞬时升速还会产生燃烧不完全和冒黑烟等现象。此外，柴油机启动后的怠速运转通常又称为暖机或热车，这是由于柴油机刚开始工作时，气缸温度和冷却介质温度都较低，且机油黏度大，预先暖机容易形成良好的润滑油膜以减轻零件的磨损，但柴油机也不宜在低速下长时间运转，长时间的低速运转会使气缸温度变低、柴油雾化质量不好，容易使柴油不完全燃烧而在喷油嘴、气门、活塞环等处形成积炭[47]。

柴油机工作中应密切注意各仪表读数，同时还应进行如下检查：一是观察排气烟色有无蓝烟、白烟或黑烟现象，柴油机的正常烟色为淡灰色，柴油机短时间过载烟色变浓属正常现象；二是倾听柴油机和涡轮增压器工作时有无异常声响，感觉柴油机工作时有无异常振动和轴承有无过热现象；三是观察仪表读数，特别是机油压力有无突然改变；四是检查柴油机燃油、机油和冷却液有无泄（渗）漏，检查气缸、进（排）气管道有无漏气现象；五是及时检查油箱内燃油量，燃油量不足会造成柴油机运转中断；六是检查柴油机的工作负荷，柴油机最大负荷和以最大负荷运行的时间均不能超过相应机型的技术规范要求，否则将造成柴油机损伤和降低柴油机使用寿命；七是检查各连接部位有无松动、脱落、断裂等现象。

（三）柴油机停机

柴油机的停机常识教学视频

1. 正常停机

柴油机停机操作前应按照上述要求做一次全面检查，然后逐步减小并卸掉负荷。康明斯机型应扳动“ZK”开关至怠速位置（其他机型需要将操纵手柄手轮旋至停机位置，同时 V 型柴油机停机后应将电钥匙由左旋向中间位置，以防止蓄电池电流倒流），然后缓慢降低转速并在怠速下运行数分钟，以使活塞、气缸、轴承、衬套和废气涡轮增压器充分冷却，最后将启动开关“QK”搬至“Off”位置停机。如果停机控制电路出现故障，通过启动开关不能实施停机操作时，可逆时针转动 PT 燃油泵上的手动控制螺钉，关闭电磁断油阀，人工实施停机。柴油机停机后应确保电磁断油阀处于关闭状态，否则当燃油箱位置较高时会使燃油倒流，从而引起液力锁闭。此外，在柴油机完全停止转动之前，不得用启动开关将电磁断油阀重新开启。

柴油机停车要严格执行操作步骤，若突然停机由于冷却系统和润滑系统停止工作，热量不能被循环流动的冷却介质和润滑油带走，容易造成柴油机过热，特别是增压器轴承和密封装置由于温度升高可能发生咬死甚至失效。严寒季节未采用防冻液而采用冷却水作为冷却介质的柴油机，停机后应根据需要将冷却水全部放出至某一容器内，以免冻裂机体和冷却系统零部件，同时停机后还应根据柴油机的运转情况和要求进行必要的维护保养，以备随时启动。通常康明斯 N 系列柴油机上安装有机油压力过低、冷却水温度过高和超速报警装置。柴油机工作中若水温超过 106℃ 或机油压力低于 83 kPa，水温高或油压低报警电路会自动接通，PT 燃油泵电磁断油阀关闭，柴油机自动停机；当柴油机转速超过设定值 1725 r/min 时，在控制电路作用下电磁断油阀关闭，柴油机也会自动停机。

2. 紧急停机

当柴油机发生下列情况之一时，必须将启动开关迅速扳至“Off”位置实施紧急停车：一是机油压力突然下降或无压力，油压低报警电路故障；二是柴油机有“飞车”现象，超速停机控制电路发生故障；三是出现异常声响或振动，传动机构工作异常；四是负载装置（如交流同步发电机）出现异常情况等。

此外，柴油机操作过程中还应做到 20 个不准：不准长期怠速运转；不准长期超负荷工作；不准猛加油门；不准突然猛启动；不准长期低温工作；不准自行调高转速；不准任意加大供油量；不准在调速器失灵情况下工作；不准重负荷、低转速、低油压工作；不准先加油门后扳减压杆启动；不准带有杂声工作；不准带有故障工作；不准不暖机直接带负荷工作；不准不加冷却水直接启动柴油机；不准使用硬水；不准高温后突加冷水；不准使用不合格、不干净的柴油；不准使用不合格、不干净的机油；不准不使用空气滤清器；不准擅自改动进排气管及变换配气位置。

二、柴油机维护保养

柴油机日常使用过程中，其工作性能、故障频率、使用寿命以及运转安全性、经济性不仅与柴油机的设计水平、制造工艺等直接相关，也取决于柴油机使用管理的水平。同样的柴油机若能严格执行操作规程和正确使用，不仅能够延缓零件的磨损进程，减少或避免突发性故障，还能提高柴油机的使用效率[48]。只有严格执行柴油机的维护保养手册，在规定时间内按照规定的项目、技术要求对柴油机实施维护保养，才能确保柴油机技术状态良好，延缓柴油机的劣化进程，预防柴油机故障或消除事故隐患。

135 系列柴油机维护保养通常可分为日常维护保养、一级维护保养（累计工作 100 h 或每隔一个月，通常也称为月保养）、二级维护保养（累计工作 500 h 或每隔六个月，通常也称为半年保养）、三级维护保养（累计工作 1000～1500 h 或每隔一年，通常也称为年保养）。康明斯机型维护保养通常可分为日常维护、周保养、年度维护等，其中年度维护按照时间又可划分为半年、一年和两年，其维护保养的检查项目、工作内容、技术要求和实施方法在柴油机使用说明书和维护保养手册中都有明确规定，柴油机日常使用中必须按照要求的方法和步骤实施。此外，不同用途柴油机的维护保养内容和要求通常也会有所不同，因此使用单位应根据柴油机使用情况、运行小时和工作环境，依据上述规定和要求并结合本单位实际情况制定出具体的维护保养计划、程序和组织实施方法。

第二节　柴油机检查调整

一、配气机构丁字压板检查调整

康明斯 N 系列柴油机采用了四气门结构，通常由同一个气门摇臂通过丁字压板驱动两个同名气门（进气门或排气门）保持同步动作（同时打开、同时关闭），而由于柴油机工作过程中气门座会受到不同程度的磨损，且磨损后的气门座会使气门关闭位置提升，导致摇臂与丁字压板之间的预留间隙减小，因此为了确保两个同名气门保持同步动作，必须定期对配气机构丁字压板进行检查调整。

如图 7－2 所示，配气机构丁字压板检查调整的步骤如下：首先拆掉气缸盖上方的气门摇臂室罩壳，采用扳手松开丁字压板调整螺钉的锁紧螺母 1，并将调整螺钉 2 拧松一圈；其次用手指轻轻压住丁字压板 4 与气门摇臂接触的平面，并使丁字压板与一只气门杆接触，拧进调整螺钉使螺钉与另一只气门杆也接触，若是新安装的丁字压板和导杆，考虑到丁字压板 4 与导杆 3 之间存在间隙以及为了补偿调整螺钉的松动，应将调整螺钉再拧进 20°，如果是磨损的丁字压板和导管，必须将调整螺钉拧进 30°；最后保持调整螺钉不动，采用扳手拧紧锁紧螺母，其拧紧力矩通常为 34～41 N·m。

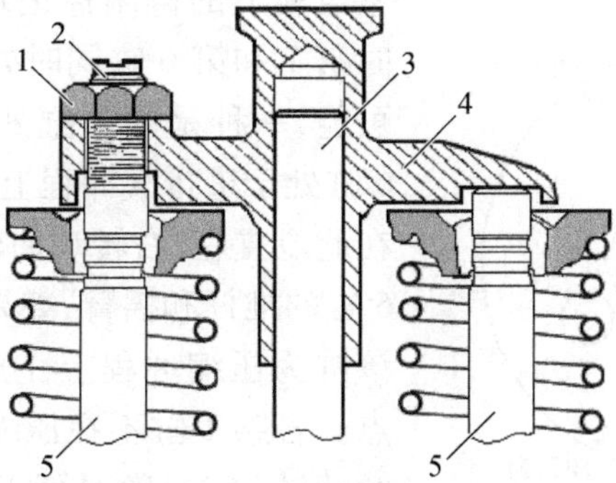

图 7-2　丁字压板检查调整示意图

1—锁紧螺母；2—调整螺钉；3—导杆；4—丁字压板；5—进气门（或排气门）

二、PT 喷油器柱塞落座压力检查调整

在 PT 喷油器喷油终了柱塞锥体占据整个计量室之后，柱塞还要稍稍下行一段距离，并对喷油嘴头施加一定的压力，以便将计量室内柱塞与锥形座面之间的残余燃油全部挤出，此压力称为 PT 喷油器柱塞落座压力。该压力的大小对 PT 喷油器的燃油计量时间和喷油时刻均有直接影响，落座压力值应适当。若压力过大将导致柱塞锥面对喷油嘴锥形的座面压力增大，驱动机构零件将因此承受过大的载荷而发生变形（如 PT 喷油器推杆产生弯曲），从而加剧零件磨损，甚至顶坏喷油嘴，同时还会使燃油计量时间缩短，导致喷油量减少和喷油时刻提前；反之，压力过小将导致计量室内燃油挤不净，燃油计量时间增加，导致喷油量增加和喷油滞后，同时还会使柱塞与喷油嘴锥形座面密封不良甚至脱离接触，柴油机工作时高温燃气进入喷油嘴，容易在喷孔、计量孔和嘴头内部形成积炭和胶状物质，引起喷油嘴过热甚至使嘴头脱落。

PT 喷油器柱塞落座压力通常在冷态下进行调整，冷调整应在柴油机水温为 60℃以下进行，同时柴油机应在环境温度下停机至少 4 h 以达到一个稳定的温度，如果需要再进行热调整，热调整应在柴油机机油温度为 88℃以上工况至少运行 10 min，或在达到正常油温后进行，且调整过程必须迅速。PT 喷油器柱塞落座压力的调整方法主要有升程法和扭矩法两种，具体采用哪种方法和调整数据，在柴油机铭牌中均有明确规定。例如，200 kW 柴油机电站所用 NTA855 - G1 型康明斯柴油机，其铭牌中规定 PT 喷油器柱塞落座压力采用升程法进行调整，且调整行程为 5.79 mm；250 kW 柴油机电站所用 NTA855 - G2 型康明斯柴油机，其铭牌中规定采用扭矩法进行调整，且调整力矩为 0.678 N·m。

（一）升程法

升程法通常又称为自由行程法或仪表法，主要适用于非顶置式喷油器，它通过测量并调整 PT 喷油器柱塞的运动行程至规定值，从而间接地调整 PT 喷油器柱塞的落座压力。以发火顺序为 1—5—3—6—2—4 的六缸机为例，具体检查和调整步骤如下：

PT 喷油器柱塞落座压力检查与调整–升程法教学视频

（1）拆下各缸气门摇臂室罩壳。

（2）转动曲轴，使第 1 缸处于压缩冲程上止点后 90°位置。首先顺柴油机工作转向（面对自由端为顺时针）撬转柴油机，并使附件驱动装置皮带轮上的 1 - 6TC 标记与齿轮

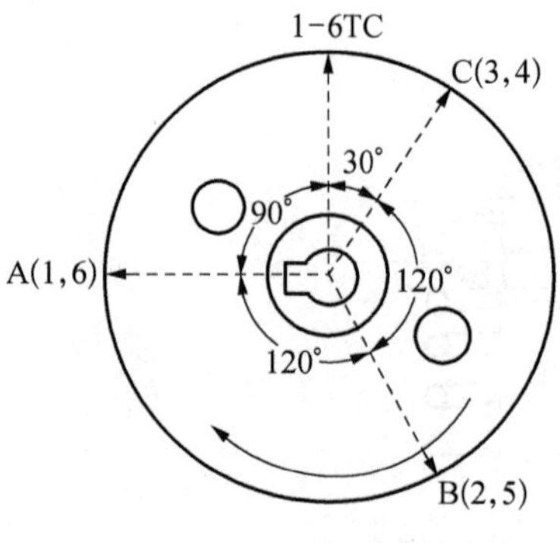

图 7-3　康明斯 N 系列柴油机上止点标记示意图

室盖板上的铸制标记对准。如图 7-3 所示，此时第 1 和第 6 缸同时处于上止点位置，具有两种可能，一种是第 1 缸处于压缩冲程上止点，而第 6 缸处于进排气冲程上止点位置，另一种则相反。在此位置左、右转动曲轴并同时观察第 1 缸和第 6 缸的推杆和摇臂，如果推杆和摇臂均不动作，则该缸为压缩冲程上止点，反之则为进、排气上止点。若第 1 缸不在压缩冲程上止点，应将曲轴继续转过 360°，确保第 1 缸为压缩冲程上止点，然后顺柴油机工作转向转动曲轴，并使附件驱动装置皮带轮上的 A(1,6) 标记与齿轮室盖板上的铸制标记对准，此时第 1 缸处于压缩冲程上止点后 90°的做功位置。在此位置可检查调整第 3 缸的 PT 喷油器柱塞落座压力，此时该缸处于压缩冲程，且 PT 喷油器驱动机构滚轮工作在喷油器凸轮的小基圆上，PT 喷油器柱塞位于行程的最高点，如图 7-4 所示。

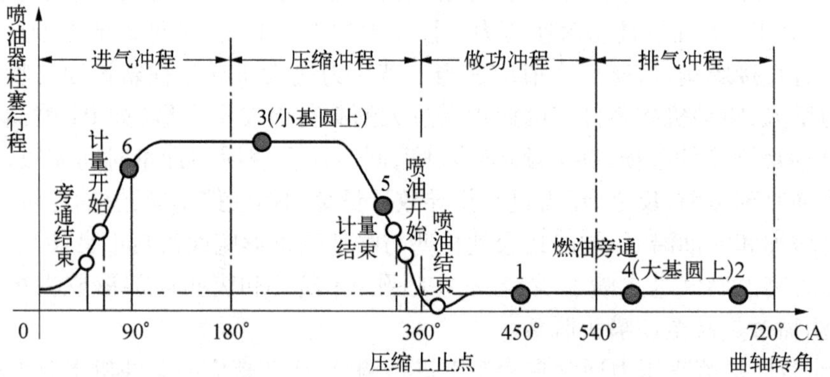

图 7-4　康明斯 N 系列柴油机各缸工作状态与 PT 喷油器柱塞行程对应关系示意图

(3) 如图 7-5 所示，将百分表支架固定在摇臂室上，将百分表 5 的测量杆垂直顶在第 3 缸喷油器柱塞的顶端，并保持有足够的预压量(保证当柱塞被摇臂压到底时，百分表仍有微小的预压量)，检查中应注意勿使百分表测量杆碰到摇臂。

(4) 驱动摇臂压杆 4 或采用类似工具将喷油器柱塞 6 往下压到底(与喷油嘴锥形座面接触并将计量室内燃油挤净)，然后松开摇臂压杆，依靠柱塞弹簧弹力使柱塞上升到最高点(顶点)。重复上述操作 2~3 次以提高测量精度，然后将柱塞压到底并将百分表调“0”，最后再次检查仪表是否确实在“0”位。

(5) 慢慢放松摇臂，当柱塞回升至顶点时百分表的读数即为喷油器的柱塞行程，其值应符合铭牌的规定。当读数不符合要求时，应拧松喷油器摇臂上的锁紧螺母，并采用起子拧动调整螺钉 2，从而使百分表上的读数达到规定值，然后顶住调整螺钉不动，拧紧锁紧螺母至 54~61 N·m。重复检查一次，确保行程值符合要求，至此第 3 缸检查调整完毕。

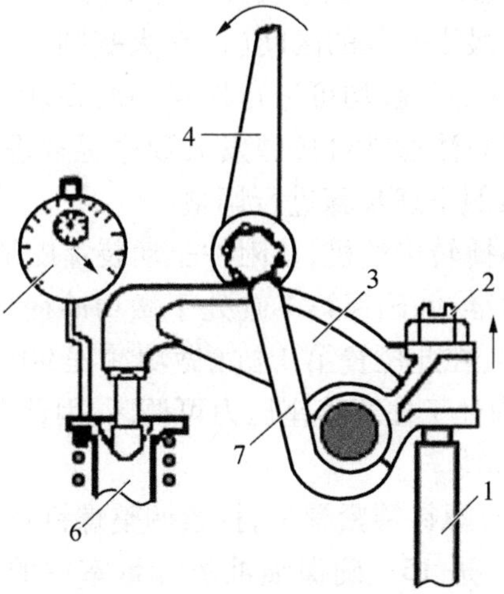

图 7－5　升程法检查柱塞行程示意图

1—推杆；2—调整螺钉；3—喷油器摇臂；4—压杆；5—百分表；6—喷油器（柱塞）；7—摇臂压杆

（6）按照表 7－1 所示顺序，并采用上述方法分别检查调整其余各缸的 PT 喷油器柱塞行程。

表 7－1　PT 喷油器柱塞行程和气门调整顺序（缸号）

皮带轮位置	升程法		扭矩法	
	喷油器	气门间隙	喷油器	气门间隙
A（或 1—6）	3	5	1	1
B（或 2—5）	6	3	5	5
C（或 3—4）	2	6	3	3
A（或 1—6）	4	2	6	6
B（或 2—5）	1	4	2	2
C（或 3—4）	5	1	4	4

需要指出的是，上述步骤是以调整第 3 缸 PT 喷油器柱塞行程为例，实际调整工作可从任意一个气缸开始。检查调整过程中应注意柱塞锥面与喷油嘴内的积炭或污垢一定要清除干净，仪表精度要高且表头要固定可靠，同时仪表对“0”要正确，摇臂运动要灵活。此外，实际调整时为了防止 PT 喷油器驱动机构零件过载和损坏，也可将调整螺钉 2 从正常位置拧松 1/2～1 圈，再拧紧锁紧螺母，按上述步骤将百分表调“0”，放松摇臂，直接拧动调整螺钉使百分表达到规定值，然后顶住调整螺钉，拧紧锁紧螺母，并重复检查 2～3 次即可。

PT 喷油器落座压力检查与调整仿真动画

PT 喷油器柱塞落座压力检查与调整–扭矩法教学视频

（二）扭矩法

扭矩法是指采用专用扭力扳手将 PT 喷油器调整螺钉拧紧到规定的扭矩值，从而确保 PT 喷油器柱塞落座压力满足相应要求。扭矩法通常在 PT 喷油器驱动机构滚轮工作在凸轮大基圆上方时进行，此时柱塞位于最下端，升程为零，柱塞锥体与喷油嘴锥形座面接触。从图 7－5 不难看出，在保持最小升程的区间(即在大基圆上)，喷油器柱塞均与喷油嘴锥形座面保持接触，落在该区间的气缸均可进行检查和调整，因此称此区间为 PT 喷油器柱塞落座压力可调区。采用扭矩法通常可按照发火顺序逐缸进行调整(六缸柴油机需转动曲轴 6 次才能调完)，也可按照下述步骤进行调整：

(1) 顺柴油机工作转向撬转柴油机，使附件驱动装置皮带轮上的 A(或 1—6)标记与齿轮室盖板上的铸制标记对准，并确保第 1 缸处于做功冲程 90°的位置(判断方法与前述相同)。从图 7－4 不难看出，在此位置第 1 缸(做功冲程 90°)、第 2 缸和第 4 缸(均在排气冲程)的 PT 喷油器柱塞均处于柱塞落座压力可调区，因此在此位置可同时调整第 1、2、4 缸的 PT 喷油器柱塞落座压力。

(2) 松开 PT 喷油器调整螺钉锁紧螺母，拧紧调整螺钉直到喷油器柱塞与喷油嘴锥形座面接触，并将调整螺钉再拧进 15°，确保喷油嘴计量室中的燃油全部被挤出(此时柱塞升程为负值)，然后再将调整螺钉退出 1 圈。

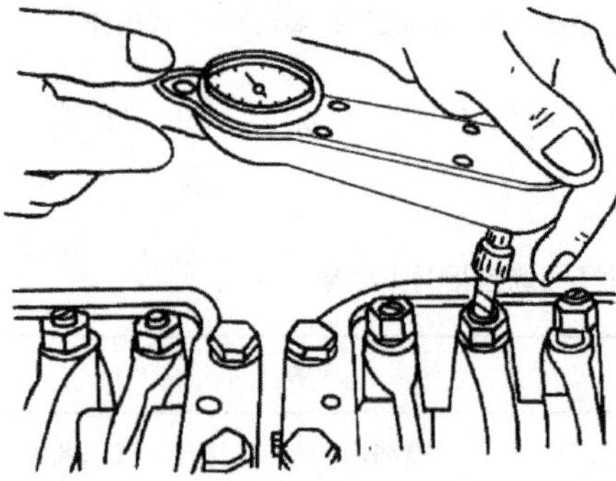

图 7－6　采用专用扭力扳手拧紧锁紧螺母示意图

(3) 如图 7－6 所示，采用专用扭力扳手将调整螺钉拧紧到铭牌上规定的扭矩值，然后松开调整螺钉再拧紧，重复操作 2~3 次以确保调整的准确性，最后压住调整螺钉不动，拧紧锁紧螺母至 54 ~ 61 N·m。

(4) 继续转动曲轴一圈(360°)，并使 A(或 1—6)标记再次与齿轮室盖上标记对准，此时第 6 缸处于做功行程 90°位置，第 6 缸(做功冲程 90°)和第 3、5 缸(均在排气冲程)的 PT 喷油器柱塞均处于柱塞落座压力可调区，因此可同时调整第 6、3、5 缸的喷油器柱塞落座压力，其调整方法和步骤同前。

需要指出的是，升程法和扭矩法均能使 PT 喷油器柱塞对喷油嘴达到规定的压紧力，且调整方法都是通过调整喷油器摇臂上的调整螺钉来实现的，两种方法的区别仅在于 PT 喷油器的可调位置和测量参数有所不同。其中，升程法是测量 PT 喷油器的柱塞行程，即凸轮轴上喷油凸轮小基圆到大基圆之间的径向距离，且测量时需要在大基圆处将仪表校零，到小基圆上再读读数；而扭矩法是在 PT 喷油器柱塞被摇臂完全压到底，喷油器在喷油凸轮大基圆上工作时采用专用扭力扳手按规定扭矩值进行调整。通常升程法比较精确但需要专用量具，而扭矩法只需要扭力扳手，但准确度较低，在实际操作中推荐采用升程法。

三、气门间隙检查调整

(一) 气门间隙检查调整概述

当气门处于关闭状态，气门摇臂与丁字压板或气门摇臂前端与气门杆上端面之间的

气门间隙的检查与调整教学视频

间隙称为气门间隙。预留间隙是为了防止柴油机工作中，气门受热膨胀而使气缸密封不良，但该间隙也不能预留过大或过小。若不留间隙或气门间隙过小，柴油机工作时零件受热膨胀变长，气门关闭不严而漏气，从而造成气缸压缩不良、燃烧不好以及柴油机启动困难和功率下降，同时气门密封锥面容易形成积炭甚至使气门过热损坏；反之若气门间隙预留过大，会使气门开启时间相对变短（迟开、早关），气门升程减小，造成进气不足、排气不净，改变了正常的配气相位，从而使柴油机功率下降，同时还会使气门关闭时的冲击载荷增大，引起噪声和加速零件磨损。

通常判断气门是否能够进行气门间隙的检查调整，严格来讲应具备两个条件：一是气门必须处于严密关闭状态；二是气门挺柱落在凸轮轴凸轮的基圆上。实际上后者是决定气门间隙可以进行调整的唯一充分条件，只要挺柱处在凸轮基圆上，气门一定是严密关闭的，此时的气门间隙就是柴油机正常工作所需的预留值。此外，调整气门间隙之前往往需要把第 1 缸活塞转到上止点位置，对于六缸柴油机当第 1 缸活塞处于上止点时，第 6 缸的活塞也同时达到上止点，但此时必须确定哪一个气缸的活塞处于压缩冲程上止点位置，其判断方法主要包括：

（1）观察配气机构。以直列式六缸柴油机为例，当第 1 缸和第 6 缸活塞同时到达上止点位置时，用手捻动第 1 缸进气门与排气门的推杆，若两气门推杆均可转动，且无滞涩现象，说明两个气门都处于关闭状态，该缸活塞即位于压缩冲程上止点；也可用手上下提压气门摇臂前端，如两气门摇臂都有间隙感觉，此时该缸处于压缩冲程终点，否则为进排气冲程终点。此外，还可用撬杠来回扳转飞轮，观察气门有无上下位移，气门无位移的气缸活塞位于压缩冲程上止点位置，而进排气门上、下轻微运动的气缸活塞位于进排气冲程上止点位置。

（2）观察喷油泵。同样以直列式六缸柴油机为例，当第 1 缸和第 6 缸活塞同时达到上止点位置时，卸下喷油泵侧盖板，观察第 1 缸分泵柱塞弹簧，若弹簧受压，该缸一定处于压缩冲程上止点位置；若弹簧没有受到压缩，则该缸为进排气冲程上止点。此外，还可从喷油泵凸轮轴滚轮体升高程度进行判断，通常滚轮体升高的气缸处于压缩冲程终了位置，反之处于进排气冲程终了位置。

（二）6135 系列柴油机气门间隙检查调整

如图 7－7 所示，6135 系列柴油机气门间隙检查调整时首先打开气缸罩壳，转动曲轴使第 1、6 缸活塞处于上止点位置，然后按照表 7－2 规定的顺序进行检查和调整，例如当 6135 柴油机的第 6 缸处于压缩冲程上止点时，可检查调整第 3、5、6 缸的进气门间隙和第 2、4、6 缸的排气门间隙。调整时将厚度相当于气门间隙值的塞尺（厚薄规）插入气门间隙处，并来回拉动塞尺，感觉有轻微阻力为宜，如间隙不符合要求可放松螺母，同时用起子旋转调整螺钉进行调整，通常气门间隙偏小时，向外旋出螺钉，而气门间隙过大时，向里旋进螺钉，直到调至规定值为止；然后用起子保持调整螺钉位置不动，并将锁紧螺母拧紧固定；最后复查一次，间隙如有变化，应按上述要领重新进行调整。

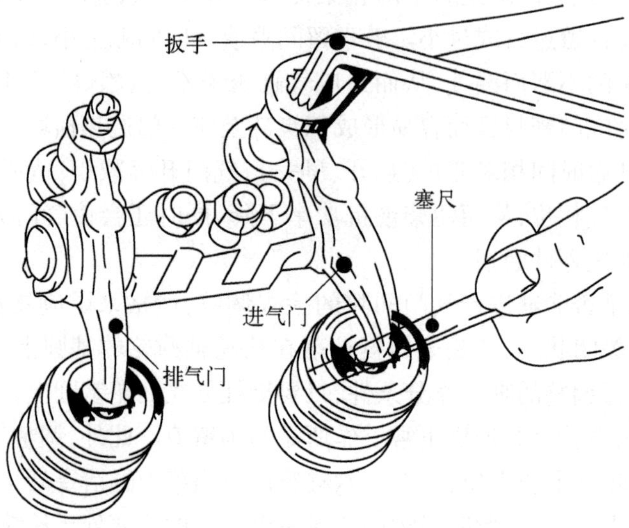

图 7－7　6135 系列柴油机气门间隙检查调整示意图

表 7－2　当第 1、6 缸分别处于压缩冲程上止点位置时可调气门的气缸

柴油机型号		当第 1 缸活塞处于压缩冲程上止点	当第 6 缸活塞处于压缩冲程上止点
6135	进气门	1—2—4	3—5—6
	排气门	1—3—5	2—4—6
12V135	进气门	1—2—4—9—11—12	3—5—6—7—8—10
	排气门	1—3—5—8—9—12	2—4—6—7—10—11
6250	进气门	1—3—5	2—4—6
	排气门	1—2—4	3—5—6

气门间隙检查与调整仿真动画

（三）康明斯 N、K 系列柴油机气门间隙检查调整

对于康明斯 N、K 系列柴油机，由于气门间隙的调整必须在喷油器柱塞落座压力调整后方可进行，因此根据所用 PT 喷油器柱塞落座压力调整方法（升程法和扭矩法）的不同，气门间隙调整也有两种方法。

1．升程法

采用升程法进行调整时，首先转动曲轴使柴油机皮带轮上 A（或 1—6）标记与柴油机前端齿轮室盖上铸制标记对准，然后按照前述判断方法使第 1 缸处于做功冲程 90°位置（第 6 缸处于进排气冲程 90°位置）。按照表 7－1 的顺序，调整第 5 缸（该缸正在压缩）的进、排气门间隙，然后顺柴油机工作方向转动曲轴使 B（或 2—5）标记与齿轮室盖上标记对准，此位置第 5 缸处于做功冲程 90°位置，此时可调整第 3 缸（该缸正在压缩）的进、排气门间隙。调整完毕后再使 C（或 3—4）标记与齿轮室盖上标记对准，此位置第 3 缸处于做功冲程 90°位置，可调整第 6 缸（该缸正在压缩）的进、排气门间隙。当第 5、3、6 缸调整完毕,继续转动曲轴,使A、B、C标记再次分别与齿轮室盖上标记对准,可依次调整第2、4、1缸的气门间隙,至此6个缸的气门间隙全部调整完毕。

2. 扭矩法

采用扭矩法进行调整时,通常在调整好一个气缸的PT喷油器柱塞落座压力后,再接着调整该气缸的气门间隙(不允许先调气门后调喷油器),调整顺序详见表7-1。如果PT喷油器的柱塞落座压力不需要调整,气门间隙也可采用与前述6135系列柴油机相同的方法进行检查调整。通常冷态下康明斯柴油机进、排气门的间隙值,不同机型会有所不同,此数据可从柴油机铭牌上查得。

(四)康明斯K38系列柴油机气门间隙检查调整

康明斯K38系列柴油机为增压12缸V型结构,从飞轮端向自由端看,可分为左列(L)和右列(R),通常K38柴油机可看成两台直列式K19型柴油机的组合。康明斯K38系列柴油机的气缸编号和气门排列如图7-8所示,图中1R和1L分别代表右列的第1缸和左列的第1缸,依此类推。图7-8中圆圈"○"表示进气门,黑点"●"表示排气门,可见气门的排列从自由端开始,右列是按照进→排的顺序排列,而左列是按照排→进的顺序排列。此外,康明斯K38系列柴油机的发火顺序为1R—6L—5R—2L—3R—4L—6R—1L—2R—5L—4R—3L。与直列式(康明斯N系列和K19)相比,K38型机组不仅结构复杂,其气门间隙的检查与调整方法也有较大差异,主要步骤包括:

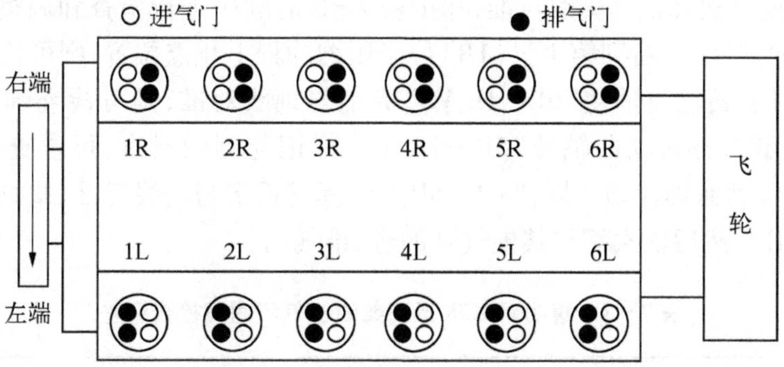

图7-8 康明斯K38系列柴油机气缸编号和气门排列示意图

1. 确定调整标记

康明斯K38系列柴油机的调整标记分别设置在扭转减振器、飞轮壳窗孔"A"和飞轮壳窗孔"C"三处。图7-9所示为设置在曲轴端扭转减振器壳体上的调整标记,转动曲轴可使调整标记VS与固定在齿轮室盖上的指针对正;图7-10所示为设置在右列"A"孔内飞轮与飞轮壳上的调整标记,调整时可使用盘车装置从右列拨动柴油机曲轴,从而使飞轮上的"A"VS标记与飞轮壳上的刻线对正;设置在左列"C"孔内的VS标记与图7-10类同,即调整时使用盘车装置从左列拨动柴油机曲轴,从而使飞轮上的"C"VS标记与飞轮壳上的刻线对正。需要注意的是,在扭转减振器和飞轮圆周上沿圆周分别刻有1R—6R、6L—1L、5R—2R、2L—5L、3R—4R、4L—3L六个VS标记,检查调整时飞轮上的刻线对准其中任何一个VS标记均可。

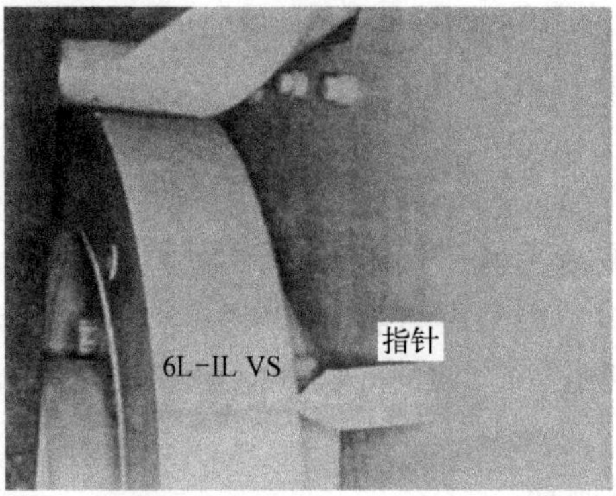

图 7-9　扭转减振器上的 VS 调整标记示意图

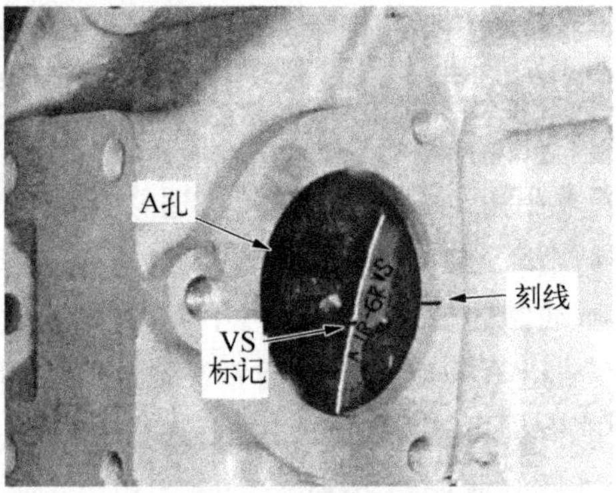

图 7-10　飞轮"A"窗孔上的 VS 调整标记示意图

2. 确定检查调整气门

由于气门间隙的检查与调整需要在气门处于关闭状态时才能进行，为此首先要确定可调整的气缸。转动曲轴使"1R—6R VS"标记与刻线对准，左右盘动飞轮同时观察 1R 与 6R 气缸的气门摇臂，此时两缸(1R 与 6R)之中必有一个气缸的进排气摇臂会随飞轮的左右盘动而上下摆动，但另一气缸摇臂则不动，由此可判断摇臂不动的气缸处于压缩冲程上止点，该缸的进、排气门间隙均可进行检查调整，而摇臂上下交替摆动的气缸处于进排气上止点，该缸的进、排气门都处于开启状态，不能进行检查调整。然后按照机组工作转向转动曲轴依次使其他标记与刻线对准，并按表 7-3 的顺序进行检查和调整。若"1R—6R VS"标记与刻线对准，且右列第 1 缸(1R)位于压缩冲程上止点位置，则可检查调整右列第 1 缸的进、排气门；转动曲轴使"6L—1L VS"标记与刻线对准，则可检查调整左列第 6 缸(6L)的进、排气门；再转动曲轴使"5R—2R VS"标记与刻线对准，可检查调整右列的第 5 缸(5R)……直到曲轴转动一周，"1R—6R VS"标记再次与刻线对准，此时可检查调整右列的第 6 缸(6R)，然后依次调整其他气缸的进、排气门。

表 7-3　康明斯 K38 系列柴油机气门间隙检查调整

VS 记号	对应可调整的气门气缸号	备　注
1R—6R VS	1R(右列 1 缸)	1R 缸为压缩冲程上止点
6L—1L VS	6L(左列 6 缸)	6L 缸为压缩冲程上止点
5R—2R VS	5R(右列 5 缸)	5R 缸为压缩冲程上止点
2L—5L VS	2L(左列 2 缸)	2L 缸为压缩冲程上止点
3R—4R VS	3R(右列 3 缸)	3R 缸为压缩冲程上止点
4L—3L VS	4L(左列 4 缸)	4L 缸为压缩冲程上止点
1R—6R VS	6R(右列 6 缸)	6R 缸为压缩冲程上止点
6L—1L VS	1L(左列 1 缸)	1L 缸为压缩冲程上止点
5R—2R VS	2R(右列 2 缸)	2R 缸为压缩冲程上止点
2L—5L VS	5L(左列 5 缸)	5L 缸为压缩冲程上止点
3R—4R VS	4R(右列 4 缸)	4R 缸为压缩冲程上止点
4L—3L VS	3L(左列 3 缸)	3L 缸为压缩冲程上止点

3. 检查调整气门间隙

在确定了可检查调整气门之后，即可按照前述方法检查并调整这些气门的气门间隙。综合上述分析可以看出，康明斯 K38 系列柴油机 12 个气缸的气门间隙需要曲轴转动两周才能全部完成。此外，上述检查调整可从表 7 - 3 中任一个 VS 标记开始进行，但必须要通过左右盘动飞轮判断两气缸中哪个气缸处于压缩冲程上止点位置。

四、喷油正时检查调整

（一）喷油正时检查调整概述

喷油正时检查与调整教学视频

柴油机工作过程中通常希望柴油在压缩冲程上止点附近迅速燃烧，此时气缸内的最高压力能够在压缩上止点后 10°左右曲轴转角出现，从而获得较高的热效率，但燃油的喷射、可燃混合气的形成和燃烧都需要一定的时间，因此喷油器通常不是在压缩冲程上止点才开始向气缸内喷射燃油，而是在压缩上止点之前某个时刻开始向气缸喷射燃油，这个时刻距离该缸压缩冲程上止点的曲轴转角通常称为喷油提前角，习惯上又称为喷油正时[49]。由于喷油提前角是动态的，通常不便于检查，而它的大小又与喷油泵出油阀向高压油管开始供油的时刻（即供油提前角）有关，因此柴油机喷油正时的检查调整，实质是在柴油机静止时检查和调整柴油机的供油提前角。

喷油正时通常对柴油机的燃烧过程、压力增长率和最高爆发压力均有直接影响。若喷油时刻过早（喷油提前），燃油一旦喷入气缸，由于气缸内压力和温度均较低，着火前准备时间变长，使得着火延迟，在速燃期内将使压力增长率和最高爆发压力迅速升高，柴油机工作粗暴，从而使柴油机的动力性和经济性变差，同时过大的喷油提前角还会造成柴油机启动困难、压缩耗功增大和怠速运转不稳定等；反之，如果喷油时刻过晚（喷油延迟），可燃混合气不能在压缩上止点附近迅速燃烧，由于燃烧滞后使后燃增加，造成柴油机排气冒黑烟、过热等，同样会使柴油机的动力性和经济性变差。综合上述分析可以看出，喷油时刻过早或过晚（即供油提前角过大或过小）都是不允许的，通常不同型号柴油机在不同转速均存在着一个最佳的喷油正时。

（二）135 系列柴油机喷油正时检查调整

检查调整 135 系列柴油机喷油正时时，首先利用手油泵和放气螺钉排除低压油路、喷油泵油路中的空气，并使其充满柴油；接着将喷油泵齿条（或拉杆）置于最大（或中等）供油位置，并将第 1 缸高压油管卸下移开，也可在喷油泵出油阀紧座上连接一个玻璃定时管，然后转动曲轴使飞轮上的“0”刻线对准飞轮壳上固定的指针，并确保第 1 缸活塞处于压缩冲程上止点位置，同时使出油阀紧座出油口保持一定油面，若使用玻璃管，管内应有油但油面不宜过高，最后将曲轴逆柴油机工作转动方向转过一个稍大于供油提前角的角度（如 40°左右），而后缓慢而均匀地按工作转向转动曲轴，同时密切注视出油阀紧座或玻璃管中的油面，当油面刚刚发生波动的瞬间，立即停止转动曲轴，此时指针所指飞轮上的角度即为该缸的供油提前角。若此时供油提前角不符合规定值（6135 系列柴油机为 28°~31°），须进行供油提前角的调整，主要方法有以下两种：

方法 1：松开喷油泵联轴器（图 7 - 11）驱动盘上的两个螺钉，使曲轴与喷油泵凸轮轴脱开，缓慢转动曲轴，并带动驱动盘转过一个所要求调整的角度（驱动盘与中间盘上有分度线，每格实际表示曲轴转角为 6°），或保持曲轴位置不变，用手转动喷油泵凸轮轴，并带动中间盘相对驱动盘转过一个所需要调整的角度。对于 6135 系列柴油机，当供油提前角小于 28°，即供油提前角偏小时，可逆向转动曲轴，或顺向转动喷油泵凸轮轴；若供油提前角大于 31°，即供油提前角偏大时，则需要顺向转动曲轴，或逆向转动喷油泵凸轮轴，调整并重新紧固好两个螺钉后，按上述方法再检查一次，如仍不符合要求，应再次调整，直到符合要求为止。

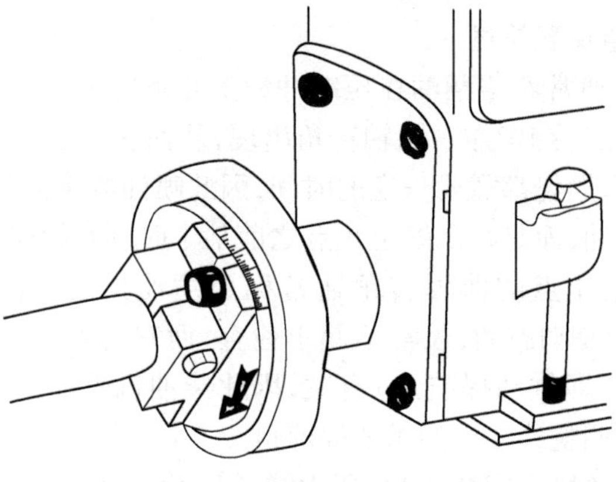

图 7－11　喷油泵联轴器示意图

方法 2：首先拆下第 1 缸（或第 6 缸）喷油泵高压油管，按柴油机工作方向缓慢转动曲轴，同时观察第 1 缸（或第 6 缸）的出油阀紧座油平面变化情况，并在油面刚一波动的瞬间立即停止曲轴转动。然后保持喷油泵凸轮轴位置不变，松开联轴器上的两个螺钉，并使驱动盘与中间盘脱离连接，再转动曲轴，使飞轮壳上的指针指向飞轮刻线的 28°～31°范围之间，最后将驱动盘和中间盘连接起来，并紧固螺钉。复查一次，如不符合要求应重新调整。

（三）康明斯 N、K 系列柴油机喷油正时检查调整

与 135 系列柴油机不同，康明斯 N、K 系列柴油机采用了独特的 PT 燃油供给系统，因此其喷油正时检查调整方法比较特殊。

PT 燃油系统的喷油正时检查与调整教学视频

1. PT 燃油供给系统喷油正时检查

首先安装好正时仪，由于康明斯柴油机的喷油正时检查是根据活塞与 PT 喷油器驱动机构推杆之间的相对位置关系来确定的，为此需要采用一种专门检查喷油正时的仪器，通常称为正时仪。如图 7－12 所示，安装正时仪时首先卸下气门摇臂室罩壳和摇臂室，并取出被测气缸的喷油器，然后装上正时仪。正时仪通常具有两个百分表，其中一个用于指示活塞行程，另一个则用于指示 PT 喷油器的推杆行程。将活

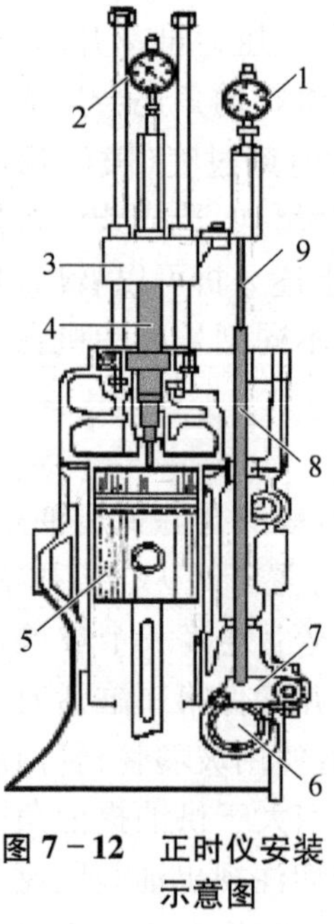

图 7－12　正时仪安装示意图

1—推杆行程百分表；2—活塞行程百分表；3—正时仪；4—测量杆；5—活塞；6—喷油器凸轮；7—滚轮摇臂挺柱；8—喷油器推杆；9—测量杆

塞行程百分表 2 的测量杆插入气缸盖上的喷油器安装孔内，再将推杆行程百分表 1 的测量杆放在喷油器推杆的凹形球座内。需要指出的是，正时仪的安装位置必须与气缸中心线平行，否则会影响测量精度，有的正时仪上还有两个行程标记，分别为 45°和 90°，主要是供检查调整使用。安装好正时仪后采用以下步骤检查喷油正时：

(1) 以第 1 缸为例，按曲轴工作转向转动曲轴，使附件驱动装置皮带轮上的上止点标记“1—6 TC”与齿轮室盖板上的铸铁标记对准，在此位置左右转动曲轴，若第 1 缸的气门推杆一只向上、一只向下运动，说明该缸并非在压缩冲程上止点，而是在排气接近结束且进气刚刚开始的进排气冲程上止点位置，此时应将曲轴再转动一圈并使上止点标记再次对准，从而确保第 1 缸处于压缩冲程上止点位置。判断某气缸是否处于压缩冲程上止点还有一种方法，即如果随着活塞向上运动，图 7 - 12 中推杆行程百分表 1 和活塞行程百分表 2 的测量杆同时向上移动，且指针顺时针方向旋转，则活塞的运动是趋向压缩冲程上止点。

(2) 在此位置确保活塞行程百分表 2 的测量杆与活塞顶面接触，并使百分表表杆完全压缩后再升起 0. 64 mm 左右，从而为下一步测量预留足够的量程，然后将活塞行程百分表 2 固定，转动百分表盘使指针对准“0”刻度。

(3) 顺曲轴工作转向转动曲轴，使第 1 缸至压缩冲程上止点后大约 90°位置(图 7 - 13 中 1→2)，确保推杆行程百分表 1 的测量杆与喷油器推杆球面接触，并压缩百分表表杆到底后再升起 0. 64 mm 左右，从而为下一步测量预留量程，然后将推杆行程百分表 1 固定，转动百分表盘使指针对准“0”刻度。需要指出的是，推杆行程百分表 1 的调零是在 PT 喷油器工作在大基圆上进行的，此时推杆行程为零。

(4) 逆曲轴工作转向转动曲轴至压缩冲程上止点前大约 45°的位置(图中 2→3)，为下一步测量消除传动系统间隙(如齿轮啮合间隙)、减少测量误差奠定基础。如果 45°的位置不好判断，也可逆转曲轴的同时观察活塞行程百分表 2，并使指针转过 5. 5 圈即可，至此检查准备工作结束。

(5) 从图 7 - 13 中点 3 位置开始顺曲轴工作转向缓慢转动曲轴，并注意观察活塞行程百分表 2 的读数，当百分表读数(量程)显示为-5. 161 mm 时立即停止转动曲轴，此位置即对应了活塞处于压缩冲程上止点前 19°的位置(图 7 - 13 中点 4)。在此位置读出推杆行程百分表 1 的读数，此读数应符合康明斯相应机型铭牌上规定正时代号所对应的推杆行程范围。若读数大于规定范围，说明喷油正时晚(即提前角过小，喷油滞后)；若读数小于规定范围，说明喷油提前，喷油提前角大。例如，康明斯 KTA19 - G2 柴油机铭牌上的喷油正时代号为 CU，其对应的推杆行程范围为-3. 30 ~ -3. 32 mm；康明斯 NTA855 - G2 柴油机铭牌上的喷油正时代号为 GM，其对应的推杆行程范围为-2. 59 ~ -2. 54 mm。需要指出的是，康明斯 N、K 和 M 系列柴油机的正时检查统一规定在活塞位于压缩冲程上止点前 5. 161 mm 处进行，这只是为了统一检查方法，以便于记忆和检查，柴油机工作中实际的喷油时刻(即喷油提前角)通常随着柴油机转速高低、负荷大小等动态变化。

2. PT 燃油供给系统喷油正时调整

PT 燃油供给系统的喷油正时调整主要有两种方法：

1) 更换调整垫片

如图 7 - 14 所示，调整滚轮摇臂挺柱盖板与机件结合面之间调整垫片的数量，即可改变滚轮摇臂挺柱与喷油器凸轮的相对位置,从而使喷油提前或滞后。由于柴油机配气机构凸轮轴位置是固定的,因此增加垫片厚度将使滚轮摇臂挺柱右移,从而使喷油正时提前;减少垫片厚度将使滚轮摇臂挺柱左移,从而使喷油正时滞后。以康明斯 N 系列柴油机为例,其调整垫片有 4 种不同厚度,分别为 0. 15 ~ 0. 20 mm、0. 36 ~ 0. 51 mm、0. 51 ~ 0. 61 mm 和 0. 69 ~ 0. 84 mm,对应的喷油器推杆行程变化量分别为 0. 04 ~ 0. 05 mm、0. 09 ~ 0. 13 mm、0. 13 ~ 0. 15 mm 和 0. 18 ~ 0. 20 mm,维修中不可用一般垫片随意更换。

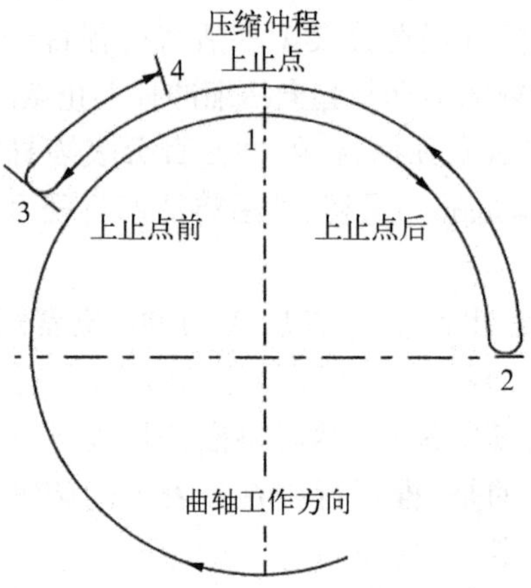

图 7 - 13　喷油正时检查顺序示意图

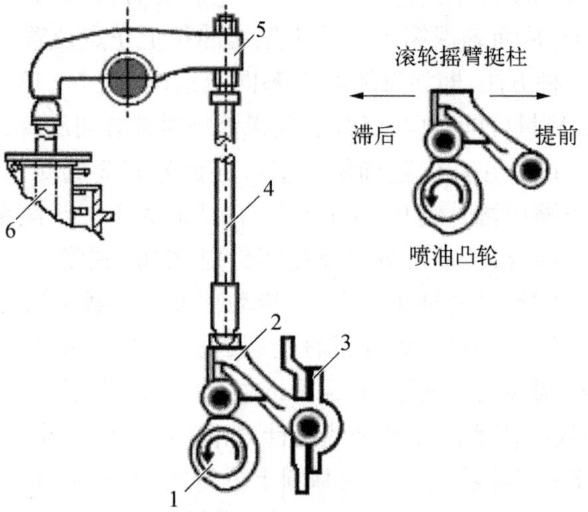

图 7 - 14　滚轮摇臂挺柱与喷油器凸轮位置关系示意图

1—喷油凸轮;2—滚轮摇臂;3—调整垫片;
4—喷油器推杆;5—摇臂;6—喷油器

喷油正时检查与调整仿真动画

2）更换正时键

如图 7 - 15 所示,康明斯 K 系列柴油机喷油正时调整则通过更换不同"偏位量"的配气机构凸轮轴正时键来实现。正时键主要分为直键和偏位键两种,其中直键不改变正时,而偏位键能够改变配气凸轮轴与凸轮轴传动齿轮(又称正时齿轮)之间的相对位置。通常在保持齿轮正时记号不变的情况下,通过更换不同的偏位键可使凸轮轴相对凸轮轴齿轮超前或滞后一个微小的角度,从而改变喷油正时。偏位键顶部在凸轮轴旋转方向的偏移量越多,相当于凸轮轴(喷油凸轮)逆曲轴工作转向转过了一个角度,表明喷油正时越滞后;反之偏位键顶部在凸轮轴旋转方向的逆方向偏移量越多,则表明喷油正时越提前。

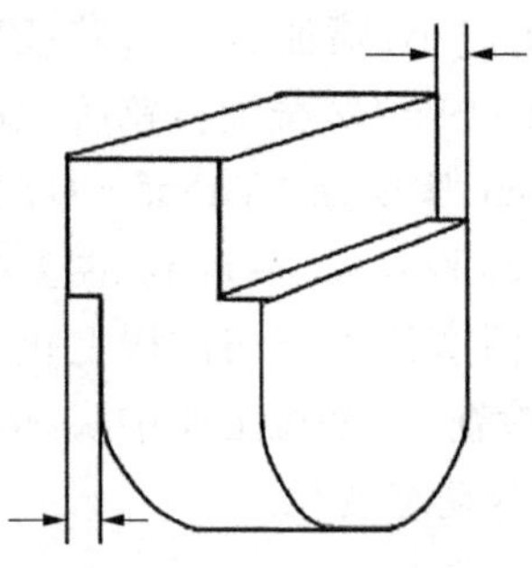

图 7 - 15　偏位键示意图

需要指出的是,康明斯 N 系列柴油机可通过调整垫片进行喷油正时调整,由于两缸共用一个滚轮挺柱盖板,因此调整喷油正时时需要分别调整第 1、3、5 缸的喷油正时,而康明斯 K 系列柴油机只能采用正时键进行喷油正时调整。

五、皮带张紧力检查调整

皮带张紧力的检查与调整教学视频

柴油机无论是采用散热器冷却还是热交换器冷却方式，通常使用皮带传动，用于驱动风扇、水泵、充电发电机等工作。传动皮带的张紧力一定要保持适当，若张紧力过小，皮带与皮带轮之间会打滑，既加速了皮带磨损，同时也会影响到上述总成的正常工作，如会造成冷却风量及循环水量不足，从而使柴油机水温升高；反之若张紧力过大，会引起轴与轴承及皮带的磨损，不仅增加了功率消耗，而且容易使皮带断裂。

（一）皮带张紧力检查

如图 7－16 所示，皮带张紧力通常采用张力计进行检查。检查时首先将指示器臂 1 装入量规，并将量规放在位于皮带轮之间的皮带 2 中部，使量规底部法兰 3 紧贴皮带，然后按正确角度缓慢压下黑色凸缘 4 直到弹簧被锁定，并小心移开量规，不要改变指示器臂的位置，最后读出指示器臂 1 所指示的刻度，其值应符合说明书规定。若无张力计也可采用挠度法进行检查，即在两个皮带轮之间的皮带中部施加 110 N 的力，若皮带中心距上的挠度每 0.3048 m 超过一个皮带厚度，则皮带张紧力必须要进行调整。康明斯柴油机常用皮带的张紧力值如表 7－4 所示。

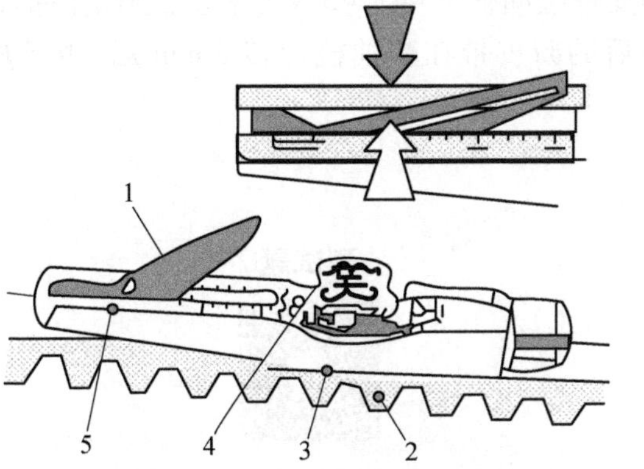

图 7－16　张紧力检查器示意图

1—指示器臂；2—皮带；3—量规底部法兰；4—黑色凸缘；5—指示刻度

表 7－4　康明斯柴油机常用皮带张紧力值

皮带规格	新皮带张紧力/N	运转后皮带张紧力/N	备　注
ST—968	578.79～667.08	392.4～490.5	（标准 V 型）
ST—1274	578.79～667.08	392.4～490.5	（标准 V 型）
ST—1138	578.79～667.08	392.4～490.5	（标准 V 型）
ST—968	352.80～441.45	196.2～245.25	两皮带轮（风扇、发电机）
ST—1274	352.80～441.45	196.2～245.25	两皮带轮（风扇、发电机）
ST—968	539.55～627.84	343.35～441.45	三皮带轮（曲轴、水泵、风扇）
ST—1274	539.55～627.84	343.35～441.45	三皮带轮（曲轴、水泵、风扇）
ST—968	539.55～627.84	304.11～392.4	NT855（水泵带张紧轮）
ST—1274	539.55～627.84	304.11～392.4	NT855（水泵带张紧轮）

皮带张紧力检查与调整仿真动画

（二）皮带张紧力调整

柴油机皮带张紧力调整需要注意以下事项：

（1）带有张紧轮的皮带传动在进行张紧力调整时，应先松开托架上固紧张紧轮的螺母或螺钉，并用一根撬杠调整张紧轮的位置，直到皮带张力符合要求后再将螺母固紧或将螺钉锁紧。

（2）充电发电机皮带张紧力调整可先松开固定支板，扳动充电发电机改变其位置，直到张紧力符合要求后再将固定支板重新固定。对于康明斯 KTA19 柴油机，其充电发电机皮带张紧力的调整是通过转动发电机调节连接杆中间段，从而调节皮带松紧度来实现的，且张紧力调整好后，需要拧紧连接杆的锁紧螺帽至 68~75 N·m。

（3）康明斯 NTA855 柴油机风扇皮带张紧力可通过风扇支架上两个长圆形螺钉孔进行调整，调整时应先松开两个固紧螺钉，然后转动支架直到皮带张紧力符合要求后再固紧螺钉，最后将安装在支架侧面的一个限制螺栓固定，以防止风扇支架工作中产生移动。

（4）对采用扭簧和阻尼器的张紧轮装置，例如 KTA19 风扇皮带传动装置，通常不需要进行张紧力的检查与调整。

（5）对于康明斯柴油机标准“V”型皮带，新皮带初次张紧力一般应调整至 618. 03 N 左右，而对于运转后的皮带应调整至 441. 45 N 左右。此外，皮带张紧力调整好并固紧后，应再次进行检查；更换后的新皮带在柴油机运转 5 min 后，由于皮带变松应重新调整至 441. 45 N 左右。

测试题

第八章
交流同步发电机

以柴油机作为原动机，交流同步发电机会根据柴油机电站控制系统的运行调节要求，将柴油机输出的机械能转化为三相交流电能。本章主要对交流同步发电机的工作原理、结构组成、电枢反应、运行特性等进行讨论。

第一节　工作原理与结构组成

一、交流同步发电机工作原理

（一）交流同步发电机主要类型

交流同步发电机的工作原理基础是电磁感应定律，电磁感应定律是指导体与磁场之间具有相对运动，当导体切割磁场时，导体内部就会产生感应电动势。根据产生磁力线的磁场和导体之间的相对静动关系，交流同步发电机通常可分为旋转电枢式和旋转磁极式两种[50]。其中旋转电枢式是指产生磁力线的磁场是固定的，而导体则由原动机拖动旋转并切割该磁场，此时在旋转导体上就会产生感应电动势；而旋转磁极式则是指产生磁力线的磁场被原动机拖动旋转，而切割该磁场的导体是固定的。常用的交流同步发电机多采用旋转磁极式，接下来我们就重点分析旋转磁极式交流同步发电机的工作过程。

交流同步发电机工作原理教学视频

（二）交流同步发电机工作过程

如图 8－1 所示，交流同步发电机定子上有 U_1U_2、V_1V_2 和 W_1W_2 三相绕组，三相绕组在空间互差 120°电角度对称分布放置于定子铁芯槽中，每相的结构参数均完全相同，通常称为三相对称绕组。转子通常具有 p 对磁极，磁极上装有直流励磁的转子绕组，当直流电流通过电刷和滑环流入转子绕组后，产生的主磁通由 N 极经气隙、定子铁芯，再经气隙进入 S 极构成主磁路，如图 8－1 中虚线所示（图中 $p=1$）。当交流同步发电机转子由原动机驱动，并以转速 n 按图 8－1 所示方向做恒速旋转时，定子中三相绕组的导体依次切割磁力线，此时三相对称绕组便感应出大小相等、相位彼此相差 120°的交流电动势。根据图 8－1 所示转子的转向，若气隙磁通密度按正弦波分布，则三相绕组感应电动势的波形如图 8－2 所示，相序为 U→V→W。此外，由于转子为 1 对磁极时，转子旋转一周，定子绕组中感应电动势就变化一个周期，而当交流同步发电机具有 p 对磁极时，转子旋转一周，感应电动势就交变 p 个周期，因此当转子转速为每分钟 n 转时，则交变感应电动势的频率为

$$f = pn/60 \qquad (8-1)$$

式中，n 表示转子的转速，单位为 r/min。

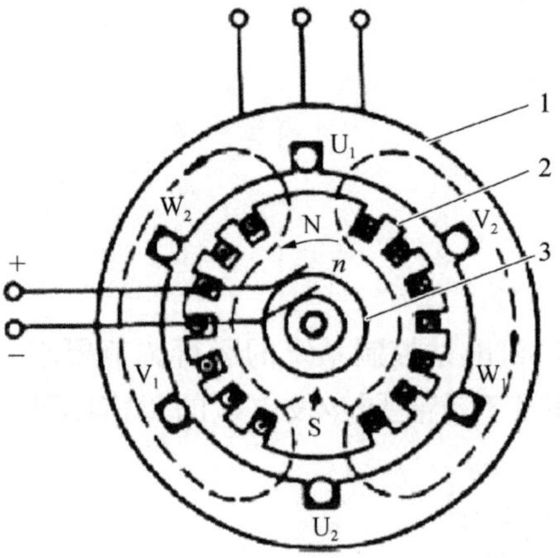

图 8－1　交流同步发电机工作原理示意图

1—定子；2—转子；3—滑环

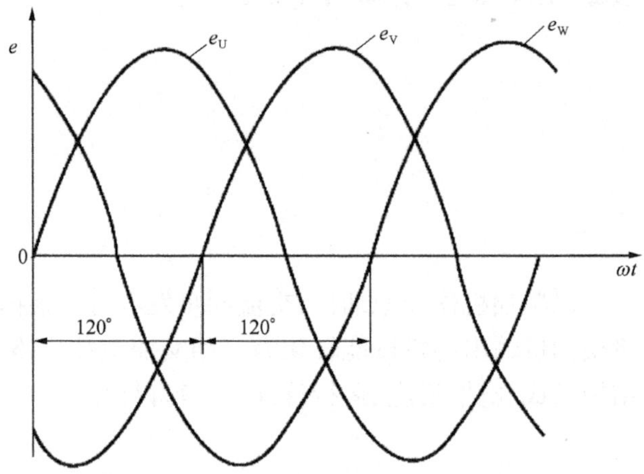

图 8－2　交流同步发电机定子三相感应电动势波形图

由公式（8－1）可知，交流同步发电机定子绕组感应电动势的频率 f 取决于其极对数 p 和转子转速 n，即交流同步发电机极对数 p 一定时，转子转速 n 与感应电动势频率 f 之间具有严格不变的关系。我国标准工频为 50 Hz，因此交流同步发电机的极对数 $p = 3000/n$，汽轮发电机转速较高、极对数较少，若转速 $n = 3000$ r/min，则极对数 $p = 1$；水轮发电机转速较低、极对数较多，若转速 $n = 125$ r/min，则极对数 $p = 24$。

交流同步发电机结构组成教学视频

二、交流同步发电机结构组成

交流同步发电机通常采用旋转磁极式，那么按照转子磁极的形状，交流同步发电机又可进一步分为隐极式和凸极式两种，并且无论是隐极式交流同步发电机还是凸极式交流同步发电机，其基本结构均包括定子和转子两大部分，如图 8－3 所示。

（一）隐极式交流同步发电机结构组成

隐极式交流同步发电机通常应用于汽轮发电机组，一般制成两极，其转速为 3000 r/min，由于转速较高，发电机的转子直径必须缩小，因此在容量一定的情况下，交流同步发电机的长度就需要加长，故一般汽轮发电机的转子长度 L 和定子内径 D 之比为 2.0~6.5。

1. 定子

隐极式交流同步发电机定子主要由定子铁芯、定子绕组、机座等部件组成，它是交流同步发电机产生三相交流电能，实现机械能与电能转换的重要部件。

1）定子铁芯

定子铁芯一般由厚 0.5 mm 或 0.35 mm 的硅钢片叠成，沿轴向叠成多段形式，每段叠片厚为 30~60 mm，且各段叠片之间留有宽约 10 mm 的通风槽，用于改善定子铁芯的散热条件。当定子铁芯外圆直径大于 1 m 时，用扇形硅钢片拼成一个整圆。此外，为减少漏磁

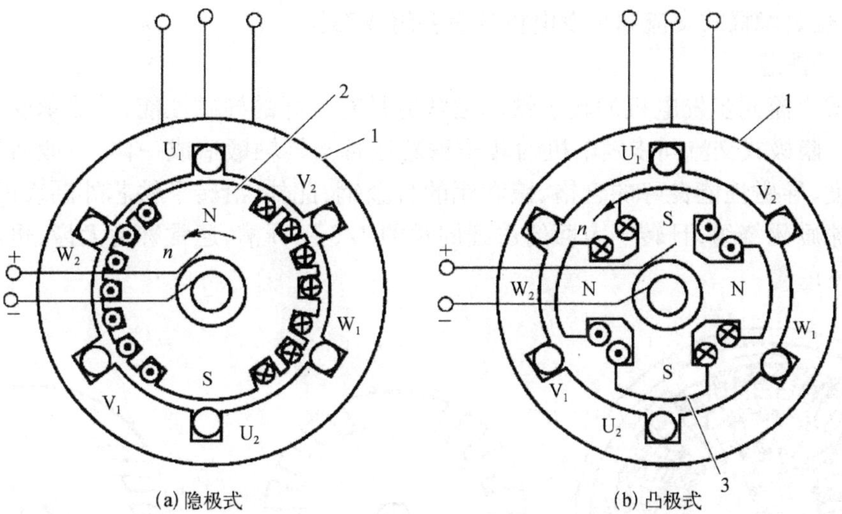

(a) 隐极式 (b) 凸极式

图 8-3 隐极式交流同步发电机与凸极式交流同步发电机示意图

1—定子；2—隐极式转子；3—凸极式转子

防止涡流引起过热，在定子铁芯两端采用非磁性材料制成的压板将其夹紧，并将整个铁芯固定在定子机座上，如图 8-4 所示。

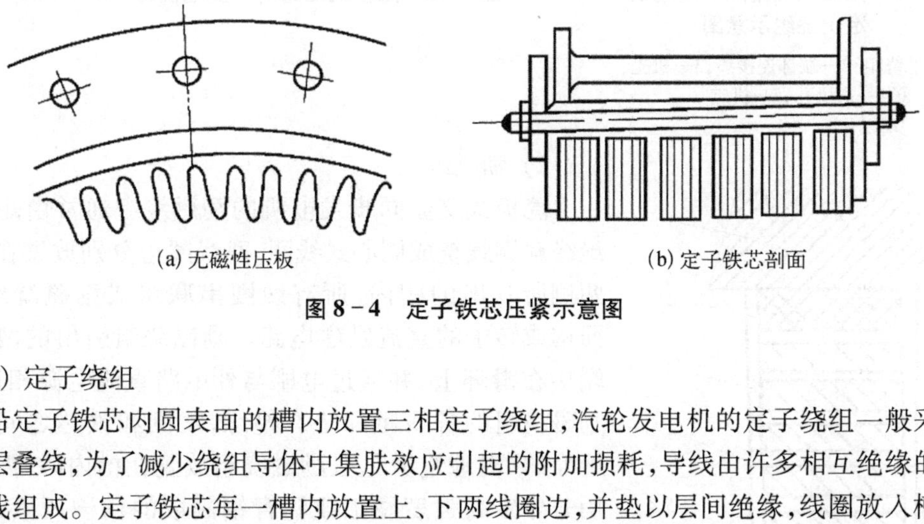

(a) 无磁性压板 (b) 定子铁芯剖面

图 8-4 定子铁芯压紧示意图

2）定子绕组

沿定子铁芯内圆表面的槽内放置三相定子绕组，汽轮发电机的定子绕组一般采用三相双层叠绕，为了减少绕组导体中集肤效应引起的附加损耗，导线由许多相互绝缘的并联多股线组成。定子铁芯每一槽内放置上、下两线圈边，并垫以层间绝缘，线圈放入槽中并采用梢楔固定。为了能够承受因突然短路产生的巨大电磁力而引起的端部变形，以及正常运行时不致产生较大的振动，定子绕组端线部分采用线绳绑紧或压板夹紧在非磁性钢制作的端箍上，如图 8-5 所示。

3）机座

机座用于支承和固定定子铁芯和端盖。通常机座应具有足够的强度和刚度，且机座与定子铁芯之间需要留有适当的通风道，以利于交流同步发电机的冷却。

2. 转子

隐极式交流同步发电机转子主要由转子铁芯、励磁绕组、阻尼绕组、紧固件、滑环等部件组成,它也是隐极式交流同步发电机的重要组成部件。

1) 转子铁芯

隐极式交流同步发电机的转子铁芯通常应具有良好的导磁性能,并能承受很大的离心力作用。隐极式交流同步发电机的转子铁芯通常与转轴锻造成一体,一般所用材料是具有高强度、导磁性能良好的含铬、镍和钼的合金钢;此外,沿转子铁芯外圆表面铣槽,槽内放置直流励磁绕组,且转子表面约占圆周长的1/3不开槽,通常称为大齿,也就是主磁极(图8-6)。

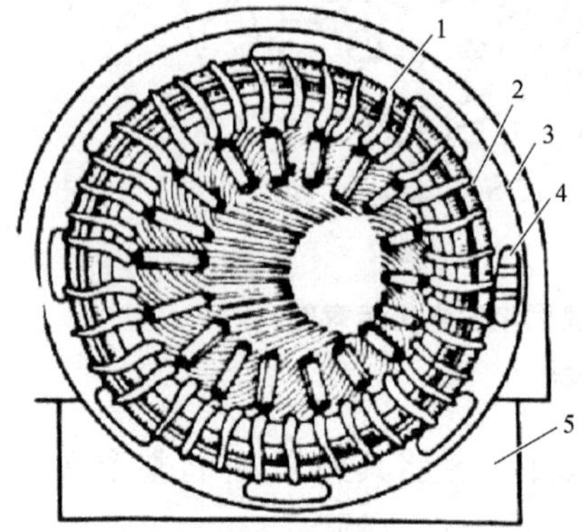

图8-5 隐极式交流同步发电机定子绕组示意图

1—定子绕组;2—端部连接线;3—机壳;4—通风孔;5—机座

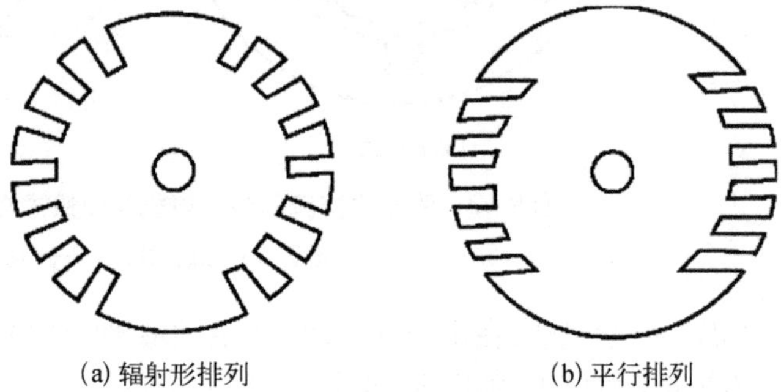

图8-6 隐极式交流同步发电机转子槽示意图

2) 励磁绕组

隐极式交流同步发电机的励磁绕组通常由矩形的绝缘扁铜线绕成同心式线圈,两线圈边分别放置在大齿两侧所开出的槽内,所有线圈串联组成励磁绕组,从而构成转子的直流励磁电路。励磁绕组引出的两个线端接在滑环上,并通过电刷与外电路直流电源相连接。励磁绕组的各线匝间垫有绝缘,线圈和铁芯之间也有可靠的"对地绝缘",且励磁绕组放置在槽内后,需要采用非导磁高强度硬铝或铝青铜制成的槽楔压紧,如图8-7所示。

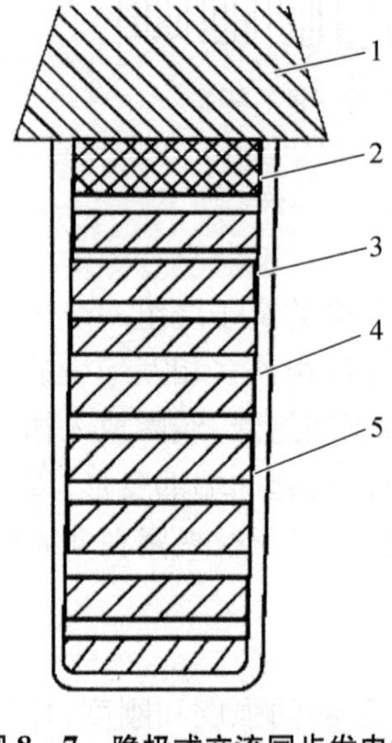

图8-7 隐极式交流同步发电机转子槽部剖面图

1—槽楔;2—楔下铝条;3—扁铜线;4—槽绝缘;5—匝间绝缘

3) 阻尼绕组

通常在某些大型汽轮发电机组转子上装有阻尼绕组,阻尼绕组是一种短路绕组,由放在槽楔下的铜条和转子两端的铜环焊接成闭合回路,其主要作用是在交流同步发电机短路或不对称运行时,利用其感应电流来削弱负序旋转磁场的作用,以及在交流同步发电机发生振荡时使振荡衰减。

4）紧固件

隐极式交流同步发电机的转子紧固件主要包括护环、中心环等。以汽轮发电机组为例，由于其转速较高，导致绕组端部受到很大的离心力作用，因此必须采用护环和中心环进行可靠固定。如图 8－8 所示，护环将转子励磁绕组的端部套紧，以防止绕组端部甩出，而中心环则用于支持护环和防止转子绕组端部的轴向位移。此外，为了减少端部泄漏磁场，护环采用非导磁合金钢材料。

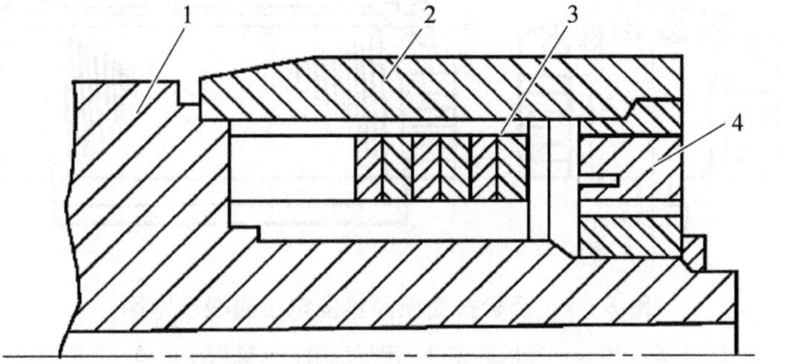

图 8－8　汽轮发电机组护环结构图

1—转子本体；2—护环；3—绕组端部；4—中心环

5）滑环

隐极式交流同步发电机滑环的主要作用是引入直流励磁电流，即直流励磁电流通过静止的正、负极性电刷，以及两个互相绝缘且套在转轴上随转子转动的滑环引入到转子励磁绕组。

（二）凸极式交流同步发电机结构组成

相比于隐极式交流同步发电机，凸极式交流同步发电机通常具有凸出的成对磁极，磁极对数较多、发电机转速较低，因此多应用于水轮发电机。此外，由于凸极式交流同步发电机极对数较多，其转子直径需加大，那么在容量一定的情况下，发电机的长度可适当缩短，因此凸极式交流同步发电机转子长度与定子内径之比通常为 0.125~0.07。

1．定子

凸极式交流同步发电机定子主要由机座、定子铁芯、定子绕组等组成。其中，机座用于支承定子铁芯、端盖等部件并构成冷却风路，通常直径大于 4 m 的机座可分成若干瓣，安装时再拼接成一体；凸极式交流同步发电机定子铁芯的基本结构与隐极式交流同步发电机大致相同，大中容量机组的定子铁芯通常由扇形硅钢片叠成，且留有通风沟，同时沿铁芯内圆表面槽内放置三相定子绕组，并用槽楔压紧；定子绕组通常采用双层波绕组，可节省极间连接线，同时通常采用分数槽绕组，以便改善感应电动势的波形。

2．转子

凸极式交流同步发电机转子主要由磁极、励磁绕组、阻尼绕组、磁轭与转子支架等组成。其中，磁极采用钢板冲片叠成，在磁极两端面加装磁极压板并用铆钉铆成整体，如图 8－9 所示，同时磁极采用 T 形尾与磁轭连接；励磁绕组通常采用绝缘扁铜线绕制而成，后经浸胶热压处理并套装在磁极上；水轮发电机极靴部位一般装有阻尼绕组，其主要作用是减少并联运行时转子振荡的振幅，通常整个阻尼绕组由插入极靴阻尼孔中的铜条和端部铜环焊接而成，此外某些中小容量凸极同步发电机，其磁极铁芯是整体的，一般不另安装阻尼绕组；磁轭是磁路的一部分，磁极固定在其圆柱表面，磁轭和转子间采用转子支架支承，转子支架固定在转轴上[51]。

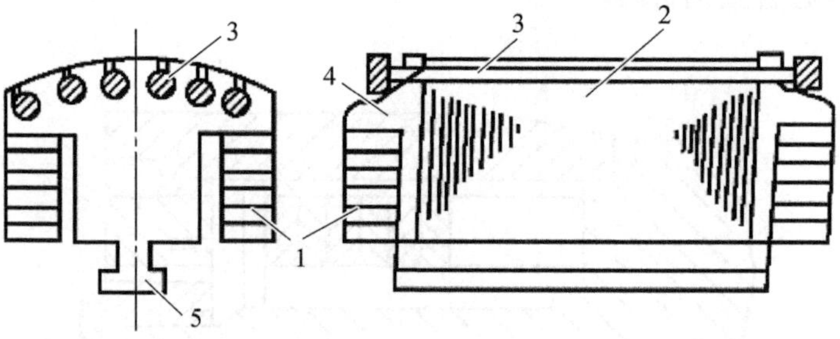

图 8-9　凸极式交流同步发电机磁极示意图

1—励磁绕组；2—磁极铁芯；3—阻尼绕组；4—磁极压板；5—T 形尾

交流同步发电机拆解三维模型

综合上述分析，我们可对交流同步发电机进行如下分类：若按照磁场导体之间的相对运动关系，交流同步发电机可分为旋转磁极式和旋转电枢式；若按照旋转磁极的结构，交流同步发电机可分为凸极式和隐极式；若按照原动机类型，交流同步发电机可分为水轮发电机、汽轮发电机、柴油发电机等。其中，柴油机电站所用交流同步发电机按照磁场导体之间的相对运动关系，属于旋转磁极式，而按照旋转磁极的结构，则属于凸极式。此外，由于柴油机的额定转速通常为 1500 r/min，因此根据公式（8-1），柴油机电站所用交流同步发电机的极对数为 2，即 $p=2$。

三、交流同步发电机铭牌

通常在交流同步发电机醒目部位安装有铭牌，其额定值均标识在铭牌上，主要包括：

（1）额定容量 S_N 或额定功率 P_N。额定容量 S_N 是指交流同步发电机在额定运行时出线端的额定视在功率，一般用 kV·A 或 MV·A 为单位；而额定功率 P_N 则是指交流同步发电机在额定运行时输出的额定有功功率，一般用 kW 或 MW 为单位。

（2）额定电流 I_N。额定电流是指交流同步发电机在额定运行时流过三相定子绕组的线电流，单位为 A 或 kA。

（3）额定电压 U_N。额定电压 U_N 是指交流同步发电机在额定运行时三相定子绕组的线电压，单位为 V 或 kV。

（4）额定功率因数 $\cos\varphi_N$。额定功率因数 $\cos\varphi_N$ 是指交流同步发电机在额定运行时的功率因数，即额定有功功率与额定视在功率之比，满足 $\cos\varphi_N = P_N/S_N$。

（5）额定效率 η_N。额定效率 η_N 是指交流同步发电机额定运行时的效率。

上述交流同步发电机额定值之间具有一定的关系，即 $P_N = S_N\cos\varphi_N = \sqrt{3}U_N I_N\cos\varphi_N$。

第二节　电枢反应与运行特性

一、交流同步发电机电枢反应

(一) 对称负载运行时的电枢反应

交流同步发电机电枢反应教学视频

交流同步发电机空载运行时，转子被原动机拖动到同步转速，且转子绕组通入直流励磁电流，虽然此时定子绕组会产生感应电动势，但定子侧未接三相对称负载，即定子绕组开路，此时转子和定子之间的气隙内只有转子励磁绕组通入直流电流后，产生的随转子一起旋转的磁动势，通常称之为励磁磁动势。若交流同步发电机连接三相对称负载后，定子侧三相对称绕组中通入三相对称负载电流，那么此时三相对称负载电流也会在定子和转子的气隙中产生磁动势，通常称之为电枢磁动势。也就是说，三相负载对称运行时交流同步发电机的气隙中同时存在着励磁磁动势和电枢磁动势，这两个磁动势以相同的转速与转向旋转，其区别主要在于励磁磁动势是机械旋转，而电枢磁动势是电气旋转，二者之间没有相对运动，它们共同建立负载运行时定子和转子气隙间的合成磁动势，这种现象通常称之为电枢反应。

通常电枢反应的性质与电枢磁动势基波和励磁磁动势基波的大小以及空间相对位置有关。由于励磁磁动势 $\overline{F}_f$ 产生主磁通，并使定子绕组产生感应电动势$\dot{E}_0$，而电枢磁动势基波 $\overline{F}_a$ 只是由定子电流 $\dot{I}$ 建立的，因此研究电枢反应性质时本来取决于电枢磁动势基波 $\overline{F}_a$ 与励磁磁动势基波 $\overline{F}_f$ 在空间上的相对位置，而今可归结为研究感应电动势 $\dot{E}_0$ 与定子电流 $\dot{I}$ 在时间上的相位差 ψ 角（通常称为内功率因数角）。通常内功率因数角 ψ 的大小与交流同步发电机的内阻抗和外加负载性质有关，即外加负载性质不同（电阻、电感或电容），$\dot{E}_0$ 与 $\dot{I}$ 之间的相位差 ψ 随之不同，电枢反应性质也就不同。下面分析不同负载性质的电枢反应时，设相电流和电动势的正方向为“相尾端进，相首端出”，且磁动势正方向与电流正方向符合右手螺旋定则；此外，定子绕组每一相均采用一个集中线圈表示，同时为画图清晰起见，以具有一对磁极的凸极式交流同步发电机为例进行说明。

1. $\psi=0°$时的电枢反应

内功率因数角 $\psi=0°$表明交流同步发电机的负载电流或定子电流 $\dot{I}$ 与空载感应电动势$\dot{E}_0$ 同相。如图 8－10 所示，U 相绕组导体正好处于旋转的转子磁极轴线位置，此时 U 相感应电动势瞬时值达到最大值，其方向可根据右手螺旋定则判断，由于内功率因数角 $\psi=0°$，U 相电流瞬时值也达到最大值，即 $i_U=+I_m$，与此同时满足

$$i_V=i_W=-\frac{I_m}{2} \tag{8-2}$$

当 U 相电流达到最大值时，三相合成电枢磁动势 $\overline{F}_a$ 的轴线就处于 U 相绕组轴线位置，即此时电枢磁动势 $\overline{F}_a$ 滞后励磁磁动势 $\overline{F}_f$ 90°。如图 8－10(a) 所示，通常将转子磁极的轴线称为直轴（或称为纵轴），用符号 d 表示；两相邻主磁极间的中心

线称为交轴（或称为横轴），用符号 q 表示。显然当内功率因数角 $\psi=0°$ 时，电枢磁动势 $\overline{F}_a$ 的轴线就位于交轴（q 轴）上，因此称之为交轴电枢反应，同时两向量相加可得气隙合成磁动势，可以看出交轴电枢反应使得气隙磁场轴线位置从空载时的直轴处逆转向后移了一个角度。

$$\overline{F}_\delta=\overline{F}_f+\overline{F}_a \tag{8-3}$$

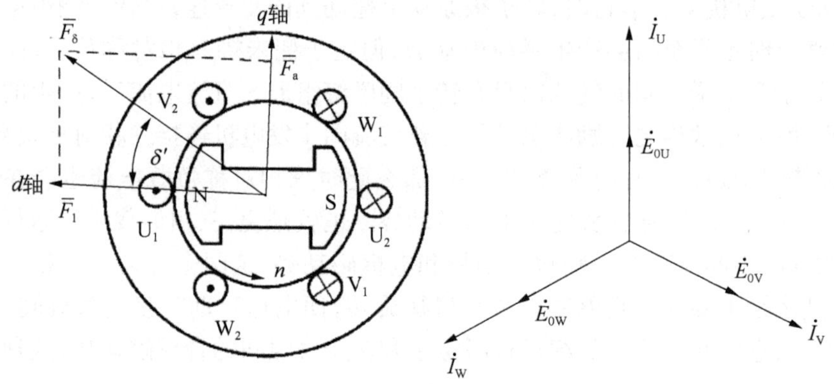

(a) 空间向量图　　(b) 时间相量图

图 8－10　$\psi=0°$ 时的电枢反应示意图

2. $\psi=90°$ 时的电枢反应

内功率因数角 $\psi=90°$ 表明交流同步发电机的负载电流或定子电流 $\dot{I}$ 滞后空载感应电动势 $\dot{E}$ 90°。如图 8－11 所示，当 U 相电流瞬时值达到最大值时，U 相感应电动势瞬时值为零，此时主磁极轴线位于 U 相轴线的反向位置，即处于 U 相轴线位置的电枢磁动势 $\overline{F}_a$ 也就位于直轴（d 轴）的反方向位置，因此称之为直轴电枢反应。此外，由于电枢磁动势 $\overline{F}_a$ 与励磁磁动势 $\overline{F}_f$ 的方向相反，两者相减可得气隙合磁动势 $\overline{F}_\delta$，即气隙磁场被削弱了，因此该直轴电枢反应的性质为去磁作用。

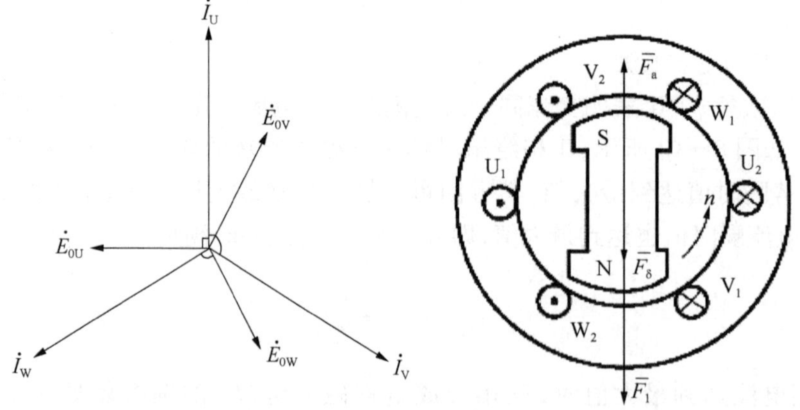

(a) 时间相量图　　(b) 空间向量图

图 8－11　$\psi=90°$ 时的电枢反应示意图

3. $\psi=-90°$时的电枢反应

内功率因数角 $\psi=-90°$表明交流同步发电机的负载电流或定子电流 $\dot{I}$ 超前空载感应电动势$\dot{E}_0$ 90°。如图 8－12 所示，当 U 相电流瞬时值达到最大值时，U 相感应电动势瞬时值为零，此时主磁极轴线位于 U 相轴线位置，即处于 U 相轴线位置的电枢磁动势 $\overline{F}_a$ 也就位于直轴（d 轴）上，因此同样称其为直轴电枢反应。此外，电枢磁动势 $\overline{F}_a$ 与励磁磁动势 $\overline{F}_f$ 的方向相同，两者相加可得气隙合成磁动势 $\overline{F}_\delta$，即气隙磁场被加强了，因而该直轴电枢反应的性质为助磁作用。

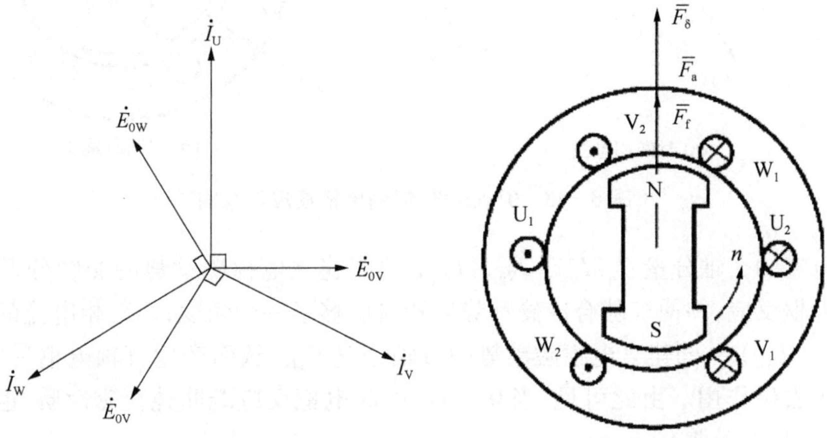

(a) 时间相量图　　(b) 空间向量图

图 8－12　$\psi=-90°$时的电枢反应示意图

4. 一般情况下的电枢反应

交流同步发电机正常运行时满足 $0°<\psi<90°$，即交流同步发电机的负载电流或定子电流 $\dot{I}$ 滞后空载感应电动势$\dot{E}_0$ ψ 角度，此时当相电流达到最大值时，U 相感应电动势已经越过最大值且又转过 ψ 角度。如图 8－13 所示，此时主磁极处于如图 8－13（b）所示位置，显然电枢磁动势$\overline{F}_a$滞后励磁磁动势$\overline{F}_f$（$90°+\psi$）的电角度。为方便分析可将电枢磁动势 $\overline{F}_a$ 分解为直轴分量$\overline{F}_{ad}$和交轴分量$\overline{F}_{aq}$，即

$$\overline{F}_a=\overline{F}_{ad}+\overline{F}_{aq} \tag{8-4}$$

其中，

$$\begin{cases}F_{ad}=F_a\sin\psi\\F_{aq}=F_a\cos\psi\end{cases} \tag{8-5}$$

相应地可将负载电流 $\dot{I}$ 分解为直轴分量 $\dot{I}_d$ 和交轴分量 $\dot{I}_q$，如图 8－13（a）所示，即

$$\dot{I}=\dot{I}_d+\dot{I}_q \tag{8-6}$$

其中，

$$\begin{cases}I_d=I\sin\psi\\I_q=I\cos\psi\end{cases} \tag{8-7}$$

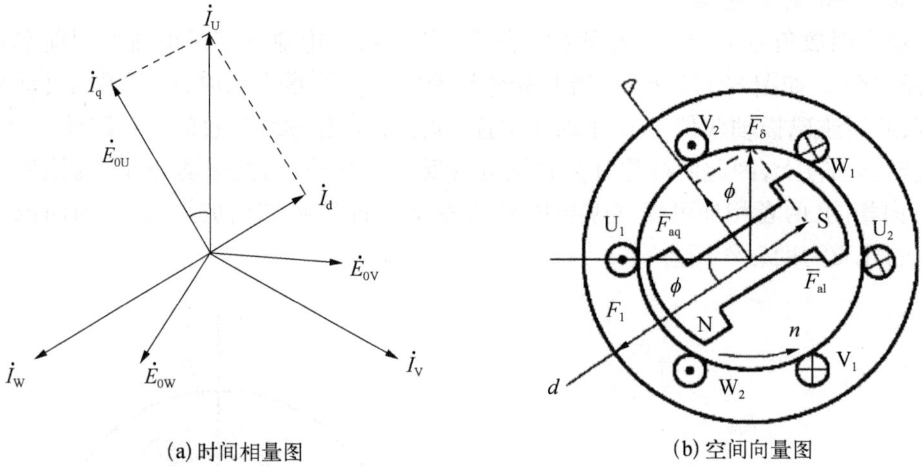

图 8-13　0°<ψ<90°时的电枢反应示意图

三相电流的交轴分量 $\dot{I}_q(\dot{I}_{Uq}、\dot{I}_{Vq}、\dot{I}_{Wq})$ 共同建立电枢磁动势的交轴分量 $\overline{F}_{aq}$，从而产生交轴电枢反应，并使气隙合成磁动势逆转向后移了一个角度；而三相电流的直轴分量 $\dot{I}_d(\dot{I}_{Ud}、\dot{I}_{Vd}、\dot{I}_{Wd})$ 共同建立电枢磁动势的直轴分量 $\overline{F}_{ad}$，从而产生直轴电枢反应，并使气隙磁场产生去磁作用。由此可见，当 $0°<\psi<90°$ 时电枢反应既非纯交磁性质，也非纯直轴去磁性质，而是二者兼有。

（二）电枢反应对机电能量转换和端电压的影响

通过上述分析可以看出，交流同步发电机空载运行时不存在电枢反应，也不存在机电能量转换关系，而带上三相负载对称运行后，由于定子电流或负载电流产生了电枢磁场，而电枢磁场与转子之间具有相互电磁作用，且由于负载性质的不同，电枢磁场与转子之间的电磁作用也将不同[52]。下面分析不同负载性质时，交流同步发电机内部的机电能量转换和对端电压变化的影响。

1. 有功电流在交流同步发电机内部产生制动转矩

当交流同步发电机定子电流或负载电流 $\dot{I}$ 与空载感应电动势 $\dot{E}_0$ 同相时，电枢磁动势产生交轴电枢反应，且交轴电枢磁场与转子电流产生电磁力 f 的方向可由左手定则进行判断。如图 8-14(a)所示，此时电磁力 f_1 和 f_2 将产生电磁转矩，且其方向与转子的转向相反，显然当交流同步发电机输出有功电流 $\dot{I}$，即输出有功功率时，原动机（如柴油机、汽轮机或水轮机等）必须克服交轴电枢反应对转子的制动转矩，且负载电流 $\dot{I}$ 的交轴分量越大，输出的有功功率就越大，对转子的制动转矩也就越大。综合上述分析，为了维持转子转速（或频率）不变，就需要相应增大柴油机的每循环供油量、汽轮机的进汽量或水轮机的进水量等，从而用于克服制动转矩。

2. 感性无功电流使交流同步发电机端电压降低

交流同步发电机定子电流或负载电流 $\dot{I}$ 滞后空载感应电动势 $\dot{E}_0$ 90°时，$\dot{I}$ 被认为主要是感性无功电流，电枢磁动势产生直轴电枢反应。如图 8-14(b)所示，直轴电枢磁场与转子电流相互作用产生的电磁力 f_1 和 f_2 并不产生转矩，此时电枢磁动势对转子磁场产生

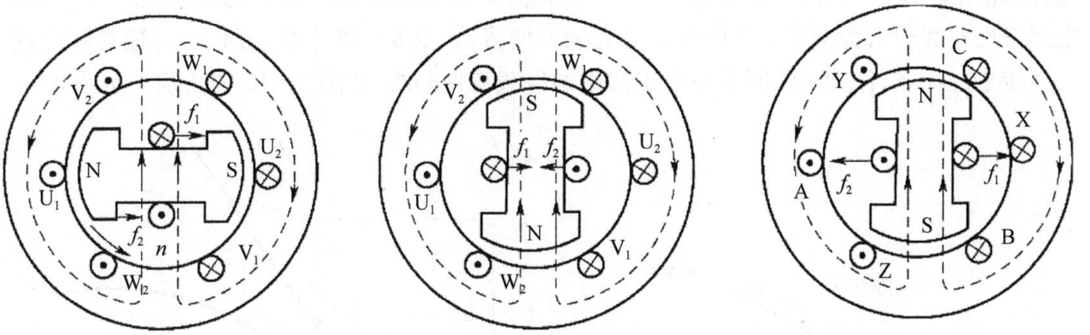

图 8－14　不同负载性质时电枢反应磁场与转子电流的作用示意图

去磁作用，从而使气隙磁场削弱，交流同步发电机的端电压降低，因此若要维持端电压保持不变，必须相应增加转子的励磁电流。

3. 容性无功电流使交流同步发电机端电压升高

交流同步发电机定子电流或负载电流 $\dot{I}$ 超前空载感应电动势 $\dot{E}_0$ 90°时，$\dot{I}$ 被认为主要是容性无功电流，电枢磁动势也同样产生直轴电枢反应。如图 8－14(c)所示，直轴电枢磁场与转子电流相互作用产生的电磁力 f_1 和 f_2 同样不产生电磁转矩，但此时电枢磁动势对转子磁场产生助磁作用，从而使气隙磁场增强，交流同步发电机的端电压升高，因此若要维持交流同步发电机端电压保持不变，必须相应减少转子的励磁电流。

需要指出的是，通常交流同步发电机带阻感性负载运行，即满足 $0°<\psi<90°$，此时负载电流既有交轴分量也有直轴分量，且交轴分量和直轴分量分别产生交轴电枢反应和直轴电枢反应。因此，若要维持交流同步发电机的转速（或频率）不变，必须随着有功负载的变化调节原动机的输入功率，而若要维持交流同步发电机的端电压不变，必须随着无功负载的变化调节转子的励磁电流。

二、交流同步发电机运行特性

交流同步发电机的运行特性是指交流同步发电机稳态对称运行时，在保持同步转速不变的前提下，其主要变量端电压 U、电枢电流 I、励磁电流 I_f 和功率因数 $\cos\varphi$ 之间的函数关系或曲线。通常情况下，交流同步发电机的运行特性包括空载特性、短路特性、外特性和调整特性等[53]。

交流同步发电机运行特性教学视频

（一）空载特性

空载特性是指交流同步发电机空载运行并保持额定转速不变，其空载电压 U_0 与励磁电流 I_f 之间的关系，即 $n=n_N$、$I=0$ 时，$U_0=f(I_f)$。空载特性通常可采用空载试验进行测定，试验时首先在空载情况下利用原动机把交流同步发电机拖动到同步转速并维持不变，然后逐渐增加励磁电流 I_f，直到空载电压 U_0 等于 1.3 倍的额定电压为止，此时在电压上升时记录对应的空载电压 U_0 和励磁电流 I_f 的值，便可得到交流同步发电机空载特性的上升分支，如图 8－15 所示，然后再逐步减小励磁电流 I_f，同样记录对应的空载电压 U_0 和励磁电流 I_f 值，便可得到空载特性的下降分支。需要指出的是，由于交流同步发电机具有剩磁，因此当 I_f 减至零时，空载电压并不为零，其值即为剩磁电压。此外，交流同步发电机的空载特性曲线通常为上升和下降两条分支的平均值，如图 8－15 中虚线所示，并通常将虚线右移使之过原点，作为交流同步发电机实用的空载特性曲线，如图 8－16 中曲线 1 所示。

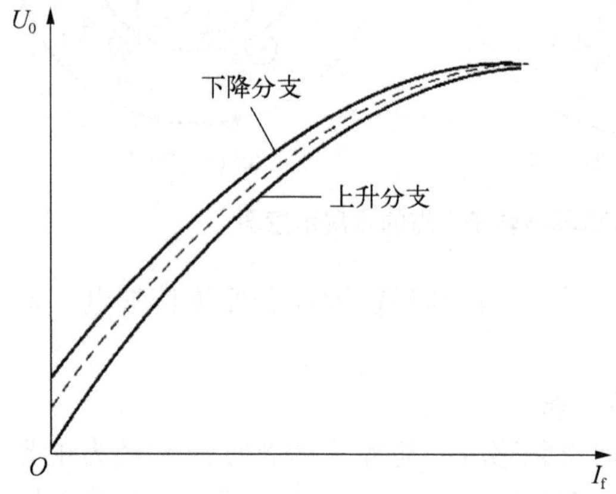

图 8－15　交流同步发电机空载特性曲线示意图

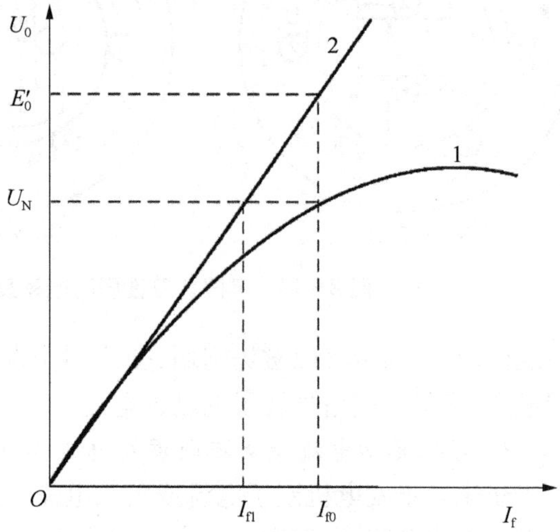

图 8－16　交流同步发电机实用空载特性曲线示意图

1—空载特性曲线；2—气隙线

空载特性是交流同步发电机的基本运行特性之一，它表明了交流同步发电机磁路的饱和情况，且空载特性曲线具有磁化曲线的特征。图 8－16 中曲线 1 开始部分是直线，表示铁芯未饱和，弯曲部分表明铁芯已具有不同程度的饱和，其后段表示铁芯已达到深度饱和。通常将交流同步发电机空载特性曲线的直线段延长后所得直线（图 8－16 中曲线 2）称为气隙线，此时对应于空载额定电压 U_N，磁路的饱和系数为

$$k_\mu = \frac{I_{f0}}{I_{f1}} = \frac{E'_0}{U_N} \tag{8-8}$$

通常交流同步发电机对应于空载额定电压 U_N 的饱和系数 $k_\mu = 1.2 \sim 1.25$。

（二）短路特性和短路比

1. 短路特性

短路特性是指交流同步发电机保持额定转速不变，定子三相绕组出线端持续稳态短路时，定子相电流 I（即稳态短路电流）与励磁电流 I_f 之间的关系，即 $n = n_N$、$U = 0$ 时，$I = f(I_f)$。短路特性通常可通过三相稳态短路试验进行测定，试验时首先将三相绕组的出线端短接，并维持额定转速不变，然后不断调节励磁电流 I_f，从而使定子短路电流 I 从零逐渐增加，直到短路电流等于 1.25 倍的额定电流为止，此时记录对应的 I 和 I_f，即可得到交流同步发电机的短路特性曲线，如图 8－17 中直线 2 所示。短路特性通常为一条直线，这是由于定子绕组短路时端电压 $U = 0$，而限制短路电流的仅仅是交流同步发电机的内部阻抗，同时由于定子绕组电阻 r_a 远小于同步电抗 x_d，因此交流同步发电机内部阻抗可认为是纯感性的，即电枢磁动势为起去磁作用的直轴磁动势，气隙合成磁动势很小，它所产生

的气隙磁通也就很小,磁路处于不饱和状态,所以短路特性是一条直线。若忽略交流同步发电机的定子绕组电阻 r_a,则短路时感应电动势满足

$$\dot{E}_0 = \mathrm{j}\dot{I}x_t \tag{8-9}$$

上式表明,短路时感应电动势 $\dot{E}_0$ 仅用于平衡稳态短路电流 $\dot{I}$ 在同步电抗 x_t 亦即直轴同步电抗 x_d 上的电压降。利用空载特性和短路特性可确定直轴同步电抗 x_d 的不饱和值和短路比 k_c。交流同步发电机三相短路试验时磁路处于不饱和状态,确定 x_d 不饱和值应从气隙线上查取,如图 8-17 曲线 3 所示,即

$$x_d = \frac{E'_0}{I_k} \tag{8-10}$$

需要指出的是,直轴同步电抗 x_d 的值是在交流同步发电机磁路不饱和状态下求得的,因此称为不饱和值。

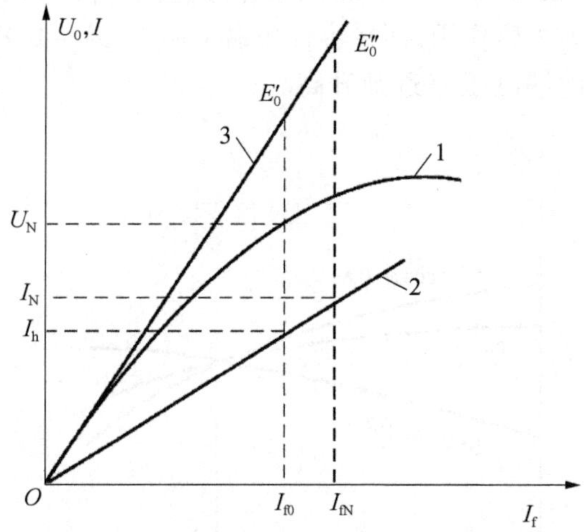

图 8-17 交流同步发电机短路特性曲线示意图

1—空载特性曲线;2—短路特性曲线;3—气隙线

2. 短路比

短路比是指交流同步发电机空载时建立额定电压所需的励磁电流 I_{f0} 与短路时产生额定电流所需励磁电流 I_{fN} 的比值,通常采用 k_c 表示,即

$$k_c = \frac{I_{f0}(U_0 = U_N)}{I_{fN}(I_k = I_N)} = \frac{I_k}{I_N} \tag{8-11}$$

由式(8-10)可得 $I_k = \dfrac{E'_0}{x_d}$,代入式(8-11)可得

$$k_c = \frac{\dfrac{E'_0}{x_d}}{I_N} = \frac{\dfrac{E'_0}{U_N}}{\dfrac{I_N x_d}{U_N}} = k_\mu \frac{1}{x_{d*}} \tag{8-12}$$

公式(8－12)表明,短路比 k_c 等于不饱和直轴同步电抗标幺值 x_{d*} 的倒数再乘上饱和系数 k_μ。通常短路比的大小对交流同步发电机具有如下影响[54]:一是影响交流同步发电机尺寸,通常短路比越大即 x_{d*} 越小,气隙就越大,转子励磁匝数将增加,导致交流同步发电机的用铜量、尺寸和造价增加;二是短路比 k_c 大则 x_{d*} 小,负载电路引起端电压的波动幅度较小,但短路电路则较大;三是影响运行的静态稳定度,短路比 k_c 越大则 x_{d*} 越小,静态稳定极限则越高。通常隐极式交流同步发电机的短路比 k_c 为 0.5~0.7,凸极式交流同步发电机的短路比 k_c 为 1.0~1.4。

（三）外特性和电压变化率

1. 外特性

外特性是指交流同步发电机保持额定转速不变,励磁电流 I_f 和负载功率因数 $\cos\varphi$ 不变时,交流同步发电机端电压 U 与负载电流 I 之间的关系曲线,即 $n = n_N$、I_f = 常数、$\cos\varphi$ = 常数时,$U = f(I)$。如图 8－18 所示,对应于不同负载功率因数交流同步发电机具有不同的外特性,感性负载 $\cos\varphi = 0.8$ 和纯电阻性负载 $\cos\varphi = 1$ 时的外特性是下降的,这两种情况下电枢反应均为去磁作用,而在容性负载 $\cos(-\varphi) = 0.8$ 时的电枢反应为助磁作用,气隙磁通增加,因此端电压 U 逐渐升高。

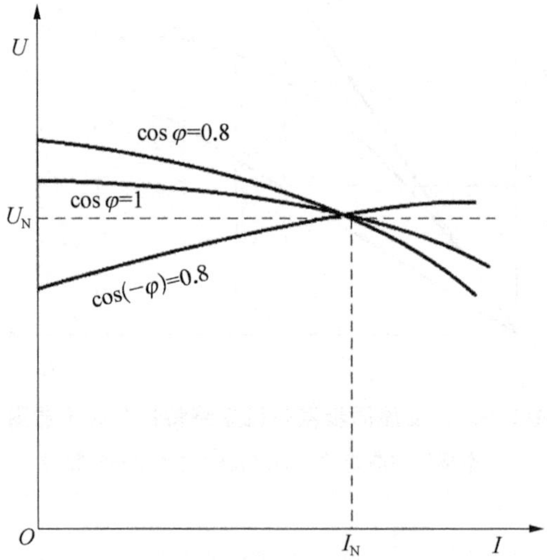

图 8－18　交流同步发电机外特性曲线示意图

2. 电压变化率

外特性采用曲线形式表明了交流同步发电机端电压的变化情况,而电压变化率则定量表示出运行时端电压的波动程度。电压变化率通常是指交流同步发电机在保持同步转速和额定励磁电流(交流同步发电机在额定运行状态下所对应的励磁电流)下,从额定负载($I = I_N$, $\cos\varphi = \cos\varphi_N$)变化到空载时端电压变化与额定电压的比值,通常用百分数表示,即

$$\Delta U = \frac{E_0 - U_N}{U_N} \times 100\% \tag{8-13}$$

（四）调整特性

由上述外特性曲线可以看出，当负载发生变化时交流同步发电机的端电压也随之变化，因此为了保持交流同步发电机的端电压不变，必须同时调节其励磁电流。调整特性是指当交流同步发电机保持额定转速不变，端电压和负载功率因数恒定时，励磁电流 I_f 与负载电流 I 之间的关系，即 $n = n_N$、U = 常数、$\cos\varphi$ = 常数时，$I_f = f(I)$ 曲线。如图 8 - 19 所示，对应于不同负载功率因数交流同步发电机具有不同的调整特性。其中，对于感性负载和纯阻性负载，为了补偿负载电流所产生的电枢反应去磁作用和定子漏阻抗压降，保持交流同步发电机端电压 U 不变，必须随着负载电流 I 的增加相应增大励磁电流 I_f，因此图中调整特性曲线是上升的，如图中 $\cos\varphi = 0.8$ 和 $\cos\varphi = 1$ 的曲线所示；而对于容性负载，为了抵消电枢反应的助磁作用，保持交流同步发电机端电压不变，必须随着负载电流的增加相应减少励磁电流，因此其调整特性曲线是下降的，如图中 $\cos(-\varphi) = 0.8$ 的曲线所示。需要指出的是，交流同步发电机的额定功率因数一般规定为 0.8（滞后），因此交流同步发电机运行在额定情况下，功率因数如果低于额定值，励磁电流则超过额定值，从而导致转子绕组过热。

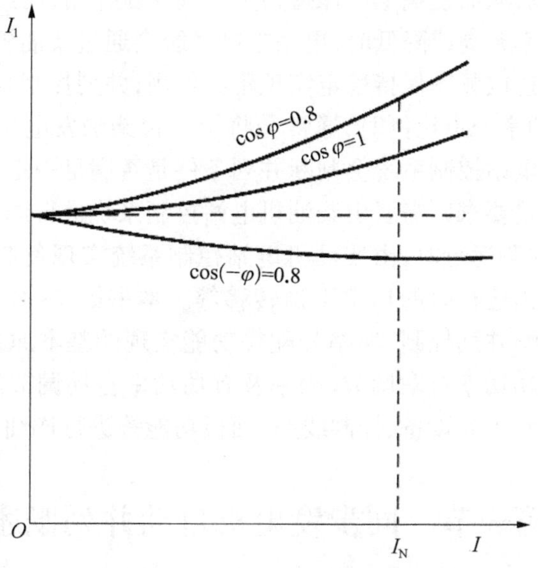

图 8 - 19　交流同步发电机调整特性曲线示意图

测试题

第九章
同步发电机自动并列

由柴油机和交流同步发电机组成的单台柴油发电机组就产生了三相交流电能，但由于单台柴油发电机组的功率有限，因此有时还需要多台柴油发电机组并联为用电设备供电，那么对于多台柴油发电机组而言就需要一个指挥中枢，这就是柴油机电站控制系统，其主要功能包括稳压稳频、并列控制、功率分配等。其中，稳压稳频是指当柴油机电站因无功负荷波动而造成电压升高或降低时，电站控制系统会通过交流同步发电机的励磁控制系统改变其励磁电流，从而使端电压保持稳定实现稳压作用，而当柴油机电站因有功负荷波动而造成转速、频率升高或降低时，电站控制系统会通过柴油机的调速系统改变其每循环供油量，从而使转速或频率保持稳定实现稳频作用；并列控制是指当用电负荷超过单台柴油发电机组额定功率一定比例时，通常会将第二台柴油发电机组与已供电运行机组进行并联，此时柴油机电站控制系统会判断并列条件是否满足一定要求，若满足要求则可进行并联操作，若不满足要求则需要由柴油机电站控制系统进行调节控制；功率分配是指当两台柴油发电机组并联运行时，由柴油机电站控制系统实现负荷变化后的功率合理分配，以及机组投入或退出运行时的功率平稳转移等。本书第 9～12 章将重点分析柴油机电站控制系统稳压稳频、并列控制、功率分配等功能实现的基本原理，主要包括同步发电机自动并列、电压及无功功率自动调节、频率及有功功率自动调节等内容，并对柴油机电站控制系统的工作过程、主要设备、控制线路、面板功能等进行详细讨论。

第一节　同步发电机自动并列概述

一、同步发电机自动并列概念

同步发电机自动并列概述教学视频

柴油机电站运行过程中，任一母线电压瞬时值可表示为

$$u = U_m \sin(\omega t + \varphi) \tag{9-1}$$

式中，U_m 代表电压幅值；ω 代表电压角频率；φ 表示初相角。公式(9－1)反映了柴油机电站运行过程中该母线电压的幅值、频率和相角，上述三个重要参数常被指定为运行母线电压的状态量，通常也采用相量 $\dot{U}$ 进行表示。如图 9－1(a)所示，一台柴油发电机组在投入系统运行之前，其电压 $\dot{U}_G$ 与并列母线电压 $\dot{U}_X$ 的状态量往往不相等，须对待并发电机组进行适当调整，使之符合并列条件后才允许断路器 QF 合闸做并网运行，这一系列操作称

为同步发电机并列操作。随着负荷变动,柴油发电机组运行的台数也经常改变,因此同步发电机并列操作是柴油机电站的一项重要操作;此外当发生某些事故时,也常要求将备用柴油发电机组迅速投入运行,这也需要实行并列操作,可见在柴油机电站运行中并列操作是较为频繁的。

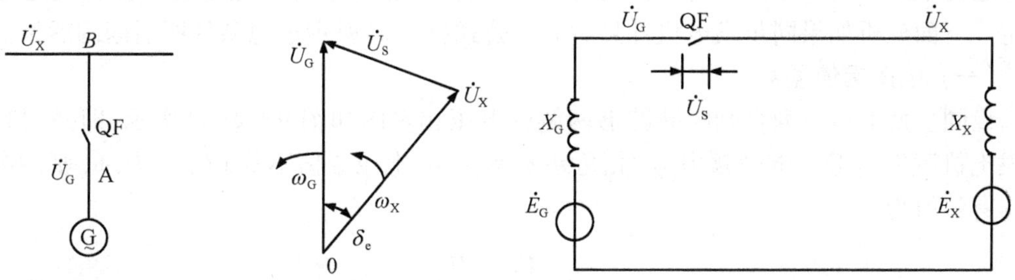

(a) 电路示意图　(b) 向量图　(c) 等值电路图

图 9-1　同步发电机自动并列示意图

同步发电机并列通常应遵循以下原则[55]:一是并列断路器合闸时冲击电流应尽可能小,其瞬时最大值一般不超过 1~2 倍的额定电流;二是同步发电机并入电网后应能迅速进入同步运行状态,其暂态过程要短,从而减小对电网系统的扰动。

二、同步发电机自动并列条件

如图 9-1(a)所示,QF 为并列断路器,QF 一侧为电网电压 $\dot{U}_X$,另一侧为待并发电机组 G,且待并发电机组已经加上了励磁电流,其端电压为 $\dot{U}_G$,并列断路器 QF 合闸之前两侧电压状态量通常不相等,须对待并发电机组进行控制,使它符合并列条件才能发出 QF 的合闸信号。由于 QF 两侧电压状态量不等,QF 主触头间具有电压差 $\dot{U}_S$,其值可由图 9-1(b)的电压相量求得。若设待并发电机组电压的角频率为 ω_G,电网电压 $\dot{U}_X$ 的角频率为 ω_X,二者之间的相量差 $\dot{U}_G-\dot{U}_X$ 为 $\dot{U}_S$。计算并列时冲击电流的等值电路如图 9-1(c)所示,当电网参数一定时,冲击电流取决于合闸瞬间的 $\dot{U}_S$ 值,通常要求 QF 合闸瞬间 $\dot{U}_S$ 的值应尽可能小,其最大值应使冲击电流不超过允许值,通常最理想情况 $\dot{U}_S$ 的值为零,这时 QF 合闸的冲击电流也就等于零,并且希望并列后能够顺利进入同步运行状态,此时对电网无任何扰动。

综合上述分析可以看出,同步发电机并列的理想条件为并列断路器两侧电压的三个状态量全部相等,即图 9-1(b)中 $\dot{U}_G$、$\dot{U}_X$ 两个相量完全重合并且同步旋转,如公式(9-2)所示,此时并列合闸的冲击电流等于零,并且并列后待并发电机组与电网立即进入同步运行,不发生任何扰动现象。

$$\begin{cases}\omega_G=\omega_X \text{ 或 } f_G=f_X\text{(即频率相等)}\\ U_G=U_X\text{(即电压幅值相等)}\\ \delta_e=0\text{(即相角差为零)}\end{cases} \tag{9-2}$$

如果待并发电机组的调速器和调压器均按照公式(9-2)进行调节,即实现理想的并列操作,则可极大简化并列过程,但实际运行过程中待并发电机组的调节系统很难实现公式(9-2)所示的理想调节条件,因此三个条件很难同时满足。此外,同步发电机并列合闸时通常只要求冲击电流较小和不危及电气设备,且合闸后待并发电机组能够迅速拉入同步运行,对待并发电机组和电网的运行影响较小,不致引起任何不良后果。因此实际并列操作过程中并列的实际条件允许偏离公式(9-2),其偏离的允许范围通常需要经过分析确定。下面分析如果同步发电机并列时偏离公式(9-2)所示理想条件所引起的后果。

(一) 电压幅值差

设同步发电机并列合闸时断路器两侧的电压相量图如图 9-2(a)所示,即并列时同步发电机频率f_G等于电网频率f_X、相角差δ_e等于零、电压幅值不等($U_G \neq U_X$),则冲击电流的有效值为

$$I''_h = \frac{U_G - U_X}{X''_d + X_X} \tag{9-3}$$

式中,U_G、U_X分别表示待并发电机组和电网电压的有效值;X''_d表示同步发电机的次暂态电抗;X_X表示电力系统的等值电抗。由图 9-2(a)可知,此时冲击电流主要为无功电流分量,其最大瞬时值为

$$i''_{hm} = 1.8\sqrt{2}I''_h \tag{9-4}$$

上述冲击电流的电动力将对同步发电机绕组产生影响,且由于定子绕组端部的机械强度最弱,因此需要特别注意对它所造成的危害。需要指出的是,由于同步发电机并列操作为正常运行操作,因此冲击电流最大瞬时值限制在 1~2 倍额定电流以下为宜。

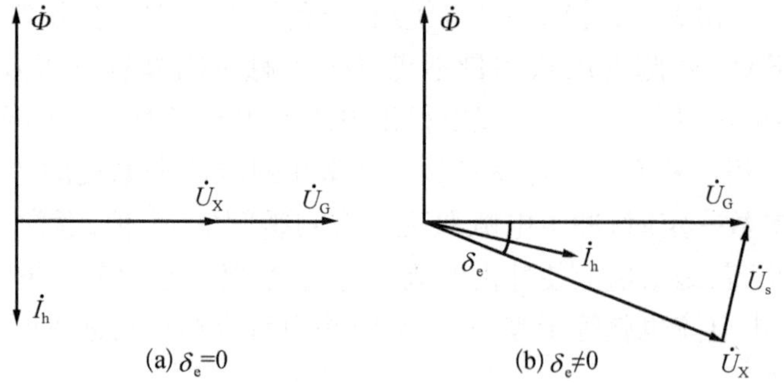

图 9-2　同步发电机并列时偏离理想条件示意图

(二) 合闸相角差

设同步发电机并列合闸时断路器两侧的电压相量图如图 9-2(b)所示,即并列时同步发电机频率f_G等于电网频率f_X、同步发电机电压幅值U_G等于电网电压幅值U_X、相角差δ_e不等于零,此时冲击电流的有效值为

$$I'' = \frac{2E''_q}{X''_q + X_X}\sin\frac{\delta_e}{2} \tag{9-5}$$

式中,X''_q表示同步发电机的交轴次暂态电抗;E''_q表示同步发电机的交轴次暂态电动势。

当相角差较小时，这种冲击电流主要为有功电流分量，说明合闸后同步发电机与电网间立刻交换有功功率，从而使机组联轴受到突然冲击，这对机组和电网运行都是不利的，因此为了保证机组安全运行，一般将有功冲击电流限制在较小数值。此外，若待并发电机组电压与电网电压之差为 $\dot{U}_S$，即 $\dot{U}_G$ 与 $\dot{U}_X$ 之间既存在幅值差又存在合闸相角差时，$\dot{U}_S$ 所产生的冲击电流可综合以上两种典型情况进行分析。

三、同步发电机自动并列方式

同步发电机自动并列方式通常可分为准同期并列和自同期并列两种，在柴油机电站正常运行情况下，一般采用准同期并列方法将发电机组投入运行，因此这是本书的主要介绍内容，而对自同期并列方法本书只介绍其一般原理。

自同期并列操作是指将一台未加励磁电流的发电机组升速到接近于电网频率，二者角频率之差不超过允许值，且在机组加速度小于某一给定值的条件下，首先合上并列断路器 QF，接着立刻合上励磁开关 SE 给转子加上励磁电流，从而在发电机电动势逐渐增长的过程中将待并发电机组拉入同步运行。自同期并列最突出的优点是无需选择并列合闸时机，因而控制操作非常简单，在电力系统发生事故、频率波动较大的情况下，限于当时控制技术水平，应用自同期并列方式可迅速把备用机组投入电网运行，因此曾一度广泛应用于水轮发电机组，作为处理系统事故的重要措施之一[56]。

此外，当待并发电机组以自同期方式投入电网时，在投入瞬间未经励磁的同步发电机接入电网，相当于电网经同步发电机次暂态电抗 X''_d 短路，因此不可避免地要引起冲击电流，如图 9－3 所示。

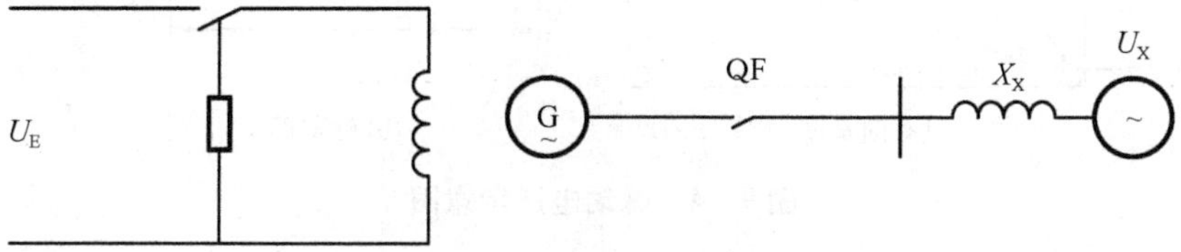

图 9－3　自同期并列示意图

自同期并列冲击电流的周期分量可由公式(9－6)求得，即

$$I''_h = \frac{U_X}{X''_d + X_X} \tag{9-6}$$

式中，U_X 表示归算到同步发电机端的电网电压；X_X 表示归算后的电网等值电抗。此时同步发电机母线电压 U_G 可表示为

$$U_G = \frac{U_X}{X''_d + X_X} X''_d \tag{9-7}$$

公式(9－6)和(9－7)表明，自同期并列的冲击电流主要取决于系统情况，即取决于 U_X 和 X_X，且自同期并列时同步发电机端电压值 U_G 与冲击电流成正比。此外，同步发电机母线电压瞬时下降会对其他用电设备的正常工作产生影响，为此自同期并列操作方法

在非正常情况下应用时通常会受到限制。

第二节　准同期并列工作原理

通常在满足并列条件的情况下，采用准同期并列方法将待并发电机组投入运行，只要控制得当就可使冲击电流很小且对电网扰动甚微，因此准同期并列是柴油机电站运行中主要采用的并列方式。

准同期并列检测信号教学视频

一、准同期并列检测信号

（一）电压幅值相等但频率不相等

为便于分析，首先假设待并发电机组电压 $\dot{U}_G$ 与电网电压 $\dot{U}_X$ 的幅值相等，而角频率 ω_G 与 ω_X 不相等，此时 $\dot{U}_G$ 和 $\dot{U}_X$ 是做相对运动的两个电压相量，如图 9－4 所示，且断路器 QF 两侧之间电压差 u_S 为脉动电压，可表示为

$$u_S = U_{mG}\sin(\omega_G t + \varphi_1) - U_{mX}\sin(\omega_X t + \varphi_2) \tag{9-8}$$

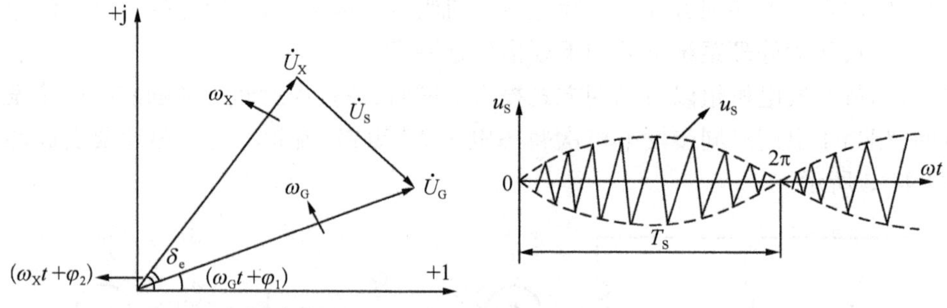

(a) 向量图　　(b) 波形图

图 9－4　脉动电压示意图

若设初始角 $\varphi_1 = \varphi_2 = 0$，则

$$u_S = 2U_{mG}\sin\left(\frac{\omega_G - \omega_X}{2}t\right)\cos\left(\frac{\omega_G + \omega_X}{2}t\right) \tag{9-9}$$

令 $U_S = 2U_{mG}\sin\left(\frac{\omega_G - \omega_X}{2}t\right)$ 为脉动电压的幅值，则

$$u_S = U_S\cos\left(\frac{\omega_G + \omega_X}{2}t\right) \tag{9-10}$$

由公式(9－10)可知，u_S 波形可看作是幅值为 U_S、频率接近工频的交流电压波形，又由于 $\omega_S = \omega_G - \omega_X$ 为滑差角频率，则两电压相量间的相角差为

$$\delta_e = \omega_S t \tag{9-11}$$

于是

$$U_S = 2U_{mG}\sin\frac{\omega_S t}{2} = 2U_{mG}\sin\frac{\delta_e}{2} = 2U_{mX}\sin\frac{\delta_e}{2} \tag{9-12}$$

$\dot{U}_S$ 的相量图及其瞬时值波形如图 9－4 所示，为正弦脉动波形，其最大幅值为 $2U_{mX}$ 或 $2U_{mG}$。如图 9－5 所示，可设电网电压 $\dot{U}_X$ 固定，而待并发电机组电压 $\dot{U}_G$ 以恒定滑差角频率 ω_S 对 $\dot{U}_X$ 转动，当相角差 δ_e 从 0 到 π 变动时，U_S 的幅值相应从零变到最大值 $2U_{mG}$，而当 δ_e 从 π 到 2π（重合）变动时，U_S 的幅值又从最大值回到零。

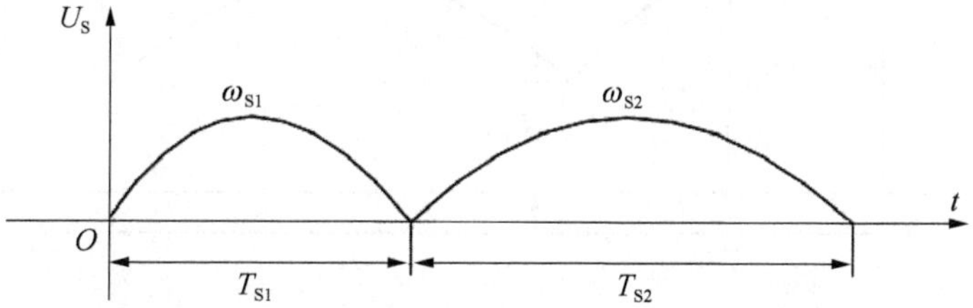

图 9－5 $U_G = U_X$ 时脉动电压 U_S 波形示意图

通常转动一圈的时间称为脉动周期 T_S，由于滑差角频率 ω_S 与滑差频率 f_S 间具有如下关系：

$$\omega_S = 2\pi f_S \tag{9-13}$$

因此脉动周期 T_S 满足

$$T_S = \frac{1}{f_S} = \frac{2\pi}{\omega_S} \tag{9-14}$$

当滑差角频率采用标幺值表示时，则有

$$\omega_{S*} = \frac{\omega_S}{2\pi f_N} \tag{9-15}$$

式中，f_N 代表额定频率，我国电网的额定频率为 50 Hz。需要指出的是，脉动电压周期 T_S、滑差频率 f_S 和滑差角频率 ω_S 都可用于表示待并发电机组频率与电网频率之间相差的程度。此外由公式（9－11）可知，相角差 δ_e 是时间的函数，因此同步发电机并列时，合闸相角差 δ_e 与发出合闸信号的时间有关，如果发出合闸信号的时间不恰当，就有可能在相角差较大时合闸，导致引起较大的冲击电流；而如果发出合闸信号的时间恰当，就有可能在两电压重合的时间合闸，从而使冲击电流等于零。另外如果并列时频率差较大，即使合闸时的相角差 δ_e 很小，但此时待并发电机组需要经历一个很长的暂态过程才能进入同步运行状态，严重时甚至失步，因而也是不允许的。

（二）电压幅值不相等且频率不相等

如果并列断路器 QF 两侧的电压幅值不相等，应用三角公式可求得 U_S 值为

$$U_S = \sqrt{U_{mX}^2 + U_{mG}^2 - 2U_{mX}U_{mG}\cos\omega_S t} \tag{9-16}$$

当 $\omega_S t = 0$ 时，$U_S = |U_{mG} - U_{mX}|$ 为两电压幅值差；而当 $\omega_S t = \pi$ 时，$U_S = |U_{mG} + U_{mX}|$

为两电压幅值和。两电压幅值不相等时，脉动电压 U_S 波形如图 9－6 所示，由于脉动周期 T_S 只与滑差角频率 ω_S 有关，因此图 9－6 中的脉动电压周期 T_S 表达式与图 9－5 相同。图 9－5 和图 9－6 均表明，U_S 脉动电压波形中载有准同期并列的检测信号，即电压幅值差、频率差以及合闸相角差随时间的变化规律。

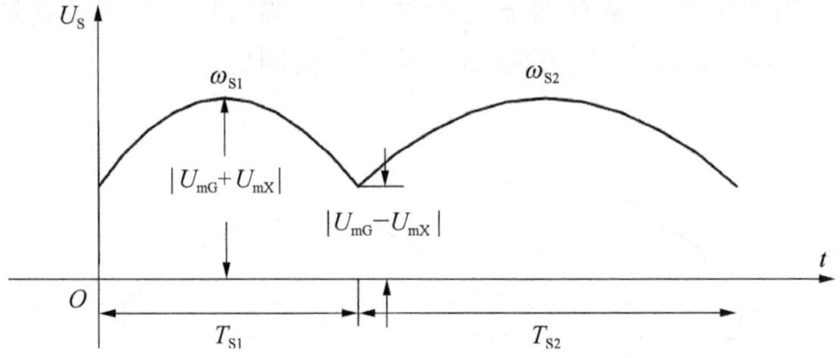

图 9－6　U_G 与 U_X 不相等时脉动电压 U_S 波形示意图

1. 电压幅值差

电压幅值差 $|U_{mG}-U_{mX}|$ 对应于脉动电压 U_S 波形的最小幅值，由图 9－6 可得到下式：

$$U_{Smin}=|U_{mG}-U_{mX}| \tag{9-17}$$

上式表明，并列操作的合闸时机即使掌握得非常理想，但并列点两侧若有电压幅值差存在仍会导致冲击电流，且其值与电压幅值差成正比，因此为了限制并网合闸时的冲击电流，设定电压幅值差作为并列条件之一。

2. 频率差

$\dot{U}_G$ 与 $\dot{U}_X$ 之间的频率差即为脉动电压幅值 U_S 的频率 f_S，它与滑差角频率 ω_S 的关系如公式(9－13)所示，可见滑差角频率 ω_S 反映了频率差 f_S 的大小。此外，由公式(9－14)中的关系可知，若要求滑差角频率 ω_S 小于某一允许值，就相当于要求脉动电压周期 T_S 大于某一给定值，例如假设滑差角频率的允许值 ω_{sy} 为 0.2%ω_N，即

$$\omega_{sy}\leqslant 0.2\times\frac{2\pi f_N}{100}\leqslant 0.2\pi\ \text{rad/s} \tag{9-18}$$

则对应的脉动电压周期 T_S 值为

$$T_S\geqslant\frac{2\pi}{\omega_{sy}}=10\ \text{s} \tag{9-19}$$

即脉动电压幅值 U_S 的脉动周期 T_S 大于 10 s 才能满足滑差角频率 ω_{sy} 小于 0.2%ω_N 的要求，也就是说测量 T_S 的值就可以检测待并发电机组与电网之间滑差角频率 ω_S 的大小，从而判断频率差是否满足要求。需要指出的是，上述分析假定了 f_G、f_X 恒定，即待并发电机组电压与电网电压两相量之间做相对等速运动，而对于要求快速并网的机组来说，这一假定就未必成立，这是由于机组在并列操作过程中，可能转速还在控制，即在一个较长滑

差周期内滑差角频率 ω_S 的值可能并不恒定，这就要求自动并列装置能够实时检测滑差角频率 ω_S、相角差加速度 $d\omega_S/dt$ 等参数，从而有利于实现快速的并网操作。

3. 合闸相角差

通常最理想的合闸瞬间是在 $\dot{U}_G$ 与 $\dot{U}_X$ 两相量重合瞬间，但考虑到断路器操作机构和合闸回路控制电器的固有动作时间，必须在两电压相量重合之前发出合闸信号，即取一提前量，脉动电压幅值 U_S 随相角差 δ_e 的变化规律为发出合闸信号提前量提供了计算和判别依据。目前准同期并列装置采用的提前量主要有恒定越前相角和恒定越前时间两种。其中，在 $\dot{U}_G$ 与 $\dot{U}_X$ 两相量重合之前恒定角度 δ_{YJ} 发出合闸信号的方式，称为恒定越前相角准同期并列装置；而在 $\dot{U}_G$ 与 $\dot{U}_X$ 两相量重合之前恒定时间 t_{YJ} 发出合闸信号的方式，称为恒定越前时间准同期并列装置。由于并列合闸回路通常具有固定的动作时间，因此恒定越前时间准同期并列装置得到了广泛采用[57]。

二、准同期并列合闸控制逻辑

准同期并列工作原理教学视频

准同期并列合闸控制原则通常是当频率差和电压幅值差均满足并列条件的情况下，在 $\dot{U}_G$ 与 $\dot{U}_X$ 两相量重合之前发出合闸信号，通常两电压相量重合之前的信号称为提前量信号，其逻辑结构如图 9－7 所示。前已提及，按照提前量的不同，准同期并列可分为恒定越前相角和恒定越前时间两种方式。

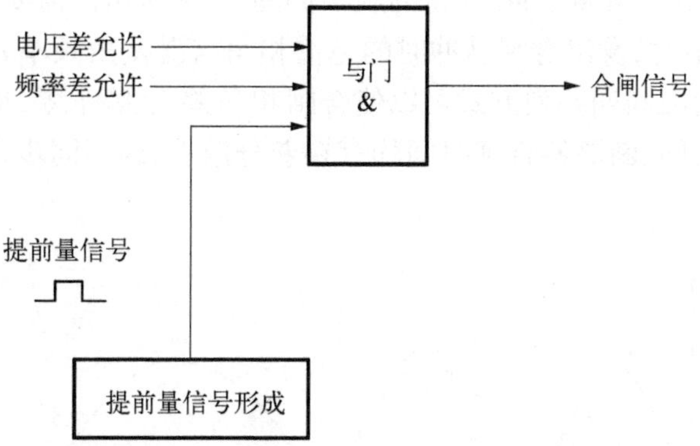

图 9－7　准同期并列合闸信号控制逻辑结构图

（一）恒定越前相角准同期并列

恒定越前相角准同期并列方式所取的提前量信号为某一恒定相角 δ_{YJ}，即在脉动电压 U_S 到达 $\delta_e=0$ 之前的 δ_{YJ} 相角差时发出合闸信号，如图 9－8 所示。为了分析方便，假设 U_G 与 U_X 相等且均为额定值，则由公式(9－12)可知，相角差 δ_e 与脉动电压幅值 U_S 之间存在着一定对应关系。图 9－8 中假设恒定越前相角为 δ_{YJ}，其所对应的 U_S 电压值为 U_A，同时假设断路器的固有合闸时间为 t_{QF}，显然当滑差角频率 ω_S 很小时，QF 主触头闭合瞬间的相角差接近于 δ_{YJ} 值，即合闸时 $\dot{U}_G$ 距离 $\dot{U}_X$ 还有一定角度；当滑差角频率 $\omega_S=\omega_{sy0}=\delta_{YJ}/t_{QF}$ 时，并列时的合闸相角差等于零，ω_{sy0} 称为最佳滑差角频率；而当滑差角频率 ω_S 大于 ω_{sy0} 时，合闸相角差又将增大，导致合闸时 $\dot{U}_G$ 越过 $\dot{U}_X$ 一定角度。

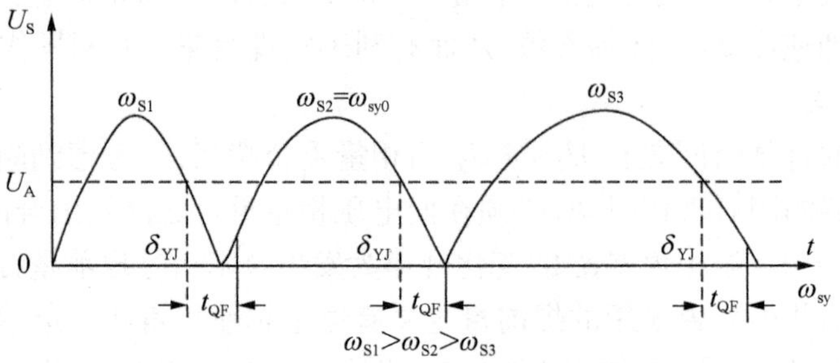

图 9-8　恒定越前相角准同期并列示意图

综合上述分析可以看出，恒定越前相角准同期并列方式的越前时间随着滑差角频率 ω_S 变化而不断改变，但由于断路器 QF 的合闸时间 t_{QF} 近乎恒定，因此为了使合闸时的冲击电流值不超过允许值，滑差角频率的允许值就必须限制在某一范围以内。

（二）恒定越前时间准同期并列

恒定越前时间准同期并列方式所取的提前量信号为某一恒定时间 t_{YJ}，即在脉动电压 U_S 到达两电压相量 $\dot{U}_G$、$\dot{U}_X$ 重合（$\delta_e=0$）之前 t_{YJ} 发出合闸信号，一般取 t_{YJ} 等于合闸出口继电器动作时间 t_C 和断路器合闸时间 t_{QF} 之和。通常采用恒定越前时间准同期并列方式在理论上可使合闸相角差 δ_e 等于零，在 δ_e 等于零之前恒定时间 t_{YJ} 发出合闸信号，其所对应的越前相角 δ_{YJ} 随滑差角频率 ω_S 变化的规律如图 9-9 所示。需要指出的是，由于 $\delta_{YJ}=\omega_S t_{YJ}$，即当 t_{YJ} 为定值时，发出合闸脉冲时的越前相角与滑差角频率 ω_S 成正比，且虽然从理论上恒定越前时间准同期并列方式可以使合闸相角差 δ_e 等于零，但实际应用中由于合闸出口继电器动作时间、断路器合闸时间均存在着分散性，因而同步发电机并列时仍难免存在合闸相角误差。

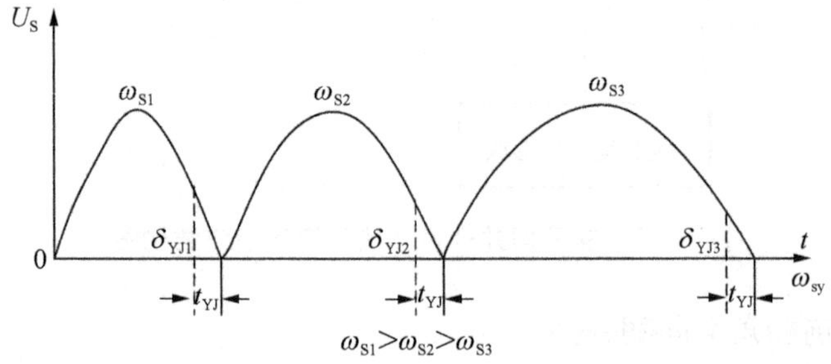

图 9-9　恒定越前时间准同期并列示意图

通常恒定越前时间准同期并列方式需要对参数进行整定，主要包括以下参数。

1. 越前时间 t_{YJ}

通常令

$$t_{YJ}=t_C+t_{QF} \tag{9-20}$$

式中，t_C 表示合闸信号出口继电器动作时间；t_{QF} 表示并列断路器合闸时间。通常 t_{YJ} 主要取决于 t_{QF}，且其值随断路器的类型而不同，因此越前时间 t_{YJ} 应便于整定以适应不同断路器的需要。

2. 允许电压差

U_G 与 U_X 之间的允许电压差值一般可设为 $(0.1 \sim 0.15)U_N$，其中 U_N 为额定电压。

3. 允许滑差角频率

由于合闸出口继电器动作时间、断路器合闸动作时间都存在着误差，因此同步发电机并列时会造成合闸相角误差 δ_e，通常在时间误差一定条件下，相角误差 δ_e 与滑差角频率 ω_S 成正比。若设 δ_{ey} 为待并发电机组的允许合闸相角，则由公式(9－21)可求得最大允许滑差 ω_{sy}，即

$$\omega_{sy} = \frac{\delta_{ey}}{|\Delta t_C| + |\Delta t_{QF}|} \qquad (9-21)$$

式中，$|\Delta t_C|$、$|\Delta t_{QF}|$ 分别表示合闸信号出口继电器动作和断路器动作的误差时间。δ_{ey} 通常取决于发电机的允许最大冲击电流值 i''_{hm}，若设 X''_q 表示同步发电机的交轴次暂态电抗，X_X 表示电力系统的等值电抗，E''_q 表示同步发电机的交轴次暂态电动势，则当给定最大冲击电流值 i''_{hm} 后可求得

$$\delta_{ey} = 2\arcsin\frac{i''_{hm}(X''_q + X_X)}{2 \times 1.8\sqrt{2}E''_q}\text{rad} \qquad (9-22)$$

将所求 δ_{ey} 值代入公式(9－21)即可求得允许滑差角频率 ω_{sy}。需要指出的是，在准同期并列计算中通常还应进行稳定性校验，即由稳定性条件来确定并列的最大允许滑差角频率 ω'_{sy}，实际应用中通常要求按照冲击电流条件所得的滑差角频率 ω_{sy} 值远小于按照稳定条件求得的滑差角频率值 ω'_{sy}。

第三节　自动并列装置工作原理

一、自动并列装置概述

如图 9－10 所示，准同期并列装置主要由电压差控制单元、频率差控制单元、合闸信号控制单元三部分组成。其中，电压差控制单元的主要任务是检测并判断 $\dot{U}_G$ 与 $\dot{U}_X$ 之间的电压幅值差是否满足并列条件，若不满足要求则调节待并发电机组的电压 $\dot{U}_G$，使其与 $\dot{U}_X$ 之间的电压幅值差小于规定允许值，从而促使并列条件的形成；频率差控制单元的主要任务是检测并判断 $\dot{U}_G$ 与 $\dot{U}_X$ 之间的滑差角频率 ω_S 是否满足并列条件，若不满足要求则调节待并发电机组的转速，从而使待并发电机组的电压频率接近于系统频率；合闸信号控制单元的主要任务是检查并列条件，当待并发电机组的频率和电压都满足并列条件时，合闸控制单元就选择合适时机发出合闸信号，从而使并列断路器 QF 主触头接通时，相角差 δ_e 接近于零或控制在允许范围以内。

准同期并列装置按照自动化程度通常可分为半自动并列装置、自动并列装置两种。

(1) 半自动并列装置。这种并列装置没有频率差控制和电压差控制功能，只有合闸

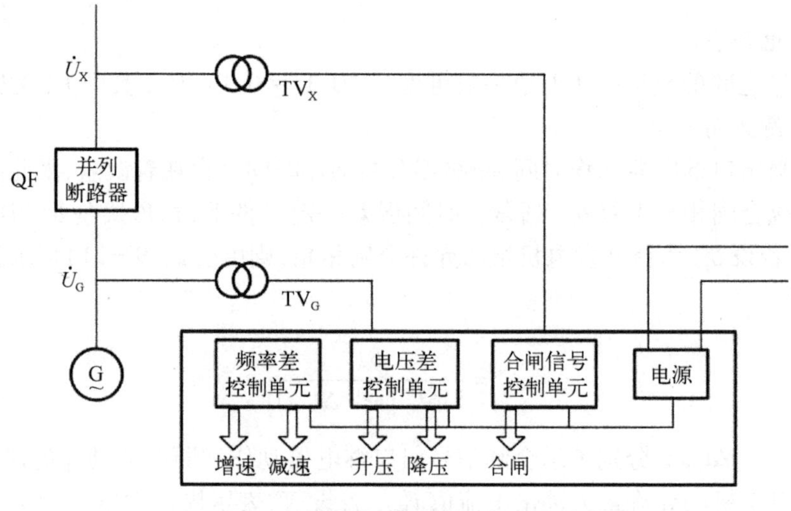

图 9-10 准同期并列装置结构组成示意图

信号控制单元，并列时待并发电机组的频率和电压由运行人员进行监视和调整，当频率和电压都满足并列条件时，并列装置就在合适时间发出合闸信号，其与手动并列装置的区别仅仅是合闸信号由该装置经判断后自动发出，而不是由运行人员手动发出。

（2）自动并列装置。如图 9-10 所示，自动并列装置设置了频率差控制单元、电压差控制单元和合闸信号控制单元。通常在有人值班的柴油机电站中，交流同步发电机电压往往由运行人员直接操作控制，而不需要配置电压差控制单元，从而简化了自动并列装置的结构；而在无人值班的柴油机电站中，自动并列装置需要设置具有电压自动调节功能的电压差控制单元。同步发电机并列时发电机频率或者频率和电压均由并列装置自动调节，从而使其与电网频率、电压之间的差值满足规定要求，并在满足并列条件时自动选择合适时机发出合闸信号，整个并列过程无需运行人员参与。

二、模拟式自动并列装置

模拟式自动并列装置检测并列条件的电压通常称为整步电压，主要可分为正弦型整步电压、半波线性整步电压、全波线性整步电压等。

（一）正弦型整步电压

电压互感器二次侧 $\dot{U}_G$ 和 $\dot{U}_X$ 的电压差接线如图 9-11(a)所示，由于其包络线波形是正弦型的，因此称为正弦型整步电压，它是早期模拟式准同期并列装置所采用的测量信号。待并发电机组和系统母线电压互感器二次侧 b 相电压直接连接，$\dot{U}_{Ga}$ 和 $\dot{U}_{Xa}$ 之间的电压即为其差值电压 $\dot{U}_S$，如图 9-11(b)所示，经整流后直流侧的电压波形 U_{SZ} 如图 9-11(c)所示，所测得的直流电压反映了脉动电压 U_S 的幅值。若设 $U_G=U_X$，则正弦型整步电压 U_{SZ} 为

$$U_{SZ}=2U_XK_Z\sin\frac{\omega_S t}{2}=2U_XK_Z\sin\frac{\delta_e}{2} \tag{9-23}$$

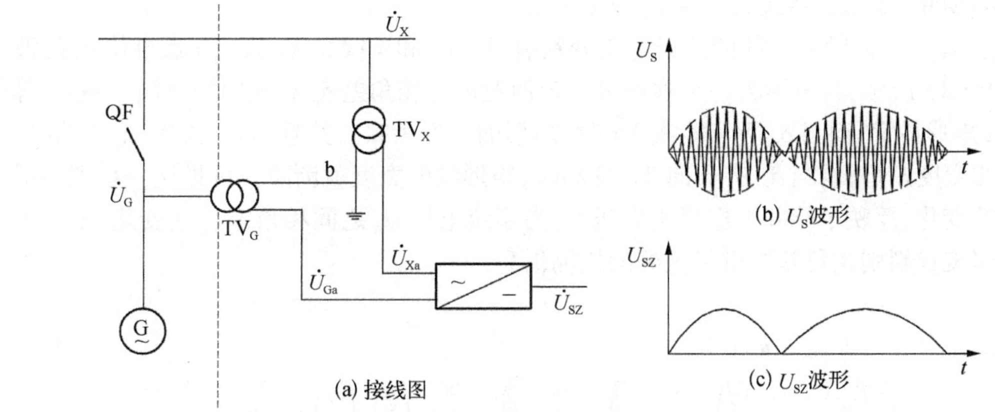

(a) 接线图

图 9－11　正弦型整步电压示意图

式中，K_Z 表示整流系数。若 $U_G \neq U_X$，则 U_{SZ} 的波形与图 9－6 中的 U_S 波形相似，这表明 U_{SZ} 不仅是相角差 δ_e 的函数，还与电压幅值差有关，这就使利用 U_{SZ} 检测并列条件的越前时间信号和频率差检测信号引入了受电压影响的因素，尤其是造成越前时间信号的时间误差，从而成为合闸误差的主要原因之一，因此上述利用正弦整步电压检测并列条件的方法逐渐被线性整步电压的方法所替代。

（二）半波线性整步电压

半波线性整步电压教学视频

线性整步电压通常只反映 $\dot{U}_G$ 和 $\dot{U}_X$ 之间的相角差特性，而与二者的电压幅值无关，从而使越前时间信号和频率差检测不受电压幅值的影响，提高了自动并列装置的控制性能，因而被模拟式自动并列装置广泛使用。

图 9－12(a) 所示为半波线性整步电压形成电路示例，主要由三级管 VT1 和 VT2 等元件所构成的相敏、积分和双 T 型滤波器等电路组成。系统电压 $\dot{U}_X$ 和待并发电机组电压 $\dot{U}_G$ 的二次侧电压经变压器 TB1、TB2 和电阻 R_1、R_2 加到三极管 VT1 和 VT2 的基极，其极性如图 9－12(a) 所示，即 $\dot{U}_X$ 与 $\dot{U}_G$ 同相时，加到 VT1、VT2 基极交流电压的波形 u_{X1}、u_{G2} 相差 180°。显然只有在 VT1 与 VT2 都截止，即两个三极管基极输入电压同为负的瞬间，a 点电位才为高电位，也就是说三极管 VT1 与 VT2 构成与逻辑，其逻辑框图如图

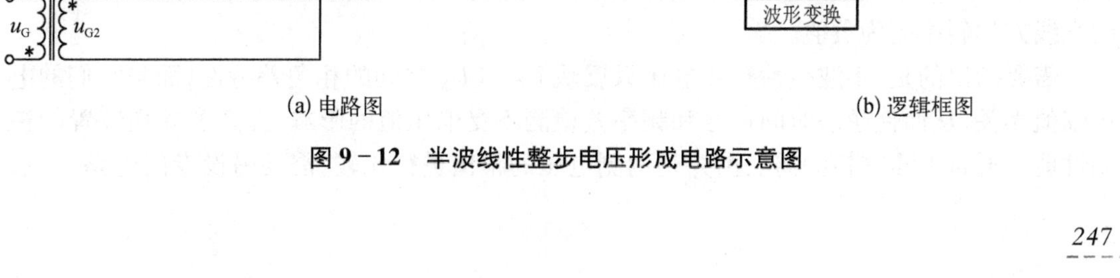

(a) 电路图　　(b) 逻辑框图

图 9－12　半波线性整步电压形成电路示意图

9－12(b)所示，逻辑表达式为 $u_a = \overline{u_{X1}} \cdot (-\overline{u_{G2}})$。

当把 u_{X1} 与 u_{G2} 频率不同的两个电压分别引至 VT1 和 VT2 的基极时，a 点电位 u_a 的波形如图 9－13 所示，其波形为一系列幅值一定而宽度与相角差 δ_e 有关的矩形波。在 δ_e 等于 π 时，矩形最宽；而当 δ_e 等于零或 2π 时，矩形的宽度为零。并且当 δ_e 从 0～π 变动时，矩形波的宽度渐增；而当 δ_e 从 π 向 2π 变动时，矩形波的宽度就渐减。可见这一系列矩形波宽度的变化，反映了待并发电机组电压 $\dot{U}_G$ 与系统电压 $\dot{U}_X$ 之间相角差 δ_e 的变化，从而为自动并列装置判别相角差提供了极好的检测信息。

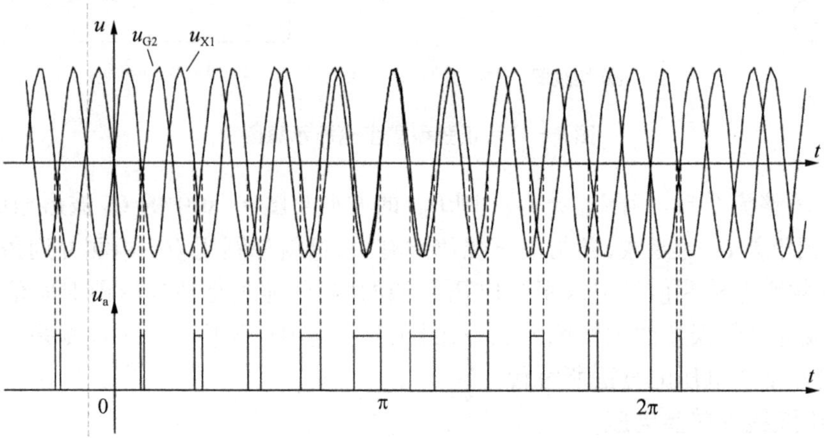

图 9－13　矩形波宽度与 δ_e 角之间关系示意图

在模拟式自动并列装置中，通常把上述一系列宽度不等的矩形波通过图 9－12(a)中由 R_7 和 C_1 组成的积分电路进行积分，该积分电路是滤去高次谐波的低通滤波器，其输出端为锯齿形的三角波电压 u'_a，三角波电压 u'_a 进一步经过双 T 形滤波器滤波后，便可得到三角波波形，如图 9－14 所示，其数学描述通常可采用两个直线方程表示：

$$
\begin{aligned}
u_{sL} &= \frac{U_{sLm}}{\pi}\delta_e,\ 0 \leqslant \delta_e \leqslant \pi \\
u_{sL} &= 2U_{sLm} - \frac{U_{sLm}}{\pi}\delta_e,\ \pi \leqslant \delta_e \leqslant 2\pi
\end{aligned}
\tag{9-24}
$$

式中，U_{sLm} 表示 $\delta_e = \pi$ 时刻 u_{sL} 的顶值电压；此外相角差 δ_e 从 π 向 2π 变化过程，也就是两电压相量 $\dot{U}_X$ 和 $\dot{U}_G$ 间的相角差 δ_e 逐渐减小趋向重合的过程，其直线方程的斜率为负值。显然这种线性整步电压（或称三角波整步电压）与相角差 δ_e 间的关系与接入电压互感器二次电压的极性有关，如果把其中某一电压接入的极性反接，则三角波形和 δ_e 间关系正好相移 π，此时 δ_e 从 π 向 2π 变化趋向重合过程的直线方程斜率为正值，而 δ_e 从 0 向 π 变化的直线方程斜率则为负值。

需要指出的是，半波线性整步电压只反映 $\dot{U}_G$ 与 $\dot{U}_X$ 之间的相角差特性，而与它们的电压幅值无关，从而使越前时间信号和频率差检测不受电压值的影响，提高了并列装置的控制性能。通常电压差检测需要由并列两侧电压的幅值进行比较，需要另设专门电路完成，

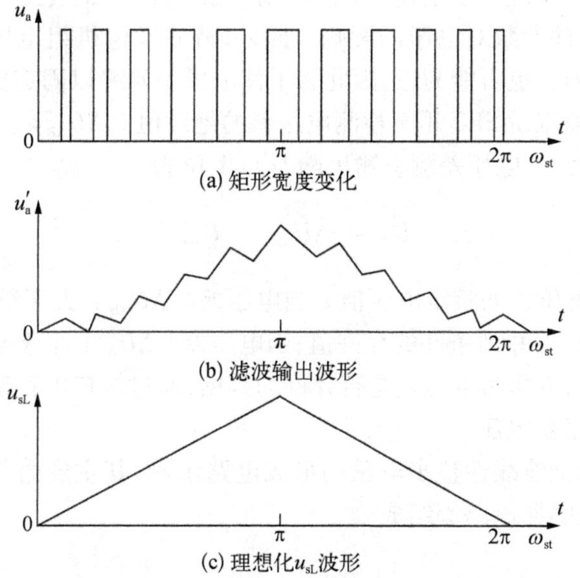

图 9-14　半波线性整步电压形成示意图

主要方案大致可分为二类：直接读入 U_G 和 U_X 值然后进行计算比较；先直接比较 U_G 和 U_X 的幅值大小，然后读入比较结果。

（1）直接读入 U_G 和 U_X 值的方案很多，其中采用传感器是较为简单的办法之一，近年来传感器技术发展很快，模拟器件 AD536A 就是可供选用的实例之一。该器件把交流电压均方根值转换成低电平直流电压，因此可通过接口电路把交流电压值读入主机，如图 9-15(a)所示，然后再计算两电压间的差值，判断其是否超过设定限值，从而获得待并发电机组电压高于或低于电网电压的相关信息。

（2）先直接比较 U_G 和 U_X 的幅值，如图 9-15(b)所示，待并发电机组电压 $\dot{U}_G$ 和电网电压 $\dot{U}_X$ 分别经变压器和整流桥 SR1、SR2 后，在电阻 R_1 和 R_2 上分别得到与 $\dot{U}_G$、$\dot{U}_X$ 幅值成比例的电压值 U'_G、U'_X。当 $U'_G = U'_X$ 时，A、B 两点间的电压 $U_{AB} = 0$；当 $U'_G < U'_X$ 时，A、

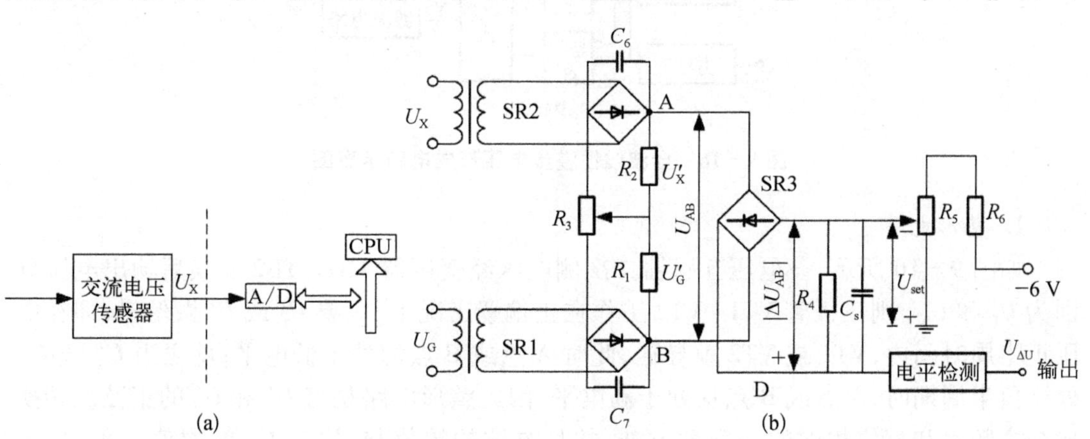

图 9-15　电压差检测电路示意图

B 两点间的电压 $U_{AB} > 0$；反之当 $U'_G > U'_X$ 时，则电压 $U_{AB} < 0$。电位器 R_3 用于平衡调节，以消除比较电路中元件参数对电压的影响。此外，待并发电机组电压可能高于或低于电网电压，即 U_{AB} 可能为负也可能为正，因此为了使电压差始终以固定极性与整定电压进行比较，电路中设置了整流桥 SR3 用于检测电压差的绝对值 $|\Delta U_{AB}|$。

由图 9－15(b) 可知，电压差测量输出端 D 点电位为

$$U_D = |\Delta U_{AB}| - U_{set} \tag{9-25}$$

式中，U_{set} 表示允许电压差的整定电压值。当电压差 $|\Delta U_{AB}|$ 大于整定值 U_{set} 时，D 点电位为正，表明电压差超出并列条件的允许值；当电压差 $|\Delta U_{AB}|$ 小于整定值 U_{set} 时，D 点电位为负。D 点电平正、负作为电压差是否允许的判据，通过接口电路读入主机。

全波线性整步电压教学视频

（三）全波线性整步电压

图 9－16 所示为全波线性整步电压的形成电路示例，其主要由整形电路、相敏电路、低通滤波器和射极跟随器电路等组成。

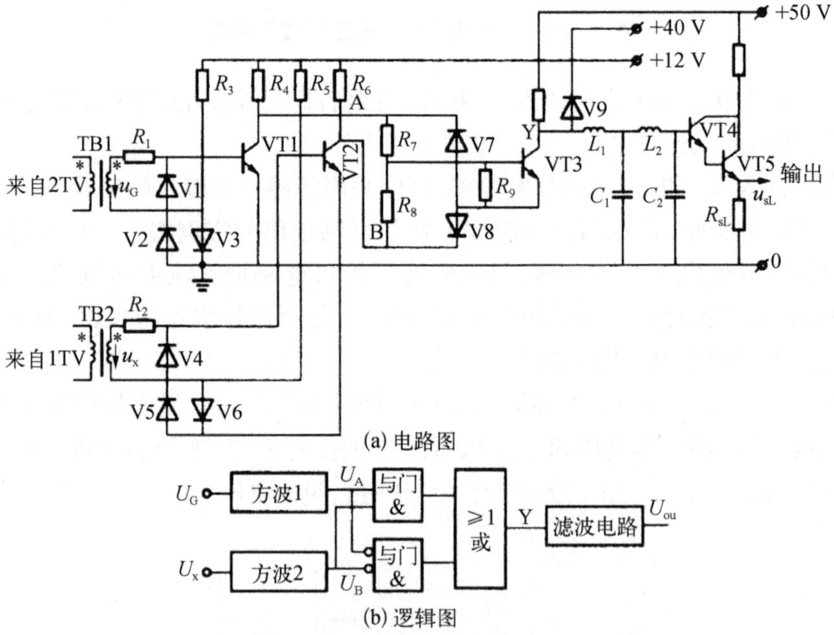

图 9－16　全波线性整步电压形成电路示意图

1. 整形电路

如图 9－16 所示，设电压互感器二次侧电压经变压器 TB1、TB2 变换后输出电压分别为 U'_G 和 U'_X，则三极管 VT1、VT2 工作在正偏置工况下，只要 U'_G 或 U'_X 微偏正，即在电压正半周时间内，VT1 或 VT2 就导通，此时 A 点或 B 点均处于低电平；反之当 U'_G 或 U'_X 处于负半周期时，A 点或 B 点均处于高电平，因此整形电路是将 U'_G 和 U'_X 的正弦波转换成与之频率和相位相同的一系列方波，并且方波的幅值与 U'_G、U'_X 的幅值无关，如图 9－17 所示。

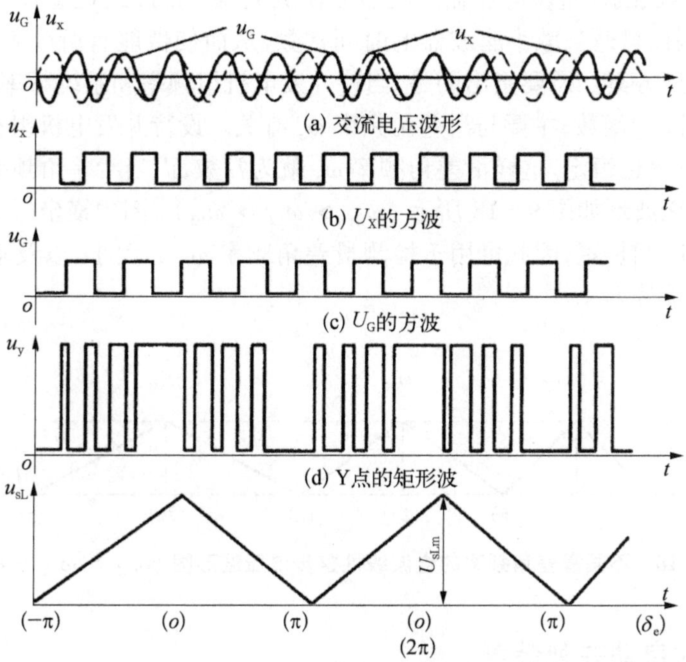

(e) 理想化u_{sL}波形

图 9－17　全波线性整步电压输出波形示意图

2. 相敏电路

相敏电路主要由三极管 VT3、电阻 $R_7 \sim R_9$ 以及二极管 V7、V8 组成。当 A、B 点电压同时处于高电平或同时处于低电平时，对称性电路使得 VT3 得不到偏置而截止，其集电极上 Y 点为高电平；若 A 点和 B 点的电平高低不一致，即相异时，VT3 导通，Y 点为低电平，即 Y 点控制逻辑为 $Y = A \cdot B + \bar{A} \cdot \bar{B} = \overline{A \oplus B}$。此外，上述相敏电路在正、负周期内共获得两次相位比较机会，矩形脉冲比半波线性整步电压电路多了一倍。

综合上述分析可以看出，全波线性整步电压中脉冲间隔反映了相角差 δ_e 的大小，即相角差 δ_e 等于零时，Y 点高电平时间最长，即矩形脉冲最宽，脉冲间的间隔最小，u_{sL} 输出最大；而当相角差 δ_e 等于 π 时，矩形脉冲宽度为零，脉冲间隔为最大，u_{sL} 输出为零，其波形如图 9－17(d)与(e)所示。

3. 低通滤波器和射极跟随器电路

模拟式自动并列装置为了获得 u_{sL} 与相角差 δ_e 的线性关系，采用 L、C 滤波器平滑波形，其特性如图 9－17(e)所示，同时为了提高整步电压信号的负载能力，采用射极跟随器输出，其数学表达式为

$$
\begin{aligned}
u_{sL} &= \frac{U_{sLm}}{\pi}(\pi + \delta_e),\ -\pi \leqslant \delta_e \leqslant 0 \\
u_{sL} &= \frac{U_{sLm}}{\pi}(\pi - \delta_e),\ 0 \leqslant \delta_e \leqslant \pi
\end{aligned}
\qquad (9-26)
$$

式中，U_{sLm} 表示全波线性整步电压输出波形的顶值电压。全波线性整步电压比半波多了一倍矩形脉冲，因而可适当减小滤波器的时间常数，从而使性能有所改善，因此一般采用全波线性整步电压方案。需要指出的是，当待并发电机组频率和系统频率不相等时，式中相角差 δ_e 是时间 t 的函数，主要与滑差角频率 ω_S 有关。设待并发电机组在稳定转速工况下运行，系统的频率也恒定，这样滑差角频率 ω_S 就为常数，而当滑差角频率 ω_S 值不同时，全波线性整步电压波形如图 9－18 所示（$\omega_{S1} > \omega_{S2} > \omega_{S3}$），图中横坐标表示两电压相量相对运动一周的时间长短，因此可用于检测滑差角频率 ω_S 的大小，以及求得相位重合前的恒定越前时间信号 t_{YJ}。

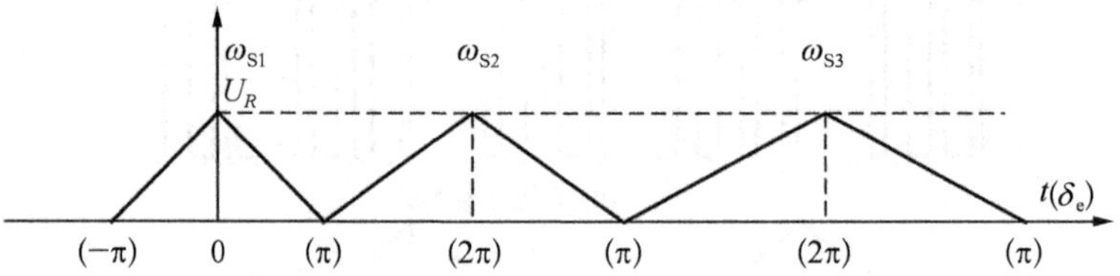

图 9－18　不同滑差角频率的全波线性整步电压波形图（$\omega_{S1} > \omega_{S2} > \omega_{S3}$）

三、数字式自动并列装置

数字式自动并列装置教学视频

上述线性整步电压与相角差 δ_e 的对应关系是从宽度不等的矩形波经滤波器处理后获得的，虽然使得实际电路引入了导致误差的因素，但这里也揭示了一个很重要的事实，即矩形波的宽度与并列断路器两端波形的相角差 δ_e 相对应，如果能够把矩形波宽度（对应于 δ_e）实时记录下来，那么它就是相角差的运动轨迹 $\delta_e(t)$，其中载有除电压幅值以外极其丰富的并列条件信息，例如当前相角差 δ_{e0}、滑差角频率（$\Delta\delta_e/\Delta t$）= ω_S、相角差加速度 $\Delta\omega_S/\Delta t$ 以及恒定越前时间的最佳合闸导前相角差 δ_{YJ} 等，其作用与整步电压相似，这就是数字式自动并列装置的工作原理。数字式自动并列装置能够发挥高速运算优势，并充分利用相角差 $\delta_e(t)$ 信息，从而有效提高了自动并列装置的合闸控制精度[58]。

（一）相角差测量

相角差 δ_e 的测量方案之一如图 9－19 所示，把电压互感器二次侧 U'_X、U'_G 的交流电压信号转换成同频、同相的两个方波，并将两个方波信号接到异或门，当两个方波输入电平不同时，异或门的输出为高电平，该高电平可用于控制可编程定时计数器的计数时间，其计数值 N 即与两波形间的相角差 δ_e 相对应。此时中央处理单元（central processing unit，

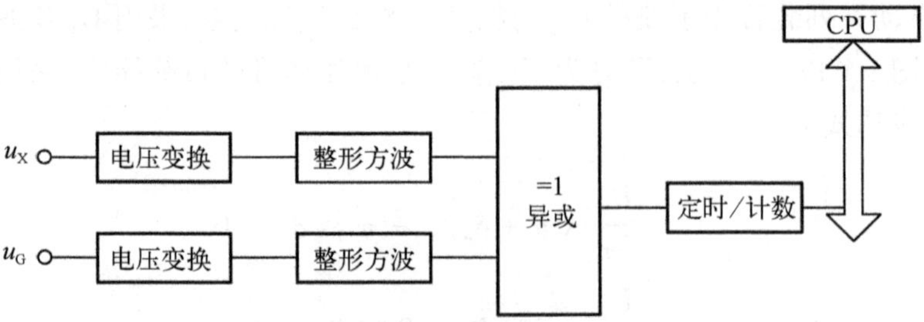

图 9－19　相角差测量示意图

CPU)可读取矩形波的宽度 N 值,从而求得两电压间相角差的变化轨迹 $\delta_e(t)$。

为了叙述方便起见,设系统频率为额定值 50 Hz,而待并发电机组的频率低于 50 Hz,并且从电压互感器二次侧输出的电压波形如图 9－20(a)所示,经削波限幅后得到图 9－20(b)所示方波,两方波异或可得到图 9－20(c)中一系列宽度不等的矩形波,此时 CPU 可读取 τ 时间的计数 N,如图 9－20(d)所示,显然这一系列矩形波的宽度 τ_i 与相角差 δ_i 相对应。若设系统电压方波的宽度 τ_X 已知,且等于二分之一周期,此时 δ_i 可按下式进行计算:

$$\begin{cases}\delta_i = \dfrac{\tau_i}{\tau_X}\pi, & \tau_i \geqslant \tau_{i-1} \\ \delta_i = \left(2 - \dfrac{\tau_i}{\tau_X}\right)\pi, & \tau_i < \tau_{i-1}\end{cases} \tag{9-27}$$

式中,τ_X 和 τ_i 的值可从 CPU 定时计数器读入求得。

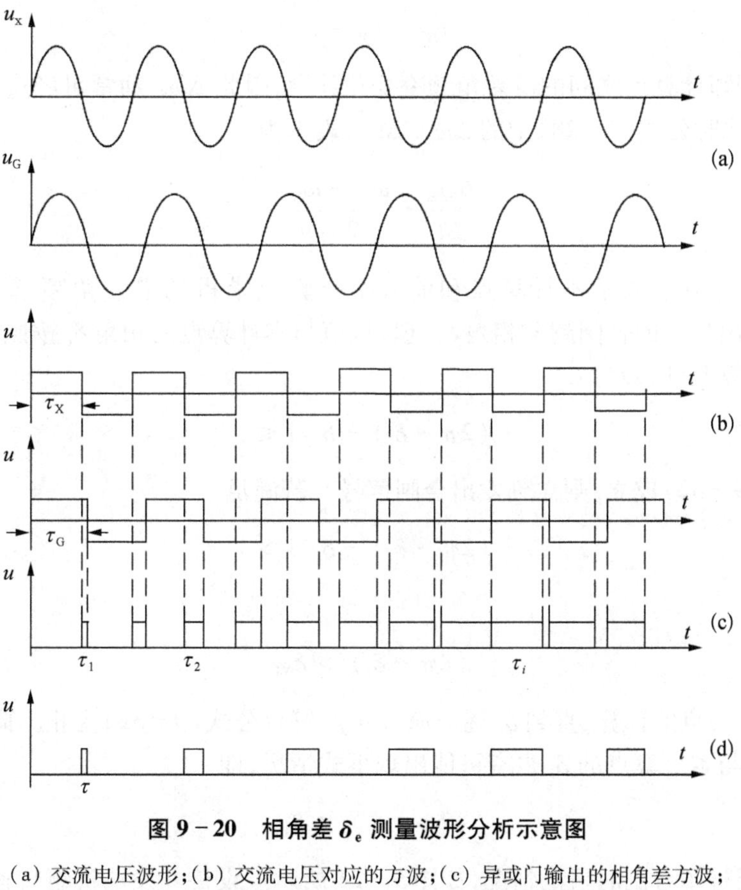

图 9－20　相角差 δ_e 测量波形分析示意图

(a) 交流电压波形;(b) 交流电压对应的方波;(c) 异或门输出的相角差方波;
(d) 定时器计数时间τ(图示为每一工频周期一次)

(二) 合闸控制

模拟式自动并列装置采用电阻、电容元件作为比例、微分的运算器件,并在线性整步电压的理想化假设条件下,求解两电压相量重合之前的恒定越前时间 t_{YJ},但由于实际电路往往偏离理想条件,因此在实际应用中就难免引入误差,而微机型数字式自动并列装置利用 $\delta_e(t)$ 的运动轨迹,通过较为严密的数学模型,可计算求得恒定越前时间 t_{YJ},具有相当的准确性。首先按照公式(9-28)计算恒定越前时间所对应的最佳导前合闸相角 δ_{YJ}:

$$\delta_{YJ} = \omega_{Si} t_{DC} + \frac{1}{2} \times \frac{\Delta\omega_{Si}}{\Delta t} t_{DC}^2 \tag{9-28}$$

其中,

$$\omega_{Si} = \frac{\Delta\delta_i}{\Delta t} = \frac{\delta_i - \delta_{i-1}}{2\tau_X} \tag{9-29}$$

式中,ω_{Si} 表示计算点的滑差角频率;δ_i 和 δ_{i-1} 分别为本计算点和上一计算点的角度值;$2\tau_X$ 表示两计算点之间的时间;t_{DC} 表示中央处理单元发出合闸信号到断路器主触头闭合时需要经历的时间。若设 t_C 为出口继电器动作时间,t_{QF} 为断路器的合闸时间,则

$$t_{DC} = t_{QF} + t_C \tag{9-30}$$

由于两相邻计算点之间的滑差角频率变化甚微,因此 $\Delta\omega_{Si}$ 通常可经过若干计算点后才计算一次,此时公式(9-28)中的 $\Delta\omega_{Si}/\Delta t$ 可表示为

$$\frac{\Delta\omega_{Si}}{\Delta t} = \frac{\omega_{Si} - \omega_{Si-n}}{2\tau_X n} \tag{9-31}$$

式中,ω_{Si}、ω_{Si-n} 分别表示本计算点和前 n 个计算点求得的滑差角频率值。根据公式(9-28)可求出最佳的合闸越前相角 δ_{YJ} 值,该值与本计算点的相角 δ_i 按照下式进行比较(式中 ε 为计算允许误差):

$$|(2\pi - \delta_i) - \delta_{YJ}| \leqslant \varepsilon \tag{9-32}$$

若公式(9-32)成立,则立刻发出合闸信号。若满足

$$|(2\pi - \delta_i) - \delta_{YJ}| > \varepsilon \tag{9-33}$$

且

$$(2\pi - \delta_i) > \delta_{YJ} \tag{9-34}$$

则继续进行下一点的计算,直到 δ_i 逐渐逼近 δ_{YJ},符合公式(9-32)为止。此外,最佳合闸导前相角 δ_{YJ} 与本计算点的 δ_i 也有可能出现下式情况,即

$$(2\pi - \delta_i) < \delta_{YJ} \tag{9-35}$$

这就是错过了合闸时机的情况,如图 9-21 所示。设待并发电机组转速恒定,本点计算时 a 点对应相角 δ_i 已接近 δ_{YJ},但不符合公式(9-32)而符合公式(9-33)和公式(9-34),可是当下一个计算点时,b 点还是不符合式(9-32),却符合公式(9-33)和公式(9-35),这就错过了合闸时机。为了避免上述情况,通常在进行本点 δ_i 计算时可同时对下一个计算点 δ_{i+1} 值进行预测,从而估计最佳合闸导前相角 δ_{YJ} 是否介于本计算点与下一

个预测点 δ_{i+1} 之间，以便及时采取措施，这样就可以不失时机地在越前相角 δ_{YJ} 瞬间发出合闸信号，此时一旦待并发电机组的电压、频率符合允许并列条件，在一个滑差周期内就可捕捉到最佳合闸导前相角 δ_{YJ}，从而及时发出合闸信号。需要指出的是，由于断路器的合闸时间具有一定的分散性[59]，因此在给定的允许合闸误差角条件下，并列时的允许滑差角频率和角加速度也需要通过计算确定。

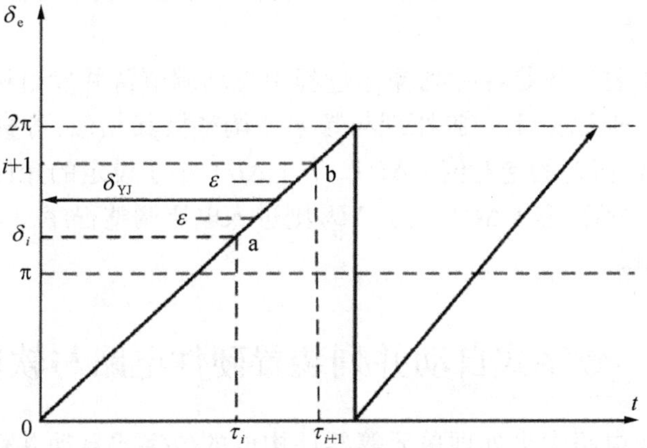

图 9-21 错过合闸时机情况示意图

四、频率差与电压差调整

(一) 频率差调整

频率差调整的主要任务是将待并发电机组的频率调整到接近于电网频率，从而使频率差趋向并列条件允许的范围，以促成并列的实现。如果待并发电机组的频率低于电网频率，则要求待并发电机组升速，并发出升速脉冲信号；反之则要求待并发电机组降速，并发出降速脉冲信号。通常待并发电机组的转速按照比例调节准则，即当频率差值较大时，发出的调节量相应大些，而当频率差值较小时，发出的调节量也就小些。根据上述要求，频率差控制任务应由频率差测量和调节量控制两部分组成。其中，频率差测量主要用于判别 $\dot{U}_G$ 和 $\dot{U}_X$ 之间频率差值的大小，作为是否需要调速的依据，通常又区分 f_G、f_X 的高低作为发出升速脉冲或减速脉冲的依据；调节量控制则按照比例调节的要求，同时参照机组的转速调节特性，控制输出脉冲时间的长短，从而按照比例调整待并发电机组的转速。

1. 频率差测量

自动并列装置通常可直接测量 $\dot{U}_G$、$\dot{U}_X$ 两并列电压的频率 f_G、f_X，然后进行计算判别：

$$|f_G - f_X| < \Delta f_Z \tag{9-36}$$

式中，Δf_Z 表示设定的允许频率差。若满足上式，则不发调速脉冲，直接进行越前时间合闸控制计算。若设

$$|f_G - f_X| \geq \Delta f_Z \tag{9-37}$$

则发调速控制脉冲，不进行越前时间合闸控制计算。此外，若$f_G > f_X$，则输出减速脉冲信号；若$f_G < f_X$，则输出加速脉冲信号。

2. 调节量控制

柴油发电机组的转速调节通常按照比例调节准则，要求输出的调节脉冲时间与频率差值成比例。由于各机组转速调整特性并不一致，因此调节量（脉冲时间）与被调量Δf之间的关系，即调节系数随机组而异，通常调节系数需要通过查表求得。

（二）电压差调整

电压差调整的主要任务是在并列操作过程中自动调节待并发电机组的电压值，从而使电压差条件符合并列要求，其实施原理与频率差调整极其相似，可直接测量$\dot{U}_G$、$\dot{U}_X$的幅值，然后求取电压幅值差的绝对值$|\Delta U|$，若$|\Delta U|$小于设定的允许电压差值ΔU_Z，则不进入电压调整控制程序，若$|\Delta U|$大于ΔU_Z则进入电压调整程序，其具体实施原则可参见频率差调节量控制。

第四节　数字式自动并列装置硬件电路与软件程序

采用大规模集成电路中央处理单元等器件构成的数字式自动并列装置，由于硬件简单、编程方便灵活、运行可靠，成为目前自动并列装置的主流。CPU 具有高速运算和逻辑判断能力，其指令周期通常以微秒计，这对于柴油发电机组频率为 50 Hz、每周期 20 ms 的信号而言，可以具有足够充裕的时间进行相角差δ_e和滑差角频率ω_S近乎瞬时值的运算，并按照频率差值的大小和方向、电压差值的大小和方向确定相应的调节量，从而对柴油发电机组进行调节，以达到较为满意的并列控制效果。此外，通常模拟式自动并列装置为了简化电路，假设一个滑差周期T_S内滑差角频率ω_S保持恒定，而数字式自动并列装置可以克服这一假设的局限性，采用较为严密的公式考虑相角差δ_e可能具有加速运动等情况，从而选择最佳的越前时间发出合闸信号，大大缩短并列操作过程，提高了自动并列装置的技术性能和运行可靠性。

数字式自动并列装置通常由硬件电路和软件程序组成，两者协调配合完成柴油发电机组的并列控制任务。

一、硬件电路

以 CPU 为核心的数字式自动并列装置就是一台专用的计算机控制系统，因此按照计算机控制系统的组成原则，其硬件基本配置主要由主机、输入和输出接口电路、输入和输出过程通道、人机交互电路等组成，其原理框图见图 9－22。

（一）主机

CPU 是数字式自动并列装置的核心，它和随机存储器（random access memory, RAM）、只读存储器（read-only memory, ROM）一起称为主机。通常控制对象运行变量的采样输入存放在 RAM 内，而固定系数、设定值以及编制程序则固化存放在可擦编程只读存储器（erasable programmable read only memory, EPROM）内。数字式自动并列装置的断路器合闸时间、频率差和电压差允许并列的设定值、滑差角加速度计算系数、频率和电压控制调

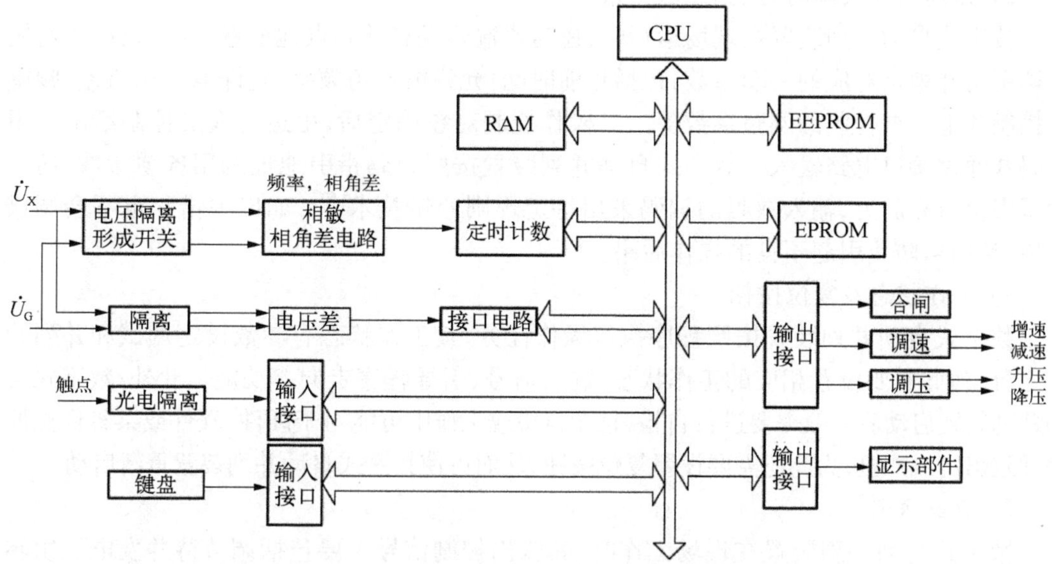

图9-22　微机型数字自动并列装置硬件原理框图

节的脉冲宽度系数等重要参数，为了既能固定存储又便于设置和整定值的修改，可存放在电擦除可编程只读存储器（electrically-erasable programmable read-only memory, EEPROM）中。此外，程序通常是按照人们事先选用的控制规律进行信息处理并作出相应的调节控制决策，其以数码形式通过输入和输出接口电路、输入和输出过程通道等作用于控制对象，同时编制的程序通常也固化在 EEPROM 内。

（二）输入和输出接口电路

在计算机控制系统中，输入和输出过程通道的信息不能直接与主机的总线相连接，而必须由接口电路来完成信息传递任务。目前各种型号的 CPU 芯片都具有相应的通用接口电路，主要包括串行接口、并行接口、管理接口（计数/定时、中断管理等）、模拟量数字量间转换（A/D、D/A）等，上述接口电路与主机总线相连接，并供主机进行读写。

（三）输入和输出过程通道

为了实现待并发电机组的自动并列操作，数字式自动并列装置需要将电网和待并发电机组的电压、频率等信息按照要求输送到主机，同时数字式自动并列装置还需要将调节量、合闸信号等输出给待并发电机组，即需要把计算机接口电路的输出信号变换为能够对待并发电机组进行调节或合闸的控制信号，因此在计算机接口电路和并列操作控制对象的过程之间必须设置相应的信息传递和变换设备，通常称为过程输入和输出通道，这是接口电路和控制对象之间传递信号的媒介。

1. 输入通道

数字式自动并列装置在现场工作时，需要输入的信息主要包括：

1）状态量输入

并列点两侧电压互感器二次侧交流电压是并列条件的信息源，其中载有电压幅值差、频率差、相角差等信息，其需要经隔离和电路转换后送到接口电路。

2）并列点参数调用的地址（数字量）

数字式自动并列装置在现场运行时，还需要输入具有并列点地址意义的信息，从而用于调用与并列点对应的一套参数，包括越前时间、允许滑差角频率、允许电压幅值差、频率差控制和电压差控制的调整系数等。当操作控制对象确定后，由运行人员控制给出一组数码并通过接口电路输入。数字式自动并列装置按照数码指引地址调用各项参数，通常为了安全可靠起见，输入数码的编码采用特定规则容错技术[60]，如出现错码也不会调错参数，从而可防止引起不良的操作后果。

3）工作状态及复位按钮

数字式自动并列装置按照程序执行操作任务，其工作状态有参数设定调试和并列操作之分，为此需要设置相应的工作状态、输入信号、引导程序走向等功能。此外，数字式自动并列装置启动后一般需要进行自检，且在自检或工作中可能由于硬件、软件或某种偶然原因导致出错或死机，为此还需要设置复位按钮，从而可使数字式自动并列装置重新启动。

2. 输出通道

数字式自动并列装置在现场工作时，其输出控制信号主要包括调节待并发电机组转速的增速或减速信号、调节待并发电机组电压的升压或降压信号、并列断路器合闸脉冲控制信号等，这些控制信号可由接口电路输出，并经转换后驱动继电器控制相应的电路。

（四）人机交互

人机交互是计算机控制系统必备的常规外部设备，其配置通常视具体情况而定。数字式自动并列装置的人机交互主要用于程序调试、设置或修改参数，同时装置运行时人机交互设备还用于显示柴油发电机组并列过程的主要变量，包括相角差、频率差、电压差的大小和方向，以及调速、调压情况等。

人机交互常用的设备主要包括键盘、显示器、数码和发光二极管（light emitting diode，LED）、操作设备等。其中，键盘主要用于输入程序、数据和命令；显示器主要用于生产厂家调试程序；数码和发光二极管主要为操作人员提供直观的显示，从而有利于对并列过程进行监控（例如两电压间相角差采用LED发光作圆周运动进行显示）；操作设备主要是指为运行人员提供控制操作的设备，包括按钮、开关等。

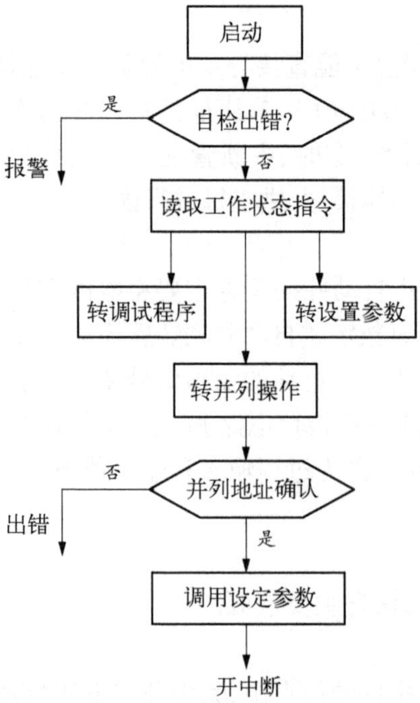

图9－23　主程序原理框图

二、软件程序

数字式自动并列装置借助于中央处理单元的信息高速处理能力，利用编制程序在硬件配合下实现柴油发电机组的并列操作，因此软件程序在数字式自动并列装置中占有十分重要的地位。

（一）主程序

如图9－23所示，数字式自动并列装置启

动后的第一步工作就是对主要部件进行自检，如自检出错，则输出信号报警，如自检正常，即开始工作。工作时首先读取工作状态指令，并根据工作状态指令进入调试、设置参数或并列操作程序。当进入并列操作程序时，首先读入并列点地址编码，若出错则输出报警，否则调用该并列点的设定参数，然后开中断进入并列条件检测程序。

（二）并列条件检测程序

柴油发电机组并列操作过程中，通常在满足并列条件后才允许发出合闸指令，为了防止机组运行波动性带来的干扰误差，电压幅值差 ΔU、频率差 Δf 通常采用约 20 ms 计算一次的定时中断方式，且电压幅值差 ΔU、频率差 Δf 只要有一项越限，程序就不再进入恒定越前时间合闸信号的计算过程。若设电压、频率都具有自动调节功能或其中一项具有自动调节功能，则频率检测越限、电压检测越限就由频率差调整、电压差调整根据设定好的调整系数和预定调节准则，输出调节控制信号进行调节，从而促使其满足并列条件。如果电压幅值差 ΔU、频率差 Δf 都小于设定限值，即运行工况已满足并列条件，此时就只需要等待捕捉最佳的并列合闸时机，如图 9－24 所示。

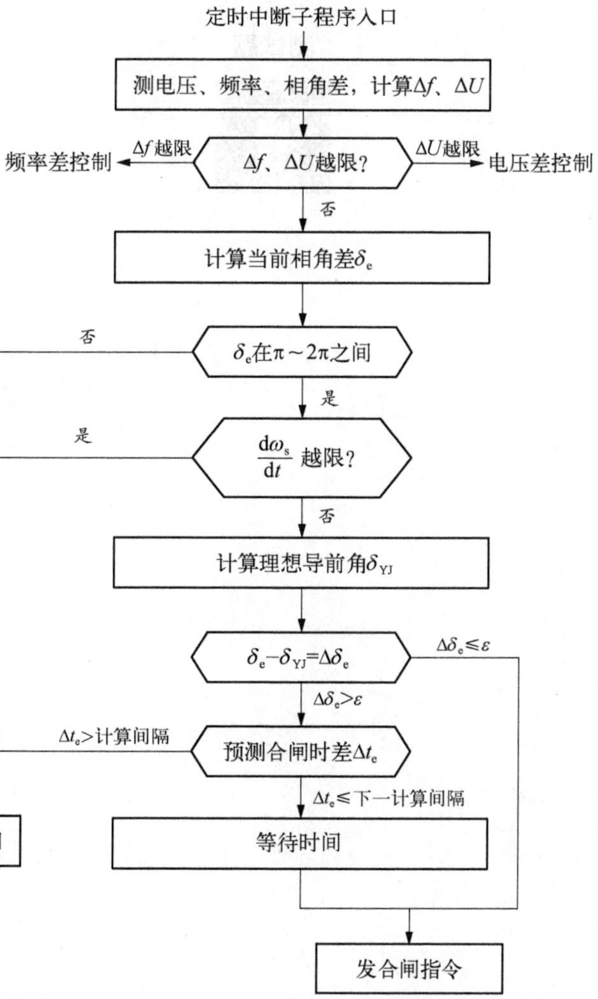

图 9－24　并列条件检测与合闸控制程序原理框图

首先计算当前的相角差 δ_e，并判断相角差 δ_e 是否处于 π 到 2π 之间，这是由于恒定越前时间 t_{YJ} 一般限定在两相量间相角差逐渐减小的区段，因此若相角差 δ_e 的值处于 0 到 π 之间，即相角差 δ_e 逐渐增大过程，则可不必做恒定越前时间 t_{YJ} 最佳导前相角 δ_{YJ} 的计算。如果相角差 δ_e 处于 π 与 2π 之间，那么就要设法在最佳导前相角 δ_{YJ} 时发出合闸指令，因为一旦错失合闸时机就得等到下一个脉动周期才能发出合闸指令。此外如果相角差加速度过大，不仅表明转速不稳定，还说明转轴的驱动能量较大，合闸后其暂态过程严重[61]，因此需要设置限制条件，从而力求并列后能顺利进入同步运行。

在加速度小于设定值的条件下，公式(9－32)计算得到的 δ_{YJ} 与当前的 δ_i 作比较，如果公式(9－32)成立，即 $|(2\pi-\delta_i)-\delta_{YJ}|\leqslant\varepsilon$，则立刻发合闸脉冲；如果差值大于 ε，则预测并计算合闸时间差 Δt_e，如果大于下一个计算点的间隔，则返回，并等待下一个计算点重新计算；如果合闸时间差 Δt_e 小于或等于下一计算点的时间，那么就发出并列合闸指令。

测试题

第十章 电压及无功功率自动调节

第一节 励磁控制系统功用及组成

一、励磁控制系统结构组成

通常交流同步发电机的运行特性与其空载感应电动势 E_q 值的大小有关，E_q 值是交流同步发电机励磁电流 I_{EF} 的函数，改变励磁电流就可影响交流同步发电机在电力系统中的运行特性，因此对交流同步发电机的励磁进行控制，是对交流同步发电机运行实行控制的重要内容之一。此外，电力系统正常运行时交流同步发电机励磁电流的变化主要影响电网的电压水平和并联运行机组间无功功率的分配，在某些故障情况下交流同步发电机端电压降低将导致电力系统稳定水平下降，因此当系统发生故障时，要求交流同步发电机迅速增大励磁电流，从而维持电网的电压水平和稳定性，可见交流同步发电机励磁控制系统在保证电能质量、无功功率合理分配和提高电力系统运行可靠性等方面都起着十分重要的作用。

励磁控制系统功用及组成教学视频

交流同步发电机励磁控制系统通常由励磁功率单元和励磁调节器两部分组成[62]，如图 10－1 所示。其中，励磁功率单元可视为动力单元，其主要作用是向交流同步发电机转子绕组或励磁绕组提供直流励磁电流；励磁调节器可视为控制单元，其主要作用是根据输入信息和给定的调节准则控制励磁功率单元的输出。整个励磁自动控制系统是由励磁调节器、励磁功率单元和交流同步发电机构成的一个自动反馈控制系统。

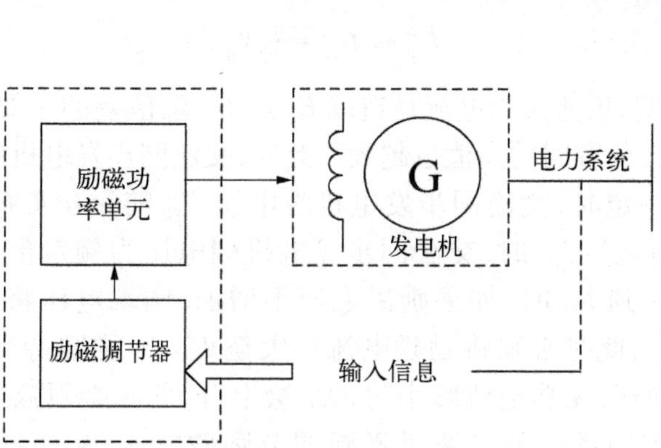

图 10－1 励磁控制系统结构组成框图

二、励磁控制系统主要功用

（一）维持电压水平

柴油机电站在正常运行时负荷经常波动，随着负荷波动需要对励磁电流进行调节以维持机端或系统中某一点的电压在给定水平。交流同步发电机励磁控制系统承担了维持电压水平的任务，为了阐明它的基本概念，可采用最简单的单机运行系统进行分析。

图 10－2(a)所示为交流同步发电机的运行原理，图中 GEW 表示励磁绕组，发电机机端电压为 $\dot{U}_G$、电流为 $\dot{I}_G$。正常情况下流经励磁绕组 GEW 的励磁电流为 I_{EF}，由它建立的磁场使定子产生的空载感应电动势为 $\dot{E}_q$，改变 I_{EF} 的大小，$\dot{E}_q$ 值就相应改变。$\dot{E}_q$ 与 $\dot{U}_G$ 之间的关系可用等值电路图 10－2(b)进行表示，其关系式为

$$\dot{U}_G + j\dot{I}_G X_d = \dot{E}_q \tag{10-1}$$

式中，X_d 代表交流同步发电机的直轴电抗。

如图 10－2(c)所示，交流同步发电机感应电动势 $\dot{E}_q$ 与端电压 $\dot{U}_G$ 的幅值关系为

$$E_q \cos \delta_G = U_G + I_Q X_d \tag{10-2}$$

式中，δ_G 表示 $\dot{E}_q$ 与 $\dot{U}_G$ 之间的相角，即交流同步发电机的功率角；I_Q 表示交流同步发电机的无功电流。

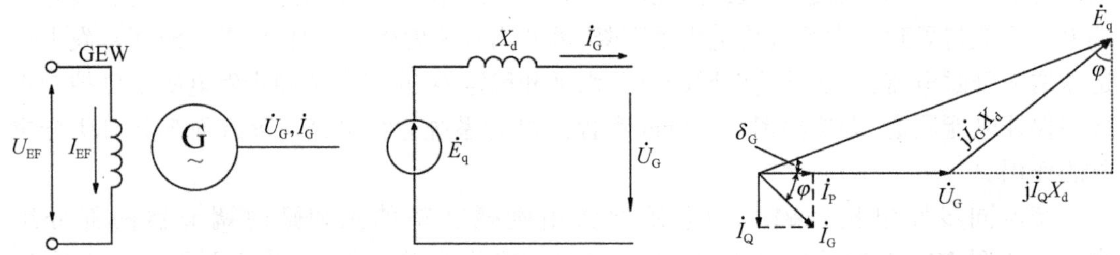

(a) 交流同步发电机运行原理　　(b) 等值电路　　(c) 相量图

图 10－2　交流同步发电机感应电动势与励磁电流关系示意图

通常 δ_G 取值很小，可近似认为 $\cos \delta_G \approx 1$，于是上式可简化为

$$E_q \approx U_G + I_Q X_d \tag{10-3}$$

公式(10－3)表明，负荷无功电流是造成 E_q 与 U_G 幅值差的主要原因，且交流同步发电机的无功电流越大，两者间的差值也越大。此外，交流同步发电机的外特性必然是下降的，当励磁电流 I_{EF} 一定时，交流同步发电机端电压 U_G 随无功负荷增大而下降。如图 10－3 所示，当无功电流为 I_{Q1} 时，交流同步发电机端电压为额定值 U_{GN}，其励磁电流为 I_{EF1}；当无功电流增大到 I_{Q2} 时，如果励磁电流不增加，则端电压将降至 U_{G2}，可能满足不了设备运行的要求，此时必须将励磁电流增大至 I_{EF2} 才能维持交流同步发电机端电压为额定值 U_{GN}。同理，无功电流减小时，U_G 会上升，此时必须减小励磁电流。交流同步发电机励磁自动控制系统就是通过不断调节励磁电流，从而维持机端电压在给定水平。

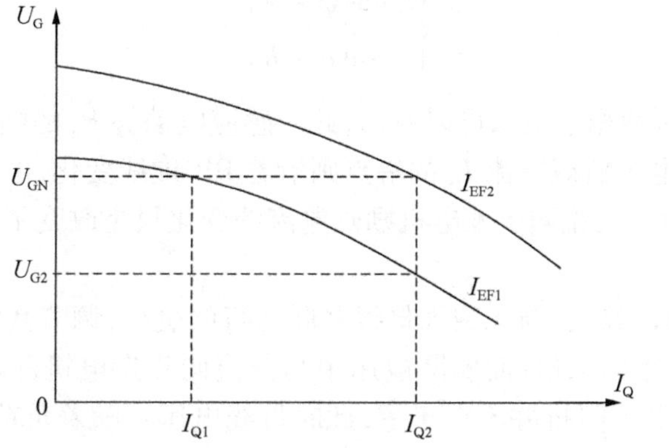

图 10-3　交流同步发电机外特性曲线示意图

（二）控制无功分配

为了分析简单起见，设交流同步发电机与无穷大母线并联运行，即交流同步发电机端电压不随负荷大小而改变，而是一个恒定值，其原理接线如图 10-4(a)所示，相量图如图 10-4(b)所示。由于交流同步发电机发出的有功功率只受调速器控制，而与励磁电流的大小无关，因此无论励磁电流如何变化，交流同步发电机的有功功率 P_G 均为常数，即

$$P_G = U_G I_G \cos\varphi = 常数 \tag{10-4}$$

式中，φ 代表功率因数角。

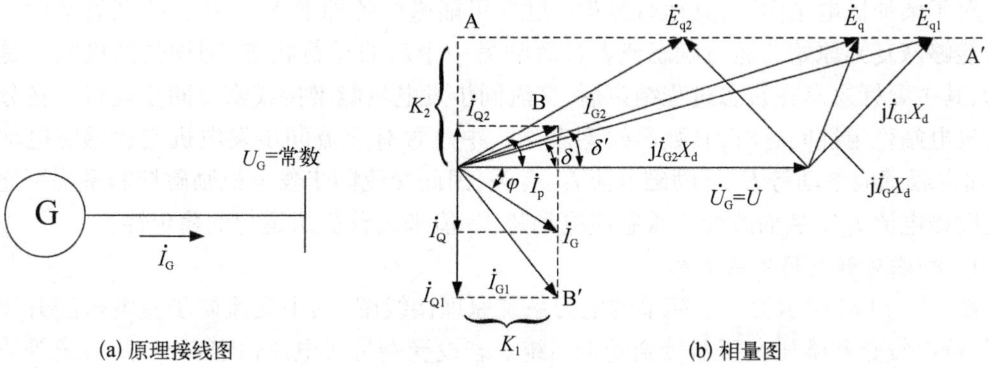

图 10-4　交流同步发电机与无穷大母线并联运行示意图

当不考虑定子电阻和凸极效应时，交流同步发电机功率还可采用公式(10-5)表示，即

$$P_G = \frac{E_q U_G}{X_d}\sin\delta = 常数 \tag{10-5}$$

式中，δ 代表功率角。

上述两式说明当励磁电流改变时，$I_G\cos\varphi$ 和 $E_q\sin\delta$ 的值均保持恒定，即

$$\begin{cases} I_G\cos\varphi = K_1 \\ E_q\sin\delta = K_2 \end{cases} \tag{10-6}$$

由图 10－4(b)所示相量关系可以看出，此时感应电动势 $\dot{E}_q$ 的端点只能沿着 AA′虚线变化，而交流同步发电机负载电流 $\dot{I}_G$ 的端点则沿着 BB′虚线变化，由于交流同步发电机端电压 U_G 恒为定值，因此交流同步发电机励磁电流的变化只是改变了机组无功功率和功率角 δ 值的大小。

综合上述分析可以看出，与无穷大母线并联运行的机组，调节其励磁电流可以改变交流同步发电机无功功率的数值，而实际应用中与交流同步发电机并联运行的母线并不是无穷大母线，即系统等值阻抗并不等于零，此时母线电压将随着负荷波动而改变。此外，机组输出无功电流与其母线电压水平有关，改变其中一台交流同步发电机的励磁电流不但影响自身机组的电压和无功功率，而且也将影响与之并联运行机组的无功功率[63]，其影响程度通常与系统情况有关，因此交流同步发电机励磁控制系统还承担着并联运行机组间无功功率合理分配的任务。

（三）提高机组并联运行稳定性

通常电力系统稳定可分为静态稳定和暂态稳定两类。其中，电力系统静态稳定与自动控制中的稳定概念一样，是指电力系统在正常运行状态下，经受微小扰动后恢复到原来运行状态的能力，可采用自动控制理论所介绍的方法，即采用微分方程建立该动态系统的数学模型；电力系统暂态稳定是指电力系统在某一正常方式下突然遭受大扰动后，过渡到一个新的稳定运行状态或者恢复到原来运行状态的能力，这里的大扰动是指电力系统发生某种事故，如高压电网发生短路或交流同步发电机被切除等[64]。

对于柴油机电站而言，其运行过程中随时可能遭受各种干扰，在各种扰动后柴油发电机组能够恢复到原始的运行状态或者过渡到另一个新的运行状态，则称柴油机电站是稳定的，其主要标志是在暂态过程结束后，交流同步发电机能维持或恢复同步运行。在分析柴油机电站稳定性问题时，其数学模型表达式中总含有交流同步发电机空载感应电动势 E_q，而空载感应电动势 E_q 与励磁电流 I_{EF} 有关，因此交流同步发电机励磁控制系统可通过改变励磁电流 I_{EF}，从而改变空载感应电动势 E_q 值来改善机组运行的稳定性。

1. *励磁对静态稳定的影响*

图 10－5(a)所示为一个简单的电力系统原理接线图，其中交流同步发电机经升压变压器、输电线路和降压变压器接到受端系统。若设受端母线电压恒定不变，则系统等值网络和相量图如图 10－5(b)(c)所示。交流同步发电机的输出功率可写成

$$P_G = \frac{E_q U}{X_\Sigma}\sin\delta \tag{10-7}$$

式中，X_Σ 代表系统总电抗，通常为交流同步发电机、变压器、输电线路电抗之和；δ 表示交流同步发电机空载感应电动势 $\dot{E}_q$ 和受端电压 $\dot{U}$ 之间的相角，通常称为功率角。对于某一固定空载感应电动势 E_q 值，交流同步发电机传输功率 P_G 是功率角 δ 的正弦函数，如图 10－6 所示，通常称为交流同步发电机的功率特性或发电机功角特性。

如图 10－6 所示，当功率角 δ 小于 90°时（如图中 a 点），交流同步发电机是静态稳定

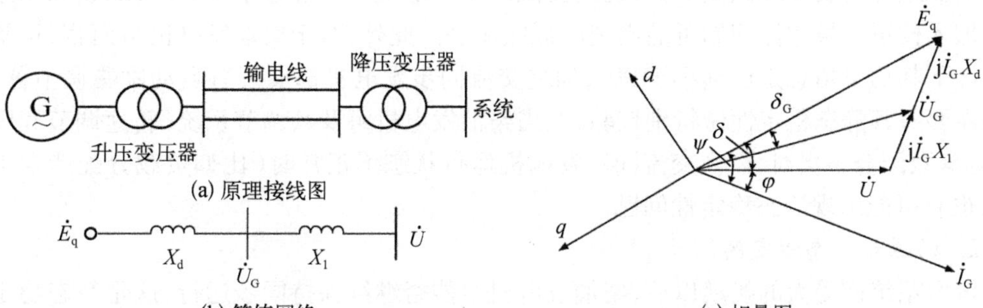

图 10－5　单机向无穷大母线送电示意图

的；当功率角 δ 大于 90°时（如图中 b 点），交流同步发电机不能稳定运行；功率角 δ = 90°时为稳定的极限情况，因此其最大可能传输的功率极限为 P_m，即

$$P_m = \frac{E_q U}{X_\Sigma} \tag{10-8}$$

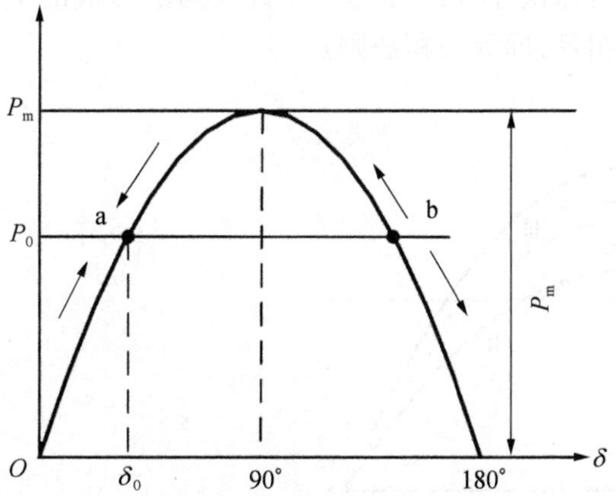

图 10－6　交流同步发电机功率特性曲线示意图

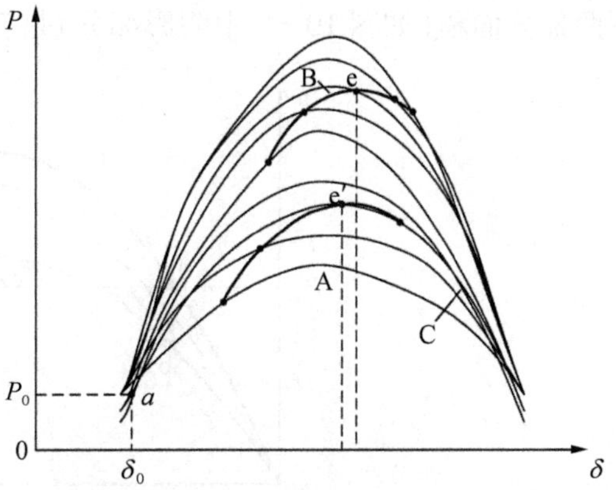

图 10－7　交流同步发电机代表性功率特性曲线示意图

上述分析表明，静态稳定极限功率 P_m 与交流同步发电机空载感应电动势 E_q 成正比，而空载感应电动势 E_q 值与励磁电流有关。无自动调节励磁时，因励磁电流恒定，即 E_q = 常数，此时的功角特性称为内功率特性；若有灵敏和快速的励磁调节器，则可视为保持交流同步发电机端电压为恒定值，即 U_G = 常数。此时由相应一簇不同空载感应电动势 E_q 值的功角特性，求得曲线 B（称为外功角特性曲线，如图 10－7 所示）最大值出现在 U_G 与 U 之间功率角 δ' = 90° 时，即

$$P_m = \frac{U_G U}{X'_\Sigma} \times \sin\delta' \tag{10-9}$$

由于励磁调节装置能够有效提高系统静态稳定的功率极限，因此要求所有运行的柴

油发电机组都要装设励磁调节器，且当交流同步发电机与系统联系较弱时，励磁控制系统需要加入校正信号才能抑制可能出现的低频振荡。此外，对于柴油发电机组而言，正常运行条件下其功率角总是远远小于90°，加之交流同步发电机都安装有自动励磁调节器，因此不需要对其静态稳定性做特别校验，但当柴油发电机组及其调节系统（转速调节和励磁调节）参数配合不当时，以及交流同步发电机运行状态不正常时（比如负载分配严重不平衡），也有可能出现静态稳定性问题。

2. 励磁对暂态稳定的影响

电力系统遭受大的扰动以后，柴油发电机组能否继续保持同步运行，这是暂态稳定所需要研究的问题。由于现代继电保护装置可快速切除故障，因此交流同步发电机励磁控制系统对暂态稳定的影响不如它对静态稳定的影响那样显著。现以单机到无限大系统为例进行说明，设正常运行情况下交流同步发电机的输送功率为 P_{G0}，且在功角特性的 a 点运行，如图 10－8 所示。当突然受到某种扰动后，系统运行点由特性曲线Ⅰ上的 a 点突然变到曲线Ⅱ上的 b 点。由于机组动力输入部分仍存在惯性，即其输入功率仍为 P_{G0}，于是交流同步发电机轴上将出现过剩转矩使转子加速，系统运行点由 b 点沿曲线Ⅱ向 F 点移动。过了 F 点之后，交流同步发电机输出功率将大于 P_{G0}，其转子轴上将出现制动转矩使转子减速。通常交流同步发电机能否稳定运行取决于曲线Ⅱ与 P_{G0} 直线间所形成的上、下两部分面积（如图 10－8 中阴影部分）是否相等，即等面积法则。

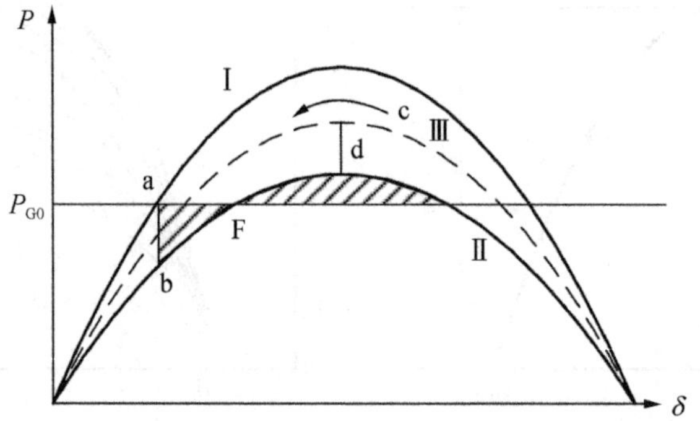

图 10－8　交流同步发电机暂态稳定等面积法则示意图

上述过程中，若交流同步发电机能够强行增加励磁，从而使受到扰动后的柴油发电机组运行点移动到功角曲线Ⅰ上运行，这样不但减小了加速面积，还增大了减速面积，因此使交流同步发电机第一次摇摆时功率角的幅值减小，改善了交流同步发电机的暂态稳定性。也就是说，在一定条件下励磁自动控制系统如果能够按照要求进行某种适当的控制，可以有效改善电力系统的暂态稳定性。然而由于交流同步发电机励磁控制系统时间常数等因素的影响，要使它在短暂过程中完成符合要求的控制也很不容易，这要求励磁控制系统首先具备快速响应的条件，为此一方面需要缩小励磁控制系统的时间常数，另一方面需要尽可能提高强行励磁的倍数。图 10－9 给出了励磁系统时间常数 T_e 与暂态稳定极限功率之间的关系，可以看出：当励磁系统时间常数 T_e 在 0.3 s 以下时，提高强励倍数 K 对提高暂态稳定极限功率具有显著效果；而当励磁系统时间常数 T_e 较大时，效果就不再明显。图 10－10 进一步给出了强励倍数与暂态稳定极限功率之间的关系，可以看出，当励磁控制系统既有快速响应特性又有高强励倍数时，才对改善电力系统暂态稳定具有明显作用。

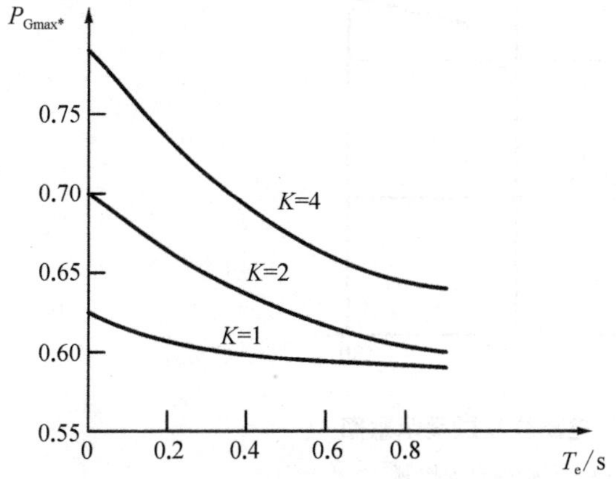

图 10－9　励磁系统时间常数 T_e 与暂态稳定极限功率关系示意图

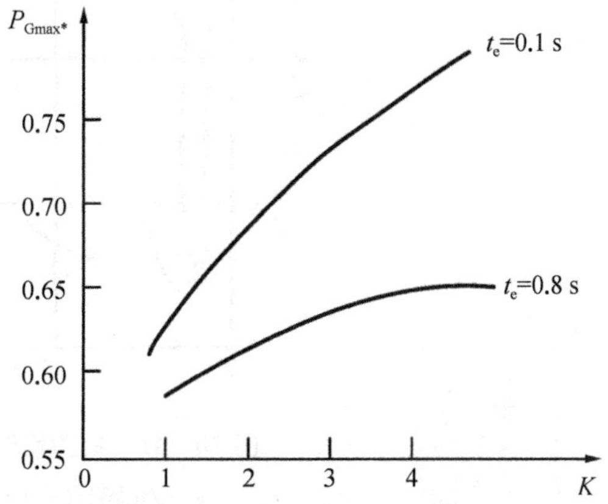

图 10－10　强励倍数 t_e 与暂态稳定极限功率关系示意图

对于柴油机电站而言，由于电站容量较小，且单台交流同步发电机功率和电站功率比较接近，因此暂态稳定性分析通常需要计算每台机组转子的运动情况以及各转子之间的相对运动。此外，多数柴油机电站都具有可与电站容量相比拟的异步电动机负载，由于异步电动机的转矩与电压的平方成正比，当母线电压下降时，其转矩急剧下降，使得异步电动机被迅速减速甚至停转，这又大大增加了电动机从电网吸收的功率，从而反过来影响交流同步发电机的暂态稳定性。综合上述分析，在分析交流同步发电机暂态稳定性时，还必须同时考虑电动机（即负载）的稳定性，可见暂态稳定性的计算是比较复杂的，通常只对供电要求特别高的柴油机电站才做暂态稳定性评价。

（四）改善电力系统运行条件

当电力系统由于种种原因出现短时低电压时，励磁自动控制系统可以发挥其调节功能，通过大幅度增加励磁电流以提高系统电压，从而有效改善电力系统的运行条件。

1. 改善异步电动机的自启动条件

电力系统发生短路等故障时，电网电压降低，导致大多数用户的电动机处于制动状态，故障切除后由于电动机自启动时需要吸收大量无功功率，以致延缓了电网电压的恢复过程。交流同步发电机强行励磁可加速电网电压的恢复，从而有效改善电动机的运行条件。图 10－11 给出了机组有励磁自动控制和无励磁自动控制时短路切除后电压恢复的不同情况。

2. 为发电机异步运行创造条件

交流同步发电机失去励磁时需要从系统中吸收大量无功功率，从而造成系统电压大幅度下降，严重时甚至危及系统的安全运行，此时如果系统中其他发电机组能够提供足够的无功功率，以维持系统电压水平，则失磁的交流同步发电机还可在一定时间内以异步运行方式维持运行，从而确保系统的安全运行。

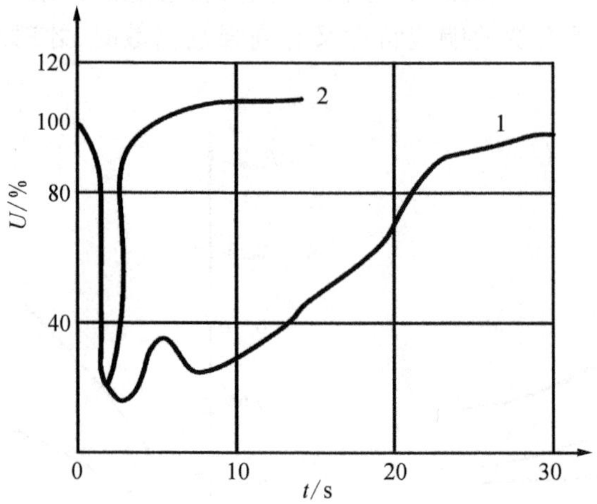

图 10－11 短路切除后电压恢复过程示意图

1—无励磁自动控制；2—有励磁自动控制

3. 提高继电保护装置工作的正确性

当电力系统处于低负荷运行状态时，交流同步发电机的励磁电流不大，若此时系统发生短路故障，其短路电流较小且随时间衰减，以致带时限的继电保护不能正确工作，此时励磁自动控制系统就可通过调节交流同步发电机的励磁以增大短路电流，从而使继电保护正确工作。

三、励磁控制系统基本要求

前面已经分析了交流同步发电机励磁自动控制系统的主要功用，为了完成上述功能，对励磁功率单元和励磁调节器性能分别提出如下要求。

（一）励磁调节器

如图 10－1 所示，励磁调节器的主要任务是根据输入信息和给定的调节准则产生相应的控制信号，经放大后控制励磁功率单元得到所要求的交流同步发电机励磁电流，因此其基本要求是：

（1）系统正常运行时，励磁调节器应能反映交流同步发电机的电压高低以维持电压在给定水平，通常认为励磁调节器应能保证交流同步发电机端电压的静差率，即半导体型的<1%，电磁型的<3%。

（2）励磁调节器应能合理分配机组的无功功率，通常励磁调节器应能保证交流同步发电机端电压调差率在下列范围内进行可靠调整，即半导体型的为±10%，电磁型的为±5%。

（3）为了使远距离输电的柴油发电机组能够在人工稳定区域运行，通常要求励磁调节器没有失灵区。

（4）励磁调节器应能迅速反映系统故障、具备强行励磁[65]等控制功能，以提高系统暂态稳定性和改善系统运行条件。

（5）励磁调节器应具有较小的时间常数，能够迅速响应输入信息的变化。

（6）励磁调节器应能够长期可靠工作。

（二）励磁功率单元

励磁功率单元通常受励磁调节器控制，对它的基本要求是：

（1）励磁功率单元应具有足够的可靠性并具有一定的调节容量。交流同步发电机通常依靠励磁电流的变化进行系统电压和自身无功功率的控制，因此励磁功率单元应具备足够的调节容量以适应电力系统中各种运行工况的要求。

（2）励磁功率单元应具有足够的励磁顶值电压和电压上升速度。从改善电力系统运行条件和提高电力系统暂态稳定性的角度，通常希望励磁功率单元具有较大的强励能力和快速的响应能力，因此在励磁自动控制系统中励磁顶值电压和励磁电压上升速度是两个非常重要的技术指标。

（1）励磁顶值电压。励磁顶值电压 U_{EFq} 是指励磁功率单元在强行励磁时可能提供的最高输出电压值，通常该值与额定励磁电压 U_{EFN} 之比称为强励倍数，其值大小通常涉及制造和成本等因素，一般取 1.6~2.0。

（2）励磁电压上升速度。励磁电压上升速度是衡量励磁功率单元动态行为的一项重要指标。对于具有直流励磁机的励磁系统，当励磁电压初值为发电机额定负载励磁电压，且阶跃建立励磁顶值电压（继电强励装置动作）时，励磁电压上升速度曲线如图 10－12 所示。通常在暂态稳定过程中交流同步发电机的功率角摇摆到第一个周期最大值的时间约为 0.4~0.7 s，因此通常将励磁电压在最初 0.5 s 内上升的平均速率定义为励磁电压响应比。

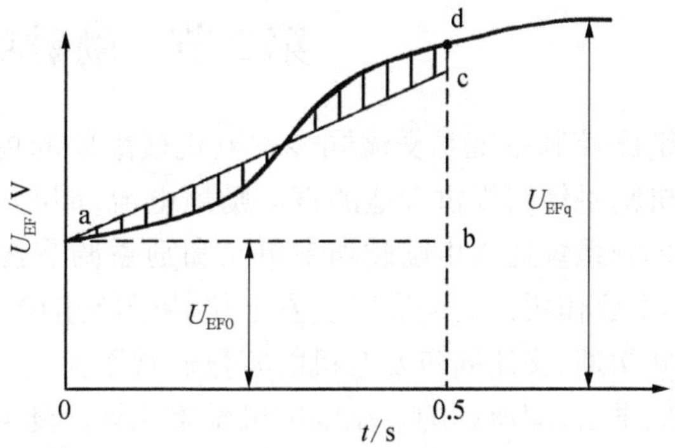

图 10－12　励磁电压上升速度曲线示意图

交流同步发电机的励磁绕组通常是一个电感性负载，为了简化起见，在忽略发电机转子电阻和定子回路对它影响的条件下，转子磁场方程可简化为

$$\begin{cases} \Delta u_{EF(t)} = K\dfrac{d\Delta\Phi_G}{dt} \\ \Delta\Phi_G = \dfrac{1}{K}\displaystyle\int_0^{\Delta t}\Delta u_{EF(t)}\,dt \end{cases} \tag{10-10}$$

式中，$\Delta u_{EF(t)}$ 代表励磁电压增量的时间响应；$\Delta\Phi_G$ 表示转子磁通增量；K 表示与转子参数有关的常数。

通常在暂态过程中励磁功率单元对交流同步发电机运行产生实际影响的最主要物理量是转子磁通增量 $\Delta\Phi_G$，其值如式（10－10）所示，即正比于励磁电压伏秒曲线下的面积增量，因此在图 10－12 中，在起始电压 U_{EF0} 处作一水平直线，再作一斜线 ac，并使它在最初 0.5 s 所覆盖的面积等于电压伏秒曲线 ad 在同一时间所覆盖的面积，也就是说使图中两部分阴影面积相等,则表示的 $\Delta\Phi_G$ 量值相同。图中 U_{EF0} 表示强行励磁的初始值,通常等于额定工况下的励磁电压值 U_{EFN},于是励磁电压响应比可定义为

$$R_R = \left(\frac{U_c - U_b}{U_a}\right)/0.5 = 2\Delta U_{*bc} \quad s^{-1} \tag{10-11}$$

式中,ΔU_{*bc} 表示图 10－12 中 bc 段电压的标幺值;U_a 通常取额定工况下的励磁电压。

需要指出的是,励磁电压响应比粗略反映了励磁系统的动态指标,同时采用上升过程定义励磁电压响应比,是由于在大多数情况下人们对交流同步发电机的强行励磁作用更为关切,其实在暂态稳定过程中,励磁自动控制系统的减磁过程也是同样重要的。目前一般大容量机组往往采用快速励磁系统,其励磁电压响应时间(励磁电压达到 95%顶值电压所需时间)为 0.1 s 或更短,通常也称为高起始响应励磁系统。此外,由于励磁系统的强励倍数和电压上升速度涉及励磁系统的结构和造价等,因此在选择方案时应根据交流同步发电机在系统中的地位和作用等因素,提出恰当的指标以适应运行上的要求。

第二节　励磁功率单元

励磁控制系统是交流同步发电机最重要的控制系统之一,其主要作用是为交流同步发电机励磁绕组提供合适的直流励磁电流,同时完成特定的控制功能。交流同步发电机励磁控制系统通常由励磁功率单元和励磁调节器组成,其中励磁功率单元可视为动力单元,其主要作用是为交流同步发电机转子绕组或励磁绕组提供直流励磁电流。在电力系统发展初期,交流同步发电机的容量通常不大,励磁电流由与交流同步发电机同轴的直流发电机供给,即所谓的直流励磁机励磁系统。随着发电机容量的不断提高,其所需的励磁电流也相应增大,机械整流子在换流方面遇到了困难,而大功率半导体整流元件制造工艺却日益成熟,于是大容量机组的励磁功率单元就采用了交流发电机和半导体整流元件组成的交流励磁机励磁系统。此外,不论是直流励磁机励磁系统还是交流励磁机励磁系统,通常是与主机同轴旋转,因此为了缩短主轴长度、降低造价和减少环节,又出现了使用交流同步发电机自身作为励磁电源的方法,即发电机自并励系统,通常又称为静止励磁系统。

一、直流励磁机励磁系统

直流励磁机励磁系统教学视频

直流励磁机励磁系统是过去常用的一种励磁方式,由于它利用机械整流子换向整流,因此当励磁电流过大时换向就很困难,所以该方式只能在小容量机组中采用。直流励磁机大多与主发电机同轴,并利用剩磁建立电压,通常按照励磁机励磁绕组供电方式的不同,又可进一步分为自励式和他励式两种。其中由直流励磁机以外的电源为直流励磁机励磁绕组提供励磁电流的方式称为他励直流励磁机励磁系统;而由直流励磁机本身为其励磁绕组提供直流励磁电流的方式称为自励直流励磁机励磁系统。

(一) 自励直流励磁机励磁系统

图 10－13 所示为自励直流励磁机励磁系统的原理接线图。交流同步发电机转子绕

组由专用的直流励磁机 DE 供电，调整励磁机磁场电阻 R_C 可改变直流励磁机励磁电流中的 I_{RC}，从而达到人工调整主发电机转子电流的目的，实现对交流同步发电机励磁的手动调节。图 10-13 还表示了励磁调节器与自励直流励磁的一种连接方式，即正常工作时 I_{AVR} 与 I_{RC} 同时承担励磁机励磁绕组 EEW 的调节功率，从而可以减小励磁调节器的容量。

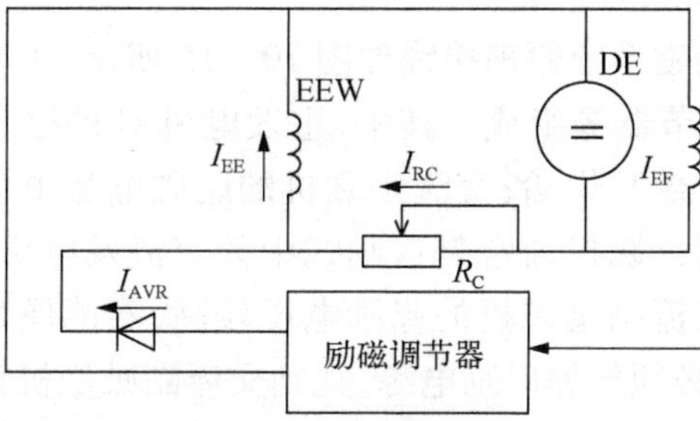

图 10-13　自励直流励磁机励磁系统原理接线图

（二）他励直流励磁机励磁系统

图 10-14 所示为他励直流励磁机励磁系统的原理接线图，图中副励磁机 PE 和直流励磁机 DE 均与主发电机同轴。比较图 10-13 所示自励方式与图 10-14 所示他励方式，自励与他励的区别在于励磁机的励磁方式不同，他励比自励多用了一台副励磁机。此外，由于他励方式取消了励磁机的自并励，励磁功率单元的时间常数就是励磁机励磁绕组的时间常数，与自励方式相比时间常数减小了，即提高了励磁控制系统的电压增长速率。

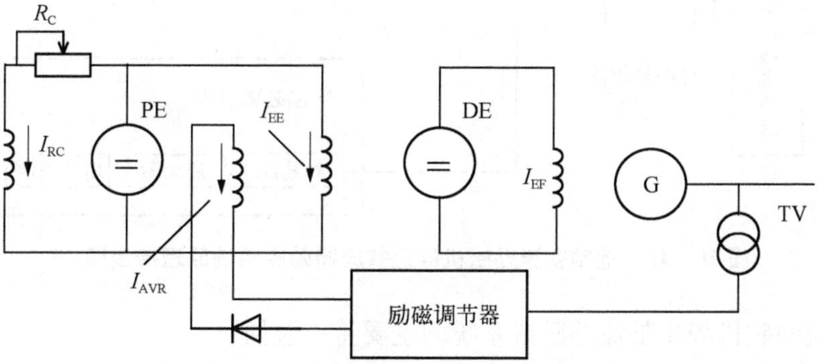

图 10-14　他励直流励磁机励磁系统原理接线图

二、交流励磁机励磁系统

目前容量较大的交流同步发电机组普遍采用交流励磁机励磁系统，即交流同步发电机的励磁机也是一台交流同步发电机，其产生的交流电经大功率整流器整流后为主发电机的励磁绕组或转子绕组提供直流励磁电流。与直流励磁机励磁系统相同，交流励磁机励磁系统同样可分为他励和自励两种类型。

交流励磁机励磁系统教学视频

（一）他励交流励磁机励磁系统

他励交流励磁机励磁系统是指交流励磁机备有他励电源——中频副励磁机或永磁副励磁机，该励磁系统中交流励磁机经硅整流器为主发电机励磁，其中硅整流器可以是静止的也可以是旋转的，因此又可进一步分为他励交流励磁机静止整流器励磁系统、他励交流励磁机旋转整流器励磁系统两种方式。

1．*他励交流励磁机静止整流器励磁系统*

他励交流励磁机静止整流器励磁系统原理接线如图 10－15 所示，主要由与主机同轴的交流励磁机、中频副励磁机和调节器等组成。其中，主发电机 G 的励磁电流由频率为 100 Hz 的交流励磁机 AE 经硅整流器 V 供给；交流励磁机的励磁电流由晶闸管可控整流器供给，其电源由副励磁机提供；副励磁机通常是自励式中频交流发电机，采用自励恒压调节器保持其端电压恒定。由于交流副励磁机的起励电压较高，不能像直流励磁机那样依靠剩磁起励，因此在机组启动时必须外加启励电源，直到交流副励磁机输出电压足以使自励恒压调节器正常工作时，启励电源方可退出。此外，在他励交流励磁机静止整流器励磁系统中，励磁调节器通过控制晶闸管元件的控制角来改变交流励磁机的励磁电流，从而达到控制主发电机励磁电流的目的。

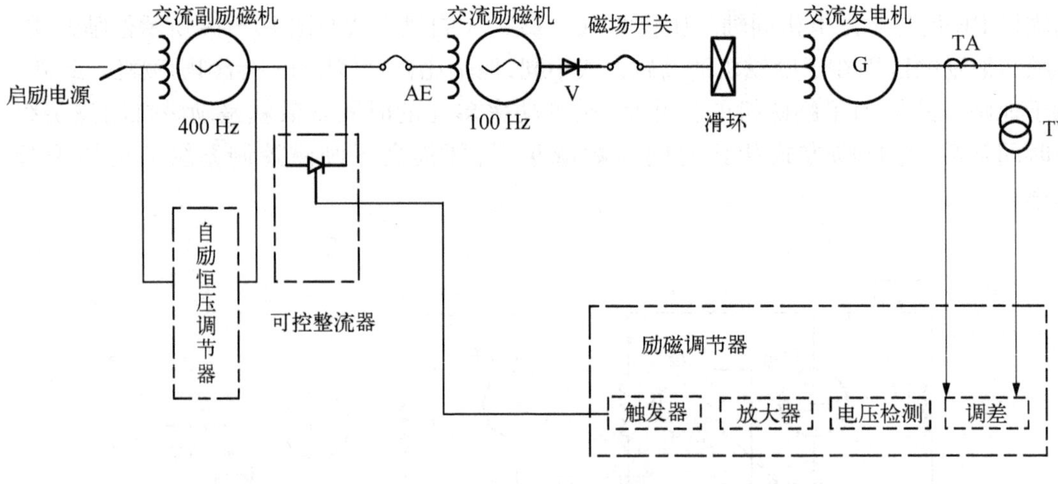

图 10－15　他励交流励磁机静止整流器励磁系统原理接线图

他励交流励磁机静止整流器励磁系统的主要特点包括：

（1）交流励磁机、交流副励磁机均与主发电机同轴，且均为独立的励磁电源，因此不受电网干扰，可靠性较高；

（2）交流励磁机的时间常数较大，因此为了提高励磁控制系统的快速响应，励磁机转子通常采用叠片结构，以减小其时间常数以及整流器换相引起的涡流损耗；

（3）由于交流励磁机、交流副励磁机与主发电机同轴，加大了发电机主轴的长度，使厂房长度增加、造价较高；

（4）他励交流励磁机静止整流器励磁系统仍有滑环等转动部件，需要一定的维护工作量；

（5）一旦交流副励磁机或自励恒压调节器发生故障，均可导致发电机组失磁，因此可采用永磁发电机作为副励磁机，不但可以简化调节设备，励磁系统的可靠性也可大为提高。

2. 他励交流励磁机旋转整流器励磁系统（无刷励磁）

图 10－15 所示他励交流励磁机静止整流器励磁系统具有一个薄弱环节——滑环，滑环是一种滑动接触元件，随着发电机容量的增大，转子电流也相应增大，这给滑环的正常运行和维护带来了困难，因此为了提高励磁控制系统的可靠性，就必须设法取消滑环，从而使整个励磁系统都无滑动接触元件，即无刷励磁系统。

发电机结构组成仿真动画

图 10－16 所示为他励交流励磁机旋转整流器励磁系统的原理接线图。不同于他励交流励磁机静止整流器励磁系统，在他励交流励磁机旋转整流器励磁系统中，交流励磁机的励磁绕组在定子上，而电枢绕组在转子上，转子绕组切割定子绕组产生的恒定磁场，产生的三相交流电再经旋转整流器整流后，送至主发电机的转子绕组，从而为主发电机提供直流励磁电流。也就是说，交流励磁机的励磁绕组是静止的，而交流励磁机转子绕组、副励磁机转子、不可控整流装置均与主发电机转子同轴同速旋转，它们之间均没有滑环、电刷等接触元件，从而实现了无刷励磁。

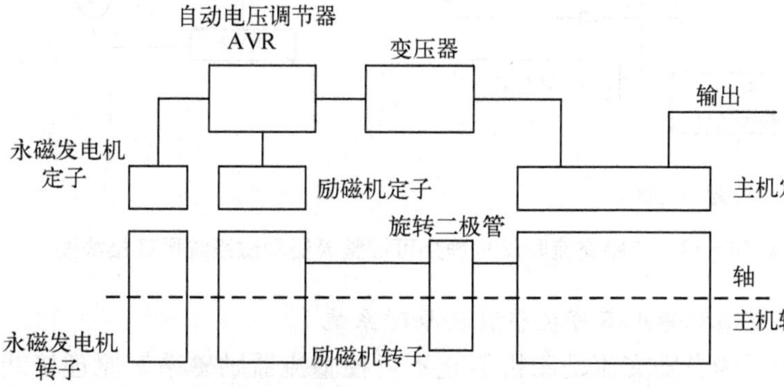

图 10－16　他励交流励磁机旋转整流器励磁系统（无刷 PMG 励磁系统）原理接线图

他励交流励磁机旋转整流器励磁系统的主要特点包括：

（1）无需滑环、电刷等滑动接触部件，励磁电流不再受接触部件的技术条件限制，维护工作量大大减少，特别适用于大容量发电机组；

（2）主发电机励磁电流由交流励磁机独立供电，供电可靠性高，并且由于无刷，使整个励磁控制系统可靠性更高；

（3）交流同步发电机的励磁控制通过调节交流励磁机励磁实现，因此励磁控制系统的响应速度较慢，为了提高响应速度，除前述励磁机转子采用叠片结构外，还可采用减小绕组电感、取消极面阻尼绕组等措施；

（4）主发电机转子及其励磁电路都随轴旋转，因此转子回路中不能接入灭磁设备，发电机转子回路无法实现直接灭磁，也无法实现对励磁控制系统的常规检测（如转子电流、电压、转子绝缘、熔断器熔断信号等），必须采用特殊的测试方法；

发电机工作原理仿真动画

（5）要求旋转整流器等具有良好的机械性能，能够承受高速旋转的离心力；

（6）由于没有接触部件的磨损，也就没有炭粉和铜末引起的对电机绕组污染，因此电机的绝缘寿命较长。

（二）自励交流励磁机励磁系统

与自励直流励磁机励磁系统相同，自励交流励磁机励磁系统的励磁电源也是从本机直接获得，所不同的是直流励磁机为了调整电压需要采用一个磁场电阻，而自励交流励磁机为了维持其端电压恒定，则改用了可控整流元件。

1. *自励交流励磁机静止可控整流器励磁系统*

图 10－17 所示为自励交流励磁机静止可控整流器励磁系统的原理接线图。主发电机 G 的励磁电流由交流励磁机 AE 经晶闸管整流装置 VS 供给，交流励磁机的励磁一般采用晶闸管自励恒压方式，且励磁调节器 AVR 直接控制晶闸管整流装置。自励交流励磁机静止可控整流器励磁系统由于采用了电子励磁调节器和晶闸管整流装置，其时间常数很小，因此励磁调节的快速性较好。

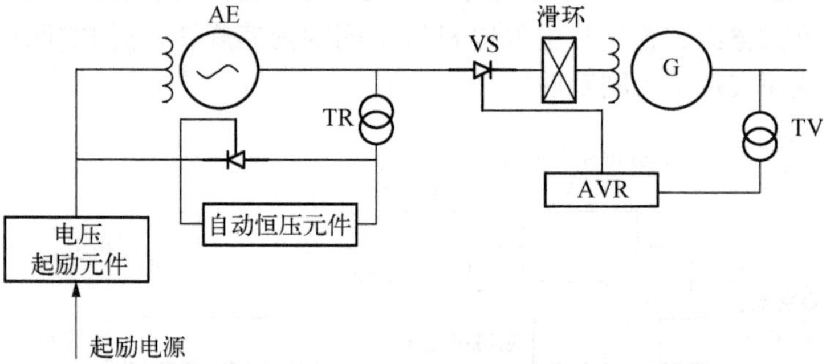

图 10－17　自励交流励磁机静止可控整流器励磁系统原理接线图

2. *自励交流励磁机静止不可控整流器励磁系统*

图 10－18 所示为自励交流励磁机静止不可控整流器励磁系统原理接线图。发电机 G 的励磁电流由交流励磁机 AE 经硅整流装置 V 供给，电子型励磁调节器控制晶闸管整流装置 VS，从而达到调节主发电机励磁电流的目的。这种励磁方式与图 10－17 所示励磁方式相比，其响应速度较慢，这是由于该励磁方式还增加了交流励磁机自励回路环节，从而使动态响应速度受到影响。

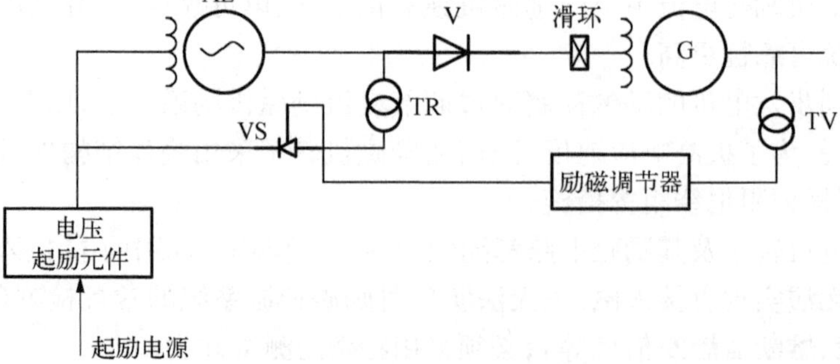

图 10－18　自励交流励磁机静止不可控整流器励磁系统原理接线图

三、静止励磁系统

静止励磁系统的发电机励磁电源不需要励磁机，而是由机端励磁变压器供给整流装置，这类励磁装置通常采用大功率晶闸管元件，没有转动部分，因此称为静止励磁系统，同时由于励磁电源由发电机本身提供，故又称为发电机自并励系统。图 10－19 所示为静止励磁系统原理接线图，主要由机端励磁变压器供给整流器电源，并经三相全控整流桥直接控制发电机的励磁。静止励磁系统具有明显的优点，被推荐应用于大型发电机组，甚至国外某些公司将这种方式列为大型机组的定型励磁方式[66]。

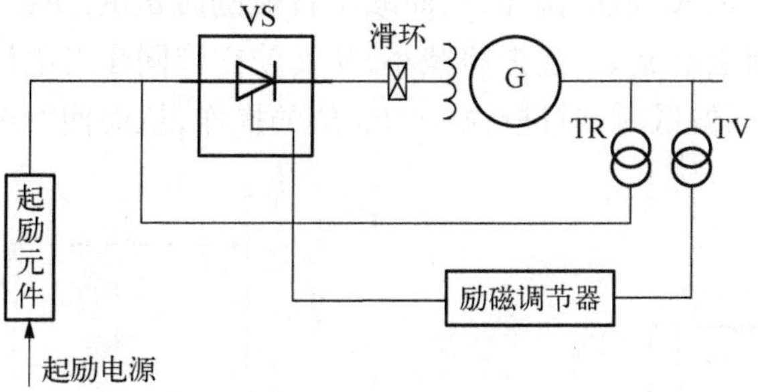

图 10－19　静止励磁系统原理接线图

静止励磁系统的主要特点包括：

（1）励磁控制系统接线和设备比较简单，且无转动部分，维护费用少、可靠性高；

（2）静止励磁系统不需要同轴励磁机，可缩短主轴长度并减少基建投资；

（3）静止励磁系统直接采用晶闸管控制转子电压，可获得很快的励磁电压响应速度。

第三节　励磁调节器工作特性

如前所述，交流同步发电机励磁控制系统是由交流同步发电机、励磁功率单元和励磁调节器共同组成的自动控制系统，其框图如图 10－20 所示。可以看出，励磁调节器不断

励磁调节器工作特性教学视频

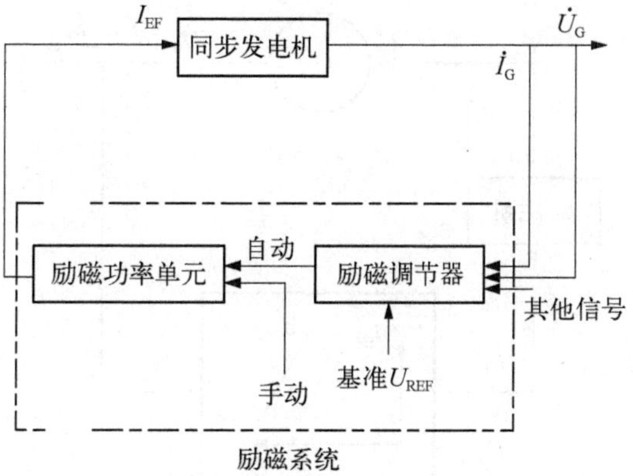

图 10－20　交流同步发电机励磁控制系统框图

检测交流同步发电机的电压、电流或其他状态量，然后按照指定的调节准则对励磁功率单元发出控制信号，从而实现特定控制功能。

一、比例式励磁调节器工作特性

励磁调节器最主要的功能是调节交流同步发电机的端电压，常用的励磁调节器是比例式励磁调节器，其主要输入量是交流同步发电机端电压 U_G，其输出用于控制励磁功率单元。如图 10－21 所示，若交流同步发电机没有自动励磁调节器，只能依靠人工改变直流励磁机的磁场电阻 R_C 来调整其端电压，即当运行人员发现交流同步发电机端电压偏高，就进行增大磁场电阻 R_C 值的操作，从而减小直流励磁机的励磁电流 I_{EE}，随着励磁机电压的下降，发电机励磁电流 I_{EF} 逐渐将减小，从而使交流同步发电机的端电压下降；反之当交流同步发电机电压偏低时，就进行减小 R_C 值的操作，从而使发电机端电压上升。

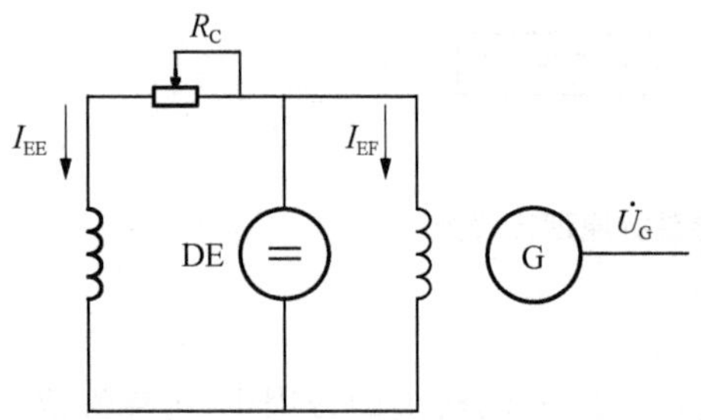

图 10－21　人工改变励磁电流示意图

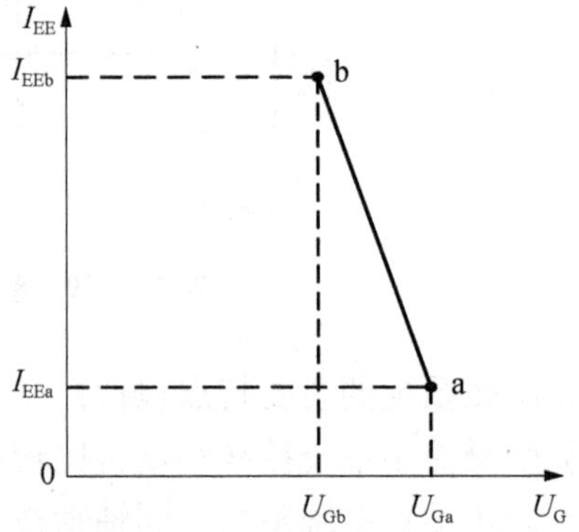

图 10－22　比例式励磁调节器工作特性示意图

综合上述分析可以看出，人工调节交流同步发电机电压的过程可分解为测量、判断、执行几个步骤，比例式励磁调节器就是按照上述步骤对交流同步发电机电压进行调节的，其工作特性如图 10－22 所示。交流同步发电机电压 U_G 升高时，比例式励磁调节器经测量后，减小输出电流；当 U_G 降低时，其输出电流就增大。比例式励磁调节器与励磁功率单元配合，控制交流同步发电机的励磁电流，组成如图 10－23 所示的闭环控制回路，从而实

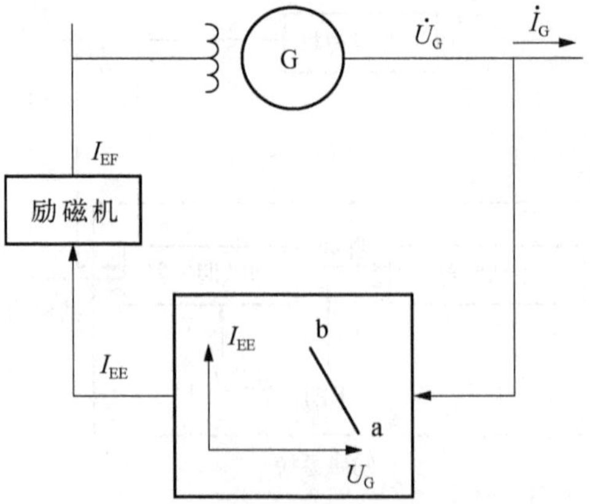

图 10－23　比例式励磁调节器闭环控制示意图

现对交流同步发电机端电压的自动调节与控制。

二、比例式励磁调节器构成环节

目前电力系统中应用的各种比例式励磁调节器，无论是机电型的、电磁型的还是半导体型的，它们在 $U_{Gb} \sim U_{Ga}$ 区间内都具有图 10－22 中线段 ab 所示的特性，这是比例式自动励磁调节器共有的工作特性。比例式励磁调节器的构成环节如图 10－24 所示，图中每个环节的具体电路和工作特性在不同类型励磁调节器中可能具有相当大的差异，但其构成环节却基本相同。

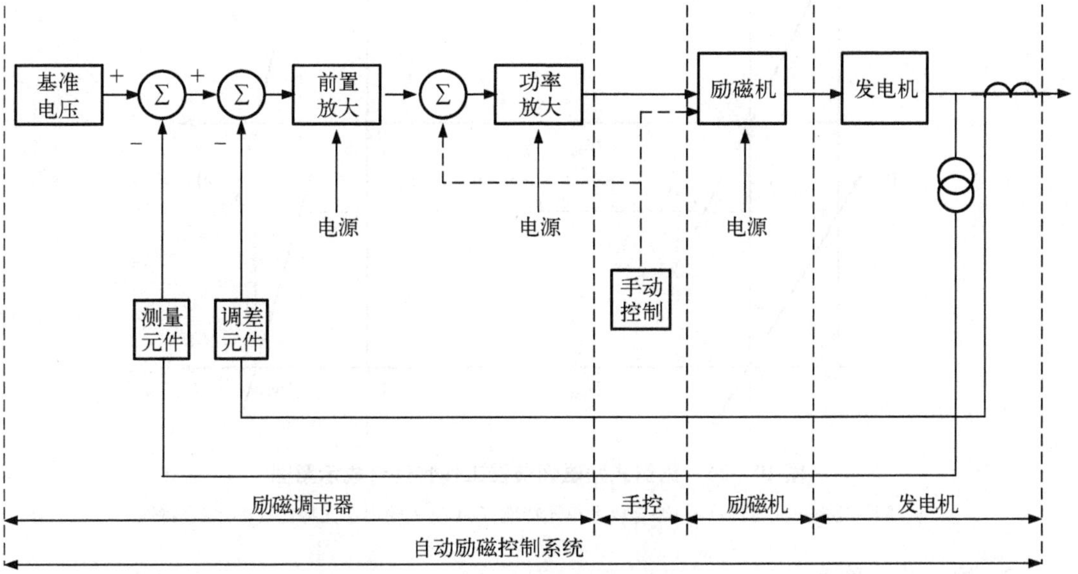

图 10－24　比例式励磁调节器构成环节示意图

如图 10－24 所示，测量元件首先将交流同步发电机端电压值与设定基准电压进行比较，并测得与基准电压的差值，然后励磁调节器按照图 10－22 所示工作特性进行调节，即当端电压 U_G 下降时，就增加励磁电流 I_{EF}（励磁调节器通过增加 I_{EE} 使励磁电流 I_{EF} 增大），从而使发电机的空载感应电动势随即增大，并使端电压 U_G 回升到基准值附近；反之当端电压 U_G 升高时，则减小励磁调节器的输出电流。

图 10－25 所示为励磁调节器的简化框图，主要包括测量比较、综合放大、移相触发、可控整流等单元，K_1、K_2、K_3、K_4 分别表示各单元的增益，其间输入量、输出量的符号如图中所示。

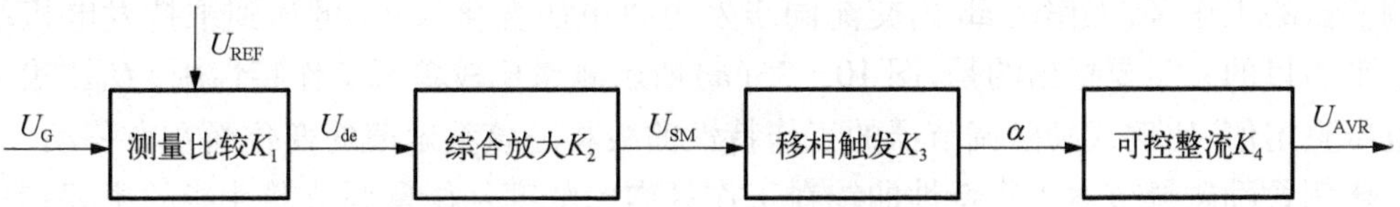

图 10－25　励磁调节器简化框图

1. 测量比较单元

测量比较单元的工作特性如图 10－26(a)所示，其输出电压 U_{de} 与交流同步发电机电压 U_G 之间的关系为

$$U_{de} = K_1(U_G - U_{REF}) \tag{10-12}$$

式中，K_1 代表测量比较单元的放大倍数；U_{REF} 表示交流同步发电机电压的整定值。

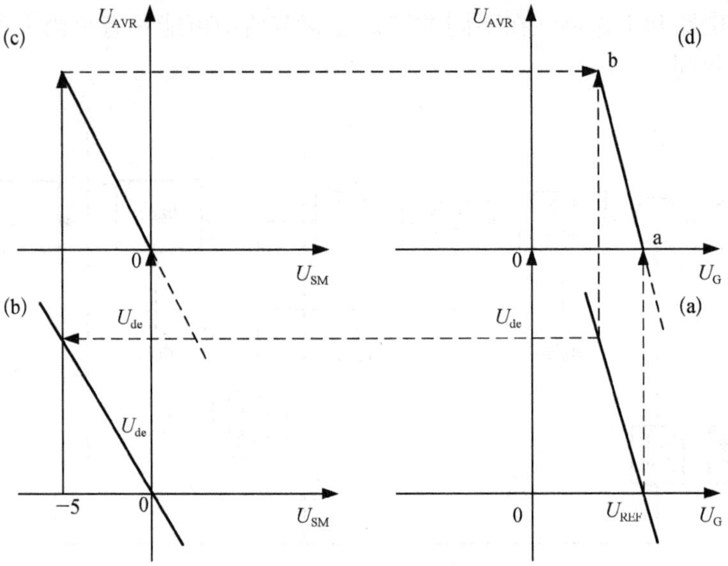

图 10－26　比例式励磁调节器工作特性合成示意图

(a) 测量比较单元特性；(b) 综合放大单元特性；(c) 输入输出单元特性；(d) 综合特性

2. 综合放大单元

综合放大单元通常是线性元件，在其工作范围内：

$$U_{SM} = K_2 U_{de} \tag{10-13}$$

式中，K_2 表示放大单元的放大倍数，放大单元的特性如图 10－26(b)所示。

3. 移相触发和可控整流单元

三相桥式全控整流电路采用具有线性特性的触发电路，满足

$$U_{AVR} = K_3 K_4 U_{SM} \tag{10-14}$$

图 10－26(c)所示为其输入输出特性，将它与测量比较单元、综合放大单元特性相配合，便可得到比例式励磁调节器的工作特性，如图 10－26(d)所示。在比例式励磁调节器工作范围内 U_G 升高，U_{AVR} 急剧减小；U_G 降低，U_{AVR} 就急剧增加，其中线段 ab 为比例式励磁调节器的工作区，工作区 ab 内交流同步发电机电压变化极小，可达到维持发电机端电压水平的目的。需要指出的是，图 10－26(a)所示测量比较单元工作特性中，U_{REF} 表示某一电压整定值，比例式励磁调节器的工作特性曲线将随该整定值的变化而左右移动。

比例式励磁调节器工作特性曲线在工作区内的陡度是衡量调节器性能的主要指标之一，即

$$K=\frac{\Delta U_{\mathrm{AVR}}}{U_{\mathrm{G}}-U_{\mathrm{REF}}} \tag{10-15}$$

式中，K 表示比例式励磁调节器的放大倍数。

比例式励磁调节器的放大倍数 K 与组成调节器的各单元增益关系为

$$K=\frac{\Delta U_{\mathrm{AVR}}}{U_{\mathrm{G}}-U_{\mathrm{REF}}}=\frac{\Delta U_{\mathrm{de}}}{U_{\mathrm{G}}-U_{\mathrm{REF}}}\times\frac{\Delta U_{\mathrm{SM}}}{\Delta U_{\mathrm{de}}}\times\frac{\Delta\alpha}{\Delta U_{\mathrm{SM}}}\times\frac{\Delta U_{\mathrm{AVR}}}{\Delta\alpha}=K_1K_2K_3K_4 \tag{10-16}$$

上式表明，比例式励磁调节器总的放大倍数等于各组成单元放大倍数的乘积。

第四节　励磁控制系统无功调节特性

一、调差系数定义与无功调节特性

励磁控制系统无功调节特性教学视频

下面分析当交流同步发电机具有励磁调节器时，其端电压 U_{G} 与无功负荷电流 I_{Q} 之间的关系曲线。由于交流同步发电机端电压 U_{G} 与励磁机励磁电流 I_{EE} 之间的关系称为比例式励磁调节器的工作特性，而励磁机励磁电流 I_{EE} 与主发电机励磁电流 I_{EF} 通常近似呈线性关系，这样励磁机励磁电流 I_{EE} 就可直接用主发电机励磁电流 I_{EF} 表示。此外，当交流同步发电机额定转速不变、端电压和负载功率因数恒定时，其励磁电流 I_{EF} 与无功负荷电流 I_{Q} 之间的关系称为交流同步发电机的调整特性。这样利用作图法我们就可得到交流同步发电机具有励磁调节器时，其端电压 U_{G} 与无功负荷电流 I_{Q} 之间的关系曲线，如图 10-27 所示，图中用虚线示意给出了工作段 a、b 两点的作图过程。需要指出的是，由于在励磁调节器作用下，交流同步发电机的端电压仅在额定值附近变化，因此图中仅给出了发电机在额定电压附近的调整特性。

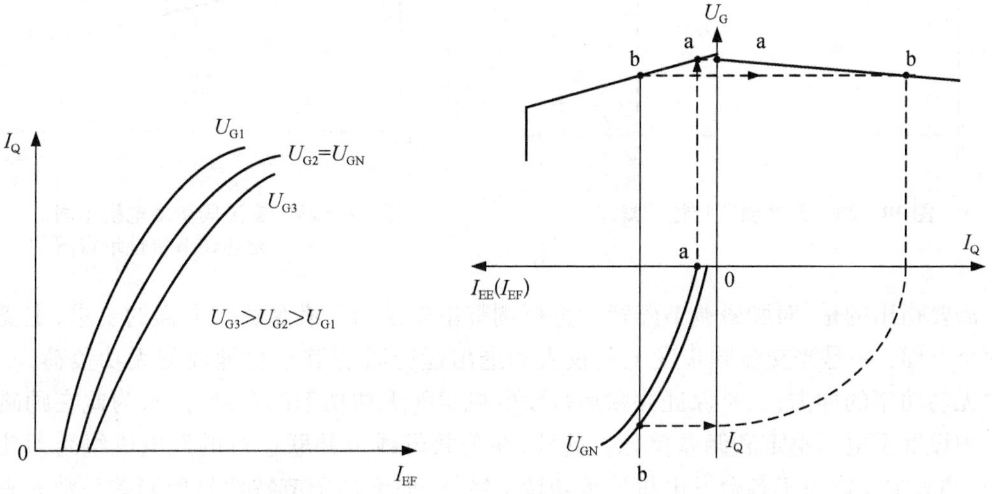

(a) 发电机调整特性　　(b) 发电机无功调节特性

图 10-27　交流同步发电机无功调节特性形成示意图

图 10－27 所示曲线说明，当交流同步发电机带有自动励磁调节器后，无功电流 I_Q 变化时端电压 U_G 基本维持不变，且调节特性曲线稍有下倾，下倾程度表征了交流同步发电机励磁控制系统运行特性的一个重要参数——调差系数。调差系数通常用 δ 表示，其定义为

$$\delta = \frac{U_{G1} - U_{G2}}{U_{GN}} = U_{G1*} - U_{G2*} = \Delta U_{G*} \qquad (10-17)$$

式中，U_{GN} 表示交流同步发电机的额定电压；U_{G1}、U_{G2} 分别表示空载运行和额定无功电流时的发电机电压（如图 10－28 所示），一般取 $U_{GN} = U_{G2}$。

调差系数 δ 也可采用百分数表示，通常称为调差率，即

$$\delta\% = \frac{U_{G1} - U_{G2}}{U_{GN}} \times 100\% \qquad (10-18)$$

由公式（10－17）可知，调差系数 δ 表示无功电流从零增加到额定值时，交流同步发电机电压的相对变化。通常调差系数越小，无功电流变化时发电机电压变化越小，因此调差系数 δ 表征了励磁控制系统维持交流同步发电机电压的能力。此外，由于交流同步发电机在系统运行中的情况各异，从而对无功调节提出了不同的要求，因此通常在励磁调节器中设置有调差单元，该调差单元可设定不同的调差系数。

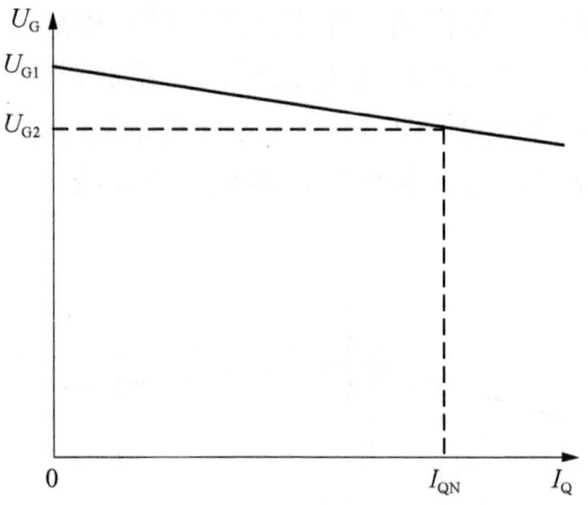

图 10－28 无功调节特性示意图

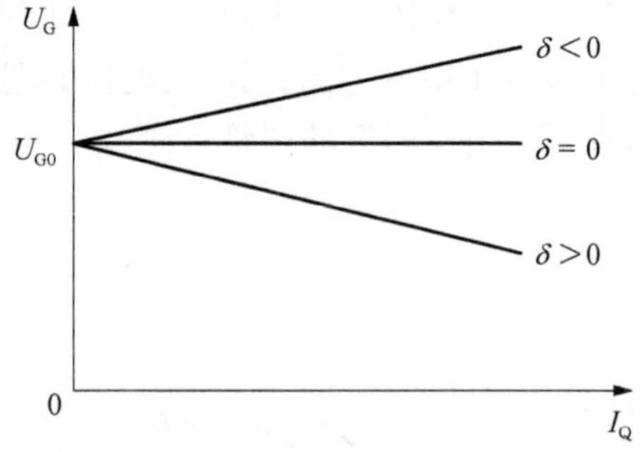

图 10－29 交流同步发电机不同无功调节特性示意图

需要指出的是，对励磁调节器特性进行调整主要是为了满足运行方面的要求，主要包括两个方面：一是当交流同步发电机投入和退出运行时能够平稳地改变无功负荷，不致发生无功功率的冲击；二是保证并联运行发电机组间无功功率的合理分配，为此在励磁调节器中设置了电压整定和调差单元。此外，在公共母线上并联运行的发电机组间无功功率的分配，主要取决于各台发电机的无功调节特性，而无功调节特性是用调差系数 δ 来表征的。

图 10－29 所示为交流同步发电机无功调节特性的三种类型。由公式（10－17）可知，

$\delta > 0$ 为正调差系数,其调节特性下倾,即交流同步发电机端电压随无功电流增大而降低;$\delta < 0$ 为负调差系数,其调节特性上翘,交流同步发电机端电压随无功电流增大而上升;$\delta = 0$ 称为无差特性,此时交流同步发电机端电压恒为定值。

二、无功调节特性平移

交流同步发电机投入或退出电网运行时应能平稳地转移负荷,不要引起对电网的冲击。如图 10－30 所示,假设某一台交流同步发电机带有励磁调节器,且其与无穷大母线并联运行,若将交流同步发电机的无功电流从 I_{Q2} 减小到 I_{Q1},只需将其无功调节特性由 1 平移到 2 的位置,如果无功调节特性继续向下移动到 3 所示位置,则它的无功电流将减小到零,这样机组就能够退出运行,不会发生无功功率的突变。同理,当交流同步发电机投入运行时,只要令它的初始无功调节特性处于 3 所示位置,待机组并入电网后再将无功调节特性向上移动,从而使无功电流逐渐增加到运行要求值。

需要指出的是,移动交流同步发电机的无功调节特性是通过改变励磁调节器的整定值来实现的。图 10－26 表示了励磁调节器工作特性的合成过程,可见当整定单元的整定值增加时,调节器的测量比较单元特性将向右移,所对应的励磁调节器工作特性也将右移。与此相对应,在图 10－27(b)中,当整定单元的整定值增加时,励磁调节器输出特性曲线平行上移,从而导致交流同步发电机的无功调节特性也随之上移;反之,整定值减小,无功调节特性平行下移。因此现场运行人员只需要调节机组励磁调节器中的整定器件就可以控制无功调节特性的上下移动,从而实现无功功率的转移。

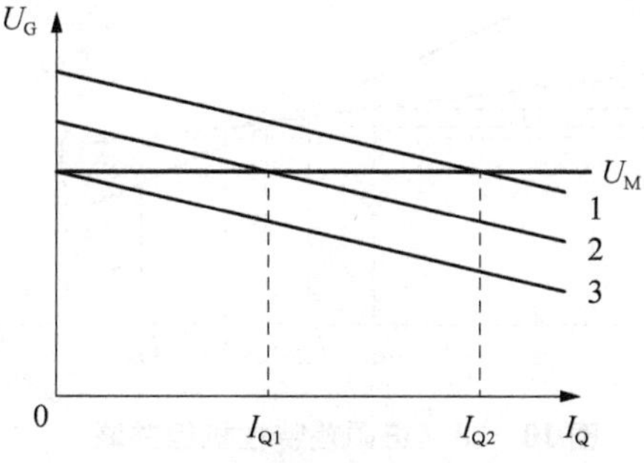

图 10－30　无功调节特性平移与机组无功功率关系示意图

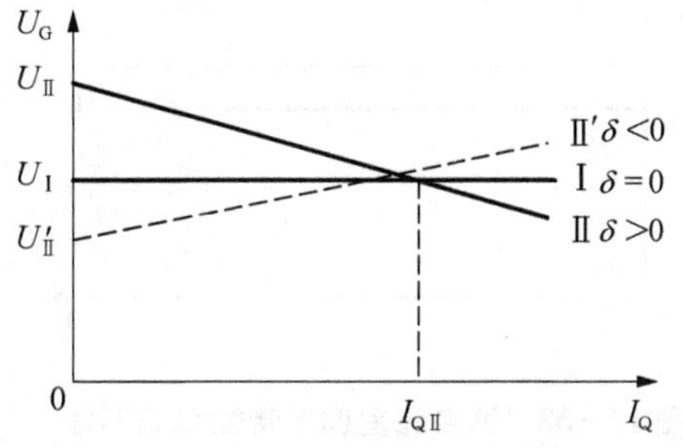

图 10－31　无差调节特性机组与有差调节特性机组并联运行示意图

三、典型无功分配过程分析

(一)无差调节特性机组与有差调节特性机组并联运行

假设两台发电机组在公共母线上运行,其中第一台发电机为无差调节特性,其特性如图 10－31 中曲线Ⅰ,第二台发电机为有差调节特性,且调差系数 $\delta > 0$,其特性如图 10－31 中曲线Ⅱ,此时母线电压必定等于 $U_Ⅰ$ 并保持不变,且第二台发电机无功电流为 $I_{QⅡ}$。如果电网无功负荷发生改变,则第一台发电机的无功电流将随之改变,而第二台发电机的无功电流维持不变仍为 $I_{QⅡ}$。移动第二台发电机特性曲线Ⅱ可改变发电机之间的无功负荷分配，如果需要改变母线电压，则需要移动第一台机组的调节特性曲线Ⅰ。综合上述分析可知，一台无差调节特性的发电机可以和多台正调节特性的发电机并联运行，但实际运行中由于无差调节特性的发电机将承担无功负荷的全部增量，由于一台机组的容量有限，并且机组间无功功率的分配也很不合理，所以这种运行方式实际上很难采用。

若第二台发电机的调差系数 $\delta < 0$（即特性向上翘），那么虽然两台机组也有交点，但它并不是稳定运行点。例如由于偶然因素使第二台机组输出的无功电流增加，则根据机组的调节特性（图 10－31 中虚线所示的特性），励磁调节器将增大发电机的励磁电流，力图使机端电压升高，从而导致发电机输出的无功电流进一步增加，而第一台机组则力图维持端电压，使其励磁电流减小，于是无功电流也将减小，这个过程将一直进行下去，以至不能稳定运行。不难推论，具有负调差特性的发电机是不能在公共母线上并联运行的。

（二）两台无差调节特性机组不能并联运行

如图 10－32 所示，假设有两台无差调节特性的发电机在公共母线上并联运行，图中 U_{I} 为第一台发电机的电压整定值，U_{II} 为第二台发电机的电压整定值。由于在实际调试中很难做到 U_{I} 和 U_{II} 正好重合，因此若 $U_{\mathrm{I}} \neq U_{\mathrm{II}}$，参照上述分析不难得出，它们是不能并联运行的。

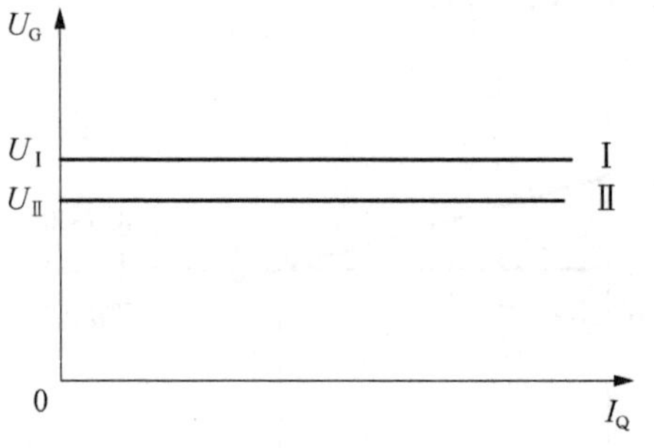

图 10－32 两台无差调节特性机组不能并联运行示意图

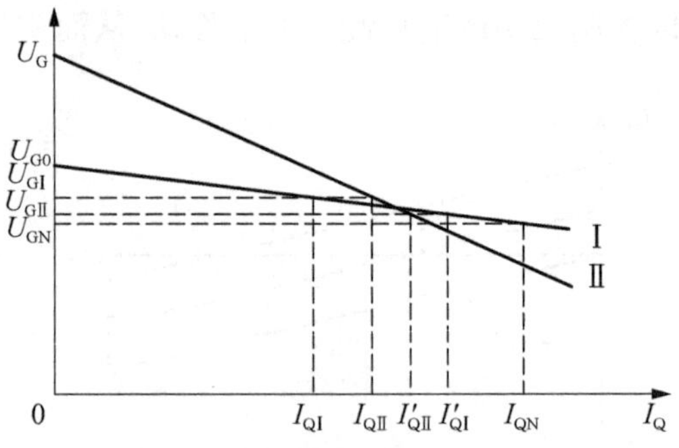

图 10－33 正调差特性机组并联运行示意图

（三）正调差特性机组并联运行

假设两台正调差特性的发电机在公共母线上并联运行，如图 10－33 所示，其调节特性分别为特性Ⅰ和Ⅱ。由于两台发电机端电压是相同的，均等于母线电压 U_{GI}，此时每台发电机所负担的无功电流是确定的，分别为 I_{QI} 和 I_{QII}。现假设无功负荷增加，于是母线电压下降，励磁调节器动作，通过增加励磁电流使端电压重新稳定，设新的稳定电压值为 U_{GII}，此时每台发电机负担的无功电流分别为 I'_{QI} 和 I'_{QII}，即机组 1 和机组 2 分别承担一部分增加的无功负荷，且机组间无功负荷的分配取决于各自的调差系数。

由于无功电流为零时发电机端电压为 U_{G0}，无功电流为额定值 I_{QN} 时，发电机端电压为 U_{QN}，因此母线电压为 U_G 时发电机的无功电流可由下式表示：

$$I_Q = \frac{U_{G0} - U_G}{U_{G0} - U_{GN}} I_{QN} \tag{10-19}$$

其标幺值表示为

$$I_{Q*} = \frac{U_{G0*} - U_{G*}}{\frac{U_{G0} - U_{GN}}{U_{GN}}} = \frac{1}{\delta}(U_{G0*} - U_{G*}) \tag{10-20}$$

若母线电压从 U_{G*} 变到 U'_{G*}，则由上式可得机组无功电流变化量的标幺值为

$$\Delta I_{Q*} = -\frac{\Delta U_{G*}}{\delta} \tag{10-21}$$

公式(10-21)清楚表明，当母线电压波动时，发电机无功电流的增量与电压偏差成正比，与调差系数成反比，而与电压整定值无关。公式(10-21)中负号表示在正调差情况下($\delta > 0$)，母线电压降低时发电机无功电流将增加。此外，两台正有差调节特性的发电机在公共母线上并联运行，当系统无功负荷波动时，其电压偏差相同，而由公式(10-21)可知，调差系数较小的发电机将承担较多的无功电流增量。通常要求各台发电机无功负荷的波动量与它们的额定容量成正比，即希望各发电机无功电流波动量的标幺值 ΔI_{Q*} 相等，这就要求在公共母线上并联运行的发电机组具有相同的调差系数。

四、无功电流自动分配

通过前面对励磁控制系统无功调节特性的分析不难看出，要保证无功电流的均匀分配，原则上可以采用两种方法：一是让并联运行发电机具有相同的调压特性和必要的调差率；二是直接测量出每台发电机的无功电流偏差，然后根据无功电流偏差的大小和符号来增加或减小发电机的励磁[67]。通常采用后一种方法的装置称为无功电流自动分配装置，对于按照电压偏差进行调节的调压器，大多采用这种方法以保证无功功率的均匀分配。

所谓按照电压偏差进行调节，简而言之，就是调压装置的输出励磁电流与发电机的电压偏差成正比，即

$$I_L = I_{L0} + K(U_g - U) = I_{L0} + K\Delta U \tag{10-22}$$

或

$$\Delta I_L = I_L - I_{L0} = K\Delta U \tag{10-23}$$

式中，U_g 表示电压调节的给定值；U 代表发电机的实际电压；K 表示调节器的比例系数，或称闭环放大倍数。图 10-34 所示为上述调压器的原理图，为了便于分析，将调压器的测量比较环节单独框出，其工作原理是将输入的发电机端电压经过一定变换后，与某一给定数值进行比较，然后输出一个与发电机电压偏差成正比的信号 ΔU，调压器输出的励磁电流则在一定范围内与这一电压偏差信号成正比。

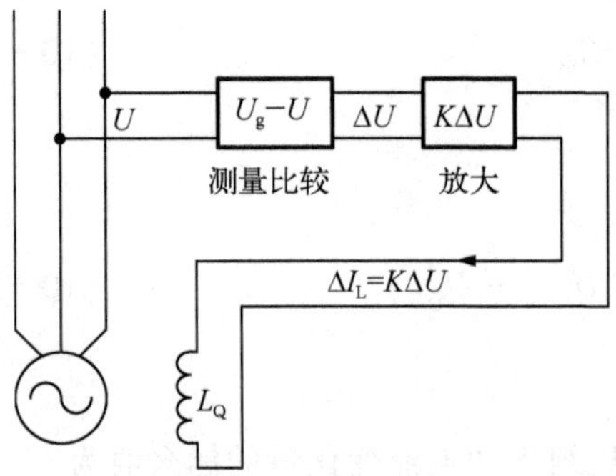

图 10-34　发电机励磁调节原理示意图

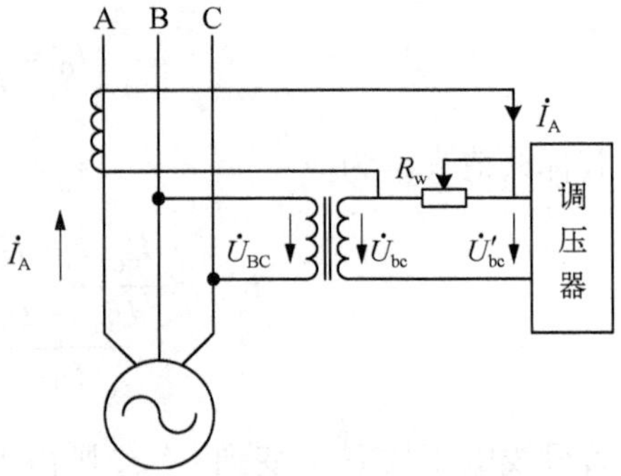

图 10-35　无功电流调差装置原理示意图

图 10-35 所示为无功电流调差装置的原理图,其特点是在被检测发电机的线电压上(如图中的 $\dot{U}_{bc}$)叠加一个与第三相电流 $\dot{I}_A$ 成正比的电压量,当交流同步发电机空载运行时($\dot{I}_A=0$),假定加在测量元件上的输入电压 $\dot{U}'_{bc}=\dot{U}'_{bc0}$,而当发电机具有电流 $\dot{I}_A$ 时,则测量元件的输入电压为

$$\dot{U}'_{bc}=\dot{U}_{bc}+(\dot{I}_{AP}+\dot{I}_{AQ})R_w \tag{10-24}$$

式中,$\dot{I}_{AP}$、$\dot{I}_{AQ}$ 分别代表交流同步发电机 A 相电流的有功分量和无功分量。

图 10-36 所示为 $\dot{U}'_{bc}$ 的矢量图,从矢量图可以看出,无功分量 $\dot{I}_{AQ}$ 在 R_w 上的压降与 $\dot{U}_{bc}$ 同方向,而有功分量 $\dot{I}_{AP}$ 在 R_w 上的压降与 $\dot{U}_{bc}$ 相垂直,因此有功分量 $\dot{I}_{AP}$ 对 $\dot{U}'_{bc}$ 的大小无显著影响,故可以在数值上近似认为:

$$\dot{U}'_{bc}\approx\dot{U}_{bc}+\dot{I}_{AQ}R_w \tag{10-25}$$

这实际上等于在测量环节上增加了一个虚假的电压偏差 $\Delta\dot{U}\propto\dot{I}_{AQ}R_w$,此时交流同步发电机的调压系统将减小励磁,直到 $\dot{U}'_{bc}$ 恢复到原来的数值 $\dot{U}'_{bc0}$ 为止,而此时的交流同步发电机实际电压则为 $\dot{U}_{bc}=\dot{U}_{bc0}-\dot{I}_{AQ}R_w$,即发电机电压随无功电流的增大而降低,呈现有差的调压特性。

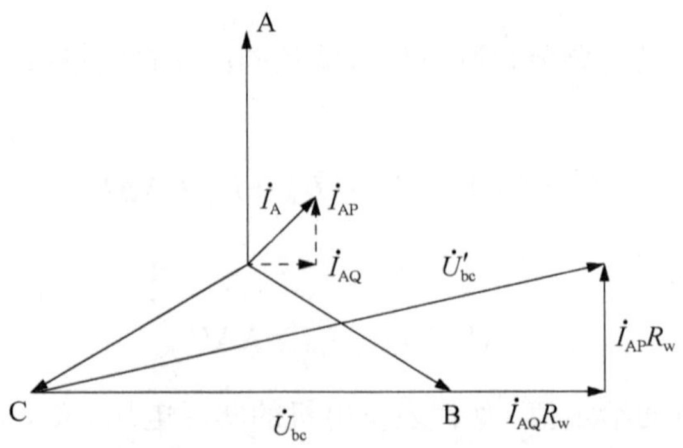

图 10-36　无功电流调差装置矢量图

需要指出的是,对于已经具备无功电流自动均衡装置的柴油发电机组,通常改变其可调电位器的阻值,就可以改变其调差率,同时配合空载电压的整定,可使各并联发电机组

具有相同的电压调整特性，而对于没有无功电流自动均衡装置的柴油发电机组，就需要加装相应的调差装置。

第五节　励磁调节装置工作原理

一、励磁调节器发展及分类

随着自动装置元器件的不断发展更新，励磁调节器经历了机电型、电磁型和电子型等发展阶段，至20世纪末由于计算机控制技术的日趋成熟，数字式励磁调节器（DAVR）逐渐替代上述模拟式调节器，现已普遍推广采用。

最初出现的励磁调节器为图10－37所示的机电型励磁调节器，它的任务只是调节电压，其调节线圈中的电流与交流同步发电机的电压成正比，调节线圈中的电流即可产生磁场力并作用于变阻器，从而改变励磁机磁场电阻的大小，实现交流同步发电机电压调节的作用。20世纪50年代磁放大器出现后，电力系统中又广泛采用了由磁放大器组成的电磁型调节器，其各单元均由电磁元件构成，且具有较大的时间常数，其主要优点是可靠性高，能够满足当时电力系统运行的要求。随着电子技术的不断发展，励磁调节器逐渐改为由电子器件组成，即为电子型励磁调节器，电子元件几乎没有时滞，功率放大倍数也较高，特别是自20世纪60年代初电子式励磁调节器开始在中型交流同步发电机上逐渐采用，并一直沿用至今。电子型励磁调节器的型式虽然很多，但其核心部分却很相似，通常由基本控制和辅助控制两部分组成，图10－38为其结构组成框图。其中，基本控制由调差、测量比较、综合放大和移相触发等单元组成，主要用于实现电压调节和无功功率分配等基本调节功能；辅助控制是为了满足交流同步发电机的不同运行工况、改善电力系统稳定性、改善励磁控制系统动态性能而设置的单元，主要包括励磁系统稳定器、电力系统稳定器和励磁限制器等。

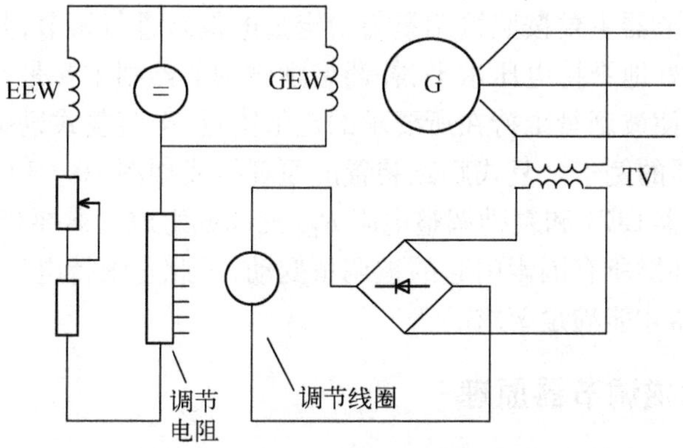

图10－37　机电型励磁调节器示意图

20世纪90年代，数字式励磁调节器开始在电力系统中得到应用，并在短短十几年内得到了飞速的发展。与机电型、电磁型和电子型等模拟式励磁调节器相比，数字式励磁调

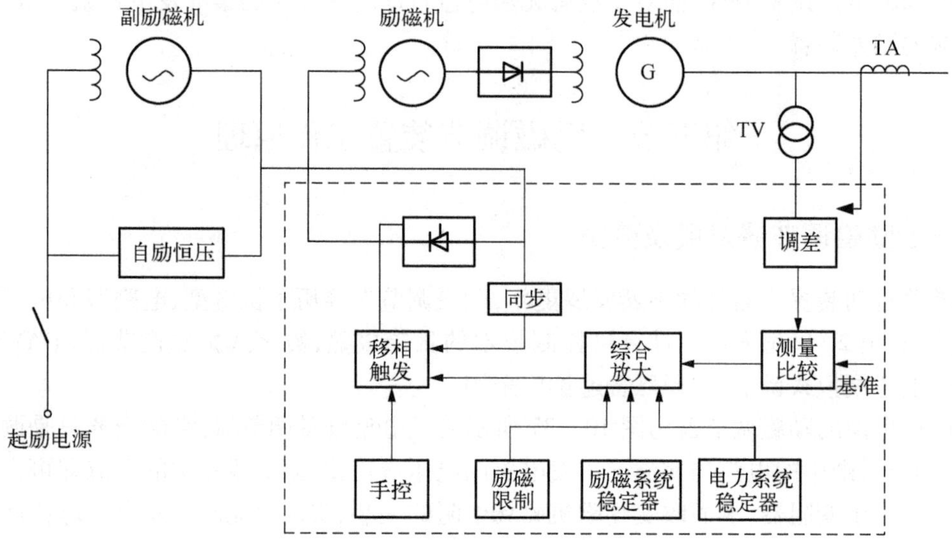

图 10－38　电子型励磁调节器示意图

节器主要具有如下优点[68]：一是由于计算机具有强大的计算和逻辑处理功能，因此可相对方便地实现复杂的控制策略，特别是除了能够实现模拟式励磁调节器可以实现的各种功能外，还可以实现模拟式励磁调节器较难实现的一些控制策略，从而增强了励磁控制功能，改善了交流同步发电机的运行工况；二是数字式励磁调节器的控制算法通常由软件完成，因此它比模拟式励磁调节器更便于修改，灵活性更强；三是数字式励磁调节器还可以实现更加完备的限制和保护功能，并具有操作简单、维护方便以及便于试验和调试等优点；四是数字式励磁调节器由于可实现双通道运行方式，且双通道间互为备用，因此可靠性大大提高；五是数字式励磁调节器还具有较强的通信功能，能够方便进行柴油发电机组之间的综合协调。

此外，励磁调节器还可以按照调节原理进行分类，主要可分为反馈型和补偿型两类。其中，反馈型励磁调节器主要按照被调量与给定量的偏差进行调节，其目的是使被调量接近给定值，因此能较好地维持电压水平；补偿型励磁调节器则主要是补偿某些因素所引起被调量的变动，从而使被调量维持在所要求的定值附近，电流复式励磁及相位复式励磁就是补偿型励磁调节器的例子。复式励磁装置的原理接线如图 10－39 所示，主要由复励变压器 CET、复励整流器 CER 和复励调整电阻 R_{CE} 三部分组成。需要指出的是，由于复式励磁装置不可能完全补偿所有因素引起的被调量变动，因此它维持电压的性能较差，运行中通常采用电压校正器才能满足要求。

二、数字式励磁调节器原理

（一）数字式励磁调节器硬件电路

数字式励磁调节器硬件电路如图 10－40 所示，主要由测量单元、主控单元（含调差）、移相触发单元和人机接口单元等电路组成，分别用虚框 1～4 表示。此外，按照功能划分数字式励磁调节器同样也包括基本控制、辅助控制两部分。其中，测量单元、主控单元（含

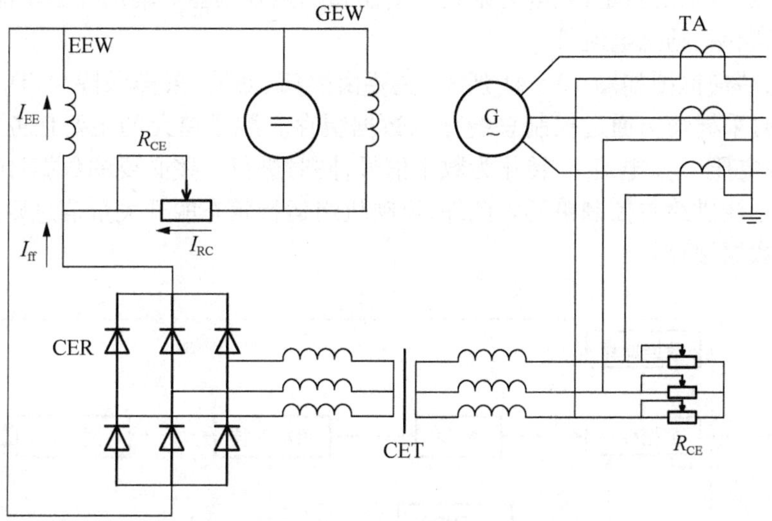

图 10－39　复式励磁装置原理接线图

调差）和移相触发单元组成基本控制部分，主要用于实现电压调节和无功功率分配等基本调节功能；辅助控制部分主要包括励磁系统稳定器、电力系统稳定器和励磁限制器等。需要指出的是，在数字式励磁调节器中，励磁系统稳定器、电力系统稳定器和励磁限制器等辅助控制通常采用软件实现。

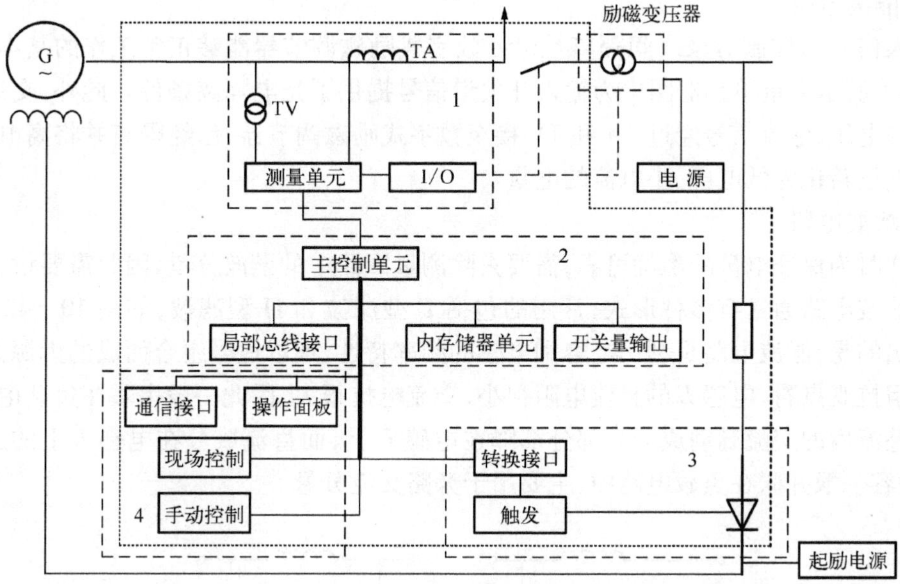

图 10－40　数字式励磁调节器硬件电路框图

1. 测量单元

数字式励磁调节器为了实现电压调节和无功功率分配等基本功能，需要测量的信息包括交流同步发电机机端电压、电流，以及反映机组运行状态的开关量信息。此外，对于励磁调节器的励磁系统稳定器、电力系统稳定器和励磁限制器等辅助控制功能，需要测量的信息还包括频率、励磁电流等。

测量单元结构框图如图 10－41 所示，主要由隔离、滤波、采样保持、A/D 及其控制电路等组成，同时采样输出通过控制总线存入数据缓存。测量单元的主要任务是将交流同步发电机机端电压 $\dot{U}_G$、电流 $\dot{I}_G$ 转化为数字信号，同时进行一些必要的数据计算和数据缓存，并经数据总线供给主控制单元。此外，反映机组运行状态的开关量信息则经光电隔离后，直接送至数据缓存。

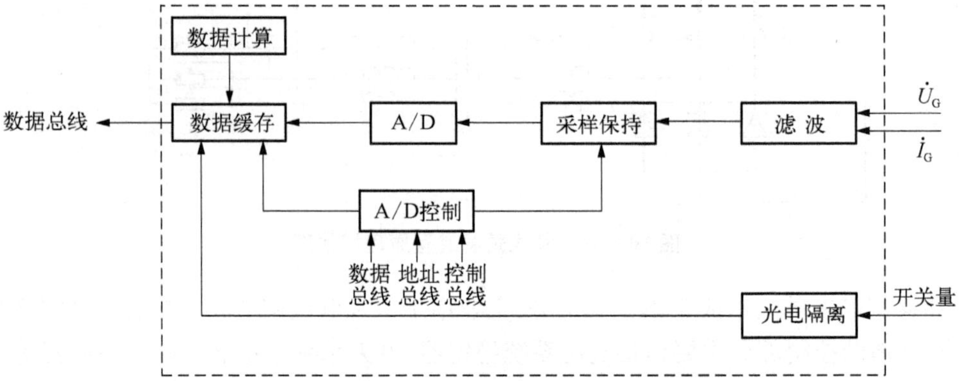

图 10－41　测量单元结构框图

1）隔离电路

输入信号与控制对象之间隔离是保证数字式励磁调节器能够正常工作的基本条件，图 10－41 所示测量单元框图中为输入开关量信号提供了光电隔离条件。此外，交流同步发电机的电压、电流信号经过 TA 和 TV 接至数字式励磁调节器，已经隔离并将高电压、大电流的电量转化为低电压、小电流的电量。

2）滤波电路

采样时为保证电量的准确可靠，需要去除测量回路中的谐波分量，因此需要设置滤波电路。滤波电路通常有多种形式，常用的包括 Γ 型滤波和 Π 型滤波，如图 10－42 所示。需要指出的是，滤波电路是利用电容和电感的频率特性，加以适当组合而成的无源四端网络。从阻抗观点看，电感 L 的直流电阻很小，交流电抗很大，因此一般串联在负载电路中，从而使整流后的交流脉动成分大部分都降在电感 L 上，而直流成分在电感 L 上的压降却很小；电容一般并联在负载电路中，主要用于旁路交流分量。

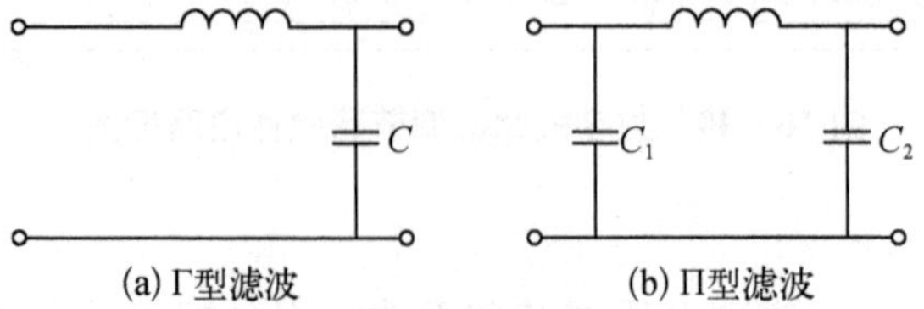

图 10－42　Γ 型和 Π 型滤波电路示意图

另一种滤波电路是由电阻、电容组成的桥式滤波器，其电路图如图 10－43 所示，其中 A、B 为电桥输入端，其输入电压为 U_{in}，C、D 为输出端，其输出电压为 U_{out}。桥式滤波器采用电桥平衡原理滤掉某一频率的谐波电压，且对直流电压只有很小的衰减，同时由于它能够快速反映输入电压的变化，因此通常又称为快速滤波器。

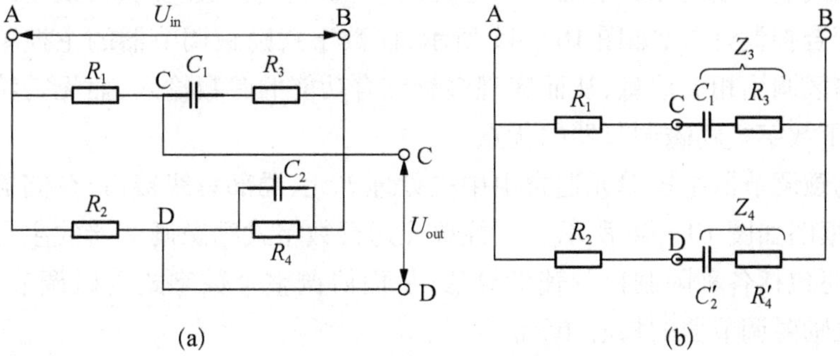

图 10－43　桥式滤波电路示意图

3）A/D 转换电路

A/D 转换电路的主要作用是把采样输入的模拟信号转化为二进制数字量，其主要技术指标包括：

（1）分辨率。分辨率表示对输入模拟信号量值大小的反映能力，通常分辨率越高，对输入信号大小的区别就越精细。分辨率通常以 A/D 转换器数字量的位数 n 进行表示。

（2）量程。量程主要指 A/D 转换器能够进行转换的输入电压范围，例如 AD578 的量程在双极性时为±5 V 或±10 V，单极性时为 0～+10 V 或 0～+20 V。

（3）转换时间。转换时间通常指完成一次 A/D 转换所需的时间，例如 AD578 的转换时间为 6 μs。通常 A/D 转换时间越短，数据采集时间用时越少，从而使 CPU 有更多时间进行其他计算。

（4）转换精度。转换精度通常包括绝对精度和相对精度。其中绝对精度是指对应于一个给定数字量的实际模拟量输入与理论模拟量输入之差，通常用数字量位数作为绝对精度的单位；而相对精度是指采用百分数表示的满量程相对误差。

（5）控制电路和数据缓冲电路。A/D 转换典型接口如图 10－44 所示，通常控制信号

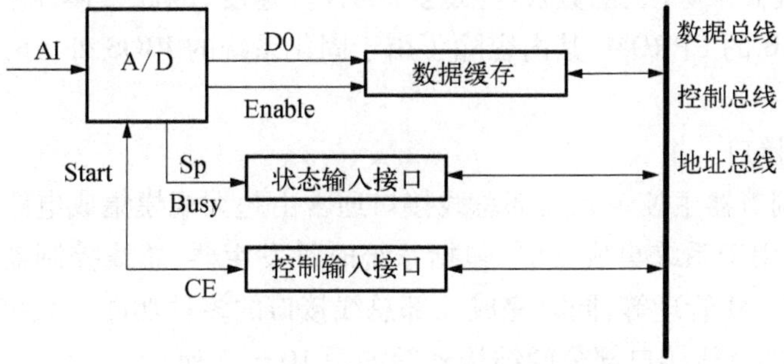

图 10－44　A/D 典型接口示意图

由 CPU 通过控制端口 CE 送至 A/D 的 Start 端，从而使 A/D 开始转换，A/D 转换完成时，通过 Sp 端口使 Busy 值由 1 到 0，同时将 Enable 线变为低电平，此时 CPU 可通过查询 Busy 状态来决定从数据端口 D0 读入 A/D 转换数据的时机。

2. 主控单元

通常模拟式电子型励磁调节器的核心控制单元综合放大器要获得众多的输入信号才能完成多种综合控制任务，如图 10－45 所示，而数字式励磁调节器的主控单元则可以从指定的内存储区调用相关信息，从而实现多种综合功能的参数输入，而无需特定的硬件支持，充分体现了数字式励磁调节器的优点。

数字式励磁调节器主控单元通常由中央处理单元、局部总线接口、存储器等功能部件组成，其结构框图如图 10－46 所示。主控单元运行数字式励磁调节器的主程序和各种控制算法，同时还包括各种限制控制辅助算法，从而协调整个数字式励磁调节器的运行，因此它是数字式励磁调节器的核心单元。

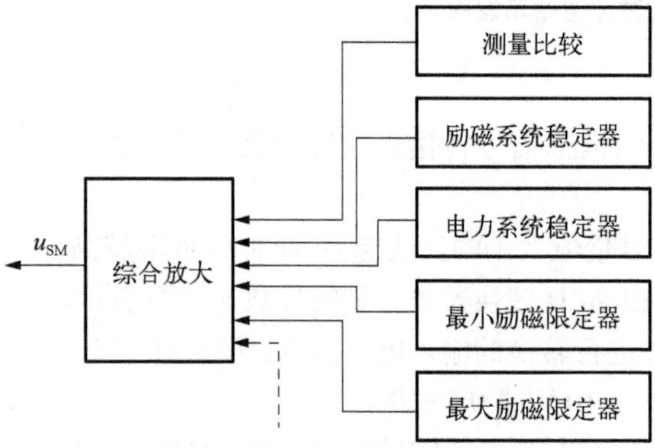

图 10－45 模拟式电子型励磁调节器主控单元输入信号示意图

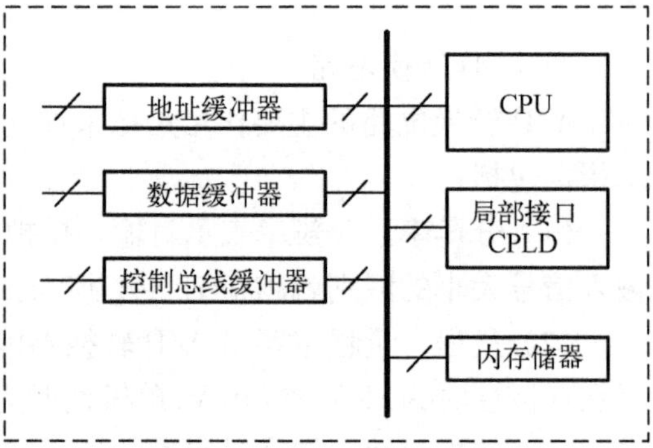

图 10－46 数字式励磁调节器主控单元结构框图

1）中央处理单元

数字式励磁调节器主控单元 CPU 主要由主 CPU[一般是数字信号处理器(digital signal processor, DSP)]、协处理器和基本输入输出系统(basic input/output system, BIOS)等组成。其中，主 CPU 运行速度已超过标准 PC/XT 的主频 4.77 MHz 许多倍，且可选用协处理器来提高乘除法、函数及浮点运算的计算速度，因此整体速度较快；BIOS 内存通常是一个 128 KB 的 EPROM，其内容除了用于固化系统的 BIOS 外，还用于固化参数、程序和虚盘等。

2）局部总线接口

数字式励磁调节器主控单元局部总线接口通常由超大规模集成电路和可编程阵列逻辑芯片实现，主要用于系统集成功能，包括系统时钟发生器、总线控制器、中断控制器、计数/定时器、动态 RAM 管理等，同时完成局部总线接口的多种功能。数字式励磁调节器主控单元 CPU 和局部总线接口部分的结构框图如图 10－47 所示。

需要指出的是，局部总线接口中通常还配有相应的扩展支持部分，包括整个系统设置

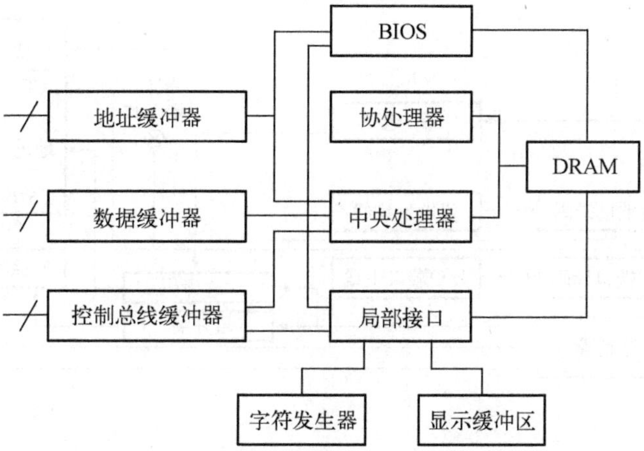

图 10－47　中央处理单元和局部总线接口结构框图

跳线、实时时钟、定时器、总线终端网络等。

（1）系统设置跳线。系统设置跳线的主要功能是使数字式励磁调节器主控单元 CPU 上电时，能够通过跳线选择值确定系统的运行方式。系统设置跳线通常由一个 8 位的 DIP 开关和一个三态门组成。

（2）实时时钟。实时时钟的主要功能包括非易失性日历时钟、可编程中断、矩形波发生器等。实时时钟通常采用集成度较高的集成芯片实现，且芯片内集成总线接口电路、时钟/日历修正电路、分频控制电路等。通常实时时钟采用后备电池供电，在系统失电情况下应至少保存信息几个月。

（3）定时器。定时器的主要功能是对程序执行起监督作用，一旦程序紊乱或死机，导致不能定时复位，则定时器将输出一个复位脉冲，重新运行程序并报警。定时器电路一般由若干个单稳态触发电路构成，也有系统的 CPU 内部具有软件的定时器。定时器对于提高整个系统运行的可靠性具有重要作用。

（4）总线终端网络。总线终端网络通常为 RC 网络，其主要功能是为数据总线、地址总线和控制总线提供无源网络和上拉电阻支持，同时信号瞬变时还可降低尖峰脉冲信号和吸收一些高频干扰信号。

3）存储器

数字式励磁调节器主控单元存储器通常是根据扩展内存规范而设计的存储器卡，其硬件结构主要包括译码、写保护、存储器、后备电池等，如图 10－48 所示。

3．*移相触发单元*

励磁控制系统励磁功率单元的重要组成部分是由晶闸管组成的全控桥式整流电路，通常为使全控桥式整流电路正常工作，需要使晶闸管元件按照一定的次序导通，即需要按照一定的次序对晶闸管门极施加触发脉冲，这就是移相触发单元需要完成的任务。移相触发单元的主要功能是产生可调相位的脉冲，触发晶闸管并使其触发角能够随着主控单元输出的控制数据而改变，从而通过控制晶闸管整流电路的输出调节交流同步发电机的励磁电流。

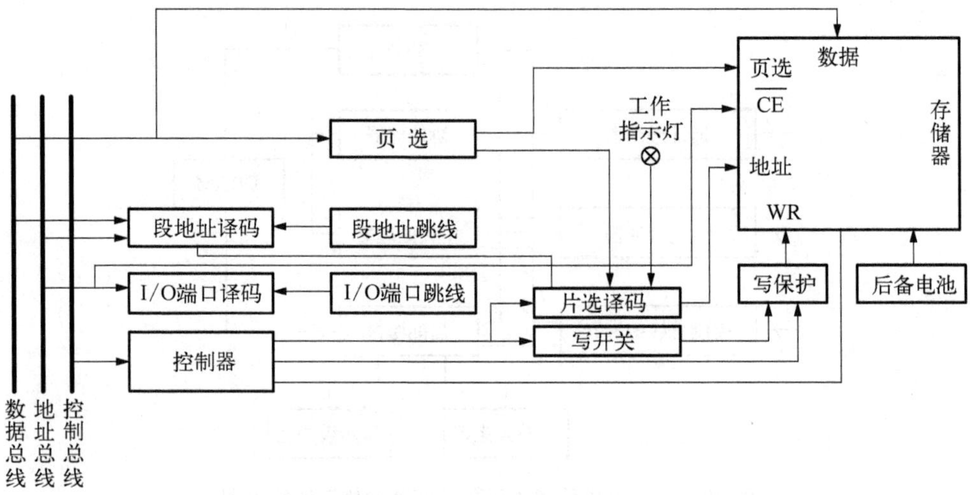

图 10－48　存储器部分硬件结构框图

通常可控整流电路要求在晶闸管每次承受正向电压的某一时刻，向它的门极发送触发脉冲，从而使晶闸管导通。晶闸管触发脉冲与主电路之间的这种相位配合关系称为同步，对于不同接线方式的晶闸管整流电路，由于晶闸管在每个周期内导电的区间不同，因此触发脉冲回路与主电路同步的相位配合也有所不同。对于三相全控桥式整流电路，其共阴极的晶闸管元件只有在阳极电位最高的一段区间内才有可能导通，即触发脉冲应在这一区间内发出，同时三相触发脉冲应按照+A、+B、+C 相顺序依次相隔 120°发出；共阳极的晶闸管元件只有在阴极电位最低的一段区间内才有可能导通，即触发脉冲应在这一区间内发出，同时三相触发脉冲应按照-C、-A、-B 相顺序依次相隔 120°发出，这样三相触发脉冲按照+A→-C→+B→-A→+C→-B 相的顺序依次相隔 60°发出。

移相触发单元的结构框图如图 10－49 所示，它将控制单元输出的触发脉冲经光电隔离后实现功率放大，然后通过同步、移相环节，再经过脉冲变压器形成陡度、幅值和宽度，并送至晶闸管的触发端，从而保证晶闸管可靠导通。

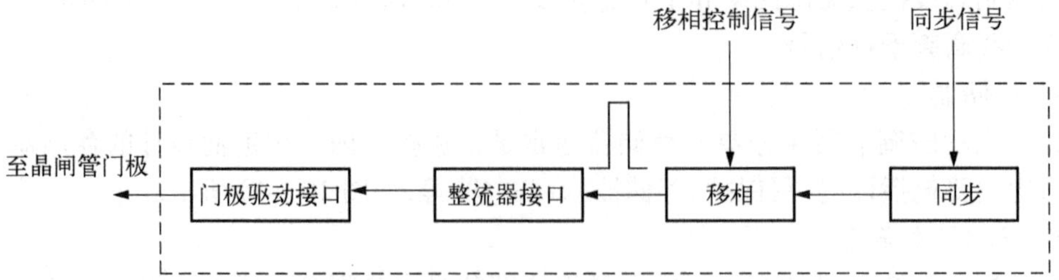

图 10－49　移相触发单元结构框图

1）同步电压整形电路

通常供给移相触发单元的同步电压信号与主电路电源之间应具有一定的相位关系，才能保证触发脉冲按照要求的相位发出，该同步电压信号通常由同步变压器获得，同步变压器一次绕组接主回路电源，二次绕组供触发电路作为同步信号，如图

10－50所示。图10－50(a)为单相同步电压整形电路原理接线图，图中同步变压器一次侧电压$\dot{U}_{ac}$与晶闸管阳极电压同相位，经电压比较器后形成宽度为180°的方波，且其上升沿对应自然换相点，如图10－50(b)所示。由于测得的阳极电压周期为T，从上升沿算起过$T/6$即为自然换流点2，再过$T/6$到达自然换流点3，依次类推可以得到4、5、6换流点。

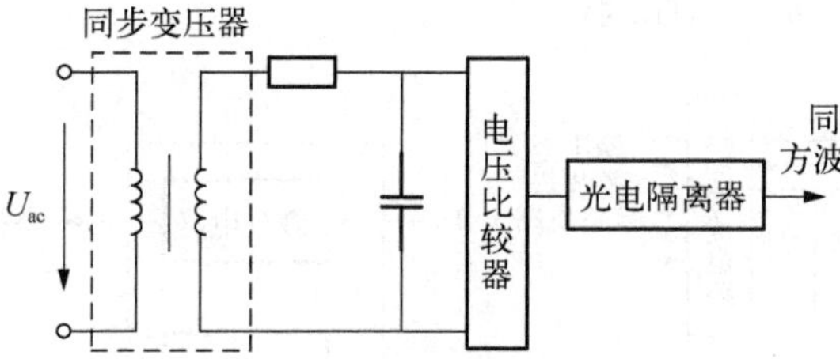

(a) 原理接线

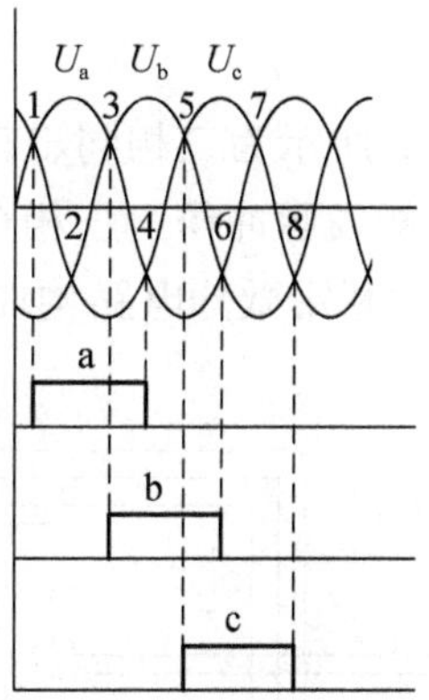

(b) 三相全控桥阳极电压和自然换相点

图10－50　同步电压整形电路示意图

2）数字移相脉冲电路

通常由主控单元计算输出的移相控制信号是一个数字量，该数字量用于控制晶闸管导通角的触发脉冲移相，这就需要数字移相脉冲电路，其结构框图如图10－51(a)所示，主要由同步、数字移相和脉冲形成三个环节构成。图10－51(b)是采用可编程定时/计数器8253实现的数字移相脉冲电路原理接线图，图中控制输出数字量D装入计数寄存器，同步电压经隔离、电平变换后在电压过零点处形成正脉冲，并施加到Gate端使计数器开始计数（即做减法），计数结束时输出端out的低电平信号经转换后形成触发脉冲输出，它与同步电压过零点之间的相差时间即为导通角。

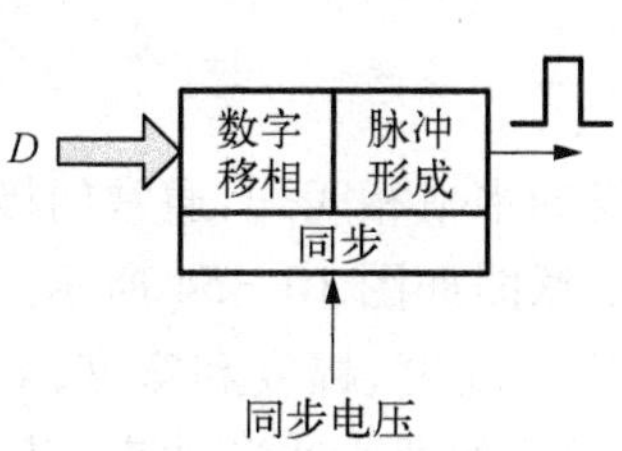

(a) 结构框图

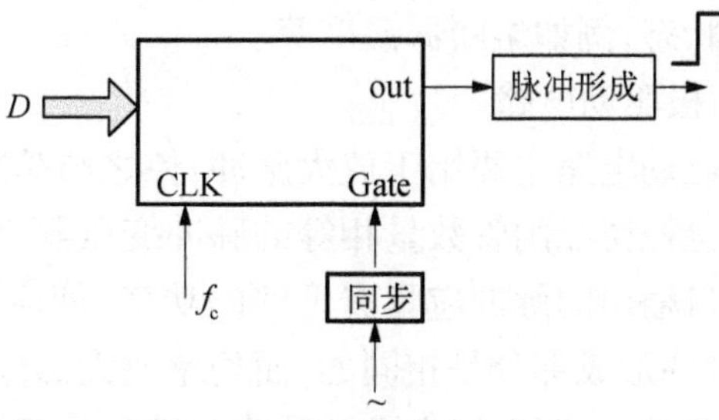

(b) 原理接线图

图10－51　数字移相脉冲电路示意图

上述移相原理是把晶闸管导通角α换算成对应的延时t_α，然后再折算成对应的计数脉冲个数D，如下式所示：

$$t_\alpha = \frac{\alpha}{360}T \tag{10-26}$$

式中，T 表示晶闸管交流电源的周期。假设加到可编程定时/计数器 8253 计数脉冲的频率为 f_c，则与 t_α 对应的计数脉冲数为

$$D = t_\alpha f_c = \frac{\alpha}{360}Tf_c \tag{10-27}$$

图 10－52 所示为三相同步整形电路示例，图中采用两个可编程定时/计数器 8253 芯片，输出六个触发脉冲作为三相全控桥式整流电路的双脉冲触发，且脉冲间隔为 60°。图 10－53 所示为利用微分电路构成的脉冲形成电路原理框图。

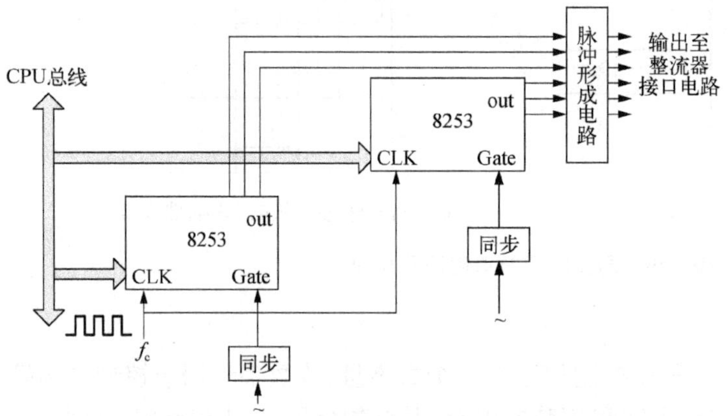

图 10－52　三相同步整形电路原理接线图

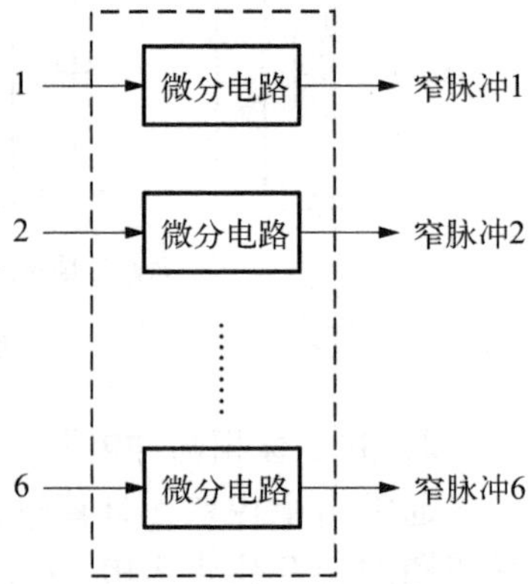

图 10－53　脉冲形成电路原理框图

3）整流器接口电路

当脉冲形成电路发出控制脉冲后，需要经过整流器接口以实现光电隔离，并作为触发脉冲的输出端口，从而在控制单元和门极驱动电路之间实现电气隔离。此外，整流器接口单元还应具备测量整流桥输出电流并监测桥臂电流的功能，同时还可监控到可控硅整流器部件的状态，例如熔断器温度等。

4）门极驱动电路

门极驱动电路主要用于放大脉冲，使之与晶闸管触发的水平相匹配，通常门极驱动电路含有与全控桥晶闸管数量相等的脉冲变压器，其电路示意图如图 10－54 所示。通常门极驱动接口输出的脉冲应具有足够的功率，即应具有一定的陡度、幅度和宽度，对于不同机组，其脉冲形成部分是相同的，而功率放大部分则依据机组容量大小和功率不同要求有所不同。此外，由于微机发出的数字脉冲信号都是 TTL 电平（晶体管-晶体管逻辑电平），直接触发晶闸管功率不够，因此励磁控制系统中均有脉冲放大环节。

4. *人机交互单元*

数字式励磁调节器通常面向程序调试、参数设定与维护、运行操作等不同人员的操作，其结构如图 10－55 所示。其中，程序调试主要应用计算机常规的外围设备，如键盘、

鼠标、显示器、打印机等，且在特定开发环境下工作；参数设定与维护是指技术人员在指定端口修改参数，同时根据数字式励磁调节器运行中的显示信号进行恰当维护；运行操作是指值班运行人员进行增、减励磁电流的操作，并通过数字式励磁调节器运行面板显示相关信息。

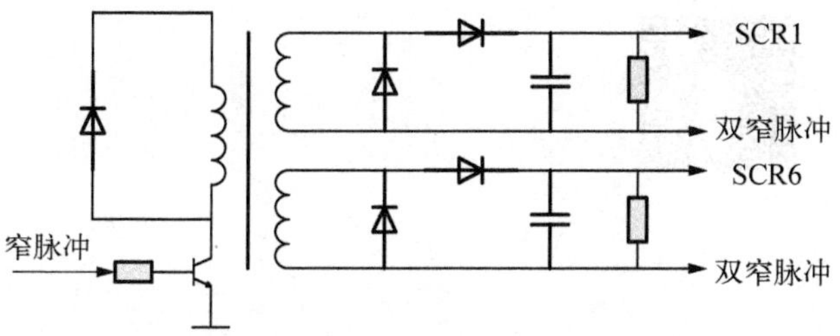

图 10－54　门极驱动电路示意图

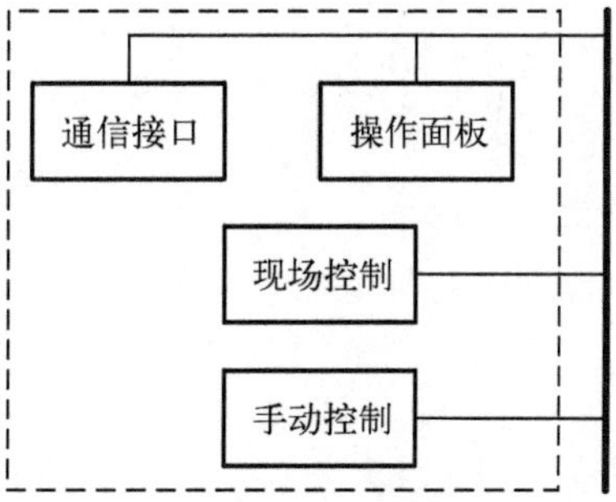

图 10－55　人机接口电路结构框图

（二）数字式励磁调节器软件程序

1. 概述

任何计算机控制系统都由硬件和软件两大部分组成，二者相互配合完成相应的控制任务。励磁调节器担负了维持交流同步发电机电压和并联运行机组间无功功率合理分配的任务，具有最大瞬时电流限制、过励磁与低励磁限制和保护、V/Hz 限制和保护等辅助功能，同时还采用检测诊断措施保证励磁调节器的可靠运行，例如失脉冲检测与处理、TV 断线检测与处理、双机间调节量相互校核，以及防止误跳闸、程序跑飞等。

2. 主程序

励磁调节器通常采用中断控制的顺序工作模式，其要点是按照功能先后将各个任务串联起来，并依次逐个执行。通常由交流电波形的过零点中断控制程序返回，返回条件是保证在一个周期内执行完所有任务。需要指出的是，交流波形过零中断控制主程序返回相当于一级看门狗，这样既可以防止程序偶然跑飞，又解决了双通道调节器两主机之间的同步问题。

数字式励磁调节器软件共设置了过零中断、采样中断、通信中断、键盘中断四个中断服务程序。其中，过零中断是在交流波起始点处设置的中断，通常为非正常返回，且回到主程序入口处，它是软件中最重要的控制中断，直接影响数字式励磁调节器的可靠性；采样中断是指按照交流采样要求设置相应的采样点；通信中断主要是指电站控制系统与数字式励磁调节器之间串行通信口的接收、发送中断等；键盘中断是指专职技术人员干预数字式励磁调节器时，采用键盘实现的与数字式励磁调节器之间通信的中断。

励磁调节器上电后首先进行自检和初始化，读入相关状态信息，从而为启动运行做好准备，待启动各项准备工作完成后，开放中断程序进入正常运行。每个交流波形过零点为程序起始点，之后进行间隔采样、计算，进行低励、过励、V/Hz 等各种判断处理，判断结果记录在各自指定地址并作为标志，然后等待在各个相应的任务中进行适当处理，同时按照运行情况分别进行启动延时管理、改动调节方式、输出告警显示、主备用切换、保护动作等。

测试题

第十一章 频率及有功功率自动调节

第一节 概 述

频率是电能质量的重要指标之一,在稳态条件下电力系统的频率是一个全系统一致的运行参数。通常电力系统频率f与柴油发电机组转速n之间的关系式为

$$f=\frac{pn}{60} \tag{11-1}$$

式中,p表示交流同步发电机的极对数;n表示柴油发电机组的每分钟转数。

若设系统中有m台柴油发电机组,各机组柴油机的输入总功率为$\sum_{1}^{m} P_{\mathrm{T}_i}$,各机组的电功率总输出为$\sum_{1}^{m} P_{\mathrm{G}_i}$。当忽略机组内部损耗,则满足$\sum_{1}^{m} P_{\mathrm{T}_i}=\sum_{1}^{m} P_{\mathrm{G}_i}$,即输入输出功率平衡,若此时由于系统负荷突然变动而使柴油发电机组输出功率增加ΔP_{L},而由于机械惯性输入功率还来不及做出反应,则满足

$$\sum_{1}^{m} P_{\mathrm{T}_i} < \sum_{1}^{m} P_{\mathrm{G}_i}+\Delta P_{\mathrm{L}} \tag{11-2}$$

即此时机组输入功率小于负荷要求的电功率,为了保持功率平衡,柴油发电机组只有把转子的一部分动能转换成电功率,从而导致机组转速降低,电力系统频率下降,关系式为

$$\sum_{1}^{m} P_{\mathrm{T}_i}=\sum_{1}^{m} P_{\mathrm{G}_i}+\Delta P_{\mathrm{L}}+\frac{\mathrm{d}}{\mathrm{d}t}\Big(\sum_{1}^{m} W_{\mathrm{K}_i}\Big) \tag{11-3}$$

式中,W_{K_i}表示机组的动能。可见电力系统频率的变化是由于柴油发电机组的负荷与柴油机输入功率之间失去平衡所致,因此调频与有功功率调节是分不开的。通常电力系统负荷总是不断变化的,而柴油机输入功率的改变则相对缓慢,因此电力系统中频率的波动是在所难免的。电力系统中负荷瞬时变动情况通常可分为以下几种不同的分量[69]:第一种是频率较高的随机分量,其变化周期一般小于10 s;第二种为脉动分量,其变化幅度较大,变化周期通常在10 s到3 min之间;第三种为变化很缓慢的持续分量。电力系统负荷的变化必将导致电力系统频率的变化,同时由于电力系统本身是一个惯性系统,因此对频

率变化起主要影响的通常是第二种与第三种分量。

电力系统频率的变化通常会使柴油发电机组和用电设备偏离额定工况，导致柴油机电站在不经济的状况下运行，同时还会影响整个电力系统的经济运行，因此电力系统运行的主要任务之一就是对频率进行监视和控制。通常当柴油发电机组输入功率与负荷功率失去平衡而致使频率偏离额定值时，柴油机电站控制系统必须调节机组出力，以保证电力系统频率的偏移在允许范围之内。

通常调节频率或调节柴油发电机组转速的主要方法是改变单位时间内进入柴油机的动力元素，对于柴油发电机组而言，就是通过改变柴油机油门的大小、改变单位时间内进入气缸的燃油量来实现的。此外，当采用一台或几台柴油发电机组调节频率时还会引起机组间有功负荷分配的改变，这就涉及电力系统的经济运行问题，因此频率调节与电力系统负荷的经济分配具有密切的关系。

第二节　电力系统负荷的功率-频率特性

当电力系统频率发生变化时，整个电力系统的有功负荷通常也会随之改变，即满足

$$P_{L} = F(f) \tag{11-4}$$

电力系统负荷的功率-频率特性教学视频

这种电力系统有功负荷随频率而改变的特性称为电力系统负荷的功率-频率特性，它是负荷的静态频率特性。电力系统中各种有功负荷与频率之间的关系可归纳为以下几类：一是与频率变化无关的负荷，例如照明、电弧炉、电阻炉、整流负荷等；二是与频率成正比的负荷，例如压缩机、卷扬机等，其转矩约为常数；三是与频率二次方成比例的负荷，例如变压器中的涡流损耗，通常这种损耗在电网有功损耗中所占比例较小；四是与频率三次方成比例的负荷，例如通风机、静水头阻力不大的给水泵等；五是与频率的更高次方成比例的负荷，例如静水头阻力很大的给水泵等。

通常电力系统负荷的功率-频率特性可表示为

$$P_{L} = a_0 P_{LN} + a_1 P_{LN}\left(\frac{f}{f_N}\right) + a_2 P_{LN}\left(\frac{f}{f_N}\right)^2 + \cdots + a_n P_{LN}\left(\frac{f}{f_N}\right)^n \tag{11-5}$$

式中，f_N 代表电力系统的额定频率；P_L 表示电力系统频率为 f 时整个系统的有功负荷；P_{LN} 表示电力系统频率为额定值 f_N 时整个系统的有功负荷；a_0，a_1，…，a_n 表示上述各类负荷占 P_{LN} 的比例系数。若将公式(11-5)除以 P_{LN}，则可得标幺值形式，即满足

$$P_{L*} = a_0 + a_1 f_* + a_2 f_*^2 + \cdots + a_n f_*^n \tag{11-6}$$

显然当电力系统频率为额定值时，$P_{L*} = 1$，$f_* = 1$，于是

$$a_0 + a_1 + a_2 + \cdots + a_n = 1 \tag{11-7}$$

由于电力系统中与频率高次方成比例的负荷很小，一般可忽略，因此应用公式(11-5)和公式(11-6)计算时，通常取到三次方项即可。

公式(11-5)和公式(11-6)通常称为电力系统有功负荷的静态频率特性方程。当

电力系统负荷的组成和性质确定后,电力系统有功负荷的静态频率特性方程也就确定了,如图 11-1 所示。从图中可以看出:当系统频率为额定频率 f_N 时,电力系统的有功负荷功率为 P_{LN}(图中 a 点);当系统频率下降到 f_b 时,电力系统有功负荷功率由 P_{LN} 下降到 P_{Lb}(图中 b 点)。即如果电力系统频率升高,有功负荷功率也将增大,也就是说当系统内机组的输入功率和负荷功率之间失去平衡时,系统负荷也参与了调节作用,其特性有利于电力系统有功功率在另一频率值下重新平衡,这种现象称为电力系统负荷的频率调节效应,通常采用公式(11-8)衡量频率调节效应的大小:

$$\frac{dP_{L*}}{df_*} = K_{L*} \tag{11-8}$$

式中, K_{L*} 称为电力系统负荷的频率调节效应系数,满足

$$\begin{aligned} K_{L*} &= \frac{dP_{L*}}{df_*} = a_1 + 2a_2 f_* + 3a_3 f_*^2 + \cdots + na_n f_*^{n-1} \\ &= \sum_1^m ma_m f_*^{m-1} \end{aligned} \tag{11-9}$$

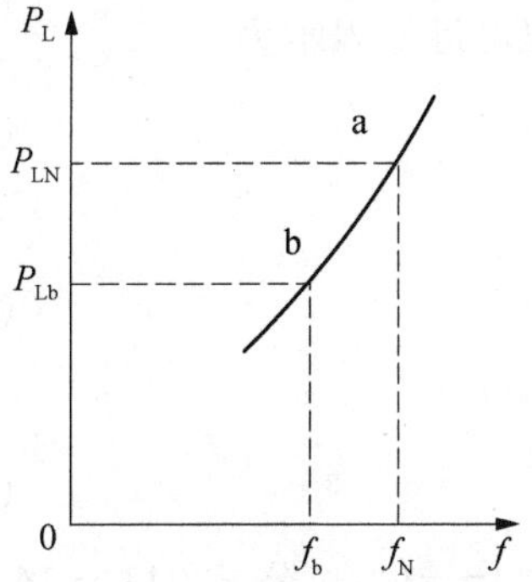

图 11-1　电力系统有功负荷静态频率特性示意图

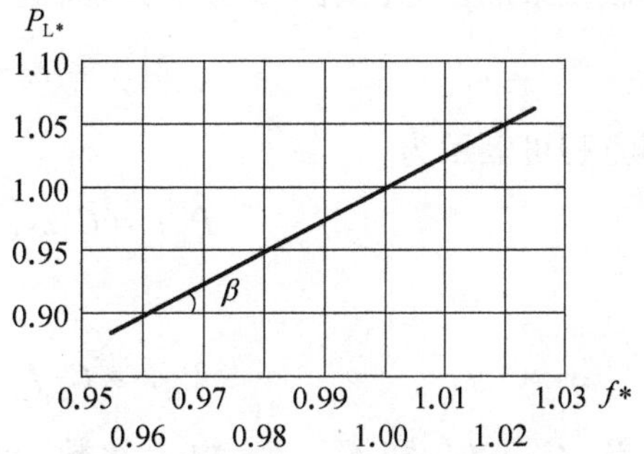

图 11-2　电力系统负荷的频率调节效应系数示意图

由上述公式可知,电力系统负荷的频率调节效应系数 K_{L*} 主要取决于负荷的性质,通常它与各类负荷所占总负荷的比例有关。电力系统运行中允许频率变化的范围通常是很小的,在允许频率变化的较小范围内(如 48~51 Hz),有功负荷与频率的关系曲线接近一条直线(如图 11-2 所示),直线的斜率为

$$K_{L*} = \tan\beta = \frac{\Delta P_{L*}}{\Delta f_*} \tag{11-10}$$

通常也可采用有名值表示为

$$K_L = \frac{\Delta P_L}{\Delta f} \tag{11-11}$$

有名值与标幺值之间的换算关系为

$$K_{L*} = K_L \frac{f_N}{P_{LN}} \tag{11-12}$$

K_L 和 K_{L*} 都是电力系统负荷的频率调节效应系数，对于不同的电力系统，因负荷的组成不同，K_{L*} 值也不相同，一般在1~3之间。此外，K_{L*} 通常是无量纲常数，它表明系统频率变化1%时有功负荷功率变化的百分数。

第三节　发电机组的功率-频率特性

发电机组的功率-频率特性教学视频

柴油发电机组转速的调节通常由柴油机的调速系统实现，因此发电机组的功率-频率特性取决于调速系统特性。当系统负荷变化引起频率变化时，柴油发电机组调速系统工作，改变进入柴油机的燃油量，调节柴油发电机组的输入功率以适应负荷的需要。通常将由于频率变化而引起柴油发电机组输出功率变化的关系称为发电机组的功率-频率特性或调节特性。

一、发电机组功率-频率特性概述

首先假设柴油发电机组未配置调速器，其转矩方程可近似表示为

$$M_{G*} = A - B\omega_* \tag{11-13}$$

功率方程可表示为

$$P_{G*} = C'_1\omega_* - C'_2\omega_*^2 \tag{11-14}$$

或

$$P_{G*} = C_1 f_* - C_2 f_*^2 \tag{11-15}$$

式中，A、B、C'_1、C'_2 和 C_1、C_2 均为常数，且满足 $C_1 = 2C_2$。公式(11-14)和公式(11-15)可采用图11-3所示曲线进行表示，由图可知，输出功率最大值是在额定条件下，即转速和转矩都为额定值时出现。

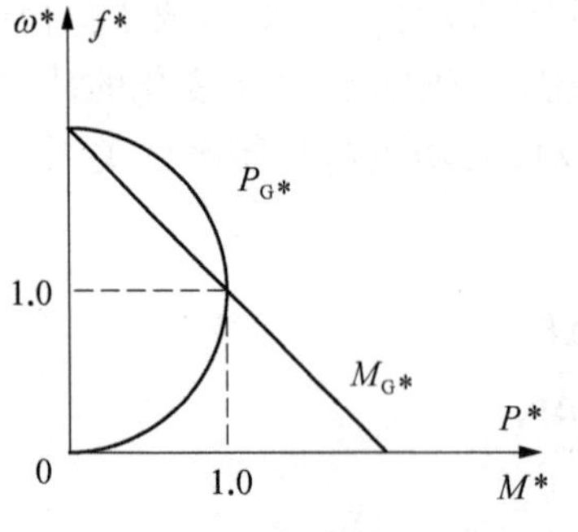

图11-3　未配调速器的发电机组功率-频率特性示意图

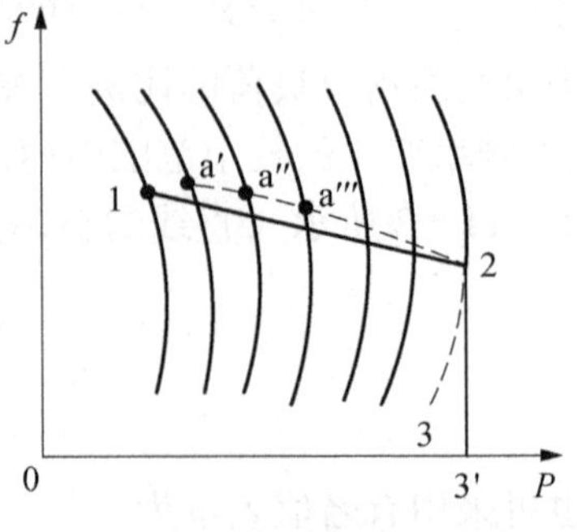

图11-4　配有调速器的发电机组功率-频率特性示意图

当柴油发电机组配有调速系统后，情况就发生了变化，此时在调速器作用下随着转速的变动而不断改变进入柴油机的燃油量，从而使柴油机的运行点不断从一根静态特性向另一根静态特性过渡，如图 11－4 所示，即由 a′ 到 a″ 到 a‴…，连接这些不同曲线上的运行点 a′、a″、a‴… 所成的曲线（图中虚线）即为配有调速器时的发电机组静态功率-频率特性。一般近似地以直线段 1—2—3′来代替线段 1—2—3，其中 2—3 之所以下降是由于进入柴油机的燃油量已达到最大值，调速器已不能发挥作用，以致频率（或转速）进一步下降时，运行点只能沿对应于进入柴油机最大燃油量的频率特性移动。

配有调速系统的发电机组功率-频率特性如图 11－5 所示。当柴油发电机组以额定频率 f_N 运行时（相当于图中 a 点），其输出功率为 P_{Ga}；当系统负荷增加而使频率下降到 f_1 时，则柴油发电机组由于调速器的作用，使输出功率增加到 P_{Gb}（相当于图中 b 点）。可见对应于频率下降 Δf，柴油发电机组的输出功率增加 ΔP_G，很显然这是一种有差调节，其特性称为有差调节特性。特性曲线的斜率为

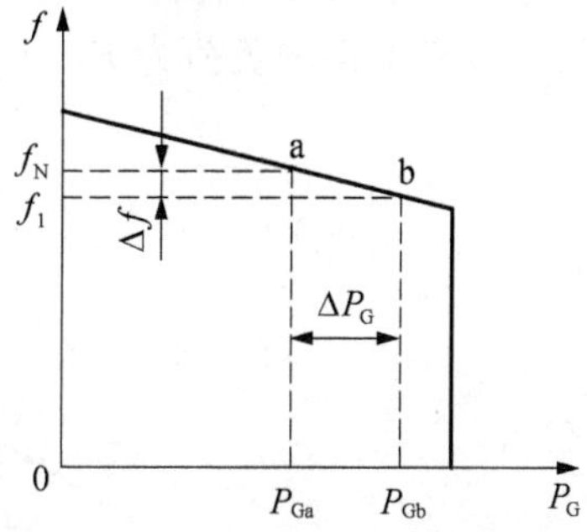

图 11－5　发电机组功率-频率特性示意图

$$R = -\frac{\Delta f}{\Delta P_G} \tag{11-16}$$

式中，R 表示柴油发电机组的调差系数；负号表示柴油发电机组输出功率的变化和频率的变化符号相反。通常调差系数 R 的标幺值可表示为

$$R_* = -\frac{\Delta f / f_N}{\Delta P_G / P_{GN}} = -\frac{\Delta f_*}{\Delta P_{G*}} \tag{11-17}$$

上式可进一步表示为

$$\Delta f_* + R_* \Delta P_{G*} = 0 \tag{11-18}$$

上述公式通常又称为发电机组的静态调节方程。此外在计算功率与频率关系时，常常采用调差系数的倒数 K_{G*}：

$$K_{G*} = \frac{1}{R_*} = -\frac{\Delta P_{G*}}{\Delta f_*} \tag{11-19}$$

即

$$K_{G*} \Delta f_* + \Delta P_{G*} = 0 \tag{11-20}$$

式中，K_{G*} 表示发电机组的功率-频率特性系数，通常也可采用有名值表示为

$$K_G = -\frac{\Delta P_G}{\Delta f} \tag{11-21}$$

需要指出的是，柴油发电机组功率-频率特性的调差系数主要取决于调速器的静态调节特性，它与机组之间有功功率的分配密切相关，而调节特性的失灵区[70]又造成机组间有功功率分配的不确定性。

二、调差特性与机组间有功功率分配

调差特性与机组间有功功率分配如图 11-6 所示。图中表示两台柴油发电机组并联运行的情况，曲线①代表 1 号发电机组的调节特性，曲线②代表 2 号发电机组的调节特性。假设此时系统总负荷为 ΣP_L，如线段 CB 所示，系统频率为 f_N 时，1 号机组承担的负荷为 P_1，2 号机承担的负荷为 P_2，即满足

$$P_1 + P_2 = \Sigma P_L \tag{11-22}$$

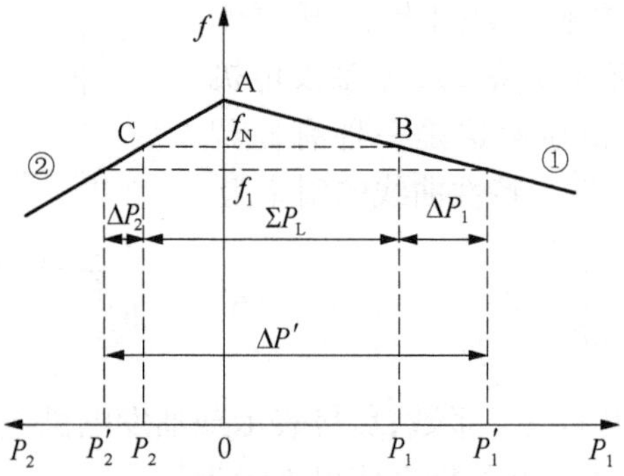

图 11-6　两台柴油发电机组并联运行示意图

当系统有功负荷增加，经过调速器调节后，系统频率稳定在 f_1，此时 1 号柴油发电机组的负荷为 P_1'，增加了 ΔP_1；2 号柴油发电机组的负荷为 P_2'，增加了 ΔP_2，两台柴油发电机组增量之和等于 ΔP_L。根据式(11-18)可得

$$\frac{\Delta P_{1*}}{\Delta P_{2*}} = \frac{R_{2*}}{R_{1*}} \tag{11-23}$$

公式(11-23)表明，若柴油发电机组的功率增量采用各自标幺值表示，发电机组之间的功率分配与机组的调差系数成反比，且调差系数小的机组承担的负荷增量标幺值要大，而调差系数大的机组承担的负荷增量标幺值要小。

上述结论可推广到系统中具有多台柴油发电机组并联运行的情况，根据公式(11-18)，可得系统中第 i 台柴油发电机组的调节方程为

$$\Delta P_{Gi} = -\frac{1}{R_{i*}} \times \frac{\Delta f}{f_N} P_{GiN},\ i = 1,\ 2,\ \cdots,\ n \tag{11-24}$$

对公式(11-24)求总和，并考虑到稳态时整个系统内频率的变化 Δf 是相同的，则可得

$$\Delta P_{\Sigma}=\sum_{i=1}^{n}\Delta P_{Gi}=-\frac{\Delta f}{f_N}\times\sum_{i=1}^{n}\frac{P_{GiN}}{R_{i*}}\tag{11-25}$$

若采用一台等值机组来代替,则有

$$\Delta P_{\Sigma}=-\frac{1}{R_{\Sigma}}\times\frac{\Delta f}{f_N}P_{\Sigma N}\tag{11-26}$$

式中,$P_{\Sigma N}$ 表示全系统总额定容量; R_{Σ} 表示系统等值机组的调差系数。比较公式(11－25)和(11－26),可得系统的等值调差系数为

$$R_{\Sigma}=\frac{P_{\Sigma N}}{\sum\limits_{i=1}^{n}\frac{P_{GiN}}{R_{i*}}}\tag{11-27}$$

比较公式(11－24)和(11－26),可得

$$-\Delta f_*=\frac{R_{1*}\Delta P_1}{P_{G1N}}=\frac{R_{2*}\Delta P_2}{P_{G2N}}=\cdots=\frac{R_{\Sigma}\Delta P_{\Sigma}}{P_{\Sigma N}}\tag{11-28}$$

因此当系统中负荷变化后,每台柴油发电机组所承担的功率可确定为

$$\Delta P_{Gi}=\frac{R_{\Sigma}\Delta P_{\Sigma}}{P_{\Sigma N}}\times\frac{P_{GiN}}{R_{i*}}\tag{11-29}$$

电力系统中若多台机组调差系数等于零是不能并联运行的,其理由与讨论并列运行机组之间无功功率分配时的理由相同。此外,若其中一台机组的调差系数等于零,而其余机组均为有差调节,这样虽然可以运行,但是由于系统容量很大,一台机组的调节容量已远远不能适应系统负荷波动的要求,因此也是不现实的,为此在电力系统中所有机组的调速器均为有差调节,即由它们共同承担负荷的波动。

三、调节特性的失灵区

在以上讨论中,我们均是假设柴油发电机组的调节特性是一条理想的直线,但实际上由于测量元件的不灵敏性,导致系统对微小的转速变化不能反映,特别是机械离心式调速器尤为明显,也就是说调速器具有一定的失灵区,因此发电机组的功率-频率调节特性实际上是一条具有一定宽度的带子,如图 11－7 所示。

不灵敏区的宽度通常采用失灵度 ε 进行描述,即

$$\varepsilon=\frac{\Delta f_w}{f_N}\tag{11-30}$$

式中, Δf_w 表示调速器的最大频率呆滞。如图 11－7 所示,由于调速器的频率调节特性是条带

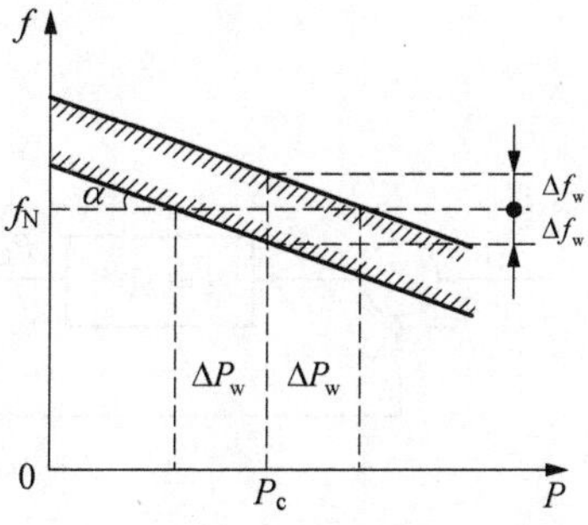

图 11－7　发电机组功率-频率调节特性失灵区示意图

子,因此导致并联运行的柴油发电机组之间有功功率分配产生误差。从图中可以看出,对应于一定的失灵度 ε 来说,最大误差功率与调差系数存在如下关系:

$$\frac{\Delta f_w}{\Delta P_w} = \tan\alpha = R \tag{11-31}$$

以标幺值表示为

$$\frac{\Delta f_{w*}}{\Delta P_{w*}} = R_* \tag{11-32}$$

或

$$\frac{\varepsilon}{\Delta P_{w*}} = R_* \tag{11-33}$$

式中,ΔP_w 表示机组的最大误差功率。由公式(11-33)可知,ΔP_{w*} 与失灵度 ε 成正比,而与调差系数 R_* 成反比。通常过小的调差系数将会引起较大的功率分配误差,因此 R_* 不能太小。此外,不灵敏区的存在虽然会引起一定的功率误差或频率误差,但如果不灵敏区太小或者完全没有,那么当系统频率发生微小波动时,柴油机的调速器也要调节,这样会使调节过分频繁,因而一些非常灵敏的调速器通常需要施加相应措施,从而形成一个人为的不灵敏区[71]。

第四节 电力系统的频率特性

柴油发电机组供电时,整个供电网络主要由柴油发电机组、输电线路、负荷等组成,如果把输电线路功率损耗看成是负荷的一部分,则整个供电网络的功率-频率关系可简化如图 11-8(a)所示。在稳态频率为 f_N 的情况下,发电机输入功率 P_T、柴油发电机组输出电功率 P_G 以及电力系统有功负荷 P_L 都相等,因此在讨论它们的功率-频率特性曲线时,就可以视为两个环节构成的一个闭环系统,且发电机组功率-频率特性与电力系统负荷功率-频率特性曲线的交点就是电力系统频率的稳定运行点,如图 11-8(b)中 a 点所示。

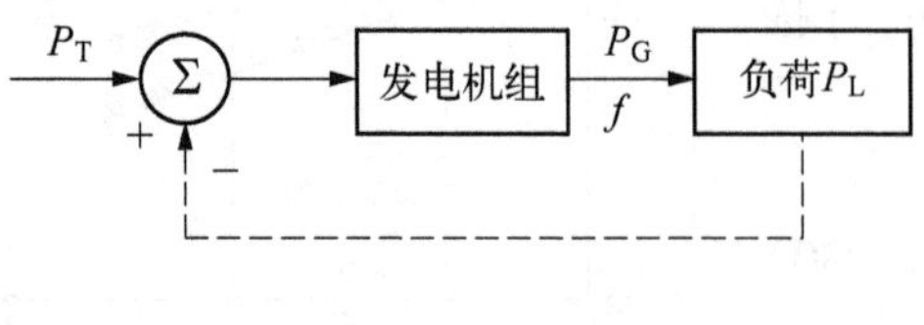

(a) 电力系统功率-频率关系

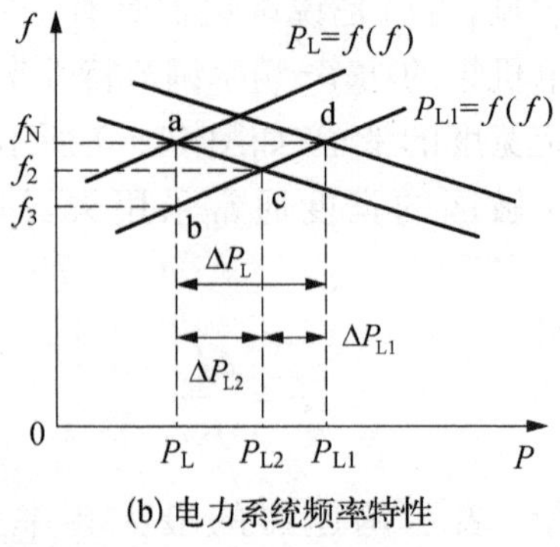

(b) 电力系统频率特性

图 11-8 电力系统的功率-频率关系及频率特性示意图

如图 11－8 所示，如果电力系统负荷增加 ΔP_L，则总负荷静态频率特性变为 P_{L1}，假设此时系统内所有柴油发电机组均无调速器，机组的输入功率恒定为 P_T 且等于 P_L，则系统频率将逐渐下降，负荷所取用的有功功率也将逐渐减小，依靠负荷调节效应系统达到新的平衡，运行点移动到图中 b 点，频率稳定值下降到 f_3，系统负荷所取用的有功功率仍然为原来的 P_L 值，上述情况下频率偏差值 Δf 取决于 ΔP_L 值的大小。然而实际上各柴油发电机组都装有调速器，当系统负荷增加，频率开始下降后，调速器即起作用，从而增加机组的输入功率 P_T，一段时间后运行点稳定在图中 c 点，此时系统负荷所取用的功率为 P_{L2}，小于额定频率 f_N 下所需的功率 P_{L1}，频率稳定在 f_2，且此时的频率偏差 Δf 要比无调速器时小得多，由此可见调速器对频率的调节作用是很明显的，调速器的这种调节作用通常称为一次调节。

第五节　电力系统自动调频

通常电力系统的频率波动主要由于负荷变化而引起，调频问题实质上是电力系统在正常运行中控制柴油发电机组的输入功率，从而使之与负荷所需功率达到平衡。在具有多台柴油发电机组的柴油机电站中，当需要两台以上的机组并联供电，或者虽然只需要单机供电，但为了能够不断电更换机组，都需要有并列和负荷分配、转移的操作，因此频率和有功功率自动分配是柴油机电站不可缺少的环节。

调频是二次调节，通常采用移动调速器调节特性的方法使频率恢复到额定值。调速器的控制器件称为调频器，它是一个积分环节，只有在输入信号为零时才停止调节。两台柴油发电机组并联运行中，当负载突变时各柴油机的调速器都在紧张工作，力图按照各自的动态特性使柴油发电机组恢复到稳定状态，但是各机组的动态特性相差可能是较大的，因此在动态过程中频率和功率分配必定变化较大，当动态过程结束系统稳定后，由于调速器的有差特性及其不一致等原因，系统的频率和功率分配就会显现出静差。

通常控制调频器的信号主要有比例、积分、微分三种基本形式。其中，比例调节按照频率偏移的大小，控制调频器按照比例增减机组功率，即 $\Delta P_c \propto \Delta f$，这种调频方式只能减小而不能消除系统的频率偏移；积分环节按照频率偏移对时间的积分控制调频器，即 $\Delta P_c \propto \int \Delta f \mathrm{d}t$，该种调频方式可实现频率的无差调节，其缺点是在负荷变动最初阶段会因控制信号不大而延缓调节过程；微分调节按照频率偏移对时间的微分控制调频器，即 $\Delta P_c \propto \mathrm{d}\Delta f/\mathrm{d}t$，这种调频方式在负荷变动最初阶段增减调节较快，但随着时间推移频率偏差 Δf 逐渐趋于稳定时，调节量也就趋于零。需要指出的是，上述三种形式各有优缺点，应取长补短综合利用，从而将综合后的信号作为调频器控制信号，改变功率设定值 ΔP_c，直到控制信号为零时为止。

电力系统中实现频率和有功功率自动调节的方法主要有主导发电机法、虚有差法、积差调节法等。

一、主导发电机法

如图 11－9 所示，主导发电机法在主导机组上装设无差调频器，其调节准则为 $\Delta f = 0$，而在其他机组上装设有功功率调整器，从而使这些机组的功率随主导机组的功率按比例变化，协助主导发电机的调频工作，其调节准则为

$$\Delta P_i = \alpha_i \Delta P_1,\ i = 2,\ 3,\ \cdots,\ n \tag{11-34}$$

式中，ΔP_1 表示主导发电机组的调节功率；α_i 表示第 i 台协助调频机组的比例系数；ΔP_i 表示第 i 台协助调频机组的调节功率。

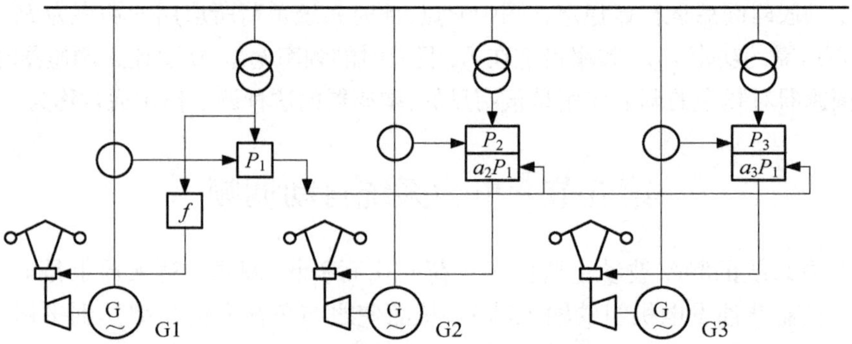

图 11-9　主导发电机法调频系统示意图

当负荷变化导致系统频率发生改变时，主导发电机组的调节系统首先动作，从而改变主导机组的功率，力图维持系统频率恒定，此时由于主导机组的功率变化，协助调频的其他机组也随之做出相应的功率调整，力图使它们的调节功率与主导机组的调节功率之间维持给定的比例关系。调节过程中主导机组按照系统频率不断进行调节，同时协助调频机组也跟随主导机组进行调节，直到系统频率恢复到额定值，且协助调频机组与主导机组的调节功率符合给定比例时为止，此时系统中不参加调频的其余机组功率维持不变，计划外负荷的变动全部由调频机组承担。需要指出的是，采用主导发电机法进行调频，尽管有几台机组一起承担系统负荷变动，但开始只有一台主导机组先行调节，因此调节过程显得较为缓慢。

二、虚有差法

虚有差法是将计划外负荷分配给各调频机组，且各调频机组装设的调频器按下述准则进行频率调整：

$$\begin{cases} \Delta f + \delta_1\left(P_1 - \alpha_1 \sum\limits_{i=1}^{n} P_i\right) = 0 \\ \Delta f + \delta_2\left(P_2 - \alpha_2 \sum\limits_{i=1}^{n} P_i\right) = 0 \\ \vdots \\ \Delta f + \delta_n\left(P_n - \alpha_n \sum\limits_{i=1}^{n} P_i\right) = 0 \end{cases} \tag{11-35}$$

式中，P_1，P_2，$\cdots$，P_n 代表各调频机组的实发功率；α_1，α_2，$\cdots$，α_n 代表各调频机组的功

率分配系数,满足 $\alpha_1+\alpha_2+\cdots+\alpha_n=1$; $\delta_1, \delta_2, \cdots, \delta_n$ 表示各调频机组的调差系数。当系统负荷发生变化时,各调频机组按照公式(11－35)进行调节,直到符合准则为止。将公式(11－35)各项相加可得

$$\Delta f\left(\sum_{i=1}^{n}\frac{1}{\delta_i}\right)+\left(\sum_{i=1}^{n}P_i-\sum_{i=1}^{n}\alpha_i\sum_{i=1}^{n}P_i\right)=0 \tag{11-36}$$

当调整过程结束即 $\Delta f=0$ 时,各调频机组出力为

$$P_i=\alpha_i\sum_{i=1}^{n}P_i=\alpha_i P_{\Sigma} \tag{11-37}$$

从公式(11－37)可以看出,各调频机组根据功率分配系数比例承担功率,调差系数只在调整过程中起作用,调整结果却是无差的,因此称为虚有差法[72]。采用虚有差法调频时,所有调频机组一起动作,因而调频速度较快,但在按照公式(11－35)所述准则进行调频时,由于测量误差等诸多原因,将会使

$$\sum_{i=1}^{n}\alpha_i\neq 1 \tag{11-38}$$

公式(11－38)将导致调频终了时出现频率误差,即 $\Delta f\neq 0$。为解决该问题,可将调频准则改为如下形式:

$$\begin{cases}\Delta f=0\\ \Delta f+\delta_2\left(P_2-\alpha_2\sum_{i=1}^{n}P_i\right)=0\\ \quad\vdots\\ \Delta f+\delta_n\left(P_n-\alpha_n\sum_{i=1}^{n}P_i\right)=0\end{cases} \tag{11-39}$$

即将一台调频机组按照无差调节方式工作,而其他机组仍按照虚有差法调频。调整终止时频差为零,第 2, 3, …, n 台调频机组承担的功率为

$$P_i=\alpha_i\sum_{i=1}^{n}P_i,\ i=2,3,\cdots,n \tag{11-40}$$

而第一台调频机组承担的功率为

$$P_1=\left(1-\sum_{i=2}^{n}\alpha_i\right)\sum_{i=1}^{n}P_i \tag{11-41}$$

此时可认为第一台机组的功率分配系数为

$$\alpha_1=1-\sum_{i=2}^{n}\alpha_i \tag{11-42}$$

也就是说,该机组承担了其他调频机组余下的剩余功率,从而维持系统频率为额定

值。虚有差法通常可适用于多个调频机组，但有功功率的分配在调频机组之间是固定比例的，不符合经济分配原则，因而目前采用较少，目前采用较多的方法是积差调节法，通常也称为同步时间法。

三、积差调节法（同步时间法）

由于频率偏差的积分反映了一定时间段内同步时间对标准时间的偏差，因此积差调节法按照频率偏差的时间积分值进行调节[73]。

（一）单台机组积差调频

单台机组积差调节的调频准则为

$$K\Delta P+\int\Delta f\mathrm{d}t=0 \tag{11-43}$$

式中，K 表示调频功率的比例系数；ΔP 表示调频机组的功率变化量，$\Delta P>0$ 表示功率增加，$\Delta P<0$ 表示功率减少；Δf 表示频率偏差。

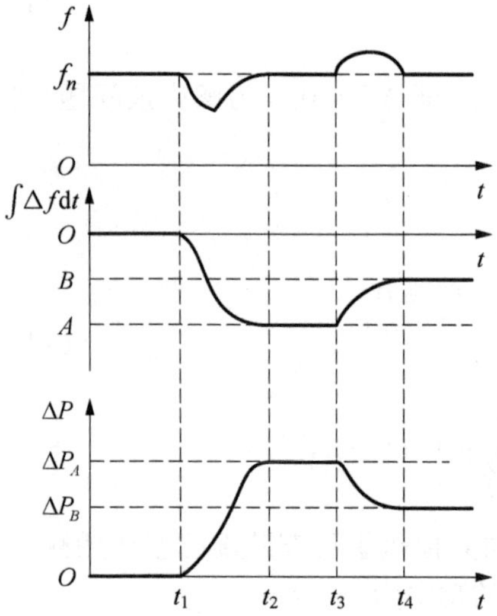

图 11-10　积差调频工作过程示意图

图 11-10 所示为积差调频工作过程示意图。在 0 ~ t_1 时间内，$\Delta f=0$，$\int\Delta f\mathrm{d}t=0$，$\Delta P=0$，即调频机组按照原有出力运行；在 t_1 时刻，负荷增大，频率开始下降，$\Delta f<0$，$\int\Delta f\mathrm{d}t$ 不断向负方向增加，此时公式（11-43）失去平衡，于是调频器向满足公式（11-43）的方向调整，即 $\Delta P>0$。只要 Δf 不等于零，积分项将继续累积新值，调节持续到 t_2 时 $\Delta f=0$，调节结束，此时 $\int_{t_1}^{t_2}\Delta f\mathrm{d}t=A$ 为常数。由公式（11-43）可得机组增加的出力如下式所示，并保持不变：

$$\Delta P_A=-\frac{1}{K}\int_{t_1}^{t_2}\Delta f\mathrm{d}t=-\frac{A}{K} \tag{11-44}$$

上述过程维持到 t_3 时刻，计划外负荷减小，于是系统频率升高，$\Delta f>0$，$\int\Delta f\mathrm{d}t$ 向正方向累积，ΔP 按照公式（11-43）减少。调节持续到 t_4 时刻，$\Delta f=0$，$\int_{t_3}^{t_4}\Delta f\mathrm{d}t=B$ 为常数，机组出力减少到 $\Delta P_B=-B/K$ 并保持不变。综合上述分析可以看出，利用积差调节法调频最终可维持系统频率保持额定值，从而实现了无差调节，且调频机组的功率变化量等于计划外负荷的数值。需要指出的是，由于积分项 $\int\Delta f\mathrm{d}t$ 滞后于 Δf，因此该种方法的调节速度较为缓慢。

（二）多台机组积差调频

多台机组积差调节的调频准则为

$$\begin{cases} K_1\Delta P_1 + \int \Delta f \mathrm{d}t = 0 \\ K_2\Delta P_2 + \int \Delta f \mathrm{d}t = 0 \\ \qquad \vdots \\ K_n\Delta P_n + \int \Delta f \mathrm{d}t = 0 \end{cases} \tag{11-45}$$

由于系统中频率是相同的，因此各机组的 $\int \Delta f \mathrm{d}t$ 也是相同的，且各机组同时进行调频，显然调整结果就是系统频率为额定值。将公式（11－45）各分式相加后可得

$$\begin{cases} \sum_{i=1}^{n} \Delta P_i + \int \Delta f \mathrm{d}t \times \sum_{i=1}^{n} \dfrac{1}{K_i} = 0 \\ \int \Delta f \mathrm{d}t = -\dfrac{\sum_{i=1}^{n} \Delta P_i}{\sum_{i=1}^{n} \dfrac{1}{K_i}} = -K_{\Sigma} \times \sum_{i=1}^{n} \Delta P_i \end{cases} \tag{11-46}$$

式中，

$$K_{\Sigma} = \frac{1}{\sum_{i=1}^{n} \dfrac{1}{K_i}} \tag{11-47}$$

整理可得出每台调频机组承担的计划外负荷为

$$\Delta P_i = \frac{K_{\Sigma}}{K_i} \times \sum_{i=1}^{n} \Delta P_i \tag{11-48}$$

（三）改进的积差调节法

如前所述，由于积分项的影响导致积差调节法调整速度较慢，尤其是 Δf 较小时更为明显。为了在保持积差调节法优点的基础上，进一步加快调节速度，可在调节准则中引入频率偏差项，即得到改进的积差调节准则：

$$\Delta f + \delta_i\left(\Delta P_i + \alpha_i \int K\Delta f \mathrm{d}t\right) = 0 \tag{11-49}$$

式中，ΔP_i 表示第 i 台调频机组承担的功率变化量；δ_i 表示第 i 台调频机组的调差系数；α_i 表示第 i 台调频机组的功率分配系数；K 表示功率与频率的转换系数。当负荷变动时，调频机组按照公式（11－49）进行调节，且由于存在 Δf 项，因此调节速度加快。此外，由于调节过程结束时必有 $\Delta f = 0$，于是满足

$$\Delta P_i = -\alpha_i \int K\Delta f \mathrm{d}t \tag{11-50}$$

式中，负号表示功率变化量方向与频率差方向相反。若整个系统的计划外负荷为 ΔP_{Σ}，则满足

$$\Delta P_{\Sigma} = \sum_{i=1}^{n} \Delta P_i = -\sum_{i=1}^{n} \alpha_i \int K \Delta f \mathrm{d}t \tag{11-51}$$

即

$$\int K \Delta f \mathrm{d}t = -\frac{\Delta P_{\Sigma}}{\sum_{i=1}^{n} \alpha_i} \tag{11-52}$$

将公式(11－52)代入公式(11－50)，则可得各调频机组承担的功率变化量为

$$\Delta P_i = -\frac{\alpha_i}{\sum_{i=1}^{n} \alpha_i} \times \Delta P_{\Sigma} \tag{11-53}$$

即计划外负荷按照比例分配给各调频机组承担。

测试题

第十二章 柴油机电站控制系统

第一节 电站控制系统工作原理

本节以典型 2 × 200 kW 柴油发电机组及其电站控制系统为例进行介绍，该型柴油机电站主要由两台 200 kW 康明斯 N 系列柴油机、无锡斯坦福发电机以及机组控制屏、并联屏和切换屏等组成，两台柴油发电机组结构组成、电气功能完全相同，每台机组可独立工作也可并联工作，并可选择导机顺序。其中，每台柴油发电机组均有 1 台机组控制屏，用于实现单台柴油发电机组的远程控制，主要部件包括自动发电机组控制器、框架式断路器等，在机组控制屏上可对单台柴油发电机组进行启动、合闸供电和运行调节等；并联屏用于协调管理两台柴油发电机组，使其在选定控制方式下按照设定模式及顺序进行启动、供电、并联和解列等，其主要部件是可编程逻辑控制器（PLC）；切换屏用于实现机组供电和市电供电之间的自动和手动切换，其主要部件是自动转换开关（automatic transfer switch，ATS）。该型柴油机电站控制系统采用现场总线技术进行组网，PLC 是控制网络的主站，每个自动发电机组控制器都是控制网络的一个子站，主站根据所辖机组运行及负载的变化情况，自动调配工作机组，协调管理整个电站的运行，而子站实时检测对应柴油发电机组的运行状态，并根据主站指令或手动控制操作完成柴油发电机组的启动与停机、合闸与分闸、调速与调压、并联与功率分配等功能，并通过网络将机组运行参数传递给主站。

电站控制系统结构组成及主要设备教学视频

柴油机电站控制系统主要对柴油机和交流同步发电机的相关参数进行监测和显示，控制柴油机转速和发电机的电压，同时实现多台柴油发电机组的并车以及并车后有功功率和无功功率的分配，主要由柴油机自动监控系统、发电机自动监控系统、机组并联控制系统等组成。

1．柴油机自动监控系统

柴油机自动监控系统主要由 PLC、触摸屏、电子调速器和执行器、传感器与指示仪表以及手动操作控制开关等组成，主要用于实现柴油机的启动、运行、停机控制，柴油机水温、油压、油温、油量、转速等显示，柴油机超速、油压低、水温高、油温高、低油量等故障报警保护，传感器断线、短路、启动失败等保护和故障类别显示等功能。其中，PLC 的主要作用是根据内部设定程序，自动控制柴油机的启动、运行、停机，并监测柴油机运行的相关参数，同时检测柴油机故障并进行报警保护；触摸屏的主要作用是通过按键和指示灯完成柴油机的启动、停机监视以及参数显示、故障显示等；电子调速器的主要作用是根据柴油机的转速变化将柴油发电机组转速控制在 1500 r/min 以内，从而完成柴油机的转速控制，保证发电频率的品质；手动操作控制开关的主要作用是在 PLC 出现故障时，手动操作完成柴油机的启动、运行、停机控制等。

2. 发电机自动监控系统

发电机自动监控系统主要由自动电压调节器、发电机电力参数监控单元、PLC、触摸屏等组成，主要用于完成交流同步发电机运行参数的控制、保护、报警等功能。其中，自动电压调节器主要用于完成交流同步发电机端电压的控制，保证交流同步发电机在各种运行工况下电压值稳定在整定值，并在负载突变时快速调节交流同步发电机的励磁电流，从而使发电机端电压得到快速恢复，同时接受无功功率均衡装置的指令，从而在柴油发电机组并联运行时实现无功功率的均衡分配；发电机电力参数监控单元主要用于实现对交流同步发电机的运行监控、供电控制等，同时用于测量三相电压、三相电流、功率、功率因数、频率等参数，并实现电压过压、欠压报警保护以及断路、过载报警保护、逆功率报警保护等功能。

3. 机组并联控制系统

机组并联控制系统主要由自动发电机组控制器、同步表、电子调速器、自动电压调节器等组成，柴油机电站的并联过程是一个比较复杂的控制过程，通常由 PLC 程序控制或由人工手动控制。当需要并联运行时，自动发电机组控制器检测柴油发电机组输出电压与母线电压的频率、幅值等是否满足并联条件，若不满足则控制电子调速器调整柴油机转速，同时控制自动电压调节器调整交流同步发电机的励磁电流，从而使柴油发电机组输出电压与母线电压满足并联条件，并发出并车合闸指令。并联运行时自动发电机组控制器实时检测柴油发电机组的供电功率情况，保证并联运行时机组之间有功功率和无功功率的均衡分配，以及转移负载时有功负载和无功负载的平滑转移等。

第二节 电站控制系统主要设备

一、自动发电机组控制器

(一) 自动发电机组控制器(GPC)

1. 功能概述

自动发电机组控制器(generator parallel controller, GPC)不仅可实现单台柴油发电机组的控制和保护，还可实现多台柴油发电机组并联或柴油发电机组与电网并联运行的控制和保护，其采用基于微处理器的控制单元，外形如图 12-1 所示。自动发电机组控制器 GPC 很适合应用于 PLC 控制系统，GPC 和 PLC 之间的通信可以采用串行方式或现场总线方式，也可采用模拟量、数字量输入输出通道的方式。此外，GPC 的编程可以在 LCD 显示屏上通过菜单实现，也可以通过 RS232 接口与微机相连，并使用 Multi-line 2 Windows 软件实现，同时该软件还可以监视柴油发电机组运行时的相关参数以及实现保存或下载设置、下载软件更新等功能。

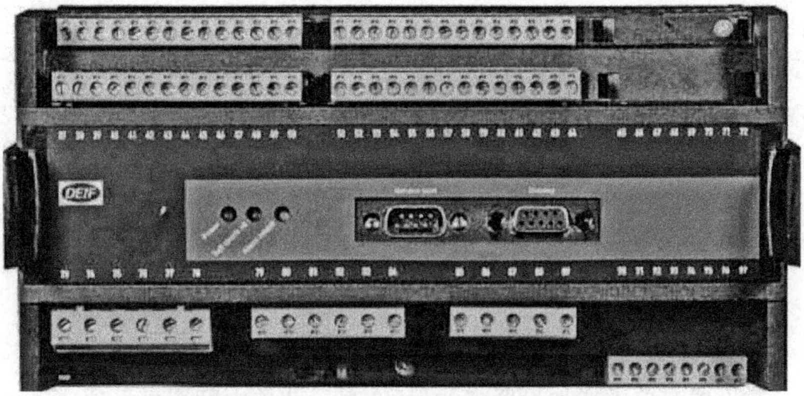

图 12－1　自动发电机组控制器(GPC)外形图

GPC 的主要功能包括同步控制、功率或频率控制、发电机组保护、测量电量参数等。其中,同步控制功能指可以实现可编程的滑差频率控制、电压差检测判断、可编程的发电机断路器合闸延迟时间控制等,从而使 GPC 能够在准确同步时发出合闸脉冲信号;功率或频率控制功能指可以实现单机运行时的固定频率控制、发电机和电网并联运行时的固定功率控制,同时还可实现在负载增加时频率下降的控制,以及在多台发电机并联运行时实现负载的分配控制等;发电机组保护功能通常具有确定的时间特性,主要包括过电流保护、逆功率保护等,其中逆功率保护可以采用反时限特性进行编程;测量电量参数功能指可以测量柴油发电机组、母线的三相电压和频率,还可以测量柴油发电机组的三相电流、有功功率、无功功率、功率因数等参数。

2. 控制面板

GPC 面板如图 12－2 所示。通过 GPC 面板可查看柴油发电机组的相关参数,在 GPC 初始界面的下方有"SETUP""V3""V2""V1",操作"◁"和"▷"按钮,将光标置于"SETUP"处,然后操作"SEL"按钮进入参数显示界面,最后通过操作"△"和"▽"按钮,翻页查阅柴油发电机组的各种参数。此外,将光标置于"V3""V2"或者"V1"处,还可通过操作"△"和"▽"按钮翻页,从而查阅各种电压、电流等电气参数。需要指出的是,在查

图 12－2　自动发电机组控制器(GPC)面板示意图

看柴油发电机组参数时，不得随意改变 GPC 的参数设置。

GPC 面板的按键功能及指示灯如下。

(1) INFO(信息)：查看报警列表的最后三项。

(2) JUMP(转跳)：进入具体设置或显示的菜单项。

(3) VIEW(查看)：查看显示项。

(4) SEL(设置)：进入有下画线项或保存手动设置值。

(5) BACK(返回)：返回上一层菜单。

(6) ◁：向左移动光标。

(7) ▷：向右移动光标。

(8) △：在设置菜单中增加设置点的值，在显示菜单中翻滚显示项。

(9) ▽：在设置菜单中减小设置点的值，在显示菜单中翻滚显示项。

(10) Alarm(报警指示)：灯闪表示有故障且故障未被确认，灯亮(不闪)表示故障被确认。

(11) Power(电源指示)：GPC 接通工作电源则灯亮。

(12) Self check ok(自检指示)：GPC 工作正常则指示灯亮。

(13) Alarm inh(报警抑制指示)：抑制输入为通状态则灯亮。

(14) Breaker on(合闸指示)：指示开关合闸位。

(15) Regular on(同步调节指示)：指示并车时 GPC 电压、转速的同步调节。

3. 典型接线

GPC 接线通常是由若干接线端子排完成的，每个端子都有固定的用途，其端子编号如图 12－3 所示。图 12－4 给出了 GPC 控制单台柴油发电机组向母线供电的示意图。图 12－5 给出了多台柴油发电机组并联运行时，为了实现有功功率和无功功率的均匀分配，采用负载分配线将多个 GPC 连接起来的示意图。

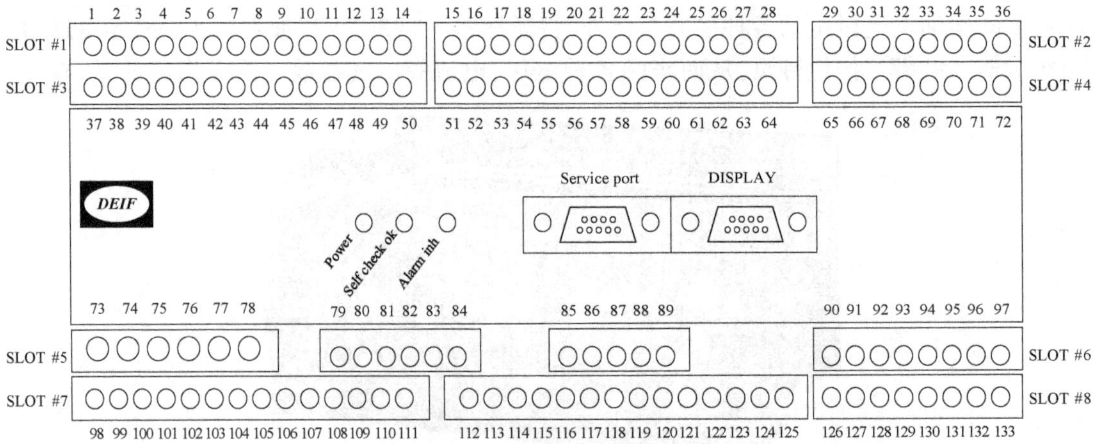

图 12－3 GPC 各端子编号示意图

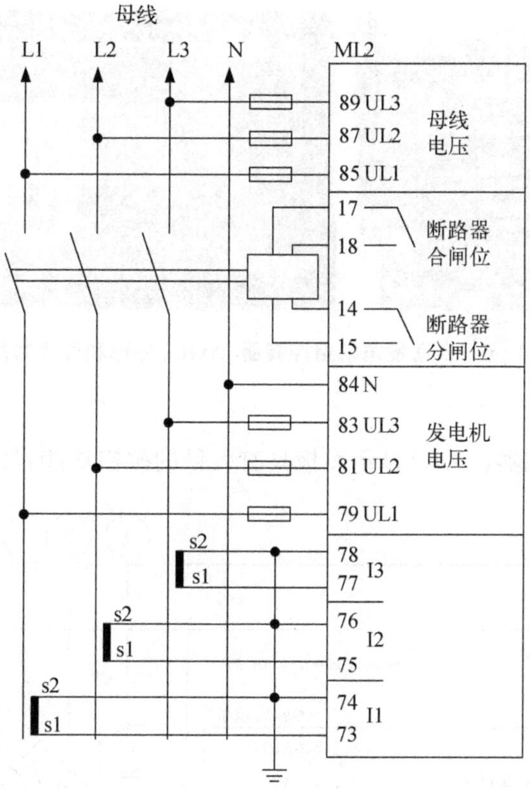

图 12－4　GPC 控制单台柴油发电机组向母线供电示意图

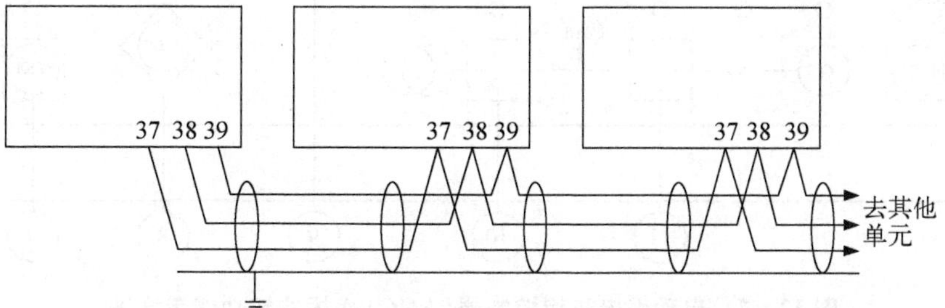

图 12－5　多个自动发电机组控制器(GPC)实现功率自动分配连接图

(二) 自动发电机组控制器(AGC)

1. 功能概述

自动发电机组控制器(automatic Gen-Set controller, AGC)外形和面板布局如图 12－6 所示,其主要功能包括:一是具备市电失电自起动、孤岛运行、固定功率/基本负载、调峰、负载转移、主电网功率输出等不同操作模式;二是具备起/停时序、运行和停止油阀、调速器控制等柴油机控制功能;三是具备逆功率、过载、过电流、过电压、欠电压、过频率/欠频率、电流/电压不平衡、失励/过励、非重要负载/分级卸载等发电机保护功能;四是具备过电压、欠电压、过频率、欠频率、电压不平衡等母排保护功能。

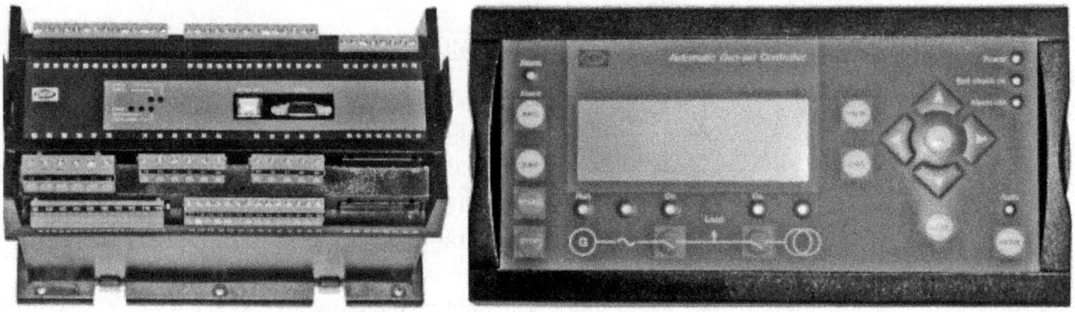

图 12－6　自动发电机组控制器(AGC)外形和面板布局图

2. 控制面板

自动发电机组控制器(AGC)显示面板具有大量的按钮功能,如图 12－7 所示。

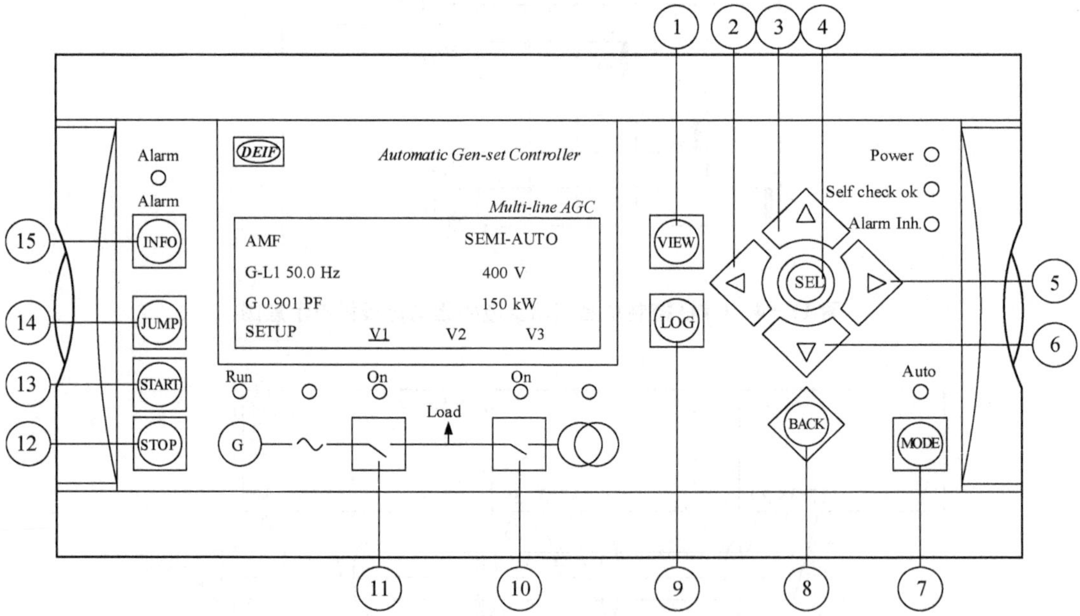

图 12－7　自动发电机组控制器(AGC)面板按钮功能示意图

(1) 按钮 1：转到设定菜单中显示的第一行,按 2 s 转换到主显示器,以防多于 1 个显示器被连接。

(2) 按钮 2：向左移动光标。

(3) 按钮 3：增加选定设定点的值(在设定菜单中)。

(4) 按钮 4：选择显示器中菜单行(第 4 行)的下划线部分进入。

(5) 按钮 5：向右移动光标。

(6) 按钮 6：减少选定设定点的值(在设定菜单中)。

(7) 按钮 7：通过更改显示器中的菜单行(第 4 行)来选择不同模式。

(8) 按钮 8：在菜单中向后跳转一步。

（9）按钮9：显示LOG设置窗口，此窗口可以在事件、报警及蓄电池日志间进行选择。

（10）按钮10：半自动模式下市电开关合闸。

（11）按钮11：半自动模式下发电机组开关合闸。

（12）按钮12：半自动模式或手动模式下停机。

（13）按钮13：半自动模式或手动模式下启动。

（14）按钮14：进入特定菜单进行选择。

（15）按钮15：显示报警清单。

除上述按钮功能以外，自动发电机组控制器（AGC）显示面板还具有10个LED灯，如图12－8所示。不同情况下LED的颜色分别为绿色、红色或混合色。

（1）LED灯1：LED灯亮表明辅助电源打开。

（2）LED灯2：LED灯亮表明自动发电机组控制器工作正常。

（3）LED灯3：当一个抑制条件被触发时，在控制单元和显示器上的抑制指示LED灯亮。

（4）LED灯4：LED灯亮表明选择自动工作模式。

（5）LED灯5：如果主电网工作正常则LED绿灯亮，主电网故障则LED红灯亮，若市电在“市电正常延迟”时间内恢复供电，则LED绿灯闪烁。

（6）LED灯6：LED灯亮表明主电网开关闭合。

（7）LED灯7：LED绿灯亮表明发电机组开关闭合。

（8）LED灯8：LED绿灯亮表明电压/频率正常。

（9）LED灯9：LED灯亮表明发电机组正在运行。

（10）LED灯10：LED灯闪烁表明尚有未确认的报警，LED平光表明所有报警已确认，但是仍有报警存在。

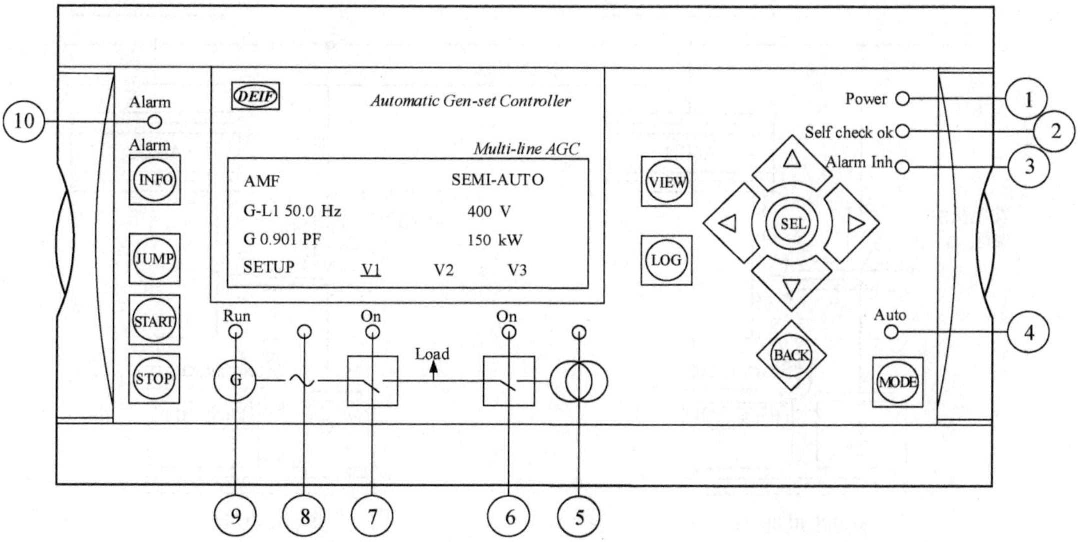

图12－8　自动发电机组控制器（AGC）面板LED功能示意图

3. 典型接线

自动发电机组控制器(AGC)在市电失电自启动、孤岛运行、多台发电机组功率管理等应用下的典型接线分别如图 12-9、图 12-10、图 12-11 所示。

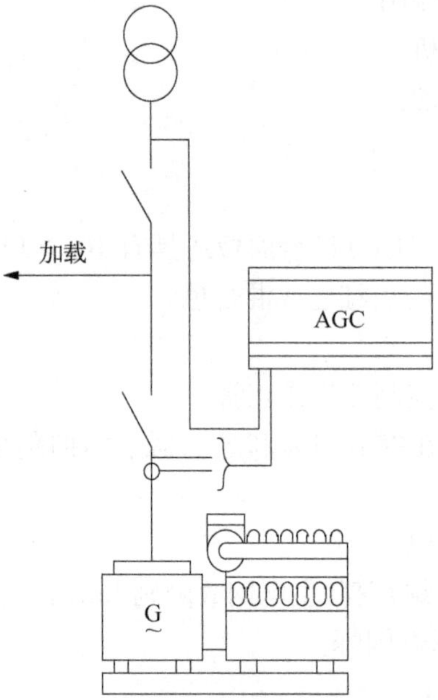

图 12-9 自动发电机组控制器(AGC)市电失电自启动接线图

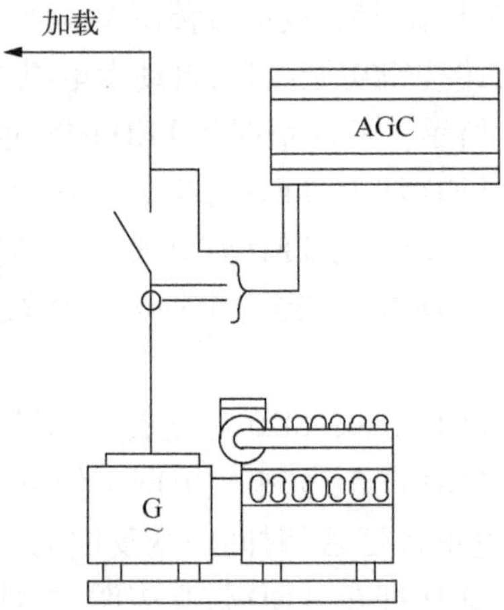

图 12-10 自动发电机组控制器(AGC)孤岛运行接线图

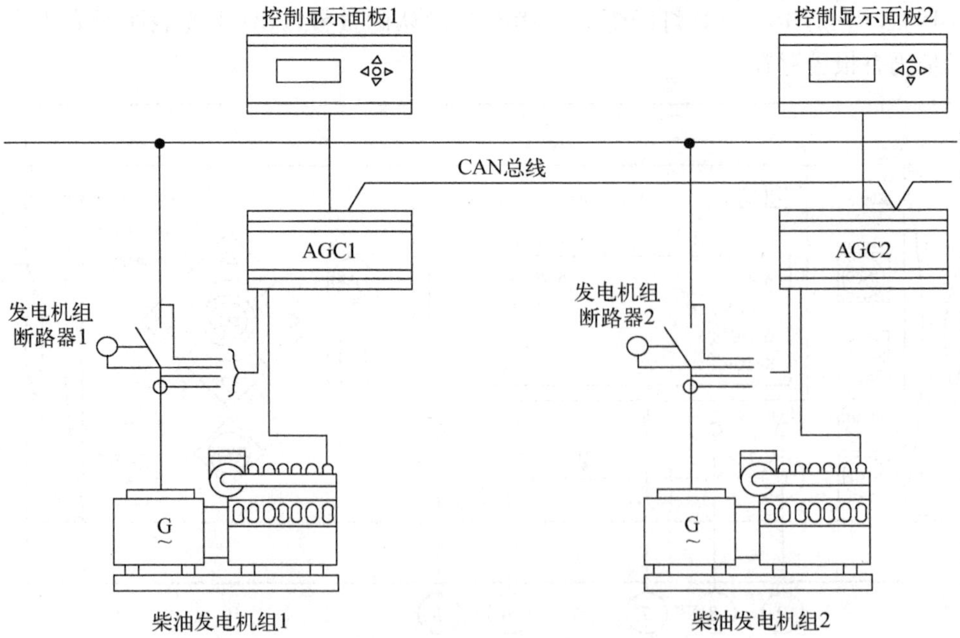

图 12-11 自动发电机组控制器(AGC)多台发电机组功率管理接线图

二、LOGO!控制器

LOGO!控制器是西门子公司开发的一种通用逻辑控制模块，目前已发展成为模块化的标准组件产品，通过主机模块与品种繁多的扩展模块相结合，LOGO!控制器能够满足大量的自动化控制需求。

(一) 本机模块

LOGO!控制器本机模块外形如图 12－12 所示，目前 LOGO!控制器本机模块主要包括基本型、经济型两大类，基本型带显示面板，而经济型不带显示面板。其中带显示面板的基本型包括 LOGO!12/24RC、LOGO!24、LOGO!24RC、LOGO!230RC 等型号，不带显示面板的经济型包括 LOGO!12/24RCo、LOGO!24o、LOGO!24RCo、LOGO!230RCo 等型号。LOGO!控制器本机模块的电源通常有 3 个电压等级，其中电压等级 1 为 12 V，例如 LOGO!12/24RC、LOGO!12/24RCo 等；电压等级 2 为 24 V，例如 LOGO!12/24RC、LOGO!24、LOGO!24RC、LOGO!12/24RCo、LOGO!24o、LOGO!24RCo 等；电压等级 3 为 115～240 V，例如 LOGO!230RC、LOGO!230RCo 等。

图 12－12　LOGO!控制器本机模块示意图

需要指出的是，LOGO!控制器本机模块均为 8 输入 4 输出，且 LOGO!24 和 LOGO!24o 为晶体管输出，其余均为继电器输出。其中，继电器输出 LOGO!控制器的输出通道是电气隔离的，输出点可以承载不同的电压等级，且承载电流最大为 10 A；晶体管输出 LOGO!控制器的输出通道不是电气隔离的，输出电压为 24 V，承载电流最大为 0.3 A。由于继电器输出点和晶体管输出点都具有承载能力限制以及对输出点的保护功能，因此可以使用中间继电器将输出点和负载隔离。此外，LOGO!12/24RC、LOGO!24 以及 LOGO!12/24RCo、LOGO!24o 的 I5 和 I6 数字量输入可作为高速输入（最高频率可达 2 kHz），同时 I7 和 I8 既可以作为数字量输入又可以作为模拟量输入，且作为模拟量输入时只能采用 0～10 V 的信号。

LOGO!控制器名称符号的含义如下所示。

(1) 12：12 V。

(2) 24：24 V。

(3) 230：115~240 V。

(4) R：继电器输出(没有 R 则为晶体管输出)。

(5) C：集成的周定时器。

(6) o：无显示。

(7) DM：数字量扩展模块。

(8) AM：模拟量扩展模块。

(9) CM：通信模块。

(二) 扩展模块

LOGO!控制器扩展模块主要包括数字量扩展模块、模拟量扩展模块、通信模块等,其外形如图 12－13 所示。其中,数字量扩展模块主要包括 LOGO!DM8 12/24R、LOGO!DM8 24、LOGO!DM8 24R、LOGO!DM8 230R 等型号;模拟量扩展模块主要包括 LOGO!AM2、LOGO!AM2 PT100 等型号;通信模块主要包括 KNX、LON、AS－i 等型号。LOGO!控制器数字量扩展模块也有 3 个电压等级,其中电压等级 1 为 12 V,例如 LOGO!DM8 12/24R 等;电压等级 2 为 24 V,例如 LOGO!DM8 12/24R、LOGO!DM8 24、LOGO!DM8 24R 等;电压等级 3 为 115~240 V,例如 LOGO!DM8 230R 等。

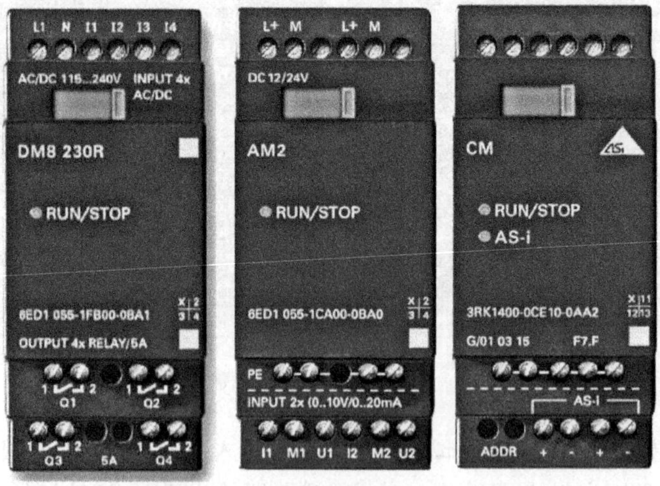

图 12－13　LOGO!控制器扩展模块示意图

需要指出的是,LOGO!控制器数字量扩展模块均为 4 输入 4 输出,且 LOGO!DM8 24 为晶体管输出,其余均为继电器输出。其中,继电器输出数字量扩展模块的输出通道是电气隔离的,输出点可承载不同的电压等级,且承载电流最大为 5 A;晶体管输出数字量扩展模块的输出通道不是电气隔离的,输出电压为 24 V,且承载电流最大为 0. 3 A。与 LOGO!控制器本机模块相同,由于继电器输出点和晶体管输出点都具有承载能力限制以及对输出点的保护功能,因此可以使用中间继电器将输出点和负载隔离。此外,LOGO!控制器模拟量扩展模块的电压等级为 12/24 V,且 LOGO!AM2 的 2 个模拟量输入可以是 0~10 V 或者 0~20 mA，LOGO！AM2 PT100 的 2 个模拟量输入为-50~+200℃的热电阻输入。

（三）软件编程

LOGO！控制器本身集成了编程能力，对于基本型 LOGO！控制器用户可使用面板上的键盘与屏幕编写控制程序，并可随时修改程序以及调整参数设置，同时对于基本型和经济型 LOGO！控制器还可以采用编程软件，即在计算机上通过拖曳和连线等功能，完成控制程序的编写。此外，LOGO！控制器编程软件不仅提供了功能模块的编程方式，还提供了梯形图的编程模式，且两种模式之间可随意切换，从而自动实现两种编程语言的转化，方便技术人员对 LOGO！控制器的使用。图 12－14、图 12－15 分别给出了典型 2×200 kW 柴油机电站机旁控制盒和切换屏中所用的 LOGO！控制器程序。

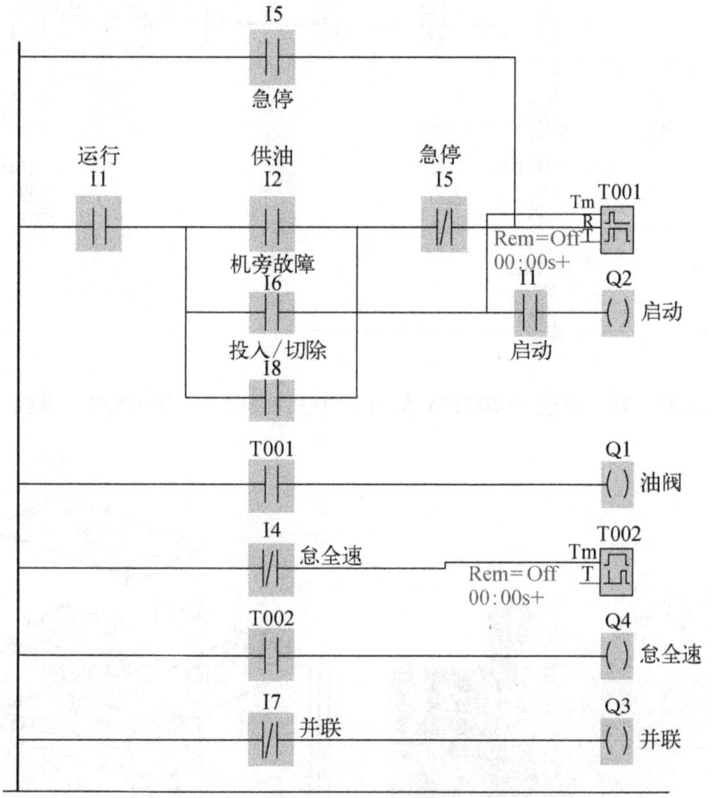

图 12－14　典型 2×200 kW 柴油机电站机旁控制盒 LOGO！程序示意图

三、自动转换开关

自动转换开关 ATS 是一种应用于双回路低压供电的装置，可以实现手动或电动带负载切换。图 12－16 所示为法国溯高美电气公司生产的 SIRCOVER VE 型自动转换开关外形图，其各部分组成如图 12－17 所示，其中，① 为 PCB 电路板顶盖；② 为控制板；③ 为控制端子；④ 为供电端子；⑤ 为位置端子；⑥ 为第二个预断开端子（可选）；⑦ 为预断开端子；⑧ 为自动/手动锁定端子；⑨ 为自动手动钥匙开关；⑩ 为紧急手动操作销；⑪ 为紧急手动操作手柄。

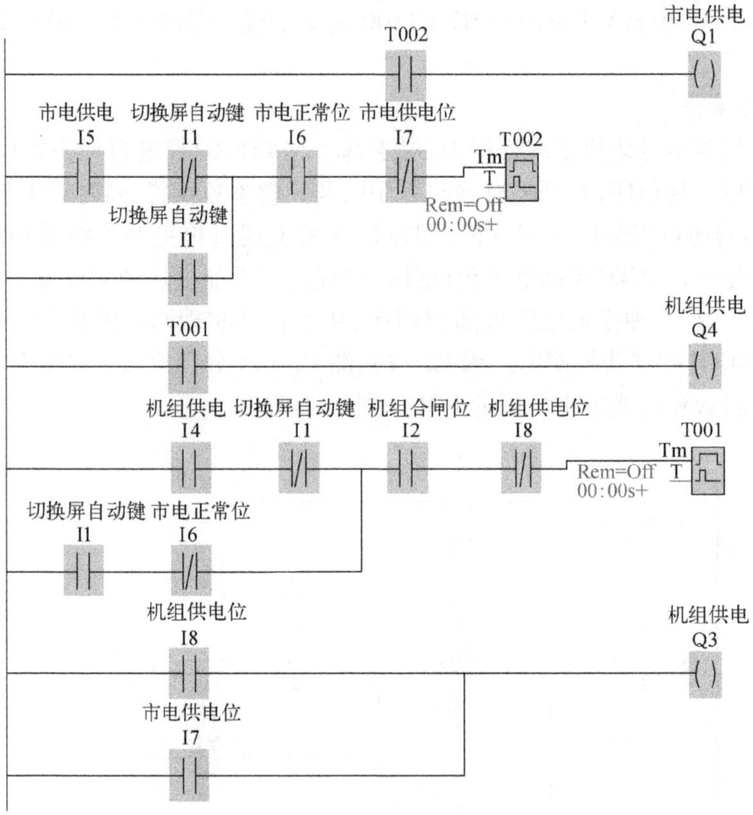

图 12－15　典型 2×200 kW 柴油机电站切换屏 LOGO!程序示意图

图 12－16　SIRCOVER VE 型自动转换开关外形图

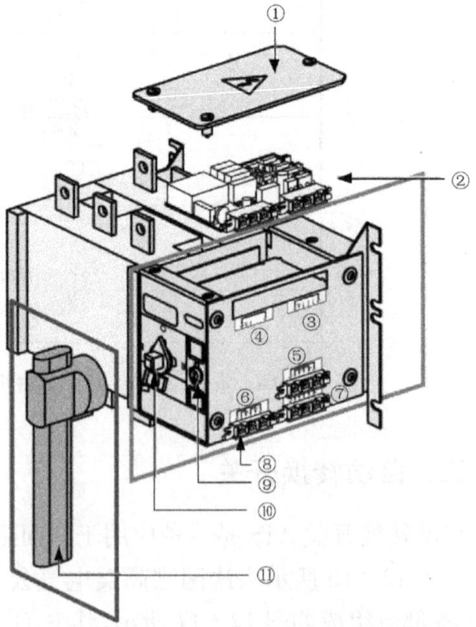

图 12－17　SIRCOVER VE 型自动转换开关组成示意图

SIRCOVER VE 型自动转换开关的控制回路接线如图 12－18 所示，其中，① 为 AC 型双电源；② 为位置 Ⅰ、0、Ⅱ 电动控制（无源干触点）；③ 为位置 Ⅰ、0、Ⅱ 辅助触点；④ 为位置 Ⅰ、0、Ⅱ 预断开型辅助触点；⑤ 为状态信号触点（自动/手动模式和位置锁定状态）；U_1 为正常电源；U_2 为应急电源；T_1 为正常电源返回时间继电器；T_2 为应急电源转换时间继电器；RU_{1min} 为正常电源电压最小值继电器；RU_{2min} 为应急电源电压最小值继电器；A 为自动转换脱扣接触器；K 为方式选择器，其中 k_1 代表正常，k_2 代表自动，k_3 表示应急，k_4 表示关闭。

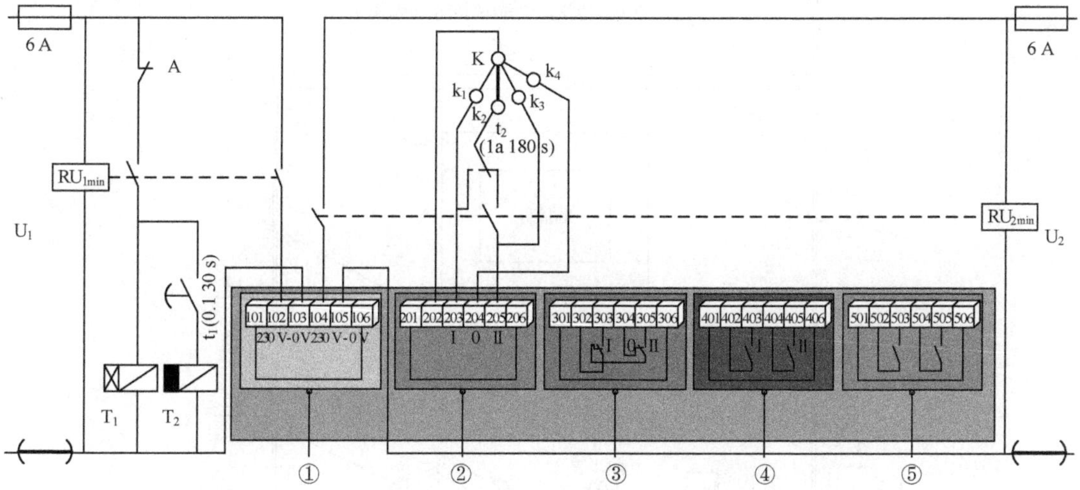

图 12－18　SIRCOVER VE 型自动转换开关控制回路接线原理图

第三节　电站控制系统控制面板

本节以典型 2×200 kW 柴油发电机组及其电站控制系统为例，介绍电站控制系统的控制面板。该型柴油机电站系统控制面板主要由自动并联屏、机组控制屏、机旁控制盒和切换屏等组成。

电站控制系统控制面板教学视频

一、自动并联屏

自动并联屏三维模型

柴油机电站控制系统自动并联屏的面板布置如图 12－19 所示。

（1）同步选择旋钮：机组手动并联时将旋钮拧向同步表。

（2）手动并联选择转换开关：选择向母线供电的机组。

（3）自动程序选择转换开关：该转换开关具有战时、平时 1、平时 2、触摸屏等不同挡位。

（4）工作方式选择转换开关：系统运行前首先选择机旁手动、柜体手动、自动等不同工作方式。

（5）2#机组故障指示灯：2#柴油发电机组发生故障时的状态指示。

（6）1#机组故障指示灯：1#柴油发电机组发生故障时的状态指示。

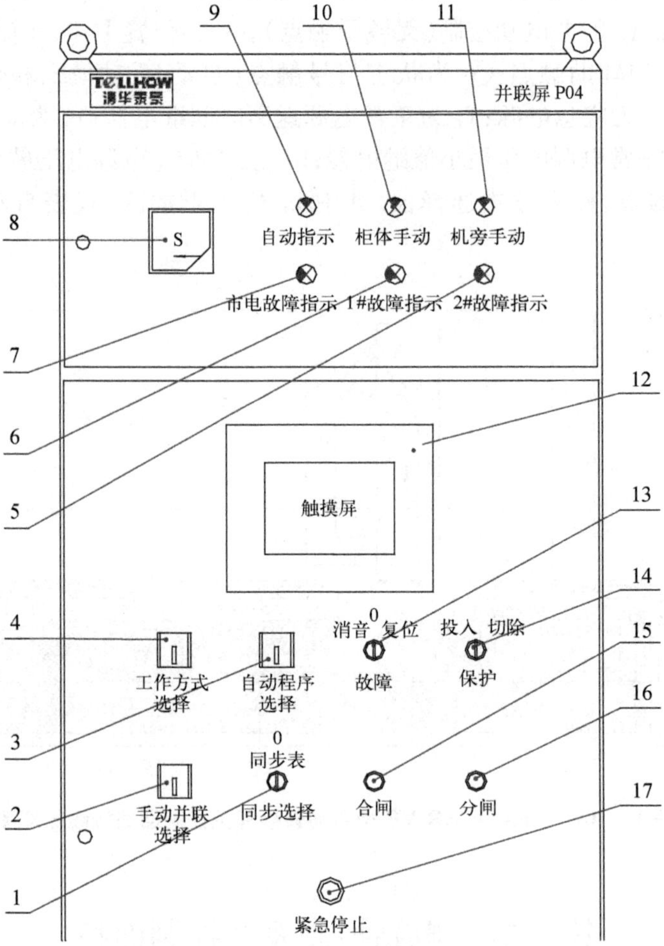

图 12-19　自动并联屏面板布置示意图

（7）市电故障指示灯：市电发生故障时的状态指示。

（8）同步表：同步表的主要功能是在手动控制同步时，观察柴油发电机组与母线的电压、频率，并判断是否需要对待并发电机组的电压、频率进行调整，通常表正中部分的绿灯亮时，表示为同步状态，此时可以合闸，而左或右两部分的红灯亮时，显示待并发电机组的转速或快或慢，此时需要对待并机组的转速进行调整。

（9）自动指示灯：系统自动运行状态指示。

（10）柜体手动指示灯：机组控制屏手动控制运行状态指示。

（11）机旁手动指示灯：机旁手动控制运行状态指示。

（12）触摸屏：系统集成操作和数据显示窗口。

（13）故障消音-复位旋钮开关：自动状态下系统故障时实现消音、复位。

（14）保护切除-投入旋钮开关：自动状态下投入保护、切除保护选择开关。

（15）合闸按钮：按下该合闸按钮，手动并联选择转换开关选择的柴油发电机组开关合闸，此时机组向母线供电。

（16）分闸按钮：按下该分闸按钮，手动并联选择转换开关选择的柴油发电机组开关分闸。

（17）紧急停止按钮：按下该紧急停止按钮，系统立即停机（机组运行前需要将紧急停止按钮复位）。

二、机组控制屏

机组控制屏三维模型

柴油机电站控制系统机组控制屏的面板布置如图 12－20 所示。

（1）紧急停机按钮：按下紧急停机按钮，机组立即停机（机组运行前需要将紧急停机按钮复位）。

（2）启动—运行—停机钮子开关：机组手动运行前需要将该钮子开关置于运行挡，手动启动时应将该钮子开关置于启动挡，并与启动按钮同时使用，启动完成后松开启动挡钮子，开关自动复位到运行挡。

（3）启动按钮：机组手动启动时，启动按钮必须与启动—运行—停机钮子开关同时使用。

（4）怠速—全速钮子开关：机组手动运行前需要将该钮子开关置于怠速挡，机组启动成功柴油机各仪表显示正常后，再将钮子开关置于全速挡，此时柴油机将全速运行。

（5）电压微调旋钮开关：手动调节柴油发电机组的电压。

（6）电压测量选择转换开关（本机—外电）：选择本机、外电实现电压测量。

（7）GPC 面板：显示柴油发电机组的各种运行参数。

（8）绝缘监视指示灯：显示各相是否绝缘。

（9）交流电压表：显示柴油发电机组电压或母线电压。

（10）频率表：显示柴油发电机组频率。

（11）自动指示灯：柴油发电机组工作状态指示，若机组处于自动状态，则该指示灯亮，若机组处于手动状态，则该指示灯灭。

（12）交流电流表：显示柴油发电机组的各相电流。

（13）机组合闸指示灯：指示开关的输出状态，若开关合上则该指示灯亮，开关断开则该指示灯灭。

（14）功率表：显示负载的有功功率。

（15）机组联络指示灯：操作机旁控制盒上的联络按钮，机组控制屏上的报警喇叭动作，并且机组联络指示灯亮。

（16）功率因数表：显示负载的功率因数。

（17）故障指示灯：指示机组的故障状态，若机组出现故障则该指示灯亮。

（18）电压电流测量转换选择开关：选择所需要观察的线电压、相电流等。

（19）速度微调旋钮开关：手动调节柴油发电机组的转速。

（20）合闸按钮：柴油发电机组电压、频率均正常后，按下该合闸按钮，开关闭合使机组向母线供电，同时机组合闸指示灯亮。

（21）加油旋钮：当机组供电或市电供电时，若将机组控制屏的加油开关转到手动挡，则加油泵得电加油，将加油开关转到 0 挡或油箱加满油时停止加油，若将加油开关转到自动挡，则根据燃油量加油泵自动投入工作，当油箱加满油时停止加油。

（22）联络按钮：操作机组控制屏上的联络按钮，机旁控制盒上的报警喇叭动作，并且联络指示灯亮。

（23）分闸按钮：按下该分闸按钮，机组停止向母线供电，同时机组合闸指示灯灭。

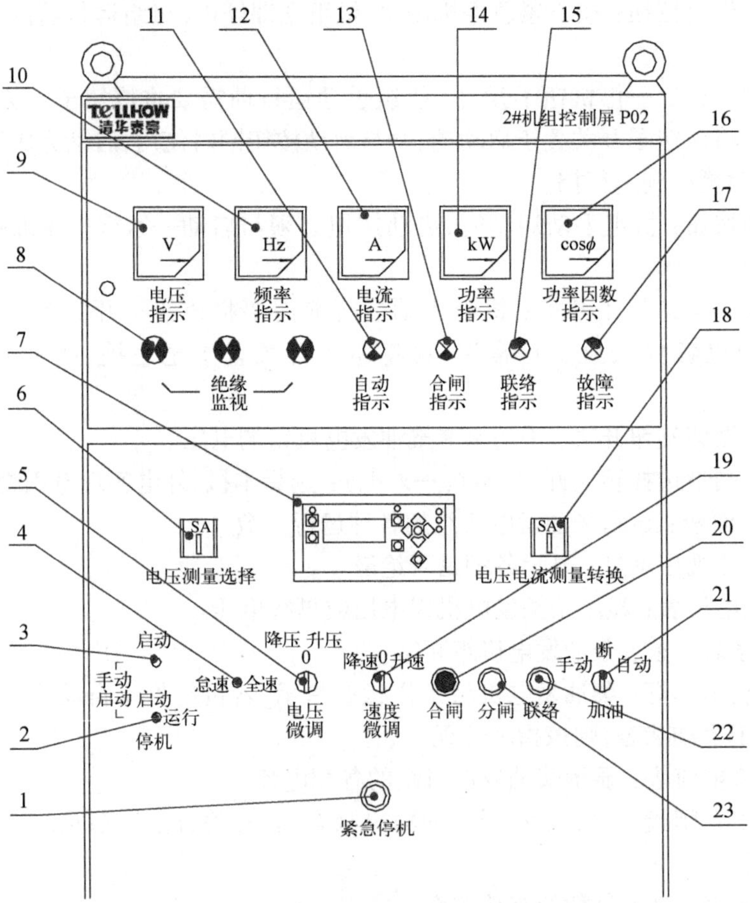

图 12－20　机组控制屏面板布置示意图

三、机旁控制盒

柴油机电站控制系统机旁控制盒的面板布置如图 12－21 所示。机旁控制盒主要是机旁启动柴油发电机组使用，通过面板上的油温表、转速表、水温表、直流电压表等传感器可监视柴油机的相关参数，同时还具有超速、高水温、低油压等保护功能。

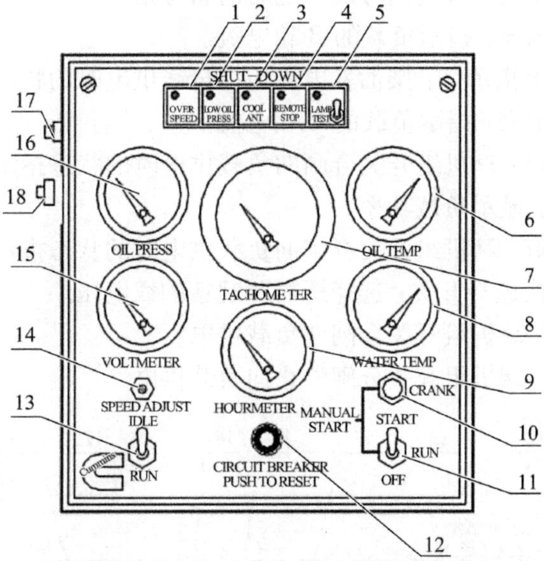

图 12－21 机旁控制盒面板布置示意图

1—超速指示;2—低油压指示;3—冷机指示;4—远控停机指示;5—试灯开关;6—油温表;7—转速表;8—水温表;9—计时器;10—启动按钮;11—启动—运行—停机钮子开关;12—断路器复位按钮;13—怠速—全速钮子开关;14—转速微调电位器;15—直流电压表;16—机油压力表;17—通信联络按钮;18—烘潮按钮

四、切换屏

切换屏三维模型

柴油机电站控制系统切换屏的面板布置如图 12－22 所示。

(1) 紧急停止按钮:按下该紧急停止按钮,系统立即停机(机组运行前需要将紧急停止按钮复位)。

(2) 机组供电按钮:手动状态下选择柴油发电机组供电按钮。

(3) 市电供电按钮:手动状态下选择市电供电按钮。

(4) 1#供电按钮:1#机组开关合闸向负载供电。

(5) 1#断电按钮:1#机组开关分闸停止向负载供电。

(6) 运行方式选择转换开关:该转换开关具有手动、自动两挡。若选择手动状态,则利用控制面板上的按钮开关控制自动转换开关 ATS 的位置;若选择自动状态,如果自动并联屏上电站系统工作状态为手动状态,则自动转换开关 ATS 优先选择市电输出,如果自动并联屏上电站系统工作状态为自动状态,则自动转换开关 ATS 受程序控制。

(7) 电压测量选择转换开关:选择观察市电、机组的电压。

(8) 自动指示灯:系统自动运行时的状态指示。

(9) 市电有电指示灯:市电有电时的状态指示。

(10) 电压指示表:指示市电、机组的电压。

(11) 发电机组有电指示灯:柴油发电机组有电时的状态指示。

(12) A 相电流指示表:指示负载的 A 相电流。

（13）市电供电指示灯：市电向母线供电时的状态指示。
（14）B 相电流指示表：指示负载的 B 相电流。
（15）发电机组供电指示灯：柴油发电机组向母线供电时的状态指示。
（16）C 相电流指示表：指示负载的 C 相电流。
（17）1#供电指示灯：1#机组开关合闸向负载供电时的状态指示。
（18）功率指示表：显示负载功率。
（19）2#供电指示灯：2#机组开关合闸向负载供电时的状态指示。
（20）电压测量转换选择开关：选择所需要观察的线电压。
（21）2#供电按钮：2#机组开关合闸向负载供电。
（22）2#断电按钮：2#机组开关分闸停止向负载供电。

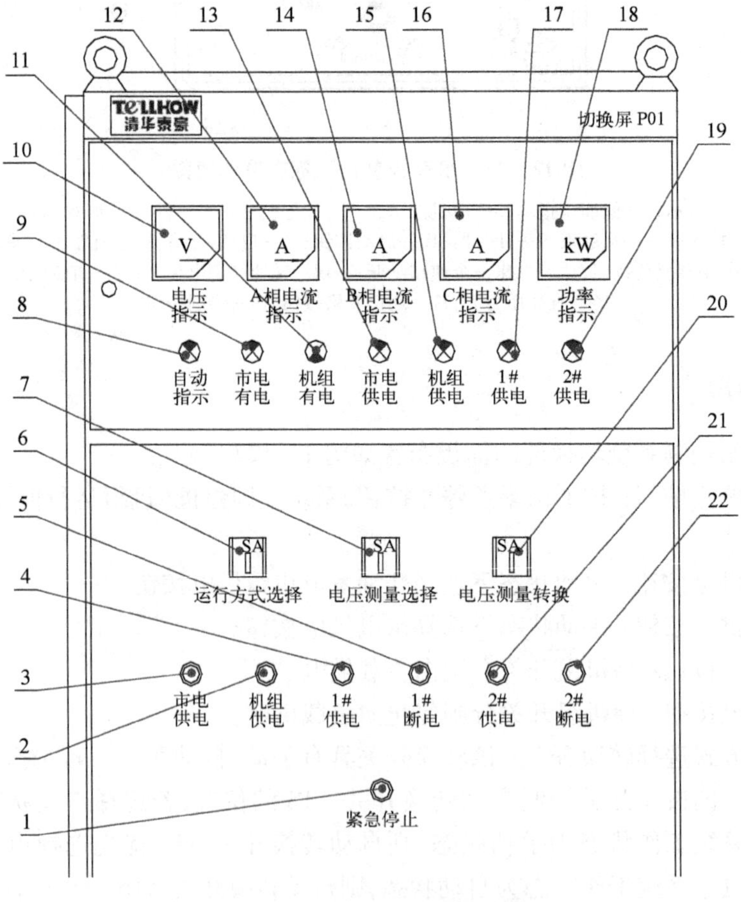

图 12－22　切换屏面板布置示意图

第四节　电站控制系统线路分析

本节以典型 2×200 kW 自动化柴油发电机组为例进行线路分析，如附图所示，其中原理图主要分为机旁控制盒原理图、机组控制屏原理图、自动并联屏原理图、切换屏原理图等,机组控制屏原理图、机旁控制盒原理图对每一台机组均适用。柴油机电站工作时需要首先通过自动并联屏面板上的“工作方式选择”转换开关选择工作方式,系统工作方式主要有机旁手动、柜体手动和自动三种。

一、启动过程

(一)机旁手动

操作自动并联屏面板上的“工作方式选择”转换开关S1,选择“机旁手动”位置,机旁控制盒上的“怠速—全速”钮子开关SA2处于“怠速”位置,LOGO!控制器输出106和107接到电子调速器U2的M、N端子,电子调速器U2的输出B、C(线号104和105)接到电调执行器ZXQ。在自动并联屏直流电源开关QF1闭合的前提下,端子L01和103与L0接通得到高电平,从而使800变为高电平,此时PLC上电,同时103端子接到机旁控制盒使KM1线圈得电,在机组控制屏上L01通过FU7将100变为高电平,从而给GPC、LOGO!控制器U1、电子调速器U2提供工作电源。在机旁盒上LOGO!控制器U1上电,此时低油压指示灯HL3亮,然后操作机旁控制盒上的“启动—运行—停机”钮子开关SA1,使其处于“启动”位置,同时按下“启动”按钮SB1,此时中间继电器KA1和KA2线圈不得电,143、111和152通过熔断器FU1接通100,从而变为高电平并输入到LOGO!控制器U1,由U1发出启动信号101,启动继电器J1线圈得电,常开触点吸合使得J2线圈得电,同时其常开触点也吸合,从而使启动电动机M上电,柴油发电机组开始启动。

柴油发电机组启动成功后,松开“启动”按钮SB1,仍维持“启动—运行—停机”钮子开关SA1处于“启动”位置,待低油压指示灯灭之后,同时注意观察各指示仪表,再松开“启动—运行—停机”钮子开关SA1,钮子开关将复位至“运行”位置,此时柴油发电机组怠速运行。怠速运行一段时间后,将机旁控制盒上“怠速—全速”钮子开关SA2拨至“全速”位置,此时190得电,LOGO!控制器输出Q4(线号106和107)接到电子调速器U2的M、N端子,同时电子调速器U2的输出B、C接到电调执行器ZXQ,从而使柴油发电机组全速运行。

(二)柜体手动

操作自动并联屏面板上的“工作方式选择”转换开关S1,选择“柜体手动”位置,所有操作均在机组控制屏面板上进行,此时L01、103、120、801均为高电平,机旁控制盒上KA2线圈得电,使得116—138—143、117—139—111、118—142—152、119—115—190接通。初始状态时机组控制屏上的“启动—运行—停机”钮子开关SA3处于“停机”位置,“怠速—全速”钮子开关SA4处于“怠速”位置。启动柴油发电机组时,将机组控制屏上的“启动—运行—停机”钮子开关SA3拨至“启动”位置,同时按下“启动”按钮SB1,使得机旁控制盒上116、117、118变为高电平,同时143、111、152变为高电平,而190则为低电平,柴油发电机组开始启动。

柴油发电机组启动成功后,松开机组控制屏上的“启动”按钮SB1,仍维持“启动—运行—停机”钮子开关SA3处于“启动”位置,等待油压正常且低油压指示灯灭后,再松开机组控制屏上的“启动—运行—停机”钮子开关SA3,钮子开关将复位至“运行”位置,此时柴油发电机组怠速运行。怠速运行一段时间后，将机组控制屏上的“怠速—全速”钮子开关 SA4 拨至“全速”位置，机旁控制盒上的 119 变为高电平，同时 119—115—190 也变为高电平，从而使柴油发电机组全速运行。

二、合闸过程

以 1#机组为例进行合闸过程分析。操作机组控制屏上的 GPC 面板，注意观察面板上的参数均正常后（此时 GPC 的故障报警输出 418 为低电平，若为高电平表示 GPC 检测到机组故障，此时不能合闸供电），再操作机组控制屏面板上的“合闸”按钮 SB4，此时端子 428 变为高电平，从而给 LOGO！控制器 U1～2 的 I1 端子合闸指令。LOGO！控制器根据 454 的状态进行判断：若 454 端子为高电平，说明 GPC 工作正常，则 LOGO！控制器 U1～2 的 Q4 端子向 GPC 输出合闸信号 456，并由 GPC 发出合闸输出指令 429 给 LOGO！控制器 U1～2 的 I7 端子，然后由 LOGO！控制器 U1～2 的 Q1 端子输出合闸指令，此时断路器 QF 动作，主触头闭合使机组向母线供电；若 454 端子为低电平，说明 GPC 故障，此时无法合闸。

三、分闸过程

以 1#机组为例进行分闸过程分析。若在自动并联屏上进行分闸操作，首先操作“手动并联选择”转换开关 S3，选择 1#机组，操作“分闸”按钮 SA5，使 816—461 变为高电位，此时机组控制屏上 LOGO！控制器 U1～2 的 I2 分闸指令变为高电平，Q2 输出分闸指令，从而断开断路器 QF，1#机组分闸停止向母线供电，同时 LOGO！控制器 U1～2 的 Q5 端子通知 GPC 机组分闸状态。若在机组控制屏上进行分闸操作，需要操作 1#机组控制屏面板上的“分闸”按钮 SB5，从而使 461—467 变为高电位，其余过程均与自动并联屏上操作一致。

四、停机过程

（一）机旁手动

操作自动并联屏面板上的“工作方式选择”转换开关 S1，选择“机旁手动”位置，然后在机组控制屏上进行分闸操作，即在机组控制屏上按下“分闸”按钮 SB5，从而使 LOGO！控制器 U1～2 的 I2 端子得到分闸指令，Q2 输出分闸指令，从而断开断路器 QF，柴油发电机组分闸停止向母线供电。分闸操作完成后，将机旁控制盒上的“怠速—全速”钮子开关 SA2 拨至“怠速”位置，LOGO！控制器 U1 的 I4 变为低电平，输出 Q4 控制机组怠速运行，最后将机旁控制盒上的“启动—运行—停机”钮子开关 SA1 拨至“停机”位置，LOGO！控制器 U1 的 I1、I2、I3、I4 端子全部失电，柴油发电机组停止运行，同时低油压指示灯亮。

（二）柜体手动

操作自动并联屏面板上的“工作方式选择”转换开关 S1，选择“柜体手动”位置，然后在机组控制屏上进行分闸操作，具体操作过程同机旁手动。分闸操作完成后，将机组控制屏面板上的“怠速—全速”钮子开关 SA4 拨至“怠速”位置，此时 119 变为低电平，LOGO！控制器 U1 的 I4 也变为低电平，输出 Q4 控制机组怠速运行，最后将机组控制屏面板上的

"启动—运行—停机"钮子开关 SA3 拨至"停机"位置,此时 116、117、118、119 端子全部变为低电平,机旁控制盒上 LOGO!控制器 U1 的 I1、I2、I3、I4 全部失电,柴油发电机组停止运行,同时低油压指示灯亮。

上述分闸、停机操作完成后应切断电源,即操作自动并联屏面板上的"工作方式选择"转换开关 S1,选择"停止"位置,此时 24 V 直流工作电源断开。

五、急停过程

柴油发电机组运行过程中若出现紧急情况,可操作"紧急停机"按钮 SJ,从而使 SJ1、SJ2 闭合变为高电平。其中,SJ1 使 464 变为高电平,一路送到机组控制屏 LOGO!控制器 U1~2 的急停 I11 端子,从而使 Q3 闭合,断路器 QF 失压保护动作,柴油发电机组停止供电,另一路送到机旁控制盒 LOGO!控制器 U1 的急停 I5 端子,输出 102 使得电磁断油阀关闭,柴油发电机组停机;SJ2 使 471 变为高电平,输入到自动并联屏 PLC 的 16DI1,提供急停信号指示。

需要指出的是,如果在自动并联屏上按下"紧急停机"按钮 SJ,将会使 464、564 同时变为高电平,输出到两台柴油发电机组的各自机组控制屏 LOGO!控制器,从而使两台机组停机,同时 868 变为高电平,给 PLC 的 16DI1 提供系统急停信号。如果在切换屏上按下"紧急停机"按钮 SJ,将会使 KD2 线圈得电,同时常开触点闭合,端子 937 变为高电平,LOGO!控制器控制自动转换开关 ATS 转换到空位置,同时端子 868 变为高电平送到自动并联屏,并通过二极管使 464、564 变为高电平,输出到两台柴油发电机组的各自机组控制屏 LOGO!控制器,从而使两台机组停机,同时 868 变为高电平,给 PLC 的 16DI1 提供系统急停信号。

六、并车供电过程

按照上述过程启动两台柴油发电机组并且全速运行,并车操作以 2#机组并 1#机组为例,其他并车操作与此类同。

(一) 自动并联屏操作

操作自动并联屏上的"手动并联选择"转换开关 S3,选择 1#机组。操作"合闸"按钮 SA4,此时 815、428、466B 变为高电平,从而给机组控制屏 LOGO!控制器 U1~2 的 I1 发出合闸指令,1#机组合闸向母线供电,同时 LOGO!控制器 U1~2 的 Q4 输出 456 到 GPC 的 25 合闸(同步)输入端,此时断路器 QF 合闸,且断路器 QF 的 23 和 24 端子之间的触点闭合,KB5 线圈得电,KB5 常开触点闭合,462 变为高电平,462 通过 562 将 1#机组合闸状态通知 2#机组,同时将 2#机组 LOGO!控制器的外站合闸位 I5 置为高电平。

操作自动并联屏上的"手动并联选择"转换开关 S3,选择 2#机组。左手操作"同步选择"旋钮 SA3,拧向"同步表",KC1 线圈得电,常开触头闭合,切换屏上母线的 U、V 相输入到同步表的 910 和 911 端子,且 2#机组的 U1、V1 相通过 522 和 521 接到同步表的另一侧,此时观察同步表的指示状态(左或右两部分红灯亮时,显示待并机组的转速或快或慢,需要对待并发电机组进行转速调节),直至表正中绿灯亮显示同步状态,并通过 563 端子(对应于机组控制屏原理图上的 463)输出到 2#机组 LOGO!控制器的 I6 同步脉冲输出端,同时右手操作“合闸”按钮 SA4，此时 528 端子(对应机组控制屏原理图上的 428)变为高电平，通过 466B 对 2#机组 LOGO!控制器的 I1 发出合闸指令，在 I6 有同步脉冲且 I5 外站合闸位 562 为高电平的条件下发出合闸指令 I1，从而使 2#机组合闸，此时断路器 QF 常开触点闭合，23 和 24 之间的触点闭合，KB5 线圈得电，KB5 常开触点闭合，129 变为高电平，输出到机旁控制盒 LOGO!控制器的 I7 端子，并由机旁控制盒 LOGO!控制器的 Q3 端子发出并联指令，从而使 2#机组与 1#机组并车向母线供电。

(二) 机组控制屏操作

操作 1#机组控制屏面板上的“合闸”按钮 SB4，1#机组合闸向母线供电，此时 462 通过 562 将 1#机组合闸状态通知 2#机组，同时将 2#机组 LOGO!控制器的外站合闸位 I5 置为高电平。

操作 2#机组控制屏面板上的“电压测量选择”转换开关 SA1，观察本机、母线的电压和频率，或者操作 GPC 面板观察机组、母线的电压和频率，通常待并发电机组与母线之间的电压幅值差应在 2 V 以内，频率差应在 0.3 Hz 以内，否则需要操作机组控制屏面板上的“速度微调”和“电压微调”旋钮，分别调节转速和电压，即通过 GPC 上的 465、466A、467A、468 端子进行调整。当满足合闸条件时，GPC 合闸(同步)输出 429 变为高电位，外站合闸位 I5 也为高电位，此时按下“合闸”按钮 SB4，LOGO!控制器 I1 得到合闸指令，从而使 2#机组与 1#机组并车向母线供电。

七、自动过程

操作自动并联屏面板上的“工作方式选择”转换开关 S1，选择“自动”位置，通常自动方式下有战时、平时 1、平时 2、触摸屏 4 种状态。“工作方式选择”转换开关 S1 位于“自动”位置时，自动并联屏上的 801、802 均为高电平，输入到可编程逻辑控制器(PLC)16DI1 的 2、3 端子，可编程逻辑控制器 16DO1 的端子 6 输出高电平，从而指示自动工作状态。在机组控制屏上 KB1 线圈得电，HL4 灯亮，KB1 触头动作，130 变为高电平，并使 LOGO!控制器的 I3 端子为高电平；在机旁控制盒上 KA1 线圈得电，使触头动作，122—143、122—111、121—152、123—190 接通，从而转自动工作方式。

(一) 战时

将自动并联屏上的“自动程序选择”转换开关 S2 拨至“战时”挡，837、838 均为高电平，输入到可编程逻辑控制器 16DI2 的 12、13 端子，经程序判断使可编程逻辑控制器 16DO1 的 12、13、14、15、16、17 端子变为高电平，从而控制两台柴油发电机组 15s 内同时启动，首先启动完成的机组合闸供电，可编程逻辑控制器 16DO2 的端子 9 使机组供电输出 861 变为高电位，此时切换屏上的“运行方式选择”开关 S1 拨至“自动”位置，使得 930 变为高电平，KD1 线圈得电，切换屏上的 LOGO!控制器 I4 和 861 接通，同时变为高电平，使得机组供电输出 Q4 闭合，自动转换开关 ATS 自动切换到机组供电，其余机组运行 2 min 后自动停机。运行过程中当负载大于 80%单机额定功率时，确认 5 s 后备用的两台柴油发电机组同时启动，先启动成功的一台机组在 1 min 内自动投入并联运行；当负载小于 20%单机额定功率时，确认 10 s 后，后投入并联运行的柴油发电机组自动解列，且在运行 2 min 后自动停机。此外，若市电恢复正常，自动转换开关 ATS 切换到市电供电后，先投入供电的机组自动分闸，且在运行 2 min 后自动停机。

(二) 平时 1

将自动并联屏上的“自动程序选择”转换开关 S2 拨至“平时 1”挡，837、838 均为低电平，输入到可编程逻辑控制器 16DI2 的 12、13 端子，市电故障时经程序判断，使可编程逻辑控制器 16DO1 的 12、13、14 端子变为高电平，从而控制 1#机组启动，同时可编程逻辑控制器 16DO2 的端子 3 使 455 变为高电平，输出到机组控制屏上的 LOGO!控制器 I1 端，发出合闸指令使 1#机组合闸，同时 1#机组的 462 端子变为高电位，输出到 2#机组控制屏 LOGO!控制器上的外站合闸位，从而指示当前 1#机组的合闸状态。当负载大于 80%单机额定功率时，确认 5 s 后按照程序预先设定的运行顺序，2#机组自动启动，可编程逻辑控制器 16DO2 的端子 5 使 555 变为高电平，输出到 2#机组控制屏 LOGO!控制器的 I1 端，从而发出合闸指令，由于此时外站合闸位 I5 为高电位，因此 2#机组控制屏 LOGO!控制器 Q4 端子发出合闸输入信号 456 到自动发电机组控制器(GPC)，并由 GPC 判断合闸时机，满足合闸条件时 GPC 输出信号 429 到 LOGO!控制器的 I7 合闸输出端，并由 LOGO!控制器的 Q1 端子发出合闸指令投入并联运行；当负载小于 20%单机额定功率时，确认 10 s 后可编程逻辑控制器 16DO2 的 560 发出信号到 2#机组控制屏 LOGO!控制器的 I2 端子，从而得到分闸指令，在外站合闸位 I5 有效的情况下，LOGO!控制器 Q2 端子发出分闸指令，后投入并联运行的 2#机组自动解列，运行 2 min 后，可编程逻辑控制器 16DO1 的 223 端子变为低电平，使 2#机组机旁控制盒的 190 端子也变为低电平，机组怠速运行约 20 s 后，221、222 端子同时变为低电平，2#机组停机。此外，若市电恢复正常，自动转换开关 ATS 切换到市电供电后，先投入供电的机组自动分闸，且在运行 2 min 后自动停机。

八、投入切除保护

当自动并联屏上的“投入—切除保护”转换开关 SA2 拨至“投入”挡时，若机组运行过程中出现油压低、转速高、水温高等故障现象，机旁控制盒上的 112 端子变为低电平，并给机旁控制盒 LOGO!控制器 U1 的 I6 端子发出故障信号，从而控制 Q1 端子发出柴油机停机信号。此外，油压、油温、水温三个传感器的输出信号 161、162、163 送到机组控制屏上的 GPC，当 GPC 工作正常时，454 端子为高电平，GPC 判断故障后给出故障报警信号 418，并输出到 LOGO!控制器 U1~2 的 I12 端子，同时 I9 端子接收到 112 端子的低电平，从而使 LOGO!控制器 U1~2 控制柴油发电机组分闸。当 GPC 故障时，454 端子为低电位，此时 GPC 的 418 端子不输出故障报警信号，而是通过 I9 端子接收 112 端子的低电平信号，从而使 LOGO!控制器 U1~2 控制柴油发电机组分闸。

当自动并联屏上的“投入—切除保护”转换开关 SA2 拨至“切除”挡时，即使柴油发电机组运行过程中出现油压低、转速高、水温高等故障现象，机组不分闸，而是在故障情况下继续运行。

九、油箱加油

机组控制屏上有“加油”按钮 SB7，具有自动、手动两种加油方式，且手动旋钮带复位，而自动旋钮不带复位。当油箱液面正常时，油箱上的 401 端子为低电平，而 402 端子为高电平；当油箱液面到达上限位时，401、402 端子均为低电平，此时机组控制屏上的“手动加油”和“自动加油”按钮均不起作用，即不能加油；当油箱液面到达下限位时，401 和 402 端子均为高电平，此时无论是机组控制屏上的“手动加油”和“自动加油”按钮哪个按下时，KB2 线圈均得电，从而使触头动作，并使 KM 线圈得电，常开触头吸合，131、132、133 端子变为高电平，油泵开始工作。当油箱液位高于下限时，自动旋钮不能复位，但由于 KB2 触头动作，402—466 变为高电平，油泵继续加油，直至到达上限位置。

十、调压调速

GPC 工作正常时，工作状态输出 454 为高电平，KB3、KB4 线圈得电，且 KB3 的常闭触点断开，KB4 的常开触点闭合，从而由 GPC 控制调压调速。其具体过程为：当按下“电压微调”按钮 SB2 时，450—437、452—436 接通，GPC 输出电压微调信号 467A、468，经 124、125 端子输出到交流同步发电机的调压端子 A1、A2，从而通过改变励磁电流的大小实现端电压的调节；当按下“速度微调”按钮 SB3 时，453—435、493—434 接通，GPC 输出速度微调信号 465、466A，且 466A 端子接到 424 端子，经过电阻板调理变为 127 端子，最后 126 和 127 端子信号送到柴油机电子调速器 U2 的 H 和 K 端子，从而通过改变每循环供油量实现转速和频率微调。

十一、消音复位

当机组运行故障时，自动并联屏可编程逻辑控制器 16DO2 的 18 端子发出报警信号，即 831 变为高电平，KC2 得电闭合，报警喇叭报警，同时报警灯 HL4 亮。若将“消音-复位”按钮 SA1 拨至“消音”位置，828 端子变为高电位，可编程逻辑控制器 16DI1 的端子 4 也变为高电位，从而通过程序控制 16DO2 的端子 18 变为低电位，此时喇叭消声，机组带故障运行。若将“消音-复位”按钮 SA1 拨至“复位”位置，804 变为高电平，分别送至 GPC 的复位端子 24、可编程逻辑控制器 16DI1 的端子 5，从而使故障信号清除。

测试题

第十三章
柴油机电站新技术及应用

柴油机电站作为一种传统的备用电源和常用的发电设备，目前已广泛应用于通信、金融、医疗等国民经济领域，同时柴油机电站还是人防工程、国防工程的重要基础设施之一，是公共电网被破坏后自我保障电能的重要手段。当前，随着科技的不断发展和市场需求的不断变化，柴油机电站逐渐呈现出节能化、环保化、智能化[74]等新的发展趋势；与此同时，在人防工程、国防工程等特殊应用领域，为解决柴油机电站的高排放、强震动、大噪声、易暴露等问题，逐渐涌现出可原位替代柴油机电站的新能源、分布式智能微电网等技术。本章主要介绍了编者围绕柴油机电站新技术及应用开展的相关工作，包括柴油机废气能量回收技术、电站控制系统国产化集成设计技术、金属空气电源和燃料电池技术、分布式智能微电网技术等。

第一节　柴油机废气能量回收技术

柴油机废气能量回收是柴油机电站节能环保研究的热点问题，近年来受到了国内外学者的广泛研究和关注。通常柴油机的废气温度处于300~600℃之间，属于低温热源，因此柴油机废气能量回收的主要研究方向是低温废气能量发电技术。

一、柴油机低温废气能量发电技术

低温废气能量发电技术是指利用柴油机工作过程中排放的低温烟气、废蒸汽等废气能量进行发电，从而将原本废弃的热能转化为电能。柴油机低温废气能量发电的热力循环主要可分为水蒸气朗肯循环、有机朗肯循环两大类[75]，其主要区别是：

（1）水蒸气朗肯循环采用水作为工质，水在废气能量锅炉中吸热产生蒸汽，进而膨胀做功产生电能，而有机朗肯循环则采用低沸点工质吸收废气能量介质的热量并进行汽化，从而完成热能和电能的转化。

（2）水蒸气朗肯循环系统必须设置去除钙、镁离子的软水系统，同时为了防止水中溶氧对管路和设备的化学腐蚀，给水还必须经过严格的除氧处理，而有机朗肯循环则不需要这些辅助系统，其系统构成较为简单。

（3）在低温废气能量温度范围内，由于循环工质的蒸发温度较低，因此水蒸气朗肯循环的蒸发压力比有机朗肯循环低很多。

（4）水蒸气朗肯循环冷端（凝汽器）通常处于比外界大气压低很多的真空状态，因此为了排除不冷凝气体,需要设置真空维持系统,而有机朗肯循环的冷端一般处于正压状态,因此无需设置真空维持系统。

(5)有机朗肯循环系统可降低废气最终的排出温度,更多地回收废气热量,通常其透平输出功率能够达到水蒸气朗肯循环的两倍以上,因此有机朗肯循环能够显著提高废气能量的回收利用率。

(6)水蒸气朗肯循环中蒸发压力较低,导致水蒸气比体积很大,而有机朗肯循环透平中工质比体积很小,所需透平流通面积较小,因此有机朗肯循环可缩小透平尺寸,减少钢材消耗量。

(7)水蒸气朗肯循环废气能量锅炉中需要设置过热蒸汽加热段,导致废气能量锅炉的结构比较复杂,而有机朗肯循环工质可在蒸发压力下的饱和蒸汽状态进入透平膨胀做功,提高了工质在废气能量锅炉里的换热系数,同时简化了废气能量锅炉的结构。

二、柴油机低温废气能量发电有机朗肯循环系统

目前小型废热回收发电的主流技术是采用有机朗肯循环,即通过有机朗肯循环低温废气能量发电技术将柴油机废气热能转化为电能,从而达到废气能量回收的目的。通常废气能量发电有机朗肯循环系统的形式、性能除与所选择的循环工质物性及循环过程各状态参数有关以外,还与废气能量介质的特性(例如聚集状态、温度、压力、流量、比热容及腐蚀性等)有关,并且对废气能量介质的特性,尤其是对其物性参数计算方法的研究,是废气能量发电有机朗肯循环技术研究的基础。

图 13-1 给出了低温废气能量发电有机朗肯循环系统示意图。排出的废气能量介质在有机工质废气能量锅炉(HRSG)中被蒸发为透平入口的蒸汽状态,有机工质蒸汽进入透平膨胀机(或螺杆膨胀机)里膨胀做功,从而带动发电机发电,膨胀后的排气进入凝汽器中,被冷却介质(冷却水或冷却空气)冷凝为凝结压力下的液体,再被工质加压泵加压

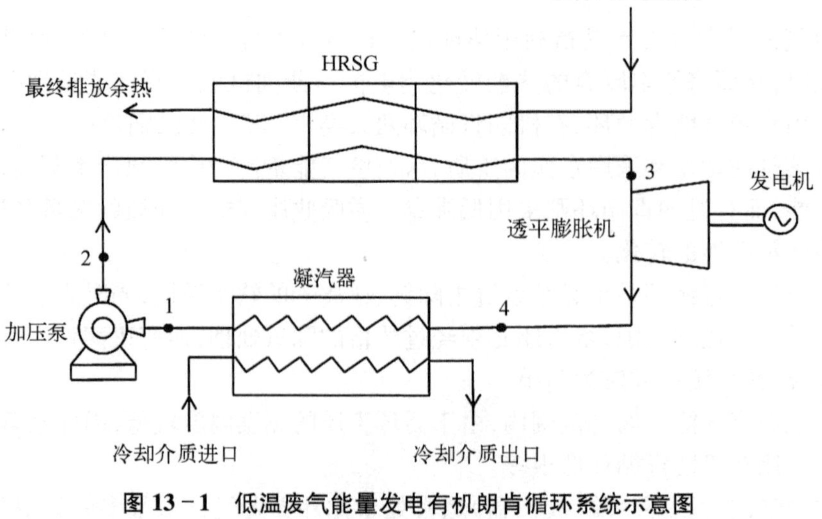

图 13-1 低温废气能量发电有机朗肯循环系统示意图

到蒸发压力下的过冷液体状态，然后进入废气能量锅炉中被废气能量介质加热，再进入透平膨胀做功，完成一个循环，从而实现对废气能量的回收利用。

图 13－2 进一步给出了带回热的低温废气能量发电有机朗肯循环系统示意图。循环工质从储液罐里的状态点 2 被加压泵升压至蒸发压力下的过冷液体状态 3，在回热器中吸收透平膨胀机排出的热量后，被预热到废气能量锅炉进口状态 4，经过废气能量锅炉预热段中废气能量介质的加热后，被加热到状态点 5，然后进入锅炉汽包（气液分离器），工质在废气能量锅炉的蒸发段中被循环加热、蒸发，经过汽包分离出来的饱和工质蒸汽 6 在废气能量锅炉的过热段中被加热到透平进口过热蒸气状态 7，工质蒸汽在透平中膨胀输出能量，从而驱动发电机输出电能，透平排气 8 通过回热器将热量传递给废气能量锅炉进口的液体工质，从回热器出来的气态工质 9 进入凝汽器中，被冷却塔循环降温后的冷却水冷凝到加压泵进口状态 2，重新进入下一个工作循环。

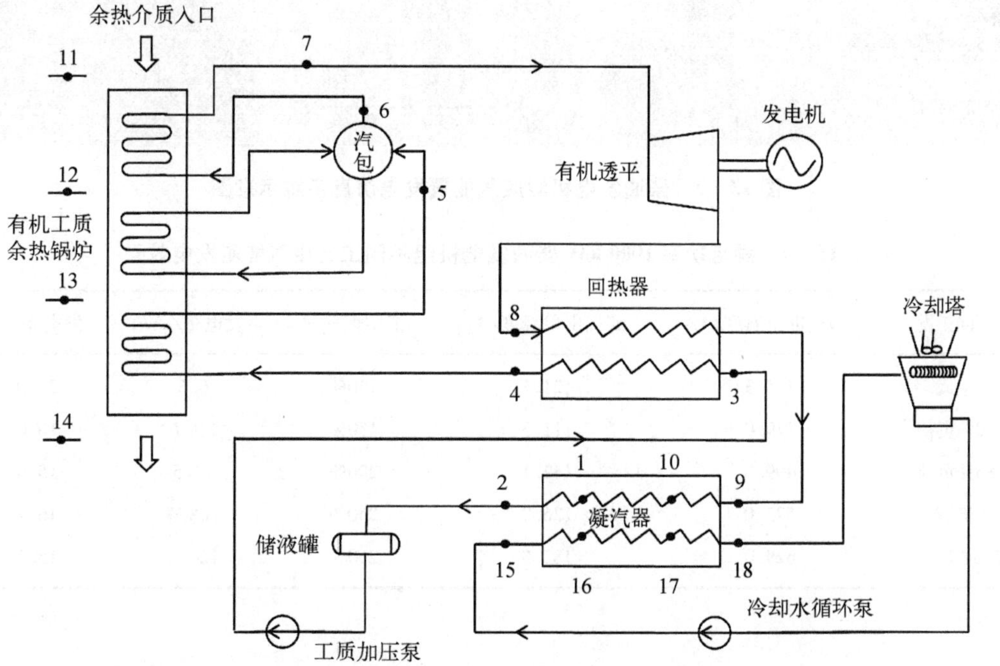

图 13－2 带回热的低温废气能量发电有机朗肯循环系统示意图

基于上述带回热的低温废气能量发电有机朗肯循环系统，编者设计了柴油发电机组废气能量发电仿真系统[76]，如图 13－3 所示。该仿真系统能够模拟废气能量发电系统的整体功能，实现机组至少 5 种工况下的模拟运行，符合机组运行实际环境条件，覆盖机组功率范围为 0~1000 kW。该废气能量发电仿真系统分别对某典型柴油发电机组（额定功率 1000 kW）五种不同工况下的废气能量发电效果进行了仿真分析，结果如表 13－1 所示。根据废气能量发电仿真系统分析结果来看，在额定工况、理想状态下（未考虑系统自身动力及系统效率损耗），单纯发电模式回收废热效率可达到 16.4%，同时烟气出口温度也得到了较大程度的降低。

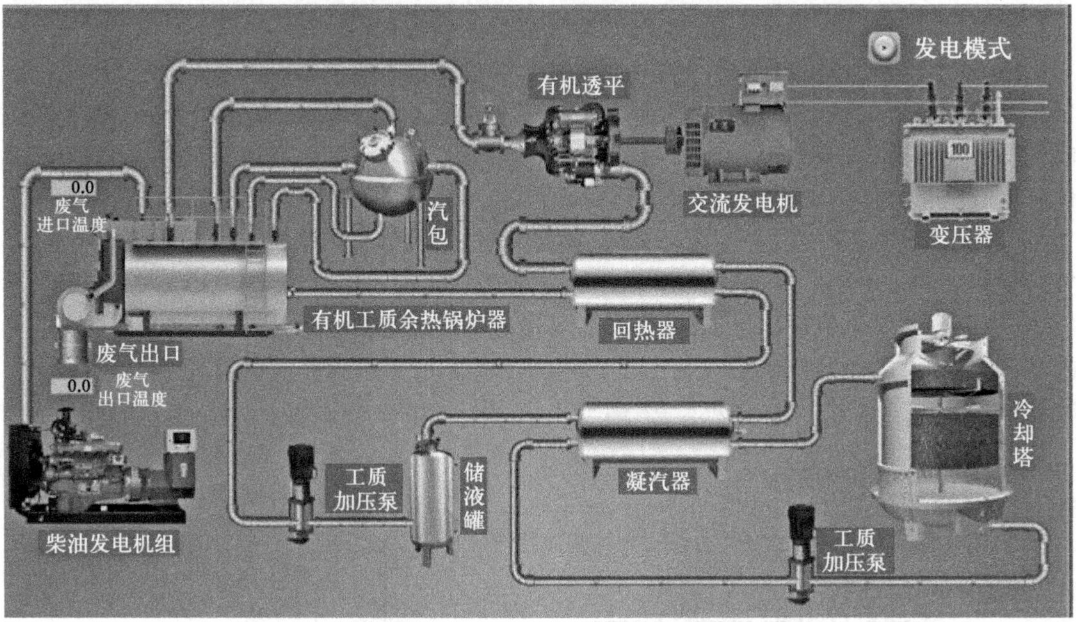

图 13-3　柴油发电机组废气能量发电仿真系统示意图

表 13-1　额定功率 1000 kW 柴油发电机组不同工况废气能量发电效果

不同工况	烟气进口温度/℃	烟气出口温度/℃	工质烟气比	发电量/kW	发电率/%
空载	335.3	121.1	120%	6.6	33.0
50%负荷	379.0	111.3	150%	39.7	16.0
85%负荷	499.0	142.1	200%	72.5	15.0
满载	573.0	126.9	250%	108.4	16.4
超载 110%	629.0	182.9	250%	124.8	15.1

第二节　电站控制系统国产化集成设计技术

近年来随着敌网络攻击手段的快速发展，我国很多关键设备面临日益严峻的安全威胁和断供风险。柴油机电站作为国民经济、国防军事等重要领域的电能供应设备，目前电站控制系统中的很多控制器件（例如电控单元、可编程逻辑控制器、自动发电机组控制器等）仍由国外企业研发、设计和生产，不排除留有“后门”或漏洞，非常时期很有可能成为攻击重点，或被利用成为攻击上级信息系统的跳板，从而影响国民经济、国防军事等重要领域的电力供应，为此开展电站控制系统自主可控研究和国产化集成设计，具有非常重要的意义。

一、国产化电站控制系统功能组成设计

柴油机电站控制系统中的控制器件主要包括电控单元、自动电压调节器、自动发电机组控制器、框架式断路器、可编程逻辑控制器、触摸屏、自动转换开关等，除电控单元仍为国外进口、尚无国产化替代产品以外，其余电站控制系统中的控制器件均有相应的国产化替代器件。基于此，编者以 3×250 kW、输出电压 400 V 的柴油机电站为对象，开展了电站控制系统国产化集成设计，其组成示意图和详细配置分别如图 13－4 和表 13－2 所示。

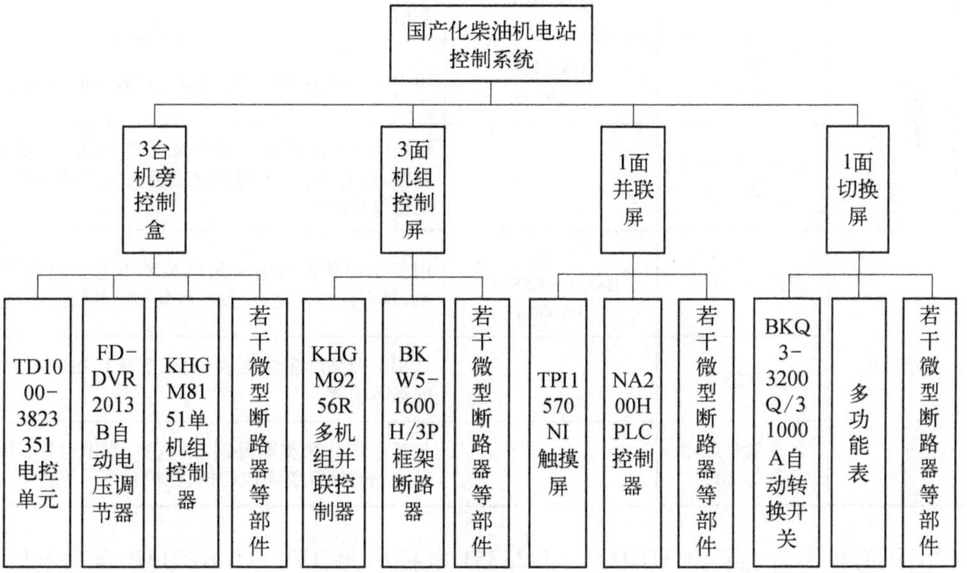

图 13－4　国产化电站控制系统结构组成示意图

表 13－2　国产化电站控制系统详细配置表

序号	控制屏名称	主要部件名称	规 格 型 号	功 能 描 述
1	机旁控制盒	电控单元	利勃海尔 TD1000－3823351	用于实现柴油机燃油的精确计量与控制
		自动电压调节器	孚鼎 FD－DVR2013B	用于调节交流同步发电机的输出电压，使发电机在不同工况下能够稳定输出额定电压值
		发电机组控制器	康华 KHGM8151 单机组控制器	多机组并联控制器故障情况下，用于在机旁实现单台发电机组的控制、显示和保护
		若干微型断路器等部件	—	包括国产化的微型断路器、继电器、指示灯等，用于辅助 KHGM8151 单机组控制器完成机旁的控制、保护和显示等功能
2	机组控制屏	发电机组控制器	康华 KHGM9256R 多机组并联控制器	用于实现对多台柴油发电机组的启停控制、合闸与分闸控制、并联解列控制等，以及发电机组运行参数的显示和保护等功能

续 表

序号	控制屏名称	主要部件名称	规格型号	功能描述
2	机组控制屏	框架式断路器	宝凯 BKW5 - 1600H/3P	用于实现发电机组输出主回路的通断控制、过载和短路保护等功能
		若干微型断路器等部件	—	包括电压继电器、逆功率保护继电器、微型断路器、指示灯等,用于辅助 KHGM9256R 多机组并联控制器完成柴油发电机组的控制、保护及显示功能
3	并联屏	触摸屏	昆仑通态 TPI1570NI	用于实现电站控制系统运行参数的集中显示,包括发电机组运行状态、切换屏运行状态、市电运行状态等信息
		PLC 控制器	南大傲拓 NA200H	用于实现电站控制系统的运行模式切换等功能
		若干微型断路器等部件	—	包括国产化的同步表、微型断路器、继电器、指示灯、旋钮、按钮等,用于辅助触摸屏完成手动并联、模式切换等功能
4	切换屏	自动转换开关	宝凯 BKQ3 - 3200Q/ 3 1000A	用于实现柴油发电机组电源和市电电源之间的切换,具有自投自复、自投不自复和手动切换等功能
		多功能表	—	选用国产品牌多功能表,用于实现切换屏电力参数的显示功能
		若干微型断路器等部件	—	包括国产化微型断路器、继电器、指示灯等,用于辅助自动转换开关完成切换、保护和显示等功能

(1) 机旁控制盒主要由 TD1000 - 3823351 电控单元、FD - DVR2013B 自动电压调节器、KHGM8151 单机组控制器以及其他部件组成,共同完成柴油发电机组的机旁控制、显示和保护等功能。具体地,通过 TD1000 - 3823351 电控单元实现调速控制,通过 FD - DVR2013B 自动电压调节器实现调压控制,通过 KHGM8151 单机组控制器实现机旁启动、停机、机组运行参数显示、控制系统保护等功能;其他部件辅助完成机组运行参数显示和控制系统保护等功能。

(2) 机组控制屏主要由 KHGM9256R 多机组并联控制器、BKW5 - 1600H/3P 框架断路器以及其他部件组成,共同完成柴油发电机组的柜体控制、显示和保护等功能。具体地,通过 KHGM9256R 多机组并联控制器实现机组的启动、停止,通过控制机旁控制盒中的 TD1000 - 3823351 电控单元实现柴油机的转速调整,通过控制机旁控制盒中的 FD - DVR2013B 自动电压调节器实现发电机的电压调整;BKW5 - 1600H/3P 框架断路器接收 KHGM9256R 多机组并联控制器的合闸、分闸信号,从而完成合闸、分闸控制功能,且 BKW5 - 1600H/3P 框架断路器自身具备过载和短路保护功能,可以实现对线路和设备的保护;其他部件辅助完成机组控制屏内控制系统的保护功能。

(3) 并联屏主要由 TPI1570NI 触摸屏、NA200H PLC 控制器以及其他部件组成,共同完成柴油发电机组的显示、连锁控制、保护功能。具体地,TPI1570NI 触摸屏通过以太网通信读取机组控制器、PLC 控制器等相关参数,并集中显示机组运行参数、电力运行参数等信息；NA200H PLC 控制器采集机组运行状态，提供水泵、风机等连锁控制信号；其他部件辅助完成并联屏内控制系统的保护等功能。

（4）切换屏主要由 BKQ3－3200Q/3 1000A 自动转换开关、多功能表以及其他部件组成，共同完成柴油发电机组的切换、显示和保护功能。具体地，BKQ3－3200Q/3 1000A 自动转换开关自带智能控制器，且具有手动切换和自动切换功能，并可显示部分电力运行参数；多功能表用于显示切换屏的电力运行参数；其他部件辅助完成切换屏内控制系统的保护等功能。

二、国产化电站控制系统网络拓扑设计

如图 13－5 所示，3×250 kW 自主可控柴油机电站机旁控制盒、并联屏、机组控制屏和切换屏通过控制线束、通信线束等完成互联互通。其中：

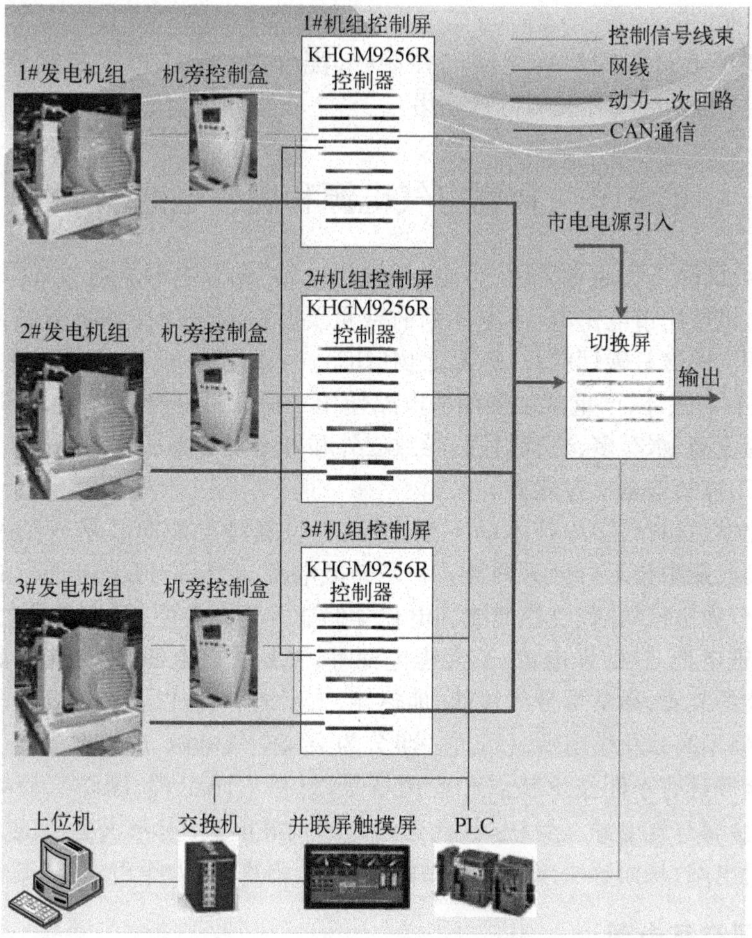

图 13－5　国产化电站控制系统网络拓扑示意图

（1）机旁控制盒与机组控制屏之间使用多芯控制电缆连接，主要包括 KHGM9256R 多机组并联控制器发送的启动、停机、调压、调速等控制信号，同时接收柴油机的水温、油

压、转速等反馈信号。

(2) 多面机组控制屏的 KHGM9256R 多机组并联控制器 CAN 通信接口之间通过双芯屏蔽电缆连接,从而实现国产控制器之间的信息共享,为机组控制器调压、调速提供基准信息。

(3) 每面机组控制屏内的 KHGM9256R 多机组并联控制器与 BKW5 - 1600H/3P 框架断路器之间通过信号线连接,KHGM9256R 多机组并联控制器通过发送合闸、分闸信号控制 BKW5 - 1600H/3P 框架断路器的通断。

(4) KHGM9256R 多机组并联控制器与交换机、NA200H PLC 控制器和 TPI1570NI 触摸屏通过网线连接,触摸屏通过网络采集机组控制器和 PLC 控制器的相关信息,经处理后在组态界面上直观显示。

(5) 机旁控制盒通过 KHGM8151 单机组控制器配合 TD1000 - 3823351 电控单元、FD - DVR2013B 自动电压调节器、继电器、微断等器件,完成柴油发电机组机旁的控制、显示和保护等功能。

(6) 并联屏通过与切换屏之间的控制线,配合 NA200H PLC 控制器完成 BKQ3 - 3200Q/3 1000A 自动转换开关的位置采集。

第三节　金属空气电源和燃料电池技术

人防工程、国防工程通常采用“市电+柴油机电站”的双电源供电方式,即在市电正常时或非重要时机使用市电供电,市电中断时或重要时机则采用柴油机电站供电。柴油机电站工作时烟气中含有碳烟颗粒、碳氢化物(HC)、一氧化碳(CO)、氮氧化物(NO_x)、二氧化硫(SO_2)等有害气体,严重威胁柴油机电站使用维护人员的身体健康,同时柴油机电站工作时排烟温度高、水雾多、热辐射强,导致红外和可见光暴露征候明显,也会严重影响人防工程、国防工程的安全生存能力。

随着电化学、材料科学等技术的不断发展,各种新型电能源技术得到普遍关注与应用。目前新型电能源技术可分为两类:一是储能电源,它是指将电能进行储存和释放的装置,通常可分为机械储能、电磁储能和电化学储能等不同类型,例如超导电磁储能、超级电容、磷酸铁锂电池、钛酸锂电池、三元锂电池等;二是发电电源,它是指将其他形式的能源转换为电能的装置,通常可分为核能、地热能、太阳能、风能以及新型高效化学电源等不同类型,其中新型高效化学电源又可进一步分为金属空气电源、燃料电池等。通常不同类型的新型电能源具有不同技术特点和应用场景,针对人防工程、国防工程等特殊应用领域,笔者认为金属空气电源、燃料电池具有较大的发展前景,未来很有可能完全替代或部分替代柴油机电站,从而解决柴油机电站的高排放、强震动、大噪声、易暴露等问题。

一、金属空气电源

金属空气电源是一种将金属材料的化学能转化为电能的发电装置,主要包括锌空电源、镁空电源、锂空电源、铝空电源等,其理论能量密度和能量利用率较高,并且具有低红外辐射、无噪声、无污染、零排放、高安全性、低运行成本等特点。其中,锌空电源以金属锌作为阳极，化学活性较低，大电流放电能力较差；镁空电源以金属镁作为阳极，化学活性较高，电极电势低，自放电较大，且工作时会产生大量氢气；锂空电源以金属锂作为阳极，化学活性高，且遇水会爆炸、安全隐患较高，其研究尚处于起步阶段；铝空电源以金属铝作为阳极，其化学活化性能介于镁和锌之间，自放电较小，且大电流放电能力较好，因此铝空电源被认为是最具有发展潜力的金属空气电源技术之一[77]。

(一) 铝空气电池

如图 13－6 所示，铝空气电池(简称铝空电池)以金属铝作为阳极、空气中的氧气作为阴极，在电解液和催化剂的共同作用下，铝电极不断被氧化成铝离子并放出电子，电子通过外线路负载迁移至空气电极形成电流，空气电极获得电子后与水发生还原反应生成氢氧根离子，铝离子与氢氧根离子发生化学反应生成氢氧化铝，上述电化学反应不断进行，铝电极和氧气不断消耗，从而对外持续放出电能。铝空气电池的电化学反应过程如下。

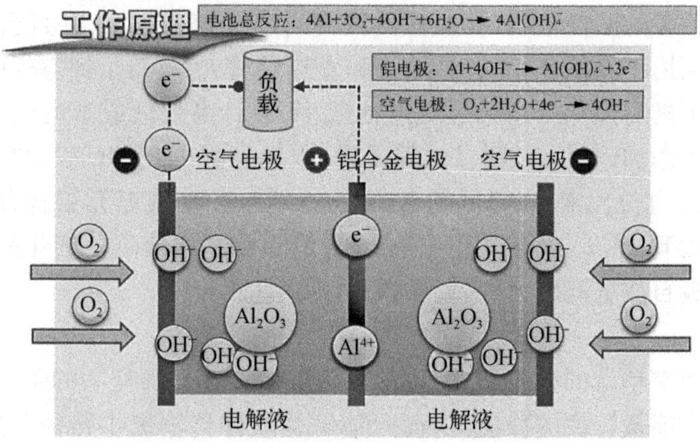

图 13－6　铝空电源工作原理示意图

铝阳极：

$$Al + 4OH^- \longrightarrow Al(OH)_4^- + 3e^- \qquad (13-1)$$

空气阴极：

$$O_2 + 2H_2O + 4e^- \longrightarrow 4OH^- \qquad (13-2)$$

铝空气电池总反应：

$$4Al + 3O_2 + 4OH^- + 6H_2O \longrightarrow 4Al(OH)_4^- \qquad (13-3)$$

与其他新型电能源相比，铝空电源比能量高，理论上是锂离子电池的 33 倍；红外辐射低、无噪声，可实现低辐射、静默发电；其原材料不易燃、不易爆、高安全、运输方便；可长时储存、免维护、加水即可使用；绿色环保，主要副产物是氢氧化铝，可回收循环再利用[78]。

铝空单体是不同功率等级铝空气电池的核心组成部分，其主要由铝阳极、空气阴极、电池基体等组成，如图 13－7 所示。

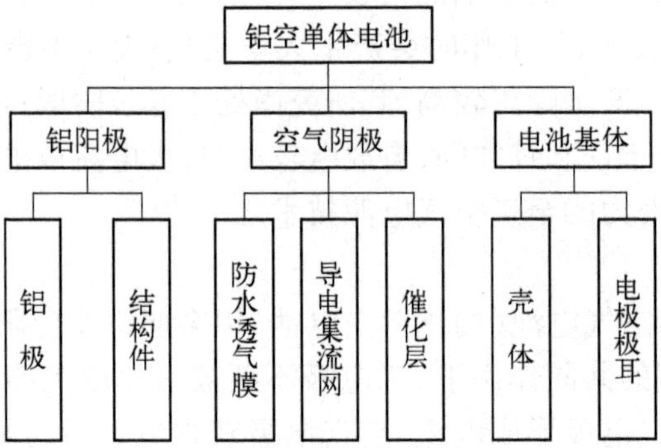

图 13－7　铝空单体结构组成示意图

1. 铝阳极

铝作为一种活泼的两性金属，在碱性溶液中自腐蚀速率较大，并且会产生大量氢气，从而导致铝阳极利用率降低、电池容量减小和发热量增大，阻碍了铝空气电池的实际工程应用。为抑制铝阳极腐蚀并提高铝空气电池效率，设计高效低成本的铝合金阳极。首先在纯铝中按重量比添加镓(Ga)、铟(In)等元素，以提高其电化学活性，然后添加铅(Pb)、锡(Sn)等高析氢过电位元素，以降低其自腐蚀速率，从而形成五元铝合金，该五元铝合金最后经过恒温热处理、热轧、冷轧、退火等工艺，消除铝晶格缺陷并细化晶粒，从而解决铝空气电池的铝阳极自放电问题，提高铝阳极的利用率。

2. 空气阴极

空气阴极是铝空单体的核心部件，通常由几层聚四氟乙烯交联的碳层构成，不仅能够为铝空气电池提供能量转换的反应区，而且能够为气体传输提供路径并隔开电解液。防水透气膜是空气阴极的重要组成部分之一，防水透气膜不仅需要保证空气顺利进入电极反应区，同时还需要防止电解液漏出，若防水透气膜性能不佳，容易使铝空电源出现"冒汗"或"冒盐"等问题。为提高铝空气电池的工作性能，设计长寿命空气阴极，其主要由防水透气膜、导电集流网和催化层等组成。其中，防水透气膜的主要作用是透气憎水，并防止电解液迁移；导电集流网用于收集电子并起到机械支承作用；催化层是反应气体被还原的场所，通常催化剂载体主要使用活性炭等材料。

3. 电池基体

电池基体的主要作用是为铝空气电池的电化学反应提供安全稳定的工作环境，其结构直接影响着铝空气电池的工作性能，通常包括壳体和电极极耳两部分组成，其中电极极耳是一种将电能从正负极引出的金属导电体，即电池放电时的接触点。

(二) 大功率铝空电源系统

针对人防工程、国防工程等特殊应用场景，基于上述铝空单体结构设计大功率铝空电源系统，其主要由铝空电池发电分系统、储能蓄电池分系统、电能变换分系统、能量管理分系统、电源自动监控分系统等组成，其结构组成和拓扑关系分别如图 13－8、图 13－9 所示。其中，铝空电池发电分系统和储能蓄电池分系统是整个铝空电源系统的主要能量输出；电能变换分系统是系统的主电路，主要包括铝空电池发电分系统的前端单向 DC－DC

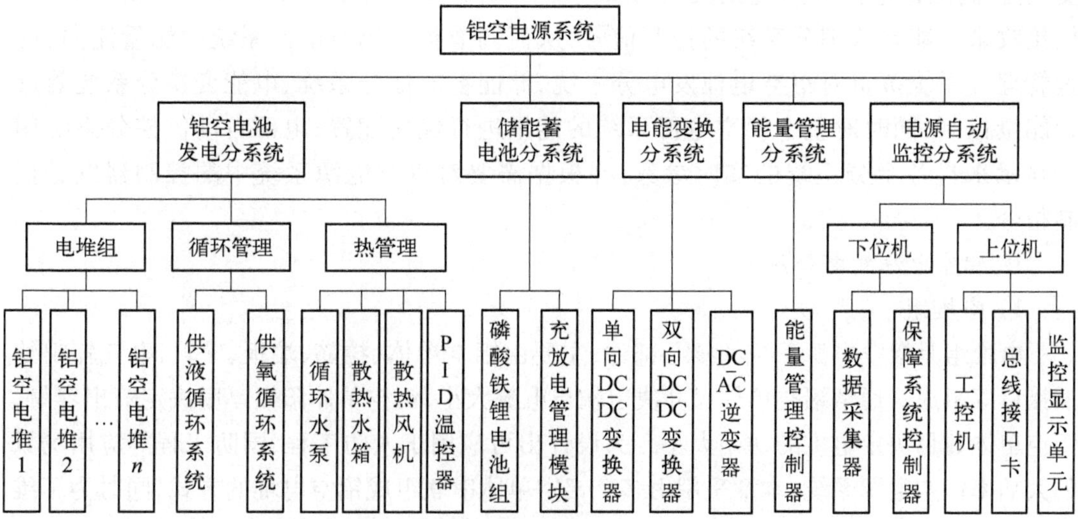

图 13-8　铝空电源系统结构组成示意图

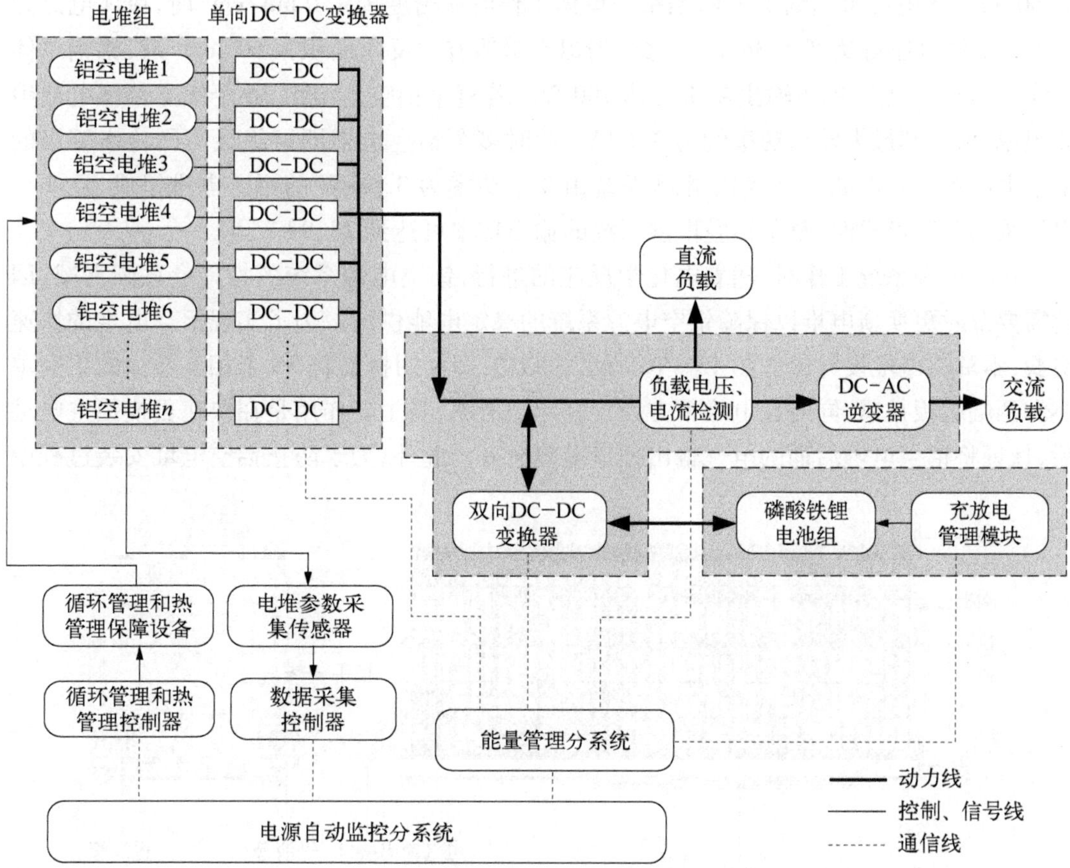

图 13-9　铝空电源系统拓扑关系示意图

变换器、储能蓄电池分系统充放电的双向 DC－DC 变换器以及 DC－AC 逆变器等，它们接收来自能量管理分系统的控制信号，从而调节整个铝空电源系统的能量流向；能量管理分系统负责对铝空电池发电分系统、储能蓄电池分系统、电能变换分系统等进行能量控制，同时对整个铝空电源系统的能量进行优化配置；电源自动监控分系统用于显示来自各个分系统的实时参数，并根据需要对铝空电源系统中的控制器发送控制指令。

1. 铝空电池发电分系统

1）电堆组

电堆组是铝空电源系统的核心部件，主要由铝空单体、拉筋、端板、导轨、电气输出快插接口等组成。通常铝空单体尺寸决定输出电流大小，铝空单体阳极厚度决定输出容量，铝空单体数目决定电堆的功率大小。为设计出可应用于人防工程、国防工程等应用场景的大功率铝空电源系统，本章采用由多个铝空单体串联组成铝空电堆的方式，同时为了维护方便和减小装配误差，再由多个铝空电堆并联组成电堆组。

通过铝空单体放电试验可知：当铝空单体以 100 mA/cm^2 电流密度工作时，单体电流为 80 A，单体电压可达到 1.1 V；当铝空单体工作电流密度为 170 mA/cm^2 时，单体电流为 100 A，单体电压可达到 1.34 V。因此，当铝空单体有效反应面积为 600 cm^2 时，铝空单体电流为 100 A，铝空单体输出功率可达 100 W。若每个铝空电堆由 36 个铝空单体电池串联组成，那么其最大输出功率约为 3.6 kW，此时多个铝空电堆即可组成不同功率等级的铝空电源系统。例如，整个铝空电源系统由 8 个功率为 3.6 kW 的铝空电堆组成，且 8 个电堆采用并联模式时，整个铝空电源系统的输出功率可达到 28.8 kW。

铝空电源系统工作时，随着电化学反应的进行，铝空电源系统的性能会逐渐衰减，因此需要及时更换新电堆以保障铝空电源系统的稳定电能供给。为了实现铝空电堆的快速更换，本章将电堆设计成如图 13－10 所示的结构，即利用拉筋将 36 个相互叠加的铝空单体和两端端板拉紧，同时在电堆下方设置有导向滑轨，其主要作用是在快速更换铝空电堆后，保证将铝空电堆后面的电气输出插口准确插入。此外，为了防止铝空电堆安装过程中

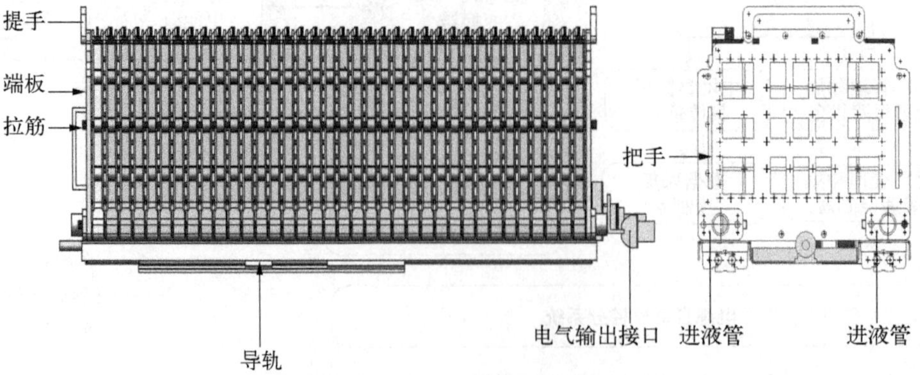

图 13－10　铝空电堆结构组成示意图

因装配误差而导致电堆变形，设计如图 13－11 所示的电堆构成方式，即将电堆细划分为多个子堆，从而通过子堆来修正整个电堆的总误差。例如，将 36 个铝空单体分成 4 个铝空子堆，每个铝空子堆包含 9 个铝空单体，且 9 个铝空单体采用 8 根拉筋固定，4 个铝空子堆采用 4 根拉筋固定，所有的进液管、出液管相连，铝空电堆机械接口只设有进液口和出液口，同时电堆的 36 个铝空单体之间设置有相互定位机构，以确保每个单体间隔相同，以及相邻两个单体的进、出液口相连接。

图 13－11　铝空电堆各子堆连接示意图

2）供液循环系统

供液循环系统的主要作用是向铝空电源提供运行所需的碱性氢氧根离子，同时带走电堆内部电化学反应生成的反应产物和热量。图 13－12 所示为供液循环系统组成示意图，其主要由电解液箱、电解液泵、快接插头以及不锈钢液体管路等组成，其中电解液箱用于储存电解液，电解液泵用于将电解液输送至每个铝空电堆内部，并通过出液口回流至电解液箱，以实现电解液在铝空电堆中的循环。

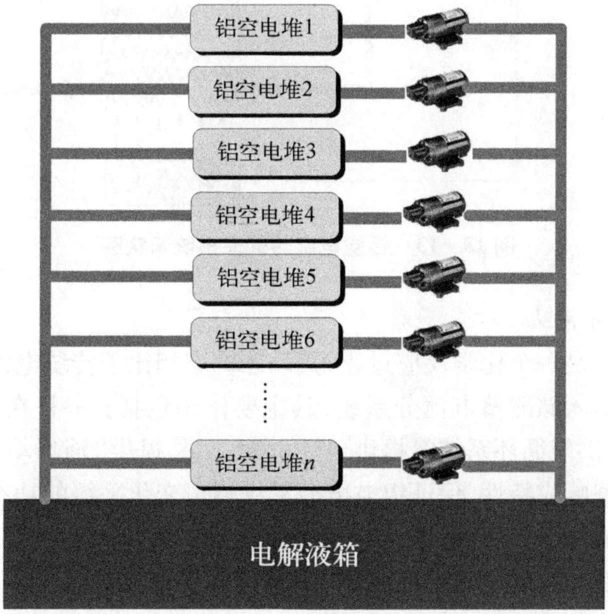

图 13－12　铝空电源供液循环系统液路示意图

3）供氧循环系统

供氧循环系统的主要作用是向铝空电源提供运行所需的氧气，同时对电堆进行散热，其主要由空气过滤系统、空气导流罩、空气风扇以及空气均压组件等组成。其中，空气过滤系统主要用于过滤空气中的杂质，以使铝空电源能够在各种复杂、恶劣的环境中工作；空气均压组件主要用于将氧气均匀分配给铝空电堆中的各个单体。

4）热管理系统

通常电解液温度需要控制在一定范围内，才能保证铝空电源内部电化学反应的正常进行，若电解液在高温下得不到及时散热，将会导致铝空电源温度过高或温度分布不均匀，并最终降低铝空电源的放电效率，严重时还将导致铝空电源热失控。基于此，为了有效控制电解液温度，设计如图 13－13 所示的电解液热管理系统，其主要由 PID 温控器、温度传感器、散热水箱、散热风机、循环水泵等组成，工作时热管理系统首先以去离子水作为冷却介质，通过循环水泵强制实现冷却水内循环，从而带走铝空电源电解液的热量，然后通过 PID 温控器控制散热风机的通风量，从而通过外循环实现对散热水箱的冷却。

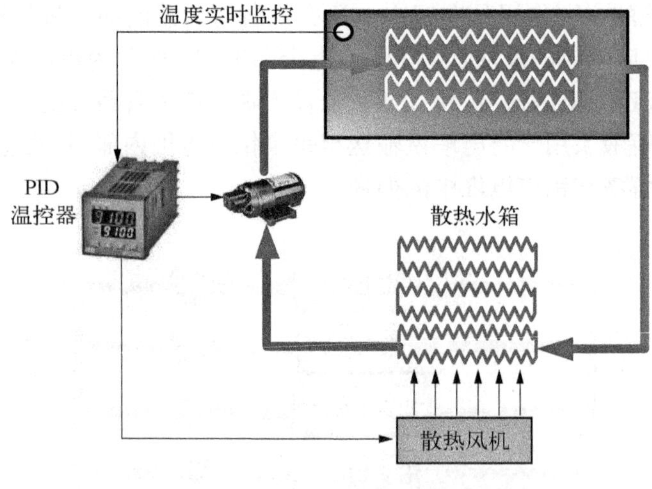

图 13－13　铝空电源热管理系统示意图

2. 储能蓄电池分系统

铝空电源工作时是一个化学反应过程，其动态响应相比于传统电池较慢，为此在大功率铝空电源系统中引入储能蓄电池分系统，其主要作用包括：一是在铝空电源系统启动时为供液循环系统、供氧循环系统等提供启动电源；二是提供“消峰填谷”供电功能，弥补铝空电源较慢的负载响应特性，保证铝空电源系统输出变化平缓的功率；三是铝空电源系统尚未成功启动前或停止工作时，临时为用电负荷提供电能。储能蓄电池分系统主要包括磷酸铁锂电池组及其充放电管理模块，其中充放电管理模块的主要作用是实现磷酸铁锂电池的健康充电和精确放电，并对其充放电电流、充放电电压、充放电时间、充放电容量等进行监测。

3. 电能变换分系统

铝空电堆产生直流电的输出电压通常在36~72 V,且受电池内阻和负载影响较大,因此为了保证铝空电源系统供电的稳定性,在各个铝空电堆输出端配置单向DC-DC变换器,从而将铝空电堆电压稳定在28 V,并将直流28 V作为公用的直流母线。图13-14给出了电能变换分系统的拓扑结构图,其主要由单向DC-DC变换器、双向DC-DC变换器、DC-AC逆变器等组成。其中,单向DC-DC变换器的主要作用是将铝空电堆输出稳压为直流28 V;双向DC-DC变换器具备双向变换功能,其主要作用是在储能蓄电池电量充足的情况下将蓄电池电能补充到28 V直流母线上,从而提高28 V直流母线的容量,而在储能蓄电池电量不足时从直流母线上汲取电能,并为储能蓄电池充电提供合适的电压和电流;DC-AC逆变器的主要作用是将28 V直流母线电压变换为交流380 V,从而为交流负载提供电能。

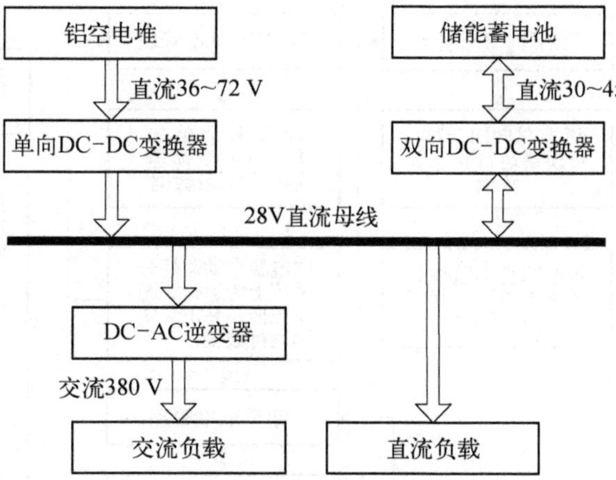

图13-14 铝空电源电能变换分系统拓扑结构图

4. 能量管理分系统

能量管理分系统独立于电源自动监控分系统之外,其主要作用是为电源自动监控分系统上传铝空电堆、储能蓄电池、负载的相关参数,同时接受电源自动监控分系统下发的微网控制参数修改指令,从而协调铝空电堆、储能蓄电池和负载之间的匹配工作,实现多模式的电能动态管理和无缝切换。图13-15给出了能量管理分系统能量动态管理流程图,能量管理分系统工作时,通过定时巡检方式分别访问蓄电池运行参数监控器、蓄电池级别能量管理器、电堆级别能量管理器等,从而实现各设备的参数读取、计算和管理,并实时进行负载的功率匹配调度[79]。

5. 电源自动监控分系统

电源自动监控分系统的主要作用包括:一是显示多个电堆的电流、电压、温度等运行参数,储能蓄电池的充放电电压、电流、温度和工作模式等,以及单向DC-DC变换器的输出电流、电压等参数;二是根据各个电堆的参数运行情况,判断是否控制电堆、电解液泵的启停;三是读取能量管理分系统定时发送的通信数值,同时在系统故障时及时给出故障显示信息,并通过人机界面进行参数提示和告警提示[80]。电源自动监控分系统主要由下位

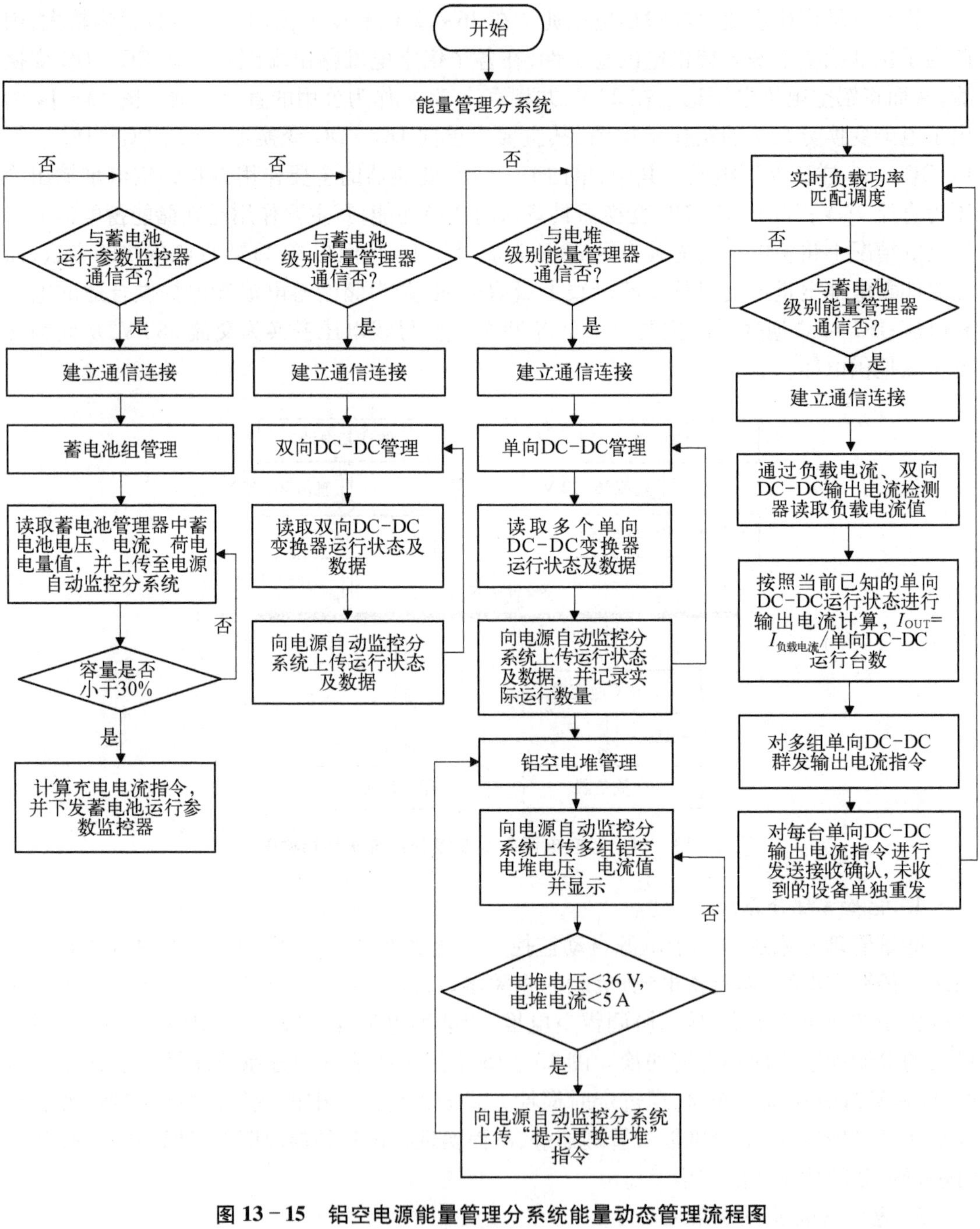

图 13-15　铝空电源能量管理分系统能量动态管理流程图

机和上位机组成。其中，下位机采用可编程逻辑控制器，用于实时读取现场数据和控制执行器工作；上位机采用组态软件设计人机交互界面，用于读取下位机采集的数据，并进行分析、处理、存储和多样化的显示。电源自动监控分系统的主界面如图 13-16 所示。

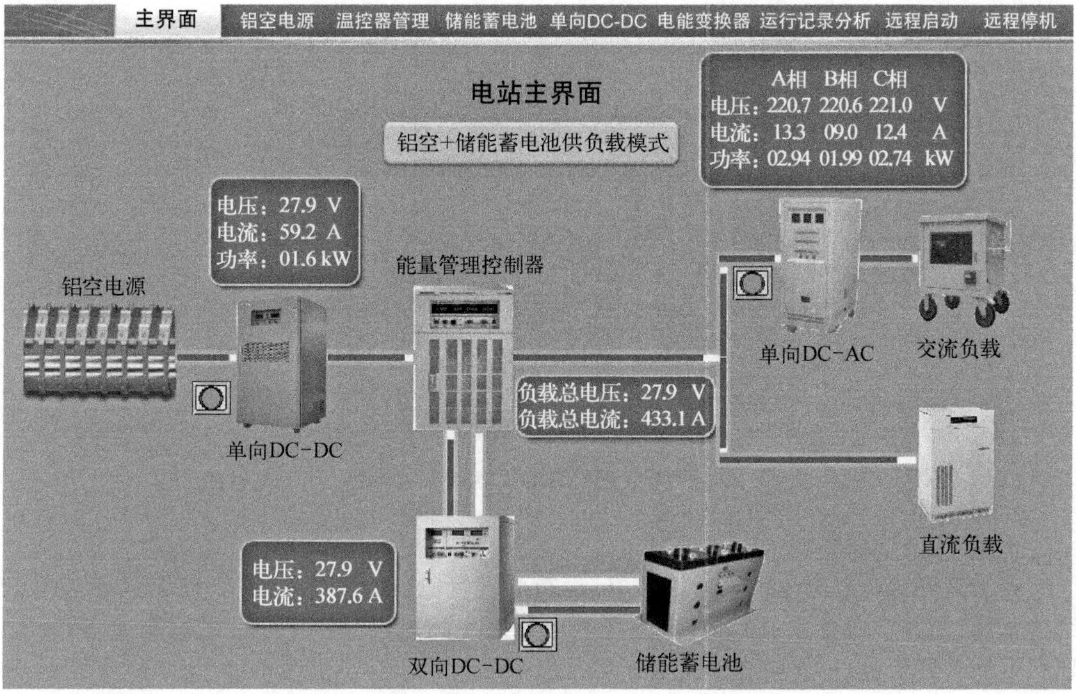

图 13－16　铝空电源自动监控分系统主界面

二、燃料电池技术

燃料电池是一种以氢气作为燃料，通过电化学反应将燃料中的化学能直接转化为电能的发电装置，其工作原理如图 13－17 所示。燃料电池的核心组成部分包括阳极、阴极和电解质。其中，燃料在阳极发生氧化反应，并释放出电子和离子；氧化剂在阴极发生还原反应，接受电子并与来自阳极的离子结合；电解质则起到分隔阳极和阴极，同时允许离子通过的作用。燃料电池按照所用电解质的不同，可分为碱性燃料电池、磷酸型燃料电池、熔融碳酸盐燃料电池、固体氧化物燃料电池、质子交换膜燃料电池五大类[81]。其中，碱性燃料电池是一种最早开发的燃料电池技术，在 20 世纪 60 年代就成功应用于航天领域；磷酸型燃料电池也属于第一代燃料电池技术，是目前应用最为成熟的燃料电池技术，已实现了商业化应用和批量生产，但由于其成本高，目前只能作为区域性电站来现场供电、供热等；熔融碳酸盐燃料电池属于第二代燃料电池技术，其主要应用于设备发电；固体氧化物燃料电池以其全固态结构、更高的能量效率，以及对煤气、天然气、混合气体等多种燃料气体广泛适应性等突出特点，目前发展最快且应用更为广泛；质子交换膜燃料电池具有较高的能量效率和能量密度，且体积重量小、冷启动时间短、运行安全可靠，并且质子交换膜燃料电池的工作温度低于 100℃；其他燃料电池的工作温度均高于 100℃，达不到人防工程、国防工程等特殊场景安全高效、低红外辐射的应用需求。因此，质子交换膜燃料电池被认为是最具有发展潜力的燃料电池技术之一。

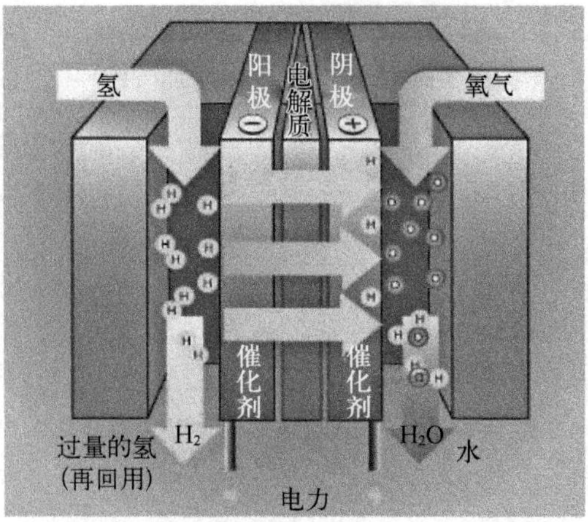

图 13-17　燃料电池工作原理示意图

(一) 质子交换膜燃料电池

质子交换膜燃料电池因其环境友好、运行温度低、比功率高、能量效率高、冷启动快、结构紧凑、易维护等优点，成为近年来燃料电池研发的热点。相比碱性燃料电池、磷酸型燃料电池等技术，质子交换膜燃料电池具有以下优点[82]：一是高效节能，实际能量转化效率可达40%~60%；二是工作稳定可靠，能够在低温(<90℃)下稳定运行，常温下可发挥80%的额定功率；三是环境友好，无 SO_2、NO_2 等产物，无噪声，能够实现零排放；四是工作电流大，比功率高、比能量大；五是冷启动时间短，能够在数秒内实现冷启动；六是使用固体电解质膜，避免了电解质腐蚀问题；七是燃料来源广泛，可使用纯氢或转化燃料；八是设计简单、制造方便，体积小、质量轻，便于携带；九是能够适应不同功率要求，燃料电池发电装置可由多个单电池通过串联或并联方式组成电池组，并根据需要的功率大小选择组装层数。目前质子交换膜燃料电池主要有氢空燃料电池和氢氧燃料电池两种，两者的主要区别在于氧气来源不同，氢空燃料电池中的氧气直接来源于空气，其技术成熟、成本相对较低、工程性好，因此实际应用较多。

质子交换膜燃料电池由于采用氢气作为燃料，而氢气化学性质活泼(氢是自然界最轻的元素，分子直径小，比液体燃料和其他气体更容易从小孔中泄露)，因此在人防工程、国防工程等特殊场景应用中，安全高效低成本地制氢、储氢、运氢是必须要攻克的难题。目前质子交换膜燃料电池的储供氢技术主要包括高压气态储氢、液态储氢、金属氢化物储氢、有机液体储氢等可逆储氢技术，以及甲醇重整制氢、柴油重整制氢、硼氢化钠水解制氢等储产氢一体化技术，其中甲醇重整制氢技术又涉及氢气提纯技术，目前较成熟的提纯技术包括钯膜扩散、变压吸附两种。

1. 可逆储氢技术

1) 高压气态储氢

高压气态储氢是指将氢气压缩在储氢容器中，通过增压来提高储氢密度。目前应用于氢燃料电池汽车上的储氢罐压力约为35~70 MPa，通常采用碳纤维缠绕金属内衬复合材料的高压容器。高压气态储氢的主要问题是体积储氢密度较低，目前国际上研制的

80 MPa 复合材料储气罐的体积储氢密度仅约为 33 kg/m^3,另外压缩氢气的能耗大、成本高,同时存在安全性以及关键阀门和传感器等部件需要进口等问题。

2) 液态储氢

液态储氢是指将氢气压缩后深冷到 21 K 以下,从而使之变为液氢的储氢技术。液态储氢的体积密度虽然比高压气态储氢高 1 倍多,但由于高能耗、装置的高绝热以及不可避免的液氢气化等问题,使得液态储氢的应用非常有限。

3) 金属氢化物储氢

金属氢化物储氢是指利用金属在一定温度和压力下吸收、释放氢气的储氢方式。镁的储氢容量很高,且镁置于氢气中极易吸氢,形成稳定化合物 MgH_2。通常 MgH_2 的储氢容量相对较高,其质量储氢密度达到 7.6%,体积储氢密度达到 110 kg/m^3,但其放氢过程通常要在 350℃(标准大气压下)以上才能完成,存在放氢温度高、放氢动力学差等问题。

4) 有机液体储氢

有机液体储氢是指利用某些烯烃、炔烃或芳香烃等储氢介质和氢气产生可逆反应的储氢方式。有机液体储氢的关键在于选择合适的储氢介质,目前主要采用的储氢介质包括环己烷、甲基环己烷、十氢化萘和乙基咔唑等,其中环己烷、甲基环己烷、十氢化萘三种介质属于传统的有机液体储氢材料,它们具有一个共同的缺点就是脱氢温度高。此外,有机液体储氢技术放氢需要的热量高,需要持续电加热才能实现放氢,同时产氢速率不易控制、产氢稳定性差,且产物大多为含苯化合物,毒性高,操作安全性低。

2. 储产氢一体化技术

1) 甲醇重整制氢

甲醇重整制氢技术已规模化应用多年,关键技术(如重整催化、氢气提纯等)已得到解决,与燃料电池集成供氢发电已成为市场主流的应用方案[83]。甲醇重整制氢技术具有以下优点:一是甲醇是非常好的液态储氢、运氢载体,其来源广泛易得,且价格低廉、供应保障充足;二是甲醇比传统燃料——柴油、汽油的毒性低,且甲醇的储存、运输设施成熟;三是制氢过程中碳排放低,被公认为是目前最好的制氢原料;四是甲醇重整制氢设备与燃料电池发电模块能够高度集成,氢气即产即用,可实现即时制氢发电,避免了氢气储运过程中的低效和安全性问题;五是甲醇重整制氢系统在规模化方面具有优势,既可为大中型电站供氢,也可为小型移动电源供氢。

2) 柴油重整制氢

柴油作为一种液体燃料,安全性好且储存和运输方便快捷。柴油的理论质量储氢密度高,因此柴油重整制氢技术也是燃料电池领域的重要研究方向。目前柴油重整制氢面临的许多技术难题仍没有解决,如柴油重整积碳、催化剂中毒以及柴油重整催化温度高等问题。

3) 硼氢化钠水解制氢

硼氢化钠($NaBH_4$)与水容易在温和条件下反应释放氢气,其主要优点包括:一是储氢量高,硼氢化钠自身理论储氢量可高达 10.8%;二是氢气纯度高,仅含少量水蒸气;三是放氢条件温和,可在温和常压下工作,体系更安全、可控性更高。然而由于硼氢化钠水解制氢的反应产物会结合不同量的水,导致实际有效的储氢密度偏低,同时水雾中含有偏硼酸钠($NaBO_2$)、氢氧化钠(NaOH),会导致燃料电池性能降低。

3. 氢气提纯技术

1) 钯膜扩散

由于氢原子的半径为 1.5×10^{-15} m,而钯的晶格常数为 3.88×10^{-10} m(20℃时),因此氢原子可穿透钯膜,而尺寸大于钯晶格常数的原子则不能通过钯膜,故可利用钯膜分离氢气。通常氢气在钯膜中的扩散服从"溶解—扩散"机理,主要包含以下步骤:① 氢气从边界层中扩散到钯膜表面;② 氢气吸附在钯膜表面;③ 氢气在膜表面分解成氢原子;④ 氢原子被钯膜溶解;⑤ 氢原子在钯膜中从高压侧扩散到低压侧;⑥ 氢原子在钯膜低压侧重新合成为氢分子;⑦ 氢气扩散离开钯膜表面。通常钯膜扩散氢气提纯的速度与温度、膜厚度以及两侧压差有关,实际应用中钯膜的工作温度一般在380~400℃,同时钯膜在连续升温、降温、吸放氢过程中极易脆化破裂导致膜失效,从而使钯膜的使用寿命缩短。

2) 变压吸附

变压吸附技术是指把一种或多种吸附剂充填在吸附床中,当含氢的混合气体在一定压力下进入吸附床后,由于气体组分存在吸附特性差异,导致不同组分在吸附床的不同位置形成吸附富集区,最强吸附组分(例如 CO_2)富集于吸附床的入口端,最弱吸附组分(例如 H_2)富集于吸附床出口端,其余组分的富集区则以吸附性强弱差异分布于吸附床中部,从而实现氢气的分离提纯。变压吸附的优点是提纯氢气纯度高、操作简单、吸附剂寿命长,可有效解决钯膜扩散提纯技术中的钯膜使用寿命短、工作温度高等问题,更适用于对稳定性、耐用性、能耗、成熟度和国产化程度要求较高的应用。

(二) 甲醇重整制氢燃料电站系统

综合分析制氢、提纯、发电等关键技术突破情况,针对人防工程、国防工程等特殊应用场景,研制设计大功率甲醇重整制氢燃料电站系统。根据物质和能量的变换过程,甲醇重整制氢燃料电站系统包括甲醇重整制氢(甲醇+水转化为由氢气、一氧化碳、二氧化碳等组成的重整气)、变压吸附氢气提纯(重整气提纯至可被燃料电池使用的纯氢气)、质子交换膜燃料电池发电(氢气和氧气反应产生直流电)、储能配电(直流电通过逆变转化为用户使用的交流电)等环节。

如图 13-18 所示,甲醇重整制氢燃料电站系统由甲醇重整制氢分系统、氢气提纯分系统、氢空燃料电池发电分系统、储能锂电池分系统、电能变换与能量管理分系统、一体化安全管控分系统、一体化散热与热平衡管理分系统、一体化监控分系统、配套保障辅助分系统等组成。其中,甲醇重整制氢分系统的主要作用是存储甲醇燃料,同时将甲醇和水混合增压、气化过热,并重整变成富氢气体的重整气;氢气提纯分系统的主要作用是将重整富氢气体提纯为满足质量要求的氢气,包括重整气冷却换热器、气水分离器、氢气提纯器等设备;氢空燃料电池发电分系统的主要作用是将氢气和氧气通过化学反应转变为电能,包括燃料电池电堆、直流变换等设备;储能锂电池分系统的主要作用是保证负载供电不间断、平抑功率波动、提供甲醇重整燃料电池系统启动电能等,主要包括储能电池、电池管理系统等设备;电能变换与能量管理分系统的主要作用是将直流电变换为交流电,同时连接负荷与电网实现快速供电,主要包括储能变流器、隔离变压器、智能静态开关、电能管理系统等;一体化散热与热平衡管理分系统的主要作用是实现系统产生热量的高效利用,为重整、提纯、发电等提供冷却水、热量等，从而提高系统效率；一体化安全管控分系统集成状态监控、故障隔离、应急处置等多重安全技术，具备状态实时监测、故障自诊断、分级报警以及自动连锁处置等主动安全措施；一体化监控分系统的主要作用是负责系统的集中运行监控、能量管理、安全保护、功率调节、故障分析等功能；配套保障辅助分系统为系统提供通风、氮气、冷却水等辅助系统。

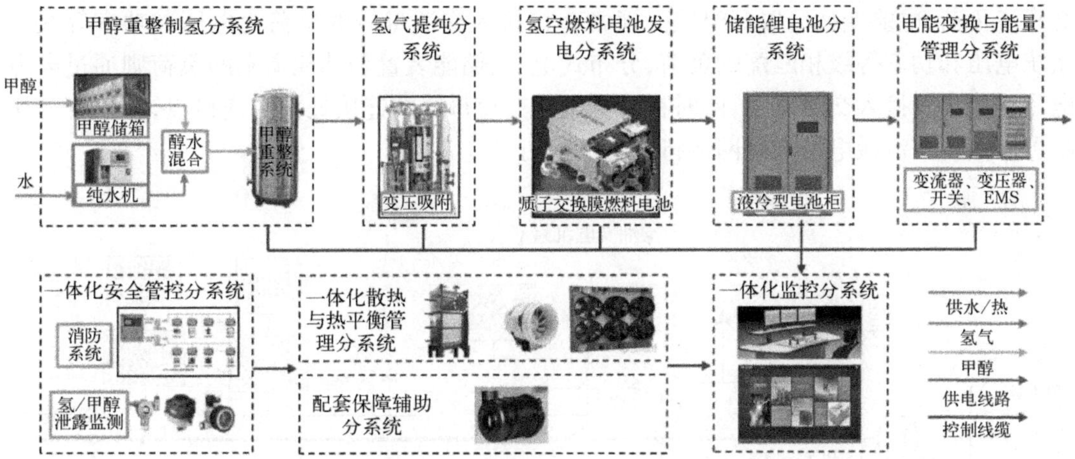

图 13－18　甲醇重整制氢燃料电站系统结构组成示意图

第四节　分布式智能微电网技术

目前人防工程、国防工程普遍采用"市电+柴油机电站"的集中式供电方式，即市电和柴油机电站集中布设，并通过主干网呈辐射状为负载远距离供电，一旦市电和柴油机电站集中布设区域出现异常或被摧毁，所有负载区将无法进行电力保障，需要进行检修才能恢复，不能实现故障区域的自动隔离和转供。随着电化学、材料科学等技术的不断发展，各种新型电能源技术得到普遍关注与应用，采用新型电能源技术的最大优势是能够通过分布式供电方式实现对用电侧多种能源形式的高可靠供给，为此相关学者提出了分布式智能微电网的概念。分布式智能微电网是一个小型、完整的电力系统，其包括分布式电源、储能装置、电能变换装置、用电负荷以及监控保护装置等，具备自我控制、保护管理等功能，并且既可以与外部电网并网运行，也可以独立运行。

一、微电网分类与运行方式

（一）微电网分类

分布式智能微电网根据供电形式的不同，可分为交流微电网、直流微电网与交直流混合微电网三类。其中，交流微电网是当前微电网应用最为广泛的形式，由于传统主电网采用交流供电，因此交流微电网与主电网连接时无须对原有电网结构进行大幅改动，操作更为简单，但也存在损耗大、控制复杂、换流环节较多、电能质量较差等问题；直流微电网可解决交流微电网的上述缺陷,然而由于尚未出台统一的相关制度标准,且在电网建设时需要对原有电网结构进行较大改动,因此仍处于起步阶段;交直流混合微电网兼顾交流微电网与直流微电网的优点,且对原有电网结构的改造程度较小,因此具有更为广阔的发展前景,是目前分布式智能微电网技术的研究热点之一。

1. 交流微电网

图 13－19 所示为交流微电网的典型结构,主要由交流母线、分布式电源、储能装置、交直流负荷、电能变换装置等组成。通常直接接入交流母线的负荷为电压和功率等级与系统电压和功率等级相匹配的负荷,分布式电源、储能装置和其他类别的负荷则通过电力电子变换装置接入交流母线,同时在大电网与交流母线的连接处设有连接点,其闭合与切断可以实现交流微电网的并网运行或孤岛运行[84]。

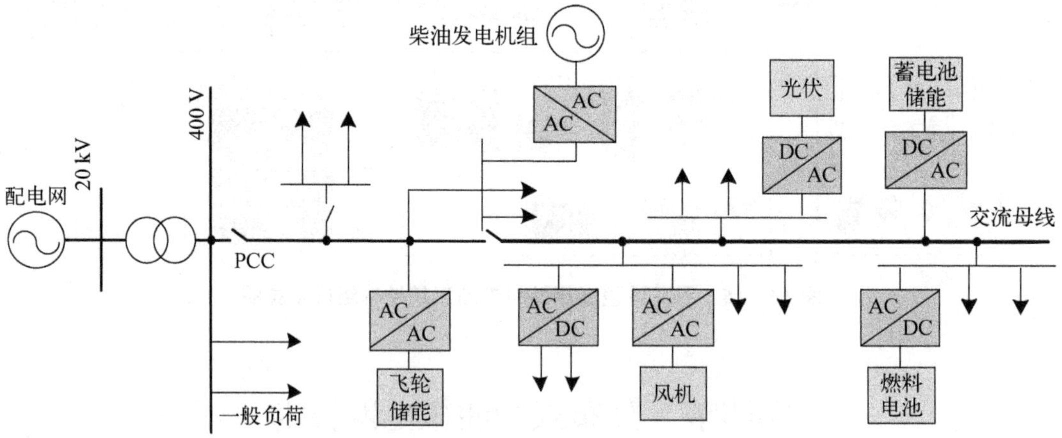

图 13－19　交流微电网典型结构示意图

2. 直流微电网

随着直流发电、直流输配电等技术的不断发展,直流微电网逐渐得到研究者的广泛关注[85]。相比于交流微电网,直流微电网的电能转换环节更少、结构更简单、控制更便捷,且不需要考虑无功补偿,同时直流微电网在不同分布式电源之间的环流抑制方面具有明显优势,其能源利用率更高。图 13－20 给出了直流微电网的典型结构,主要由直流母线、分布式电源、储能装置、交直流负荷和电能变换装置等组成,通常不同类别的分布式电源和负荷通过电能变换装置接入直流母线,从而实现电压和功率等级的匹配。此外,当考虑并网运行时,直流母线与大电网之间通过电能变换环节后进行连接,同时对各分布式电源和负荷的控制主要利用相应电能变换环节实现。

3. 交直流混合微电网

交直流混合微电网是指包含交直流母线,可同时满足交直流负荷需求的微电网形式。在交直流混合微电网中,分布式电源、储能装置和交直流负荷可依据自身电能输出形式和需求,灵活接入交直流母线,不仅能够减少用户端的电能变换装置数量,减少多级变换导致的能量损失,避免单侧微电网超负荷引发的运行不稳定,还可以简化分布式电源并入微电网的拓扑结构,从而简化整个微电网的控制[86]。交直流混合微电网主要具有如下特

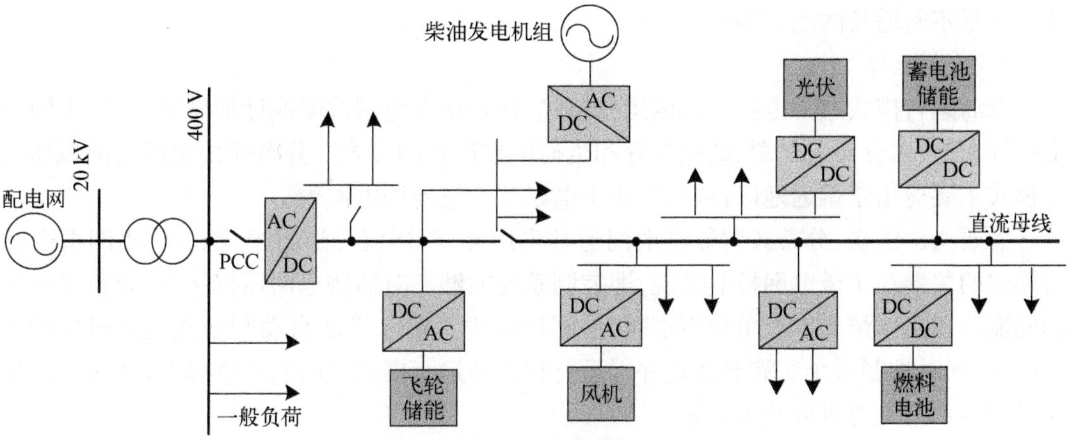

图 13－20　直流微电网典型结构示意图

点：一是同时包含直流子系统、交流子系统和双向变流器；二是既可以向直流负荷供电，也可以向交流负荷供电，减少了电能变换环节和能量损耗；三是交直流系统之间功率可以双向流动，且整个微电网系统具备并网运行和孤岛运行的能力。图 13－21 给出了交直流混合微电网的典型结构，图中交直流母线之间能量的双向流动主要依靠电能变换装置实现，同时在交流母线与大电网之间设置有静态转换开关，其闭合与切断可以实现交直流混合微电网的并网运行或孤岛运行。

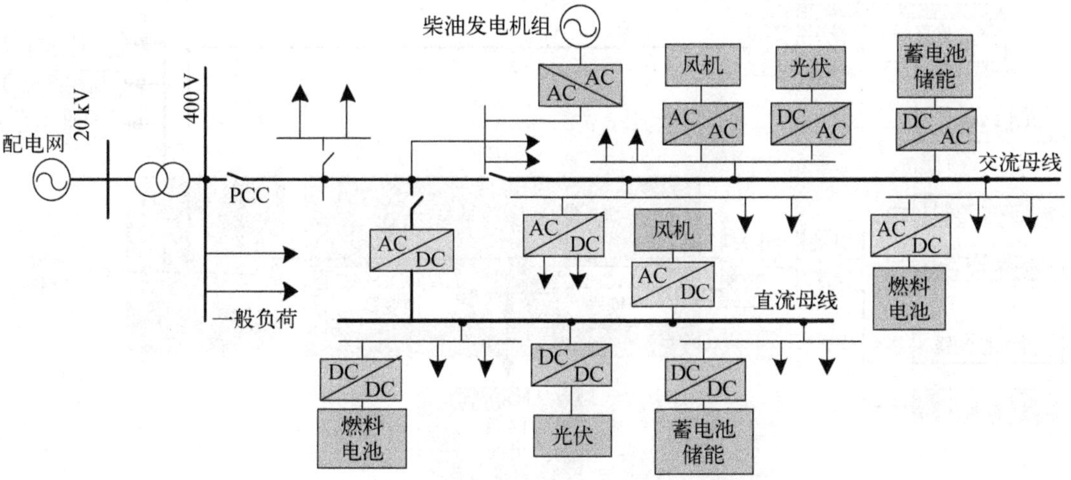

图 13－21　交直流混合微电网典型结构示意图

（二）微电网运行方式

分布式智能微电网通常具有并网运行、孤岛运行两种模式。

1. 并网运行

并网运行模式是指分布式智能微电网与公用大电网相连，微电网断路器闭合，从而与主网配电系统进行电能交换，通常并网运行模式主要集中在城市电网中，微电网通过并网模式与大电网相连,实现电能的优化利用和互补。微电网并网模式可有效接入新增电源,从而满足不断增长的电力需求。

2. 孤岛运行

孤岛运行模式通常也称为离网运行模式,它是指在电网故障或计划需要时,与主网配电系统断开,由分布式电源、储能装置和负荷单独运行的方式。分布式智能微电网孤岛运行模式主要应用于偏远地区供电、岛屿供电以及紧急备用电源等。

需要指出的是,分布式智能微电网通常采用并/离网混合运行模式。并/离网混合运行模式的关键在于微电网控制系统,即控制系统能够实时监测电网运行状态、分布式电源和储能装置工作情况以及负荷需求等,并根据预设策略和算法自动判断并选择最佳的运行模式,同时控制系统还需要实现并网运行和孤岛运行模式之间的平滑切换,从而确保切换过程不会对电力供应造成影响。

二、微电网示例

本节通过引入铝空电源、储能电源等新型电源,并将其与市电、柴油发电机组多源互补,从而构建符合坚强供电需求的铝空电源分布式智能微电网系统,该系统以市电和柴油发电机组为“主干网”,以铝空电源、储能电源等自治单元为“局域网”,从而形成“源网荷储”高度协调的供电网络,满足“主干网”与“局域网”能源之间的网络互联。如图 13－22 所

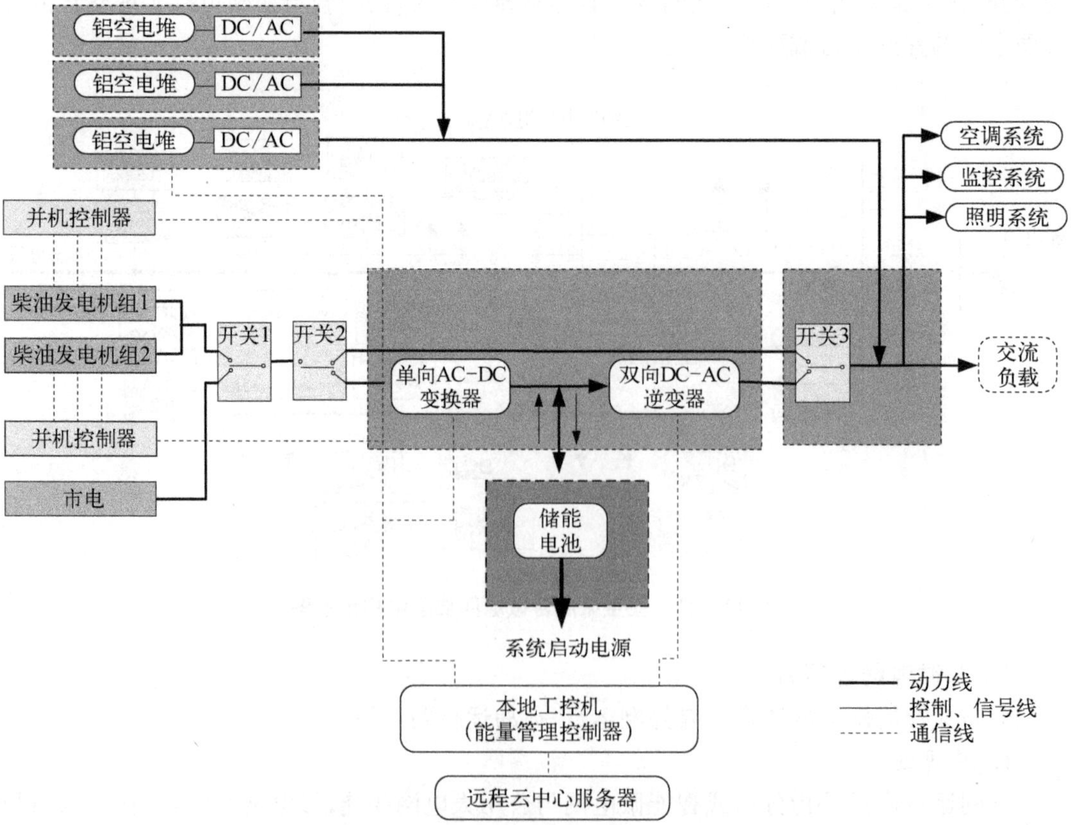

图 13－22　铝空电源分布式智能微电网系统电气拓扑示意图

示，铝空电源分布式智能微电网系统主要由2台柴油发电机组单元、多组铝空电源单元、储能电池组单元、电能变换单元（含单向DC-DC变换、双向DC-DC变换、DC-AC逆变等）、配电单元以及本地工控机等组成；此外，为保障分布式智能微电网系统的高可靠和高安全运行，系统还配有通风空调、消防、音视频监控等动环保障模块，以及监控各单元运行参数和状态的信息化管理模块。

在铝空电源分布式智能微电网系统中，市电主要用于平时的供电，并能够给储能电池充电；当市电切断后，柴油发电机组可替代市电进行供电；在柴油发电机组不可用或者因防止红外暴露而不允许开机的情况下，铝空电源和储能电池组成的微网系统处于孤岛运行模式，且孤岛运行模式下系统由储能电池和铝空电源两种不同能源组成混合能源给关键负载供电；此外，铝空电源启动过程中储能电池瞬时高倍率放电，可满足关键设备负载的短时可靠供电需求，而在铝空电源启动工作后，铝空电源和储能电池共同放电。

测试题

参考文献

[1] 李建科，徐晔，尹志勇. 地下工程柴油电站[M]. 北京：国防工业出版社，2021.

[2] 杨贵恒，阮喻，刘小丽，等. 柴油发电机组实用技术技能[M]. 2 版. 北京：化学工业出版社，2022.

[3] 吴龙. 发电机励磁设备及运行维护[M]. 北京：中国电力出版社，2019.

[4] 许乃强，蔡行荣，庄衍平. 柴油发电机组新技术及应用[M]. 北京：机械工业出版社，2018.

[5] 崔智高，徐斌，李庆辉，等. 发电机及电站控制系统[M]. 北京：国防工业出版社，2023.

[6] 杨贵恒，龙江涛，王裕文，等. 发电机组维修技术[M]. 2 版. 北京：化学工业出版社，2018.

[7] 苏石川，刘炳霞. 现代柴油发电机组的应用与管理[M]. 2 版. 北京：化学工业出版社，2010.

[8] 杨贵恒，常思浩. 电气工程师手册：供配电[M]. 北京：化学工业出版社，2014.

[9] 张俊君，汪伟. 多模式多路并网集装箱机组电站系统的设计[J]. 移动电源与车辆，2024，56(2)：12－16.

[10] 中国建筑标准设计研究院组织编制. 国家建筑标准设计图集-木结构建筑：14J924(替代07SJ924)[M]. 北京：中国计划出版社，2015.

[11] 柴帅，张翠平，陈琛，等. 燃烧室结构对高强化柴油机性能的影响[J]. 机械设计与制造，2024(8)：59－62.

[12] 杜晓伟，赵华. 发动机电子燃油喷射系统的诊断与维修[J]. 汽车与新动力，2022，5(2)：77－79.

[13] 李婕，王谷娜，梁时光，等. 柴油机代用燃料应用现状分析[J]. 汽车实用技术，2018，43(19)：25－27.

[14] 严健，杨贵恒，邓志明，等. 内燃机构造与维修[M]. 北京：化学工业出版社，2019.

[15] 赵宸翦，张权，李昕珏. 基于数理统计的柴油发电机组可靠性试验[J]. 机电设备，2022，39(4)：44－49.

[16] 付雪青，张岩，丁占铭，等. 进排气压力对气门式二冲程柴油机扫气过程的影响[J]. 汽车安全与节能学报，2023，14(1)：125－132.

[17] 王勇，杨延俊. 柴油发动机维修技术与设备[M]. 北京：高等教育出版社，2005.

[18] 车启华，李则龙. 浅谈示功图在柴油机上的故障诊断研究[J]. 珠江水运，2024，17：14－16.

[19] 姚良. 柴油机构造与原理[M]. 西安：西北工业大学出版社，2017.

[20] 王承禹，常汉宝，洪哲，等. 基于传统设计方法的曲柄强度校核分析[J]. 柴油机，2009，31(6)：38－41.

[21] 付守宇. 柴油机气缸套常见故障分析[J]. 农机使用与维修，2019(6)：69－71.

[22] 朱明. 燃烧室形状对柴油机燃烧及排放的影响[J]. 内燃机与配件，2024(13)：11－13.

[23] 张长岭，潘月德，曹晟，等. 柴油机硅油减振器优化设计和仿真计算研究[J]. 内燃机与配件，2024(21)：5－8.

[24] 胡巍. 柴油机进气门断裂失效分析[J]. 南方农机，2022，53(7)：22－25.

[25] 高舒芳. 柴油发动机尾气后处理技术的发展探析[J]. 内燃机与配件，2023(8)：109－111.

[26] Mehmood A, Laghrouche S, El Bagdouri M. Modeling identification and simulation of pneumatic actuator for VGT system [J]. Sensors and Actuators A: Physical, 2011, 165(2): 367-378.
[27] 刘锋,丁帅,张星.非热等离子体催化还原柴油机 NO_x 研究进展[J].苏州科技大学学报(自然科学版),2023,40(4):9-16.
[28] 耿莉敏,汪月英,王城,等.燃料物理性质差异对柴油机喷雾特性的影响[J].郑州大学学报(工学版),2014,35(4):14-18.
[29] 王新军,崔智高,李庆辉,等.柴油机构造与使用[M].北京:国防工业出版社,2017.
[30] 母忠林.柴油机单体泵、PT泵维修入门详解260例[M].北京:机械工业出版社,2014.
[31] 束长健,曾杰.柴油发电机组电子调速控制系统的研究[D].大连:大连交通大学,2019.
[32] 张卫东,梅华平.康明斯柴油机构造及常见故障分析[M].北京:机械工业出版社,2014.
[33] 张继猛,陈朝阳.基于模糊PID控制的柴油机电子调速系统控制算法研究[D].西安:长安大学,2023.
[34] 母忠林,母哲轩.柴油机电控技术及故障维修[M].北京:化学工业出版社,2020.
[35] 吴文琳,林瑞玉.柴油机电控系统维修与实例[M].北京:化学工业出版社,2022.
[36] 佟少刚,焦光辉.柴油机高压共轨电控系统开发方案设计[J].内燃机与配件,2018(21):8-9.
[37] 赵文钦,黄启松,林辉.新编柴油汽油发电机实用维修技术[M].福州:福建科学技术出版社,2007.
[38] 祝毅超.柴油机润滑系统测试性分析及应用研究[D].哈尔滨:哈尔滨工程大学,2022.
[39] 赵新房,孟庆利,许友,等.教你检修柴油发电机组[M].北京:电子工业出版社,2007.
[40] 王许禄.柴油机用冷却装置冷却能力分析研究[D].兰州:兰州交通大学,2022.
[41] 王子杰,王郑,许锴,等.硬水软化技术在工业领域的应用研究进展[J].应用化工,2018,47(10):2217-2221.
[42] 陆家祥.柴油机涡轮增压技术[M].2版.北京:机械工业出版社,2018.
[43] 翟学超,李劲松,杨兆宇,等.增压中冷柴油机净功率测量的不确定度研究[J].内燃机,2024,40(6):19-24.
[44] 母忠林.柴油机维修技巧与故障案例分析[M].北京:机械工业出版社,2010.
[45] 杨贵恒.内燃发电机组技术手册[M].北京:化学工业出版社,2015.
[46] 解锦辉.交流整流型充电发电机运行稳定性研究[D].哈尔滨:哈尔滨工程大学,2001.
[47] 刘圣华.内燃机学[M].5版.北京:机械工业出版社,2024.
[48] 王博龙.论柴油机润滑系统的常见故障与维护保养[J].中国设备工程,2023(19):65-67.
[49] 毕玉华,张凯,黄粉莲,等.国六柴油机轨压和喷油正时对柴油机性能的影响[J].内燃机工程,2024,45(3):59-69.
[50] 汤蕴璆.电机学[M].5版.北京:机械工业出版社,2014.
[51] 周德贵,巩北宁.同步发电机运行技术与实践[M].2版.北京:中国电力出版社,2004.
[52] 查尔斯 I,休伯特 P. E.电机学:理论、运行、应用、调速和控制[M].梁得亮,杜锦华,贾少锋,等译.北京:机械工业出版社,2024.
[53] 张文超,刘立群,杨智君,等.虚拟同步发电机参数设计及运行特性分析[J].太原科技大学学报,2020,41(1):7-13.
[54] 金续曾.中小型同步发电机使用与维修[M].北京:中国电力出版社,2003.
[55] 马磊.同步发电机同期并列装置的研究[D].西安:西安科技大学,2015.
[56] 冯卓利,潘政刚,潘家忠.开关变压器技术在水轮发电机自同期并列上的应用[J].电气技术,2012,13(1):80-81.

[57] 杨冠城. 电力系统自动装置原理[M]. 6 版. 北京：中国电力出版社，2021.
[58] 李全意，孙帅. 电力系统自动装置及运行[M]. 北京：中国电力出版社，2023.
[59] 武晓冬，李凤荣. 电力系统自动装置[M]. 3 版. 北京：机械工业出版社，2022.
[60] 陈芩. 数字式自动准同步并列装置恒定导前时间合闸控制电路[J]. 水电站设计，1999，15(1)：85－87.
[61] 孙自强，吴勤勤，刘笛，等. 控制仪表及装置[M]. 5 版. 北京：化学工业出版社，2023.
[62] 郭春平，高晓芳. 同步发电机励磁系统基本理论与设计[M]. 南京：东南大学出版社，2019.
[63] 刘取. 电力系统稳定性及发电机励磁控制[M]. 北京：中国电力出版社，2007.
[64] 张俊勃，刘云，黄钦雄，等. 电力系统稳定性[M]. 北京：科学出版社，2023.
[65] 罗金才，房鑫炎. 大型发电机组保护与自动装置协调性研究[D]. 上海：上海交通大学，2009.
[66] 乔嫣然，孙海顺. 静止自并励励磁系统详细模型研究[D]. 武汉：华中科技大学，2014.
[67] 李基成. 现代同步发电机励磁系统设计及应用[M]. 3 版. 北京：中国电力出版社，2017.
[68] 温世运，贾贵玺. 数字式同步发电机励磁系统的研究与设计[D]. 天津：天津大学，2012.
[69] 汤涌. 电力负荷的数学模型与建模技术[M]. 北京：科学出版社，2012.
[70] 王伟. 电力系统自动装置[M]. 3 版. 北京：北京大学出版社，2024.
[71] 吴富民，马修真. 柴油机数字式电子调速器的设计与开发研究[D]. 哈尔滨：哈尔滨工程大学，2010.
[72] 刘珊珊. 基于模糊控制的船舶电站自动调频调载装置的研究与设计[D]. 大连：大连海事大学，2007.
[73] 王海云，王卫，张志坚，等. 基于积差调节的储能变流器主动电压支撑控制[J]. 电力电子技术，2023，57(12)：68－71.
[74] 孙秀涛，李小朋. 数据驱动的柴油机智能化故障诊断方法研究[D]. 青岛：中国石油大学(华东)，2020.
[75] 李达. 高效低排放柴油机有机朗肯循环系统优化研究[D]. 济南：山东大学，2023.
[76] 王新军，蔡艳平，曹继平. 柴油机组废气能量联合回收系统的设计与应用[J]. 柴油机设计与制造，2024，30(1)：18－20.
[77] Nestoridi M, Pletcher D, Wood R J K, et al. The study of aluminium anodes for high power density Al/air batteries with brine electrolytes [J]. Journal of Power Sources, 2008, 178(1): 445－455.
[78] 鞠克江，刘长瑞，唐长斌，等. 铝空电池的研究进展及应用前景[J]. 电池，2009，39(1)：50－52.
[79] 张继元. 直流微网中储能单元并联及能量管理技术研究[D]. 哈尔滨：哈尔滨工业大学，2013.
[80] 陈栋. 铝空气动力电池在线监测系统的研究与设计[D]. 成都：电子科技大学，2016.
[81] 陈思安，范晶，余猛. 便携式燃料电池技术的研究进展[J]. 船电技术，2024，44(1)：33－37.
[82] 周子阳，杜玮，王星显，等. 空间氢氧燃料电池技术发展现状与趋势分析[J]. 电源技术，2024，48(3)：445－453.
[83] 石志伟. 甲醇重整制氢微通道反应器传热特性及性能优化研究[D]. 贵阳：贵州大学，2024.
[84] Liu J, Miura Y, Ise T. Comparison of dynamic characteristics between virtual synchronous generator and droop control in inverter-based distributed generators [J]. IEEE Transactions on Power Electronics, 2016, 31(5): 3600－3611.
[85] 李霞林，郭力，王成山，等. 直流微电网关键技术研究综述[J]. 中国电机工程学报，2016，36(1)：2－17.
[86] 史成豪. 小型交直流混合微网系统的实验研究[D]. 天津：天津大学，2017.

教学视频二维码索引

名称	二维码	页码	名称	二维码	页码
第一章　柴油机电站概述					
柴油机电站组成及特点		1	柴油机电站分类及型号含义		3
第二章　柴油机工作原理					
柴油机特点与分类		12	柴油机总体构造		12
柴油机常用名词术语		14	柴油机型号编排规定		15
柴油机工作原理		19	多缸柴油机工作特点		23
柴油机换气过程		26	多缸柴油机气缸工作状态判断		27
第三章　柴油机主体机件与配气机构					
机体、气缸盖与气缸套		32	柴油机的燃烧室		41
活塞连杆组		47	曲轴飞轮组		53
配气机构的工作过程		58	配气机构的主要零部件		60
进排气系统		71			

续 表

名称	二维码	页码	名称	二维码	页码
第四章　柴油机燃油供给系统					
柴油的性能指标		79	柴油机混合气形成特点与基本方式		80
柴油机的燃烧过程		81	燃油系统的功用及组成		82
柱塞式喷油泵		87	孔氏喷油器		94
调速器定义与分类		96	PT 燃油系统的功用及工作原理		98
PT 燃油系统的工作流程及使用特点		99	PT 喷油器的构造和工作原理		109
第五章　柴油机润滑系统与冷却系统					
润滑油性能与选用		118	润滑系统的功用及要求		123
常见润滑方式		123	典型柴油机润滑油路分析		124
润滑系统主要部件		130	润滑系统的保养		143
柴油机的冷却系统		145	风冷系统		146
水冷系统		147			
第六章　柴油机增压系统与启动系统					
柴油机的增压系统		167	增压系统的增压方式		167

续　表

名称	二维码	页码	名称	二维码	页码
增压柴油机特点		169	涡轮增压系统		170
增压系统的使用		178	启动条件与常见启动方式		180
启动电机		181	电启动装置的操纵机构		183
电启动装置的驱动机构		185	典型柴油机启动电路分析		197
第七章　柴油机运行维护					
柴油机启动前准备工作		202	柴油机的启动与运行		203
柴油机的停机常识		205	PT 喷油器柱塞落座压力检查与调整 – 升程法		207
PT 喷油器柱塞落座压力检查与调整 – 扭矩法		209	气门间隙的检查与调整		211
喷油正时检查与调整		215	PT 燃油系统的喷油正时检查与调整		216
皮带张紧力的检查与调整		219			
第八章　交流同步发电机					
交流同步发电机工作原理		221	交流同步发电机结构组成		222
交流同步发电机电枢反应		227	交流同步发电机运行特性		231

续 表

名称	二维码	页码	名称	二维码	页码
第九章　同步发电机自动并列					
同步发电机自动并列概述		236	准同期并列检测信号		240
准同期并列工作原理		243	半波线性整步电压		247
全波线性整步电压		250	数字式自动并列装置		252
第十章　电压及无功功率自动调节					
励磁控制系统功用及组成		261	直流励磁机励磁系统		270
交流励磁机励磁系统		271	励磁调节器工作特性		275
励磁控制系统无功调节特性		279			
第十一章　频率及有功功率自动调节					
电力系统负荷的功率—频率特性		298	发电机组的功率—频率特性		300
第十二章　柴油机电站控制系统					
电站控制系统结构组成及主要设备		311	电站控制系统控制面板		323

仿真动画二维码索引

名称	二维码	页码	名称	二维码	页码
第二章　柴油机工作原理					
四冲程柴油机工作原理		21			
第三章　柴油机主体机件与配气机构					
空气滤清器更换		74	进排气及增压系统工作过程		75
第四章　柴油机燃油供给系统					
PT 燃料供给系统工作过程		101	PT 燃油泵工作过程		102
PT 喷油器结构组成		109	PT 喷油器工作过程		110
第五章　柴油机润滑系统与冷却系统					
润滑系统工作过程		127	机油滤清器更换		137
冷却系统工作过程		149			
第六章　柴油机增压系统与启动系统					
启动系统工作过程		184			
第七章　柴油机运行维护					
PT 喷油器落座压力检查与调整		209	气门间隙检查与调整		212

续 表

名称	二维码	页码	名称	二维码	页码
喷油正时检查与调整		218	皮带张紧力检查与调整		220
第十章 电压及无功功率自动调节					
发电机结构组成		273	发电机工作原理		273

三维模型二维码索引

名称	二维码	页码	名称	二维码	页码
第三章　柴油机主体机件与配气机构					
机体组		30	曲柄连杆机构		30
气缸体		34	气缸盖		36
活塞连杆组拆解		47	活塞		48
连杆体		52	活塞连杆组装配		53
曲轴飞轮组拆解		53	曲轴		55
飞轮		56	曲轴飞轮组装配		57
配气机构		59	进排气系统		71
空气滤清器		73			
第四章　柴油机燃油供给系统					
柴油滤清器		86	PT 燃料供给系统		100
PT 燃油泵装配		101	PT 燃油泵拆解		102

续 表

名称	二维码	页码	名称	二维码	页码
PT 喷油器拆解		110	PT 喷油器装配		110
第五章 柴油机润滑系统与冷却系统					
机油泵		130	机油泵拆解		132
机油泵装配		132	机油冷却器		139
冷却系统		150	热交换器		156
空气中冷器		161			
第六章 柴油机增压系统与启动系统					
涡轮增压器		171			
第八章 交流同步发电机					
交流同步发电机拆解		226			
第十二章 柴油机电站控制系统					
自动并联屏		323	机组控制屏		325
切换屏		327			